新世纪高等学校教材
应用心理学系列教材
北京市高等教育精品教材

● 张学民◎著　ZHANG XUEMIN

● 舒　华◎审阅　SHUHUA

EXPERIMENTAL PSYCHOLOGY
E实验心理学
（第4版）

北京师范大学出版集团
BEIJING NORMAL UNIVERSITY PUBLISHING GROUP
北京师范大学出版社

图书在版编目（CIP）数据

实验心理学 / 张学民，舒华著 . —4 版 . —北京：北京
师范大学出版社，2023.12
　应用心理学系列教材
　ISBN 978-7-303-28864-9

Ⅰ.①实… Ⅱ.①张… ②舒… Ⅲ.①实验心理学—高等
学校—教材 Ⅳ.①B841.4

中国国家版本馆 CIP 数据核字（2023）第 029268 号

教材意见反馈　gaozhifk@bnupg.com　010-58805079

出版发行：北京师范大学出版社　www.bnupg.com
　　　　　北京市西城区新街口外大街 12-3 号
　　　　　邮政编码：100088
印　　刷：北京顶佳世纪印刷有限公司
经　　销：全国新华书店
开　　本：730 mm×980 mm　1/16
印　　张：39
字　　数：710 千字
版　　次：2023 年 12 月第 4 版
印　　次：2024 年 7 月第 7 次印刷
定　　价：88.00 元

策划编辑：周雪梅　　　　　责任编辑：王思琪
美术编辑：陈　涛　李向昕　装帧设计：陈　涛　李向昕
责任校对：李　菡　　　　　责任印制：马　洁

修 订 版 说 明

　　本书自出版到此次修订版，历时近十年的时间。根据各位读者、同行专家和同学们提出的宝贵意见，我们对这本教材进行了大篇幅的修订。本次修订对在教学过程中不常讲授的内容进行了删减，并删除了部分附录的内容和部分与新版《心理学实验纲要》重复的实验内容。使修订版本在内容上更符合老师、同学和广大读者的需要，减轻教学和阅读教材的负担。一部教材从出版、使用到修订和完善是一项长期的工作，我们广泛地参考了国内外实验心理学的各类教材、专著和研究最新进展文献，尽可能提供更多的适合教学的内容供读者参考，以满足不同学科背景读者的需要，但希望广大同行专家、读者在使用过程中提出宝贵意见和建议，我们将在今后的再版过程中，对本书进行不断完善。感谢北京师范大学出版社策划编辑周雪梅和责任编辑王思琪在本次修订和审校中做了大量的工作；感谢各位同行教师，历届本科生、研究生和广大读者在参考和使用本书过程中提出的宝贵修改意见和建议；感谢我的研究生在修订中所作的校对工作。衷心希望读者和同行专家们在阅读和使用修订版的过程中，随时将意见和建议反馈给我们，我们将在以后的修订中不断更新、调整和完善实验心理学理论、方法与技术和实验设计及应用等相关的内容，以满足同行教师、同学和广大读者教学、学习和参考的需要。再次对使用本书和对本书提出宝贵意见的广大读者表示感谢！

张学民

2023 年 1 月 5 日

于北京师范大学心理学部

序　言

实验心理学经历了一百多年的发展历程，在实验研究方法、技术和手段方面吸收了计算机科学、医学、物理学、生命学等相关学科领域的研究方法、技术和研究成果，使心理学实验研究的领域、研究方法与技术也得到了迅速的发展。回顾实验心理学发展的历史，我们可以将实验心理学的发展划分为三个阶段。

第一个阶段：20世纪50—60年代，心理学的实验研究主要是行为层面的研究。传统的心理物理学方法和现代心理物理法从感知觉的层面入手，对物理量与心理量之间的关系进行定量化的研究；行为主义通过观察和仪器测量等手段，根据个体的外显行为来探讨心理现象的产生机制，行为主义的产生与发展为心理学研究提供了各种仪器和技术手段。

第二个阶段：20世纪60—90年代，计算机技术的发展和信息加工心理学的产生使心理学实验研究思路产生了根本性的变化，而计算机技术的发展为信息加工心理学的实验研究提供了软硬件技术的支持，心理学家基于反应时测量技术，在感知觉、注意、记忆、心理语言学等领域获得了大量的研究成果，使人们对心理过程的认识深入到信息加工的层面。

第三个阶段：20世纪90年代以来，神经科学和分子生物学研究方法与技术的发展为心理学研究提供了新的技术手段，医学影像学、神经电生理和分子生物学技术与心理学研究方法的结合使心理学家对心理现象的神经机制有了更深入的认识，并发展了新的学科领域——认知神经科学，人们对心理现象的认识也开始深入到神经机制的层面。此外，其他基于计算机的心理学研究技术手段（尤其是心理学实验软件技术和视听觉研究技术，包括各种实验软件、眼动技术、听觉研究与诊断技术、视觉研究与诊断技术）的发展也为心理学的实验研究提供了先进的技术手段，也促进了心理学实验研究的不断向跨学科、跨领域的多学科领域交叉领域的前沿发展，进一步揭示人类心理现象的本质规律。

在这一百多年的发展历程中，从最初费希纳的《心理物理学纲要》和铁钦纳的第一部《实验心理学》到近代和现代国内外的大量《实验心理学》专著与教材，实验心理学家在实验心理学课程体系建设方面做了大量教学与研究方面的探索工作，也编著了大量的实验心理学教材，教学内容随着时代的变迁和科学技术的发展也不断进行调整。我国早期的实验心理学课程体系基本是延续 20 世纪 30—60 年代安德伍德和伍德沃斯的《实验心理学》体系，经过了半个多世纪的发展，逐步形成了具有我国特色和适合我国心理学课程体系教学的实验心理学课程体系。本书就是在综合国内外《实验心理学》教材的理论和实验教学体系以及《实验心理学纲要》（北京师范大学出版社）和 2006 年出版的国家"十五"规划教材《实验心理学的理论、方法与技术》（人民教育出版社）和《心理学实验纲要》（2022 年出版）的基础上，根据国家教育部心理学研究生专业课程《实验心理学》课程体系和考试大纲的要求，编著的一部适应实验心理学理论与实验教学以及研究生入学考试的教材。

同时，在北京市精品教材《实验心理学纲要》和《心理学实验纲要》的基础上，根据多年来实验心理学理论、实验方法和技术手段以及汇集心理学研究的前沿，以及随着心理学实验研究方法与技术的发展和实验心理学在学科内容、体系、研究方法与技术的发展，针对国内实验心理学理论与实验教学改革的需要，将我们十几年的实验心理学的教学经验、现代的实验心理学的研究法与技术做了系统全面的总结。我们也希望通过本书能够与国内的心理学同行在实验心理学教学改革方面进行相互交流和学习，共同促进国内实验心理学教学改革和心理学实验教学方法和技术手段的改革。综上所述，本书具有如下几方面特点。

第一，在传统的实验心理学理论教学内容的基础上，增加了现代的心理学研究方法与技术，并根据教育部"实验心理学"研究生考试大纲对"实验心理学"课程内容体系进行了调整，使本书在内容和体系上更适合本科生和研究生学习和使用。同时，此书在对实验心理学课程体系进行改革的基础上，充分体现出当前心理学的实验研究方法与技术的进展以及在心理学各研究领域中的应用。

第二，实验教学方面，在保证经典实验教学内容的基础上，增加了当前实验研究领域的一些前沿性的研究，使学生在保证了解和掌握经典实验方法与技术的基础上，能够对当前心理学实验研究领域、实验研究的方法与技术有所了解和掌握。

第三，在以前教材的基础上，对"实验心理学"课程内容体系与其他相关学科的内容之间的关系进行了进一步调整，从而避免各基础学科教学内容之间的重复。同时，突出实验心理学在实验设计理论、方法、实验技术以及实际操作能力方面的特点。

第四，改革传统的实验教学方法与手段，充分利用计算机技术与信息技术在实验教学中的地位与作用，参考国内外实验教学与研究技术的进展，使实验教学与当前的研究技术手段有机结合，并进一步使实验教学科学化、标准化和规范化。

第五，突出实验心理学理论、方法、技术与心理学实验教学的基础性、前沿性和学生实际应用能力的培养，在保证学生掌握扎实的理论的基础上，提高实际操作和解决具体问题的能力。学习者通过实验心理学理论与实验操作的学习，可以掌握心理学实验研究的过程、实验的基本要求、课题选择与文献查阅方法、实验设计方法、实验实施过程中的变量控制、数据的整理与统计分析方法以及实验（研究）报告的撰写格式与基本要求等，并能基本具备独立设计与实施心理学研究的能力。

第六，本书在介绍现代的心理学各领域研究的现代实验技术手段和方法以及软件技术的同时，也介绍了这些研究方法和技术手段在各研究领域的应用，以及一些具体的实验研究供教师和学生在教学和学习中有选择地参考相关的内容。

第七，本书突出了实验设计在实验心理学教学中的地位与作用。实验设计是实验心理学学习的基本目标，通过实验心理学基础理论、实验方法和实验操作的训练，学习者能够独立完成选题、查阅文献、实验设计与实施、统计分析与撰写报告的全过程。为了达到这一目标，在每个学期应选择一些近年来基础与应用研究领域的课题作为学习者的实验设计选题或者由学习者自主选题，使学习者在学习和掌握传统的心理学实验内容、实验方法与技术的同时，进一步了解前沿的心理学实验研究课题、研究方法和采用的技术手段，以及如何将相关的实验方法和技术手段用于基础研究和解决实际问题。

基于上述的"实验心理学"教学经验、教学改革思路和心理学基础研究与应用研究人才培养的需要，在撰写本书的过程中，从结构和内容体系上进行了必要的修改，在保证传统的实验心理学理论与实验设计方法的基础上，突出了学习内容的前沿性、易学性、实用性和可操作性。在研究方法与技术手段方面，考虑到传统心理学实验研究方法和基于计算机软硬件技术发展起来的心理学实验研究方法与技术手段在当前心理学实验研究中运用的普遍性。因此，本书的理论与实验教学内容以传统的实验方法和基于计算机技术的实验研究手段为主，同时，也对医学影像学技术和神经电生理技术以及这些技术在心理学研究中的应用作了介绍。

本书是在实验心理学理论与实验教学改革的过程中，根据教学改革实践和教学反馈情况撰写的。历届研究生在书稿的整理和校对方面做了大量的工作。全书最后由舒华教授审校。在本书整理与撰写过程中，北京师范大学心理学院历届本科生在实验设计、资料文献的收集与整理等方面做了大量的工作，他们活跃和富有创造力的学习与思考对实验心理学的教学改革也作出了重要的贡献，在这里对他们表示衷心感谢，同时，对本书中引用资料文献的作者也表示衷心的感谢。

关于本书的使用，教师可以根据实际课时的安排、专业方向和培养目标，有选择性地安排教学内容，不同学校可以根据专业特点以及教学课时安排理论和实验教学内容。同时，教师可以根据实际教学的需要，有针对性地选择其中的经典实验和前沿的实验内容作为学生的实验教学内容。

由于实验心理学的教学改革和课程体系建设工作在不断探索和完善之中，而且随着心理学实验研究领域、实验方法与技术手段的迅速发展，本书包含的内容不可能涵盖心理学各研究领域的实验研究和各种高级的研究方法和技术手段的详细介绍与应用，在将来的实验心理学教学与课程体系建设中，我们将对本书的理论与实验内容不断进行修订、增补和更新，以适应实验心理学理论与实验教学的需要。此外，因为实验心理学内容广泛，涉及了心理学的主要学科领域，而且心理学和认知神经科学等领域近年来发展非常快，在本书的撰写和历次修订过程中，难免会有疏漏和不足之处，希望同行专家学者和广大读者在使用过程中提出宝贵意见。也希望这本教材经过不断修订，能满足广大读者教学和学习的需要。在此，也向对我们实验心理学课程体系建设提出意见的专家和读者表示衷心感谢！

张学民

2023 年 1 月 6 日

于北京师范大学心理学部

应用实验心理北京市重点实验室

目　录

第一章 绪 论

【本章要点】

（一）实验心理学的产生与发展

（二）心理学的研究方法

（三）心理学实验研究的一般程序

    1. 课题选择与文献查阅

    2. 提出问题与研究假设

    3. 实验设计与实施

    4. 数据整理与统计分析

    5. 研究报告的撰写

（四）心理学实验数据的统计分析方法与研究报告撰写应注意的问题

第一节 实验心理学的产生与发展

中世纪前叶（14—15 世纪），西方社会文化与技术的发展推动了文艺复兴运动（The Renaissance，15—16 世纪）的兴起。印刷术的传播和广泛应用，促进了人类文明的广泛传播和发展；航海技术的发展，使人们发现了南北美洲新大陆，促进了商业、文化和技术的传播和交流；新的科学思潮的出现，为人类重新认识地球和宇宙提供了新的视野，如哥白尼（Nicolaus Copernicus，1473—1543）的"日心说"打破了统治几千年的"地心说"，同时，也打破了人类在"地心说"统治多年形成的以人类为中心的优越感，促使人类对地球、太阳系和宇宙进行新的审视和探索，并对人类文明和文化重新进行了反思。

上述原因促进了人类文明（文化、科学技术和新的科学思潮）在国家与地区之间广泛传播，并在当时欧洲的经济和文化中心意大利兴起了人类社会历史上规模最大的、史无前例的文化运动——文艺复兴运动，成为近代科学的开端。文艺复兴之后，近代天文学、物理学、数学、化学、生理学、生物学等得到了广泛、系统、全面的发展，并逐渐发展成为系统的学科体系，为现代科学的发展奠定了基础。其中，生理学的发展为实验心理学的产生奠定了坚实的实验基础。

在近代科学发展史上，心理科学是出现较晚的学科之一。在心理学产生之前，数学、物理学、化学、天文学、生理学等自然科学在研究内容和方法上已经逐渐形成了系统的学科体系，这些学科的产生与发展为心理学的诞生奠定了坚实的基础。1879 年，冯特（Wilhelm Wundt，1832—1920）在德国莱比锡大学建立了世界上第一个心理学实验室，标志着心理科学从思辨的哲学范畴分离出来，成为独立的实验科学，实验心理学也应运而生。

一、近代哲学与实验生理学的发展对实验心理学的贡献

（一）欧洲哲学流派对心理学诞生的贡献

在心理学产生以前，心理学主要是哲学的研究范畴，17—19 世纪对心理学产生重要影响的几个主要哲学流派有：唯理论、经验主义和联想主义。

唯理论（Rationalism）。唯理论的主要代表是法国哲学家、科学家笛卡儿（Rene Descartes，1596—1650），他认为人的心理一方面依赖于生理；另一方面依赖于身体以外的灵魂。他认为，只是身体的原因不足以解释人的全部心理活动，并引入了灵魂的概念，用于解释全部心理现象，提出了带有唯心论色彩的"天赋论"，认为人的观念不是经验作用的结果，而是先天具备的。该学派对现代心理学理论发展产生了重大的影响。

经验主义（Empiricism）。经验主义的奠基人是英国的霍布斯（Thomas Hobbes，1588—1679）和洛克（John Locke，1632—1704），他们反对笛卡儿的"天赋论"，认为人的一切知识都是源于经验，并把经验划分为内部经验和外部经验。外部经验即人对环境刺激的感知觉，内部经验是指对自己内部活动（思维、情感、意志）等的反省。经验主义的产生对心理学的研究产生了巨大的影响。

联想主义（Associationism）。到了 18—19 世纪，经验主义演变为联想主义，主要的代表人物是培因（Alexander Bain，1818—1903），联想主义把联想的原则看作是解释一切心理活动的原则。联想主义的兴起对学习、记忆、思维的理论与实验研究产生了深远的影响。

（二）实验生理学对心理学诞生的贡献

文艺复兴后解剖学（Anatomy）与生理学（Physiology）的发展为心理学的产生奠定了基础。文艺复兴时期对解剖学和生理学做出重要贡献的科学家有：

16 世纪，意大利的达·芬奇（Da Vinci，1452—1519）和米开朗琪罗（Michelangelo，1475—1564）对人体进行了解剖学研究，由于人体解剖的发现与教会的上帝造人的观点有根本的冲突，遭到了教会的强烈反对，尽管如此，人体解剖和生理学终于打破了几千年传统的朴素思想和教会思想的统治，成为新的学术思潮。

继他们之后，被称为"解剖学之父"的解剖学家维萨刘斯（Andreas Vesalius，1515—1564）对解剖学进行了系统的研究，虽然也遭到了教会的反对，但最终战胜了教会，并撰写了解剖学专著《论人体的构造》，并在 17 世纪得以出版。他也因此被后人称为解剖学的奠基人。

维萨刘斯的第四代学生哈维（William Harvey，1578—1657）被后人称为生理学的奠基人，他对人体血液循环系统的结构和功能进行了研究，并撰写了生理学专著《关于动物心脏和血液运动的解剖学研究》，为近代生理学的发展奠定了坚实基础。

18 世纪，列文霍克（Leeuwen Hoek，1632—1723）运用显微镜对生理解剖结构进行了微观的观察和研究，为微观生理学的研究奠定了理论与实验基础。

18 世纪，哈勒（Haller A. V，1708—1777）对人体生理解剖结构进行了实验研究，并出版了《人体生理学纲要》的专著，被后人称为"实验生理学"之父。

在生理学方面做出重要贡献的科学家还有瑞典的林耐（Carlvon Linneaus，1707—1778）和法国的比夏（Bichat，1771—1802），其中，比夏的著作《生理学与医学中的应用解剖学》对后来的生理学和医学的发展产生了深远的影响。

近代哲学、解剖学和生理学的发展为心理学的诞生提供了理论与实验基础，而现代心理学的实验方法，则直接来源于近代（18 世纪前半叶）实验生理学。其中对心理学实验方法做出贡献的科学家和实验生理学的研究成果有：

1811 年，英国的贝尔（Bell J.）和法国的马戎第（Magendie F.，1783—1855）发现脊髓运动神经与感觉神经的区别。

1833—1840 年，德国生理学家缪勒（Muller J.，1801—1858）提出的神经特质能说，并出版了《人类生理学纲要》一书，为感知觉的研究做出了重要贡献。

1840 年，德国的雷蒙德（Raymond，1818—1896）发现了神经电冲动现象。

1850 年，德国的赫尔姆霍茨（Hermann Von Helmholtz，1821—1894）测量了青蛙的神经传导速度。

1861 年，法国医生布洛卡（Broca P.，1824—1880）发现失语症与左侧额叶的部分组织病变有关。

1869年，英国科学家杰克逊（Jackson J.）提出了大脑皮层的基本机能界线。

1870年，德国科学家弗里茨（Fritz）用电刺激法研究大脑的功能。

这些科学家在实验研究方法和感知觉方面的重要发现对心理学实验研究方法和实验心理学的产生奠定了重要基础。

二、1800—1850年生理学与心理学史上的重大事件

1800—1850年，科学的发展涌现出了诸多重大的发现，其中有九项科学发现对心理学产生了重大影响，这九项发现分别如下。

（一）感觉神经和运动神经的发现

早在公元1世纪，学者盖伦（Galen，129—199）就提出感觉和运动是不同的思想。1811年英国的贝尔在研究中发现脊髓一条混合神经纤维的前面和后面具有不同的功能，后面的神经纤维负责感觉的功能，前面的神经纤维负责运动的功能。

1822年，法国的马戎第在不知道贝尔的发现的情况下，得出了同样的发现。这个发现使人们将感觉机能和运动机能区分开来，为后来的神经生理学和感知觉的研究奠定了坚实的基础。

（二）神经特殊能说的提出

托马斯·杨（Thomas Young，1773—1829）提出了三色论，认为不同的视觉神经能够感觉到不同的颜色，并因此产生颜色知觉。

神经纤维功能的发现，促使人们对神经纤维进行分类，在神经纤维分类方面做出重要贡献的是德国的约翰内斯·缪勒，1826年，缪勒将神经纤维分为五类，即五种感官各对应一类神经纤维，每种神经纤维具有不同的能量，并被不同神经纤维感知，这就是著名的神经特殊能说（The Theory of Specific Sense Energies），并于1838年正式发布了他的学说，出版了专著《人类生理学纲要》，在书中对如下问题进行了论述：（1）血液和淋巴循环系统；（2）呼吸、营养、生长、生殖和排泄的化学问题；（3）神经生理学；（4）肌肉运动、发音与语言、反射活动和感知觉的神经特质能说；（5）联想、记忆、想象、思维、感情、激情、心体问题、幻想、行为、气质和睡眠；（6）生殖、胚胎发育和出生后的发展。其中（4）和（5）两部分主要论述的是心理学问题。

19 世纪 40 年代，赫尔姆霍茨在托马斯·杨和缪勒的理论基础上，吸收了神经特质能说的观点，对三色论进行了补充和修改，提出了能够解释色盲的颜色知觉三色论，对颜色知觉的研究产生了重要影响。

（三）感知觉的研究

在感知觉研究方面，做出重大贡献的科学家有歌德（Goethe. J. W. V，1749—1832）和普金耶（Purkinje, J. E，1781—1869）、欧姆（Ohm, G. S.）、韦伯（Weber. E. H，1795—1878）。

视觉现象的研究与 17—18 世纪天文学和物理光学的发展是密切相关的。歌德（1810）和普金耶（1825）对视觉现象学的研究发现了重要的视觉现象，如著名的颜色知觉的敏锐度随视觉刺激背景光强度变化的普金耶现象。

1843 年，欧姆提出了听觉法则，并认为人的听觉器官——耳可以完成对复杂声波的傅立叶分析，并将其转化为协调的、可知觉的成分。

1843—1848 年，著名的学者韦伯提出了关于定位错误和肤觉刺激的差别阈限的研究，并提出了"感觉圆周说"，为感觉的感受性的研究奠定了基础，这是感觉研究历史上的一项经典的感觉研究实验。韦伯在感知觉（肤觉、触觉、痛觉、听觉等）方面做了大量的研究，对刺激量的物理强度与心理量之间的关系进行了深入的研究，并提出了在心理学界产生广泛影响的韦伯定律。

（四）颅相学

加尔（Gall F J.，1758—1828）约于 1800 年对颅相学（Cranioscopy）进行了研究，他认为心理机能取决于脑内的特定区域的大小，心理机能的发展是脑内对应区域增大的结果，并认为，头颅的结构与人的性格有密切的关系，通过头颅的结构可以对人的性格做出快速判断，加尔提出的颅相学遭到了科学家的反对，尽管如此，颅相学的出现对脑机能定位的研究产生了一定的影响。

（五）脑机能定位说

19 世纪，颅相学的兴起促进了脑机能定位的研究。提出脑机能定位学说的学者弗卢龙（Flourens, M. J. P，1794—1867）认为，人的特殊机能在脑内有明确的定位，但对于一般的机能则要依靠较大部分的大脑区域。当时脑机能研究运用的主要实验技术是生理解剖学实验方法。弗卢龙对大脑进行了精确的解剖和机能定位，并发现了大脑两个半球、小脑、四叠体、延髓等脑结构单元，并对这些结构的机能进行了研究。

1861 年，法国医生布洛卡在临床治疗中发现失语症患者的大脑部分区域受到了损伤，这为大脑机能的定位说提供了实证依据。

1870 年，缪勒的神经特质能说也认为，五种感官的神经对应着相应的五个大脑的区域，这些区域即是视觉中枢、听觉中枢、触觉中枢、嗅觉中枢和味觉中枢。

1870 年，弗里奇（Frisch G.）发现了大脑内的运动中枢。在此之前，学者们就证明了感觉中枢的存在（盖伦根据视觉纤维部分交叉推理证明视觉中枢的存在）。

（六）反射动作的发现

"反射"（reflection）一词最早是 1736 年阿斯特律克（Astruc J.）首先提出的，反射的最初的含义是指"反应"（reflective）。关于反射的研究起始于无意识运动的研究。

1751 年，苏格兰学者罗伯特·惠特（Whytt R.，1714—1766）通过解剖和割离青蛙的大脑和脊髓神经之间的联系，发现，脊髓与大脑分离后，当刺激青蛙的身体时，还能够产生一些自主的、不随意的运动。于是，他发表了题为《论述动物的生命和不随意运动》的论文，阐述了其实验的新发现，并认为这是一种反射运动，反射运动是不随意的、依靠脊髓来执行的，不需要理智控制。

缪勒和苏格兰学者马沙尔·荷尔（Marshall Hall，1790—1857）和伽伐尼（Galvani L.1737—1798）在反射方面也做了积极的工作。缪勒认为，反射活动不仅仅是脊髓的功能，某些反射动作是要通过大脑的。荷尔认为，反射活动仅依靠脊髓，不需要大脑，是无意识的。荷尔用蝾螈和蛇做了类似青蛙断头的实验，结果发现断头的蝾螈和蛇的身体受到刺激后都会不停地运动，由此证明，反射活动是脊髓的功能。并对随意运动和不随意运动进行了区分，他把运动区分为四种：（1）随意运动，这是有大脑和意识支配的运动；（2）呼吸运动，属于不随意运动，依靠延髓来支配其活动；（3）不随意运动，由肌肉刺激产生的运动；（4）反射运动，是在脊髓支配下产生的运动，它不依赖大脑和意识，是脊髓的功能。

在当时看来，意识和无意识的界限是清楚的，直到巴甫洛夫提出无意识的活动可以习得和弗洛伊德提出动机与观念的无意识化，人们才认识到意识和无意识并没有十分严格的界限。

（七）神经冲动的电性质

1791 年，伽伐尼采用神经肌肉装置，用电流刺激蛙腿进行实验，结果发现：

当他用金属丝把割断的肌肉连接起来时，蛙腿便出现踢脚的动作和抽搐，于是，他撰写了题为《肌肉运动的电性质》的论文，阐述了动物电的存在，但是，当时人们对电的认识还很少，而且带有一定的神秘色彩。

1841 年，生理学家马特锡向法国科学院提交了一篇题为《动物电现象的札记》的论文，论述动物电现象，引起了缪勒及其学生杜布瓦的高度重视，并发表在《巴黎科学院通报》上，成为神经电研究的经典之作。

神经冲动的电特性的发现，为后来测定神经冲动（nerve impulse）的传导速度奠定了基础。

(八) 神经冲动的速度的测定

关于神经冲动的速度的测量，缪勒在《人类生理学纲要》中曾经做过论述，并提出了曾经测量的三个数值：哈勒测量的神经冲动的传导速度为 9000 英尺/分钟；索维吉（Sauvages F. B）估计的速度为 32400 英尺[①]/分钟；还有一位生理学家估计的速度为 576 亿英尺/分钟。缪勒认为，神经冲动的传导速度是极为迅速的，可能接近光速，因此，在人体中进行测量几乎是不可能的。

若干年之后（1850 年），缪勒的学生赫尔姆霍茨测量了神经冲动的传导速度。赫尔姆霍茨是采用当时天文学中发现和使用的人差方程，来测量实验者在接受刺激到做出反应之间的反应时间，来推算神经冲动的迟到速度。他通过刺激被试的脚趾和大腿，记录它们之间反应时的差异，根据反应时的差异计算神经冲动的传导速度为 50～100 英尺/秒钟。赫尔姆霍茨最早运用反应时技术进行生理与心理指标的测量，并建立了反应时实验技术，为后来反应时方法的广泛应用做出了贡献。

继赫尔姆霍茨之后，伯恩斯坦（Bernstein J.）对神经冲动的性质（阴性电）及其传导机理进行了研究，并完善了奥斯瓦尔德（Otswald W.）提出的神经冲动传导的薄膜说。1876 年，马雷（Marey E. J.）提出神经冲动传导过程存在"不应期"。1909 年，李利通过一系列的实验证实了神经冲动传导的薄膜说和不应期的观点，并得到了生理学家的广泛接受和认同。

(九) 人差方程的提出

人差方程（personal equation）的发现和建立起源于天文学的观察和研究。1796 年天文学者金内布鲁克（Kinnebrook D.）在天文观测中，观测结果的"误

---

① 编者注：1 英尺＝0.3048 米

差"达到了 0.8 秒,而当时一般的天文观测的误差要求达到 0.1 秒。后来这件事得到了天文学家的关注,并重复进行了类似金内布鲁克的观测,结果在没有意外误差的情况下,误差竟比金内布鲁克的误差还大。此事引起了天文学家的极大兴趣,为了弄清楚事情的原因,1823 年,天文学家贝塞尔(Bessel F. W., 1784—1846)和另外一位天文学家同时进行观察,得出的结果还是有"误差",并用方程来表示:A—B=1.223 秒。后来的一些观察也得出了类似的结果,"误差"的变化范围从 0.044 秒至 1.223 秒不等。于是贝塞尔认为,这种差异是观察者的个体差异导致的,并将其定为心理学的研究问题,并由此产生了两种心理学实验方法——复合实验和反应实验。

1. 复合实验

1885 年,学者冯·戚希(Tchisch W. Von)采用复合钟(complication clock)做了复合实验(complication experiment)。他设计了一种叫作复合钟的实验仪器,实验是这样进行的:该复合钟在正常运行过程中,当指到某一刻度时,就会发出一个声音,要求观察者注意听钟发出的声音,听到后指出钟指示的刻度。结果发现,观察者经常是在钟发出声音之前就指出指针的位置,即观察者的期待影响了其对声音信号与指针位置的判断,这种现象称为先入现象,即被试注意倾向于在知觉的对象呈现前就做出知觉判断。

2. 反应实验

人差方程的发现使心理学家受到了很大的启发,并采用减法反应时的方法对心理过程的反应时间进行测量。最先系统地将反应时法运用在心理过程研究的是荷兰的生理学家唐德斯(Donders F. C.),他提出了三种反应时:简单反应时、选择反应时和辨别反应时,这三种反应时又称为 a、b、c 反应时,并对这三种反应时之间的关系进行了研究,提出了减数法(subtractive method)。这种运用反应时研究人类心理过程的方法,在现代认知心理学中得到了广泛的应用。

关于人差方程的解释,生理学家和心理学家提出了如下几种观点。

(1)网膜边缘说。网膜边缘说是 1864 年沃尔夫(Wolff C.)提出的。该学说试图通过观察对象在视网膜上持续停留的时间来解释人差方程,其解释复杂,且不为多数人所接受。

(2)感知觉方面的解释。有研究者认为,视觉印象和听觉印象传导的时间不同,而这种传导的时间差异是导致人差方程的重要因素。

(3)中枢神经的解释。该学说认为前两种解释都不能很好地解释产生人差方程的原因,因为人差方程是人的期望或态度因素导致的,是人的中枢神经和意识活动的结果。简单反应时的实验结果也证实,当有提示时被试对刺激的反应时的误差均匀，而且较小。

19 世纪中叶前，生理学与解剖学的重大发现、人差方程的发现以及生理学家和解剖学家在感知觉方面做的大量研究工作，为实验心理学的产生奠定了坚实的基础。正是这些新的发现和实验方法的产生，才使得心理学作为一门独立的科学诞生的时机逐渐成熟。

三、科学心理学与实验心理学的产生与发展

(一) 费希纳的《心理物理学纲要》与心理物理学的产生

费希纳 (Gustav Theador Fechner, 1801—1887) 毕业于德国莱比锡大学医学专业，后来从事物理学方面的研究。1838 年后，他开始对互补色和主观色进行研究，后因病休息。病愈后，开始从事心理学和意识问题的研究工作。1851 年，费希纳发表了题为《天堂与后世》的文章，在该文章中论及心理物理学 (Psychophysics)的思想。此后不久，他又开始采用实验测量的方法和数学推导的方法对重量知觉和视觉进行了研究。

1860 年，费希纳出版了第一部系统的心理物理学专著——《心理物理学纲要》，这本书的出版对实验心理学的发展和心理学的诞生做出了重要的贡献。《心理物理学纲要》对实验心理学的贡献主要有以下几方面。

(1) 提出了测量人的感受性的三种心理物理学方法：最小变化法 (the method of minimal change)、恒定刺激法 (the method of constant stimuli) 和平均差误法 (the method of average error，又称调整法，the method of adjustment)。这是他对心理学做出的最重要的贡献之一，为感知觉心理学的发展和感知觉的测量提供了科学的方法。他提出的三种心理物理法在后来心理学研究中得到了广泛的应用，也成为"实验心理学"教科书中的经典内容。

(2) 提出了感觉"阈限"(threshold) 的概念，并对心理量与物理量之间的关系进行了分析和讨论。

(3) 提出了"负感觉"概念，并用负的数量来表示无意识现象。

费希纳的研究和著述使心理学具备了实验和测量的特点，也使心理学更具严谨的科学性。可以说，费希纳的《心理物理学纲要》为科学心理学的产生奠定了科学坚实的实验基础，为心理学成为独立的科学做出了不可磨灭的贡献。

(二) 赫尔姆霍茨在感知觉研究方面的贡献

赫尔姆霍茨曾经从事物理学和生理学方面的研究工作，后来在视觉和听觉方

面进行了大量的研究，并提出了关于颜色知觉和听觉知觉方面的理论。

1863 年，赫尔姆霍茨出版的《听觉与音乐学的生理学基础》是一部听觉心理学的经典著作。在这部专著中，他对听觉刺激的特性、欧姆的听觉分析法则、听觉器官（耳）的解剖结构、复合音和纯音以及听觉的共鸣说进行了详细的论述。

1867 年，他又出版了《生理的光学》，对两眼视觉中的单象知觉、双眼视觉、颜色知觉、视觉的生理学基础、缪勒的神经特质能说的发展、颜色知觉的理论等问题进行了论述，并运用无意识推理对视觉现象进行解释。

赫尔姆霍茨在视觉和听觉知觉方面的贡献对感知觉心理学的发展产生了重要的影响，在现代的《普通心理学》教科书中，还经常引用他在缪勒的神经特质能说和托马斯·杨的颜色知觉的三色论的基础上，提出和完善了的颜色知觉的三色论以及关于听觉知觉的共鸣理论。他对感知觉心理学的贡献由此可见一斑。

（三）冯特的《对于感知觉的贡献》与实验心理学的产生

1862 年，冯特出版了《对于感知觉的贡献》一书，并在书中论述了对感知觉的实验研究，这也是实验心理学产生的前期著述。该著作在内容上属于实验心理学的内容，并在此书中正式提出了"实验心理学"，这是冯特的第一部实验心理学著作。冯特在《对于感知觉的贡献》中提出了心理学研究的方法包括实验法和历史法，而且特别重视实验在心理学研究中的重要作用。

1867 年，冯特出版了《生理心理学原理》，在此书中，他仍然主张"实验心理学"的重要性，其实验心理学的思想体系也不断趋于成熟。

1879 年，他在德国的莱比锡大学建立了世界上第一个心理学实验室，标志着心理学作为一门独立学科的诞生。从此，心理学摆脱了对哲学和其他学科的依附，逐步发展为系统的学科体系。

1896 年，冯特出版了《心理学大纲》，以通俗的形式向世人介绍心理学的研究内容。到 1920 年（去世前），冯特总共著述的心理学著作和论文有 500 余篇（部），并培养了大批杰出的心理学家，如卡特尔（Cattell j.，1860—1944）、屈尔佩（Oswald Külpe，1862—1915）、缪勒（Muller R.）、莫比乌斯（Mobiue F.）、安吉尔（Angell J. R.，1869—1949）、铁钦纳（Titchener E. B.，1867—1927）、韦特默（Witmer L.）等都曾经在冯特的实验室中学习或工作。可以说，冯特为心理学的产生和早期的发展做出了巨大的贡献，是近代与现代心理科学和实验心理学的奠基人。

四、科学心理学产生初期实验心理学的发展

（一）卡尔·斯顿夫对实验心理学的贡献

卡尔·斯顿夫（Stupmf C.，1848—1936）早年师从哲学家洛采（Lotze B. H.，1817—1881），因此，他对心理学的研究和理解在一定程度上带有现象学的色彩，如他认为人的直接经验（感知觉）的材料是现象学的研究对象，同时也存在于人的意识活动之中，经验是心理的机能。

斯顿夫培养的学生在实验心理学方面做出了不朽的贡献。如格式塔心理学派的代表人物柯勒（Kohler W.，1887—1967）和考夫卡（Koffka K.，1886—1941）就是斯顿夫的学生，他的这两位学生通过实验的研究方法对视觉运动进行现象学的研究，提出了格式塔的思想，将心理现象看作整体来进行研究。

斯顿夫在重视心理活动现象学研究的同时，也重视实验研究，并得到了其学生的大力继承和发展。他在柏林的心理学实验室比冯特在莱比锡的心理学实验室晚 15 年建立，他本人也成为实验主义的倡导者之一。

（二）埃利亚斯·缪勒对实验心理学的贡献

缪勒早年曾经师从哲学家洛采，从事哲学方面的研究。1872 年，他完成了博士学位论文《感觉的注意学说》，对感知觉的心理学问题进行研究，他的研究得到了许多心理学家的引用和关注。

1873—1876 年，缪勒曾经对费希纳的心理物理学进行研究，并提出了批判性的意见，对心理物理学方法进行修改和扩充，并于 1878 年出版了《心理物理学基础》的论文，对恒定刺激法提出了新的见解，并附有实验数据。

在缪勒的指导下，其学生在感知觉和注意方面做了大量的研究。1885 年后，又开始采用艾宾浩斯的完全记忆法对记忆进行了研究，1904—1913 年，完成了其重要的著作《记忆》。1911—1917 年发表了《记忆与想象活动的分析》。

1930 年，他又完成了《论色觉：心理物理学的研究》，在这部著作中，他着重从实验条件和物理条件的控制方面对视觉现象的实验研究进行了阐述。

从 1872 年获得博士学位到 1934 年去世，缪勒一直从事心理学实验研究，对实验心理学的发展做出了诸多重要的贡献，他是继冯特后的又一位对实验心理学做出不朽贡献的实验心理学家。

（三）艾宾浩斯对实验心理学的贡献

艾宾浩斯（Hermann Ebbinghaus，1850—1909）对实验心理学的贡献主要在记忆实验研究方面，他研究记忆的方法主要受费希纳的心理物理法的启发，但是并没有局限于费希纳的传统心理物理法，而是对这些方法进行了创造性的发展。为了避免实验材料本身的各方面因素对实验结果的影响，他又设计了无意义音节作为研究记忆的实验材料，艾宾浩斯采用的实验研究方法主要是完全记忆法和节省法。

1885 年，艾宾浩斯出版了第一部专著——《记忆》，在这部专著中他详细地论述了关于记忆的实验研究方法、记忆的保持和遗忘规律（著名的"遗忘曲线"）、联想与记忆等问题。19 世纪 80 年代，艾宾浩斯开始从事视觉和颜色知觉方面的研究，并提出了关于颜色知觉的学说。1897—1902 年，出版了专著《心理学纲要》，1909 年因病去世。艾宾浩斯在记忆实验方法上的创新为记忆的研究做出了重要的贡献。

（四）马赫对实验心理学的贡献

马赫（Mach E.，1838—1916）早年在奥地利从事数学和物理学方面的研究，19 世纪 60 年代开始对视觉的空间知觉、听觉和时间知觉等方面进行研究。1875 年，他出版了《运动感知觉学说》一书，在书中对旋转知觉进行了分析，此书是马赫最重要的心理学专著之一。

1886 年，他又出版了《感知觉分析》。在此书中，马赫对心理学与物理学的区别进行了论述，同时，对时间知觉和空间知觉也进行了深入分析。马赫在感知觉方面的研究对实验心理学的发展做出了重要的贡献。

（五）屈尔佩与符兹堡学派

1886—1894 年，屈尔佩在德国莱比锡大学师从心理学的奠基人冯特，并在冯特的实验室工作和学习，深受冯特的实验心理学思想的影响。在此期间，他运用反应时法对两手的运动反应时进行了测量，研究双手的单侧优势问题。他还运用人差方程的原理提出了注意的学说。1893 年，出版了《心理学概论》和《心理学大纲》，在这两部著作中，他提出了心理学是"经验事实的科学"的思想，由此可见，他对心理学研究中的实验证据的重视。

1894 年，屈尔佩离开冯特的实验室到符兹堡大学任教授，并致力于新的实验方法的研究，发展了著名的符兹堡学派。他主张运用联想、系统的实验内省法

（严格的描述）和观察的方法来研究心理过程。同年，发表了《实验心理学的控制》的论文。符兹堡学派的出现使心理学从重视意识的研究转为对行为和态度的研究。

（六）铁钦纳与他的《实验心理学》

铁钦纳（Titchener E. B.，1867—1927）毕业于英国的牛津大学，深受冯特关于实验心理学的著述的影响，后来到德国莱比锡大学冯特的实验室学习，在学术上继承了导师冯特的思想和研究方法，并在此基础上予以进一步的发展。他反对将心理学哲学化，主张实验主义，致力于对实验结果进行科学的分析。

从进入牛津大学到1900年，铁钦纳将冯特和屈尔佩的实验心理学专著翻译成英文版。1901年，他出版了巨著《实验心理学》，书中对感知觉的研究和心理物理法进行了大篇幅的论述，并致力于将实验心理学建立成为一个新的学科体系。1901—1903年，他又先后出版了《学生的定性分析手册》《教师的定性分析手册》和《定量分析手册》，在实验研究方法和科学分析方法方面进行了大量的研究。

铁钦纳是冯特实验心理学的继承者和完善者，他在建立独立和完整的实验心理学 体系方面做出了突出的贡献，是继冯特和缪勒之后的又一位伟大的实验心理学家。

继铁钦纳之后，实验心理学已逐步形成了完整的学科体系，并成为心理学研究中的一门独立的学科。

五、现代实验心理学的发展

（一）行为主义与实验心理学的发展

行为主义（Behaviorism）的创始人是华生（Waston，1878—1958），1913年华生在《行为主义者心目中的心理学》的论文中正式提出了他的行为主义学说，后来发展为新行为主义，其主要代表人物是斯金纳（Skinner B. F.，1904—1990）。

华生的行为主义有三个重要特点：
①否定意识，主张心理学应该研究行为；
②反对内省，主张应该用实验的方法研究人的心理与行为；
③否定遗传和神经中枢对心理发展的作用。认为人的行为是可以通过学习和

培训获得的。华生指出，只要环境和条件具备，他可以把一个人培养成为任何希望的模式。

他认为意识是摸不着、看不见的，无法进行客观研究，而应该研究可观察到的客观事实，即个体的行为，并建立了刺激—反应的研究（Stimulus-Response）模式，简称 S-R 模式，通过实验的方法研究人的外显行为，进而推断个体的心理过程。

新行为主义的代表人物斯金纳提出了操作条件反射，强调操作性强化对刺激—反应关系建立（即学习）的影响，并提出了 R＝f（S，A）的刺激（S）—反应（R）模式，其中 A 为中间变量，即改变刺激—反应之间关系的条件。

行为主义心理学家设计了很多通过刺激—反应模式研究行为的实验，如桑代克设计的著名的尝试—错误学习实验。桑代克（Thorndike E.，1874—1949）是美国著名的心理学家，他在哥伦比亚大学曾经用猫做实验来研究动物学习行为。他设计了叫作迷笼的实验装置，将饥饿的猫放入迷笼中，迷笼外放有食物，于是猫就会做出许多尝试获得食物的反应，偶尔触到迷笼开关时，迷笼就会被打开，获得食物。通过反复的实验，将猫再次放入迷笼后，猫在笼中逐渐学会如何触动开关，获取食物。

20 世纪 30 年代，斯金纳改进了桑代克的迷笼装置，设计了"斯金纳箱"，并用来研究白鼠的习得行为。斯金纳箱内有一支杠杆，把白鼠放入斯金纳箱，当白鼠按压杠杆时，就会获得食物，并通过外面的记录装置记录白鼠按压杠杆的次数。结果发现，随着获得食物的不断反馈，白鼠逐渐学会了按压杠杆获得食物的方法，按压杠杆的次数也逐渐增加。斯金纳用鸽子进行类似的实验也得到了几乎相同的结果。此外，主要的行为主义心理学家还有克拉克·赫尔（Hull C. L.，1884—1952），他曾经在耶鲁大学从事过条件反射（conditioned reflex）的研究，并出版了专著《行为的原理》，在实验研究方面也做出了重要的贡献。

上述实验说明了行为主义心理学在研究方法和手段上对实验方法和实验器材的重视，以及对行为与反应之间关系的重视。在这方面，行为主义对实验心理学做出了重要的贡献，对实验心理学的发展产生了深远的影响。

行为主义心理学自产生开始，一直在心理学研究的历史中统治了近半个世纪，直到 20 世纪五六十年代，由于行为主义理论与研究方法本身的局限性，使其对人大脑内的认知加工过程无法进行深入的研究和解释，认知心理学（Cognitive Psychology）的兴起对行为主义产生了巨大的冲击，行为主义逐渐衰落。尽管在现代心理学的流派中，行为主义已经被认知心理学和人本主义（Humanism）所取代，但行为主义在实验心理学发展的历程中确实做出了不可磨灭的贡献。

（二）信号检测论与现代心理物理学

信号检测论与感受性的测量是感知觉研究的一个重要问题。传统心理物理法在测量人的感受性时存在着一定的局限性。这些局限性主要表现在：一般只能测量出被试的辨别力或感觉敏感性，而对被试的反应倾向和判断标准则无法进行测量和判断。由于这些局限性，心理学家受雷达设备工作原理的启发，将信号检测论引入到心理学研究中。信号检测论认为，如果个体对某一刺激不能做出正确判断，可能是噪声的干扰导致的。基于这一假设，信号检测论（Signal Detection Theory，SDT）可以使人们在判断客观刺激信息时，对不确定的情况做出科学的决策。20世纪50—60年代，信号检测论在心理学的感知觉研究领域得到了广泛的应用，并通过被试对呈现刺激的强度、肯定程度等的判断，测量个体判断时的感受性、判断标准和反应倾向性。

20世纪50年代以来，信号检测理论在心理学研究领域得到了广泛的应用。如在感知觉研究、个体反应倾向性的评价、工业心理学以及内隐记忆与阈下知觉等领域，信号检测论的理论与方法对探讨人类的心理加工过程也起到了重要的作用，对实验心理学理论与实验方法的发展做出了重要的贡献。

（三）认知心理学与现代实验研究方法

20世纪50年代，计算机科学、信息论、系统论的发展对行为主义心理学产生了巨大的冲击。对认知心理学的建立产生重要影响的几位著名的学者是勒温（Lewin）和西蒙（Simon）（1972），他们运用现代的计算机技术对人脑的信息加工过程进行了模拟研究，并尝试建立计算机专家系统，这为现代认知心理学对人脑信息加工过程的研究提供了新的思路。1967年美国心理学家奈塞尔（Neisser）出版了《认知心理学》一书，标志着认知心理学的诞生，如今，认知心理学在心理学研究中占有举足轻重的地位，成为重要的基础研究领域。

认知心理学认为，人不是刺激的被动接受者，而是主动地、积极地对各种环境刺激信息进行加工。个体的这个加工过程就是认知过程。认知心理学是研究人的认知心理过程，主要研究内容包括个体的感知觉、注意、记忆、思维、推理、概念形成、问题解决等大脑内在的心理加工过程，并用计算机模拟人脑，来研究大脑对信息的加工过程和加工机制。

六、实验心理学理论、方法与技术的新发展

认知心理学对人工智能、计算机科学、脑科学、神经网络、心理过程的脑机

制的研究产生了重大的影响。同时，计算机科学和医学检查与诊断技术的发展促使心理科学的研究理论、方法与技术手段有了巨大的飞跃，并由此产生了很多新兴的研究领域，如认知神经科学（Cognitive Neuroscience）、人工智能等，从而发展了研究人类大脑的信息加工过程的研究方法和技术，这些技术手段包括以下几方面。

（一）实验心理学理论研究的新进展

在实验心理学和心理学研究的理论方面，近二三十年来，基于心理学各领域研究取得的新成果和提出的各种理论，使实验心理学研究理论也得到了长足的发展，这些研究理论主要基于计算机科学的信息加工理论、人工智能的理论、医学研究领域中的各种神经电活动的理论和规律（包括脑电、皮肤电位、肌电、眼电、心电等）以及神经系统活动的脑功能成像的理论、物理光学和声学的理论以及生物化学的理论等，上述诸研究领域的理论从不同的学科为心理学各个领域的实验研究奠定了理论基础。

（二）心理学实验方法和技术的新进展

在近二三十年的时间里，由于上述各学科的理论、研究方法和技术手段的不断发展，心理学的研究方法和技术手段也取得了飞跃式的进步。具体体现在如下几方面。

1. 基于反应时测量技术研究范式

基于反应时测量技术研究范式广泛地应用于感知觉（包括视觉、听觉等领域）、注意、语言认知、数学认知、社会性认知等研究领域。如在感知觉、注意研究领域中采用的启动范式、快速视觉出现范式（RSVP）、注意追踪（MOT）范式、空间线索范式等，在语言研究中采用的移动窗口范式，此外实验研究在发展心理学和社会性发展研究中也得到了广泛的应用。

2. 眼动技术

眼动技术在心理学研究中的应用也得到了飞速的发展，欧美国家相继开发了各种用于视觉、注意、阅读、运动心理、人机交互界面、工程心理学研究和医学研究领域的眼动仪，这些眼动仪在心理学及相关领域的广泛应用，促进了心理学和相关科学研究以及心理学在多个领域中的应用。

3. 医学研究与诊断技术在心理学研究中的广泛应用

20世纪70年代以来，脑电技术（EEG/ERP）、医学影像学技术（包括fM-RI、PET、rTMS、CT等）、视觉研究技术（包括视野计、同视机等）、多导生理指标测量仪器以及神经生物化学技术手段逐步应用到心理学研究中，这些研究技术在心理学研究中的应用对研究人类认知活动的神经机制起到了重要作用（包括大脑的功能定位、认知加工过程的神经电活动机制、以及人类的情绪活动对生理生化活动的影响等）。

4. 听觉与语言分析技术

听觉与语言研究领域的方法和技术手段也飞速发展，并发展了用于听觉研究的专业的声学设备和听觉设备（如电子声级计、听觉诊断仪、语言分析仪等），这些设备在心理学研究中的应用使心理学研究与医学研究进一步结合，提高了听觉与语言研究的精确度，并对听觉与语言活动规律的深层机制有了更为深入的认识。

关于上述现代心理学、医学的研究方法与技术，在后面的章节中会做详细的介绍。

第二节　实验法与其他心理学研究方法的比较

在心理学研究中，研究数据的收集方法有很多，大致可以划分为以下几类方法：观察法、访谈法、问卷法、测验法、实验法（分为自然实验法和实验室实验法）、现场研究等。

一、观察法

观察法（Observations）是借助观察仪器，在特定的时间内，有计划、有目的地对被观察者进行观察、记录其心理活动和行为表现的一种搜集实验数据和资料的方法。观察法的典型特征是在自然的情境下观察对象的心理活动和行为反应并进行观察记录，具有直观性，与客观实际情况比较接近。

观察法分为自然观察法和实验观察法两种类型。自然观察法是在没有任何人为干预和实验控制的、自然发生的条件下对观察对象的心理活动和行为表现进行观察和记录。自然观察法在教育研究中的使用较多。实验观察法是指在一定的人为干预和控制的条件下，对观察对象的心理活动和行为表现进行观察和记录的方法。实验观察法通常排除一些与研究目的无关的因素，对与观察目的直接相关的因素予以重点观察。

二、访谈法

访谈法（Interview）又叫个案法（Case Study）或临床法（Clinical Study），是研究者围绕事先设计好的问题，通过与研究对象交谈的形式获取资料的一种方法。访谈法是教育心理学、发展心理学和社会心理学调查中常用的研究方法。

三、问卷法

问卷法（Questionaire）是通过严格设计的调查问卷对人的心理与行为进行调查研究的一种数据收集方法。通常问卷法适用于大规模的调查研究。

四、测验法

测验法（Testing）是通过修订的标准化的试题、按照一定的测量程序收集数据的一种方法。是心理与教育研究中最常用的方法之一。

五、实验法

实验法（Experiment）包括自然实验法和实验室实验法。

自然实验法是在自然情境下，对实验情境进行一定的控制来对人的心理和行为变化进行实验研究的一种研究方法。一般自然实验的结果与真实生活或工作情境比较接近，结果具有很好的推论性。

实验室实验法是指在实验室条件下，通过对实验条件和研究变量进行严格的控制来对人的心理和行为进行研究的一种实验方法。实验室实验法得到的研究结果一般比较精确，但是由于对实验条件控制比较严格，与真实的生活或工作情境有较大的差异，因此，实验结果的推论性要差一些。

六、实验法与其他研究方法的比较

表 1-1 不同心理学研究方法的比较

研究方法	优 点	缺 点
实验法	①实验条件控制严格； ②实验结论比较严谨； ③测量较为精确； ④用于验证某一理论或结论。	①实验条件控制的人为性； ②实验干涉程度高； ③对于复杂的行为无法测量； ④适用于探索性和验证性的研究。
观察法	①自然情境，推论性高； ②能够发现相关联系； ③可以进行详细的观察和测量； ④人为干涉程度低。	①对干扰因素不加任何控制； ②不易发现因果联系； ③变量控制困难； ④受观察者主观偏好影响； ⑤需多个观察者参与，记录烦琐。
访谈法	①可以对个别被试进行深入研究； ②可以对复杂的问题进行详细分析。	①变量控制不严格； ②对被试的错误回忆无法识别； ③受研究者主观倾向影响较大； ④不能对结果进行因果关系分析。
问卷法	①可获得大量有效数据； ②可以测量出大样本群体的态度和观点。	①不能进行因果关系推论； ②自我报告的真实性和偏向难以区分； ③选择无偏向的样本困难； ④非现场问卷回收率低。
测验法	①测验编制严格可靠； ②定量化程度高，数据易于处理； ③种类多，灵活方便； ④有常模，可以进行对照研究和解释。	①难以对结果进行定性分析； ②不能揭示变量间的因果关系； ③对使用者要求较高，需要培训认证； ④存在非人为因素干扰和主观报告偏向。

第三节 心理学实验研究的基本过程

实验研究是心理学研究的一种重要的方法之一，与心理学的其他研究方法一样，心理学实验研究同样遵循着如下过程：课题的选择与文献的查阅、提出问题与研究假设、实验设计与实施、数据整理与统计分析、研究报告的撰写与交流。

一、课题选择与文献查阅

课题选择与文献查阅是从事科学研究的一个十分重要的环节，在心理学研究中也是如此。通常情况下，研究者在某一学科领域进行研究的过程中会不断发现新的问题，这些新的研究问题不断酝酿和积累，当与问题相关的研究条件具备之后，就会成为研究者的研究课题。选择研究课题是科学研究的第一步，在选择研究课题的基础上，研究者还要围绕研究课题进行文献查阅的工作，在文献查阅和研读的基础上，对选择课题的研究难题不断进行具体化，并进行具体的研究设计、实验设计和具体实施实验。

1. 如何选择研究课题

对于研究者来说，选择研究课题包括两层含义。

（1）选择研究领域。研究领域是指某一学科范畴内的具体研究方向或分支学科。心理学分为基础心理学、发展与教育心理学和应用心理学三个学科，每个学科又有很多研究方向，如基础心理学又可划分为语言认知、感知觉、注意等，每个研究方向又可以划分为很多具体的研究方向，甚至有很多研究方向存在着交叉。总之，研究方向对于任何一个研究者来说应该是十分明确的，这直接关系到一个研究者的专长的发展以及科学研究的系统性和连续性，因此，选择研究方向是从事科学研究的基本前提。

（2）选择具体的研究课题。确定了研究方向不等于确定了研究的问题，对于任何一个学科领域而言，研究方向都包含着很多具体的研究问题，对于不同的研究问题来说，无论是在研究问题的深度还是在问题的广度上都是没有止境的。对于研究者来说，就是要对某一或者某些具体的研究问题不断地进行连续性的探讨，解释问题的本质和规律。如对于语言认知领域来说，又包含汉语认知、双语认知等，而每一个研究问题又有不同的研究层面和研究角度，比如，汉语认知问题有行为层面的研究［行为层面研究又区分为汉字（词）认知、阅读理解和阅读困难等］和认知神经科学层面的研究等。研究者只有确定了具体的研究课题，才能够对某一问题进行系统和深入的探讨。

对于一个从事科学研究的研究者，学会如何选择研究课题是非常重要的。从基础研究和应用研究的角度来说，选择研究课题具有如下方面的策略。

①从基础理论的角度选题。从基础理论的角度选择的课题多属于基础研究领域的研究课题。通常情况下，从基础研究领域选择课题可以从如下几方面入手：第一，可以根据相关问题的不同理论之间的矛盾、冲突或者各种限定的条件等问

题入手，寻找产生理论之间矛盾、冲突和条件限制的原因，并尝试探索更具有普适性的理论或者对已有的理论进行整合；第二，根据实证研究之间的矛盾、冲突或者不一致的观点或结论进行选题，必要时可以对相关的观点或者结论进行重复性的验证，寻找解决观点或结论不一致的原因，并从中发现新的研究问题进行深入的研究；第三，通过对相关问题的已有研究进行系统全面的了解和掌握，发现没有研究或者有待于深入研究的问题，并针对这些研究问题进行深入的研究；第四，善于观察和思考也是一个研究者应该具有的科学素养，这也是选择具有创造性和创新性研究课题的一种重要心理品质。

②从实践应用的角度选题。在社会各领域的实践过程中，不断发现新的有待解决的、具有一定现实意义的实际问题，并对这些问题进行系统、全面的研究，并将研究的成果应用到社会实践的各个领域。

③从研究方法的角度选题。对于相同的问题，采用不同的研究方法可以获得不同层面的研究结果，如对汉语言认知的研究，以往采用的主要是认知层面的实验方法——反应时的方法来探讨汉语言认知的规律，随着医学影像学和神经电生理技术的发展，认知心理学家采用医学影像学和神经电生理的方法和技术，从汉语言认知的脑机制的角度，对汉语言认知加工的规律及神经生物学基础进行了更为直接的研究，也获得了很多具有理论价值和应用价值的研究成果。采用不同的研究方法，从不同的层面对同一问题进行研究可以使不同研究结果或者结论之间相互补充，并系统和全面地探讨这些问题的本质。采用跨学科和跨领域的研究有助于不同学科领域的研究者采用不同的研究方法、技术和研究手段，从不同的角度对同一问题进行深入的研究，并可以获得更多的有价值的研究成果。

2. 选择研究课题的原则

（1）选择的研究应该具有理论价值和应用价值，能够补充和丰富某一学科领域的基础理论或在社会实践中有广泛的应用价值，这是任何一项科学研究的基本出发点。

（2）选择的研究课题应该具有充分的科学依据和实践依据。科学研究应该避免主观性，任何具体问题的研究都应建立在充分的科学依据与实践依据的基础上，这样才能够保证研究的可行性和研究工作的顺利开展，避免科学研究的盲目性以及人力、物力和财力的浪费。

（3）科学研究应该具有创造性，因此，在选择研究课题时，应该在阅读国内外相关领域的主要研究文献的基础上，提出前沿性的研究课题，避免机械性的重复研究。当然，并不是说重复性的研究是没有价值的，当某一具体问题的研究结果具有争议时，进行重复性的研究来对问题的结论进行验证也是必要的。

（4）选择研究课题还要根据研究者自身的学科兴趣而定。研究者自身的兴趣对系统和深入地开展课题研究工作是十分必要的，具有相对稳定的学科兴趣可以保证在某一学科领域范畴内进行长期的、系统和全面的研究，并在相关研究领域积累丰富的研究经验和研究成果，以有利于研究工作的深入开展。同时，对于一个研究者而言，具有广泛的兴趣和爱好对科学研究也是非常必要的，因为广泛的学科兴趣和爱好可以使研究者从相关学科领域获得更多的灵感和启发，发现交叉学科的研究问题，获得更有跨学科和跨领域的科学价值的研究成果。

3. 文献的查阅

（1）查阅研究文献的意义

对研究者来说，查阅文献具有十分重要的意义。第一，查阅文献可以使研究者系统和全面地了解和掌握某一研究领域的研究历史和现状，以及当前研究的前沿和热点问题，使研究者对研究的领域有全面的认识和了解；第二，查阅文献有助于研究者选择课题，在查阅大量的资料文献的基础上，研究者可以根据当前研究的前沿、研究者普遍关注的问题以及这些问题的研究进展情况，选择自己准备研究的问题的角度和切入点，以便对研究的问题进行规划和进行研究设计与具体的实验设计，同时，也有助于研究的具体实施；第三，查阅文献有助于研究者对研究的结果分析、解释和撰写研究报告。

（2）研究文献的种类

目前常用的资料文献主要有专著、专业期刊、学位论文、学术会议论文、索引、电子出版物和电子学术期刊及网络文献数据库等。

①专著。专著是一种重要的文献来源之一。专著通常汇集了某一学科领域或具体问题研究成果，因此，查阅某一领域或具体研究问题方面的专著，可以使我们能够对该领域或者研究问题有较为系统和全面的了解和掌握，便于选择新的研究课题和开展深入的研究。

② 专业期刊（包括某一学科领域的国内外核心期刊/大学学报/文摘等）。专业期刊是研究者查阅的主要文献来源。在心理学研究领域，国外核心期刊主要是收录在 SCI（Science Citation Index）和 SSCI（Social Science Citation Index）上的杂志，国内的心理学核心期刊主要收录在 CSCI（Chinese Science Citation Index）和 CSSCI（Chinese Social Science Citation Index）上的杂志。通过查阅核心专业期刊可以获得某一学科的不同专业领域和研究方向研究的历史和现状，以及研究者普遍关注的热点问题等。专业期刊是从事科学研究时查阅的主要文献资源。

③ 学位论文。学位论文也是一种重要的文献资源。一般学位论文包括硕士

学位论文和博士学位论文，这些学位论文主要集中在高等院校和各类具有硕士和博士学位授予权的科研机构，并收录在各院校和研究机构的图书馆中。近年来，学位论文也被纳入国家图书馆收藏的文献之中，因此，研究者可以通过国家图书馆的学位论文检索系统获取不同学科领域的学位论文的研究内容及摘要，并作为研究课题的重要参考文献。学位论文的研究内容具有前沿性，对问题的研究和阐述较为详细，且相当部分的学位论文没有发表或部分没有发表，因此，学位论文作为一种重要的文献资源，具有较高的参考价值。

④ 学术会议论文。学术会议论文中通常收录了关于某一研究领域或研究方向的最前沿的研究进展，这些研究成果通常是在正规的专业期刊和其他相关出版物中没有发表的成果。因此，能够获取国内和国际学术会议论文集对了解一个国家或世界范围内相关领域的研究现状，对了解学科领域研究的进展情况是非常有帮助的。通常情况下，学术会议论文集会作为一种文献资源被收录到各类大型的图书馆中，因此，可以通过国家图书馆或者研究机构的图书馆获取这方面的文献。

⑤ 索引。索引是传统的查阅文献的重要途径之一。计算机和互联网还未发展起来时，索引是人们检索文献的主要途径，研究者可以通过图书馆收录的世界范围内的各学科的发表物的索引及摘要，有选择和有目的地查阅与研究课题相关的文献的全文。但是，通过书面的形式来查阅索引往往效率比较低，一般需要很多的时间来查阅索引，还要花费大量的时间去找相关杂志，为了提高文献检索效率，美国的权威机构将索引制作成可以在计算机中检索的光盘数据库系统，这样，读者就可以在很短的时间里，通过计算机和输入关键词来检索需要的文献，并可以将查阅的结果记录在磁盘中，然后再根据阅读和筛选的结果，有针对性地查阅核心的、代表性的文献。

⑥电子出版物和电子学术期刊。随着国际互联网的迅速发展与普及，电子出版物和电子学术期刊也逐渐成为受到研究者关注的文献资源，与其他文献资源比较，电子出版物和电子期刊出版周期短，更新时间比较快，而且可以迅速发送到读者的电子信箱中。目前，国外有很多权威的期刊都有电子杂志，如 Science Online，Nature 的电子期刊等，这些电子期刊大约一周就更新一次，电子期刊比印刷发行的期刊在发行速度和效率方面有非常大的优势，读者可以在很短的时间内就可以了解到当前世界范围内的新发现和新的研究成果。电子出版物和电子学术期刊对检索前沿性的研究成果能够起到抛砖引玉的作用。

⑦网络文献数据库。网络文献数据库是目前研究者使用较多的，也是获取文献资源效率最高的文献数据资源。近年来，国内外开发了大量的基于国际互联网

的文献数据库系统，如国内常用的文献数据库有 Elsevier、ProQuest、EBSCO、OCLC First Search 等，还有很多权威的网络数据库资源以及各种学科和专业领域的文献数据库资源等，这些文献数据库资源收录了 1 000 种以上的 SCI 和 SSCI 收录的专业期刊，有些文献数据库可以查阅部分文章的全文，有些文献数据库甚至可以获得全部期刊的全文资料，给研究者查阅文献提供了非常大的方便，研究者可以在很短的时间内，查阅某一学科领域内的核心期刊中与某一具体研究问题相关的文章摘要和全文，并直接下载到本地的磁盘记录存储器中，研究者可以节省大量的时间用于从事具体的科学研究工作。从目前的发展趋势来看，网络文献数据库资源将成为研究者查阅文献的高效和便捷的渠道。必要情况下，如上述渠道仍查不到文献，可与国内外文献作者通过电子邮件联系，获得全文文献。

在查阅文献的过程中，通常是按照文献出版发行的时间，从最近的文献向前追溯，而且在查阅的过程中，还应该对文献的数量进行一定的限制，保证文献是第一手资料、具有权威性和代表性。

（3）研读文献

研读文献通常需要花费大量的时间和精力，这是提出研究课题和设计研究方案的十分关键的环节。对文献进行充分的研读和思考可以帮助研究者发现新的问题，获得更多的启发，并在深入思考的基础上提出研究课题和研究假设，设计具体的研究方案。

研读文献是很艰巨的工作，通常情况下，研究者一次查阅的文献可能有几十篇甚至更多，这就给研读工作带来了很大的困难，因此，在研读文献时应该掌握一些方法和技巧，应该将精读的文献和泛读的文献加以区分，可以选择出部分核心的文献进行精读，对其余的文献进行泛读，并可以通过阅读摘要的形式对这些文献进行必要的筛选，这样既可以保证不会遗漏关键的文献和研究结果，同时又可以提高文献阅读的效率。

二、提出问题与研究假设

1. 如何提出问题

研究问题是在研读文献的基础上提出的。在阅读文献的过程中，研究者对文献不断进行分析和思考，并发现新的问题。通过对这些问题进行分类、归纳和总结，并将其纳入当前正在进行或关注的研究问题中，在此基础上提出具体的研究问题。通常情况下，可以从理论、实践应用和研究方法等方面提出具体的研究问题，并将研究的问题具体化，这些研究问题也就是研究课题要达到的具体研究目标。

2. 如何提出研究假设

研究假设（Hypothesis）是对研究问题提出的设想。研究假设一般是对研究问题可能的结论的一种预期。研究假设具有如下特点：①研究假设应该有理论或实践等方面的科学依据；②研究假设具有预测性，是对可能取得的研究结果的预期；③研究假设具有可验证性，通过各种研究的方法和手段可以对结果的预期进行考证，确定研究假设的真伪。

提出研究假设的基本方法主要有两种。

（1）演绎推理法（Deductive Reasoning）：演绎推理法是根据某一类问题的一般规律对该类问题中的特定问题可能的结果进行预期，即从一般到个别。

（2）归纳推理法（Inductive Reasoning）：归纳推理法是通过对大量的事实或实验结论进行归纳和总结得出的关于某一类事物的共同规律陈述，即从个别到一般。通常情况下，采用演绎推理法提出的假设多属于应用性的假设，是将普遍的规律推广到具体的研究问题之中；从实践中提出的研究假设主要是采用归纳推理的方法，根据对大量的事实总结提出关于这些问题的普遍性规律，并对这个普遍性规律的普适性进行验证，这类假设具有一定的理论性和概括性，这种提出研究假设的方法在基础领域的研究中比较适用。

此外，提出研究假设应该注意如下几方面的问题：

①研究假设在文字表述方面应该简明扼要；

②研究假设应该具有充分的理论与实证依据；

③通常情况下，研究假设中应该包括两个或两个以上的变量；

④在文字叙述方面，研究假设应该陈述清楚，避免使用模棱两可的词汇；

⑤研究假设具有可验证性，能够通过不同的研究方法得以实现。

三、实验设计与实施

查阅文献、提出问题与研究假设是开展研究的前期准备工作，在充分的准备工作的基础上，研究者下一步需要做的就是设计研究方案，进行研究设计与具体的实验设计。研究方案设计是对研究课题进行系统全面的规划，并制订具体的实施计划。研究设计与实验设计主要包括被试选择、选择研究方法及技术手段、研究变量与额外变量的控制、课题实施的进度以及研究方案实施过程中需要注意的问题等。一个完善、合理的研究设计在实验研究的进程、提高研究效率以及节省人力物力财力等方面有着重要的作用。

1. 被试样本的选择

选择研究的被试群体是研究设计的第一个环节，如何科学选择被试群体是保证研究结果科学性与可靠性的基本前提。一项研究结果能否真正客观地反映客观事物的本质规律与研究对象的抽样的代表性是密切相关的，研究样本的代表性越好，研究结果就越能从本质上揭示客观事物的本质规律；而且抽样的代表性还会直接影响研究结果的推论性，抽样的代表性越好，研究结果的可推论性也就越高。由此可见，科学地抽取被试样本在心理学研究中占有举足轻重的地位。

（1）被试样本背景信息的控制

被试样本背景信息的控制是抽取样本时应该考虑的重要因素之一，被试样本背景状况直接关系样本的总体的范围和研究结果的推论范围。通常情况下，被试样本背景信息包括被试的地域、年龄范围、性别及性别比例、教育状况、职业及不同研究者所关注的其他方面的信息（如健康状况、对智力或能力的特殊要求、视觉状况、听觉状况等）。对被试背景状况的控制是选择被试样本的最基本要求。确定了被试样本背景状况后，便可以在符合要求的总体中抽取样本了。

（2）选择被试样本的方法

样本的代表性是抽样考虑的最关键因素。在心理学研究中，为了保证被试样本的代表性，通常采用如下的方法来抽取被试样本。

①完全随机取样

从理论上讲，按照统计学原理进行完全随机取样能够达到抽样的要求。完全随机取样通常适用于总体有限或容量不大的情况，具体的操作方法可以采用随机数表或抽签的方法进行完全随机化抽取样本。采用随机数表的使用方法如下：将总体中的所有个体随机排序，然后在随机数表中选取相当于样本数量的随机数，随机数对应的个体就是所要抽取的样本。抽签的抽样方法与经常做的抽签游戏的规则是完全一样的，即制作相当于总体人数的标签，按照拟抽取的样本数量制作相应数目的标签，并做出被抽取的标志，其余标签标志为非抽取对象。这样，通过抽签的形式就可以随机地将样本抽取出来。

②随机分层取样

随机分层取样是当总体容量或取样的规模比较大时，完全随机取样不可能实现的情况下，为了保证样本的代表性，采用完全随机化取样的原理，将总体划分为不同层次的抽样单元，在不同层次的抽样单元中分别进行随机化取样，经过若干次随机化分层取样，最后获得研究的被试样本。例如，对全国各地区的小学生阅读能力进行一项大规模的研究，由于全国各地区的小学总共有几十万所，直接随机取样是不可能的，如果采用随机分层取样的话，可以将取样的过程分为三个层次：省（自治区、直辖市）、地区（市、州、盟）、县（旗）、学校四个层次，为了充分考虑地域之间的差异，在省级行政区不进行随机抽样（全部作为抽样对象），在地区级的行政区进行第一层次的随机抽样，在抽取的样本中再进行第二层次（县级）行政区随机取样，在县级下属的小学再进行第三层次的随机取样，这样，最后就获得了全国小学生的研究样本。

③等组匹配取样

等组匹配取样是实验研究中较为常用的一种被试取样与分组匹配的一种方法，等组取样的主要目的是保证样本在最大程度上代表总体的情况。如在北京市和上海市的所有小学中各抽取 20 个具有代表性的学校，对小学生阅读能力的发展进行对照研究，如果简单地按照随机取样的方法或者随机分层取样的方法，很有可能是两个城市的被试样本之间由于样本的随机性带来显著的差异，不能十分客观地反映两个城市小学生阅读能力发展的差异。为了保证两个样本具有可比性，可以先将两个城市的所有小学的学生语文成绩或与阅读能力相关的测验成绩作为排序的标准，然后按照同样的取样标准（如按照奇或偶的顺序取样、按照相同的等级间隔取样等），这样获得的两个样本基本能够代表两个城市小学生的总体阅读能力的发展，由此比较出来的差异可以认为是两个城市小学生阅读能力的差异。

④个案样本取样

在一些特殊的研究领域（如脑功能损伤病人），不具备获得足够数量的样本的情况下，个案研究成为典型案例的主要研究方法。个案样本的研究主要集中在各类认知障碍病人的认知神经科学的研究，如各类视觉忽视症、失读症、失语症、盲视、自体失认症、巴林特（Balint）综合征等都是特定的脑功能区域受到损伤后导致的认知障碍，而这些认知障碍的疾病在世界范围内发现的病例并不是很多，有些甚至只有一例或几例的报道，这样的被试群体是很难获得的，因此，采用个案样本来进行长期的系统研究，同样可以获得大量的可靠数据，对病人的认知障碍的脑机制进行研究，并且可以获得具有理论价值和实际应用价值的成果。

（3）确定样本容量

样本容量是由统计抽样的基本原理、研究的内容、采用的研究方法以及课题本身的客观条件等因素决定的。统计抽样的基本原理（样本分布理论）是确定样本容量的基本前提，通常情况下，研究者可以根据课题研究的需要、采用的研究方法以及客观条件等因素，采用抽取样本理论或者经验的公式计算样本容量。在心理学实验研究，样本容量的确定主要应该考虑实验研究设计的因素、各因素的水平以及实验设计的类型等实验设计的问题，实验研究设计的因素和因素水平越多，抽取的样本容量也就越大；组内实验设计需要的样本容量较组间实验和混合实验设计要少。对于一般的实验设计来说，一个实验处理上的样本数量应该不少于 8 个，这样才能够保证实验结果满足统计分析的条件，并获取稳定的实验处理的结果。在一些特殊群体被试的实验研究中，可以根据实际研究的情况来确定样本容量。

在个案研究中，由于样本数量的限制，为了保证实验结果的稳定性和可靠性，通常采用增加实验数据取样的频率获取大量的实验数据，用来弥补样本容量本身的限制可能对实验结果产生的影响。

2. 选择研究方法及技术手段

选择研究方法与技术手段是心理学实验设计的关键环节，研究方法与技术手段直接关系研究结果的科学性与可靠性，甚至涉及对研究问题本质的认识层面。在实验研究中，常用的研究方法与技术手段有心理物理学的方法（包括传统心理物理法和心理物理法信号检测论）、传统行为实验研究的方法（如行为主义关于条件反射与行为习得的研究方法）、认知心理学的研究方法（如反应时测量技术以及基于反应时测量技术发展起来的移动窗口技术、注意线索技术、多目标注意追踪技术、空间线索技术等）、神经科学的研究方法与技术（包括神经电生理技术，如 EEG/ERP、多导生理指标记录仪，医学影像学技术，如 fMRI、MEG、CT、PET、rTMS 等研究手段和技术）。

确定了研究方法和技术手段，下一步就要对实验设计中的研究变量和控制变量进行严格有效的控制，尽可能避免实验实施过程中随机因素可能对实验结果带来的不利影响。

3. 研究变量与额外变量的控制

研究变量与额外变量的控制是心理学实验研究的核心环节。研究结果的科学性和可靠性与研究变量、额外变量的控制是密切联系的。研究变量包括自变量和因变量，自变量即研究者拟研究的影响因素，因变量是研究者观察和测量的指标。通常情况下，一项研究应该有一个或者多个自变量，每个自变量包含两个或者两个以上的水平，研究者通过改变自变量的水平观察因变量的变化，通过对大量的实验数据进行统计分析可以得出自变量和因变量之间关系的结果。

关于自变量水平的划分是研究变量控制的关键问题。自变量水平的划分合理与否直接关系到研究结果的可靠性和实验实施的效率。如果自变量水平过多不仅会增加被试数量和实验的工作量，还有可能使该因素的主效应受到一定程度的影响，并有可能因此得出不客观的结论；如果有些自变量的水平太少可能会夸大或者扭曲实验结果，使实验结果反映的趋势与实际情况不符。因此，研究者应该根据自己的研究经验、相关的理论与前人的研究结果对自变量水平进行客观的划分，使研究结果尽可能客观地反映出问题的本质。

额外变量控制对心理学实验研究的结果有着不可忽视的影响。关于心理学实验研究中的额外变量及其控制的方法参考第四章的相关内容。

4. 课题实施的进度及应注意的问题

课题实施进度是研究者对课题研究工作进展情况的具体规划。课题实施进度对研究的如期完成并达到预期的目标起着十分重要的指导意义。研究者在对课题实施进度进行规划时，应该充分考虑到课题研究过程中可能遇到的各种情况，并对资金和人员的安排等方面进行细致和周全的安排，保证课题研究工作顺利进行。

此外，在课题实施的过程中，研究者应注意如下几方面的问题：

①在课题实施的过程中，研究者应不断根据反馈的结果，对下一步课题实施计划进行及时调整；

②对课题实施过程中的不可预期的因素，应该有充分的思想准备，如果出现不可预期的情况，应及时解决，以免影响课题研究计划的顺利进行；

③课题组成员应该定期举行课题进展情况的交流会，并针对课题进展的情况以及需要改进的方面进行及时交流，并对下一步的研究工作进行调整；

④一个团结互助的研究团体是研究课题得以顺利实施的根本保证。因此，对于课题负责人来说，如何对课题及课题组成员进行组织与管理，充分发挥课题组人力资源的潜力也是一个需要考虑的重要问题。

四、数据整理与统计分析

在研究课题实施的过程中，研究者会不断获取阶段性的研究数据，并对这些研究数据进行整理和分析。数据整理与分析的方法主要是根据研究目的而定，具体的统计分析方法可以参考后面的章节。

五、研究报告的撰写与交流

研究报告是课题研究的阶段性或最终成果，撰写研究报告有统一的格式与基本要求，通常情况下，研究报告应该包括题目、署名、摘要、关键词、文献综述与问题提出、研究方法、结果分析与讨论、参考文献和注释等内容。撰写完研究报告，研究者应该以各种形式与同行或相关学科领域的研究者进行交流，交流的形式可以是参加各类国内与国际会议、出版专著、在专业期刊上发表等。关于研究报告撰写的详细格式与基本要求参见后面的章节。

第四节　数据整理与统计分析

在心理学研究过程中，通过实验可以获得大量的原始数据和资料，这些原始数据和资料表面上看是杂乱无章的、没有什么规律，也无法通过这些数据说明所要探讨的问题。要想使这些数据资料反映出研究问题的本质规律，就需要对搜集的研究数据进行整理与统计分析，从中发现事物的本质规律，得出具有理论和实践意义的结论。

通常对数据的统计分析包括如下过程：对数据的初步整理和分类、统计图表的制作和初步的描述统计分析、推论统计分析、多元统计分析方法等几方面。

一、数据整理

对数据的初步整理是数据整理的第一步，通常情况下，数据整理包括如下两方面的工作。

（一）剔除极端数据与不可靠数据

在搜集数据的过程中，有些数据可能会受到一些额外因素的影响（如被试态度不认真、停电或其他意外情况等），这种数据要根据实验的记录情况，在数据整理的过程中予以剔除。在对剔除不可靠数据后的数据进行整理时，可采用加减三个标准差的原则剔除极端数据，具体的做法是求出实验数据的平均数（Mean，常用 M 表示）和标准差（Standard Deviation，常用 SD 表示），对实验数据 Xi 的取舍范围是：$M-3SD < Xi < M+3SD$，凡落在该范围之外的数据，可以作为极端数据予以剔除。最后保留的数据可以进行进一步的统计分析。

（二）对数据进行分类与编码

剔除极端数据和不可靠数据后，还要对数据进行分类（Categories）和编码（Encoding）。具体的分类与编码过程及原则如下。

首先，对初步整理后的数据进行分类。一般对数据的分类要根据实验者搜集数据的假设来划分研究变量的水平（通常在数据搜集阶段就已经完成了）。如实验的研究变量（因素）的数量、自变量的水平以及被试个人信息（如姓名、性别、年龄等）等。通常对数据进行分类的原则如下：

①依据事物的本质特征对数据进行分类。在对数据进行分类时，要依据能反映事物的本质的特征进行分类，如性别，学习成绩的优、良、中、差等，注意集中程度，智力水平的高低等，而不能依据事物的非本质特征进行分类。在划分依据方面，应该掌握好量的标准，如智力分数在什么范围内算正常、低于多少算智力低下、高于多少算智力超常。如表 1-2 中职业的数据编码为 1、2、3，可分别代表研究者定义的职业范畴（如 1-学生、2-教师和 3-职员）。

②分类的标准要明确，不能模棱两可。在对数据进行分类时，应该依据事物的某一特征或几个特征对事物进行分类，分类的依据应该非常明确，而且要涵盖所有的数据，不能够有任何遗漏。

其次，在数据的分类标准确定后，需要对数据进行编码。所谓的编码就是对搜集到的数据赋予一个变量名，建立特定统计分析软件下的数据结构，必要时对变量名加上标签进行说明。如果是因素实验设计，还要对实验设计的因素及因素的水平进行分类编码，以便在进行方差分析和其他多元统计分析时作为分组变量使用（见表 1-2）。

表 1-2 经过分类和编码的数据结构

姓 名	年 龄	职 业	智力水平	反应速度
1	20	1	100	234
2	21	2	112	245
3	23	3	113	222
4	22	1	111	267
5	19	2	100	289
6	23	3	99	300
7	21	1	98	210
8	22	2	120	200
9	22	3	123	211
10	24	1	100	232

最后，根据数据的分类、编码以及建立的数据结构，将原始数据录入数据文件中，存为特定格式的数据文件（如 sav、dat、xls 等格式），以备统计分析时使用。

二、描述统计分析

描述统计分析（Descriptive Statistics）是数据分析的第一步。通常情况下，研究者可以对整理后的数据进行两方面的描述统计分析，即制作统计图表和计算描述统计量。

（一）统计图表的制作

完成对实验数据的初步整理与编码、分类等工作后，下一步工作就是对数据的趋势进行描述，通常情况下是通过统计图（Figure）或表（Table）的形式来直观地反映数据变化的趋势。通过统计图表，可以大致了解数据的分布情况以及数据所反映的初步规律，同时，也有助于对研究数据进行直观的解释。在统计分析中，常见的统计图表有次数分布表、累加次数分布表、次数分布图、累加次数分布图、直方图、条形图、圆形图、曲线图等。不同类型的统计图表可以从不同的侧面反映数据变化的基本规律，研究者可以根据数据的基本情况和探讨的问题确定选择什么形式的统计图表来描述数据。

（二）描述统计分析

从严格意义上讲，统计图表的绘制还只是对统计数据的最基本的描述。通过数据整理与绘制统计图表，下一步就要对实验数据进行最基本的分析——描述统计分析。通过描述统计分析，可以对实验数据进行简化和概括化，从而根据表面上杂乱无章的原始数据计算出简单的描述统计量，并对数据的全貌进行概括性的描述。这些描述统计量包括：

①集中趋势统计量。包括平均数、中数（Median）、众数（Mode）等。

②离散趋势统计量。包括标准差、标准分数（Standard Score）、变异系数（Variation Coefficient）等。

③相关系数（Coefficient of Correlation）。包括连续变量的积差相关（Product moment Correlation）和各种等级相关（Rank Correlation），如皮尔逊积差相关和斯皮尔曼等级相关。

描述统计分析在数据分析中起着非常重要的作用，推论统计分析是建立在描述统计分析基础上的，描述统计分析的结果有助于研究者解释推论统计分析结果。

三、推论统计分析

推论统计（Deductive Statistics）是将实验中抽取样本数据得出的结论推广到样本所代表的总体。推论统计就是对样本数据反映的情况及其普遍性进行统计分析的方法。推论统计主要包括总体参数估计、常规的统计检验（如 Z 检验、T 检验、χ^2 检验等）、方差分析、回归分析以及其他的高级统计分析方法（如因子分析、验证性因素分析等）。

（一）总体参数估计

参数估计是指当总体的参数未知时，用样本的统计量来对总体参数进行估计。参数估计可以划分为点估计和区间估计。点估计是指用样本描述统计量对总体描述统计量进行估计，如用样本平均数估计总体平均数，用样本的标准差估计总体的标准差等，具体的估计方法可以参考统计学方面的书籍。

区间估计是根据样本的概率分布理论和置信水平（显著水平），用样本统计量对总体参数可能落入的区间范围进行估计，并对这种估计正确的可能性予以解释。通常情况下，区间估计的置信区间范围是 0.99 或 0.95（0.01 或 0.05 的显著性水平）。

（二）统计检验

统计检验是根据样本分布理论，对抽取的样本与总体或样本与样本之间在描述统计量上是否存在显著差异进行检验的统计分析方法。统计检验是以样本分布理论为理论基础的。在不同条件下，从某一总体中抽取的样本，其样本的分布可能是不同的。根据不同的样本分布，可以对样本与总体或样本与样本之间可能存在的差异进行显著性检验，并根据检验结果对可能存在的差异进行推论。

在统计学中，常见的样本分布有 Z 分布（正态分析）、t 分布、χ^2 分布和 F 分布，与之对应的统计检验方法有：Z 检验、t 检验、χ^2 检验、F 检验。统计检验可以通过检验样本平均数、标准差、方差、相关系数与相应的总体参数或样本统计量之间是否存在差异，进而检验样本与总体或样本与样本之间是否存在显著差异，并得出结论和对结果进行推论，如样本是否来自该总体？如果是来自同一总体，该总体具有什么特征？两个样本是否来自同一总体？它们对应的总体具有什么样的特征？等等。统计检验方法是统计分析最常用的方法之一，检验的方法和原理简单且容易理解，而且根据检验的结果可以得出明确的结论，因此，统计检验的方法在各个学科领域得到了广泛的应用，并成为统计分析的主要方法之一。

（三）方差分析（ANOVA）

方差分析是根据变异可加性的原理，对不同来源的变异对总变异贡献的大小以及不同来源的变异之间是否存在显著差异进行统计分析的一种方法。通常情况下，统计数据是否能够进行方差分析至少应该考虑到如下三个条件：

①抽样的总体为正态分布；

②不同来源的变异具有可加性；

③不同实验处理内的方差具有齐性，即不同的实验处理组是同质的。

在心理学实验研究中，由于采用实验设计方法的不同，对实验结果进行方差分析的方法也有所不同。下面介绍一些常见实验设计的方差分析方法。

1. 单因素被试间设计的方差分析

被试间设计又叫组间设计、完全随机化设计或独立组设计，是将被试分为若干实验处理组，每组接受一种实验处理，各实验处理组之间是完全独立的。被试间设计的变异来源可以分解为两部分：组间变异（SSb）和实验处理组内变异（SSw），总变异用 SSt 表示，那么，实验处理的总变异可以表示为：SSt＝SSb＋SSw。根据组内与组间的变异与组内与组间自由度可以计算出组内与组间均方 MSb 和 MSw，最后进行 F 检验（$F＝MSb/MSw$）。

在统计分析软件中（如 SPSS、SAS 等），可以用单因素方差分析（ONE WAY ANOVA）过程来对单因素被试间设计的数据进行统计分析。具体分析方法将在实验设计部分进行详细讨论。

2. 单因素被试内设计的方差分析

被试内设计又叫组内设计、随机区组设计或相关组设计，它是将被试分为若干实验处理组，每组接受全部实验处理。被试内设计的变异来源可以分解为三部分：组间变异（SSb）、区组效应（SSr）和误差变异（SSe），总变异用 SSt 表示，那么，实验处理的总变异可以表示为：SSt＝SSb＋SSr＋SSe。根据区组变异与区组效应及相应的自由度可以计算出区组变异与区组效应的均方 MSb、MSr 和 MSe，最后进行 F 检验（Fb＝MSb/Mse，检验不同实验处理的差异；Fr＝MSr/Mse，检验区组效应）。

在统计分析软件中（如 SPSS、SAS 等），可以用多元方差分析（MANOVA）过程中的重复测量（Repeated Measures）的方法来对单因素被试间设计的数据进行统计分析。具体分析方法将在实验设计部分进行详细讨论。

3. 多因素被试间设计的方差分析

多因素被试间设计的方差分析与单因素被试间设计的原理一样，只不过变异的划分更细致了。下面以 A×B（A、B 两因素）被试间设计为例，说明多因素被试间设计的方差分析的基本方法。在 A×B 的实验设计中，总变异 SSt＝SS_A＋SS_B＋$SS_{A×B}$＋SSw。其中，SS_A 为 A 因素的组间平方和，SS_B 为 B 因素的组间平方和，$SS_{A×B}$ 为 A 和 B 交互作用的平方和，SSw 为被试间组内平方和。具体的求法见前面单因素被试间设计。

在统计软件中，可以用 ANOVA 过程来实现多因素被试间设计的方差分析，详细讨论见后面的实验设计部分。

4. 多因素被试内设计的方差分析

多因素被试内设计的方差分析与单因素被试内的原理一样，下面以 A×B（A、B 两因素）被试内设计为例，说明多因素被试内设计的方差分析的基本方法。在 A×B 的实验设计中，总变异 SSt＝SS_A＋SS_B＋$SS_{A×B}$＋SSr＋SSe。其中，SS_A 为 A 因素的组间平方和，SS_B 为 B 因素的组间平方和，$SS_{A×B}$ 为 A 和 B 交互作用的平方和，SSr 为区组平方和，SSe 为误差平方和。具体的求法见前面单因素被试内设计。

在统计软件中，可以用 ANOVA 过程来实现多因素被试内设计的方差分析，详细讨论见后面的实验设计部分。

除了上述实验设计外，混合实验设计、拉丁方设计以及其他复杂实验设计的方差分析可以采用多元方差分析的方法，根据组内和组间因素的设计情况计算来自不同实验处理、组内和随机因素的变异，并在 SPSS 或 SAS 统计软件包中进行相应的统计分析。此外，为了使方差分析结果的主效应和交互作用的变异来源及其贡献更为清楚，在进行方差分析后，还可以对数据进行简单效应分析。具体的分析方法可以参考后面的章节和统计分析的书籍。

四、其他常用的多元统计方法

除了上述的统计分析方法之外，常见的分析方法还有回归分析（Regression Analysis）、因素分析（Factor Analysis）、多元方差分析（MANOVA）、路径分析（Path Analysis）与结构方程（Structural Equation）、判别分析（Discriminant Analysis）、聚类分析（Clusters Analysis）、元分析（Meta Analysis）、时间序列分析（Time Series Analysis）等，研究者可以根据数据的特点和实际研究的需要，选择不同的统计分析方法，上述统计分析方法具体请参考多元统计方面的参考书或 SPSS/SAS 等统计软件包的使用手册。

第五节　撰写研究报告的格式与基本要求

撰写研究报告是一种最基础的心理学研究能力。对于研究者来说，无论撰写的研究报告是发表在国内外专业学术期刊上，还是作为一般性的学术会议交流，或者是提交给有关的部门作为决策的依据，研究报告的撰写都要遵从共同的写作规范，在达到这些规范的基础上，再根据不同形式报告的具体要求撰写研究报告。

一、撰写研究报告的格式与基本要求

通常情况下，一个研究应该包括标题或题目、署名、摘要、关键词、文献综述与问题提出、实验设计与研究方法、结果分析与讨论、结论、主要参考文献、脚注、补充说明和作者简介等部分内容。如果研究报告是用中文撰写和发表，最后还要附上英文篇名、署名、摘要和关键词。实验报告各部分的基本及具体要求如下。

（一）标题或题目

标题或题目（Title）即研究报告的篇名。通常研究报告的标题应简明扼要，用精练的语言概括出研究报告所要探讨的问题和研究目的，使读者能够从题目中清楚地了解到研究者报告的主要内容及所属领域，为读者在查阅和筛选文献时提供明确的参考线索。如研究者做一项关于归因方式对中小学生成就状况影响的实验研究，那么可以将实验报告的标题命名为"归因方式对中小学生成就状况（或学业成绩）影响的研究"，这样，读者对研究报告的内容和研究者探讨的主要问题就一目了然。因此，研究者在确定研究报告的标题时，尽可能避免含糊其词，要突出研究的主要意图和内容。通常情况下，专业期刊或者其他研究论文发表的载体对论文标题的字数也有一定的要求，一般情况下以不超过 20 个字为宜。此外，研究报告的标题应该以客观陈述的形式呈现，避免主观性的陈述。

（二）署名

署名（Author's Personal Information）在正式发表或者交流的文章标题下

面，包括作者的姓名、工作单位、所属地区和国家以及邮政编码等个人信息，以便出版者和读者对研究报告的作者有一般性的了解，同时也便于出版者、读者与作者之间的联系和交流。署名的顺序通常是以不同研究者在实验研究与撰写研究报告中的付出的劳动量和所起的作用确定的。如果有些参与者没有写在署名中，但确实对实验研究做出了一定的贡献，应该在署名的位置以注释的形式表示致谢。

（三）摘要

摘要（Abstract）是对研究报告的高度概括，摘要的主要作用有如下几方面：①使研究者或者文献查阅者能够在很短的时间里对研究报告的内容有一个基本了解，以便确定研究报告是否具有参考价值；②摘要也可以使研究者能够在很短的时间里了解到其他研究者的研究结论，节省阅读文献的时间；③摘要是其他研究者查阅文献时的重要检索依据。

撰写摘要时对文字的数量也有严格的要求，一般要求在 150～200 字，而且要求作者运用 150～200 个文字概括出研究报告探讨的主要问题、采用的实验设计与研究方法、被试信息和研究结论等。

（四）关键词

关键词（Key Words）是与研究内容相关的核心概念或术语，读者通过摘要和关键词，可以大概了解实验报告所要表述的内容。关键词不仅有助于读者了解研究报告的主要内容，而且也是文献检索的主要依据。通常情况下，一篇研究报告的关键词数量为 3～5 个。

有些杂志要求在关键词后面注明研究报告所属的研究领域的期刊分类号。如基础心理学研究领域的期刊分类号为 B842.1，则需要在下面注明"分类号：B842.1"。

（五）文献综述与问题提出

文献综述（Overview）是在查阅资料文献的基础上，通过对文献的研究与阅读，对文献中的研究问题进行分析和综合，并从中发现问题、提出问题，在此基础上提出研究假设。文献综述和提出问题应该包括如下几方面的内容。

1. 查阅应该遵循的原则

（1）权威性。一般查阅的文献资料应该是比较权威的期刊、杂志、会议论文集、专著等，这些文献中的相关理论与实证性研究能够代表所要研究问题的研究现状，使研究者能够对相关领域研究的了解具有代表性，并使提出的问题有充分的理论与实证依据。

（2）全面性。查阅文献时一定要尽可能全面。在选择一个研究课题前，应该对研究问题的国内外研究现状有一个全面的了解，避免因文献资料不全而做一些没有必要的重复性工作。当然，这并不是说研究过的问题就不能再进行重复性的研究，有时为了验证前人研究的可靠性，重复性的实验研究也是必要的。

（3）第一手资料。查阅资料的另一个重要的原则就是要查阅第一手资料，避免间接引用某一理论观点或实证性研究的结论，保证引用的理论与实证研究结果的准确性与可靠性。

2. 仔细研读文献，提出问题

查阅大量的相关研究文献后，需要对文献进行仔细研读，从文献中发现问题。通常研读文献时可以从以下几个角度发现问题：

（1）从研究方法上发现问题。如研究者的实验设计是否合理、材料与被试选择是否符合研究要求、采用的研究方法和技术手段是否可靠等。

（2）从不同研究者得出的结论中发现有争议的问题。

（3）从有关的理论与实证研究的分歧中发现需要进一步研究的问题。

（4）发现以往研究文献中忽略的问题。

（5）从社会经济与技术发展领域的应用角度提出问题。

3. 根据发现的问题，提出研究假设

研究者根据研读的文献资料和发现的问题，选定自己研究的问题的角度，确定自己研究的课题，并在此基础上提出自己的研究假设。提出研究假设应注意的细节问题见本章第三节的阐述。

（六）研究方法

研究方法（Research Method）包括选择被试、实验仪器与实验材料、实验设计（研究变量与无关变量控制）、实验过程等方面内容。在撰写研究报告的过程中，研究者需要交代每一部分内容的详细情况，具体要求如下。

1. 被试选择及分组情况

被试（Subject 或 Experimentee）选择具体包括被试出自什么样的总体、人数、性别比例、年龄、受教育水平、职业以及在感知觉方面的具体要求（如视觉或者矫正视觉正常、听觉正常）等信息，研究者可以根据实验研究的要求，在撰写研究报告时有选择性地报告上述信息。此外，如果实验设计为组间或混合设计，还要明确被试的分组情况及分组依据。

2. 实验仪器与实验材料

在研究报告中，研究者还需要对将使用的实验仪器（Apparatus，包括硬件仪器和实验软件）的名称、型号和主要的性能指标有明确的交代。此外，研究者还需要明确实验采用的实验材料（刺激，Stimuli）、材料的选取依据、材料的数量和材料的分配情况等。

3. 实验设计

实验设计（Experiment Design）包括实验考察的因素（自变量）和因素的水平（实验处理），被试在不同实验处理上的分配情况等，影响实验的额外变量及其控制，如何平衡可能产生的各种误差，实验记录的指标等。

4. 实验实施过程

实验实施过程（Procedure）具体包括阅读指导语、注意事项、刺激呈现与被试反应的过程、实验过程的控制、被试反应及被试信息的记录等。实验实施的过程是决定实验数据可靠性的关键环节，因此，实验者在实验实施前，应该对实验的实施过程有详细的计划和安排，并充分考虑实验实施过程中可能遇到的各种问题以及相应的应对措施，保证实验结果的科学性和可靠性。

（七）结果分析与讨论

结果分析与讨论（Result and Discussion）是研究报告的核心部分，结果分析与讨论包括对实验数据进行初步的整理与描述统计分析、进行推论统计分析、实验结果的综合讨论等方面内容。在结果分析与讨论部分的撰写过程中，具体应该考虑到如下方面的内容。

1. 数据整理与描述统计分析

（1）实验数据整理情况

实验结果整理主要是依据前面讲的数据整理原则，对极端数据和其他不可靠数据进行剔除。此外，对于不同类型的实验数据以及研究的具体要求，研究者对实验数据再进行进一步的整理。如在一般的以反应时为指标的感知觉实验中，对反应速度和正确率有一定的要求，如有些实验要求反应时在 $200\sim2\,000$ 毫秒，正确率在 95％以上；而在双任务的实验中，对反应时和正确率的要求就要宽松一些，等等。因此，研究者对数据进行筛选时，应该视实验研究的具体情况而定，同时，又不违背统计分析的基本原则。此外，在整理数据的过程中，研究者切忌按照自己的主观意愿有意识地将一些影响实验结果的、不符合剔除原则的数据剔除，否则既使实验结果缺乏了客观性，也违背了科学研究的严谨性和科学精神。

（2）采用的统计分析工具

在心理学研究中，一般可以采用 SPSS、SAS、LISREL 等统计分析软件包，对实验数据进行描述统计分析与推论统计分析。

（3）对实验结果进行初步统计及绘制统计图表

在对实验数据进行整理后，研究者可以对数据进行初步的统计分析，通常情况下，研究者首先要对数据进行基本的描述统计分析，并根据实验数据的类型和研究的需要，给出不同实验处理下的平均数、标准差、正确率、标准分数等统计指标。在必要的情况下，绘制不同实验处理下的统计图表（如描述统计量表格、曲线图、直方图等），并对描述统计分析结果做直观的分析与解释。

2. 推论统计分析

（1）常用的推论统计方法

在对实验结果进行描述分析后，研究者需要对实验结果进行进一步的推论统计分析。通常情况下，研究者可以对实验数据进行简单的统计检验如 T 检验、Z 检验、χ^2 检验、简单的方差分析等，并结合研究的问题对结果说明的问题进行深入分析和解释。在必要的情况下，可以根据实验设计的情况，对实验结果进行高级的统计分析，以便进一步揭示实验数据隐含的规律。

（2）进行高级的统计分析

高级的统计分析方法包括多因素方差分析或多元方差分析、回归分析、因子分析、路径分析和结构方程等，研究者可以根据需要选择相应的统计分析方法，并对相应的统计分析结果进行解释，必要的情况下，还需要在这些统计分析的基础上进行进一步的分析，如多元方差分析中的交互作用显著，可能需要再进行进一步的简单效应分析，为了对数据之间的差异和数据的变化趋势进行详细的分析与解释，可以对不同实验处理下的数据进行多重比较分析；在一阶因子分析的基础上，可以对数据进行二阶因子分析等。

在统计分析的过程中，研究者可以灵活地运用各种统计分析方法，对实验数据反映的本质规律进行深入的挖掘，研究者需要在这方面多下功夫，因为从不同角度或者按照不同的分析思路对研究数据进行分析，可能会得出更多的有价值的结论。

3. 综合分析与讨论

综合分析与讨论是数据分析与讨论的核心部分，在综合分析与讨论中，研究者需要将实验研究的结果放在研究方向或研究领域的大背景中进行讨论，在讨论过程中，具体至少需要考虑以下几个方面的问题：①研究结果与研究假设的一致性以及产生这样的结果的原因；②研究结果与以往的理论与实验研究的一致性以及研究的新发现，对一致或者不一致的原因进行解释，并对分析结果进行进一步推论；③讨论研究结果的理论意义与现实意义，并分析实验研究中可能存在的问题及需要进一步探讨的问题。

（八）研究结论

在对研究结果进行分析和讨论之后，研究者需要对研究的结论进行简单的总结（结论，Conclusion）。一般用简明扼要的语言，将研究得出的结论分别以陈述的形式进行总结，归结为几个要点，便于读者阅读和参考。

（九）主要参考文献

最后，研究者需要将研究报告引用的主要参考文献（Reference）按照引用的先后顺序列出来。引用的参考文献包括专著、公开发表的论文、会议论文、学位论文等。引用文献时一般应包括以下信息：著作者、论著或论文题目、发表的期刊或出版社、发表或出版日期、期刊的卷数和期数、页码等。研究者引用的参考文献一般应为直接引用的文献。

（十）注释

注释（Notation）是在研究报告中引用的理论、观点、前人研究结论，应在引用的位置注明（包括作者和发表时间，或以脚注、上标等形式标明），以便读者查阅和考证。通常在撰写中文研究报告时，以上标注明的情况居多。

（十一）脚注和补充说明

如果论文的行文中有需要补充说明的地方，可在相应的位置做出标记（如上标数字、星号等），并在适当的位置以脚注（Footnote）或补充说明。如研究报告受到基金的资助情况，可以在首页用脚注的形式注明。

（十二）英文标题、署名、摘要和关键词

在投出研究报告时，通常需要将研究报告的标题、署名、摘要和关键词翻译成英文，另附一页提交给期刊编辑部。

（十三）作者简介

如果是投稿的话，最后，还应该有一个作者的基本情况介绍（Personal Statement）。一般包括年龄、研究的专业领域、研究经历及成果情况等。

二、实验报告撰写要求和注意的问题

①撰写研究报告时，语言要精练、简明扼要；

②以实验数据、前人的理论和实验研究为依据进行分析和讨论；

③行文应以客观的口吻，避免使用主观性的第一人称的代词；

④如果报告准备在期刊上发表，应按照该期刊的论文格式撰写论文。

有关心理学论文的撰写格式与具体要求，可以参阅"心理学报""心理科学""心理发展与教育"等专业期刊上的论文格式和要求进行撰写。

英文稿件可参考 SCI、SSCI、EI、A&HCI、ISTP 等国际著名文献索引收录的英文期刊文章格式，上述文献涉及了各个学科领域，不同杂志要求格式也不一样，具体可参考相应杂志的投稿要求。

参考文献

[1] 波林著，高觉敷译. 实验心理学史. 北京：商务印书馆，1981.

[2] 杨治良. 实验心理学. 杭州：浙江教育出版社，1997.

[3] 孟庆茂，常建华. 实验心理学. 北京：北京师范大学出版社，1999.

[4] 杨博民. 心理实验纲要. 北京：北京大学出版社，1989.

[5] 朱滢. 实验心理学. 北京：北京大学出版社，2000.

[6] 舒华. 心理与教育研究中的多因素实验设计. 北京：北京师范大学出版社，1994.

[7] B. H. Kantowitz 等著，杨治良等译. 实验心理学. 上海：华东师范大学出版社，2001.

[8] 彭聃龄. 普通心理学（修订版）. 北京：北京师范大学出版社，2004.

第二章　心理学实验中常用的仪器设备

【本章要点】

（一）仪器和其他技术手段在心理学实验中的作用
（二）传统心理学实验研究常用的仪器
（三）认知神经科学领域常用的实验仪器和技术手段
（四）现代心理学实验研究中常用的软件技术

第一节　仪器和其他技术手段在心理学实验中的作用

一、心理学实验技术手段发展

（一）心理学研究方法的发展

心理学研究方法可以划分为三个发展阶段。

第一阶段是在科学心理学产生之前（古代至 1879 年）。科学心理学产生之前，人们对心理学的研究主要采用思辨的方法。18—19 世纪前叶，生理学、物理学得到了很快的发展，很多生理学家和物理学家采用生理学的研究方法和物理学的研究方法对人的神经活动、感知觉进行研究，在这一阶段还没有系统的心理学实验研究方法与技术。

第二阶段是从科学心理学产生到 20 世纪 50 年代（1879—1950 年）。该阶段心理学研究的主要方法是行为主义的实验研究方法，即通过刺激—反应的研究范式来推断人的心理活动的机制，传统心理物理学的实验研究方法也是该阶段心理学家研究感知觉过程的主要方法之一。此外，心理学家又发展了观察法、访谈法（个案法）、问卷法和心理测验等研究方法，并运用上述研究方法取得了大量的研究成果，发展了心理学的各个学科的理论，并将上述研究方法应用到解决实际问题中，如运用智力测验对儿童智力进行诊断、将人格测验应用于人才选拔、采用观察法和个案法来研究婴幼儿心理行为发展并解决心理行为发展中的各种问题等。

第三阶段是从 20 世纪 50 年代到 21 世纪初。该阶段心理学家采用现代化的技术手段对观察法、访谈法（个案法）、问卷法和心理测验等心理学研究方法进行了进一步的发展，如视频监控技术和计算机软硬件技术的发展对上述研究方法的运用起到了非常重要的辅助作用。此外，现代心理物理学研究方法——信号检测论在感知觉的研究中也得到了广泛的应用。由于认知心理学的兴起，在实验技术方面也逐渐摆脱了行为主义的刺激—反应的研究范式。研究者试图将人脑看作计算机，来研究人脑处理输入和输出信息的认知加工过程和加工机制，其中，反应时测量技术是认知层面研究的主要研究方法，并被广泛地应用于感知觉、注意和语言认知等领域的研究。到了 20 世纪 90 年代，生理的研究方法和医学的研究手段在心理学研究中得到了高度的重视，并在传统认知心理学的基础上发展了一个新兴的交叉学科——认知神经科学，心理学家采用电刺激、注射各种药品和生物制剂、功能磁共振成像技术（fMRI）、正电子扫描技术（PET）、脑电技术（EEG/ERP）、多导生理记录仪等研究手段，对心理活动的生理机制，尤其是神经活动的机制进行研究，并取得了一些创新性的研究成果。

从心理学研究方法的发展的历史可以发现，心理学研究方法与技术的发展与当时科学技术的发展是密切联系的，其他相关学科科学技术的发展为心理学研究方法提供了技术支持，尤其是物理学、计算机软硬件技术、生物技术、生理学和医学技术的发展是现代心理学研究方法与技术的基础，新的科学技术的发展同样使心理学研究方法和手段出现了革命性的飞跃，同时，也使人类对心理和行为的机制有了更接近本质的认识。

（二）心理学实验技术手段发展

1879 年，冯特建立了世界上第一个心理学实验室，标志着心理学成为一门独立的科学，心理学也从思辨和经验科学转变为实验科学，也就是说，是实验研究使心理学成为独立于哲学之外的科学。实验手段与技术的发展为心理学的产生与发展做出了不可磨灭的贡献。从 19 世纪初心理学产生前期到科学技术飞速发展的今天，心理学的实验仪器与研究技术也经历了如下几个发展阶段。

第一阶段是 19 世纪初到 20 世纪 20 年代。在科学心理学产生前的几十年里，心理学的实验仪器主要是当时在物理学和生理学领域常用的实验仪器以及对物理学和生理学仪器进行改造后用于心理学实验研究的实验仪器，如苏格兰生理学家罗伯特·惠特和马沙尔·荷尔，采用生理学的研究方法发明的测量条件反射的简单的神经刺激装置，用来测量断头的青蛙、蟾蜍和蛇的脊髓神经系统的条件反射活动；伽伐尼和马特锡采用神经肌肉装置测量到神经电活动的存在；赫尔姆霍茨采用物理学的方法测量神经电的传导速度；天文学家贝塞尔等通过天文观测发现人差方程，后来的研究者将人差方程用于测量心理和行为的速度及其个体差异的研究；法国医生布洛卡和弗里奇通过生理解剖技术发现语言中枢和运动中枢的存在。从科学心理学产生到 20 世纪 20 年代，心理学家基于传统心理物理法发明了各种测量感知觉（如视觉、听觉、触觉和痛觉等）、注意和记忆等心理过程的实验仪器，以及运用物理学的原理进行精密机械设计的测量反应速度的装置。总之，该阶段心理学的主要实验仪器是在物理学和生理学仪器的技术上发展起来的以及基于传统心理物理学的方法发展起来的简单的测量感知觉、记忆等的实验仪器，由于受当时科学技术发展的限制，在研究方法和技术手段上还处于朴素的机械装置的水平，对心理和行为的研究也只是通过表面上看得见、摸得着的现象推断其内在的心理过程。尽管如此，当时的研究方法、技术手段和思路为后来心理学实验仪器的发展奠定了基础。

第二阶段是 20 世纪 20—60 年代。这个阶段也是行为主义心理学的鼎盛时期，除了其他的非实验的研究方法得到了快速的发展之外，实验仪器的发展也主要是围绕着行为主义的思想和研究思路，设计的各种通过测量刺激—反应的过程来推断心理和行为机制的实验仪器，这些仪器主要也是一些机械设计的装置。如巴甫洛夫设计的研究狗的条件反射活动的条件反射装置；桑代克设计的用来研究猫的行为习得的迷笼装置；斯金纳设计的研究老鼠行为习得的条件反射箱——"斯金纳箱"；用来研究动物学习过程的迷宫；用来研究阅读过程的机械眼动装置；用来研究听觉的各种仪器，如高尔登笛、音叉、共鸣器等。在这个阶段，心理学实验研究仪器主要是基于行为主义的实验设备，实验仪器多属于简单的机械操作装置，探讨的心理与行为问题也主要围绕人和动物的行为表现，而心理与行为表现背后的认知加工过程则很难通过这些仪器设备及相应的方法来揭示。

第三阶段是 20 世纪 60 年代至 21 世纪初。在这个阶段行为主义的研究思路逐渐走入困境，研究方法与仪器设备手段对揭示人脑的内在认知加工过程显得无能为力了，认知心理学的兴起逐渐取代了行为主义的研究思路，心理学家开始采用新的方法和技术手段来研究心理与行为活动背后的认知机制和脑机制。这个时期的仪器设备主要集中在认知心理学、生理心理学等基础研究领域，如在认知心理学研究领域最常用的实验技术就是反应时测量技术，最初的反应时测量技术是通过一些专门设计的反应时测量仪器（属于小型的光电设备），如声光反应时测量仪就是用来测量视觉和听觉的反应速度的。认知心理学家基于反应时测量技术发展了各种心理学研究范式和研究技术，如用来进行语言认知研究的 D-Master

（简称 DMDX）就是配备硬件的反应时测量软件系统，用来研究知觉加工过程和注意的各种研究范式（如注意线索技术、注意融合技术等）都是在反应时测量技术的基础上发展起来的，反应时测量技术及其在认知加工过程的应用对心理学的发展产生了巨大的影响。心理学家通过反应时来解释感知觉、注意等心理过程的认知机制。此外，一些医用的设备也在心理学基础研究中得到了广泛的应用，如用来进行听觉实验和听觉诊断的听觉诊断仪，在生理心理研究方面常用的电刺激器、脑立体定位仪、多导生理记录仪、视野计等。20 世纪 90 年代以来，医学研究的技术手段在心理学中得到广泛的应用，并产生了新的学科——认知神经科学，如常用的实验仪器有功能磁共振成像技术（fMRI）、正电子扫描技术（PET）、脑电技术（EEG/ERP）等，现代计算机技术和高科技医学技术的发展为现代心理学实验研究提供了新的研究方法和技术手段。此外，随着计算机技术在心理学研究中的广泛应用，研究者开发了用于心理学实验教学和实验研究的各种软件系统，如用于实验心理学实验教学的"实验心理学实验设计系统"及其扩展版，用于普通心理学实验教学的"普通心理学实验教学系统"、新近综合版的"心理学实验综合设计系统"，用于心理学实验研究的 E-Prime 实验设计软件、DMDX/D-Master 心理学实验软件等，关于这些软件的详细情况将在后面的章节中进行详细的介绍。

　　20 世纪 60 年代以来，随着计算机技术、生理学与医学技术等的发展，心理学实验研究仪器也不断地由单一的设备形式向多种设备联机使用来对心理学实验的全过程进行严格、有效与高效率地控制的形式发展。如在认知层面的实验研究，主要是通过计算机来对心理学实验材料的编辑与制作、实验参数控制、实验过程与实验设计控制、被试信息与实验数据的采集与初步处理等的全过程进行控制，既可以使心理学实验达到标准化，同时也尽可能避免各种可能影响实验结果的额外因素对实验结果造成不利的影响。很多行为层面的研究中，将计算机与实验仪器进行联机来控制实验和搜集数据，如眼动仪主要是通过计算机与眼动仪的头盔进行联机获取被试的各种眼动轨迹的数据；计算机与听力计联机来对听觉进行诊断和对听觉现象进行研究；计算机与视野计联机对视觉搜索进行研究等。在认知神经科学研究领域，经常采用的实验研究设备也常常与计算机以及其他相关设备进行联机使用，通过计算机对实验仪器及实验的全过程进行严格有效的控制，并运用相关的实验数据（包括各种医学影像学数据等）软件对实验结果进行各种形式的分析与处理，使实验结果更为高效、精确和可靠，如目前在认知神经科学研究中常用的 fMRI、EEG/ERP、rTMS、多导生理记录仪等都是由计算机对相关实验仪器进行联机控制，通过各种实验软件采集数据，并运用各种数据处理软件对实验结果进行分析与处理。从科学实验仪器的发展情况来看，计算机已经成为控制各种实验设备的重要的仪器，在心理学实验研究乃至其他学科的科学研究中起着非常重要的作用。通过计算机的控制，各种心理学与医学实验设备的功能也得到了进一步的开发，这也充分体现了科学技术的发展给科学研究带来的巨大变化。

二、仪器和其他技术手段在心理实验中的作用

实验仪器和其他技术手段在心理学实验研究中起着十分重要的作用。心理学产生初期，实验仪器就作为心理学实验研究的一种重要的技术手段，通过各种实验仪器获得了大量的实验研究结果，发展了心理学的基础理论。随着科学技术的飞速发展，实验仪器在科学实验研究中的作用和优势也越来越明显。计算机和相关的实验研究仪器在心理学实验研究中有着不可缺少的地位和作用。仪器在心理学实验研究中的地位与作用具体体现在以下几方面。

（一）编辑与制作实验材料

在传统的心理学实验中，由于计算机和高技术的实验设备没有得到广泛的应用，很多实验材料都是通过手工制作的，手工制作出来的实验材料无论是在视觉效果上还是在实验材料的大小、颜色和其他各种物理属性的处理上，都会受到一定的影响。随着计算机与其他各种实验技术的发展，实验材料的制作也发展为主要是通过计算机来完成的，通过计算机的各种文字、图形和语言处理软件，不仅能够对实验材料的各种物理属性进行严格、精确和有效的控制，排除实验材料制作不规范等因素对实验结果造成的各种不利的影响，而且还会大大提高实验材料的视觉或听觉效果。

（二）控制实验条件

在传统的实验研究中，各种实验条件的控制通常是人工控制，这种人为的控制无疑会使各种随机因素和系统因素不能得到很好的控制，这势必会影响实验结果的稳定性与可靠性。通过仪器（如计算机）对实验进行控制，则可以实现实验过程控制标准化（如实验呈现、实验设计中的各种实验处理的安排、被试反应过程以及结果的记录与查询等），避免实验过程中主试对被试有过多的语言和行为方面的暗示而对实验结果造成不利的影响，实验结果更为精确和可靠。

(三) 测量感官观察不到的心理和行为指标

仪器设备最重要的作用是测量表面上观察不到的各种心理、行为和神经与生理活动的指标，如行为实验中的反应速度、得分、正确率等，记忆实验中的保持量和学习次数等。认知神经科学中的脑功能定位与激活情况、EEG/ERP 和多导生理记录仪指标的变化幅度，rTMS 成像结果等，并通过对各种指标的分析来探讨心理和行为活动的机制。

(四) 记录结果并对结果进行统计分析

计算机及先进的实验设备可以对实验结果进行初步的处理和统计分析，有些与计算机联机的实验仪器还能够对统计结果进行绘图，有助于研究者在实验过程中不断从已做的实验中获得反馈信息，及时发现问题并进行纠正。如前面提到的与计算机联机的眼动仪、多导生理记录仪、fMRI、EEG/ERP、rTMS 等都带有对实验数据进行辅助分析的各种数据处理软件，并可以对实验结果进行深入的统计分析，大大提高研究者和实验者的效率。

总之，仪器和其他技术手段在心理学实验研究中起着非常重要的作用，因此，研究者或实验者在心理学实验研究中，应充分发挥仪器的作用，运用仪器和软件技术将实验全过程控制在相对理想的状态，保证实验结果的精确性和可靠性，提高实验的效果和效率。

三、心理实验和其他心理实验技术手段的发展趋势

随着微电子技术、计算机技术以及新材料技术的高速发展，心理学实验仪器也从以往的机械和简单的机电设备向高技术和规范化发展，从近些年心理学实验仪器的发展情况来看，心理学实验教学与研究设备和软件技术手段等主要表现出如下几方面的发展趋势。

(一) 心理学实验计算机化是心理学实验教学与研究手段发展的主导趋势

20 世纪 80—90 年代初，心理学实验教学与实验研究的手段主要是借助一些专门的实验仪器设备，如用来研究条件反射和行为习得的条件反射箱和迷宫、研究听觉现象的听力计、用来研究彩色视野范围的机械装置的弧形彩色视野计、研究深度知觉的深度知觉仪，还有很多研究颜色知觉、明度知觉、形状知觉、视觉注意、记忆、语言、思维等方面的实验仪器，这些仪器在当时的心理学实验研究

中确实起到了非常重要的作用。但是，随着科学技术的飞速发展，很多实验仪器的功能可以完全用计算机硬件与软件技术取代，如认知心理学领域的感知觉、记忆、注意、语言认知和思维等方面的实验研究基本上可以用计算机软件的技术来完成，而像听觉、空间知觉、生理心理、认知神经科学等方面的实验主要还是借助专门的实验仪器。从近些年实验教学与实验研究发展趋势来看，在教学实验中更是以计算机化的实验教学软件和实验平台为主要的教学手段，以仪器实验教学作为必要的补充；在实验研究方面，认知和行为层面的实验研究表现出了计算机化的趋势，而生理心理学和认知神经科学研究领域也主要是以计算机和专门化的实验设备联机来进行实验研究。计算机硬件和软件技术已经成为心理学实验研究的必需仪器设备和技术手段。

（二）实验仪器在技术方面的电子化、规范化与标准化

从目前心理学实验仪器的使用情况来看，传统的一些机械实验设备已经逐渐成为历史，而被计算机技术和心理学实验软件和平台所替代，计算机软硬件技术在心理学实验中的运用大大提高了心理学实验的效率、精确性与可靠性。同时，计算机软硬件和一些新发明的高技术专业实验仪器和其他学科的实验仪器的联机使用逐渐取代了传统的不规范的实验设备。总的来说，心理学实验原来常用的机械仪器和机电仪器已经逐渐被集成微电子技术和计算机技术的专业仪器设备所取代，并成为心理学实验仪器新的发展趋势。

在心理学实验仪器的规范化与标准化方面，传统的实验仪器往往没有统一的生产规范和标准化的技术规范，导致不同国家、地区和厂家生产的实验仪器获得的实验结果不具有可比性，实验研究结果不能够得到该研究领域的广泛承认，这也是我们国家心理学实验研究与国际心理学实验研究接轨的主要障碍之一。心理学实验仪器的规范化与标准化不仅是主要技术、产品技术性能和仪器配件，还包括技术培训和仪器设备的售后服务（如维修、主要消耗品的供应、技术升级与技术支持等）。从目前情况来看，虽然我们生产自主知识产权的实验设备的能力是非常有限的，但是，国际通用的规范化与标准化实验仪器已经逐渐在我国主要的心理学研究机构普及。心理学实验仪器的这种国际与国内的发展趋势也正逐渐使心理学像其他自然科学一样，在研究方法、技术和手段上更为科学和严谨，更能从根本上去揭示心理和行为的发生与发展规律。

（三）仪器设备和软件技术生产的系列化，技术更新的周期不断缩短

随着心理学实验仪器和软件技术的规范化和标准化，仪器设备的技术开发与

生产也逐渐系列化，近些年来国际上通用的实验软件和实验设备已经从以往的单一化逐渐系列化，同类软件的版本也从原来单一的教学实验软件或者研究实验软件逐渐发展成为系列化的产品，以满足不同研究者和教师的需要，而且不断进行技术升级与更新，使实验软件的发展与当前实验研究的现状基本保持一致的水平。实验设备也从原来单一化的产品发展成为不同规格和型号的产品，以满足不同研究者和教师的科研与教学要求。由于计算机技术与其他领域该技术的快速发展，实验仪器的技术更新换代周期也不断缩短，如目前实验研究常用的眼动仪、多导生理记录仪、EEG/ERP 等主要的实验仪器通常在几年之内就会有一次大的技术更新。心理学实验仪器的发展以及产品的系列化与技术更新周期的缩短为心理学实验研究提供了强有力的技术支持。

总之，对于任何一个学科而言，研究方法与技术手段对可能取得的研究成果有至关重要的作用，研究方法和技术手段对实验研究的严谨性、科学性和精确性有决定性的影响，借助现代科学技术的手段，可以使研究者不断修正以往研究中出现的偏差，对人类和动物的心理现象有更深入、更接近本质的认识。

四、心理学实验室的基本布局

（一）心理学实验室图例

心理学实验室与其他学科实验室有所不同，在心理学实验研究中需要控制来自各个方面的可能影响实验结果的因素。这些因素包括实验环境布置、环境背景照明和背景噪声、来自主试方面的因素、来自实验实施过程的因素等。因为需要考虑上述方面的因素，一般在进行心理实验时，要求被试避免上述因素的干扰，在单独的一个小的观察实验室中进行实验，具体的实验室布局见图 2-1 和图 2-2，图 2-2 是一个标准的由六个上述小实验室构成的认知行为实验室。

（二）建设心理学实验室应考虑到的几个方面

由于心理学实验研究和研究对象的独特性，为了保证实验结果的客观性和可靠性，在建设心理学实验室时应该考虑到如下几方面。

1. 实验室环境布置方面

行为认知实验室的基本布局一般包括 4～6 平方米的实验室，设有百叶隔离窗（用来隔离实验室与外界环境和光线的干扰，如果需要暗室进行实验，则应该在百叶窗内或外加一层黑红色相称的遮光窗帘）；放置仪器或计算机的实验台

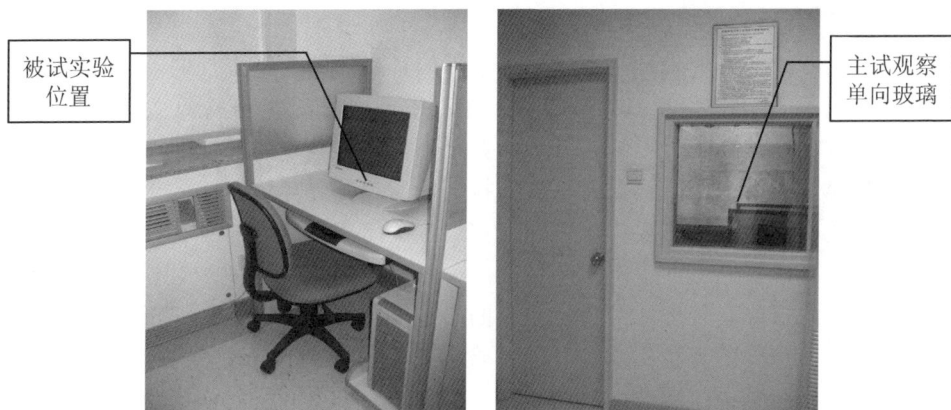

图 2-1　心理学实验室的布局

图 2-2　由六个标准心理学实验室构成的实验室

（用于放置实验用的一些设备或计算机等）；可以上下调节高度和前后移动的靠背椅（主要用于调节被试在实验时与刺激之间的距离和被试的水平视角）；单向玻璃窗（主试在实验室外用来观察被试的实验操作过程）。除了上述配置外，实验室环境的布置要简单，尽可能不要摆放与实验无关的家具或其他的仪器设备等，此外，墙壁的颜色要自然（一般采用乳白色和其他浅色系的颜色），不要张贴和悬挂与实验无关的任何装饰物品。一个行为认知实验室可以包括 5～10 个上述的小实验室，必要时，在每个实验室单向玻璃窗外面放置一个桌子，以便于主试用来观察和记录被试的实验操作过程。

2. 实验室背景照明和背景噪声

实验室背景照明的处理一般采用可控制的日光灯的数量来控制，一个小的实验室可以安装 4～8 个 30～50 W 的日光灯，并同时安装 2～4 个开关来控制实验室开灯的数量，这样就可以通过开关的数量来控制实验室的环境照明，此外，对于正常环境照明的实验，可以将百叶窗拉上，避免外界环境照明的干扰，如果是在暗室环境中实验，则需要将暗室窗帘拉上，关闭实验室内的所有日光灯。

在背景噪声控制方面，对实验室的门、窗均采用隔音处理，对外窗和单向玻璃窗均采用双层隔音处理，对于实验室的门也采用隔音材料，这样可以在很大程度上减少实验室外的环境噪声的干扰；此外，在实验室内部背景噪声控制方面，主要是关闭实验室内与实验无关的设备，降低实验设备开机时的噪声等，这样就可以基本上将实验室环境噪声控制在 30～40 dB，避免环境背景噪声对实验结果的影响。

3. 其他需要考虑的因素

除了控制上述的实验室环境和背景照明、噪声外，在做实验的过程中，对实验室外的环境、准备室的环境也应该进行一定的布置，保证准备室的安静、环境照明舒适、接待人员对被试的态度友好和礼貌等。

以上是认知心理学行为实验室建设需要考虑的因素，对于一些特殊的实验室的环境和设备的配置应根据实验的实际需要而定，如专业的听觉实验室和视觉实验室在实验室背景噪声和环境照明方面均需要进行特殊的处理，具体可以参考听觉实验室和视觉实验室的具体要求而定。

第二节　心理实验中常用的实验仪器

一、感知觉类的实验仪器

1. 混色轮

混色轮由支架、色盘和电机组成（见图 2-3），是一种简单的机电设备。混色轮的主要用途是用来演示不同色调和饱和度颜色的混合现象以及明度知觉中的各种视觉现象。混色轮在心理学基础课程教学中是常用的实验演示设备之一。

图 2-3　混色轮

2. 听力计

听力计在医学上又叫作听觉诊断仪，临床上主要用来诊断各种听觉障碍。听力计是由主机（听觉发生设备和控制设备）、气导耳机、骨导耳机、反应键以及数据输出接口线组成（见图 2-4），听力计的发声设备（由集成电路板控制）和耳机是其核心的部件，也是决定听力计性能稳定性与可靠性的主要部件，在心理学实验研究中，主要用来测量人的听觉绝对阈限、听觉响度和频率的差别辨别阈限、听觉疲劳与听觉适应的过程、听觉掩蔽和双耳听觉平衡等听觉现象。通常情况下，医用的听力计每年都要经过计量部门的检测和校准方能继续使用。

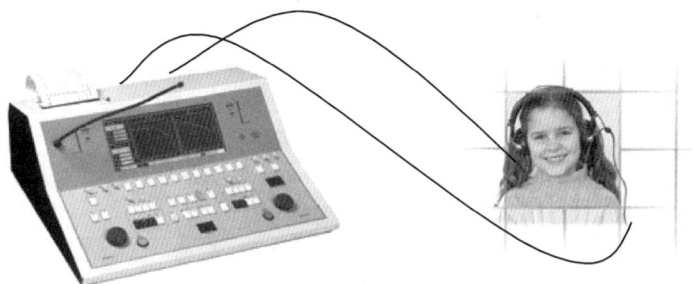

图 2-4　电子听力计（AC40）

该听力计的特点是具有两个独立的通道。既适用于右手操作，也适用于左手操作。AC40 是以提供高级的临床或训练方法为目的而开发的。不仅可以实现全部的传统的听力测试，还可以提供一组完整的经典的高级阈值测试，如 Bekesy，MLD，ABLB 和响度定标。每个测试项目均有其专用的屏幕以便于监测结果和理解每项测试的基本原理。该特性在训练环境下格外有用。高频听力计包括以下功能：带 Bekesy 工作；可提供实时频率选择，如耳鸣匹配。

打印输出方式的选择包括：可选的内置式热敏打印机，直接与激光打印机相连，以及使用 NOAH 或 Windows95 下的 Interacoustics 软件与计算机连接。

AC40 的机动性和功能的设计也可以通过在测听结果或当前在线听力图（AC，BC，UCL 阈值）的大字符显示中展示出来。AC40 听力计的主要技术参数见表 2-1。

表 2-1　AC40 听力计的主要技术参数和功能

AC40 型听力计 技术参数	
输出	气导/骨导/语音/高频
掩蔽	NB/WN/SN/PN
最大 HL 气导/骨导	120 dB/80 dB
频率范围	125 Hz～8 kHz
噪声/方波	有/有
衰减步长	1 dB+5 dB
打印	内部 PC/激光打印机/ MS25/MS40
声场校准	内部/外部语音/音调
TDH39/耳塞 3A	有/有（除校准）
自动阈值	HW/Bekesy
特殊检测（举例）	SISI/ABLB/ Stenger/ 纯音 Stenger/双耳语音/伴噪音调/高频/响度定标
送话/回话	有/有
监测	内部/外部
计算机连接	有
NOAH/Connex	有/有
结构	金属
重量（含 TDH39 耳机和电源）	13 Kg
医疗 CE 标志/FDA	有/有

3. 声级计

声级计是用来测量声音的声压级（dB 值）的仪器（见图 2-5），主要应用于环境监测领域，用来测量环境噪声。在心理学研究中，声级计主要用来测量实验室环境背景噪声，尤其是对环境噪声要求比较严格的实验中，如听觉的各种实验或者进行听力诊断，需要实验室噪声低于 30 dB，在这类实验中，应该对实验室环境噪声进行连续监测，并且避免任何可能的噪声干扰源。此外，在语言认知的实验中，也应该对实验室环境噪声进行严格有效的控制，避免噪声对语音反应的干扰。

在心理学产生早期，听觉实验仪器还不是十分先

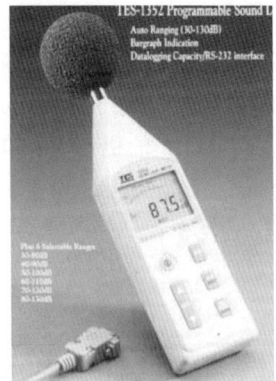

图 2-5　声级计

进，研究者采用的主要研究听觉的设备还有高尔登笛、共鸣器、音叉、音笼等。高尔登笛是用来演示听觉发声原理的实验仪器，其发声原理与笛子和箫的发声原理相同。

共鸣器是用来演示声音共鸣现象的实验仪器，是根据声学中声波的共鸣原理制作的，共鸣器是一个由金属制作的筒状结构，通常是用音色较好的青铜制作而成，敲击能够发出共鸣的回音。

音叉是用来演示不同频率和音色的声音的听觉实验仪器［见图 2-6（a）和图 2-6（b）］，它是由一系列长短不等的金属材料（如不锈钢、铜等）制作的，可以发出不同频率和音色的声音，音叉制作的原理与古代编钟的原理是一样的，用音叉也可以演示简单的音乐。

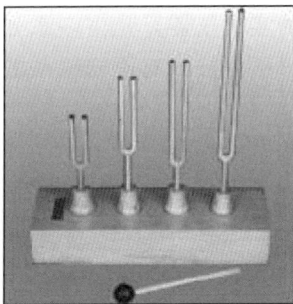
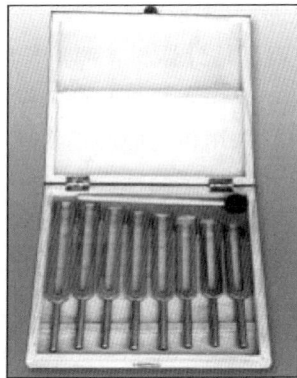

图 2-6（a）　音叉　　　　　　图 2-6（b）　音叉

音笼是用来测量听觉方位定向的实验仪器。音笼是由发声设备（扬声器及声音控制器）、带有靠背的椅子、空间方位定向装置、眼罩（不透光的墨镜）等构成，实验参与者通过对三维空间不同角度呈现的听觉刺激位置的判断，可以发现听觉方位定向与空间角度的关系，听觉方向定位的研究对一些空间操作的职业从业者的选拔有重要的参考价值。

4. 痛觉仪

痛觉仪是用来测量痛觉感受性的仪器，通常可以用来测量人的痛觉绝对感受性和痛觉差别感受性。用痛觉仪测量感受性时，通常采用传统心理物理学的方法，如最小变化法、平均差误法、恒定刺激法等。

5. 实体镜

实体镜（stereoscope）是用来演示深度知觉的一种简单的光学实验仪器（见图 2-7）。其工作原理是用

图 2-7　实体镜

挡板将双眼视觉分离，使人通过分离的挡板观看视野远处从不同角度拍摄的两张同一物体的照片时，看到的是该物体的立体图像。通过实体镜的演示实验，可以说明双眼线索在深度知觉中的作用，用来验证立体视觉和双眼视差。

6. 深度知觉仪

图 2-8　深度知觉仪

深度知觉仪是由开窗机箱、标尺、参照目标、移动目标、照明设备、电机和反应键等组成（见图 2-8）。深度知觉仪主要是用来测量人的距离、开窗的角度以及单双眼对深度知觉的影响。深度知觉仪还可以用来测量运动员、驾驶员、经常从事空间操作的人员等的深度知觉能力的强弱，选拔对距离判断和空间操作要求比较高的人员。

7. 长度/面积估计器材：测量长度或面积的感觉差别阈限

长度估计器是用来测量长度知觉感受性的实验仪器，是由一系列长度不等的线条组成，可以采用传统的心理物理学方法，根据被试对不同线条的长度的估计来测量对长度知觉的感受性。

面积估计器是用来测量面积知觉感受性的实验仪器，是由一系列面积不等的圆盘或正方形组成，可以采用传统的心理物理学方法，根据被试对不同圆盘面积的估计来测量对面积知觉的感受性。

8. 似动仪/动景盘

似动仪是用来演示似动现象的实验仪器（见图 2-9），由控制器和显示器组成。在运动知觉的实验中，通常是通过似动仪的显示屏幕的部分将一个图形按照一定的时间差（即相继出现的频率）在不同的位置呈现，就可以观察到两个相继呈现的图像是从一个位置向另外一个位置运动，这就是似动现象。由于计算机技术的飞速发展，似动现象很容易

图 2-9　似动仪

就可以通过计算机控制来进行演示，因此，在现代的心理学实验室中，似动仪已经成为心理学实验发展的历史，计算机演示完全可以对似动现象进行控制，获得较好的演示效果。

动景盘是采用似动现象和闪光融合的原理制作的一种用来演示动景和动画播放原理的一种心理学实验仪器，由圆形的仪器外壳、手动转动装置、一系列连续

的图片存放架和观察窗口组成。动景盘可以将按照一定时间间隔拍摄的图片演示成连续运动的效果。电影就是依据动景盘的原理制作和播放的。

图 2-10　大小恒常性测量仪

9. 大小恒常性测量仪

大小恒常性测量仪是用来测量大小恒常性知觉的心理学仪器（见图 2-10），大小恒常性测量仪是由标准图形及支架和可调节图形两部分机械装置构成。标准图形及支架可以放在距离被试不同的距离范围内，被试可以通过观察标准图形的大小来调节可调节图形的大小，根据多次调节的结果可以计算出被试调节的平均误差（用每次调节的误差的绝对值来计算），这个误差就是被试的大小恒常性。

10. 暗适应仪

暗适应仪是用来测量明适应与暗适应过程的心理学实验仪器（见图 2-11）。暗适应仪是由机箱、电源、控制明度及灯光呈现时间的按钮、反应键、暗箱、视标及眼罩等构成。通常情况下，暗箱内的照明通常有若干挡（4～6 挡），随着暗适应过程的进展，可以通过调节视标的挡来降低暗箱内的照明，并且通过不断改变暗箱内视标的形状来避免被试猜测。暗适应仪可

图 2-11　暗适应仪

以用来测量驾驶员（尤其是飞行员、航海人员等）以及其他夜间操作人员暗适应速度的快慢，并可以作为选拔这些职业从业者的重要指标之一。

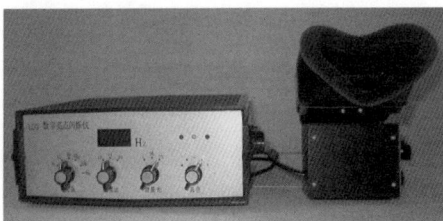

图 2-12　闪光融合频率仪

11. 闪光融合频率仪

闪光融合频率仪是用来测量人对不同颜色色光的闪光融合频率的心理学实验仪器（见图 2-12）。闪光融合频率仪是由控制机箱和观察箱构成。控制机箱主要是用来控制呈现色光的颜色及亮度、背景颜色及亮度、亮点的大小及其闪烁频率；观察箱是被试用来观察闪烁亮点和调节亮点闪烁频率的装置。通常情况下，闪光融合频率实验是在暗室中进行。

12. 棒框仪

棒框仪是用来测量认知方式的实验仪器（见图 2-13），棒框仪测量认知方式的基本原理是：根据被试在实验过程中对线段垂直与否进行判断时是否依据环境

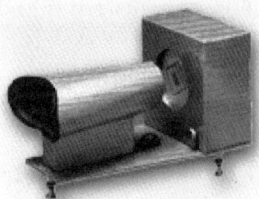

图 2-13 棒框仪

信息来确定其认知方式，棒框仪的基本原理与镶嵌图形测验的原理是相同的。勒温（Levin）将认知方式分为场独立性和场依存性，通过对线段垂直判断的误差来判断被试是属于场依存性还是场独立性。

13. 速视器

速视器（Tachistoscope）是用来呈现视觉刺激的（包括文字、字符、图片等）心理学实验仪器（见图 2-14），速视器有双视野、三视野和四视野三种，在心理学实验研究中，速视器通常用于研究记忆、学习、注意和视觉搜索等方面的研究，可以精确呈现视觉刺激和记录被试的反应，速视器是心理学基础研究中常用的实验仪器。

四视场速示仪是目前比较先进的速视器。该仪器可高精度地控制呈现刺激的时间（可精确到秒）。控制是由微处理器控制的。刺激呈现时间和间隔时间通过程序设置控制，通常可以预先设置九

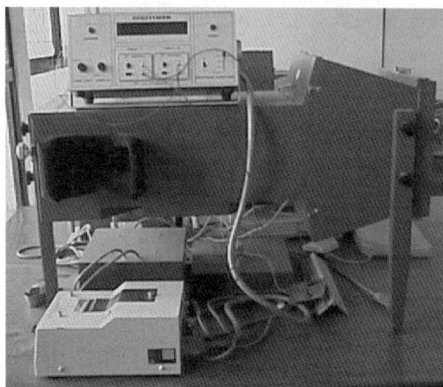

图 2-14 速视器

个程序，每步呈现时间和间隔时间可以秒为单位进行设置。四视场速示仪配有两个手动更换卡片器，两个自动换卡器和一个反应键。四视场速示仪能同时呈现一到四个视觉刺激。该仪器适合于研究感知觉、注意、记忆、语言理解和思维等心理过程，特别是研究视觉信息加工的过程。速视器的使用方法见表 2-2。

表 2-2　速视器的使用方法

操作阶段	操 作 方 法
准备阶段	①准备呈现实验图片材料（通常是纸制的卡片）； ②将图片的卡片放置在速视器呈现的特定位置； ③根据实验的具体需求，设置控制程序及卡片的呈现时间与时间间隔； ④确定卡片的呈现控制方式为手动或自动控制； ⑤准备进行实验。
测试阶段	①请被试坐在速视器的显示窗口，眼睛尽可能贴近遮光罩及显示窗口； ②按顺序呈现实验材料，并请被试做出反应，记录反应结果； ③按照实验时间的长短，确定被试的休息时间，避免或减轻视觉疲劳。
反应结束	请被试者离开速视器的显示窗口，向被试进行必要的解释和说明，准备继续进行下面的实验。

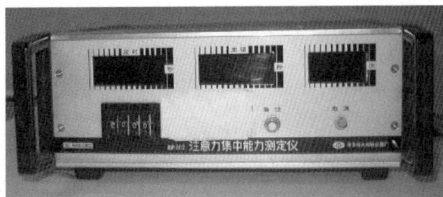

图 2-15 (a)　注意集中仪

二、注意类的实验仪器

1. 注意分配仪/注意集中仪

注意分配仪（或注意集中仪）是用来测量注意分配能力的心理学实验仪器［见图 2-15 (a) 和图 2-15 (b)］，通常是采用双任务研究范式（Dual Task Paradigm）给被试同时呈现两项任务，要求被试完成一项任务的同时进行第二项任务的操作，根据被试对两项任务的完成情况及效率便可以确定被试的注意分配能力。由于计算机软件技术的发展，目前传统的注意分配研究仪器已经逐渐被计算机软件取代，通过计算机能够对注意分配任务、实验过程以及数据的记录和整理等全过程进行很好的控制。

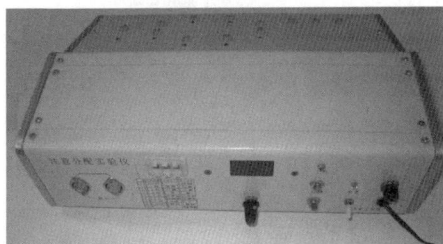

图 2-15 (b)　注意分配仪

2. 注意稳定仪

注意稳定仪是用来测量注意稳定性的实验仪器，如九洞仪就属于注意稳定性的实验仪器（见图 2-16）。此外，注意稳定性还可以用计算机注意的起伏图形或者双关图形来测量，并可以在计算机上测量和记录注意波动的过程。

3. 眼动仪

眼动仪也可以用来研究视觉注意与视觉搜索的过程及其规律［见图 2-17 (a) 和图 2-17 (b)］，通过眼动仪可以记录视觉搜索过程中视觉注视点及注视停留时间，并对视觉注意过程时间变化规律和空间变化规律进行系统全面的分析。眼动仪是视觉注意与视觉搜

图 2-16　九洞仪

索研究的一种重要的实验仪器。Eyelink I 是目前使用较多的第一代先进的自动化控制与数据处理的眼动仪，近些年 Eyelink II 在技术上又进行了进一步更新。Eyelink II 眼动仪主要由三部分组成：主试计算机、被试计算机以及头盔。头盔上带有三个红外线摄像头，以精确记录被试在阅读过程中眼睛的运动过程。就目

前来说，Eyelink Ⅱ眼动仪在国内研究单位已经开始使用，在国际上也是得到了研究机构的普遍认可。

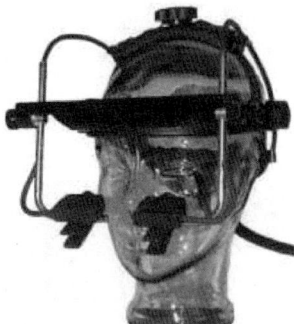

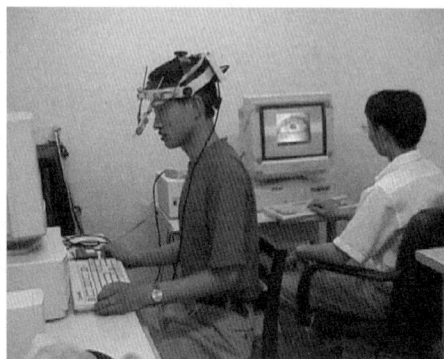

图 2-17（a） 眼动仪　　　　　图 2-17（b） 眼动仪的安装和使用

眼动仪的主要功能是能够及时准确地记录人在进行某项任务时眼睛的位置、停留时间以及整个过程中眼动的轨迹，研究者通过设计一些相关任务能够从这些指标中推测在该任务下人的相关的心理过程。由于 Eyelink Ⅱ在 Eyelink Ⅰ的基础上提高了时间和空间分辨率（分别为 500 Hz 和小于 0.01°），而且它是基于 windows 环境下的系统，操作起来比原来的 Eyelink Ⅰ更加方便简捷。更重要的是它能够完成 Eyelink Ⅰ不能实现的动态任务实验，如注视点追随显示实验范式（Gaze contingent display paradigm）。在研究中，可以通过被试眼睛的运动、注视、瞳孔变化等特征来揭示人类大脑的活动和相应的心理过程。这是一种严格精确的技术，具有广泛的应用领域和良好的发展前景，包括基础研究和应用研究两个方面。其中在基础研究方面，特别是在中文阅读方面应用较为广泛，此外，眼动技术还可以用于知觉、注意等多方面的研究。在应用研究方面，眼动技术可以用于人机交互界面、广告、体育、军事等领域。在体育上，有一位拳击教练表示希望与眼动仪研究者进行合作，以开发更有效的训练方式；在军事上，有研究者将眼动技术用于飞行员的飞行训练过程中。此外，还有一些其他规格和型号的眼动仪在不同的领域得到了广泛的应用。

4. 计算机及相关的注意研究技术

计算机及软件技术的发展为注意的研究提供了强有力的实验手段。20 世纪 80 年代以来，心理学家提出了很多基于计算机技术的注意研究技术，如近 20 年来广泛应用的 DMDX 软件技术、移动窗口技术（Moving Windows）、注意线索技术（Attentional Cueing，也称空间线索技术，Spatial Cueing）和多目标视觉追踪技术（Multiple Objects Tracking，MOT）、目标融合技术（Target Merging）等，计算机技术的发展对心理学的研究做出了巨大贡献。

三、学习与记忆类实验仪器

1. 迷宫

迷宫是用来研究动物学习行为的一种常用的心理学实验仪器之一（见图2-18）。迷宫主要是由支架、迷宫凹道组成。实验者可以通过在迷宫的另一侧放上能够强化动物学习的食物或者惩罚的措施（如电击），动物在找食物的过程（或者受到惩罚时）逐渐学会了如何找到迷宫出口。

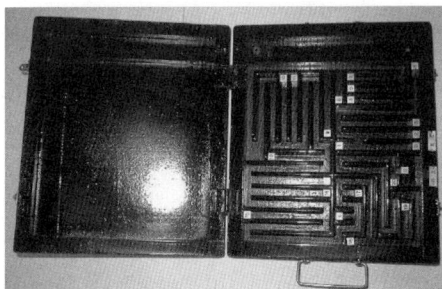

图 2-18　迷宫

2. 记忆鼓

记忆鼓是用来研究记忆的实验仪器，其主要的作用是用来呈现记忆材料，并可以使被试对实验材料进行回忆或者再认，记忆鼓一直被用来做心理学的教学实验。随着计算机软硬件技术和速视器等的发展，记忆鼓在心理学实验中已经很少使用了，研究者主要通过计算机和其他的实验设备来研究记忆。

3. 多重选择器

多重选择器是用来做概念形成实验的心理学实验仪器（见图2-19）。多重选择器是由一系列灯光组成的，通过对灯光进行有规律的控制（灯光变化的规律代表一个特定的概念），观察者可以分析灯光变化代表的概念。此外，概念形成实验也可以用一系列的图形组合、语义组合等作为实验材料进行。多重选择器是早期研究概念形成的一种实验仪器，随着计算机技术的发展，运用计算机研究概念形成要比多重选择器方便、高效、精确、快捷。

图 2-19　多重选择器

4. 计算机在学习与记忆研究中的应用

随着计算机技术的发展，计算机已经成为认知心理学和学习规律研究的主要研究手段之一。大部分认知行为层面的研究都是通过计算机及相应的软件技术实现的，如心理语言学、感知觉、记忆、思维等方面的研究都可以通过计算机来完成。

从近些年来心理学研究的情况来看，计算机及其软件技术在内隐记忆、瞬时记忆、短时记忆、长时记忆、问题解决、自组织学习等方面得到了广泛的应用，并用来对记忆的组织与加工过程、问题解决的认知加工过程以及语言学习、知识学习的过程进行模拟。计算机及其软件技术已经成为学习和记忆研究的重要手段。

四、动作与技能实验仪器

1. 动作稳定仪

动作稳定仪是用来测量动作稳定性的实验仪器（见图 2-20）。动作稳定仪是由一个带有狭窄曲线凹道的机箱、金属笔和计数器组成，被试可以手持金属笔沿着曲线金属凹道运动，当金属笔碰到金属凹道时，计数器就会做一次错误的记录，这样就可以根据在完成整个凹道运动的过程中所犯错误的次数反映被试动作的稳定性。犯错误次数越少，说明被试的动作越稳定；犯错误越多，说明被试的动作越不稳定。

图 2-20　动作稳定仪

2. 反应时测定仪

反应时测定仪是传统的测量人声音和光的反应速度的实验仪器，它是 20 世纪 70—80 年代用来测量反应速度的主要实验仪器之一。随着计算机技术的发展，反应时测定仪逐渐为计算机软硬件技术所取代，目前反应时测量方面的教学实验和研究性实验主要是采用计算机、反应盒和相应的软件技术来实现。采用计算机软硬件技术替代传统的反应时测定仪，无论从实验过程控制的标准化方面，还是从实验结果记录的精确性与可靠性等方面，都要优于传统的反应时测定仪。因此，计算机及相应的软硬件技术已经成为测量反应时方面的心理学实验研究的主要技术。

此外，由于一些特殊职业选拔（如驾驶员、运动员、军人等）对反应速度的要求较高，对动作技能的反应时的测量也成为这些从业者选拔的一个重要的指标，因此，运动反应时也成为职业选拔中测量的指标之一。运动反应时测量仪是测量动作反应速度的实验仪器之一，运动反应时测量仪在上述职业领域也有广泛的应用价值。

3. 双手协调器

双手协调器是用来测量动作协调性的心理学实验仪器（见图 2-21）。双手协调器是由一个带有弯曲凹

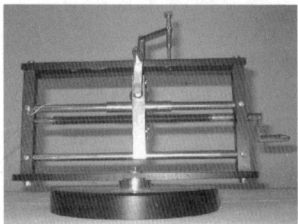

图 2-21　双手协调器

道的机械金属架、凹道内的一只金属笔、计数器和两个控制金属笔运动轨迹的手摇把手组成。被试通过对两个手摇把手的协调控制，可以使金属笔在曲线凹道中运行，当金属笔接触到曲线凹道的边缘时，就会记录一次错误，被试在实验过程中犯错误次数越少，说明动作协调能力越好。

双手动作协调能力也可以通过计算机硬件、游戏杆和相应的软件技术模拟的人机交互界面来测量。如在航空和航海的模拟训练实验室就是采用复杂的人机交互界面来训练飞行员与航海人员的飞行和航海操纵技能的。

4. 镜画仪

镜画仪是用来测量动作技能的实验仪器（见图 2-22），是由一个镜子和一系列简单的图片组成。其基本原理是让被试通过看镜子里面的图片或物体，在记录纸上画出镜子中的图片或物体。该仪器可以通过完成的时间和质量来评价动作技能的发展状况。

5. 同视机

同视机是视觉研究以及双眼视觉功能检查与训练常用的仪器，该仪器可以用来进行立体知觉、斜视、弱视、视觉融合等方面的检验，并针对个体存在的立体盲或立体知觉障碍、斜视、弱视、视觉融合等方面的视觉功能缺陷进行训练。同视机的照片见图 2-23（a）和图 2-23（b）。

图 2-22　镜画仪

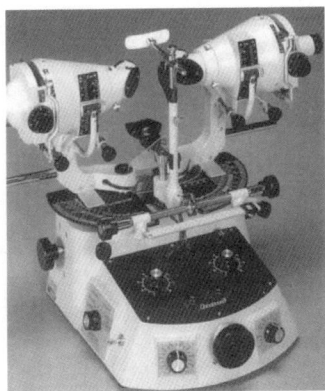

图 2-23（a）　INIMA 同视机

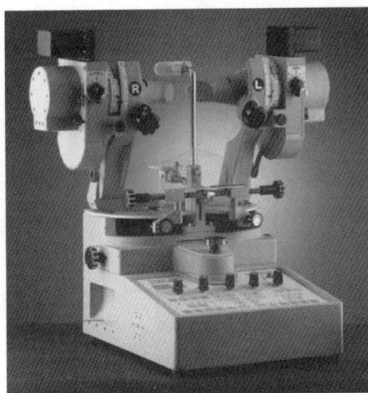

图 2-23（b）　TSJ1015 同视机

五、情绪和生理心理实验仪器

1. 条件反射箱

条件反射箱是心理学实验中使用较早和较为广泛的心理学实验仪器（见图 2-24），条件反射箱最早用于研究动物的反射行为的习得。巴甫洛夫研究狗的条件反射行为的实验装置可以看作是条件反射箱的最初雏形，后来美国心理学家桑代克用来研究大猩猩、鸽子和猫行为习得的迷笼和斯金纳用来研究动物行为学习的斯金纳箱都是早期研究条件反射行为的机械装置。

图 2-24　条件反射箱

20 世纪五六十年代以来，生理心理学家用机械装置和电刺激的方法结合，通过奖励和惩罚措施对动物习得行为进行研究，这就是现代的条件反射箱。通常条件反射箱由机械的条件反射装置（是一个长方的箱子）、电刺激装置和稳压电源组成。该仪器通过稳压电源控制电击的强度来达到激活或者控制动物行为的目的。

2. 脑立体定位仪

脑立体定位仪是动物行为实验中常用的实验仪器〔见图 2-25（a）和图 2-25（b）〕，是由精密的机械定位装置构成，主要是用来对动物的大脑皮层和皮下中枢的各区域进行空间定位。脑立体定位仪是与其他的实验设备共同使用达到实验的目的，如脑立体定位仪与电刺激装置共同使用可以对特定的脑区进行定位和电刺激，激活动物的特定行为；通过脑立体定位仪对特定脑区进行定位来进行动物的脑损伤对行为影响的实验等。

图 2-25（a）　脑立体定位仪

图 2-25（b）　脑立体定位仪

3. 电刺激器

电刺激器是用来进行动物电刺激实验的仪器（见图 2-26），其主要的部件是精密的微电极、稳压电源和电流控制装置，可以对大脑功能区实施精确的电刺激，激活动物特定的行为。电刺激器是生理心理学研究中常用的实验设备之一，广泛地应用于生理心理学的科研和教学实验中。电刺激器通常与脑立体定位仪共同使用，以达到对脑功能区定位并进行电刺激的目的。目前较好的电刺激器有双输出刺激器，该仪器在生理心理实验教学与研究中应用较为普遍。

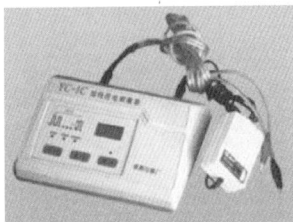

图 2-26　电刺激器

4. 信号放大器

信号放大器是生理心理学实验中用来放大神经活动电信号的实验仪器（见图 2-27），通常与神经电生理实验仪器或者神经生物化学实验仪器等共同使用，用来对经过实验处理后的个体生理指标发生的变化进行放大，并通过示波器显示在电子显示屏幕上，以便能够直接观察到实验处理的效果。也可以将信号放大

图 2-27　信号放大器

后通过多媒体显示设备直接输出到计算机多媒体投影设备或其他大屏幕显示设备上，可以用来进行实况观摩教学。

5. 其他常规的实验器具及药品

在生理心理学实验中，还有一些常规的实验器具和用品，如手术器械、各类消毒和注射用的药品制剂（如麻醉剂、兴奋剂、激素等）。这些器具和药品制剂是很多动物实验的必需品，在使用这些器具时应该严格按照生理实验室的基本要求，保证实验器具的用前用后消毒，并存放在专门的器具盒（柜）中。药品制剂应该注意保存的期限，按照不同药品的保存和使用注意事项进行保管，避免药品挥发或者失效。

第三节　认知神经科学领域常用的现代实验仪器

一、视野计

视野计是用来测量视野范围、视觉缺陷等的医用实验设备，它能客观地检查

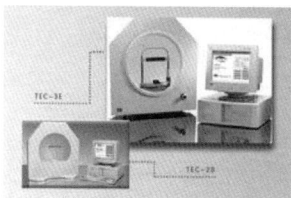

图 2-28　视野计

出人的视野缺损，并可准确地诊断视觉和中枢神经系统已发生或潜在的病症，并对视功能进行客观的评价。传统的视野计是用机械装置和发光设备组成的机械视野计（见图 2-28）。随着医学技术和计算机技术的发展，近年来，由计算机控制的全自动视野检查系统被普遍应用于临床诊断和视觉研究中。

视野计通过以计算机为核心的视觉编码控制系统，可以实现对视野球面中数百个检测点闪烁状态进行准确控制，并通过视野中的目标来检测相关的视野区，根据被试的反应记录相应测试值，最后经过专业的软件分析系统生成视野阈值图、灰质图、三维（3D）地形图及切面图等，并根据视觉常模资料和国际临床视野检查标准给出检查意见，提高了视野检查的效率和准确性。此外，通过特定的实验设计获得的数据可以用来分析在特定视野范围内视觉注意及搜索的规律，全自动化视野计主要有如下特点。

① 能够呈现高密度的测试点，并对测试点的排列方式进行优化，使视觉诊断与检查的精度有较大的提高。

② 自定义检查法：用户可分区域或逐点选定测试点和测试方式，有针对性地进行视觉检查，这样不仅提高了检查效率，而且对于探讨视觉搜索的规律、研究新的问题与视觉诊断方法具有重大的意义。

③对实验及诊断数据进行深入的分析：视觉检查结果可以以细化灰质图的形式呈现。细化灰质图采用递归拟合算法，可以将相对粗糙的灰质图拟合为平滑的真彩色灰质图，使诊断更为精确、形象和直观；还可以通过三维变换技术将平面数据转换为直观的三维地形图，呈现全新的 3D 地形图，并可对视觉活动过程进行动态演示。

④ 数码 USB 监视系统及数据传输系统：该技术可直接在操作屏上实时获取受检者眼球对视野对象注视的数码图片，并进行实时自动监控，减轻了操作的工作强度，提高了结果的可信度和可靠程度。

二、多导生理记录仪

多导生理记录仪是用来记录生理活动的各项指标的医学与心理学实验仪器［图 2-29(a)］，根据多导生理记录仪的发展和研究者对不同指标需求情况的配置，多导生理记录仪有

图 2-29（a）　多导生理记录仪

4 导生理记录仪、8 导生理记录仪、16 导生理记录仪、32 导生理记录仪、64 导生理记录仪等。研究者可以根据研究的需要，选择需要的功能对多导生理记录仪进行配置。

　　4 导生理记录仪或 8 导生理记录仪是拥有八个导程的用于记录人体和其他动物生理活动电信号的仪器 ［见图 2-29（b）］，可以同时采集八种不同生理指标的信号，并逐一进行检测和分析。多导生理记录仪主要由各种传感器、放大器、监视器和记录器构成，目前配备的传感器有用于记录肌肉生物电的电极（包括表面电极）、心电图电极、脑电图电极、

图 2-29（b）　多导生理记录仪

流体压力传感器以及相应的放大器，检测到的生理指标信号通过生物电放大器、肌肉生物电放大器、流体压放大器等，传入信号分析系统，并对动态采集数据信号进行如下分析：①肌肉电生理检测与分析；②呼吸、血压等张力压力信号检测与分析；③语音信号检测与分析；④人体心电图检测与分析；⑤脑电图检测；⑥诱发电位、动作电位检测与分析；⑦神经元活动检测与分析；等等。目前国际上使用的同类仪器主要是日本、欧美等国家生产的，在医学诊断与治疗、心理与行为研究中得到了广泛的应用。

　　多导生物信号分析系统是类似多导生理记录仪的实验仪器，主要是由多导生物信号程控放大器、程控刺激器与生物信号计算机分析软件组成，在一定程度上可以替代常用的多导生理记录仪、生物信号磁带记录仪及生物信号分析仪等传统医学诊断与研究仪器，具有呈现刺激、程控的放大多通道生物信号、多导生物信号实时采样显示、动态检测、信号长时间记录储存器、生物信号分析与处理等功能，可以完成与生理、药理、病理等相关的基础医学实验与行为实验。

三、EEG/ERP 脑电记录仪

　　脑电是大脑中枢神经系统活动过程的反映，在医学研究与临床诊断中通常通过脑电记录仪（见图 2-30）来记录大脑中枢神经系统活动的过程。通常脑电活动表现为不同的形式，自发脑电（Spontaneous EEG）是指没有特定外界刺激的情况下，大脑神经系统活动自发产生的电位变化；诱发电位（Evoked Potential，EP），或称诱发反应，是指神经系统接受内、外环境刺激信息所产生的特定神经电活动。

　　在临床应用上，通常将诱发电位分为两类，一类是外源性的刺激相关诱发电

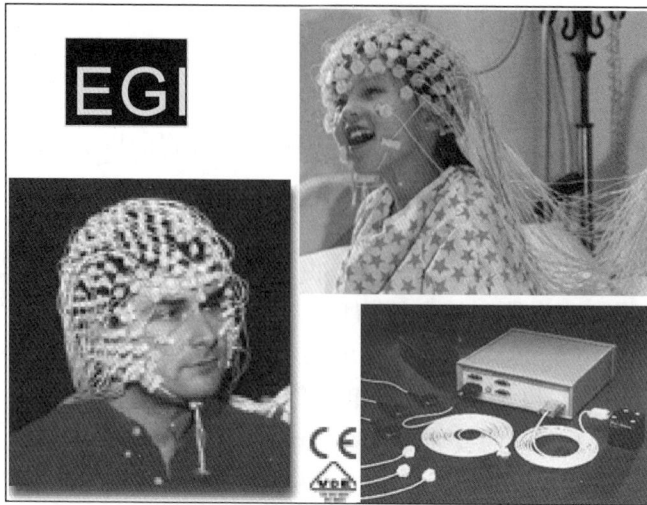

图 2-30　EEG/ERP 脑电记录仪（引自：EGI web site）

位（Eps），主要包括视觉诱发电位（Visual Evoked Potential，VEP）、听觉诱发电位（Auditory Evoked Potential，AEP）、躯体感觉诱发电位（Somatosensory Evoked Potential，SEP）和运动诱发电位（Motor Evoked Potential，MEP）等；另一类诱发电位是事件相关电位（Event Related Potential，ERP），这是一种内源性的且与大脑的认知加工过程密切相关的特殊诱发电位。ERP 与 EP 的主要区别在于 ERP 是被试在主动参与的情况下获得的诱发电位。例如，被试在接受光或声刺激时，对刺激做出特定的判断激发的大脑神经系统的电位变化，被试在接受感知觉、注意、语言、情绪等方面的实验时同样会产生事件相关电位。

　　诱发电位有着重要的临床应用价值、医学与心理学的基础研究价值。刺激相关电位（Eps）反映了外周感觉神经、感觉通路以及中枢神经系统的不同脑区的神经电活动情况，因此，刺激相关电位可以用来作为诊断中枢神经系统是否发生病变，同时，还可以在临床诊断中对早期的不明显的某些感知觉、运动系统等的认知功能障碍及器质性病变提供诊断依据，此外它还可辅助进行神经系统的功能解剖定位，但由于 ERP 与 EP 的空间分辨率不是很理想，所以，空间定位的精确性会受到一定的影响。

　　在心理学研究中，ERP 是指个体对各种感知觉、注意、语言等方面的视觉和听觉信息进行认知加工时，采用电极从头皮表面的相应位置记录到的大脑皮层神经活动的电位。采用 ERP 进行认知加工的研究时，被试应该主动参与实验，并且需要保持清醒的状态，这样才能够包含被试认知加工以及思维、决策过程的事件相关电位，从临床医学的角度认为该电位反映了认知过程中大脑的神经电生理变化的情况，因此，也有人将事件相关电位称为"认知电位"（Cognitive Potential）。事件相关电位在认知科学研究领域的应用也主要是基于这样的前提假设。

四、多功能睡眠监护系统

多功能睡眠监护系统是用来研究睡眠状态下，人的生理、心理与行为活动状态的实验仪器［图 2-31（a）和图 2-31（b）］。通常情况下多功能睡眠监护系统可以记录若干个生理、心理与行为指标。多功能睡眠监护系统记录指标的通道从几个通道到 48 导不等，如标准配置为 12 导的多功能睡眠监护系统可以记录 2 导 EEG（脑电图），1 导 ECG（心电图），1 导 EMG（肌电图），2 导 EOG（眼电图），1 导胸呼吸，1 导腹呼吸，1 导鼾声，1 通道的 SPO2（血氧），1 导 CPAP（口鼻气流）。

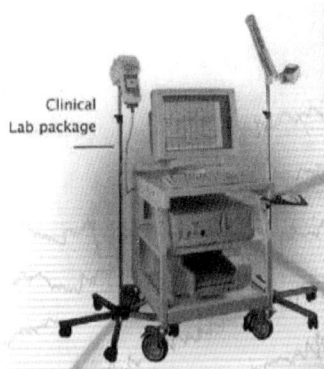

图 2-31（a）　多导睡眠监护系统

多功能睡眠监护系统具有超强的信号采集和抗干扰能力。①采样频率可以高达 500 Hz，而且可确保采样信号不失真；②超强的抗干扰性能，确保两个病人甚至两个以上的病人或者监控对象被同时监测；③具有灵敏的体位传感器，确保准确地采集任何体位信号；④独特的鼻气流传感器，可以避免温度及湿度的影响，使测试结果更准确；⑤还可以对各种生理电信号进行精确、可靠的采集。

此外，多功能睡眠监护系统的硬件系统还具有以下几方面特点：

·超大屏幕显示，使得两个病人的监测同样清晰；

·高分辨率显示器，使得记录及回放信号准确清晰；

·独特的便携产品，使得监测无论在医院还是在家里均可进行；

·高材质的导联线，极具韧性，可承受高强

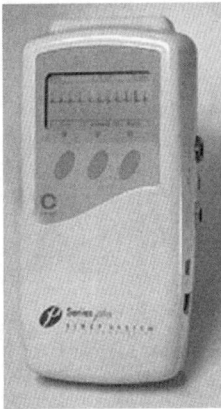

图 2-31（b）　26 导生理记录仪

度的牵拉；

- 多种报告编辑软件，使得报告格式的编辑随心所欲；
- 独特的总结趋势报告，使得不同时期的睡眠事件的发生一目了然；
- 可读写光驱的使用，使得病人资料得以永久保存；
- 强大的兼容性能，可同时容纳两张床及便携式产品的测试；
- 多种通道的可选择模式，适用于不同的研究人员的选择。

在系统的监控和数据采集方面，该系统具有优异的系统控制与数据采集软件，该软件系统具有如下几方面的特点：①系统控制软件是在 Windows98 以上或 Windows NT 软件环境下运行；②具有独特的局部信号放大功能，可以随意放大任何局部波形进行分析；③自动分析准确率高达 93％～98％，免去人工分析的烦琐和人力、物力的消耗，且能够保证分析准确性；④自动及人工分析的共存，可随时对分析进行对比及检查，使得分析结果更为可靠；⑤灵活的多任务操作功能，监测和播放可以同时进行；⑥具有多重分析功能，允许对同一病人进行多次分析，并可进行反复对比。

五、功能磁共振成像技术及其原理

功能磁共振成像（functional Magnetic Resonance Image，fMRI）是采用核磁共振仪（见图 2-32）来测量生理活动的变化或异常引起的血氧含量变化的技术，通常血氧含量升高说明流入某一组织或大脑功能区域的血流增加，则表现出该组织或者功能区活动处于激活状态。十几年来，fMRI 的技术除了应用于医疗诊断之外，还广泛地应用于认知神经科学研究领域，用来探讨人类认知过程与情绪活动的脑机制，fMRI 是一种对大脑没有伤害的诊断和实验研究方法。研究者运用该技术，对感知觉、注意、语言以及情绪等的脑功能定位进行研究，揭示了认知与情绪过程的神经生理基础。

fMRI 技术是一种无损伤性诊断与研究技术，且具

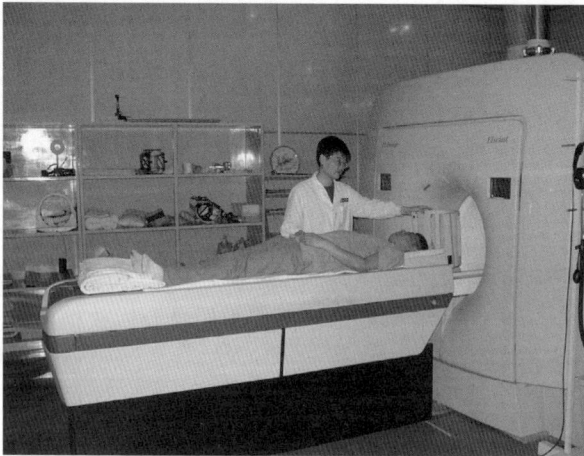

图 2-32　核磁共振仪

有较高的空间分辨率，从理论上可以精确到 100 μm，但在实际运用中，由于很多因素限制了其空间分辨率，在一般的皮层区（如视觉皮层区）只有 1～2 mm 的分辨率，但也足够从解剖学上对大脑功能的活动情况进行精确的定位。在认知神经科学研究中，fMRI 的基本原理是：当人接收外界信息时，大脑皮层特定区域对这些刺激信息会做出相应的反应，并使该皮层区域的神经元和神经胶质细胞的生物化学过程发生变化，在激活的脑区会有大量的能量消耗，需要额外补充葡萄糖和氧等能量物质，这就会导致大脑局部血管血流（rCBF，regional cerebral blood flow）增加，组织中毛细血管内红细胞数量和含氧量的生化变化会引起其磁场发生变化，形成该脑区磁场的不均匀性（呈现梯度变化）。这种微观磁场梯度的变化会使磁共振信号增强，信号增强程度与血液磁化率（血氧浓度）有关，因此功能磁共振成像又叫血氧水平相关（BOLD）成像。神经细胞活动的增强会引起局部血流的增加，当向被试周期性呈现和去除特定的刺激信息时，脑皮层受激发区的磁共振图像信号就会相应地周期性增强与消退。这些脑区域内的血流量和葡萄糖的新陈代谢与该区域神经活动情况存在内在联系，因此可以通过考察大脑局部血管血流变化及脑血流中血氧含量的变化获得大脑各区域神经细胞的激活情况，并对不同脑区的心理功能进行定位。

六、脑磁图

脑磁图（Magnetoencephalography，MEG）是一种通过测量大脑内磁场来对脑功能区域定位达到诊断和实验研究目的的医学影像学方法，是一种对大脑没有损伤的诊断和实验研究方法。脑磁图的研究始于 20 世纪 70 年代，初期的 MEG 为单磁通道传感装置，在探测研究脑功能活动时必须不断移动探头，其检测结果不仅费力耗时，而且重复性差，无法进行深入的脑功能研究和临床应用。

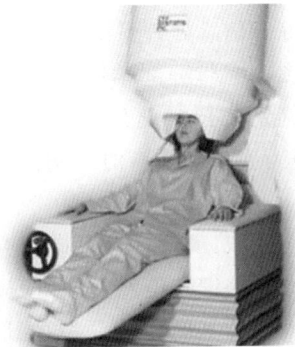

图 2-33　脑磁图

随着计算机技术的不断发展和应用软件的开发，医学影像学信息处理技术得到了进一步发展。在 MEG 的设计和研究方面发生了质的变化。80 年代，MEG 由单磁道已发展成了 7 磁道传感装置，并用于癫痫诊断和一些脑功能研究。90 年代的 MEG 具有全头多磁道传感装置计算机信息综合处理系统和抗外磁场干扰功能，能准确反映脑磁瞬时功能状况，已用于神经科学、神经外科（颅脑手术前的脑功能区定位）、癫痫、小儿神经疾病等临床诊断与研究，并在认知神经科学领域和脑功能定位的研究方面得到了广泛的使用。

脑磁图成像原理：脑磁图成像的基本原理是通过记录神经元突触后电位产生电流所形成的脑磁场信号，神经元动作电位沿细胞膜到达突触时，囊泡中的神经递质释放到突触间隙中，产生突触后电位。当突触后电位明显大于动作电位时，在单位面积的大脑皮层区域的锥体细胞同步形成神经冲动（汇集成电流），并形成与电流方向呈正切的脑磁场，通过 MEG 就可以在颅外与电流呈正切的方向检测到脑磁场信号的强度。脑磁场信号强度通常明显大于头皮信号，而且不受头皮电位变化干扰，因此，MEG 具有较高的空间分辨率，最高可以在颅外测到 3 mm 范围内的脑功能区的活动情况，MEG 的时间分辨率为 1.0 毫秒，这些是 EEG/ERP 和 fMRI 无法做到的。

脑磁图成像的条件：人的大脑的磁场强度远远低于地球磁场的强度，而且脑磁场信号是立体传递，因此，只有具备如下条件才能够成像：①具有可靠的磁场屏蔽系统，确保脑磁场信号不受到干扰，因此，需要在有磁场屏蔽的实验室中进行检测；②处理脑磁场信号时，还需要安装抗外界磁场干扰的软件；③具有灵敏的磁场探测系统，MEG 的磁场探测系统是由采集线圈和超导量子干扰装置（Superconducting Quantum Interference Device，SQUID）组成，超导量子干扰装置是在超低温的液氮中处于超导状态工作，避免磁通道产生的微弱电流信号损耗；④具有综合信息处理系统，通过综合信息处理系统将脑磁场信号转换成曲线图与等磁线图，并与解剖学影像（磁共振或计算机断层扫描，MR/CT）叠加形成脑功能解剖定位图，此外，还可与多导脑电记录仪配合使用；⑤检测简便安全，MEG 进行实验和检查时，病人无须处在特殊位置，而且对人体无任何侵袭及其他不良影响。

应用领域：MEG 在基础研究中广泛应用于听觉研究、视觉研究、语言研究、运动研究、脑细胞信息处理研究、胎脑发育研究、记忆研究、智力研究、睡眠研究和心理学的其他相关领域的研究。在医学领域主要应用于手术前的脑功能定位、癫痫、脑缺血、胎儿脑磁图、小儿精神学、精神医学等领域的测量和诊断。

七、正电子发射断层成像

正电子发射型计算机断层成像（Positron Emission Computed Tomography，PECT）简称正电子发射断层成像（Positron Emission Tomography，PET，见

图 2-34），是医学影像学诊断的一种前沿的技术手段，在认知神经科学研究领域也有广泛的应用。正电子发射断层成像可从分子水平反映体内的生理生化代谢状况。正电子发射断层成像的基本原理是：采用人体固有元素的放射同位素（如 C11、N13、O15、F18 等）释放正电子，这些放射性同位素半衰期短，并能取代细胞分子内的氢、氧、碳、氮，同

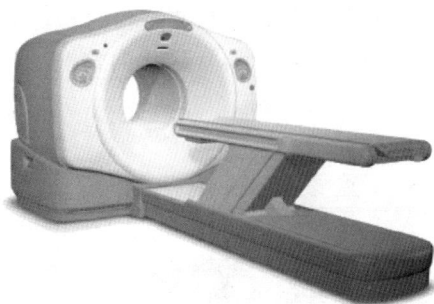

图 2-34　正电子发射断层成像仪

时又不改变其作用，而且对人体损伤极小，在进行检查时仅需少量药物（造影剂）。当正电子与负电子结合发生湮灭而消失，并释放两个向相反方向辐射的能量为 0.511 MeV 的 γ 光子，当 γ 光子落到 PET 的探测器环不同部位上时，便产生两个信号。PET 的复合探测装置可记录释放光子的时间、位置、数量及方向等参数，并通过数据处理与图像重建，形成躯体的不同组织器官代谢情况的图像。通常情况下，F18 形成葡萄糖代谢图像，O15 形成血流量与耗氧量图像，N13 形成血流分布图像。PET 具有较好的空间分辨率，一般为 5 mm 左右，较 fMRI 和 MEG 略低一些。

PET 具有速度快、实时性强的优点。它采用短半衰期核素，可在短时间内重复使用，而且由于可用较大剂量，提高了图像对比度和空间分辨力。现代新型 PET 的空间分辨力可达 4～5 mm，最佳可达 3 mm。PET 的灵敏度和分辨力与深度无关。PET 的探测效率高，符合探测效率与探测器数目的平方成正比，而且均匀性好。PET 是对人体无侵入性伤害的现代诊断技术，它的图像可以观察到人体细胞代谢的情况，对于脑部、心脏等器官的病变甚至癌变的诊断十分准确。PET 是一种优于其他医学影像诊断方法的用于检查人体循环系统功能的新型手段。进行 PET 检查所得到的影像结果反映的是在疾病作用下身体功能上的特征，而不单纯是解剖学上的特征。PET 诊断的准确性主要是依靠其对人体基本生化特征和功能情况所拍摄的高质量的影像。传统的诊断技术能够清楚地看到体内脏器解剖学上的病变，但前提是体内脏器确实发生了病变，而且可用肉眼观察。然而某些病变在发展到出现明显的解剖学上的改变之前，体内已发生了大量的生化改变，这些改变利用传统的诊断仪器与手段无法察觉，而 PET 可以做到这一点。因此，能够在早期诊断出各种身体病变，比起传统的检测工具，如 X 线平片、CT、MRI 要更具有其优势。

近年来，PET 作为一种重要的成像技术在认知神经科学研究领域得到了广

泛的应用，用来对认知过程的脑功能定位进行研究。由于 PET 需要生物造影剂才能够获得组织器官的代谢情况的图像，与 fMRI 和 PET 比较，在使用方面也受到一定的限制。

八、重复经颅磁刺激系统

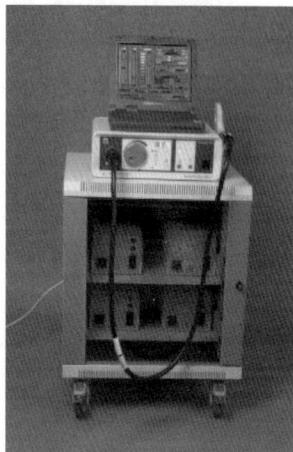

图 2-35　重复经颅磁刺激系统

重复经颅磁刺激系统（rTMS）是由 1～50 Hz 磁刺激器、便携式计算机、PCMCIA 卡、四个调压器、全部连接电缆、可移动的集成机柜和两个 70 mm 双线圈组成的医学与神经科学实验仪器（见图 2-35），通常仪器的性能指标是 1～50 Hz 的频率。该仪器具有高强度的单脉冲和高速重复刺激输出，结构精巧，与其他的大型仪器设备比较，具有仪器成本低，主要用于如下的临床及科研领域：神经精神病学（情绪状态诊断、抑郁、精神分裂症等）、神经学/神经生理学（如脑功能成像、语言认知、视觉加工、记忆研究、运动生理与心理研究等）、癫痫（病人诊断）、麻醉用药监测与治疗（如帕金森症病情改善、临床情绪情感疾病治疗的药理作用诊断、改善情绪状态、多发性硬化或痉挛状态诊断、疼痛减轻诊断治疗等），快速重复刺激在认知神经科学研究中具有较好的应用前景与应用价值。

此外，直流电刺激（tDCS）和交流电刺激（tACS）也得到了广泛应用。

第四节　心理学实验教学与研究中常用的软件系统

随着计算机技术和软件技术的不断发展，在心理学实验研究与教学中，除了第三节中提到的各种现代化的实验研究仪器，大量的传统的心理学实验仪器已经被计算机技术和软件技术所取代，并广泛地应用于心理学实验研究与实验教学中。目前，在心理学实验研究和实验教学中普遍采用的软件系统有美国心理工具公司推出的 E-Prime 实验设计系统平台、Millionseconds Software 的 Inquisite 实验软件、D-Master（DMDX）实验系统软件，20 世纪 90 年代末北京大学的 PES实验系统以及国内广泛用于教学的"实验心理学实验设计系统"和"普通心理学实验系统"。下面大概介绍一下这些软件及其功能。

一、E-Prime 实验设计系统平台

E-Prime 实验设计系统平台是目前在国外心理学研究中被广泛采用的实验设计软件系统，该系统是完全视窗化操作的系统，基本构成如下。

①可以供使用者选择的输入设备或反应设备，包括计算机键盘、鼠标或游戏柄。

②E-Prime 单独配备的反应盒，该反应盒包括六个反应键，用户可以自己定义反应的类型以及按哪些键进行反应。

③用于保护软件的 USB KEY。

④功能强大的视窗实验设计系统。

⑤与其他的设备，如 EGI、NEROSCAN ERP 脑电仪和 fMRI 的接口系统，可以与脑电仪或 fMRI 通过直接连接进行实验。

（一）E-Prime 的主界面

图 2-36 是 E-Prime 的主界面，在该界面中，实验设计者可以通过视窗化的

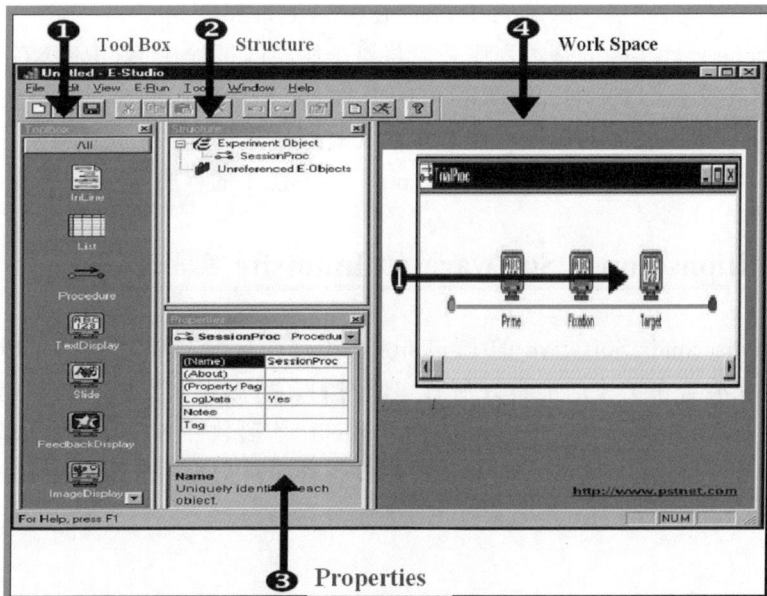

图 2-36　E-Prime 的主界面

操作直观地设计实验的全过程，以及如何加载实验材料、控制实验次数和过程中的各种参数、如呈现时间、时间间隔、记录指标、是否反馈等。具体见图 2-37。

（二）实验设计图示

下面是 E-Prime 设计实验的示意图（见图 2-37）。

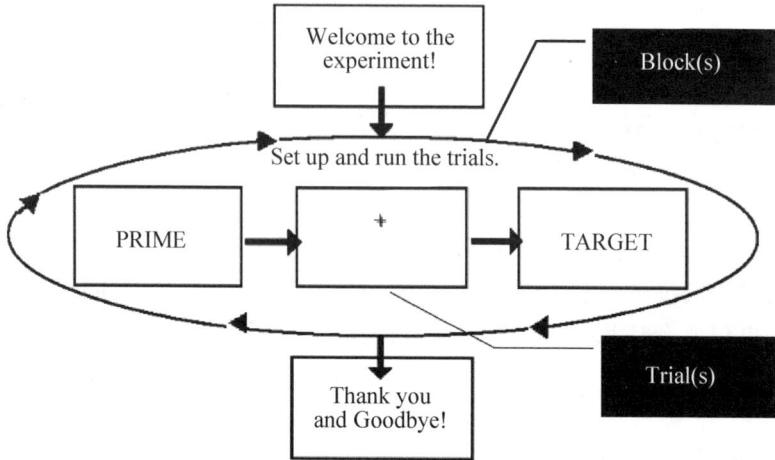

图 2-37　E-Prime 设计实验的示意图

E-Prime 设计实验的基本程序是先将整个实验的过程在 WORKING PLACE（FORM）定义好，然后在 WORKING PLACE（FORM）中选择左侧定义实验的 BLOCKS 和每个 BLOCKS 包含多少次实验等，最后加载实验材料及材料的权重等。具体的实验设计可以参考 E-Prime Version1. 1 的手册。

二、**Millionseconds Software 的 Inquisite 实验软件**

Millionseconds Software 的 Inquisite 实验软件是与 DMDX 类似的软件，该软件需要实验者在实验前准备好所有实验材料，然后根据实验材料编制控制文件，并通过 Millionseconds Software 的 Inquisite 实验软件本身的各种实验参数控制实验过程，并可以记录反应时和正确率等各种实验指标。具体参考 Millionseconds Software 的 Inquisite 实验软件的手册。

三、D-Master（DMDX）实验系统软件

（一）D-Master（DMDX，V3.0）实验系统软件系统包括如下硬件

可以供使用者选择的输入设备或反应设备，包括计算机键盘、鼠标或游戏柄。

单独配备的控制盒和反应盒，该反应盒包括六个反应键，用户可以自己定义反应的类型以及按哪些键进行反应。

连接远程监视器控制内部网卡。

声音控制设备：如声卡、麦克风和耳机等。

（二）DMDX 系统文件功能说明

DMDX 的软件系统。

TIMEDX.EXE 是执行 DMDX 软件运行的计算机硬件和 DMDX 硬件的测试和检测功能的程序。

MONITOR.EXE 用来连接、控制和监控远程监视器的输出。

DMDX.EXE 是运行 DMDX 的实验控制文件的程序。

TIMEDXH.HTM 是用来对计算机和 DMDX 的软硬件参数进行设置和测试的帮助文件。

DMDXH.HTM 是运行 DMDX 的实验控制文件的程序的帮助文件。

（三）DMDX 使用前的调试

第一步：在运行 DMDX 的计算机硬件检测程序和 DMDX 实验控制程序之前，关闭所有其他的应用程序。

第二步：运行 TIMEDX.EXE 检测计算机的毫秒计算的精确性。

第三步：检测计算机的显示器及其颜色设置和计算机的图形存储空间。

第四步：检测计算机显示器的刷新时间和延迟时间，记录计算机显示器刷新的时间误差。

第五步：进行计算机毫秒计时器的高级显示反馈时间检测。

第六步：对计算机的垂直刷新频率进行检测。

第七步：检测计算机是否能够正常运行 DMDX。

第八步：检测计算机的声卡是否正常工作。

第九步：对计算机在发声时的声音存储进行高级检测。

第十步：检测计算机对声音的存储输出的延迟时间以及是否能够及时做出反应。

第十一步：检测计算机的所有输入设备和输出设备，如键盘、鼠标、反应键、游戏柄等。

第十二步：对远程监视器的监控连接进行检测，保证正常的网络监视器的远程监控连接。

上述所有的检测都通过，并达到实验研究的标准，就可以运行 DM-DX. EXE，并调用运行编制好的 DMDX 的实验控制文件。

（四）DMDX 控制文件的制作

参考 DMDX 软件控制文件样例。

四、实验心理学实验设计系统

实验教学是培养心理学专业学生基本实验设计能力和动手操作能力的重要专业基础课程。多年来，国内大专院校的心理学实验课程的开设一直沿用传统的仪器实验教学的手段，教学内容和教学方式陈旧，仪器的性能、精确性不佳以及准备实验和收集整理数据费时给教师带来了很大的不便。基于上述心理学实验教学存在的问题，自从 1997 年以来，北京大学心理学开发了 PES 实验系统，并在实验心理学理论与实验教学方面进行了教学改革，改革的基本思路是：将能够计算机化的实验计算机化，同时，对不能计算机化的实验还采用传统的仪器实验教学。如听觉方面实验必须使用专业的医用听力计，一些视觉方面的实验也必须借助专门的实验仪器（如彩色视野测定、深度知觉、暗适应等）。

实验心理学理论教学内容的改革和实验教学的规范化一直是国内各院校心理学专业教学的一个突出的问题，我们在这方面的教学改革得到了教育部的"名牌课程"立项资助，将实验心理学理论与实验教学作为名牌课程建设。为此，我们在教学过程中进行了大量的改革和探讨工作，"实验心理学开放实验设计系统"就是我们教学改革的成果之一。我们也计划在适当的时机，组织召开实验心理学理论与实验教学工作的研讨会，就有关实验心理学理论，尤其是实验心理学实验教学工作进行研讨和交流，将我们的改革经验和基于计算机的实验技术进行推广，并就"实验心理学开放实验设计系统"在教学中的应用开展培训工作。同时，也向全国的兄弟院校学习实验心理学理论与实验教学改革的经验，共同促进我国的心理学实验教学的改革，以及实验教学内容和教学形式的规范化。

在对实验心理学理论与实验教学内容及教学方式进行改革的基础上，我们与计算机专业领域人员合作开发了专门用于实验心理实验教学的"实验心理学开放实验设计系统"，该系统包括传统心理物理法实验、反应时实验、信号检测论实验、信息加工实验、学习与记忆实验、实验设计工具六部分，每一部分包括若干个独立的开放实验设计软件，总共包括31个开放实验设计软件和两个实验工具软件，在之后的使用过程中，又升级了该版本，推出了专业版本的"实验心理学实验设计系统"。2006—2007年又整合了已有专业版和扩充版，形成了ExpPsy2006完全版。目前该软件系统在国内院校得到广泛推广和使用，也取得了较好的实验教学效果，该实验教学系统仍在不断增补和完善。

"实验心理学实验设计系统"是完全开放式的实验设计软件系统，实验者可以根据自己教学的需要设计各种不同语言的文字材料（中西文文字材料）、各种字符与无意义音节材料、图形与图片材料等，也可以对实验材料的特征、实验次数、不同实验材料的被试分组、刺激呈现时间、间隔时间或延迟时间等进行自定义，并具有完整的实验结果数据查询系统和实验帮助系统，能充分体现实验者在实验材料制作、实验设计、实验控制、结果查询等方面的灵活性、主动性和创造性。再配合现代化高精度、性能良好的实验仪器，大大提高了实验教学效果。目前，80%以上的实验心理学实验都可以采用计算机进行实验教学，其余的实验采用现代的实验仪器进行实验教学。

（一）实验心理学实验设计系统

"实验心理学实验设计系统"包含了"传统心理物理法"实验、"反应时"实验、"信号检测论"实验、"信息加工过程"实验、"学习和记忆"实验、"研究型实验"和实验根据软件等30余个实验设计软件，扩展实验包括20个实验设计软件，每个软件都是开放的，从理论上可以设计很多的实验。下面介绍一下该系统的具体特点［实验系统主界面见图2-38（a）和图2-38（b）］。

（二）实验心理学实验设计系统的特点

（1）实验材料制作与参数定义的开放性。教师可以自己选择实验材料、定义实验参数。

（2）实验过程控制的标准化。实验过程控制完全由计算机程序控制。

（3）实验结果的精确性与可靠性。

（4）实验教学的网络化。使用本系统可以实现网络化实验教学。

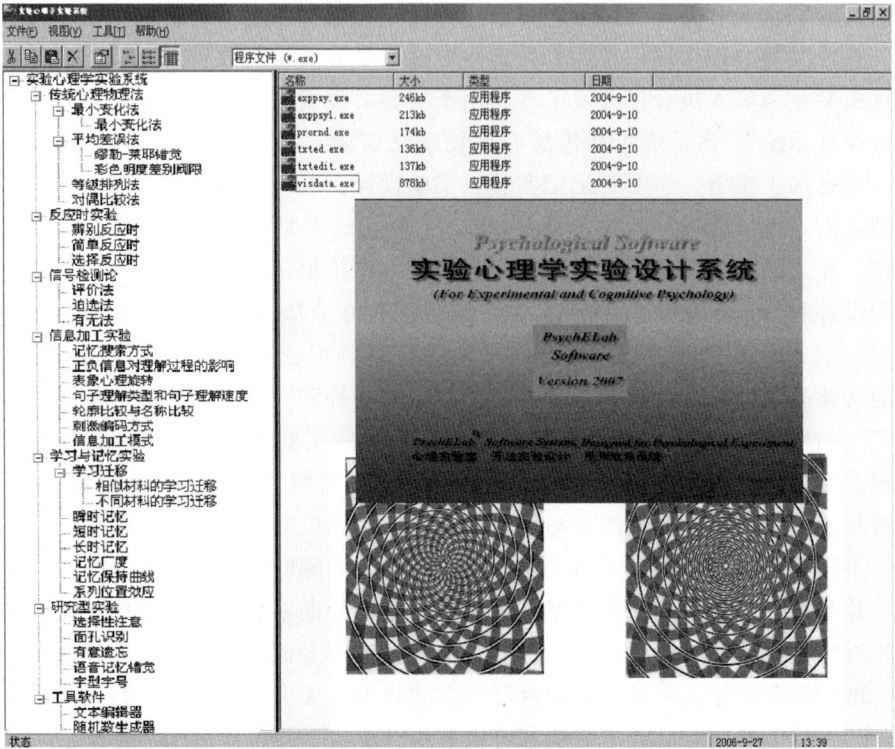

图 2-38（a）　实验心理学实验设计系统平台

（5）准备与设计实验具有快捷性，收集、整理和分析数据方面节省时间。

（6）数据查询功能。实验者随时可以对个人的详细实验数据和基本统计数据进行查询。

（7）系统帮助功能。该系统具有完整的实验系统使用的帮助系统，实验者随时都可以获得软件使用的系统帮助。

（8）数据打印功能。可以对实验数据进行编辑、排版和打印。

（三）安装与调试

1. 安装程序的组成

"实验心理学实验设计系统"由两部分组成：实验程序运行必需的组件和实验系统。

（1）实验程序运行必需的组件：包括实验系统运行的必需的动态连接库和控件，在安装实验系统前首先应安装这些组件，安装文件名为：SETUP. EXE。

（2）"实验系统"部分主要包含了"实验心理学实验设计系统"的 31 个实验

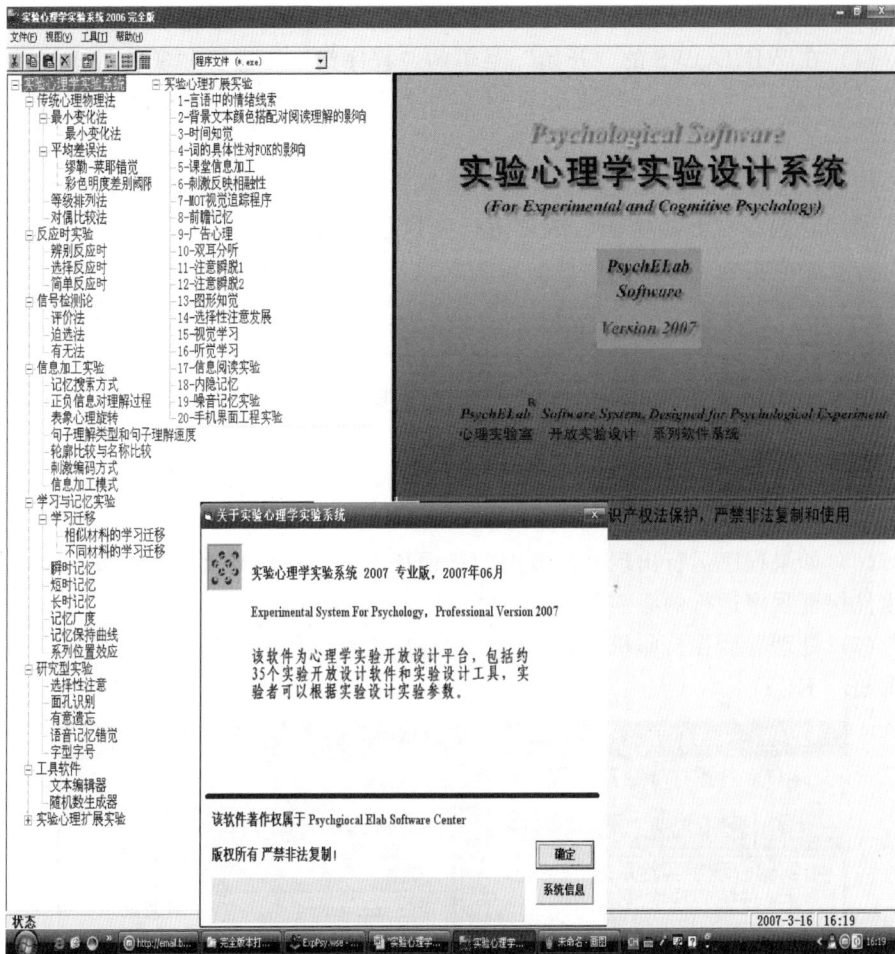

图 2-38（b）　实验心理学实验设计系统平台

程序和 2 个工具软件，安装文件名为：ExpPsy . EXE 或以更新版文件为准。

2. "实验心理学实验设计系统"的安装

（1）如果操作系统是 WIN2000 以上，请安装在 "＼Driver" 目录 "instdrv. exe"。

（2）在安装盘中选择 "SETUP. EXE"，按照 "SETUP" 的提示安装程序运行必需的组件，安装完毕后进行下一步安装。

（3）在安装盘中选择 "ExpPsy. EXE" 或 "ExpPsy ＿ Setup. EXE"，按照 "实验系统" 的安装提示安装 "实验心理学实验设计系统"，安装完毕后重新启动计算机，更新系统。

3. "实验心理学实验设计系统"的基本操作

(1) 在 WINDOWS 的"开始"菜单的"程序组"中选择"实验心理学实验系统",并运行"ExpPsy"或更新版文件程序项,启动实验系统,如图 2-39 所示。

(2) 在左侧目录或右侧的文件处单击鼠标"右键",出现如图 2-39 所示的下拉式菜单,选择"开始实验"或"运行"执行相应的实验程序,选择"打开帮助"查看相应实验软件的使用帮助系统。

(3) 关于"实验心理学实验系统"的使用方法,在"帮助"菜单中查看全文的帮助文件。

(4) 安装注意事项:如果安装过程出现组件冲突或错误,按"忽略"继续安装。

(5) 系统配置:WIN98 以上操作系统,最佳实验效果监视器分辨率 800×600。

(6) 如果程序运行出现其他方面的错误提示,请在计算机系统中安装其他系统组件保证程序运行的必需组件。

(7) 处理器插在打印机接口上,打印机接口可直接插在处理器上或者直接使用 USB_KEY。

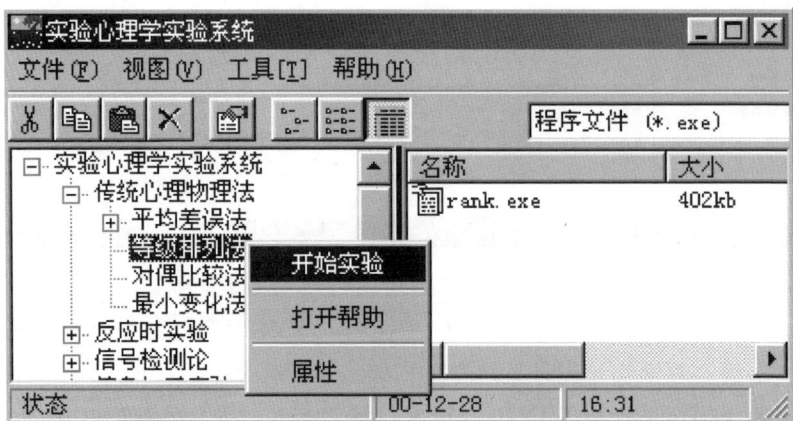

图 2-39　"实验心理学实验设计系统"界面操作

五、实验心理学实验系统——扩展版本

该系统包括 20 个近 20 年来心理学研究领域的应用与基础研究性的实验,主要用于本科实验心理学教学后期提高实验知识、技能和应用与研究能力。主要包

括近 20 年来国内外心理学实验研究的部分内容。

六、普通心理学实验系统

心理学实验系统（普及版）是我们在普通心理学实验教学的基础上开发的专门用于"普通心理学"课程实验演示与简单心理现象操作的实验系统，该系统包含感觉、知觉、注意、记忆、语言、情绪、思维与推理等方面的 30 余个演示与操作实验。该系统包含了大量的直观演示的图片、动画和操作性实验，对于学生认识和了解心理现象及其规律，提高学生对心理学的兴趣是非常有帮助的。图 2-40 是该系统的主界面。

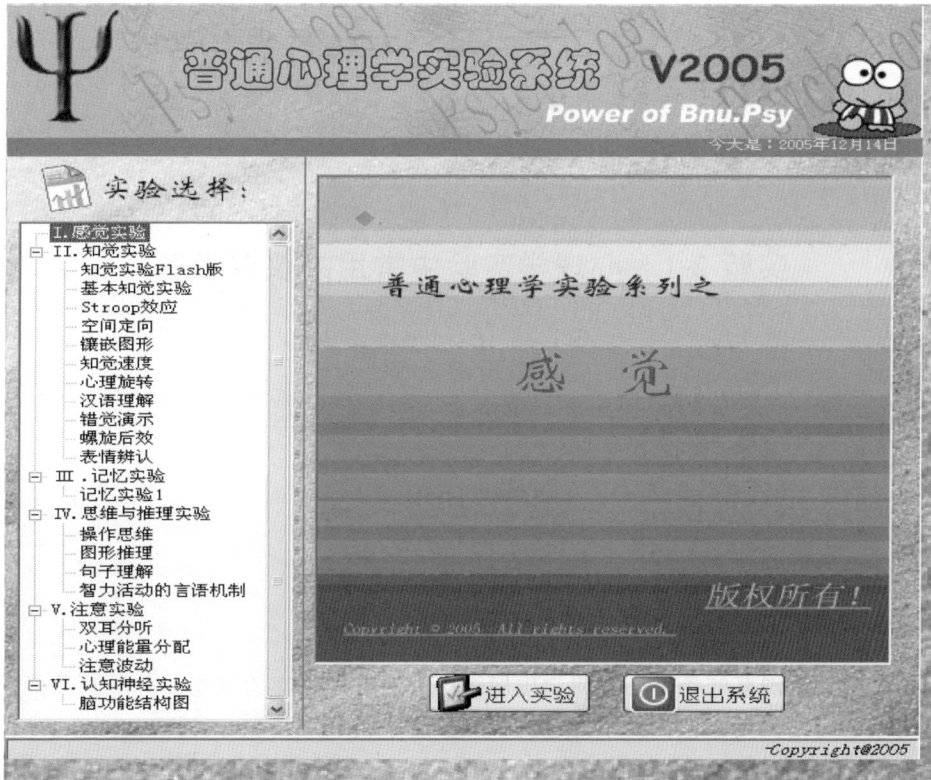

图 2-40　"普通心理学实验系统"主界面

从菜单中可以看出"普通心理学实验系统"的具体实验内容，包括知觉演示、时间知觉、速度知觉、空间知觉、Stroop 效应、镶嵌图形实验、知觉速度实验、心理旋转实验、语言理解、螺旋后效、表情实验、记忆实验、操作思维、句子理解、智力活动的言语机制、双耳分听实验、心理能量分配实验、注意波动实验以及心理活动的脑机制的测验等，每个实验下面包含了丰富的内容，合计约50—70个演示与操作实验，对普通心理学实验教学有很大的帮助。

在 Psych Elab 心理实验设计系统中，将以往的各版本的实验平台综合为涵盖实验心理学、普通心理学、发展与教育心理学、工程心理学和高级心理实验（近年的一些代表性实验）五个模块组成的实验设计与实验演示平台（PsychElab 心理实验设计系统 2011 版），以适应心理学实验教学的需要。

七、其他心理学实验软件系统的应用

除了上述的实验软件 PsychoToolBox 外，还有一些相关技术的实验软件应用于心理学研究中。其中，包括 MatLab 实验包、Inquisit 实验软件、Psychopy 实验软件以及心理学研究方法与眼动仪、视野计、脑电技术和脑成像技术等结合的实验控制软件和数据处理软件等，这些软件技术在心理学研究中也得到了广泛的应用。

实验 2-1　心理学实验中常用的仪器设备

实验背景知识

本章关于心理学实验仪器的介绍。

实验目的

对常用的心理学实验仪器有直观的认识和了解。

实验实施

在实验室现有的条件下，向学生展示所有的心理学实验仪器，并对其功能进行简单的介绍。具体包括如下内容：

（1）参观各类心理学实验室；

（2）参观和了解传统的心理学实验仪器；

（3）参观和了解现代的心理学实验设备；

（4）参观和演示心理学实验研究与教学软件系统。

思考题

（1）仪器设备在心理学实验研究中的作用。

（2）心理学实验仪器的发展趋势。

第三章　心理学实验研究中的伦理道德

【本章要点】

　　（一）如何公正地对待人类被试
　　（二）如何公正地对待实验动物
　　（三）培养良好的职业素养和严谨的科学精神
　　（四）论文写作与发表应注意的问题

　　心理学实验的对象一般是人或动物，因此，在进行心理学实验时，实验者首先应该考虑伦理道德问题。在这里，伦理道德包括两方面含义：第一方面含义是对实验对象——人或动物的公正对待；第二方面含义是研究者应具备和遵守科学道德。下面详细阐述心理实验研究中的伦理道德问题。

第一节　如何公正地对待人类被试

　　科学研究是有一定的伦理道德规范和科学规范的。心理学作为一门新兴的科学，从事心理学研究不仅要遵守一般的科学规范，由于心理学本身学科的独特性——以人和动物的心理和行为作为研究对象，而且还要遵守学科本身的伦理道德和科学研究规范。有些规范是大家公认的一些礼节和基本行为规则，这些不需要写在书面上；而有些是从事心理科学研究的研究者需要统一遵守的规范，如美国心理学会（American Psychology Association，APA，1982）制定的《对人类被试进行研究的伦理道德原则》和制定的《心理学家的伦理道德原则和行为规范》（1992，2002）。随着社会的发展和变化，这些伦理道德与行为规范也在不断地进行修改和补充。在这一节里，我们首先阐述一下如何公正地对待人类被试，其中包括实验者应知晓的一些基本礼节和伦理道德规范，以及实验者与被试之间的关系；其次，要讨论实验者与被试之间的关系对实验结果可能产生的影响。

一、 公正地对待人类被试

心理学研究的目的是要认识和理解人类的心理和行为，因此，心理学研究者经常与人打交道，以人的心理和行为作为研究的对象。心理学诞生初期，还没有实验者和被试的提法，因为当时的心理学家既是实验者，又是被试，他们往往是将自己的内心体验作为研究对象进行内省研究。行为主义的兴起，使心理学家将研究的焦点指向外部行为，通过研究人和动物的外部行为来推断其内在的心理过程，于是，动物和人成为心理学家的主要研究对象，而对实验可能给人和动物造成的生理和心理伤害并没有予以充分的重视，忽略了作为实验者应该具备的伦理和道德问题，如华生关于儿童恐惧习得与消退的实验研究就曾经受到心理学家的批评。20 世纪 70 年代，心理学家一直把实验对象称为被试，也就是说被试要按照实验者的意愿行事，是由实验者支配的。有时实验者在实验过程中甚至给实验参与者造成心理上的极大伤害，这种情况在早期的心理学研究中是常见的现象。后来有些心理学家建议将"被试"的提法改为"接受实验者"，不过这种提法一直没有被心理学家广泛采纳。被试一直作为实验的被动参与者，参加心理学家的实验研究。

20 世纪 70 年代，在很多心理学实验研究中，已经将"被试"这种提法改为实验的"参与者"（participant），并在实验过程中和报告研究结果时，将被试作为实验的参与者予以公正和合理地对待。

（一）关于实验参与者

关于实验参与者的伦理道德问题，美国国家卫生部 1993 年出版了《保护人类被试：行为规范指南》。其中，对实验参与者可能受到的生理和心理伤害予以特别的关注。在一般的伦理道德允许的范围内，将实验对参与者可能产生的生理和心理伤害降至最低限度。

对待人类被试的基本原则是：对人的尊重（respect for persons）、有益性（beneficence）和公正（justice）。对人的尊重指个人应被作为一个有自主权利的个体。研究者需告知被试有关实验的信息，使被试可以自主决定是否参加实验。如果被试缺乏或丧失自主判断能力，如未成年人或病人，研究者应取得其家属或监护人的同意。有益性指研究不仅应避免被试在研究中受到伤害，而且应尽力使被试从研究中受益。受益原则即研究者应使被试最大限度地受益，而最小可能地被损害。公正指研究者应平等地对待被试，对不同团体的被试，实验的风险和受益是无偏向的，研究中尽可能不要包括肯定不能受益的被试团体。

著名的例子是 Tuskegee 梅毒追踪研究。研究者追踪了美国乡村黑人男性被试，时间是从 1930 年至 1972 年。研究中的被试是约 400 名梅毒患者，200 名正常人作为控制组。15 年以后，梅毒患者的死亡率约两倍于其对照组。1940 年，有效的梅毒治疗方法已经发展，然而，研究者在继续研究中没有告诉实验中的患者被试有关梅毒治疗方面的信息，也没有对他们进行治疗。

对于这项研究，首先是被试取样受到质疑，研究使用了某一特定团体，乡村黑人男性梅毒患者，去进行一项对疾病无治疗计划的研究，取样是不公正的。研究中被试没有被告知他们的病情。追踪过程中，为了不干扰研究，在梅毒治疗方法发展以后，被试没有得到有效的治疗。这是违反对人的尊重和有益性原则的。

（二）实验者与参与者之间的关系

实验者与实验参与者之间通常存在某种经济或地位上的关系，这使实验参与者通常处于一种被动的、不情愿的地位。如有的实验参与者可能是为了获得劳务费而参与实验，有的参与者是因为自己在学习实验者讲授的课程，担心不参与实验会影响其成绩等。这些原因使实验者与参与者之间的合作关系受到一些其他因素的干扰，实验结果也会受到一定程度的影响。而当一个实验参与者出于对心理学研究的兴趣，主动、自愿地参加研究者的实验时，实验者与参与者之间就会建立很好的合作关系，这样得出的结果更为真实可靠。

在实验者和参与者之间还有一种微妙的关系，那就是对于参与者来说，他们一般对心理学家可能有这样一种认识，认为心理学家是研究人的心理的，他们可以观察到自己在想什么，因此，不配合他们的实验，以免自己的真实想法会被他们感知到。虽然这种认识是一种偏见，但对于实验者来说，与参与者建立一种积极的关系对实验的进行是非常有帮助的。

（三）实验者对待参与者的行为规范

为了协调实验者与参与者之间的不和谐的关系，实验者应该遵循一定的行为规范，即"尊重实验的参与者，维护他们的尊严和权益"，这是一个实验者时刻应该谨记的基本原则。此外，对待实验的参与者与对待其他任何人一样，应遵循一定的礼节。具体应该遵循如下方面的基本行为规范。

1. 如果出现如下情况，实验者应该在实验室等候实验参与者，并向他们做出解释或做出合理的安排

（1）实验者忘记预约了实验参与者做实验。

（2）仪器故障或其他原因推迟或取消实验。

（3）实验时间安排的变更。

（4）知情同意。

所谓的知情同意就是指在实验之前实验者要事先告知被试他们即将参加的实验的目的、过程、可能的不良后果等一系列与实验有关的事项，同时也要如实回答被试提出的问题，并要与被试正式签订知情同意书。如果被试缺乏或丧失自主判断能力，如未成年人或病人，研究者应取得其家属或监护人的同意。总之，要确保被试做到自觉、自愿、平等地参与到实验中来。

（5）退出实验自由。

研究者不应该强制被试参与研究，应该给予被试退出研究的自由。比如，在实验过程中，有些被试因恐惧实验场所、设施，或者有些被试对实验逐渐失去了兴趣，或者他们需要及时处理一些突发事件，这一系列可能的原因使得被试希望不再作为实验参与者。在这种情况下，实验者要充分尊重被试的意愿，确保他们随时拥有中途退出研究的自由。

（6）免遭伤害的保护，消除有害后果。

实验者要如实回答被试提出的有关实验的信息，特别是有关免遭伤害的保护和信息咨询。另外，实验者也要尽量消除实验带来的有害后果，最大限度地降低实验对被试造成的不良影响。

2. 尊重实验参与者的时间

实验者应该对实验时间进行合理安排，充分利用时间，使实验参与者能够及时做完实验。

3. 做好充分的实验前准备

在参与者接受实验之前，实验者应该熟练掌握整个实验过程（包括实验仪器操作、指导语）和各种问题的处理，如果实验者在实验过程中对指导语不熟悉、仪器操作不熟练、实验过程控制不够顺畅，势必影响实验参与者的实验效果。

4. 以礼对待实验参与者

如果不是实验本身要求实验者命令或支配参与者去做某些任务，在实验参与者进行某些操作时，实验者不要以命令的口吻对实验参与者讲话，而应该以平时待人的礼节对待实验参与者。如"请你做……"，做完实验后应对实验参与者表示感谢。

5. 保护个人隐私

对于所有的实验参与者提供的各种个人信息和实验的测量数据，实验者有责任和义务为实验参与者保密，在未经实验参与者允许的情况下，实验者不能以任何方式、任何理由将个人信息公布或提供给他人。如果需要共享数据时，最好将实验参与者的个人信息（包括姓名、性别、年龄等）删除，以保护实验参与者的个人隐私。

6. 营造一个轻松的实验环境和氛围

在进行实验时，实验者应尽可能营造一种轻松的合作气氛，避免表情过于严肃和刻板使参与者感到心理上的不适，使实验者产生心理压力，影响实验结果的真实性。

以上是实验者在实验过程中应该注意的常见问题，在进行心理学实验时，上述列举的问题并非涵盖了所有伦理道德问题，还有很多有争议的问题也是值得实验者注意的，如是否允许给实验参与者造成精神紧张、可能给实验参与者带来暂时性伤害的实验等。此外，并非所有的实验参与者都面临上述的所有伦理道德问题，在不同的实验中，实验者需要注意的伦理道德也有所不同。所以，实验者在进行实验前，应在基本的实验原则的基础上，针对具体的实验，制定相应的实验注意事项的书面材料，并对主试进行培训。

关于实验者的伦理道德问题的详细情况，可以参阅美国国家卫生部 1993 年出版的《保护人类被试：行为规范指南》。其中，对实验者应该遵循的基本行为规范和原则有详细的规定，尤其对实验参与者可能造成的生理和心理伤害予以特别的关注。因此，在一般的心理学实验中，在伦理道德允许的范围内，应将实验对参与者可能产生的生理和心理伤害降至最低限度。

（四）发放实验通知应注意的问题

在发放实验通知前，实验者在对可能的实验因素予以充分的考虑后，便可以向实验参与者发放实验通知，发放通知时应注意如下几方面问题（APA，1992）。

1. 通知内容

（1）通知应该以书面形式发放，措辞简单且容易理解。

（2）通知应告知实验参与者实验的意义；如果中途退出实验可能会造成什么后果；影响他们自愿参加的实验因素（如冒险尝试、身体的不舒适、缺乏自信心、其他不利的因素等）以及实验参与者希望了解的一些其他方面的问题。

（3）当实验者与其同事实施实验时，实验者应尽可能避免实验参与者因种种原因退出实验或发生其他的意外情况。

（4）如果实验可以作为学生学习某一门科学的学分，实验者应该给他们自由选择的机会，是选择学分还是以其他的形式获得回报。

（5）如果有的参与者因为一些合理的原因不能参加实验，实验者应该对实验参与者作出合理的解释，征求参与者、介绍人或组织人的同意。

2. 无须通知的情况

有些实验可能不需要发放实验通知，在这种情况下，实验者正式进行实验前应该与同事商讨实验进行的操作规范以及应该注意的问题。

实验者一旦决定了实验参与者的名单，并开始进行正式实验，就应该与实验参与者建立起良好的合作关系，这种良好的合作不仅关系到实验结果的可靠性，而且也关系到实验参与者的权利是否受到保护，关于实验者与参与者之间的合作关系对实验结果的影响，将在下面的章节中进行详细的讨论。

二、被试的反应倾向与实验者效应

（一）被试的反应倾向与实验者效应

当实验参与者参加一个实验时，他们对实验的了解通常十分有限，然而很多参与者却对实验非常感兴趣，而且希望了解实验的详细情况。从实验研究的角度来说，实验者并不希望实验参与者对实验目的和意图有更多的了解，以免对实验结果产生不利影响。正因如此，更可能会激发实验参与者对实验的好奇心，并根据实验者提供的与实验有关的线索，对实验者的意图进行揣摩和推测。实验者提供的这些线索对实验参与者在实验情境下的反应会产生一定的影响，并引起实验参与者产生一定的反应倾向，这种反应倾向称之为实验者效应。

如果实验参与者学习过心理学课程或者是从书籍或者其他渠道了解到一些心理学知识，这些知识就会使他们在实验中表现出一定的反应倾向。如被试可能会想："实验者是不是要电击我？""实验者是不是想知道我的智力的高低？""实验者一定是想知道我内心深处的隐秘的想法？"等等。由于实验中有这些主观的倾向，有时会对实验进程产生影响，甚至使实验无法继续进行，不得不中途停止。如在用生理记录仪和耳机做言语刺激的脑电变化的实验时，有的过于敏感的被试就会认为主试是在电击他，并强迫中止实验，对实验的实施和实验结果产生一定的影响。

因此，为了避免实验参与者在实验中错误地使用实验本身提供的线索，减少其对实验实施和实验结果的不利影响，通常采用的方法是将实验实施过程标准化。由于实验实施过程的不一致会对实验的进程和实验结果产生各种额外的影响，如主试阅读指导语的方式或语气的不同，可能对被试的反应产生完全相反的结果，影响被试的反应倾向。比如，在反应速度的实验中，采用十分严肃的语气和漫不经心的语气可能会对被试的反应速度产生显著的影响。如阿迪尔（Adire）和埃伯斯坦（Epstein）（1968）曾用录音机录制了两种对被试成就状况做完全相反的倾向诱导的指导语，并分别用两种指导语对两组被试进行实验，实验的结果表明，不同指导语对被试的成就状况有显著的影响。

在动物实验中，实验者的态度对实验结果也会产生截然不同的结果。罗森塔尔和福德在1973做了一个著名的测量实验者倾向（experimenter bias）的实验，两组实验者采用不同的方式训练白鼠。一组实验者将他们的实验白鼠当作是比较聪明的、快速的学习者，另外一组实验者将他们的白鼠当作是迟钝的学习者。实验要求实验者必须以不同的方式对待两组白鼠，如与"聪明"组的白鼠玩儿、与它们多接触，而对"愚笨"组的白鼠加以冷落、孤立，结果前一组白鼠表现较少的恐惧行为，而后一组白鼠则表现出更多的恐惧行为。从该实验的结果可以发现，实验者的倾向对实验结果会产生不可忽视的影响。

也有研究者认为，上述提到的问题没有想象的那样严重。例如，韦伯和库克（1973）研究发现，被试在实验过程中很少对实验者的假设进行推测，而是在实验过程中尽量减少与实验无关因素的干扰，努力表现自己的能力。实验过程中的很多干扰因素可以通过完善的实验设计加以避免，因此，如何设计一个完善的实验对实验结果的可靠性就显得尤为重要。

当实验者发现被试在实验过程中有猜测实验者的实验意图的倾向或有意地利用一些线索对实验过程进行猜测，这就势必会对实验结果造成额外的影响，如果遇到这种情况，实验者应该如何处理呢？

一般来说，不同类型的被试对实验的态度有所不同，实验者采取的处理方法也有所区别。根据被试参与实验时的态度，可以将被试区分为三种类型：

1. 合作型的被试

一般实验者选取的被试多数属于合作型的被试。这种类型的被试一旦知道或是自己根据实验提供的线索，认为已经猜测到了实验者的实验意图（实际上猜测的不一定正确），那么，他们就会尽自己的努力去完成实验任务，并使自己的反应尽量符合实验者的意图，这种反应倾向本身就会给实验结果带来主观的反应倾向和实验误差。

为了确定被试是否是合作型的被试，可以通过一些实验来加以确认。如让被试完成一些看似合理，而实际上是不可能实现的任务（如要求被试在规定时间或空间范围内完成实际上不可能完成的任务），看他们在实验过程中的态度，是否表现出厌烦和反感的情绪。

如有研究者曾经做过这样的实验，实验者给每个被试 2 000 页答题纸，要求在每页答题纸上写 224 个加法运算题，观察他们答题时的态度和坚持的时间，结果发现，合作型被试很少表现出厌烦和反感的情绪，他们可以坚持 5～6 小时，直到实验者终止实验。

合作型的被试有时可能会受其他实验者的影响。如在一个实验中，实验者安排一个合作型被试与其他几个被试同时在一个实验室进行实验，实验任务是判断同时呈现的两条线段的长短，实验者先给被试呈现一些比较容易判断的任务，使该被试与其他被试都能够正确地做出判断。然后，再给所有被试呈现很难判断的一组线段，让其他几个被试做出与合作型被试完全相反的判断，结果最初合作型被试还能坚持自己的判断，经过一段时间后，合作型被试还是屈从了其他被试的判断。因此，这种类型的被试虽然采取合作的态度，但也可能会因为被试间的相互影响对实验结果产生不利的影响，甚至会导致错误的结论。

2. 防御型被试

防御型被试对实验的分数或反应情况并不是特别关心，对实验者的实验目的有较强的防御心理，因此，在反应过程中比较小心谨慎，带有非常明显的防御倾向性，这种倾向性会使实验结果产生一定程度的偏差。因此，在选择实验参与者的时候，应该对被试的实验目的有一定的了解，对于这种类型的被试应该予以充分的关注和积极引导，打消这类被试的担心、顾虑和防御心理，尽可能避免被试的反应倾向。

3. 不合作型被试

不合作型被试通常对实验本身并不感兴趣，对实验者或实验本身采取对立的态度或漫不经心的态度，不按照实验的要求进行实验。在选择被试时就应该尽可能排除这类被试，或者如果在实验中发现这类被试，应将其数据剔除。

（二）如何检验实验过程中是否有实验者效应

当一个实验已经完成，如何检验实验是否发生了实验者效应和被试的反应倾向呢？通常采用如下的方法来检验实验者效应或者被试的反应倾向。

1. 实验后问卷调查

实验后问卷调查的形式可以是多种多样的，可以采用开放式问卷调查，也可以采用封闭式问卷调查。问卷设计的方法和过程与问卷法相同。在具体内容设计方面，可以针对具体的实验，设计一些直接或间接反映被试反应倾向的项目。如"你在实验过程中是否受实验者的态度、言语和行为的影响？""你在实验过程中是否按照实验的要求进行反应？"等等，评价的方法可以采用等级评定，也可以采用多项选择的形式。根据实验后问卷调查结果，分析被试在实验过程中是否受自己的态度、实验者的态度等的影响。

2. 采用模仿控制组

即在实验组被试进行实验的同时，对另外一组被试提供同样的实验环境和实验仪器，呈现同样的指导语和实验材料，实验完毕，告之被试他们的结果与实验假设是一致的，观察他们的行为反应，并与实验组被试进行对照，如果两组被试的行为表现不能很好地区分开来，说明被试反应倾向是非常明显的。

3. 采用非实验控制组

即在实验组被试进行实验的同时，对另外一组被试提供同样的实验环境和实验仪器，呈现同样的指导语、提出同样的实验要求，然后让他们对自己如果进行实际的实验测试进行描述和可能出现的情况进行预测，如果这种描述和预测与实验组被试表现出相当程度的一致性，说明实验有被试的反应倾向和态度因素起作用。

（三）如何避免实验过程中出现实验者效应

1. 由仪器对实验过程进行自动化控制

为了避免实验过程中，由于人为因素对实验过程的控制而对被试的判断产生一定的影响，可以对实验过程进行自动化控制，如采用计算机对实验过程进行控制，或者采用现代化实验仪器对实验过程进行自动化控制，这样不仅可以避免实验者效应和被试的反应倾向，而且还可以使实验过程达到标准化，避免其他额外因素对实验结果产生不利的影响。

2. 双盲控制

为了避免实验者效应和被试的反应倾向，在有些实验中，可以让主试和被试都不知道研究变量是如何被控制的，实验的目的是什么，这种实验控制方法叫双盲控制（double blind control），它是排除实验者效应和被试反应倾向的常用的有效方法之一。

3. 随机分配主试

对实验者进行随机分配也是避免实验者效应的一种常用的方法，这样可以避免有意识安排被试，使主试和被试之间由于关系的确定性，而对实验结果产生一些不利的影响。如主试和被试熟悉或相互了解就很可能使实验产生主试者效应，使被试做实验的态度发生变化，并直接影响实验结果的可靠性。

第二节　如何公正地对待实验动物

在心理学实验研究中，动物也经常被当做实验的对象，用来研究心理现象的起源和种系发展，以及一些在人类被试身上不能做的实验，如研究药物对基本心理过程（感知觉、记忆、注意等）的影响，脑损伤和电刺激对心理状态和高级心理过程的影响等，这些研究通常属于生理心理学和认知神经科学的研究范畴。

一、实验动物与科学研究

在心理学研究中，实验动物的使用并不是十分普遍。据有关调查表明，实验动物使用最多的研究领域主要有生物学、生物医学、医学以及动物科学和农学等研究领域。使用的主要实验动物有白鼠、老鼠、鸟类、狗、灵长目动物（如猴子和猩猩等）以及其他的一些大型的高等动物。

关于实验动物的使用，无论是在心理学研究领域，还是在其他学科的研究领域，都一直是一个有争议的问题。国外的动物保护主义者坚决反对使用动物进行科学实验和研究。他们认为，动物和人一样，同样有生存和受到保护的权利，人类用它们做科学实验是不人道的行为。美国动物保护主义者袭击大学和研究机构的实验室，解救实验动物的事件也是经常发生，严重者甚至毁坏了实验室的仪器设备，对研究者的正常生活也造成了一定的影响。

最初动物权利保护组织是 20 世纪 70 年代在英国兴起的，他们倡导的动物权利保护运动不断发展和扩散，逐渐传播到欧洲的其他国家和美国。1993 年的统计结果表明，在美国，目前大约有 7 000 个动物权利保护组织，其中最大的组织——动物人道保护组织（TEPA）的成员数高达 350 000 人，设有 70 个分支机构，每年的预算达 700 万美元（Meyers，1990）。由于动物实验引起的争议，美国成立了国家生物医学研究学会（NABR），并且开始就科学研究中使用实验动物的问题进行立法，对在科学研究中如何使用和处置实验动物做了详细的规定。

二、心理学实验中使用实验动物的基本规范

在心理学研究中如何使用和处置实验动物，美国心理学会（APA，1992，2002）制定的"心理学研究者伦理道德和行为规范"中做的规定，其中有关动物

实验的内容如下。

心理学研究中对实验动物使用和保护

（1）使用动物进行实验的心理学研究人员应该本着人道主义精神对待实验动物。

（2）心理学研究人员在获取、饲养、使用和处置实验动物时，应该遵守联邦法律条文的规定、州立的法律法规以及其他的地方法律法规，遵守职业道德规范。

（3）心理学研究人员应该在方法和实践方面进行如下方面的培训：如何饲养实验动物、如何对动物实验的全过程进行监护、如何以适当的方式保证实验动物的舒适、健康和得到人道地对待。

（4）心理学研究人员应保证在使用实验动物技术实验时，应经过专门的实验方法、保护和护理方法、处置方法的训练，以适当的方式对待实验动物。

（5）研究者应该根据各自的能力负责研究项目和具体研究活动。

（6）研究者在实验过程中，应该尽可能减少或降低实验动物的不适感、被感染、疾病以及疼痛。

（7）在没有其他实验方法或方式可以替代的前提下，方能对实验动物进行引起疼痛、紧张或者是感觉和需要被剥夺的实验，而且这类实验要有一定的可预期的科学价值、教育教学价值和实际应用价值。

（8）在实施外科或解剖方面的实验时，应该使用麻醉剂；采用医学的技术避免感染，避免在实验过程中和实验后给实验动物带来痛苦。

（9）当需要终止实验动物的生命时，应采取安乐、快速和合理的方式结束实验动物的生命，最大限度地减少其痛苦。

三、为什么在心理学实验中使用实验动物

有关研究调查表明（Gallup & Suarez，1985）：心理学研究中使用实验动物的研究占所有研究比例的7%左右，其中，少数实验将实验动物导致很痛苦的状态。那么，心理学研究为什么要用动物作为研究对象呢？其主要原因有以下几方面。

（一）研究心理现象的起源和心理过程的种系发展与进化

心理学研究的对象不仅是人类的心理活动的发生和发展的规律，而且还研究

动物心理的发生和发展规律。从进化论的角度讲，人类最基本的行为模式与动物的行为模式有着密切的联系，是在长期的生物进化过程中形成的。从这个理论假设出发，研究动物的心理与行为的发生和发展，有助于我们认识和理解人类的心理与行为的起源，及其进化的过程。动物不仅具有简单的、基本的行为，同时，他们在适应环境的过程中，还学会了一些复杂的行为，在高等动物中，这些复杂的行为表现得尤为明显，如灵长目动物和其他的一些哺乳类动物就已经具备了一定的学习能力。因此，研究动物的心理活动，可以使我们深入地理解人类高级心理活动的发生和发展过程。

（二）人类被试的不可替代性

在心理学研究中，有些实验研究是不能直接用人类被试进行实验的。这主要有以下几方面原因：

第一，在有些研究中，由于实验可能会对被试造成一定的生理和心理上的伤害，因此，不可能直接用人类被试进行实验，如研究注射某种药物对心理或行为的影响，脑损伤对基本的心理和行为的影响等。

第二，动物在神经生理结构方面的独特性。在有些研究中，需要对一些独特神经生理结构的心理功能进行研究，而人类被试往往是不具备这种条件的，即便具备这样的神经生理结构，也不能在人类被试身上做生理损伤或电刺激的实验。

由于上述原因，在一些心理学基础研究中，使用实验动物作为实验对象是人类被试不能替代的。

（三）使用实验动物的便捷性

使用人类被试有很多方便的方面，一般在选取被试时，要按照自愿的原则由参与者主动报名参加实验，在时间和人员安排上有时会有些困难，而实验动物的获取和使用一般不受时间和其他客观条件的限制，实验者随时可以按照有关的规定，获取实验动物进行实验研究。

第三节　培养良好的职业素养和严谨的科学精神

科学研究中的一个重要组成部分是科学家。科学家的目标是追求知识，探索自然或社会的未知领域。为了推动科学研究的进展，分享研究的成果，科学家有在科学研究中需要遵循的职业道德与准则。这些职业道德与准则也适用于心理学家。以下我们就几个重要的方面进行讨论。

一、数据收集与处理

心理学是实验科学，其重要特点是需要在收集数据的基础上获得结论。因此，客观、可靠的数据是心理学研究的根本，没有可靠的数据，所有的结论就失去了根基。前面的章节已经谈到，实验设计、数据处理等会影响数据的质量。除此之外，研究者的态度和处理问题的方式也会极大地影响数据的可靠性。

1. 数据收集

实验设计不能完全保证数据收集的成功。收集数据首先要求实验者严谨、认真的工作态度，严谨、认真的态度是收集可靠数据最基本的保证。漫不经心的态度会导致数据多方面的失误。

实验者需要学习收集数据的规范。这就是实验实施的规则，对于新手来说，许多规则是需要学习、遵守的。例如，虽然不同的实验任务可能对实验环境有不同的要求，但是实验环境是有一些最基本的要求的。例如，在声音嘈杂的办公室、宿舍里，可能就不是进行实验或测验的合适地点。另外，一个实验的不同处理条件之间，在实施的时间、地点上应尽量匹配。如果一组被试花一个小时完成实验任务，而另一组被试花半个小时完成实验任务，就可能在实验中引进了新的无关变量。进行同一个实验研究，指导语最好打印出来，供实验中多个实验者使用。如果不同的实验者在指导语中给了不同被试不同程度的线索，也会引起实验中的误差变异。

总之，不符合规范收集的数据不仅可能导致实验中误差变异增大，而且可能得出错误的结论。

2. 数据处理

获得原始数据后，研究者需要按照规范、多数人可接受的方式对数据进行整理和处理。这些规范可能包括：如何处理极端数据，如何对待"不符合假说"的数据，等等。收集的数据中经常可能会含有极端数据，即某些数据的数值远远大于或小于平均值。如何对待这样的极端数据？有些人会根据自己的经验去除一些"远远大于平均数""远远小于平均数"或"不可能"的数值。然而，如果任意去除极端数据，不同研究者的标准可能是不同的，实验之间的结果是无法比较的。又如，实验中还经常会发现一些"特别"被试，他们的反应与其他被试的反应有很大差别。例如，有些被试在一些反应时任务中犯错误的概率比其他被试高得多。哪些被试是"特别被试"，需要从总数据中去除他们的数据？如果研究者根据自己的经验任意去掉一些被试的数据，不同的研究者的标准可能也不同。以上两种"任意"处理数据的方式，很可能会导致实验处理效应结论不同。

更严重的问题是有些研究者会人为地去除一些"不理想"的数据。研究者一般在实验之前会对不同实验处理的结果模式有预期，当获得的数据不符合或不完全符合自己事先的预期时，有些人会通过去除一些"不理想"的数据以获得符合预期的结果。这样做会严重影响实验结果的可靠性，影响实验的客观性、科学性。

3. 报告数据

在文章中报告数据最重要的是，数据应是可靠和完整的。有的研究者为了获得"理想"结果而编造数据，这样的事件时有发生。这样的结果可能一时引起轰动效应，然而，对实验结果最好的检验是"重复实验"。其他研究者都不能重复的实验结果将最终被淘汰。

还有研究者在文章中只报告"有利于"假说的数据，而对于"不利于"假说的数据不予报告。这种报告的目的在于"证实"自己的研究预期，然而，由于报告的数据是不完整的、片面的，可能会在一段时间内，误导后来的研究者。其实，任何科学研究都带有探索性，数据分析中报告与研究预期相同的和不相同的方面，报告与前人的结果相同和不相同的方面，分析造成差异可能的原因，有利于更全面地认识研究问题的全貌。那些不符合预期的数据结果也许对后来的研究有新的启示。

4. 数据保留

实验中的原始数据应当妥善保留。很多时候，在文章发表过程中，要回答文章评审者提出的一些问题，或对数据处理进行改进、提高，需要使用原始数据。另外，甚至在文章发表以后，当研究者对研究的问题有了新的认识、新的想法，原始数据可以被用于重新计算数据，获得新的结论。

二、实验材料

实验材料对研究结果是至关重要的，研究中使用的实验材料大体分为以下几类，研究者应区别对待：

（1）如果研究中使用自己的实验材料，应精心选择、设计。研究完成后妥善保留，以备文章发表过程中回答评审者的问题时使用。如果在参照他人实验材料的基础上设计自己的实验材料，最好在发表的文章中加以说明和引用。

（2）如果研究中使用他人的实验材料、测验、常模，应当特别注意，如果使用已经在公开杂志上发表的实验材料、测验、常模，必须完整使用原材料、测验，并在发表的文章中加以说明，引用原始出处。对尚未发表的他人的实验材料、测验、常模，必须事先征得作者的同意，才能够使用。

（3）对一些标准化测验、他人的测验，在任何情况下不得向公众发布。

第四节　论文写作与发表应注意的问题

一、论文写作

在科学论文写作中，也有许多规则是需要遵循的。

第一，文章要用自己的句子加以表达，在文章中如果确实要摘抄他人的观点，需要引用。引用的方法包括：当完全引用原文中的某些片段，需要将引用的片段加引号，同时加文献索引。

当完全引用原文中的某些图表时，需要在图表下面加文献索引。

当在文章中用自己的话叙述他人的观点、实验结果等时，需要在自己的叙述后面加文献索引。例如：

"由于 Gating 方法可以精确地控制被试在每个语音片段（gate）听到的感觉输入量，并将感觉输入量与反应相关联，这使研究者能得到听觉词汇加工随语音逐渐输入而变化的全过程。通过这种简单易行的方法进行的听觉词汇加工研究，发现了英语单音节词平均识别点为语音起始点之后 289 毫秒，双音节为 306 毫秒，三音节为 406 毫秒。同时，研究者还发现了语境效应、词频效应、词长效应等效应。"[①]

第二，在自己的研究论文中，如研究思想的来源，方法的选择，变量的选择等受他人探究的启发，应当提及和引用。力求在论文中分清前人研究的思想、成果和自己在本研究中独特的思想方法、成果、创新是十分重要的。例如：

"由于研究表明分组呈现方式比连续呈现方式（Successive Presentation Format）可以更好地模拟实时（Real-Time）言语过程，所以本研究采用分组方式呈现刺激，即，每个语音组包含所有单字的同一长度的语音片段，按语音片段从短到长的顺序呈现各组刺激。"

又如：

"利用 Gating 技术得到的结果首先揭示出汉语听觉语音识别点及其相关信

息。总体上看，所有项目的平均语音长度是 285 毫秒，平均 IP 是 157 毫秒，占整字语音长度的 55.2%。实验结果表明，没有语境的条件下，在普通话单音节字词语音长度的 55% 左右，就可以识别该字音。这与 Li, Shu, et al. 发现广东话单音节字词的 IP 是 54% 极为相近。"

　　第三，在文章中引用的文献，应当在文章后面的"参考文献"中详细列出。国内杂志参考文献的排列形式举例：

参考文献

　　［1］Tyler L K，Wessels J. Is gating an on-line task? Evidence from naming latency data ［J］. Perception and Psychophysics，1985，38（3）：217～222.

　　［2］Grosjean F. Spoken word recognition processes and the gating paradigm ［J］. Perception and Psychophysics，1980，28（4）：267～283.

　　［3］Walley A C，Michela V L，Wood D R. The gating paradigm：Effects of presentation format on spoken word recognition by children and adults ［J］. Perception and Psychophysics，1995，57（3）：343～351.

　　第四，在文章中引用的文献，应当是自己直接阅读过的文献，以保证能够正确叙述、阐明、评价他人的观点。

二、论文发表

　　最后撰写的论文发表在国内外各类与心理学相关的杂志、各类学术会议上，论文发表应注意，同样的文章、数据不能在不同的杂志上重复发表。

参考文献

　　［1］孟庆茂，常建华. 实验心理学. 北京：北京师范大学出版社，1999.

　　［2］杨治良. 实验心理学. 杭州：浙江教育出版社，1997.

　　［3］朱滢. 实验心理学. 北京：北京大学出版社，2000.

　　［4］杨博民. 心理实验纲要. 北京：北京大学出版社，1989.

　　［5］赫葆源，张厚粲，陈舒永. 实验心理学. 北京：北京大学出版社，1983.

　　［6］张学民，舒华. 实验心理学纲要. 北京：北京师范大学出版社，2004.

　　［7］舒华，张学民等. 实验心理学的理论、方法与技术. 北京：人民教育出版社，2006.

[8] David W. Martin. Doing Psychology Experiment. Cole Publishing Company，1996.

第四章　心理学实验研究中的各种变量及其控制

【本章要点】

　　（一）心理实验的基本要求及应注意的问题

　　（二）心理实验中各种变量及变量的控制

1. 自变量的种类与控制

2. 因变量的种类与控制

3. 额外变量及其控制

　　实验心理学在我国开设已有二十多年，在这些年的理论与实验教学中，无论是在教学内容，还是在教学形式和教学手段上，这门课都面临着调整和改革。而不管实验内容、教学形式和教学手段如何变革，作为心理学专业基础课的实验心理实验，其基本的教学目的是不变的，那就是教授学生如何按照心理学的实验要求设计、控制和实施实验，并对实验结果进行统计分析。学生通过"实验心理实验"课的学习、实际操作和自己设计实验，学习和掌握心理学实验的基本研究，做心理学实验应该注意的问题。如何设计一个严格的心理学实验，以及运用心理学实验设计方法设计研究实验，分析和报告自己的实验结果，这是"实验心理实验"课教学的基本出发点。

　　心理学实验与其他自然学科的实验有很大的区别。物理、化学实验的对象是没有生命的，实验结果的可靠性主要取决于实验者对实验材料、化学物质和实验条件等客观条件控制的严格和精确程度。心理学实验则不同，做心理学实验不仅要求实验者对实验条件、实验材料等客观条件进行严格和有效的控制，而且还要对实验对象本身的主客观条件进行严格和有效的控制，对实验对象的各种主观因素（如心理状态、身体状态、动机、个性倾向性等）、个体差异（如被试的年龄、性别、职业、受教育程度、文化背景等）因素予以充分的考虑，根据自己的实验目的，对实验对象的上述主客观因素进行严格的控制，排除各种额外因素及其交互作用对实验结果可能产生的各种不利影响，使实验结果更为精确、客观和可靠。

　　在本章中，将对设计心理实验的基本要求、应注意的问题、对主客观因素和实验过程的控制方法、实验设计的基本方法、实验结果的统计分析方法等实验理论问题进行系统和详细的介绍。

第一节　心理实验的基本要求及应注意的问题

一、心理学实验的基本要求

心理学实验研究与其他自然科学和社会科学的研究一样，主要目的是在掌握本学科的基本实验方法与技能的基础上，探讨心理现象的基本规律，在实验设计与实施方面与其他学科的实验有相同之处，如实验研究应具有可重复性、客观性等，同时有心理学实验所特有的要求。具体表现在如下几个方面。

（一）对选题和实验设计的要求

从研究的角度来讲，选题是设计实验的第一步，也是最为关键的环节，因为一个选题的好坏直接关系做此研究的目的，以及研究的理论与实践意义。因此，在设计一个实验前，首先，要查阅大量的文献资料，对自己感兴趣领域的文献进行研读，并根据已有的研究成果和存在的问题，选择自己的研究课题，提出自己的研究假设和研究方案。其次，对选择的课题与当前的社会需求情况进行分析。最后，根据研读的文献、研究问题的理论意义及其社会需求状况，确定选择的课题。选择课题应该考虑到以下几方面：
①避免重复性研究；
②使选择的课题与已有的研究能够很好地衔接；
③使选择的研究课题具有一定的理论与实践价值。
确定研究课题后，就要准备进行实验设计。在实验设计过程中，最重要的问题是实验设计要合理，对实验过程进行有效控制，并通过一些实验设计方法避免实验过程中可能出现的各种误差，保证实验结果的精确性与可靠性。

（二）对实验环境的要求

不同的实验对实验环境的要求也有所不同，通常心理学实验要求实验室环境条件应保持相对恒定，如实验环境的背景噪声、光照度、实验材料和设施的布置等。有一些实验对实验室条件要求比较严格，如听觉方面的实验、视知觉方面的实验、颜色知觉的实验、认知方面的一些实验等。有关实验室环境控制的问题，我们在下面的章节中将进行详细的讨论。

（三）对主试的要求

主试是实验的具体实施者，主试对实验过程的控制和对被试的反应记录直接关系实验结果的可靠性。因此，在实验前应对主试进行统一的培训，使其清楚实验的目的、实验过程的控制、实验中出现的意外情况应如何处理、如何记录被试的反应、如何控制主试自身言行举止对实验结果可能产生的影响、避免其他与主试相关的额外因素可能对实验结果产生的影响等。

（四）对被试的要求

被试是实验的对象，被试的反应状况是实验者分析实验结果和探讨研究问题的主要依据，因此，被试对刺激反应的准确性和客观性将直接影响实验结果的可靠性和结果的推论性。因此，心理学实验一般要求被试应严格按照实验指导语和主试的要求对刺激进行反应，反应要真实、可靠，这样才能保证实验结果的可靠性和可推广性。

（五）对实验过程控制的要求

实验过程控制是整个实验设计的关键环节。实验者通过对实验过程的控制，排除各种额外因素对实验结果可能产生的影响，保证实验结果的可靠性。在第二节将对实验过程的控制方法进行详细的讨论。

（六）统计方法的运用和对实验结果的解释

实验结果需要采用一些统计方法进行分析，使获得的实验数据通过整理和分析，发现其中蕴涵的规律，并根据数据反映的规律做出推论性的解释。合理运用统计方法可以将表面上看来无规律的数据转化为可以理解的有规律的数据，统计分析后的结果将是分析、解释和推论的主要依据，因此，实验者在进行统计分析时一定要保证统计方法的科学性。

要保证统计方法的科学性，首先是选择合适的统计方法，避免统计方法乱用。我们知道，针对不同的实验设计，采用统计分析的方法也是有所区别的；相同的实验设计也可以运用不同的统计方法，从不同的角度对实验结果进行分析和考察。因此，选择统计方法是至关重要的。实验者应根据具体的实验设计和统计方法使用的条件，选择相应的统计分析方法，并对分析结果进行科学、合理的解释。

二、心理学实验研究应注意的问题

由于心理学实验研究对主客观条件的特殊要求，在设计和实施心理学实验时，应注意如下几方面的问题。

（一）对主试进行严格的培训

前面已经提到，主试是实验的具体实施者，因此，主试对实验过程的控制对实验结果的可靠性有直接的影响，为了避免主试对实验可能产生不利的影响，实验者应在实验前对全体主试进行培训，使主试明确实验目的、实验者的意图和实验过程中应该注意的问题，避免由于主试对实验过程控制不规范，或语言和行为暗示等对实验结果产生的不利影响。

（二）实验过程控制标准化

实验者在设计实验时，应尽可能使这个实验过程标准化，排除额外因素对实验结果造成的影响。一般实验过程标准化的方法是：严格按照统一的实验程序进行实验，如通过计算机控制整个实验过程。

（三）研究者应具备一定的职业素养和科学道德

对于一个研究者来说，良好的职业素养和科学道德是必备的素质之一。具备了良好的职业素养和科学道德，才能以科学精神认真对待科学研究中遇到的各种问题。作为一个学习者或研究者，在其研究工作中，应该从以下几方面培养其职业素养和科学精神：

（1）依据统计学的原则对实验数据进行整理和客观分析，不能主观、武断地对实验进行任意删改和修饰，以此来附和自己的假设或某一理论观点。

（2）要以宽广的胸襟接纳和客观地审视他人的研究成果，在没有充分的依据的前提下，不可对他人的研究结果或结论妄加菲薄。

（3）从实际出发，以事实或数据为依据发现客观规律，避免主观、武断、不负责任地下结论，培养自己严谨的科学态度。

第二节 心理实验中各种变量及变量的控制

一、心理实验中的主试与被试

由于心理学研究的主要对象是人的心理活动规律，所以在心理实验中必然要遇到实验者与实验对象的关系问题。在心理实验中，我们把实验组织、设计和具体实施者称为主试，由主试选择的实验的对象或在主试的监视或指导下具体操作实验的人称为被试。

1. 实验者/研究者与主试之间的关系

• 研究者与实验的具体实施者之间的关系，如果实验者与主试之间存在着这种关系，实验者应该避免主试可能对实验结果带来的实验者效应。

• 在有些实验中，主试就是实验的研究者。

• 一般情况下，主试是实验者的助手、硕士生与博士生。

2. 主试与被试的关系

• 实验指导者与实验操作者之间的关系。

• 主试应该严格按照实验者的要求组织与实施实验。

• 主试的态度、言行举止会对被试产生一定的影响，如果控制不好，就会产生主试者效应。

3. 主试及其在实验中的任务

在心理实验中，主试的任务包括以下几方面。

（1）组织和具体实施实验。在实验中，有的实验是个别实施的实验，有的实验是团体实施的实验，无论是在个别实施的实验中，还是在团体实施的实验中，主试的首要任务都是按照实验要求召集被试，并向被试就有关实验的基本问题和要求进行解释和说明，保证实验的主客观因素符合实验的要求，并按照实验的要求具体实施实验。具体包括选择被试（实验设计者决定）；消除实验环境中额外因素的影响或保持实验环境中的各种额外因素恒定；通过实验前的准备工作排除或控制主试的主观因素尽可能保持在系统的水平上。如通过指导语向被试说明实验的目的（有些实验无须说明）、实验的要求、实验应注意的问题以及被试应如何作反应等。

（2）按照实验的要求，组织与具体实施实验，并对于实验中可能会遇到的意外情况，予以及时的处理，解答被试遇到的问题。如被试对实验的某些环节理解不清楚、被试自身存在的问题等。

（3）监控和记录被试的反应。在实验中，被试的反应一般通过仪器或其他测量工具来记录，但是仪器和测量工具无法记录被试在实验过程中的具体的反应细节，而这些具体的反应细节对实验结果的解释可能具有参考价值。因此，在必要的情况下，主试要尽可能详尽地记录被试在实验过程中的反应，以供实验者在分析和解释实验结果时参考。

（4）实验结束后，收集与整理（检查、核实、汇总）数据。

二、如何编制指导语

指导语（direction）是心理实验中必不可少的。指导语是在实验前由主试向被试解释和说明的或是被试自己阅读的，关于实验如何进行、被试如何作反应以及在反应过程中应该注意的文字说明。指导语是由实验设计者精心制定的。指导语对实验结果的影响是不可忽视的，相同的实验，如果指导语不同，实验结果就可能不同，甚至导致很大的偏差。如在内隐记忆的研究中，指导语对内隐记忆与外显记忆的分离起着关键的作用。所以，实验者在制定指导语时要仔细斟酌、避免因指导语的细微差异而导致错误的实验结果。因此，在制定指导语时，应注意以下几方面问题：

（1）指导语应该简明扼要，措辞清楚，不可模棱两可。指导语过于冗长，会影响被试的理解和记忆，措辞模糊不清会引起被试的猜测，使不同的被试的理解不一致，并影响实验结果的可靠性。

（2）在指导语中应该把实验的要求、被试如何作反应、在实验中应该注意的问题交代清楚，使被试对自己应该做什么，如何去做一目了然。

（3）指导语在措辞方面尽量简单化，避免使用专业的词汇和术语，使被试不至于在理解上产生困难而影响实验的进行和实验结果的可靠性。

（4）在实验中，为了避免指导语对实验结果的额外影响，指导语应予以标准化。必要时可以录制成录音带，如果是通过计算机做的实验，可将指导语做成声音文件，通过程序控制，在实验开始前向被试播放。

除了指导语外，被试的主观因素（如情绪、动机等）以及主试的态度、表情、讲话口气等也会影响实验结果，这些在后面的章节中还要详细介绍。

三、心理实验中的各种变量

变量（variable）是指可以在性质上或是在数量上加以改变的任务的属性。

如声音的频率和强度；颜色的明度、饱和度、色调；对特定刺激的反应时的长短；记忆的保持量等。变量的变化可以是质的变化，如性别、职业、依据事物的一个或多个特征将事物划分为不同的类别等，我们把这种变量称为非连续变量；也可以是数量的变化，如反应时长短、正确率、保持量、皮肤电位等，我们把这种变量称为连续变量。连续变量和非连续变量也不是绝对的，在必要时可以把连续的变量转化成非连续的等级变量。

在心理学中，通常有以下几种变量：自变量、因变量和额外变量。

自变量（independent variable）又叫刺激变量、独立变量，它是实验者在研究问题、实施实验时有意加以操纵和改变的变量，一般自变量的变化应为连续或非连续的变化，且为两个或两个以上的水平，变量的不同水平称为实验处理，所谓的实验处理即主试操纵的、对被试的反应可能有一定影响的刺激条件的变化。

因变量（dependent variable）又叫反应变量、依从变量，它是主试要观察的指标，是被试心理特征变化的反应或表现，它是随着自变量或其他因素的变化而变化（在实验中通常假设因变量随自变量的变化而变化），可用一定的数量指标来表示，如反应时、皮肤电位等。

额外变量（extraneous variable），又叫控制变量（control variable），它是与实验目的无关，但又对被试的反应有一定影响的变量。如在测量听觉绝对阈限、听觉疲劳与听觉适应过程的实验或进行听觉诊断时，实验室环境的背景噪声就是额外变量，所以，在一般的听觉实验中要求实验室背景噪声低于 30 dB，被试接受实验或诊断前的 1~2 天不应暴露在强噪声的环境中；在暗适应的实验中，环境背景光强度和被试实验前在暗室中适应的时间都是影响实验结果的额外因素，因此，在暗适应实验中应对实验室背景光强度和被试在暗室中的停留时间进行严格的限制，避免对暗适应进程产生影响。

额外变量通常包括两大类：一类是与实验目的无关的、相对恒定的客观条件对实验结果产生的影响，这种影响通常是在一个恒定的水平上下波动，我们将这种额外变量称为系统的额外变量。系统的额外变量对实验结果会产生系统误差（systematic error），如实验仪器本身的性能对实验结果产生的影响，再如不能够消除的、被控制在恒定水平的额外变量对实验结果产生的相对稳定的影响，这种影响对所有的被试都是一致的，仪器的性能和精确性越好，产生的系统误差也就越小。另一类是随机的、偶然出现的、不可预期的与实验目的无关的，但又对实验结果有一定影响的因素，这些因素称为随机的额外变量，随机变量引起的误差称为随机误差（stochastic error）。如主试对被试的语言或行为暗示、被试没有按照实验要求进行反应、被试在实验中意外生病、实验室意外停电、被试在实验过程中受到意外的干扰等。无论是系统的还是随机的额外变量，归结起来，主要有以下几个方面：实验仪器的性能与技术参数的设置、来自实验环境方面的额外变量、来自主试者方面的额外变量、来自被试方面的额外变量、来自实验设计和实验过程控制方面的额外变量、来自数据整理和统计分析方面的额外因素等。

四、如何对自变量和因变量进行控制

对自变量和因变量进行控制即给自变量和因变量下操作定义。在进行一个实验之前，首先要确定实验的研究变量。一般所说的研究变量包括自变量和因变量。对自变量和因变量的定义有两种：抽象定义和操作定义。抽象定义是指从理论上对研究变量所反映的事物的本质规律进行的定义。如在研究中对各种概念、术语的理论定义均属于抽象定义。操作定义是用可以感知到的事件、现象或指标来对研究变量进行数量化或定性的界定和说明。如用智力测验分数代表智力水平的高低、用简单反应时代表被试的反应速度等。

第三节 额外变量的来源以及控制方法

一、额外变量来源

归结起来，额外变量主要有以下来源。

（一）实验仪器的性能与技术参数的设置

实验仪器的性能和参数设置是影响实验结果精确性的一个非常重要的因素。高性能的实验仪器可以获得精确、可靠的实验结果，而性能差或性能不稳定的仪器获得的结果则缺乏稳定性和可靠性。高性能实验仪器的调试和技术参数设置也是影响实验结果的一个重要因素，如果实验仪器没有调试好或不同被试的实验仪器参数设置不一致，也会对实验结果产生随机误差，直接影响实验结果的稳定性和可靠性。因此，对实验仪器本身的性能和技术参数的设置是实验研究中应该控制的一个重要的因素。

（二）来自实验环境方面的额外变量

实验室环境也是影响被试反应和实验结果的一个重要因素。在心理学实验中，影响被试反应和实验结果的环境因素有：实验室的光强度、实验室背景噪声、实验室的环境布置、实验室空间大小、实验室环境温度等，其中有些因素是可以消除的，有些是不能消除的。通常对于那些能够消除的因素，可以采用消除法排除其对被试反应和实验结果的不利影响；对于那些不能消除的环境条件，可以采用恒定法或其他的方法将额外因素控制在一个恒定的水平，保证实验结果的稳定性。不同实验对实验室环境条件的要求也各不相同，因此，实验者应该根据具体实验的要求，对实验室环境条件进行严格和有效的控制。

（三）来自主试者方面的额外变量

主试者的性别、态度、言谈举止、外表形象等都可能成为影响实验结果的额外因素，这种影响有时甚至会导致相反的实验结果。如在实验中经常提到的"霍桑效应""罗森塔尔效应"和"安慰剂效应"等，都是由于主试的行为、态度和指导语的倾向对被试产生的影响，在实验心理学中统称为"实验者效应"。无论上述的效应是积极的还是消极的，只要是与我们的实验目的没有直接关系，或者是我们研究问题之外的因素，都应进行严格有效的控制。通常控制主试者效应的方法是将实验过程标准化，即要求主试严格按照实验规定的程序和要求实施实验，或者通过计算机或实验仪器自动控制整个实验过程，减少主试与被试的接触，避免产生"实验者效应"。

（四）来自被试方面的额外变量

被试是心理实验的研究对象，实验数据是通过被试的反应获得的，因此，被试是否认真做实验直接影响实验结果的准确性和可靠性。被试方面的额外因素主要包括被试做实验的动机、兴趣、态度、情绪状态、身心状况、练习或有相关的实验经验、是否知道实验者的意图和实验目的等。为了对被试方面的额外因素进行有效控制，主试实验前指导被试阅读指导语，应向被试讲明实验的要求、反应原则和如何进行反应，以及在实验过程中应该注意的问题，以免被试对实验要求或反应原则不清楚而对实验结果造成不利的影响。

（五）来自实验设计和实验过程控制方面的额外变量

实验设计与实验过程控制是实验研究的核心环节，实验设计的合理与否、实验过程的控制是否严格将直接影响实验结果的科学性和可靠性，因此，在进行实验设计时应该充分考虑到被试分组和实验处理的分配，并对实验过程进行严格控制。

通常来自实验设计与实验实施方面的额外变量有实验设计方法不当、被试选择和分配不合理等；来自实验实施方面的额外变量有实验程序安排不当、过程控制不严格、对各种系统误差和随机误差没有采用平衡与消除的方法、实验程序不符合实验要求、被试或仪器出现意外情况等。

消除实验设计与实验过程控制方面的额外因素的方法主要是通过各种平衡误差的方法，抵消可能产生的空间误差、顺序误差和练习效应。

(六) 来自数据整理和统计分析方面的额外因素

数据整理和统计分析是撰写研究报告的一个重要环节，数据整理和统计分析方法使用不当直接影响实验结果和结论的准确性与可靠性。来自数据整理和统计分析方面的额外因素主要包括极端数据没有剔除或剔除方法不当、没有删除不可靠的被试数据、合并不同质的数据、统计分析方法不当等。因此，实验者在整理数据和对数据进行统计分析时，应该根据统计学的基本原则、数据的性质、实验设计类型和不同分析方法的统计条件，剔除极端数据和不可靠的数据，选择恰当的统计分析方法，排除由于数据整理和统计方法不当对实验结果造成的影响。

除了上述的额外变量以外，被试的发展因素、成熟因素、历史因素、学习因素等也是影响实验研究的重要额外因素，在实验中也应该予以充分的重视。

上述的自变量、因变量和控制变量可以区分为两大类：即相关变量和无关变量。相关变量是指对研究结果可能产生影响的变量，包括研究变量（自变量和因变量）和额外变量，通常在心理学实验研究中，应该对相关变量进行严格有效的控制。无关变量是指对实验结果没有显著影响的变量，在心理学实验研究中，对无关变量无须进行严格控制。

总之，一个好的实验设计既要有定义良好的自变量和因变量，同时也应对额外变量进行严格、有效的控制，排除额外变量对研究变量产生消极的影响，保证实验结果的科学性和可靠性，使实验结果具有较高的解释率。

二、额外变量的控制方法

在心理学实验中，额外变量是影响实验结果科学性与可靠性的不可忽视的因素，为了保证实验结果能够达到研究者的研究目的，在进行实验设计时，应对那些可能影响实验结果的额外因素进行严格、有效的控制。

1. 消除法

消除法是采取一定的手段或措施，消除可能对实验结果造成不利影响的各种环境刺激、实验条件的额外因素，或主试与被试方面的主观因素。在心理学实验中，消除法是一种常用的、比较理想和可靠的控制额外因素的方法，它可以从根本上排除额外的因素可能对实验结果产生的影响。采用消除法的措施很多，最简单的方法是直接消除额外因素，如在隔音室的暗室中做听觉实验，在暗室中进行暗适应实验，在排除各种感觉通道刺激的条件下进行感觉剥夺实验。

双盲实验控制法是消除主试和被试方面额外变量的一种常用方法。具体的控制方法是在主试与被试都不知道实验目的的前提下实施实验，排除由于主试和被试知道实验目的和实验者的意图而导致"实验者效应""先入现象"或期待效应。

此外，提高实验的标准化与自动化程度也是消除额外变量的常用方法，也是实验过程控制的常用方法。

2. 恒定法

在心理实验中，有些额外变量是可以消除的（如光照、实验室内与实验无关的器材摆设等），有些额外变量则很难或不可能消除（如实验室的结构、空间大小、主试因素、被试自身的因素、仪器本身的因素等），当额外变量无法消除或很难消除时，实验者可以采用恒定法保持额外因素在实验过程中处于相对恒定的水平，排除额外因素的变化或变动对实验结果造成干扰。具体方法可以通过采用相同规格和性能的实验仪器、设置相同的仪器性能指标和技术参数、保持实验室物理条件恒定、实验过程标准化、主试的态度和言行举止一致、被试身心状态稳定，保持这些因素处于恒定的水平，使不同主试、不同被试、在不同的实验室、采用多台仪器获得的实验结果一致，使实验结果同质，具有可比性。

采用恒定法不能消除额外变量带来的误差，但是可以使这些误差（系统误差）处于一个恒定的水平，使所有被试实验结果的误差处于相同的水平，实验者采用恒定法的目的是在保持系统误差恒定的基础上，尽可能降低系统误差的水平，这样对实验结果的分析和实验结论就不会产生过多的不利影响。

3. 随机取样法

随机取样法是平衡被试间个体差异因素的一种常用方法，通常用于抽取被试样本和被试分组。该方法是从理论上保证抽取的被试具有代表性，不同实验处理组的被试特质基本处于相同的水平，以此来保证不同组被试的实验结果具有可比性。

一般随机取样的样本的被试人数应在 30 人以上，这样才能保证实验结果的代表性和推论性。

4. 等组匹配法

等组匹配法是根据被试的某些方面的特征或行为表现，将被试人为地划分为具有相同特质的若干组，使各组被试的特质在一定范围内保持是同质的。如按照学习成绩将被试划分为平均学习成绩和成绩分布相同的若干实验处理组。通常可以采用分层抽样的方法来对被试样本进行等组匹配。在实验组与控制组实验设计中也经常采用等组匹配法。

5. 抵消平衡法

抵消平衡法是心理实验中最常用的一种方法之一。在心理学实验中，有些额外变量既不能用消除法消除，也不能通过恒定法使之保持恒定或排除其不利影响，如实验的顺序误差、空间误差、习惯误差、疲劳效应和练习效应等。在这种情况下，我们经常通过实验设计的方法来抵消或平衡这些额外因素带来的误差。

在传统的心理物理法实验中经常使用的平衡顺序误差、练习效应和疲劳效应的 "ABBA" 或 "BAAB" 法、"↑↓↓↑" 或 "↓↑↑↓" 法，平衡空间误差的 "左右右左" 或 "右左左右" 法等。当实验次数较多或实验较为复杂时，可以采用多重的 "ABBA" 法或渐增、渐减系列，如 "ABBA BAAB BAAB ABBA" "↑↓↓↑↓↑↑↓↓↑↑↓↑↓↓↑"，实验者采用何种方法应该视具体的实验设计而定。

此外，拉丁方设计（Latin square design）也是抵消或平衡被试实验顺序或实验处理呈现顺序可能带来的误差的一种常用的实验设计方法。如 A、B、C 三个（组）被试接受三种角度的 Muller-Lyer 错觉实验，为了避免由于每个被试实验角度呈现的先后顺序对实验产生不利的影响，可以采用如下拉丁方设计抵消平衡材料顺序误差。

A：15°，30°，60°
B：30°，60°，15°
C：60°，15°，30°

6. 统计控制法

当实验中的某些额外因素未能加以有效控制时，可以采用剔除极端数据、统计学校正或根据主试观察剔除不可靠的数据，保证实验数据的可靠性。即便在对额外变量进行严格控制的前提下，有一些被试者方面的特征或不同的研究变量之间的相互影响也可能对实验结论的可靠性造成影响。在这种情况下，研究者可以采用协方差分析的方法排除相关变量对实验结论的影响。

此外，研究变量之间的相关关系或因果关系可能是直接的，也可能是间接的。如果这种关系是间接的话，如何分析其潜在的影响因素或变量也是研究者在统计分析时应该注意的问题，避免武断地下结论。在这种情况下，研究者可以采用协方差结构模型的分析方法探索研究变量之间的内在联系。

上述方法的运用并不是相互独立的，在一个实验设计中，实验者通常需要根据实验设计的具体要求，经常采用多种额外变量的控制方法来排除各种随机误差。

实验 4-1　彩色明度差别阈限的测定中的各种变量及其控制

实验背景知识

彩色明度差别阈限是人们在面对不同颜色的视觉刺激时，对特定颜色的视觉刺激的明度变化的最小差别量的辨别能力。通常情况下，人们对不同颜色的明度的辨别能力会有所不同，本实验就是采用传统心理物理法中的平均差误法测量不同颜色的彩色明度差别阈限。

实验目的

1. 通过测量不同颜色的色度辨别差别阈限，学习使用传统心理物理法—平均差误法测量差别阈限。

2. 掌握明度测量应该控制的各种因素，这些因素包括：

（1）环境背景照明、噪音等的控制；

（2）计算机的显示器的明度、对比度与颜色的饱和度等；

（3）实验室环境背景和设备的布置；

（4）被试自身的因素，包括视觉或矫正视力、颜色知觉能力或有无其他明度知觉和颜色知觉缺陷等；

（5）实验材料（标准刺激和比较刺激）的颜色、明度与饱和度的设置；

（6）指导语的编制；

（7）主试方面因素（态度、是否按照实验要求、对被试过程的控制）的控制等。

实验方法

一、被试

全班同学，4人一组，视觉正常或矫正视觉正常，无颜色知觉障碍。

二、实验仪器与实验材料

1. 实验仪器：计算机、"平均差误法测量彩色明度辨别差别阈限"实验程序。

2. 实验材料：通过计算机呈现的不同颜色的方块，有四种颜色：红、绿、黄、蓝，每种颜色标准刺激的 RGB（ ）函数值见表 4-1。

表 4-1　每种颜色标准刺激的 RGB（ ）函数的参数值

颜色	RGB（ ）函数值
红色	RGB (120, 0, 0)
绿色	RGB (0, 120, 0)
蓝色	RGB (0, 0, 120)
黄色	RGB (120, 120, 0)

三、实验设计与实验过程控制

本实验可以从性别、不同颜色等角度考察彩色明度差别阈限的变化。其中性别为被试间因素、颜色为被试内因素。实验法采用平均差误法。

1. 为了避免空间误差，标准刺激在左和在右的次数各半，在整个实验过程中，标准刺激和比较刺激的空间位置采用多重 ABBA 法设计；为了避免动作误差，采用"↓↑↑↓"和"↑↓↓↑"刺激系列呈现刺激，具体见刺激呈现系列表 4-2。

2. 四种颜色采用拉丁方设计。4 个被试的实验顺序如下：
①R G B Y；②G B Y R；③B Y R G；④Y R G B

3. 所有实验用计算机的显示器亮度调至最大亮度（保持实验仪器控制水平一致）。

4. 具体实验程序如下：

（1）用鼠标双击实验程序图标，进入实验状态，在主菜单中有四种可供选择的颜色（红/绿/黄/蓝），单击相应的颜色选项便可进行实验。

（2）预备实验：测量不同颜色明度差别辨别的阈限的大概范围，以确定比较刺激的明度变化水平。本实验比较刺激与标准刺激明度变化最小差别已经确定。可以省略预备实验。

（3）制作实验材料：如果使用自定义材料，在"实验材料"中选择"自定义颜色"，并对材料颜色进行定义。本实验实验材料为红色、黄色、绿色和蓝色。主试不必定义实验，直接在实验材料菜单中选择即可。

（4）正式实验：在"实验材料"中选择实验颜色，屏幕上出现如下指导语，被试仔细阅读如下指导语：

"下面呈现的是两个'？'颜色的刺激。其中一个是标准刺激，一个是比较刺激，标准刺激有时在左，有时在右，要求你对呈现的比较刺激与标准刺激进行对比，然后判断比较刺激是比标准刺激颜色深还是浅，并向主试报告你的判断是'深'、'浅'或'相等'。如果你认为比较刺激与标准刺激的颜色'深'，就按'↑'箭头；如果认为比较刺激与标准刺激的颜色'相等'，按空格键；如果认为比较刺激比标准刺激的颜色'浅'，就按'↓'箭头，在一次调整中，你可以根据你的观察和判断，任意调整比较刺激的颜色的明度。这样要做好多次。明白上述指导语后，按'开始'键开始实验。"

（5）每种颜色的刺激的呈现方式如表4-2（以红色为例），每种颜色总共做24次。

表 4-2　红色刺激的呈现系列及标准/比较刺激的位置

	标准（S）/比较（C）							
刺激位置	S C	C S	C S	S C	C S	S C	S C	C S
刺激系列	↓ ↑ ↑	↓ ↑ ↓	↓ ↑	↑ ↓ ↑	↓ ↑ ↑	↓ ↑ ↑	↑ ↓ ↓	↑ ↑ ↓ ↑ ↓ ↑ ↓ ↑
备　注	每个比较刺激 RGB（　）函数值在标准刺激上下一定范围内随机呈现							

注：S为标准刺激；C为比较刺激。

（6）其他三种颜色的实验过程同上。

（7）结果记录：当被试判断相等时，这一点的数值称为主观相等点，通过若干次实验可以获得若干个主观相等点，并记录在表4-3中。

表 4-3　红色刺激的差别阈限的结果记录（其他颜色与下表同）

	标准（S）/比较（C）							
刺激位置	S C	C S	C S	S C	C S	S C	S C	C S
刺激系列	↓ ↑ ↑ ↓	↑ ↑ ↓ ↑	↑ ↓ ↑	↓ ↑ ↑	↑ ↓	↑ ↓	↑ ↑ ↓	↑ ↑ ↓ ↑ ↓ ↑ ↑ ↓
主观相等点								

结果分析与讨论

1. 根据主观相等点（Xi），按照公式计算不同颜色的明度差别辨别阈限。

2. 检验实验中被试是否有空间误差和动作误差？

3. 检验实验中被试是否有练习或疲劳效应？

4. 考察不同颜色的明度辨别阈限是否存在显著差异，并考察彩色明度辨别阈限的性别差异？

结　论

从本实验的结果，可以得出什么结论？

思考题

1. 采用平均差误法设计实验的基本程序？

2. 在平均差误法的实验中，如何避免空间误差和顺序误差？

3. 采用平均差误法与最小变化法的根本区别，哪一种方法获得的数据更为精确可靠？

4. 如果检验出被试存在期望误差或疲劳效应，所测得的差别阈限值是否会受到影响？

5. 试分析在本实验中影响被试实验结果的各种无关变量，并分析对哪些无关变量进行了严格的控制，哪些没有进行严格的控制，对没有很好控制的无关变量如何进行有效的控制？

参考文献

[1] 孟庆茂，常建华. 实验心理学. 北京：北京师范大学出版社，1999.

[2] 杨治良. 实验心理学. 杭州：浙江教育出版社，1997.

[3] 杨博民. 心理实验纲要. 北京：北京大学出版社，1989.

[4] 赫葆源，张厚粲，陈舒永. 实验心理学. 北京：北京大学出版社，1983.

第五章　心理学实验设计

【本章要点】

(一) 实验设计

1. 实验设计及评价标准

2. 前实验设计与事后设计

3. 准实验设计分类及特点

4. 真实验设计分类及特点

(二) 实验研究的效度

1. 内部效度与外部效度

2. 内部效度的影响因素

3. 外部效度的影响因素

第一节　心理学研究中的非实验与准实验设计

在心理学研究中，根据研究中被试取样和分配、对额外变量的控制、实验环境及相关变量的控制等，可以将心理学研究分为三种：非实验 (Non-experiment)、准实验 (Quasi-experiment) 和真实验 (True experiment)。

非实验设计通常是在自然情境下对实验对象的心理和行为进行直接的观察，非实验一般不需要对实验环境及其他方面的因素或变量进行严格控制，因此，研究结果只能对观察到的研究对象的心理和行为进行一般性的描述，不能对变量之间的因果关系进行深入的分析；而且由于对研究对象和环境方面的因素基本不进行严格控制，所以，可能受到观察者主观偏好的影响，观察记录过程和对观察结果进行分析也比较消耗时间。由于非实验设计在相对自然情境下，结果的生态效度和推论性较好，同时也能够发现环境、机体变量和其他相关变量之间相关关系和内在联系。

准实验设计可以是在自然情景下收集数据，也可以通过一些不是十分严格的、简单的、探索性的、对实验条件下的环境、机体和其他相关变量进行粗略控制的实验情境获取数据。准实验设计虽然对额外变量进行一定的控制，但是并不是进行严格、全面和系统的控制。所以，准实验设计获得的结果相对比较粗略，也很难从中发现变量之间的因果关系，准实验设计可以作为真实验设计的探索性实验，也可以研究生态化情境下的人心理和行为的规律及其影响因素等，所以，准实验设计在心理学研究中具有非常好的应用价值，也越来越受到心理学研究者的重视。

一、心理学研究中常用的非实验设计

在心理与教育研究领域，非实验设计是一种十分常用的研究设计方法，根据非实验设计的特点，该方法适用于自然观察法、调查法、面谈法、问卷法、定性分析方法以及对发生事件进行事后分析，研究者可以根据自己的研究目的和研究的问题与领域，选择适当的方法进行非实验设计的研究。下面就简单介绍几种常见的非实验设计方法。

（一）观察研究

观察法是研究者观察个体在自然情境下的行为模式，描述行为发生的情形、条件等。科学的观察法是条件明确，观察过程记录详细，记录方法系统客观，从而获得有价值的心理与行为方面的定量与定性研究数据。观察法在心理学研究中占有比较重要的地位，是一种不可缺少的研究方法，它的主要研究目的是对变量或变量间的关系加以描述，它的意义集中体现在以下两个方面。

1. 观察法能够描述行为和揭示变量间在自然情境下的关系

观察法通常是考察在自然状态下行为的发生规律，通常对额外变量不进行严格控制，而且人为参与的成分较少，所以，一般观察到的结果是自然状态下行为的发生条件、频率和具体表现形式等，并从中揭示变量间的内在关系。鉴于观察法的特点，一般得出的结果人为性低，与现实情况比较接近，与其他研究方法相比，观察法应该是一种比较接近自然化的研究。

2. 观察法是建立科学假说的一个重要环节

通过观察法得到的结果一般是对变量的关系进行一定程度的描述分析，不能做出因果关系的推论。但是，通过观察法对各种人类个体或群体心理和行为以及动物的行为可以进行详细的观察和记录，并能够发现许多重要的心理和行为现象，为进一步研究提供重要的线索和参考依据，建立起变量关系的假设模型，进而更深入地探讨这些变量之间的内在联系。

通常观察法可以分为两类，即无介入观察（observation without intervention）和介入观察（observation with intervention）（Willems，1969）。下面我们就对这两种方法进行简单的介绍。

1. 无介入观察

无介入观察是观察者的出现会影响被观察者的行为反应，即一旦观察者介入观察现场，就使得观察的数据与实际情况出现偏离时，在近乎自然状态下，观察者无任何企图介入的观察。它的研究意义就在于它是在自然情境下描述行为和揭示变量间的内在关系，并提供相对真实的观察结果。

无介入观察法中观察者介入现场的程度小，因此它的主要缺点是观察者在整个研究过程中比较被动，缺乏主动性。由于这个原因，有时为了观察某种现象，需要进行长时间的观察。为了改善无介入观察的缺点，研究者还可以采用介入观察法进行观察。

2. 介入观察

介入观察是观察者主动介入观察现场，对观察对象的心理和行为进行的系统和全面的观察。介入观察具有以下几方面的优点：观察者具有操纵的主动性，所以对一些自然状态下难以发生的事件或正常发生情况下难以观察到的事件的规律，可以通过介入观察获取相关的信息；通过对观察对象的某一方面特性的系统操纵，观察研究对象的反应，并能够获得一般科学观察不能直接获取的信息；能够通过控制一些重要的事件的条件，获得事件产生的结果信息；并通过操纵一个或多个独立变量来观察和比较变量之间的相互影响。

此外，根据观察者介入程度的多少，介入观察又可分为参与性观察（participant observation）、构建性观察（structured observation）和现场实验（field experiment）。根据观察的情境的控制性，可以分为实验室观察（lab observation）和自然情境观察（natural observation）。这些方法的详细过程可以参考相关的研究方法书籍。

总之，观察法是研究人和动物心理与行为的一种重要的研究方法，在使用观察法进行心理学研究时，研究者应该尽可能克服其缺点，发挥其优点，以达到科学观察并获取客观的研究信息。

（二）相关研究

相关法最早是高尔顿（Galton，1877）提出的相关思想，并应用于心理和行为研究中。后来，皮尔逊（Pearson）从数学的角度提出了相关系数的概念，并推出了相关系数的计算方法和公式。1892 年，布赖恩（Bryan）首次把相关的方法运用于心理学研究中，斯皮尔曼（Spearman）1904 年提出了著名的"衰减校正公式"（correction for attenuation）。桑代克（Thorndike）提出的"心理和社会测量的理论"促进了相关方法在心理学研究中的应用。相关法是比较常用的心理学研究方法之一，它在心理学研究中的意义主要体现在以下两方面。

①相关研究能够提出变量存在的关系和为进一步的研究提供依据。相关研究作为一种非实验研究方法，其研究目的是为了对个体或群体的心理和行为规律进行初步描述，为进一步的研究提供依据。

②相关研究可以计算出任意两个变量间的相关程度，并对变量之间的关系进行解释。与观察法不同的是，相关法可以计算出两个变量之间的相关系数。因此，只要已知一个变量的数据就可以预期另一个变量可能的结果。这就使研究者可以对新的变量值进行预期。

相关研究主要是通过两个变量之间的关联程度的高低揭示其内在的联系。研究者可以分析这两组数据的相关程度高低，并采用如下的方法对变量之间的相关程度进行描述。

1. 散点图（scatterplots）

散点图的做法是把两个变量分别作为 X 轴和 Y 轴建立平面直角坐标系，把它们的坐标值绘制到该坐标系中，然后从中分析两个变量关联程度的大小。如何通过一个散点图来推断两个变量的相关程度呢？通常，我们可以从两个方面来看，一个方面是考察两个变量相关的方向，属于正相关（positive correlation）或负相关（negative correlation），还是无相关（zero correlation）。正相关是指随着一个变量值的增加，另一个变量值也递增。而负相关是指随着一个变量值的增加，另一个变量值递减。无相关是指随着一个变量值的增加，另一个变量的值无明显的递增或递减趋势。

2. 相关系数（correlation coefficient）

散点图能够直观形象地反映出两个变量相关的方向和程度，但是这种对方向和程度的描述是笼统的没有具体的数据。而相关系数能够把两个变量相关的方向和程度用具体的数值来表示，结果更为具体细致。相关系数是相关法中表述两个变量相关关系的重要统计量。两个变量的性质不同，用于计算相关系数的方法不尽相同。对于连续性变量，人们最常用的一种计算相关系数的方法是皮尔逊（Pearson）相关系数计算法，使用这种计算法需要满足以下 4 个条件：

（1）两个变量都是连续数据。

（2）两个变量的总体都呈正态分布，或接近正态分布。

（3）两个变量的数据是成对数据，而且每对数据之间是相互独立的。

（4）两个变量之间呈线性关系。这可由散点图的形状来判断。

具备上述条件，可以采用如下皮尔逊相关系数的计算公式计算相关系数：

$$r = \frac{\sum xy}{\sqrt{\sum x^2 \sum y^2}}$$

其中 r 表示相关系数值，x，y 分别为 X，Y 两个变量的测定值与其平均数之差离均差。

3. 线性回归（linear regression）分析与验证性因素分析

散点图和相关系数是人们常用的描述两变量相关关系的方法。当研究变量为多个时，为了描述多变量之间的内在联系，则需要采用线性回归分析的方法来分析某些自变量对因变量的影响，通常采用不同的自变量对因变量的回归系数来描述各个自变量对因变量的影响。

例如，探讨不同课堂信息对教师课堂信息加工速度的作用，对学科内容信息、课堂活动信息、背景信息对课堂信息加工速度的影响进行了验证性因素分析，不同课堂信息对教师课堂信息加工速度的验证性因素分析的构想模型见图 5-1（a）。为了验证上述课堂信息加工速度模型的合理性，对上述模型在多重回归分析基础上进行验证性因素分析，经过验证发现不匹配信息对课堂信息加工速度的贡献被排除。经过对模型的修订，发现对课堂信息加工速度有显著影响的因

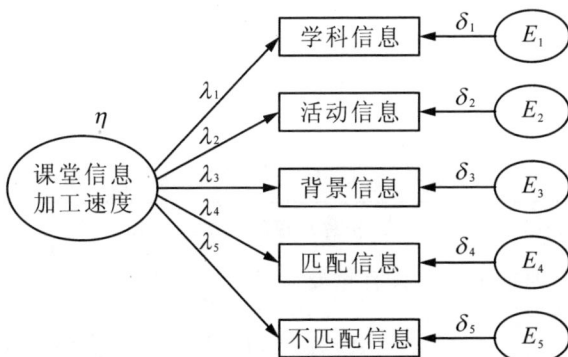

$E_1 \sim E_5$：影响不同类型课堂信息加工速度的随机因素

$\delta_1 \sim \delta_5$：影响不同类型课堂信息加工速度的随机因素载荷

$\lambda_1 \sim \lambda_5$：不同类型课堂信息对课堂信息加工速度的因素载荷

η：代表课堂信息加工速度

图 5-1（a）　不同类型课堂信息对课堂信息加工速度的假设模型

素有学科内容信息、课堂活动信息、课堂背景信息和匹配信息。具体分析如下（张学民，申继亮，2007），图 5-1（a）为多重回归的假设模型，表 5-1（a）和表5-1（b）显示了多重回归分析的拟合指数和标准化因素载荷（即标准回归系数）及其显著水平，图 5-1（a）为多重回归的假设模型，图 5-1（b）为多重回归的分析后的验证模型。

表 5-1（a）　语文与数学教师模型拟合指数检验（$N=54$）

拟合指数	检验结果	可接纳标准	对模型拟合的解释
Chi-Square/DF＝2	0.058/$P=$ 0.810	$P>0.05$	比较好
CMIN/DF	0.058	<2.00	比较好
标准拟合指数：NFI	1.000	>0.9	比较好
标准拟合指数：IFI	1.000	>0.9	比较好
Tucker-Lewis 指数：TLI	1.000	>0.9	比较好
相对拟合指数：CFI	1.000	>0.9	比较好
近似均方根误差：RMSEA	0.000	<0.05	比较好

表 5-1（b）　全体教师被试验证性因素分析结果（$N=54$，标准化因素载荷就是标准回归系数）

因素对应关系	非标准化因素载荷	S. E.	C. R.	标准化因素载荷	确定系数（解释率）
学科信息←加工速度	0.860	0.104	8.297	0.967	0.935
活动信息←加工速度	0.783	0.083	9.425	0.848	0.718
背景信息←加工速度	1.000			0.786	0.619
匹配信息←加工速度	0.924	0.073	12.587	0.934	0.873

注：E_2（活动信息）$\longleftrightarrow$ E_4（匹配信息）相关系数：0.843。

相关研究在心理学研究中具有重要的价值，具体表现为：

（1）更符合伦理和实际。在探讨某些变量间的关系时，出于各种实际情况和伦理道德的因素，难以对变量进行直接操纵，而用相关的方法则能够在一定程度上达到研究目标。

（2）有助于揭示、预期和选择研究变量。通过前面的学习可以看出，相关

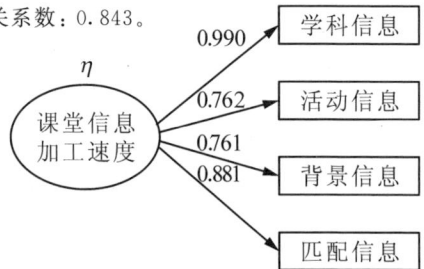

图 5-1（b）　全体教师课堂信息加工速度的验证性因素分析模型

研究能够揭示变量间在自然情境下的共变关系。相关研究的结果是基于这两个变量间特定的一些值计算出来的。因此，根据这一结果，知道一个变量的值就可以估算出另一个变量相对应的值。除此之外，相关研究也有助于选择变量。

（3）相关系数可以在一定程度上揭示变量的因果关系。在一定程度上，相关研究的结果也能揭示变量间的因果关系，但是，确定其因果关系还需要进一步的实验研究。

除了上述非实验设计方法，还有一些心理与教育研究的非实验方法。如访谈法、个案研究与咨询等，研究者可以根据自己研究的课题的需要和客观条件，选择合适的非实验设计的研究方法，为进一步的研究提供充分的信息或定量和定性的研究数据。

二、心理学研究中常用的准实验设计方法

以上介绍的几种非实验设计通常对额外变量很少控制，因此获得的结果所反映的变量之间的内在联系相对比较含糊不清，不明确。由于非实验设计存在上述的缺点，研究者在心理学研究中逐渐发展出一些实验控制和操纵简单、额外变量的相对较好的研究设计方法—准实验设计。准实验设计是在相对自然的情境下完成的，准实验设计与非实验设计相比更接近真实验设计对变量和研究过程的控制。准实验比非实验对额外变量的控制更为严格，因此能够更明确地揭示自变量和因变量之间的相关关系和因果关系。与真实验相比较，准实验设计的实验情境更接近生态化的自然情境，因此得出的研究结果具有较高的外部效度和可推论性，更能客观地解释真实情景下的人的心理和行为反应。所以，准实验设计在一定程度上兼具了非实验和真实验的优点，准实验设计逐渐成为心理学研究中的一种重要的研究设计方法。下面就介绍几种心理学研究中常用的准实验设计方法：

准实验设计根据实验中包含的被试组的数量，总体上分为单组设计（one group design）和多组设计（multiple group design），前者是指在实验中只有一个被试组，即实验组。后者是指实验有两个或两个以上的被试组。另外，在每种设计内部又可细分为不同的类型，下面将逐一举例说明。

（一）单组前后测实验设计

1. 单组后测实验设计（one group posttest design）

最简单的实验设计是单组、后测实验设计（见表 5-2）。这种实验设计的基本方法是：选取一组被试，给他们进行实验处理（自变量），然后测试他们的行为

（因变量）。

表 5-2　单组后测实验设计

实验处理	后测
X	Y

单组后测实验设计的基本思想是，实验处理会带来后测结果的变化。然而，这种实验最重要的问题是，没有比较的基线，无法估计实验处理带来的效应。

2. 单组前后测实验设计（one group pretest-posttest design）

复杂一些的单组设计是单组前—后测实验设计（见表 5-3）。这种实验设计的基本方法是：选取一组被试，事先测试他们的行为（因变量），然后给他们进行实验处理（自变量），最后再测试他们的行为（因变量）。

表 5-3　单组前—后测实验设计

前测	实验处理	后测
Y	X	Y

单组前—后测实验设计的基本思想是，将被试前测和后测的数据进行比较，通过前测与后测的差异估计实验处理带来的效应。然而，这种实验设计也存在问题，自变量以外的因素，如时间、成熟、学习、练习等无关变量，也可能导致后测（因变量）的变化，因此前、后测之间的差异可能不是来自实验处理。由于是单组设计，自变量和无关变量对因变量的影响无法区分。

该实验设计的优点在于前测可以提供被试的基线数据及有关信息，使得后测结果具有可比性，通过前测与后测结果的比较，在一定程度上可以发现存在的处理效应。此外，这种实验设计，全部被试既作为实验组又兼作控制组，因此，控制组与实验组之间被试的差异这个问题就得到了一定控制。但是，由于该设计很难排除掉许多额外变量的影响，实验结果反映的实验处理效应很可能不是处理效应，而是其他因素导致的，这就降低了实验的内部效度，影响实验结果可靠性的因素主要包括：①成熟（maturation）因素，即随着时间的推移，被试个体的发展发生了改变，而影响了实验结果的真实性；②历史（history）因素，在实验过程中，存在一些有利于强化被试心理和行为反应的因素，使得测验成绩发生偏移，从而影响了实验的真实性；③测验（testing）和练习，由于实验中要对被试测量多次，被试可能对测验产生了应答技巧，它也会使得后测的成绩比前测的成绩好，这时，后测成绩的提高很可能是这种测验经验增长的缘故，而不是处理效应造成的，这就是测验的反作用效果；④仪器（instrumentation）的精确性、稳定性和可靠性，即获取测验数据的仪器或其他工具的性能是否稳定，如果缺乏稳定性就会使测量结果出现偏离实际情况的效应；⑤统计回归（statistical regression），如果实验中选取了某些特质位于两个极端的被试，而这些被试在前、后测中所测得的极端值可能向中间回归，也就是说高分组所得的分数低于他们的正常分数，而低分组所得的分数高于他们的正常分数；⑥被试缺失（subject mortality），指一些被试由于某种原因中途退出实验，造成实验结果出现了偏差；⑦实验者效应（experimenter effect），指实验者期望自己的实验出现某种结果，证实某种假设，这便导致他们在实验过程中，有意或无意地使得结果向预期的方向发展，从而人为造成结果偏离了真实值；⑧除了上面介绍的几种可能影响单组前—后测设计的因素外，还有许多其他因素，包括被试的机体变量、环境变量等。因此，我们在解释单组前—后测设计的结果时，应该全面考虑上述因素，对结果进行客观、科学、公正的解释。

（二）单组时间序列设计（one-group time series design）

这种设计的特点是实验中只包含一个实验组，被试接受多次前测和后测的测量，并且前测和后测的测量数目相等，时间间隔相等。该设计的基本模式如下：

$$O_1 \quad O_2 \quad O_3 \quad O_4 \quad X \quad O_5 \quad O_6 \quad O_7 \quad O_8$$

其中 X 表示实验处理，O_1、O_2、O_3 和 O_4 分别是前测的成绩，O_5、O_6、O_7 和 O_8 分别是后测的成绩。这种方法在检验实验处理效应时，首先从一系列测量值中剔除成熟和发展效应，然后比较对应的前测和后测结果是否存在显著差异。

单组时间序列设计对被试成熟和发展因素进行了很好的控制，研究者通过采用适当的分析方法，可以把该因素的实验处理效应从总体数据中分离出来，然后再比较前、后测成绩的差异。此外，该设计也充分考虑了测量的可靠性，因为实验中进行多次测验，从而降低了可能由于一次测验而造成实验结果偏离的概率。同时，这种实验也降低了统计回归的影响，由于有多次测量，所以数据的极端值向中心回归的现象在一定程度上得以控制。前面的两种设计都比较难以消除历史、成熟和发展等因素对实验结果的影响，而单组时间序列设计则很好地解决了这个问题。

（三）单组相等时间样本设计（one-group equivalent time sample design）

单组相等时间样本设计的基本特点是实验只包含一个实验组，但是该组要接受多次处理和结果测量，并且实验处理与结果测量交替进行，处理和测量的时间间隔相等。该设计的基本模式如下：

$$X_0 O_1 \quad X_1 O_2 \quad X_0 O_3 \quad X_1 O_4$$

其中，X_1 和 X_0 分别表示接受实验处理和不接受实验处理，O_1、O_2、O_3 和 O_4 是指几次测量获得的测量值。从上述模式可以看出，这种设计的基本模式是给予处理和不给予处理交替出现，在给予处理和不给予处理的时候都进行测量并获得数值。检验处理效应是否存在时，把不给予处理时的测量值作为前测、基线成绩，而给予处理时的测量值作为后测成绩，通过对比这两组值是否存在差异，来推断处理效应是否明显。

单组相等时间样本设计的优点在于它可以较好地控制历史因素、测量因素、统计回归等额外因素的影响。但是，这种设计的缺点主要表现在外部效度低，它所得的结果很难向外推广到其他个体或群体。其主要原因可能是由于测验的反作用效果会影响测验的外部效度、多次测验降低或增加了被试对实验变量的敏感性、实验安排的反作用效果会影响该设计的外部效度、重复实验处理和测量的干扰效应等因素。因此，对该设计获得的结果的解释应该十分慎重，以保证研究结果的科学性和客观性。

（四）不相等实验组控制组前—后测设计（the nonequivalent control group design）

这种设计的基本特点是，实验共包含两个被试组，一个为实验组，另一个为对照组，两组都有前测成绩和后测成绩，且两组前测成绩不相等。实验组接受实验处理，而对照组不接受实验处理。它的基本模式如下：

$$\frac{O_1 \quad X \quad O_2}{P_1 \qquad P_2}$$

其中 X 表示给实验组的实验处理，O_1、O_2 分别指实验组的前、后测成绩，P_1、P_2 分别指控制组的前、后测成绩。下面我们结合具体例子来说明，如何来分析这种类型的实验数据的结果。

该实验设计的优点主要体现在，由于增添了控制组，从而使该设计基本上控制了历史、成熟、测验等因素对实验的干扰。此外，由于两组都有前测，研究者可以了解实验处理实施前的初始状态，从而也就对选择因素有了初步的控制。但是，该设计也有许多不足之处，主要包括由于实验组和控制组不相等、选择与成熟间的交互作用、选择与处理间的交互作用等。

（五）实验、控制组不等前—后测时间序列设计（time series design with non-equivalent control group）

该设计的特点是实验中包含一个实验组和一个控制组。实验组只接受一次处理，测量多次，前测和后测的测量数目相等，时间间隔相等。控制组除不接受处理外，其他测量与实验组同。该设计的基本模式如下：

$$\begin{array}{cccccccc} O_1 & O_2 & O_3 & O_4 & X & O_5 & O_6 & O_7 & O_8 \\ \hline P_1 & P_2 & P_3 & P_4 & & P_5 & P_6 & P_7 & P_8 \end{array}$$

其中 X 表示实验处理，O_1、O_2、O_3 和 O_4 表示实验组前测的不同成绩，O_5、O_6、O_7 和 O_8 表示其后测的不同成绩。P_1、P_2、P_3 和 P_4 表示控制组前测的不同成绩，P_5、P_6、P_7 和 P_8 表示其后测的不同成绩。检验这种处理是否存在明显的处理效应，首先从测量值中剔除成熟效应，然后比较控制组和实验组前后测成绩的变化趋势，从中分析出处理效应是否存在。

这种设计包含了单组时间序列设计和不相等实验组前测—后测设计的优点，由于它增加了控制组和进行了多次前测和后测的测量，从而很好地控制了选择、成熟、测验、统计回归等额外因素的影响。不过这种设计也存在着缺点，主要表现在对测验的反作用效果以及选择与处理之间的交互作用可能会降低实验结果的外部效度和推论性。

（六）相等组匹配设计（equivalent matching design）

这种实验设计的特点是各组之间不是随机分配被试，而是除自变量不同外，各组在其他方面进行了相应匹配，使得各组间特征匹配从理论上是相等的。该设计的基本模式如下：

$$\begin{array}{cc} X & O_1 \\ \hline & O_2 \end{array}$$

其中 X 表示给实验组的实验处理，O_1 和 O_2 分别指实验组和控制组的后测成绩。通过比较 O_1 和 O_2 的值来考察处理效应是否存在。该设计的优点是两组被试基本上是相等的，因此可以把后测成绩的差异归为处理的结果。该设计还有需要完善之处。在后面的章节中将会详细论述。

（七）模拟情境设计法

从上述实验设计可以发现，实验室实验法虽然能严格控制研究变量和额外变量，并对自变量和因变量间的关系进行科学可靠的研究，结论的内部效度较高，但是结论的外部效度和推论性较差，生态效度低，研究结论只能对客体在特定条件下的心理和行为表现加以解释，不能很好地应用于真实的生活情境。现场实验法虽然能适应应用的要求，但存在着无关变量难以控制，实验结论容易受到干扰的缺点，研究的内部效度不高。鉴于此，研究者为了弥补两者的缺点，提出了模拟情境设计法。模拟情境设计法（imitation situation design）是通过情境模拟技术实现与现实情景相同或相类似的实验情景，使被试在这种情景中的心理和行为表现与真实情景接近，从而借助这种模拟的情景来研究被试在真实情景中可能发生的心理和行为表现。由于模拟情景和真实情景具有很高的相似性，所以研究的外部效度较高，研究结论推论性高，这就避免了实验室实验法的缺点。因此，情景模拟法的内部效度也较高，研究结论可信，可靠度高。总之，情景模拟法兼备实验室实验法和现场实验法的优点，是应用心理学领域中比较理想的准实验研究方法。

（八）行动研究（action research）

行动研究（action research）是在教育和心理学研究领域中经常采用的一种定量或定性的研究方法，当行动研究涉及情境或者个案研究时，它就更接近非实验设计研究；而当行动研究涉及实验室实验设计时，它就更接近准实验设计研究。行动研究是在教师心理、教师教育、心理咨询、管理咨询等领域常用的研究方法。埃巴特（Ebbutt，D.，1985）将行动研究定义为由众多参与者通过他们的实际行动及其对这些行动结果的反思来提高教育实践的系统研究。行动研究的过程如图 5-2 所示。

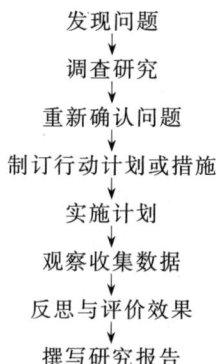

发现问题
↓
调查研究
↓
重新确认问题
↓
制订行动计划或措施
↓
实施计划
↓
观察收集数据
↓
反思与评价效果
↓
撰写研究报告

图 5-2　行动研究的过程

通过上述的研究过程，研究者可以从实际情境中获得关于研究对象的心理和行为方面的定量或定性研究数据，并经过相应的定量或定性统计分析，最后总结出研究对象在实际情境中的心理和行为规律，为进一步的研究、教育、咨询、培训等提供依据。

以上我们介绍了在心理与教育研究中经常采用的非实验设计方法和准实验设计方法，上述方法各有其优缺点，研究者在使用上述方法进行心理与教育研究时，可以根据研究对象、研究目的、研究条件等实际情况，选取相应的非实验设计和准实验设计方法进行探索性的研究，为进一步的实验研究和应用研究提供依据。

第二节　真实验设计的功能和种类

一、实验设计功能

实验设计的重要目的是使研究者观察到实验处理的效应，因此好的实验设计应当具有以下的功能。

(一) 使研究变量最大化

在心理学实验中，研究的主要目的是观察到实验处理带来的因变量的变化，然而，影响因变量的因素是多方面的，归结起来包括自变量、额外变量和误差变量三方面。自变量引起的因变量的变化是研究者希望看到的，实验设计的一个重要功能就是选择合适的自变量和因变量，通过合理的被试分组、实验材料的选择和分配，使研究变量的效果最大化。

(二) 对额外变量进行有效控制

额外变量是影响实验结果可靠性的主要因素，实验设计的第二重要功能就是对额外变量进行有效的控制，排除与研究目的无关的因素对实验结果的影响。额外变量控制的方法主要有排除法、恒定法、平衡法或实验设计法（如 ABBA 法和拉丁方设计）、统计控制法等。

(三) 使实验误差变异最小化

使实验误差变异最小化的主要方法就是对额外变量进行有效控制，排除系统因素和随机因素引起的系统误差和随机误差，使研究变量的效果最大化。

（四）充分体现自变量和因变量之间的关系和内在联系

实验室实验的一个重要特征就是对研究变量和额外变量逐个进行有效的控制，对研究变量进行有效操作，突出研究变量的主效应和交互作用，充分体现出自变量和因变量之间可能存在的因果关系和联系，实验设计的主要目的就是要使自变量和因变量之间的关系和联系充分体现出来。

二、心理实验设计的基本类型

（一）组间（被试间）实验设计

组间实验设计（between-subject design）可以在一定程度上克服单组实验设计的缺陷。组间实验设计的基本思想是使用多于一组被试，通过两组或多组的比较，估计实验处理的效应。组间实验设计也称被试间实验设计。

1. 实验组和控制组实验设计

传统的实验组（experiment group）和控制组（control group）设计是常用的一种实验设计方法（见表 5-4），这种实验设计方法主要是通过实验组与控制组的比较，研究某种实验处理对个体心理和行为的影响。在实施实验组与控制组实验时，首先选取两组被试，分为实验组和控制组，对实验组实施某种实验处理，而对控制组不进行任何实验处理，然后对实验组和控制组进行后测。如果经过实验处理的实验组的心理和行为指标与控制组的心理和行为指标有显著差异，则说明这种差异是由于实验处理产生的，于是就可以得出实验处理对被试某一方面的心理和行为有显著影响。如研究一种药物对人的心理状态的作用，则可以给实验组被试施以注射或服用该药物，而给控制组服用安慰剂或不服用任何药物，那么，通过两组的实验结果和统计检验就可以发现药物的作用是否显著。该方法在过去几十年的心理学研究中是非常常用的一种实验设计方法，近年来由于复杂的实验设计方法的出现，人们似乎忽略了使用这种实验设计方法，而实际上在很多实验研究中，实验组和控制组实验设计仍然是一种简单而有效的实验设计方法。

（1）实验组和控制组前、后测实验设计。

要正确估计处理效应，重要的是保证实验组和控制组在实施实验处理前是无差异的。实验组和控制组前、后测实验设计是一种途径。它的基本方法是，选取两组被试，随机或等组匹配分为实验组和控制组，对两组被试进行前测。然后对实验组实施实验处理，对控制组不进行实验处理。最后，对两组进行后测。实验组和控制组前、后测设计的基本思想是，分别计算实验组和控制组被试的前测与后测数据的差异，如果实验组的前后测差异大于控制组的前后测差异，则表明实验处理带来了效应。如果把前后测作为一个因素的话，该设计也是一种混合实验设计。

表 5-4 实验组和控制组前、后测实验设计

实验分组	前测	实验处理	后测	差异比较
实验组	$Y_{前测1}$	X	$Y_{后测1}$	$Y_{后测} - Y_{前测}$
控制组	$Y_{前测2}$	—	$Y_{后测2}$	$Y_{后测} - Y_{前测}$

有研究者表明如果实验组控制组等组分配不好，实验组和控制组前、后测实验设计的有效性会受到直接影响。

（2）实验组和控制组后测实验设计。

另一种方法是实验组和控制组后测实验设计（见表 5-5），实验组和控制组后测设计的基本思想是，将实验组和控制组被试的后测数据进行比较，通过两组被试在后测中的差异估计实验处理带来的效应。这种实验设计的前提假设是实验组和控制组在实验之前是不存在差异的，两组在后测中发现的差异来自实验处理的效应。

表 5-5 实验组和控制组实验设计

实验分组	实验处理	施测	差异比较
实验组	X	$Y_{后测}$	施测结果
控制组	—	$Y_{后测}$	差异检验

在这种实验设计中，保证实验组和控制组在实施实验处理前无差异的方法是将被试随机分配给实验组和控制组。具体有以下两种方法。

第一种方法：从总体中随机取样被试，然后将被试随机分配给实验组和控制组，实验组接受实验处理，控制组不接受实验处理，最后对两组被试进行后测，比较两组间的差异。这种方法是通过完全随机分配被试，保证实验组和控制组在实验处理前无差异（见表 5-6）。

表 5-6 实验组和控制组实验设计随机匹配被试的方法

			实验处理	后测
随机取样	随机分配	实验组	X	$Y_{后测}$
		控制组	—	$Y_{后测}$

第二种方法：从总体中随机取样被试，然后将被试进行匹配，分成若干同质的配对组，每个配对组中的两个被试是最接近的。下一步是将每个配对组中的两个被试随机分配给实验组和控制组，实验组接受实验处理，控制组不接受实验处理，最后对两组被试进行后测，比较两组间的差异。这种方法通过先匹配被试，再将匹配的被试完全随机分配给实验组和控制组的方法，保证两组在实验处理前无差异。由于先对被试进行匹配，然后再随机分配，可以更有效地保证实验组和控制组是无差异的（见表 5-7）。

表 5-7　实验组和控制组实验设计等组匹配被试的方法

				实验处理	后测
随机取样	等组匹配被试	随机分配	实验组	X	$Y_{后测}$
			控制组	—	$Y_{后测}$

①实验组和控制组实验设计的优点：

第一，通过实验组和控制组实验，可以发现我们研究的自变量是否值得做进一步的研究。从这个意义上讲，该实验设计方法不失为实验研究过程中的一种预备实验或探索性实验，避免盲目实验带来的人力、物力和财力等方面的不必要的消耗。

第二，实验组和控制组实验设计的实验结果分析简单，只要做相应的统计检验就可以发现有实验处理与无实验处理之间是存在显著差异，进而发现实验处理的效果或作用。

第三，在有些实验研究中，实验者只需要了解实验处理是否有效果，而不需要了解其他方面的信息以及自变量在不同水平上对因变量影响的变化过程，在这种情况下实验组和控制组实验设计是一种简便易行的快捷的实验设计方法，既可以节省时间又能够很快得到实验结果和结论。因此，实验组和控制组实验设计在单变量的定性实验研究中有一定的使用价值。如检验两种教学方法的区别、两种训练方案的效果、两种药物的作用等。

②实验组和控制组实验设计的缺点：

第一，单变量实验设计的最大的缺点是实验结果只能提供两种实验处理或者是有无实验处理的显著效应，而对自变量对因变量的影响的量变过程不能进行详细的描述（见图 5-3 关于自变量和因变量之间可能关系的几种情况）。

第二，实验组和控制组实验设计采用的单因素两水平的设计或者两种实验处理，这种设计方法存在着一定的隐患，如果变量水平选择不当会导致心理学中常见的天花板效应（ceiling effect）和地板效应（floor effect），当自变量水平超出了实验设计的最高水平，就会出现低估实验处理的效应；而当自变量的水平低于

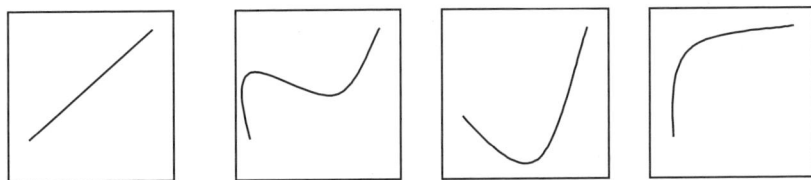

图 5-3　实验组和控制组实验设计的局限

实验处理的最低水平时，则会出现高估实验处理的效应。

　　因此，在使用实验组和控制组实验设计方法时，要特别注意以上两个问题，避免对实验结果的解释与客观情况不符。

　　2. 单因素多水平组间实验设计

　　实验组和控制组实验设计仅限于存在一种实验处理的情况，单因素多水平实验设计可以将组间实验设计的思想扩展到三个或三个以上实验处理水平。

　　（1）单因素完全随机化分配被试。

　　如果实验处理不止一种，则需要将实验组和控制组设计的思想扩展到多组比较的设计，这就是单因素完全随机实验设计。这种实验设计是将参加实验的被试分为若干个实验处理组，每组被试分别接受一种实验处理。

表 5-8　单因素完全随机设计

			实验处理	后测
随机取样	随机分配	实验组 1	A_1	Y_1
		实验组 2	A_2	Y_2
		实验组 3	A_3	Y_3
		实验组 4	A_4	Y_4

　　单因素完全随机实验设计举例见表 5-8，表 5-8 中自变量（A 因素）有四个水平，被试分为四个实验组，每个实验处理组接受一个自变量水平的实验处理。与实验组和控制组相同的是，实施处理前，先从总体中随机取样被试，将被试随机分配给各实验处理组，保证各组被试实验之前无差异。

　　（2）单因素随机区组分配被试。

　　实验前匹配被试的思想也可以扩展到多组比较的设计，这就是单因素随机区组实验设计。这种实验设计中是将参加实验的被试进行匹配，分成若干同质组，每个同质组中的 n 个被试是最接近的。然后将每个同质组中的 n 个被试随机分配给 n 个实验组，每组被试分别接受一种实验处理。

　　单因素随机区组实验设计举例见表 5-9，表 5-9 中自变量（A 因素）有四个水平，将从总体中随机抽样被试，被试分为若干个同质组，每组中有 4 个匹配的被试，然后将每组中的 4 个被试随机分配给四个实验组，每个实验组接受一个自变量水平的实验处理。

表 5-9　单因素随机区组设计

随机取样	匹配被试	随机分配		实验处理	后测
			实验组 1	A_1	Y_1
			实验组 2	A_2	Y_2
			实验组 3	A_3	Y_3
			实验组 4	A_4	Y_4

（3）单因素多水平组间实验设计的优点和缺点。

①单因素多水平实验设计的优点：

单因素多水平实验设计的最大的优点是，它克服了实验组与控制组实验设计的两点实验设计的缺点，实验结果不仅能够反映出实验处理的效果是否显著，而且能够说明自变量对因变量影响的量化过程，如图 5-4 所示。

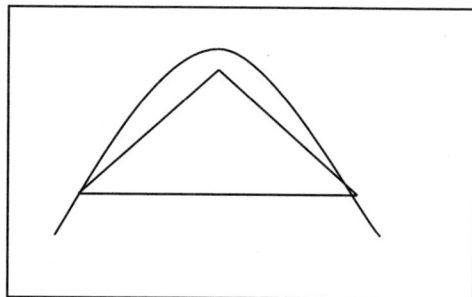

图 5-4　焦虑水平对成就状况的影响

②单因素多水平实验设计的缺点：

第一，与实验组控制组实验设计比较，单因素多水平实验设计需要更多的时间和精力，设计的水平越多，在被试的分配、实验处理分组、实验的组织与实施等方面困难就越多。

第二，实验统计方法相对来说比实验组控制组设计难一些，自变量水平越多，对统计结果的解释就越困难。

但是，随着统计技术的发展，对于单因素多水平实验设计的实验结果的统计分析与解释的问题也发展了相应的统计分析方法。

3. 多因素组间实验设计：

多因素组间实验设计是单因素组间实验设计的扩展。在多因素完全随机实验设计中，基本方法是：随机取样被试，并将参加实验的被试分为若干个实验处理组，每组被试分别接受一种实验处理水平的结合。

我们以两因素完全随机实验设计举例，表 5-10 中自变量 A 因素有两个水平，

B因素有四个水平。两个因素共有 $2 \times 4 = 8$ 种处理水平的结合，即 A_1B_1，A_1B_2，A_1B_3，A_1B_4，A_2B_1，A_2B_2，A_2B_3，A_2B_4。将被试随机分为八组，每组被试接受一个自变量实验处理水平的结合。实验设计的基本思想是，由于实施处理前，被试是随机分配给各实验处理组的，因而保证了各组被试实验之前无差异。实验处理后测量到的差异可能来自A因素、B因素，或来自A因素与B因素的交互作用。

表 5-10 两因素完全随机实验设计举例

实验组	实验处理水平的结合	后测
实验组 1	A_1B_1	Y
实验组 2	A_1B_2	Y
实验组 3	A_1B_3	Y
实验组 4	A_1B_4	Y
实验组 5	A_2B_1	Y
实验组 6	A_2B_2	Y
实验组 7	A_2B_3	Y
实验组 8	A_2B_4	Y

4. 组间实验设计的评价

（1）组间（被试间）实验设计的优点。

组间实验设计的优点主要表现在以下几方面：在组间实验设计中，由于每个（组）被试只接受一个水平的实验处理，在一个水平上就可以获得大量的实验数据；能够使单一水平的实验处理在短时间内完成，避免被试因为实验时间过长而引起厌烦情绪或失去兴趣；排除了组内实验设计中，被试接受几种水平的实验处理导致的学习迁移效应；不需要对不同实验处理之间采用平衡顺序误差的实验设计；通过不同实验处理组被试的匹配，降低实验处理组间的变异性，保证各实验处理组为等组被试；被试的随机化分配可以减少被试的反应偏向（Response Bias）。

（2）组间实验设计的缺点。

组间实验设计的缺点主要表现在：尽管组间实验设计对组间被试进行了匹配和随机化分配，但是，分配给各实验处理的被试之间仍然有存在差异的可能；组间实验设计需要更多的被试；组间实验设计需要花费更多的时间和人力；被试匹配的过程是有前提条件的，即匹配过程不存在练习和迁移效应，否则，匹配的结果是不可靠的，而且匹配的过程需要花费一定的时间和精力。

（3）组间实验设计中消除误差的方法。

第一，完全随机化分配被试。随机化分配被试是组间设计被试分组的一种常用的方法。从统计学的角度讲，随机化分组是保证被试等组分配的一种有效方法。表面上看，随机化分组似乎是一种无序的分配被试的方法，而实际上经过随机化分配获得的实验处理组最终是无偏的，一般不会产生随机化分组导致的不同组被试在研究的指标上的差异。可以说，随机化分配被试是一种有效的、可行的消除潜在被试偏向的实验分组方法。

第二，等组匹配法。等组匹配法是根据被试的特点，将某一心理特征相同或相似的被试分配到不同的实验处理组，这样就可以将被试的个体差异对实验结果的影响最小化。在对被试进行等组匹配时，应以那些与自变量有高相关的变量为匹配的依据，保证匹配的可靠性和有效性，尽可能消除被试差异导致的混淆效应。

尽管等组匹配法能够有效地对被试进行分组，但是，等组匹配法也存在着一定的问题。首先，运用等组匹配法分配被试的实验一般要经过两个阶段，第一阶段是通过预备实验选择和分配被试，第二阶段开始对匹配好的各组被试实施正式实验。因此，采用等组匹配法分配被试比较耗时，而且不适用于大样本的实验。其次，由于等组匹配被试需要进行一些与正式实验有关的预备实验，所以可能引起被试的练习效应，使预备实验的练习效应与正式实验的结果发生混淆。因此，实验者在使用这种实验分组方法时，应该权衡其利弊，做出合理的选择。

（4）组间实验设计的种类。

一般常用的组间实验设计有实验组与控制组实验设计、单因素组间实验设计和多因素组间实验设计几种基本的实验设计类型。实验者可以根据实验的要求和研究问题的复杂性，选择相应的组间实验设计方法。

（二）组内（被试内）实验设计

虽然组间实验设计中，研究者试图使用随机分配和匹配被试的方法减少分配给各实验处理的被试之间的差异，但被试差异仍然是存在的。组内实验设计（Within-Subject Design）试图将被试差异减少到最小的程度，即由一个被试接受所有的实验处理。基本方法是：随机选取被试，实验中的被试接受全部实验处理。

1. 单因素组内实验设计

单因素组内（被试内）实验设计举例见表 5-11，表 5-11 中自变量（A 因素）有四个水平，将从总体中随机抽样被试，每个被试接受所有自变量水平的实验处理。

表 5-11 单因素被试内实验设计

	实 验 处 理			
	A_1	A_2	A_3	A_4
被试 1	Y	Y	Y	Y
被试 2	Y	Y	Y	Y
被试 3	Y	Y	Y	Y
⋮				

2. 多因素组内实验设计

多因素组内（被试内）实验设计是单因素组内实验设计的扩展。在多因素被试内实验设计中，基本方法是：随机取样被试，参加实验的被试接受全部实验处理水平的结合。

以两因素被试内实验设计举例，表 5-12 中自变量 A 因素有两个水平，B 因素有四个水平。两个因素共有 $2 \times 4 = 8$ 种处理水平的结合，即 A_1B_1，A_1B_2，A_1B_3，A_1B_4，A_2B_1，A_2B_2，A_2B_3，A_2B_4。参加实验的每个被试接受所有自变量实验处理水平的结合。实验设计的基本思想是，由于每个被试接受所有的实验处理水平的结合，所以实验处理后测量到的差异应当来自 A 因素、B 因素，或来自 A 因素与 B 因素的交互作用。表 5-14 为两因素被试内实验设计的例子。

表 5-12 两因素被试内实验设计举例

实验处理水平的结合	A_1B_1	A_1B_2	A_1B_3	A_1B_4	A_2B_1	A_2B_2	A_2B_3	A_2B_4
被试 1	Y	Y	Y	Y	Y	Y	Y	Y
被试 2	Y	Y	Y	Y	Y	Y	Y	Y
被试 3	Y	Y	Y	Y	Y	Y	Y	Y
被试 4	Y	Y	Y	Y	Y	Y	Y	Y
被试 5	Y	Y	Y	Y	Y	Y	Y	Y
……								

3. 组内实验设计评价

（1）组内实验设计的优点。

组内实验设计的优点主要表现在实验设计的实施和结果统计分析两个方面。

在实验设计的实施方面，组内实验设计的优点主要表现在：①组内实验设计只需要少量的被试就可以获得大量的数据。在组内实验设计中，每组被试可以获得多个实验处理水平上的数据，如果一个实验设计有 2 个实验处理水平，获得同样的数据量，组内实验设计需要 N 个被试，组间实验设计则需要 $2 \times N$ 个被试；

如果实验有 K 个实验处理，组内实验设计需要 N 个被试，组间实验设计就需要 K×N 个被试，可见，组内实验设计要比组间实验设计节省大量的被试；②由于节省大量的被试，所以实验所需要的时间也相应缩短，节省了实验的时间，同时也节省了人力，提高了实验的效率；③组内实验设计可以避免实验过程中练习因素的作用导致的被试表现或成绩迅速提高给实验结果带来的误差。通常采用的方法是在每组被试接受的若干个实验处理之前，加入练习实验或准备实验，作为被试在正式实验前的准备（被试不知道是准备实验），在分析实验结果时，可以将这些数据作为练习实验结果剔除；④组内实验设计适用于特殊被试群体的实验。在设计一些特殊领域的心理学实验时，通常很难获得大量的被试，这种情况下只能利用有限的被试，获得尽可能多的数据资料。这些特殊的研究领域包括飞行员、运动员、老年人、不同疾病的患者、不同专业领域的专家型人才等。

在结果的统计分析方面，组内实验设计的优点主要表现在：①由于组内实验设计选取的被试数量少，所以在对实验结果进行统计分析时，可以避免由于不同实验处理组被试不等组对实验结果造成的不同影响，实验结果的差异更多地反映了实验处理之间的差异；②组内实验设计获得的数据避免了被试的个体差异对实验结果产生的不利影响。组间设计的被试量较大，这样对被试的个体差异也很难进行有效的控制，因此，被试个体差异对实验结果会产生随机误差，并直接影响实验结果的可靠性和推论性，组内实验设计使用少量被试则避免了这种影响。

（2）组内实验设计的缺点。

尽管组内实验设计有上述的若干优点，人们为什么还要使用组间实验设计呢？这是因为组内实验设计存在着一些无法克服的缺点，这些缺点主要表现在：①被试在各实验处理进行实验的顺序是不可逆的，一旦被试已经接受了某个或某些实验处理，他们就不能再接受前面接受过的实验处理，此时他们已经对接受的实验处理有了一定的经验或练习，而组间实验设计则可以通过更换不同的实验处理组解决这个问题。②当组内实验设计的各实验处理不是在同一时间进行时，发展因素、相关因素的促进作用、练习等因素对因变量的影响与实验处理效应就很难有效区分，此时，我们很难得出实验的主效应是来自实验处理的结论。由于组内实验设计的上述缺点，在有些领域中是不适合采用组内实验设计进行实验研究的，如记忆、学习、态度的形成等与经验积累、长时间学习和生理心理发展、成熟有关的心理过程。③由于被试一次接受多种实验处理，实验次数较多，因此，可能导致被试的疲劳和厌倦情绪，影响实验结果的可靠性。④被试在接受实验处理的刺激排列方式具有一致性时，对实验材料的学习会引起迁移作用，导致被试对中间实验材料的反应成绩最好，这种效应称为系列效应（range effect）。

（3）组内实验设计中系统误差的平衡方法。

在组内实验设计中，由于每个（组）被试接受若干种实验处理，实验材料的呈现顺序给实验结果带来顺序误差，一般平衡实验材料顺序误差的方法有以下两种。

方法一：ABBA 法。

ABBA 法是假设不同实验处理水平的变异的混淆效应是线性的。A 和 B 分别代表两个水平的实验处理，在实验过程中可以按照如下的实验分配表进行实验（见表 5-13）。通过表中的实验处理过程，被试在接受不同实验处理上的先后顺序的机会是相等的，因此，可以平衡实验材料呈现顺序带来的系统误差。ABBA 法平衡系统误差的原理见图 5-5。

表 5-13　ABBA 法平衡组内实验设计系统误差

组内实验设计	自变量（实验处理）			
	水平 1	水平 2	水平 2	水平 1
被试 1	A	B	B	A
被试 2	A	B	B	A
⋮	⋮	⋮	⋮	⋮
被试 6	A	B	B	A

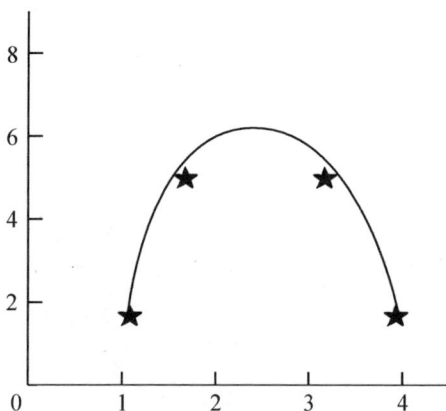

图 5-5　ABBA 法对系统误差的平衡

从表 5-11 可以看出，如果单纯地按照 AB 的实验过程进行实验的话，实验结果表现出前后两种实验处理之间的反应倾向，当忽略被试的反应倾向对实验结果进行统计分析时，则可能导致错误的结果，而采用 ABBA 法则避免了这种反应倾向的影响，使这种倾向的误差得到平衡。

方法二：拉丁方设计。

拉丁方设计的使用前提是不同实验处理水平变异是对称变化的。拉丁方实验设计是采用循环控制的平衡误差的方法，使不同实验处理组的被试循环接受全部实验处理，不同的实验处理在不同呈现顺序上出现的机会相等。表 5-14 就是二因素、三因素和四因素拉丁方设计的基本模式，根据自变量的水平，排列拉丁方设计的实验处理顺序，排列的方法是每个（或组）被试的实验处理顺序逐一顺延排列，如 ABCD－BCDA－CDAB－DABC。为了保证拉丁方设计真正起到平衡顺序误差的作用，有多少种拉丁方设计的排列方式，就必须有多少个（或组）被试，或被试（组）的数量是排列顺序的倍数。当样本容量较小时，拉丁方设计是一种较好的平衡顺序误差和顺序混淆效应的实验设计方法。

表 5-14　拉丁方设计的基本模式

自变量二水平	水平 1（A）	水平 2（B）
	实验处理的顺序	
被试 1	A B	
被试 2	B A	
⋮	⋮	

自变量三水平	水平 1（A）	水平 2（B）	水平 3（C）
	实验处理的顺序		
被试 1	A B C		
被试 2	B C A		
被试 3	C A B		
⋮	⋮		

自变量四水平	水平 1（A）	水平 2（B）	水平 3（C）	水平 4（D）
	实验处理的顺序			
被试 1	A B C D			
被试 2	B C D A			
被试 3	C D A B			
被试 4	D A B C			
⋮	⋮			

4. 组内实验设计的种类

在心理学实验设计中，常见的组内实验设计有前测后测实验设计、单因素组内实验设计和多因素组内实验设计。不同的实验设计方法考察问题的方法和复杂程度也有所区别，上述的几种常见的组内实验设计方法将在后面的章节，结合具体实验设计加以详细介绍。

由于组间实验设计也存在着一定的缺点，因此，在心理学实验设计中，可以兼顾组内设计和组间设计的优缺点，针对具体的研究问题，采用组内与组间混合实验设计，克服组内设计与组间设计存在的缺点，获得更为可靠的实验数据。

(三) 多变量实验设计与混合实验设计

在心理学实验设计中，一类实验设计是考察单一自变量（或称为因素）对因变量的影响，这类实验设计称为单变量实验设计（single-variable experiment）；另外一类实验设计是考察两个或两个以上的自变量（或因素）对因变量的影响，这类实验设计称为多变量实验设计（multiple-variable experiment）。多变量实验设计包括多因素组间实验设计、多因素组内实验设计和混合实验设计。上文已对变量组间、组内设计做了介绍，下面主要介绍混合实验设计。

1. 混合实验设计

在多因素实验设计中，当两个或多个因素均为被试间因素时，我们称为组间或被试间实验设计，当两个或多个因素均为被试内因素时，我们称为组内或被试内实验设计。然而，还有一种多因素实验设计中的自变量既包含有被试间因素，又包含有被试内因素，这种情况我们称之为混合实验设计（Mixed Factorial Design）。

混合实验设计的基本方法是，首先确定实验中的被试间因素和被试内因素，将被试按被试间因素的水平数随机分组，然后，每组被试接受被试间因素的某一处理水平与被试内因素所有处理水平的结合。我们仍以两因素混合实验设计举例，表 5-15 中自变量 A 因素是被试间因素，有两个水平，B 因素是被试内因素，有四个水平。两个因素共有 $2 \times 4 = 8$ 种处理水平的结合，即 A_1B_1，A_1B_2，A_1B_3，A_1B_4，A_2B_1，A_2B_2，A_2B_3，A_2B_4。按照被试间因素的水平数，被试应随机分为两组，实验组 1 接受 A_1 水平与 B 因素所有水平的结合，即 A_1B_1，A_1B_2，A_1B_3 和 A_1B_4。实验组 2 接受 A_2 水平与 B 因素所有水平的结合，即 A_2B_1，A_2B_2，A_2B_3 和 A_2B_4。表 5-15 为两因素混合实验设计的例子。

表 5-15　两因素混合实验设计举例

B因素（被试内）	B_1	B_2	B_3	B_4
被试　　A因素（被试间）				
实验组1　　A_1	Y	Y	Y	Y
实验组2　　A_2	Y	Y	Y	Y

混合实验设计的基本思想是：一方面，有自变量成为被试内因素，每个被试接受多次实验处理，因此在一定程度上减少了被试之间个体差异可能造成的实验误差，与被试间实验设计相比，混合设计可以节省被试。另一方面，有自变量是被试间因素，因此不至于每个被试因接受实验处理次数过多而造成疲劳、学习等效应。

多变量实验设计是心理学研究中广泛应用的一种实验设计方法。在进行多变量实验设计时，在被试分组和实验材料呈现顺序方面，一般应该同时兼顾采用组内实验设计、组间实验设计中平衡误差的方法，保证实验设计的严谨性。

2. 多变量实验设计的优点

多变量实验设计之所以在心理学研究中被广泛采用，是因为这种实验设计方法有其独特的优点，其优点主要表现在：①多变量实验设计的突出的优点是它能够研究多个变量之间的交互作用（interaction）。交互作用是多变量实验设计中两个或两个以上的自变量的不同水平之间相互作用对被试的心理行为反应产生的影响（如图5-6）：小组人数与有无组织对问题解决速度的影响，有无组织为组内因素，小组人数为组间因素，从图中可以看出，随着人数的增加，有无组织对问题解决的速度的影响越来越明显。单因素（组内或组间）实验设计提高了实验控制的精确性，忽略了研究变量和其他因素之间可能存在的交互作用，这样，考察单一因素得出的结论可靠性受到一定的影响，推论性也受到了很大的限制。②多变量实验设计考察的影响因变量的因素较多，因此得出的结论与实际情况更为接近，结果的推论性也相应提高。③在统计分析方法上，多数的参数推论统计分析方法都可以用于比较自变量的不同水平之间的显著效应，针对不同类型的因素实验设计，还有相应的方差分析方法，并可以通过多重比较方法对结果进行进一步的分析，如单因素实验设计可以采用单因素方差分析方法（ONE-WAY ANOVA），多因素组间实验设计可以采用多因素方差分析（General Factorial ANOVA）和多元方差分析（Multivariate ANOVA）的方法，多因素组内实验设计和混合实验设计可以采用多元重复测量方差分析（Multivariate Repeated Measures ANOVA）的方法。

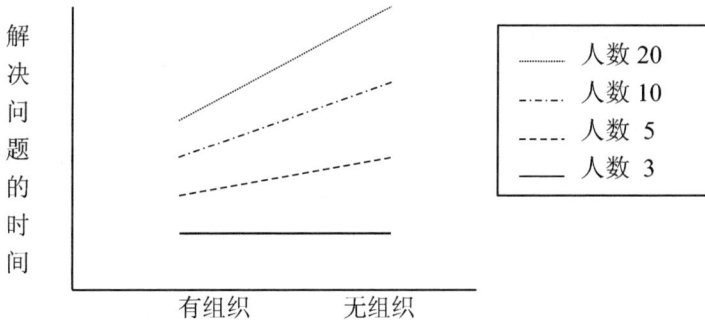

图 5-6 有无组织与小组人数对解决问题速度的影响 (David, 1996)

3. 多变量实验设计的缺点

多变量实验设计有上述的优点, 同时也存在着一些缺点。多变量实验设计的缺点主要表现在: ①需要耗费更多的人力、时间、物力和财力。由于多变量实验设计需要考察多个因素及其交互作用对因变量的影响, 所以选择的自变量的数量和每个自变量的水平较多, 每个自变量的不同水平均要按照组内和组间实验设计分配被试和实施实验, 当实验设计的因素和水平越多, 耗费的人力、时间、物力和财力也就越大; ②选择的因素和因素水平过多时, 主试或实验者对实验的实施过程可能会失去良好控制, 因为如果因素和因素的水平更多, 有很多主试、被试、实验条件以及实验过程控制等方面可能出现一些意想不到的情况, 这必然会给实验结果带来不利的影响, 因此, 实验者在多变量设计实验时, 应该以实验控制与实施的有效性和可行性为依据, 选择因素的数量和因素水平, 避免不可预期和不可控制的情况发生; ③结果解释的复杂性。多变量实验设计的方差分析结果包括各因素的主效应和交互作用, 因素和因素的水平越多, 主效应和交互作用的解释就越困难。例如, 一个 $2 \times 6 \times 2$ 的表象心理旋转的多因素实验设计, 其中第一个 2 为性别因素, 6 为不同角度的旋转图片, $2 \times 6 \times 2$ 多元方差分析结果见表5-16, 角度和材料的主效应能够进行很好的解释, 而角度×性别×材料的交互作用显著, 则很难将误差变异的来源进行精确地解释。

表 5-16 $2 \times 6 \times 2$ 多元方差分析结果

变异来源	自由度	F 检验	显著水平
组内方差分析			
材料	1	41.309	0.000
角度	5	71.221	0.000
材料×性别	1	1.719	0.195
角度×性别	5	0.066	0.997

续表

变异来源	自由度	F 检验	显著水平
角度×材料	5	1.393	0.227
角度×性别×材料	5	2.553	0.028
组内变异	59		
组间方差分析			
性别	1	1.53	0.221
组间变异	59		

4. 解决多变量实验设计缺点的方法

由于有些复杂的多变量实验设计考察的因素和因素水平较多，可能给主试和实验者带来烦琐的工作，也给实验的具体实施带来很多麻烦，解决这个问题的一种常用的方法是在确认分解的各因素之间不存在交互作用的前提下，将复杂的多变量实验设计分解为若干个单因素和简单的多因素实验设计，分多次实施实验，然后再将多个实验获得的数据放到一起进行分析和讨论，这样就减少了实验设计的复杂造成的主试和实验者实施实验的困难，提高了实验者对实验过程的可控性。

5. 多变量实验设计的种类

在心理学实验设计中，常见的多变量实验设计方法有多因素组间设计、多因素组内设计和混合实验设计。实验设计选择的自变量的数量和水平决定了实验设计的复杂程度，变量和变量水平越多，实验设计越复杂。

(四) 小样本基线实验设计

1. 基线实验设计的过程

小样本基线实验设计（Small-N baseline design，David，1996）与其他实验设计方法不同，在进行小样本基线实验设计时，先要确定研究变量的基线水平，即在没有任何实验处理条件下被试的心理生理指标所处的一个相对恒定不变的水平。然后，根据被试的基线水平，设计自变量的不同水平，并对被试进行相应的实验处理，进而发现被试对实验处理的反应，研究不同水平实验处理的效应是否显著（见图 5-7）。

2. 基线实验设计的优缺点

(1) 基线实验设计的优点：

①基线实验设计属于小样本实验设计，因此通过实验结果，实验者可以对每个被试的心理与行为反应进行详细的分析与比较，并做出客观的解释。

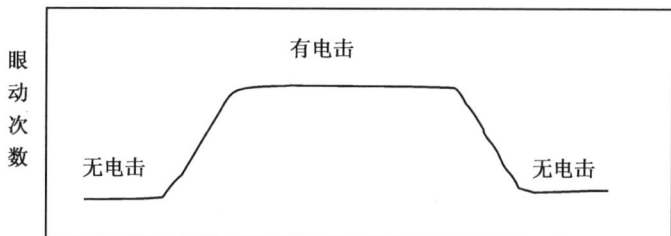

图 5-7 有无电击及电击强度对眼动次数的影响

②实验结果容易解释，根据实验结果的曲线和数据，可以对实验处理后被试的反应进行描述和分析，无须进行统计检验。

③传统实验设计中采用大样本被试进行实验，而在统计学上，随着被试量的增加，实验处理间的很小的变化就可能导致显著的效应，而基线实验设计则解决了这个问题，避免了大样本带来的显著效应，并能对细微的效应进行分析。

④用于确定实验内设计中自变量及自变量的水平。

⑤小样本基线实验设计适合于做一些复杂实验的预备实验。

（2）基线实验设计的缺点：

①传统的大量的实验设计不符合基线实验设计的要求，无基线水平或不容易确定。

②通过基线实验设计的优点，有时可能会忽略重要的但是客观存在的细微差异显著性。

③结果的推广性和推论受到限制。

（五）交叉聚合实验设计

交叉聚合实验设计（longitudinal-sequential design）是心理与教育心理学研究领域中，对心理和行为等的发展过程进行考察的一种实验研究与设计方法，交叉聚合实验设计也称连续设计或纵向序列设计，是横断研究（cross-sectional design）与纵向研究（longitudinal design）的综合运用。该实验设计方法的特点是兼顾横断研究与纵向研究；这种设计既可以在较短时间内了解各年龄阶段个体心理特点的总体状况，又可以从纵向发展的角度认识个体心理特征随年龄增长而出现的变化和发展，可以探讨社会历史因素对个体心理发展的影响。交叉聚合实验设计优点主要表现在：①通过对比不同年份出生的同岁儿童来找出同质效应是否存在；②横向与纵向结果可对照，如果结果都相似，则对自己的结论充满信心；③可以在较短的时间内完成较长年龄范围的资料，具有高效性。缺点主要表现在虽然交叉聚合是目前最强的设计，但仍存在有关结论是否能推广至其他群体的问题。

1. 横断研究（cross-sectional design）

横段研究设计是指在特定或同一时间内同时观测不同的个体来探索其发展状况的研究设计形式。该设计的主要优点表现在：①在短时间内能够收集到不同年龄的研究对象的资料；②它可以研究较大样本，成本低，费用少，省时省力。其缺点主要表现在：①横断研究的被试来自不同的群体，可能会将时间迁移的结果与年龄变化的结果混同起来，而无法确定真正的原因；②在某一具体历史时间所做的研究结论不能简单地推论到其他时期，尤其是对于受社会文化影响较大的心理与行为因素缺乏推论性；③横断研究不能解释变量之间的因果关系，顺序性和一致性等问题。

2. 纵向研究（longitudinal design）

纵向研究设计指对不同的个体在不同的时间进行追踪研究的一种设计形式。该实验设计方法所取得资料来自每一个体实际增长的年龄带来的心理和行为的变化，它可以是一些个案的发展资料，也可以是群体研究的发展趋势所得出的普遍规律。纵向研究的优点主要表现在：①通过纵向追踪分析能更确切地发现心理发展的量变到质变的发展过程和转折期；②可以系统、全面地了解个体或群体的某一特性发展的过程，并可以获得心理特征发展顺序一致性或不一致性等问题的系统数据。纵向研究的缺点主要表现在：①被试样本的结果偏差性、选择性分配和代表性有一定的局限性；②由于研究追踪时间太长，研究对象会有中途退出或流失，使研究结果缺乏完整性；③同一被试反复多次进行某一测验很容易产生学习效应，另外，时代变迁也是重要的影响因素；④整个实验研究过程费时，且需要的费用较高，很难开展大样本研究。

3. 交叉聚合实验设计范式

表5-17是交叉聚合实验设计范式，表中纵向1～9代表追踪的年级，横向1～9代表同时获取9个年级的数据。这样经过9年的追踪，随着年代的变化，可以获得1～9年级、2～9年级……1～2年级、2～3年级……8～9年级……7～9年级的纵向追踪数据以及不同年代相同年级的数据，可以探讨社会历史因素对个体心理发展的影响；同时，每年可以获得几个年级的横断研究数据。通过上述的研究获得的大量数据可以对研究对象的某一或某些心理和行为发展的规律以及年龄发展的差异进行系统、全面和深入的分析。

表 5-17　交叉聚合实验设计范式

横断 追踪/年级	1	2	3	4	5	6	7	8	9
1	Y	Y	Y	Y	Y	Y	Y	Y	Y
2	Y	Y	Y	Y	Y	Y	Y	Y	Y
3	Y	Y	Y	Y	Y	Y	Y	Y	Y
4	Y	Y	Y	Y	Y	Y	Y	Y	Y
5	Y	Y	Y	Y	Y	Y	Y	Y	Y
6	Y	Y	Y	Y	Y	Y	Y	Y	Y
7	Y	Y	Y	Y	Y	Y	Y	Y	Y
8	Y	Y	Y	Y	Y	Y	Y	Y	Y
9	Y	Y	Y	Y	Y	Y	Y	Y	Y

第三节　实验设计的统计分析方法

在心理学实验中，影响人的心理与行为的因素是复杂和多方面的，另外，要探讨实验所关心的自变量和因变量之间的关系是通过抽取样本去推论总体，获得一般规律性的结论的，因此心理学实验研究需要采用假设检验和方差分析等方法来进行统计分析。下面就介绍一下常见实验设计的统计分析方法。

一、描述统计分析

在对实验结果进行分析时，首先应该报告不同实验处理下的描述统计结果，因为描述统计结果对直观描述数据的基本规律和变化趋势以及分析与解释推论统计的结果有重要的参考价值。通常情况下，研究者应该将不同实验处理下的平均数和标准差以图表的形式报告出来（见表 5-18），并对数据反映的规律或变化趋势做简单的描述和解释。

在 SPSS 统计分析软件包中，具体的分析方法如下：首先，进入 SPSS 统计分析软件包，在 "Analyze" 主菜单中选择 "Descriptive Statistics" 子菜单中的 "Descriptives" 选项 ［见图 5-8（a）］；选择 "Descriptives" 选项后会弹出图 5-8（b）的 "Descriptives" 对话框，将分析的变量选中并单击对话框中的箭头，将变量移至"Variable(s)"下的文本框内，单击"Options"选项可以对分析的描述统计量进行定义 [见图 5-8（c）]，定义完毕后单击"Continue"返回，并单击"OK"按钮进行描述统计分析，结果的分析与解释可以参见 SPSS 使用手册。

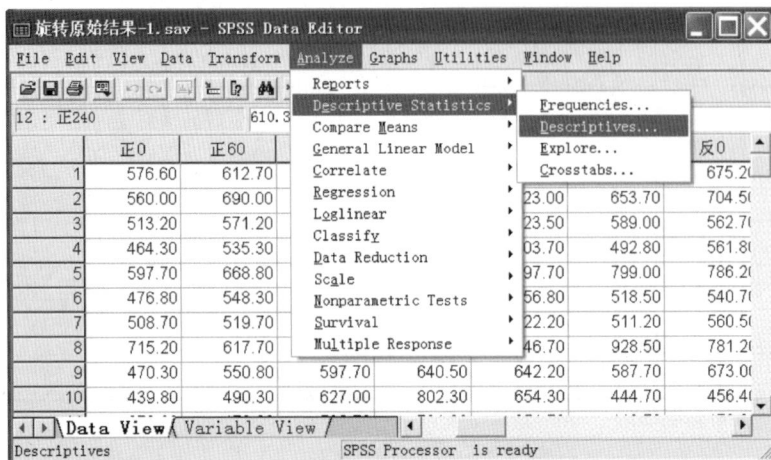

图 5-8（a）　SPSS 描述统计分析过程

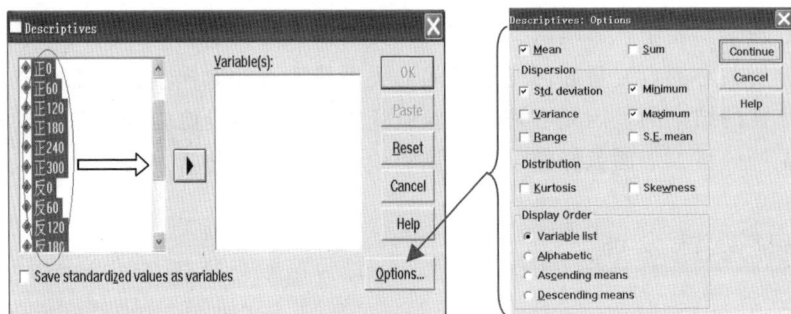

图 5-8（b）　SPSS 描述统计分析过程　　图 5-8（c）　SPSS 描述统计分析过程

二、组间差异的检验

（一）独立样本 t 检验

在包含两组被试，如实验组和控制组的实验设计中，常用的统计方法是独立样本 t 检验。独立样本 t 检验方法适用于检验来自两个不同被试组的数据（如在表象心理旋转实验中，不同角度的正像和镜像表象心理旋转的性别差异检验，见表 5-18 和表 5-19），用来确定两组平均数的差异是否足够大，不能由偶然因素来解释。它的基本公式是：

$$t = \frac{\text{两组平均数之差}}{\text{平均组内变异}} \quad (df = N - 1)$$

表 5-18　正像和镜像表象判断的性别差异 t 检验（$df=59$）

	性别	样本容量	平均数	标准差	独立样本 t 检验
正像平均反应时	男	18	759	120	1.093
	女	42	717	139	
镜像平均反应时	男	18	825	123	1.058
	女	42	793	102	

如实验组和控制组两组平均数之差表示处理效应，平均组内变异表示实验中的随机误差和其他未控制的变异。较大的 t 值表明，两组平均数之差大于平均组内变异，或者说两组平均数之差有较大的可能性来自实验处理，而不是偶然因素所致。

表 5-19　男女生的不同角度表象心理旋转时间的比较（$df=59$）

角度	总体平均	0	60	120	180	240	300
正像	1.218	1.724	0.109	0.815	0.036	2.592 *	1.505
镜像	1.214	2.114	2.035	1.401	1.884	0.403	0.709

在 SPSS 统计分析软件包中，具体的分析方法如下：首先，进入 SPSS 统计分析软件包，在 "Analyze" 主菜单中选择 "Compare Means" 子菜单中的 "Independent-Sample T-Tests" 选项［见图 5-9（a）］；弹出图 5-9（b）上面的对话框，将准备做 t 检验的变量选中并移至 "Test Varible(s)" 下面的文本框中，将组间设计的分组变量 "Gender" 移至 "Grouping Varible" 下的文本框中，选择 "Define Groups" 对分组变量进行定义［见图 5-9（b）左下侧图］，单击 "Options" 选项可以对置信度（或称为显著性水平）进行定义［见图 5-9（b）右下侧图］，定义完毕后单击 "Continue" 返回，并单击 "OK" 按钮进行统计分析，结果表明：表象的旋转角度对不同性别的被试的反应速度没有显著影响。结果的分析与解释可以参见 SPSS 使用手册。

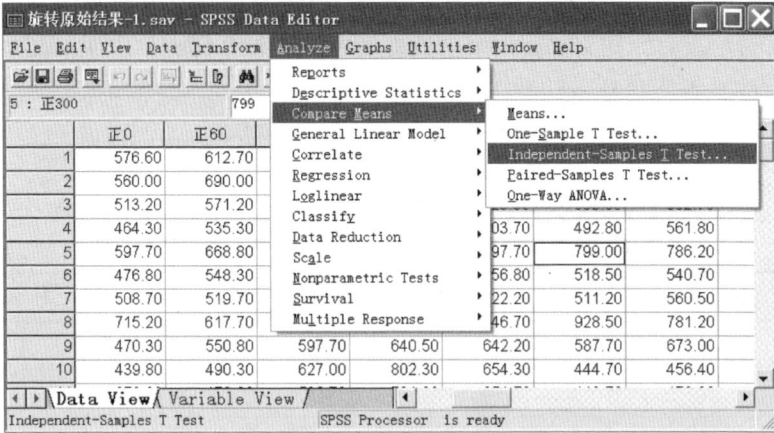

图 5-9 （a）　独立样本 t 检验的过程

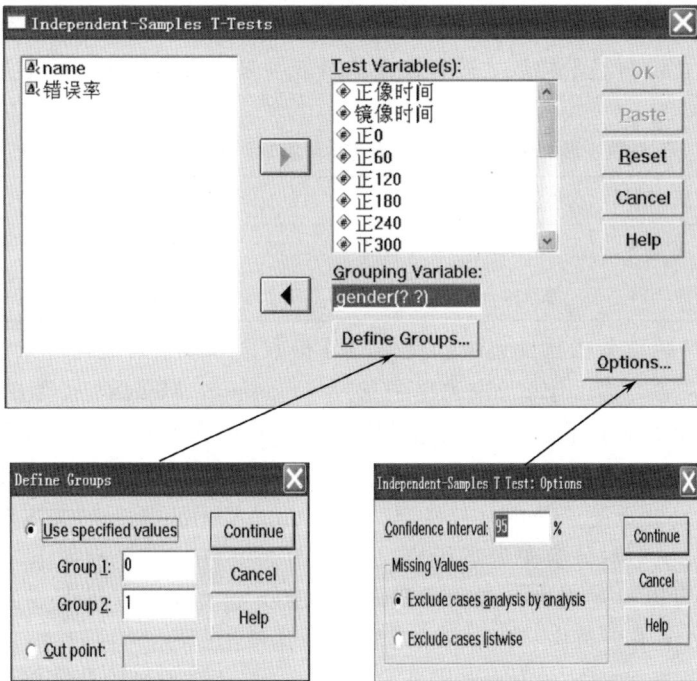

图 5-9 （b）　独立样本 t 检验的过程

(二) 相关样本 t 检验

相关样本 t 检验适用于同一组被试接受两次实验处理获得的两组实验数据，如在表象心理旋转实验中，每个被试都同时接受正像和镜像表象的实验处理，得到的数据采用相关样本 t 检验（见表 5-20）。

表 5-20　正像—镜像各角度反应时配对样本 t 检验

对应角度	均值差值	标准差	相关样本 t 检验
镜像—正像	-73	97	-5.830^{***}
镜像 0 度—正像 0 度	-134	129	-8.048^{***}
镜像 60 度—正像 60 度	-120	265	-3.524^{***}
镜像 120 度—正像 120 度	-123	185	-5.126^{***}
镜像 180 度—正像 180 度	-19	375	-0.405
镜像 240 度—正像 240 度	-155	259	-4.627^{***}
镜像 300 度—正像 300 度	-157	253	-4.817^{***}

表注：自由度 $df=59$，* 表示 0.05 水平显著，* * 表示 0.01 水平显著，* * * 表示 0.001 水平显著。

在 SPSS 统计分析软件包中，具体的分析方法如下：首先，进入 SPSS 统计分析软件包，在 "Analyze" 主菜单中选择 "Compare Means" 子菜单中的 "Paired-Sample T-Tests" 选项 [见图 5-10 （a）]；弹出图 5-10 （b） 左侧的对话框，将准备做 t 检验的配对变量选中并移至 "Paired Varible(s)" 下面的文本框中，单击"Options"选项可以对置信度（或称为显著性水平）进行定义（见图 5-10b

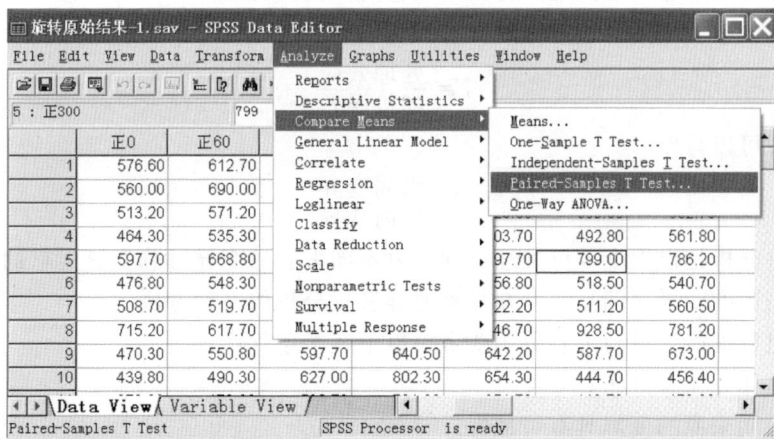

图 5-10 （a）　相关样本 t 检验的过程

右侧），定义完毕后单击"Continue"返回，并单击"OK"按钮进行统计分析，结果表明：被试对正反表象的反应速度有显著差异。结果的分析与解释参见 SPSS 使用手册。

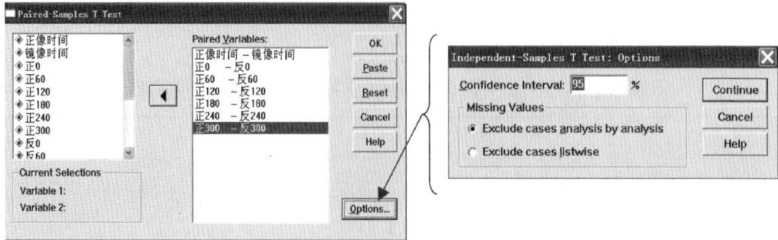

图 5-10(b)　相关样本 t 检验的过程

三、单因素方差分析

方差分析是 t 检验的扩展，它适用于检验来自多个实验处理组的数据。当实验中的自变量包含多个处理水平，使用多组随机分配的被试，并且研究者需确定多组平均数的差异是否显著，这时就需要使用单因素方差分析。

由于处理是三个或三个水平以上，所以不能直接比较三个或多个平均数之间的差异，应该计算出三个或多个平均数与总平均数之间的"变异"，这个变异就是"组间变异"；而被试组内每个被试与所在实验处理组平均数之间的变异，为该组组内变异，各组组内变异之和为整个实验的"组内变异"。

方差分析使用的是 F 检验。F 检验可写作：

$$F = \frac{处理效应}{随机误差}$$

或者可以写作：

$$F = \frac{组间变异}{组内变异}$$

方差分析是根据变异可加性原理，对不同来源的变异对总变异贡献的大小以及不同来源的变异之间是否存在显著差异进行分析的一种方法。

一组数据能否进行方差分析要考虑以下三个条件：

①总体为正态分布；

②不同来源的变异具有可加性；

③不同实验处理内的方差具有齐性，即不同的实验处理组是同质的。

F 检验的基本思想是：假设误差变异是随机误差导致的，将组间变异或处理效应与其相比较，如果组间变异显著大于随机变异，表明处理效应是存在的。

(一)单因素被试间设计的方差分析

被试间设计又叫组间设计、完全随机化设计、独立组设计，它是将被试分为若干实验处理组，每组接受一种实验处理，各实验处理组之间完全独立。

被试间设计的变异来源可以分解为两部分：组间变异(SSb)和实验处理组内变异(SSw)，总变异用 SSt 表示，那么，实验处理的总变异可以表示为：$SSt=SSb+SSw$。

总平方和：$SSt=\Sigma\Sigma X^2+(\Sigma\Sigma X)^2/NK$

组间平方和：$SSb=\Sigma[(\Sigma X)^2/N]-(\Sigma\Sigma X)^2/NK$

组内平方和：$SSw=SSt-SSb$

组间均方：$MSb=SSb/dfb$　　　$dfb=K-1$

组内均方：$MSw=SSw/dfw$　　　$dfw=K(N-1)$

求 F 值：$F=MSb/MSw$

根据 dfb 和 dfw 查 F 检验表检验 F 值的显著水平。

其中 N 为每个实验处理组的人数，K 为实验处理(组)数。

在统计软件中(SPSS/SAS 等)，可以用 ONE-WAY 和 ANOVA 过程来实现被试间设计的方差分析。具体在实验设计部分将详细讨论。

在 SPSS 统计分析软件包中，具体的分析方法如下：首先，进入 SPSS 统计分析软件包，在"Analyze"主菜单中选择"Compare Means"子菜单中的"ONE-WAY ANOVA"选项[见图 5-11(a)]；弹出图 5-11(b)的对话框，将准备做单因素方差分析的变量选中并移至"Dependent List"下面的文本框中，选择分组变量移

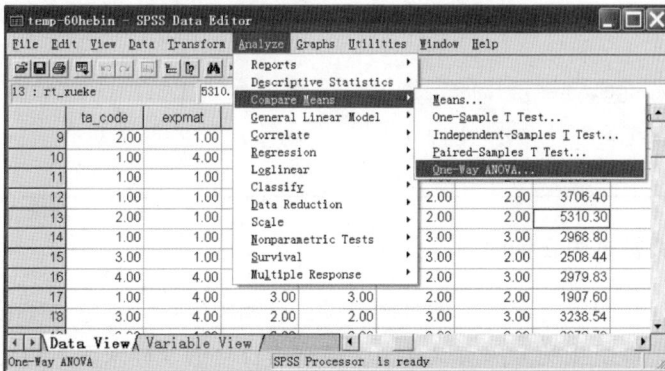

图 5-11(a)　单因素方差分析的过程

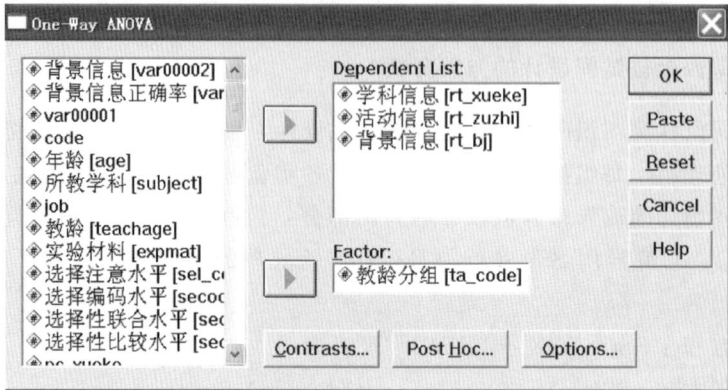

图 5-11(b)　单因素组间设计方差分析的过程

至"Factor"下面的文本框,定义完毕后单击"OK"按钮进行统计分析,单因素方差分析结果见表 5-21,从 F 检验的结果可以看出,教龄(分组变量)三种类型的课堂信息(课堂内容信息、课堂活动信息和课堂背景信息)加工速度没有显著的影响。详细的结果分析与解释参见 SPSS 使用手册。

表 5-21　教龄对课堂信息加工速度的单因素方差分析(ONE-WAY ANOVA)结果

	信息类别	Sum of Squares	df	Mean Square	F	Sig.
学科信息	Between Groups	1731719.510	3	577239.837	0.693	0.560
	Within Groups	44146373.483	53	832950.443		
	Total	45878092.993	56			
活动信息	Between Groups	331936.484	3	110645.495	0.165	0.920
	Within Groups	35593102.627	53	671567.974		
	Total	35925039.112	56			
背景信息	Between Groups	2139857.300	3	713285.767	0.581	0.630
	Within Groups	65109894.735	53	1228488.580		
	Total	67249752.035	56			

(二)单因素被试内设计的方差分析

被试内设计又叫组内设计、随机区组设计、相关组设计,它是将被试分为若干实验处理组,每组接受全部实验处理。被试内设计的变异来源可以分解为三部分:组间变异(SSb)、区组效应(SSr)和误差变异(SSe),总变异用 SSt 表示,那么,实验处理的总变异可以表示为:SSt=SSb+SSr+SSe。

总变异 ：$SSt = \Sigma\Sigma X^2 + (\Sigma\Sigma X)^2/NK$

组间平方和：$SSb = \Sigma[(\Sigma X)^2/N] - (\Sigma\Sigma X)^2/NK$

区组效应 ：$SSr = \Sigma[(\Sigma R)^2/N] - (\Sigma\Sigma R)^2/NK$

误差平方和：$SSe = SSt - SSb - SSr$

组间均方：$MSb = SSb/dfb$　　　　　　$dfb = K - 1$

组内均方：$MSr = SSw/dfw$　　　　　　$dfr = N - 1$

误差均方：$MSe = SSe/dfe$　　　　　　$dfe = dft - dfb - dfr$

求 F 值 ：$Fb = MSb/MSe$（检验不同实验处理的差异）

　　　　　　$Fr = MSr/MSe$（检验区组效应）

根据 dfb、dfr 和 dfe 查 F 检验表检验 Fb 和 Fr 值的显著水平。

其中 N 为每个实验处理组的人数，K 为实验处理（组）数。

在 SPSS 统计分析软件包中，具体的分析方法如下：首先，进入 SPSS 统计分析软件包，在"Analyze"主菜单中选择"General Linear Model"子菜单中的"Repeated Measures"选项[见图 5-12(a)]；弹出图 5-12(b)的对话框，对组内因素的名称（Factor1）及其水平（4）进行定义，并按"Add"按钮填加到下面的文本框中，然后按"Continue"返回；将准备做方差分析的变量（一个因素的四个水平）选中并移至"Within-Subjects Variables"下面的文本框中[见图 5-12(c)]，选择"Options"按钮，对"Factor1"的四个水平之间的差异比较进行定义[见图 5-12(d)]，具体操作是将左侧的"Factor1"移至右侧文本框，并选择"Compare Main Effects"。同时，还可以对输出的统计量（如"Descriptive Statitics"）进行选择，定义完毕后单

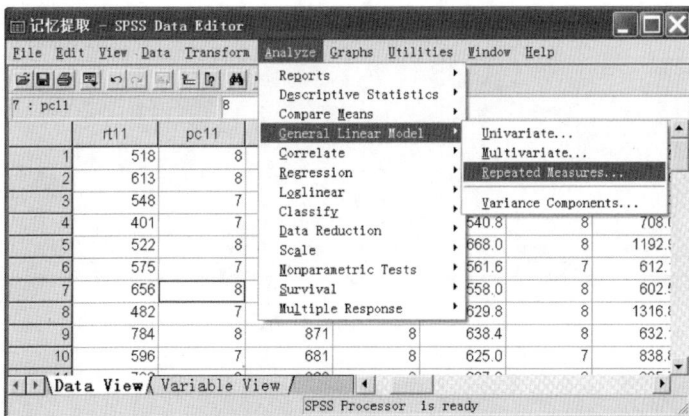

图 5-12(a)　单因素组内设计方差分析的过程

击"OK"按钮进行统计分析，从 F 检验的结果可以看出（$F_{(25,3)} = 20.706$，$P <$ 0.001），不同长度的记忆材料对被试再认时间有显著影响，并且随着材料长度的增加，反应时有显著延长的趋势，表 5-22 配对比较的结果也证明了这一点。详细的结果分析与解释参见 SPSS 使用手册。

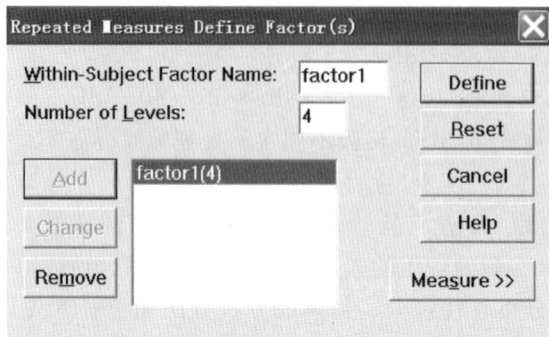

图 5-12(b)　单因素组内设计方差分析的过程

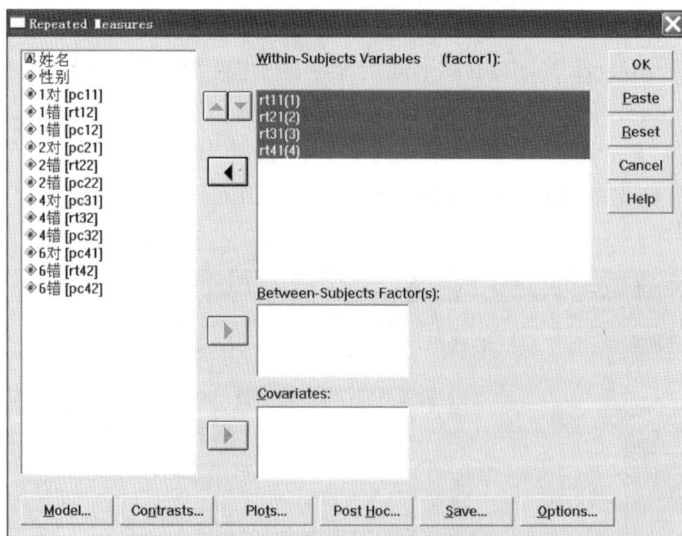

图 5-12(c)　单因素组内设计方差分析的过程

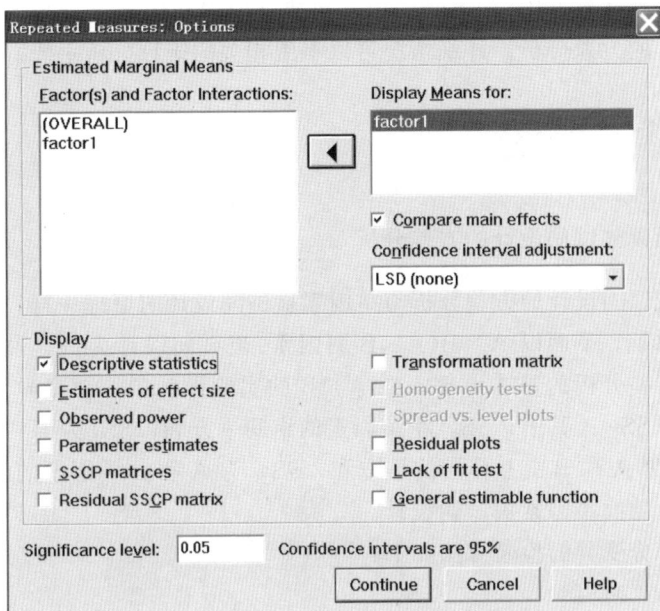

图 5-12(d)　单因素组内设计方差分析的过程

表 5-22　不同长度记忆材料再认速度的配对比较(Pairwise Comparisons)结果

(I) 因素 1	(J) 因素 2	Mean Difference (I-J)	Std. Error	Sig. [a]	95% Confidence Interval for Difference Lower Bound	Upper Bound
1	2	−83.735*	29.916	0.010	−145.349	−22.121
	3	−222.308*	51.717	0.000	−328.820	−115.795
	4	−268.942*	36.801	0.000	−344.735	−193.149
2	1	83.735*	29.916	0.010	22.121	145.349
	3	−138.573*	43.101	0.004	−227.341	−49.805
	4	−185.208*	25.934	0.000	−238.619	−131.796
3	1	222.308*	51.717	0.000	115.795	328.820
	2	138.573*	43.101	0.004	49.805	227.341
	4	−46.635	38.125	0.233	−125.155	31.886
4	1	268.942*	36.801	0.000	193.149	344.735
	2	185.208*	25.934	0.000	131.796	238.619
	3	46.635	38.125	0.233	−31.886	125.155

Based on estimated marginal means

*. The mean difference is significant at the 0.05 level→0.05 显著水平。

在其他的统计软件中（如 SAS 等），同样可以用相应的过程来实现被试内单因素实验设计的方差分析。详细情况可以参阅相关的统计分析手册。

四、多因素方差分析

（一）多因素被试间设计的方差分析

多因素被试间设计的方差分析与单因素被试间设计的原理一样，只不过变异的划分更细致了。下面以 A×B（A、B 两因素）被试间设计为例，说明多因素被试间设计的方差分析的基本原理。在 A×B 的实验设计中，总变异 $SSt = SS_A + SS_B + SS_{A×B} + SSw$。其中，$SS_A$ 为 A 因素的组间平方和，SS_B 为 B 因素的组间平方和，$SS_{A×B}$ 为 A 和 B 交互作用的平方和，SSw 为 A 和 B 两因素的组内平方和。具体的求法见前面单因素被试间设计。

对于各部分变异的检验方法如下：

$F_A = MS_A / MS_W$

$F_B = MS_B / MS_W$

$F_{A×B} = MS_{A×B} / MS_W$

下面以 2×2（学校[体育/非体育]×性别[男/女]）实验设计为例，在 SPSS 统计分析软件包中进行多因素方差分析，具体方法如下：首先，进入 SPSS 统计分析软件包，在"Analyze"主菜单中选择"General Linear Model"子菜单中的"Multivariate"选项（见图 5-13a）；弹出图 5-13b 的对话框，将准备做方差分析的变量选中并移至"Dependent Variables"下面的文本框中，选择"Options"按钮，可以对不同因素的不同水平之间的差异进行比较；选择组间变量"学校"和"性别"移至"Fixed Factor(s)"下面，定义完毕后单击"OK"按钮进行统计分析，F 检验的主效应及交互作用的结果见表 5-23，从中可以看出不同专业学生的视觉选择注意识别速度存在差异（在分心物为 2[RT3]和 6[RT5]的情况下），性别主效应及交互作用不显著。详细的结果分析与解释参见 SPSS 使用手册。

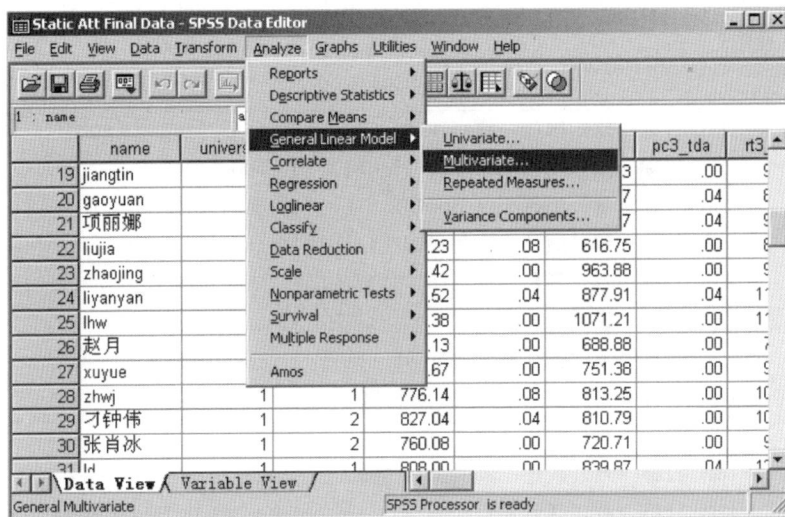

图 5-13(a)　2×2 组间设计方差分析的过程

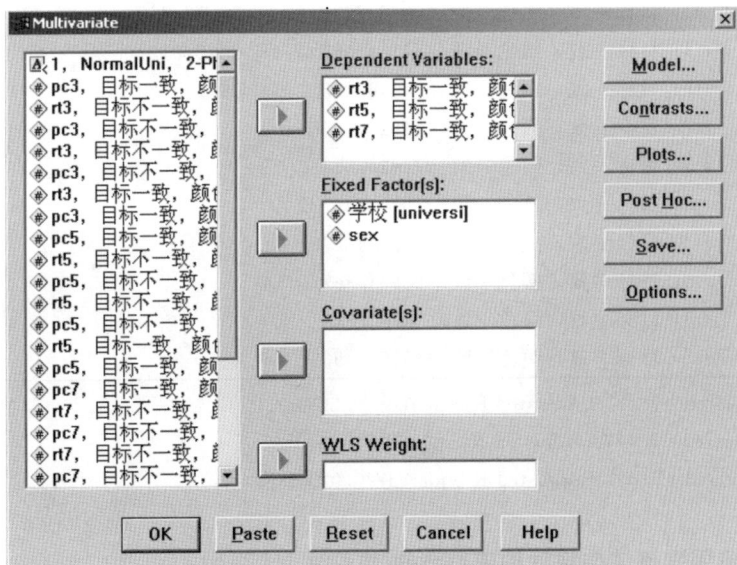

图 5-13(b)　2×2 组间设计方差分析的过程

表 5-23　不同学校和性别被试(2×2)组间设计方差分析(Tests of Between-Subjects Effects)

Source	Dependent Variables	Type Ⅲ Sum of Squares	df	Mean Square	F	Sig.
Corrected Model	rt3，目标一致，颜色一致	170799.800	3	56933.267	6.010	0.001
	rt5，目标一致，颜色一致	150195.070	3	50065.023	2.987	0.040
	rt7，目标一致，颜色一致	102735.314	3	34245.105	1.431	0.245
Intercept	rt3，目标一致，颜色一致	23673207.088	1	23673207.088	2499.016	0.000
	rt5，目标一致，颜色一致	24647619.040	1	24647619.040	1470.519	0.000
	rt7，目标一致，颜色一致	24895388.775	1	24895388.775	1040.651	0.000
学校	rt3，目标一致，颜色一致	137595.810	1	137595.810	14.525	0.000
	rt5，目标一致，颜色一致	125428.702	1	125428.702	7.483	0.009
	rt7，目标一致，颜色一致	60120.940	1	60120.940	2.513	0.119
性别	rt3，目标一致，颜色一致	21179.503	1	21179.503	2.236	0.141
	rt5，目标一致，颜色一致	0.534	1	0.534	0.000	0.996
	rt7，目标一致，颜色一致	3406.219	1	3406.219	0.142	0.708
学校×性别	rt3，目标一致，颜色一致	5812.373	1	5812.373	0.614	0.437
	rt5，目标一致，颜色一致	43590.927	1	43590.927	2.601	0.113
	rt7，目标一致，颜色一致	55278.727	1	55278.727	2.311	0.135
Error	rt3，目标一致，颜色一致	454704.562	48	9473.012		
	rt5，目标一致，颜色一致	804536.153	48	16761.170		
	rt7，目标一致，颜色一致	1148298.648	48	23922.889		
Total	rt3，目标一致，颜色一致	27082375.433	52			
	rt5，目标一致，颜色一致	27920168.722	52			
	rt7，目标一致，颜色一致	28337940.789	52			
Corrected Total	rt3，目标一致，颜色一致	625504.362	51			
	rt5，目标一致，颜色一致	954731.223	51			
	rt7，目标一致，颜色一致	1251033.963	51			

a R Squared=0.273（Adjusted R Squared=0.228）
b R Squared=0.157（Adjusted R Squared=0.105）
c R Squared=0.082（Adjusted R Squared=0.025）

(二)多因素被试内设计的方差分析

多因素被试内设计的方差分析与单因素被试内的原理一样，下面以 A×B（A、B 两因素）被试内设计为例，说明多因素被试内设计的方差分析的基本原理。在 A×B 的实验设计中，总变异 $SS_t = SS_A + SS_B + SS_{A×B} + SS_r + SS_e$。其中，$SS_A$

为 A 因素的组间平方和，SS_B 为 B 因素的组间平方和，$SS_{A×B}$ 为 A 和 B 交互作用的平方和，SSr 为区组平方和，SSe 为误差平方和。具体的求法见前面单因素被试内设计。

对于各部分变异的检验方法如下：

$F_A = MS_A / MSe$

$F_B = MS_B / MSe$

$Fr = MSr / MSe$

$F_{A×B} = MS_{A×B} / MSe$

下面以 $3×2$（分心物数量$_{[2/4/6]}$×线索-目标一致性$_{[一致/不一致]}$）视觉选择注意的实验设计为例，在 SPSS 统计分析软件包中进行多因素方差分析，具体方法如下：首先，进入 SPSS 统计分析软件包，在"Analyze"主菜单中选择"General Linear Model"子菜单中的"Repeated Measure"选项［见图 5-14(a)］；弹出图 5-14b 左侧的对话框，对组内因素的名称（Factor1 和 Factor2）及其水平（3 和 2）分别进行定义，并按"Add"按钮分别填加到下面的文本框中，然后按"Continue"返回；将准备做方差分析的变量（两个因素的六个水平）选中并移至"Within-Subjects Variables"下面的文本框中［见图 5-14(c)］，选择"Options"按钮可以对"Factor1"和"Factor2"的六个水平之间的差异比较进行定义。定义完毕后单击"OK"按钮进行统计分析，方差分析的结果见表 5-24(a)和表 5-24(b)。从 F 检验的结果可以看出，分心物数量和线索-目标一致性对选择注意的时间有显著影响，并且这种变化的规律存在着不均衡性。详细的结果分析与解释参见 SPSS 使用手册。

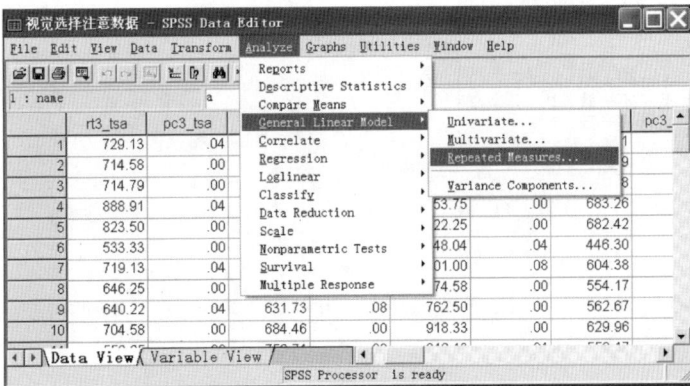

图 5-14(a)　$3×2$ 组内设计方差分析的过程

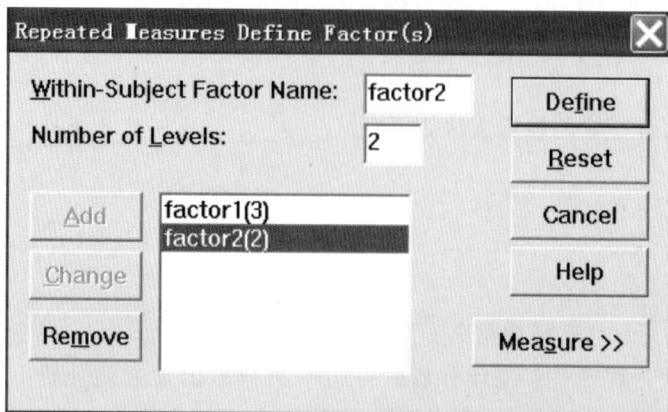

图 5-14(b)　3×2 组内设计方差分析的过程

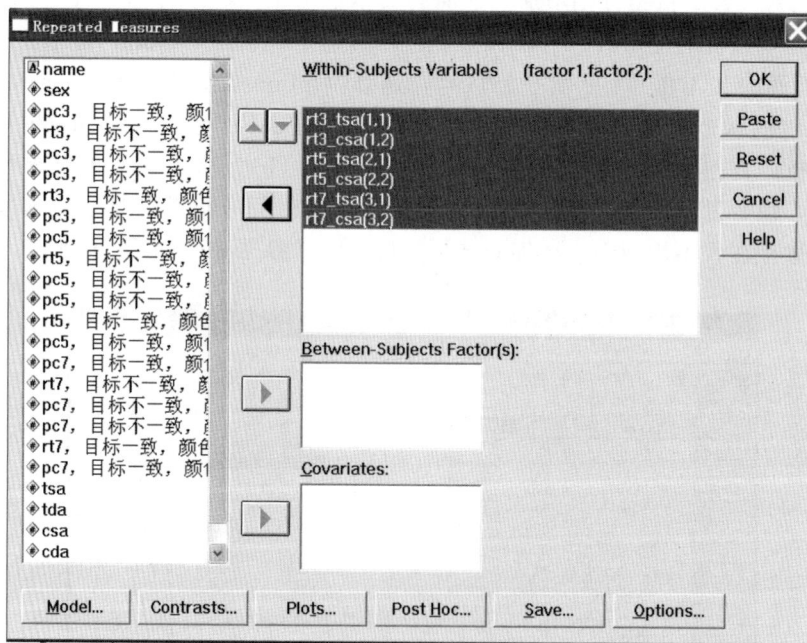

图 5-14(c)　3×2 组内设计方差分析的过程

表 5-24(a)　分心物数量与线索-目标一致性(3×2)组内设计方差分析

(Tests of Within-Subjects Effects)

Source		Type Ⅲ Sum of Squares	df	Mean Square	F	Sig.
因素 1	Sphericity Assumed	99788.550	2	49894.275	6.351	0.003
	Greenhouse-Geisser	99788.550	1.803	55353.368	6.351	0.004
	Huynh-Feldt	99788.550	1.911	52217.526	6.351	0.004
	Lower-bound	99788.550	1.000	99788.550	6.351	0.017
误差 1	Sphericity Assumed	471379.260	60	7856.321		
	Greenhouse-Geisser	471379.260	54.083	8715.906		
	Huynh-Feldt	471379.260	57.330	8222.139		
	Lower-bound	471379.260	30.000	15712.642		
因素 2	Sphericity Assumed	2499367.599	1	2499367.599	109.000	0.000
	Greenhouse-Geisser	2499367.599	1.000	2499367.599	109.000	0.000
	Huynh-Feldt	2499367.599	1.000	2499367.599	109.000	0.000
	Lower-bound	2499367.599	1.000	2499367.599	109.000	0.000
误差 2	Sphericity Assumed	687901.323	30	22930.044		
	Greenhouse-Geisser	687901.323	30.000	22930.044		
	Huynh-Feldt	687901.323	30.000	22930.044		
	Lower-bound	687901.323	30.000	22930.044		
因素 1	* Sphericity Assumed	144652.657	2	72326.329	25.426	0.000
因素 2	Greenhouse-Geisser	144652.657	1.946	74341.714	25.426	0.000
	Huynh-Feldt	144652.657	2.000	72326.329	25.426	0.000
	Lower-bound	144652.657	1.000	144652.657	25.426	0.000
误差	Sphericity Assumed	170674.312	60	2844.572		
	Greenhouse-Geisser	170674.312	58.373	2923.836		
	Huynh-Feldt	170674.312	60.000	2844.572		
	Lower-bound	170674.312	30.000	5689.144		

表 5-24(b)　分心物数量与线索-目标一致性组内设计的对照分析

(Tests of Within-Subjects Contrasts)

Source	FACTOR1 FACTOR2	Type Ⅲ Sum of Squares	df	Mean Square	F	Sig.
因素 1	Linear	97136.615	1	97136.615	9.384	0.005
	Quadratic	2651.934	1	2651.934	0.495	0.487
误差 1	Linear	310544.078	30	10351.469		
	Quadratic	160835.182	30	5361.173		

Source	FACTOR1	FACTOR2	Type Ⅲ Sum of Squares	df	Mean Square	F	Sig.
因素 2		Linear	2499367.599	1	2499367.599	109.000	0.000
误差 2		Linear	687901.323	30	22930.044		
因素 1×因素 2	Linear	Linear	137142.518	1	137142.518	50.007	0.000
	Quadratic	Linear	7510.140	1	7510.140	2.549	0.121
误差(1×2)	Linear	Linear	82274.080	30	2742.469		
	Quadratic	Linear	88400.233	30	2946.674		

(三)多因素混合设计的方差分析

混合实验设计的方差分析既包括组间的效应，又包括组内的效应，同时还包括各因素之间的交互作用。下面以 A×B(A 为组内因素、B 为组间因素)混合设计为例，说明多因素被试内设计的方差分析的基本原理。在 A×B 的实验设计中，总变异 $SSt = SS_A + SS_B + SS_{A×B} + SSr + SSe$。其中，$SS_A$ 为 A 因素的组间平方和，SS_B 为 B 因素的组间平方和，$SS_{A×B}$ 为 A 和 B 交互作用的平方和，SSr 为区组平方和，SSe 为误差平方和。具体的求法见前面单因素被试内设计。

对于各部分变异的检验方法如下：

$F_A = MS_A / MSe$

$F_B = MS_B / MSe$

$Fr = MSr / MSe$

$F_{A×B} = MS_{A×B} / MSe$

下面以 $2×2$(性别[男/女] × 颜色[红色/绿色])闪光融合频率的实验设计为例，在 SPSS 统计分析软件包中进行多因素方差分析，具体方法如下：首先，进入 SPSS 统计分析软件包，在"Analyze"主菜单中选择"General Linear Model"子菜单中的"Repeated Measure"选项[见图 5-15(a)]；弹出图 5-15(b)的对话框，对组内因素的名称(Factor1，闪光颜色)及其水平(2)分别进行定义，并按"Add"按钮分别添加到下面的文本框中，按"Continue"返回；然后将两种颜色的闪光融合频率的结果移至"Within-Subjects Variables"下面的文本框中[见图 5-15(c)]，将性别变量移至"Between-Subjects Factor(s)"下面的文本框中，选择"Options"按钮可以对 A 和 B 两因素的各水平之间的差异比较进行定义。定义完毕后单击"OK"按钮进行统计分析，方差分析的结果见表 5-25(a)、表 5-25(b)和表 5-25(c)。从 F 检验的结果可以看出，不同颜色的闪光融合频率存在显著差异，性别对闪光融合频率

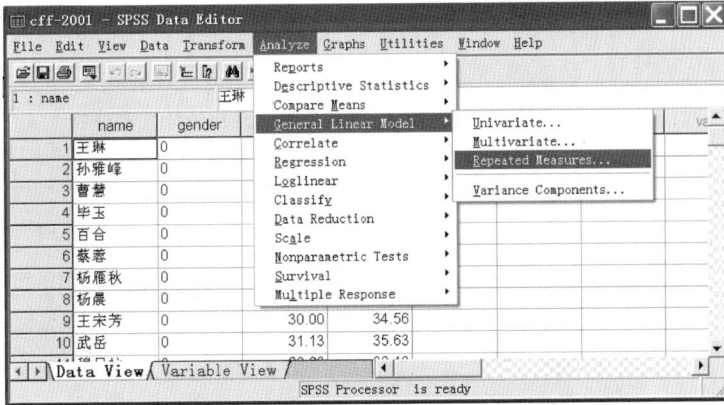

图 5-15(a) 2×2 混合设计方差分析的过程

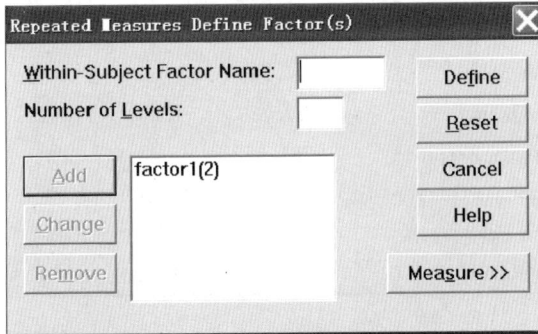

图 5-15(b) 2×2 混合设计方差分析的过程

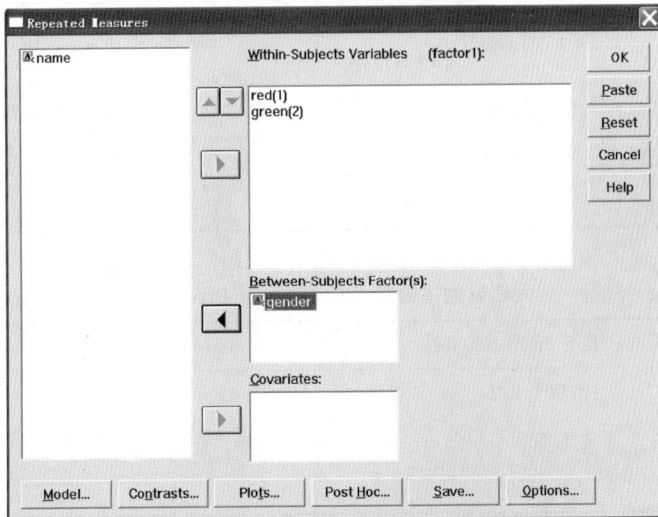

图 5-15(c) 2×2 混合设计方差分析的过程

没有显著影响，性别和颜色之间存在显著的交互作用。详细的结果分析与解释参见 SPSS 使用手册。

表 5-25(a)　性别与颜色的闪光融合频率混合设计方差分析
(Tests of Between-Subjects Effects)

Source		Type III Sum of Squares	df	Mean Square	F	Sig.
因素 1	Sphericity Assumed	886.522	1	886.522	219.962	0.000
	Greenhouse-Geisser	886.522	1.000	886.522	219.962	0.000
	Huynh-Feldt	886.522	1.000	886.522	219.962	0.000
	Lower-bound	886.522	1.000	886.522	219.962	0.000
因素 1×性别	* Sphericity Assumed	17.733	1	17.733	4.400	0.040
	Greenhouse-Geisser	17.733	1.000	17.733	4.400	0.040
	Huynh-Feldt	17.733	1.000	17.733	4.400	0.040
	Lower-bound	17.733	1.000	17.733	4.400	0.040
误差 1	Sphericity Assumed	261.972	65	4.030		
	Greenhouse-Geisser	261.972	65.000	4.030		
	Huynh-Feldt	261.972	65.000	4.030		
	Lower-bound	261.972	65.000	4.030		

表 5-25(b)　组内因素的对照分析(Tests of Within-Subjects Contrasts)

Source	FACTOR1	Type III Sum of Squares	df	Mean Square	F	Sig.
因素 1	Linear	886.522	1	886.522	219.962	0.000
因素 1×性别	Linear	17.733	1	17.733	4.400	0.040
误差	Linear	261.972	65	4.030		

表 5-25(c)　组间因素的主效应分析(Tests of Between-Subjects Effects)

Source	Type III Sum of Squares	df	Mean Square	F	Sig.
Intercept	128907.071	1	128907.071	14525.132	0.000
性别	4.085	1	4.085	0.460	0.500
误差	576.859	65	8.875		

五、多因素实验设计中交互作用的简单效应分析

在多因素实验设计的方差分析中，除了各因素主效应分析之外，还有各因素之间交互作用的分析。通常情况下，当交互作用的结果不显著时，可以忽略对交互作用的详细的分析；如果交互作用显著，只是根据交互作用分析的结果是不足以对交互作用的显著效应进行细致和深入的解释的，为了考察对交互作用显著效应的变异的贡献来源，则需要对交互作用进行深入的分析，通常采用的分析方法就是简单效应(simple effects)分析。

下面以 3×2 分心物数量$_{[2/4/6]}$×线索-目标一致性$_{[一致/不一致]}$)视觉选择注意的实验设计为例，在 SPSS 统计分析软件包中进行简单效应的分析。在表 5-24b 中可以看出，分心物的数量与线索-目标一致性的交互作用($F_{(1,30)} = 50.007$，$P < 0.001$)显著，那么，如何来逐一考察两个因素六个水平交互作用的详细的情况？下面是 3×2 组内实验设计交互作用的简单效应分析的 SPSS 分析程序(Syntax 文件)，下面程序主要是考察分心刺激不同水平上的目标一致性的简单效应和目标一致性不同水平上的分心刺激简单效应。从分析结果可以看出，在分心刺激的三个水平上，目标一致性的简单效应均达到了显著水平；在目标一致性的两个水平上，分心刺激的简单效应也均达到了显著水平。

* Program of Simple Effects Analysis

```
GLM
    rt3 _ tsa rt3 _ csa rt5 _ tsa rt5 _ csa rt7 _ tsa rt7 _ csa      /定义自变量(两因素 6 水平)
    /WSFACTOR = target 2 number 3                                    /定义组内因素
    /METHOD = SSTYPE(3)
    /CRITERIA = ALPHA(0.05)                                          /确定显著性水平
    /WSDESIGN = target number target×number.                         /定义组内效应及交互作用
MANOVA
    rt3 _ tsa rt3 _ csa rt5 _ tsa rt5 _ csa rt7 _ tsa rt7 _ csa
    /WSFACTOR = target(2) number(3)
    /WSDESIGN = target WITHIN number(1)      /分析分心刺激为 2 时的目标一致性效应
               target WITHIN number(2)       /分析分心刺激为 4 时的目标一致性效应
               target WITHIN number(3).      /分析分心刺激为 6 时的目标一致性效应
MANOVA
    rt3 _ tsa rt3 _ csa rt5 _ tsa rt5 _ csa rt7 _ tsa rt7 _ csa
    /WSFACTOR = target(2) number(3)
```

/WSDESIGN = number WITHIN target(1) /分析为目标一致时的分心刺激效应
number WITHIN target(2). /分析为目标一致时的分心刺激效应

* Result of Simple Effects Analysis

Tests involving 'TARGET WITHIN NUMBER(1)' Within-Subjects Effects.

Tests of Significance for T2 using UNIQUE sums of squares

Source of Variation	SS	DF	MS	F	Sig of F
WITHIN+RESIDUAL	215108.93	30	7170.30		
TARGET WITHIN NUMBER (1)	710296.78	1	710296.78	99.06	0.000

Tests involving 'TARGET WITHIN NUMBER(2)' Within-Subjects Effects.

Tests of Significance for T3 using UNIQUE sums of squares

Source of Variation	SS	DF	MS	F	Sig of F
WITHIN+RESIDUAL	462600.21	30	15420.01		
TARGET WITHIN NUMBER (2)	529623.71	1	529623.71	34.35	0.000

Tests involving "TARGET WITHIN NUMBER(3)" Within-Subjects Effects.

Tests of Significance for T4 using UNIQUE sums of squares

Source of Variation	SS	DF	MS	F	Sig of F
WITHIN+RESIDUAL	414674.83	30	13822.49		
TARGET WITHIN NUMBER(3)	1363576.58	1	1363576.6	98.65	0.000

Tests involving 'NUMBER WITHIN TARGET(1)' Within-Subjects Effects.

AVERAGED Tests of Significance for MEAS. 1 using UNIQUE sums of squares

Source of Variation	SS	DF	MS	F	Sig of F
WITHIN+RESIDUAL	504074.83	60	8401.25		
NUMBER WITHIN TARGET(1)	627236.09	2	313618.05	37.33	0.000

Tests involving 'NUMBER WITHIN TARGET(2)' Within-Subjects Effects.

AVERAGED Tests of Significance for MEAS. 1 using UNIQUE sums of squares

Source of Variation	SS	DF	MS	F	Sig of F
WITHIN+RESIDUAL	608407.18	60	10140.12		
NUMBER WITHIN TARGET(2)	1568080.47	2	784040.23	77.32	0.000

第四节 心理学实验设计的评价

　　心理学实验设计是否科学、可靠受诸多方面因素的影响。一项科学、可靠的研究可以从研究的科学性、客观性、理论和现实意义、可验证性等方面来进行评价，而上述的评价心理学实验设计的诸多方面也受很多额外因素的影响，下面就从上述几方面对心理学实验设计的评价进行详细的阐述。

一、心理学实验设计的科学性与可靠性评价

　　实验法是心理学基础与应用研究领域中的常用方法之一，实验研究结果是否可靠和具有推广价值是每个研究者都十分关注的问题。那么，如何评价一个实验的科学性、可靠性和它对社会各领域的应用与推广价值呢？通常情况下，应该从内在效度（internal validity）和外在效度（external validity）两个方面评价一个心理学实验的科学性、可靠性及其推论性，具体应该考虑到以下几方面。

　　第一，应该考察的是实验设计的内在效度。所谓实验设计的内在效度是指一个实验设计所考察的问题是否是研究者希望考察的问题，在整个实验设计和实施的过程中，实验者是如何对实验条件进行有效的控制（包括研究变量和额外变量），来保证实验结果的准确性与可靠性。实验的内在效度可以从实验设计的合理性、对研究变量和额外变量的控制、结果记录的精确性等角度进行评价。

　　第二，要考察一个实验设计的外在效度。所谓外在效度是指一个实验所得出结果的推论性如何，是否能够推广到参加实验的样本所代表的总体中，是否具有广泛的适用性。科学研究的目的就是为了能够为人类的社会生产与实践服务，所以，实验研究的应用价值是考察一个实验的重要方面。

　　第三，研究问题的理论与实践意义。在科学研究中，设计一个实验不是盲目的、漫无目的的，而是希望解决一定的理论或应用方面的问题，如为了达到教授学生某种实验技能或实验研究方法；为了验证某一理论或实验研究的正确性与合理性；为了通过实验开发某种产品，达到社会效益和经济效益的统一等。因此，在选题和实际实验时，先要考察选题和实验设计的理论与实践意义，为科学研究和人类的生产实践活动服务，避免选题缺乏明确的目的而白白耗费人力、财力和物力。

　　第四，实验指标的精确性与可靠性。实验指标记录的精确性与可靠性也是评

价一个实验优劣的重要方面。结果记录的准确性与可靠性直接关系实验结果的推论性，如果记录的结果不够精确、可靠，那么就很难保证实验结果的可靠性，由此做出的推论也可能是错误的。因此，在实验过程中，应采用精确的实验仪器，对实验过程进行严格的控制，尽可能保证实验结果的精确性和可靠性。

第五，实验研究结果具有可重复性。科学研究评价的一个基本标准和原则就是研究结果的可重复性。如果一项研究具有很高的可重复性，说明该研究具有较高的科学性和可靠性，反映的科学规律也是十分客观的；如果一项研究具有很低的可重复性，说明该研究缺乏科学性和可靠性，反映的科学规律具有随机性，研究结果可能也缺乏客观性。

此外，由于心理学实验的独特性，在设计心理实验时，还要对成熟因素、历史因素、被试的个体差异和被试缺失以及上述各种因素的交互作用予以充分的考虑，并进行必要的控制，排除各种无关因素的干扰。

二、影响实验设计科学性与可靠性的因素

影响心理学实验设计的科学性和可靠性的因素是多方面的，这些因素可能是来自环境、仪器设备、被试自身的机体变量或发展因素、主试对被试的影响等诸多方面，下面就系统地对影响心理学实验设计的科学性和可靠性的因素进行归纳总结。

①历史和发展因素。通常心理学实验研究要持续一段时间，随着时间的推移，个体的发展、学习、环境变化等因素都会对研究结果产生一定的影响，因此，研究者应该充分考虑到历史和发展因素对研究结果的影响，保证实验结果的科学性和可靠性。

②被试样本的选择。被试样本的选择主要是指是否采用了科学的被试取样方法进行抽样，如随机取样或等组匹配等，如果抽样方法缺乏科学性，就会降低样本的代表性，从而影响实验研究的结果。

③个体成熟因素。随着时间的变化，被试在知识、经验等方面会不断得到发展和成熟，追踪研究的过程中这也势必会使研究变量的变化受到成熟因素的影响，进而影响实验研究的结果；此外实验经验的积累也会产生显著的练习效应，混淆实验研究的结论。

④实验仪器和测量手段的精密度和可靠性。在心理学实验中，自变量和因变量的操纵和测定通常是通过仪器和特定的实验手段实现的，实验仪器和测量手段的精密度和可靠性会直接影响测量结果的可靠性。因此，在心理学实验研究中，

应该对实验仪器和测量手段的精密度和可靠性进行调试，保证实验结果的客观性和真实性。

⑤统计方法和统计控制的因素。统计方法和统计控制的因素主要包括对极端的和不合理的实验数据是否剔除，在统计分析过程中是否根据实验设计采用了正确的数据统计分析方法，在进行统计分析过程中是否考虑到研究变量之间的交互作用的影响等。

⑥实验过程中被试缺失或中间退出。实验过程中被试缺失或中间退出在一定程度上会减少样本容量以及影响初被试的匹配和平衡等方面，并进一步影响实验结果的可靠性和可推论性。

⑦实验者效应对实验结果的影响。这些效应主要包括霍桑效应、安慰剂效应、皮格马利翁效应（也称为"罗森塔尔效应"），这些效应主要是被试在实验过程中受到主试因素的影响而产生的实验者效应，并导致实验偏离客观水平。

⑧疲劳因素。主要是反复进行实验测量而没有安排好休息时间而降低实验结果的正确率、反应的速度和被试其他方面的心理和行为反应。

⑨实验情境的控制的可靠性。通常实验室实验需要在严格的实验室控制条件下进行，对额外因素需要进行严格和有效地控制；而在自然情境下的实验则对额外变量控制的程度就低一些。因此，在不同的实验情境下，要充分考虑到实验者对实验情境的有效控制，以保证实验结果的可靠性。

⑩不同实验处理之间的交互作用及其与额外因素的交互作用。在复杂的实验设计中，对自变量、因变量和额外变量的控制相对难度比较大。因此，实验结果中应充分考虑到研究变量之间的相互影响及其与额外变量的交互作用，避免考虑和控制不周全而导致实验结果出现偏差。

以上是在心理学实验研究中可能遇到的影响实验结果的因素，在不同的实验设计中，不同因素的影响的大小也是不同的，因此，研究者应根据具体的实验设计，充分地考虑到影响某一实验研究的主要因素，并对这些因素进行严格的控制，保证实验结果的科学性与可靠性，以便能够客观地反映出心理和行为的发展和变化规律。

参考文献

［1］孟庆茂，常建华. 实验心理学. 北京：北京师范大学出版社，1999.

［2］杨治良. 实验心理学. 杭州：浙江教育出版社，1997.

［3］朱滢. 实验心理学. 北京：北京大学出版社，2000.

［4］杨博民. 心理实验纲要. 北京：北京大学出版社，1989.

［5］赫葆源，张厚粲，陈舒永.实验心理学.北京：北京大学出版社，1983.

［6］张学民，舒华.实验心理学纲要.北京：北京师范大学出版社，2004.

［7］舒华，张学民等.实验心理学的理论、方法与技术.北京：人民教育出版社，2006.

［8］David W. Martin，Doing Psychology Experiment，Cole Publishing Company，1996.

第六章　传统心理物理法

【本章要点】

(一)阈限的测量

1. 极限法：极限法的特点；绝对阈限的测定；差别阈限的测定；极限法的变式。

2. 平均差误法：平均差误法的特点；绝对阈限与差别阈限的测定；误差的控制。

3. 恒定刺激法及其变式：恒定刺激法的特点；绝对阈限的测定；差别阈限的测定；不肯定间距的不稳定性；恒定刺激法的变式。

(二)心理量表法

1. 量表的类型：直接量表和间接量表；等级量表、等距量表和比例量表；心理量表的评价。

2. 感觉比例法与数量估计法：感觉比例法；数量估计法；制作等比量表应注意的问题。

3. 感觉等距法与差别阈限法：差别阈限法；感觉等距法；评价量表。

4. 对偶比较法与等级排列法：对偶比较法；等级排列法。

第一节　心理量与物理量的关系

传统心理物理法最初是由费希纳提出的测量感受性的心理学实验方法。感受性的研究是心理学产生前期和心理学诞生后相当长的时间内，心理学家研究的主要感知觉问题之一。通常情况下，感受性包括绝对感受性(absolute sensitivity)和相对感受性(relative sensitivity)，与感受性对应的感觉阈限包括绝对感觉阈限(absolute threshold)和差别感觉阈限(differential threshold)。绝对感觉阈限是指刚刚能感觉到的、引起某种感觉的最小刺激量，一般用 AL 表示。如音高的绝对阈限是指刚刚能够感受到的声音的频率值赫兹(Hz)，声音响度的绝对阈限是指在特定频率下刚刚能够感受到的声音的强度值(dB)，等等。差别感觉阈限是指我

们刚刚能够感觉到的两个刺激（同一物理量）之间的最小差别的变化值，一般用
DL 表示。如音高差别辨别阈限是指对声音频率变化的最小差别的知觉。

费希纳（Fechner，1860）最早提出的测量感受性的方法有三种：最小变化法
（又叫极限法）、恒定刺激法和平均差误法（又叫调节法）。传统心理物理法测量感
受性的基本前提是：传统心理物理法认为人对客观刺激的感受性是有一定的生理
局限性的，这种生理的局限性使得我们对客观刺激进行加工时，只有刺激的物理
强度达到一定的水平或者刺激物理强度的变化幅度达到一定水平，我们才能够感
觉到刺激的存在或刺激强度的变化。费希纳基于他在生物学和物理学方面的研究
基础，借助数学的方法提出了对感知觉进行量化的方法。自费希纳提出测量感受
性的心理物理法以来，传统的心理物理法在心理学实验研究中得到了广泛的应
用，并基于费希纳的三种心理物理法发展出了很多实验方法的变式，如分组呈现
法、阶梯法、感觉等距法、减半法、数量估计法等。在现代的心理学实验研究
中，虽然直接应用传统心理物理法来进行的实验设计很少，但是，传统心理物理
法已经作为一种实验设计的思想，潜移默化地贯穿于心理学实验设计之中。本章
将详细介绍几种常用的心理物理法及其在感知觉测量中的应用，以及在传统心理
物理法实验设计中常见的实验误差及实验控制的方法。

传统心理物理法是在早期心理学产生和发展过程中，对实验心理学产生重要
影响的物理学家和生理学家在心理学研究中所采用的研究方法，这些研究方法对
实验心理学的产生乃至 20 世纪的心理学实验研究方法产生了深远的影响，传统
心理学方法的实验设计思路在现代心理学实验研究中也起着十分重要的作用。

一、感受阈限及其测量的理论基础

感觉是物理刺激作用于感官而产生的生理和心理反应，是人和动物与客观环
境交互作用和适应环境的结果。感受性是我们对周围环境的感受能力的强弱，阈
限是指我们对物理刺激的绝对强度和强度的变化感知的最小强度或者最小差异
量。早在一百多年前，费希纳创建了心理物理学，并把注意力集中于感觉阈限的
测量，研究感觉阈限的性质究竟是什么。后来心理学家的长期研究发展了关于感
觉阈限的各种理论，用来研究和解释感觉阈限性质和规律，其中传统心理物理学
理论、信号检测论和神经量子理论是解释和测量感觉阈限及其性质的代表性
理论。

（一）传统心理物理学理论

传统心理物理学理论认为，人或动物的生理局限性和心理特点决定了我们对

环境刺激的感受性和感觉阈限的强度的高低。通常感觉的产生是物理刺激作用于感受器，并产生神经电冲动，神经电冲动经过上行神经传导纤维传递到大脑中枢相应的感觉区，并在相应的感觉区进行加工后，经过下行神经纤维传递给效应器，效应器根据中枢神经系统对刺激强度的加工和决策结果，对刺激的强度做出反应。传统心理物理学理论认为由于人类和动物的生理局限性，只有物理刺激的强度达到一定的水平后，大脑才能对感觉信号进行加工，并通过指令系统做出相应的判断和反应。低于某一强度水平，则产生的神经电冲动无法激活大脑相应的功能区，因此大脑对环境刺激无法做出判断和反应。

在采用传统心理物理学理论与方法来测量感受性和感觉阈限时，通常采用对刺激的强度是否感知到进行判断，或者通过标准刺激(St)与比较刺激(Co)测量物理刺激变化的最小差异量，判断的基本原则是当比较刺激显著大于标准刺激时，被试做出"有"的判断，当比较刺激显著小于标准刺激时，被试做出"无"的判断，最后经过对比多次判断的结果可以计算出来绝对感受阈限或者相对感受阈限。采用传统心理物理学方法测量绝对感受阈限或者相对感受阈限的具体方法，我们在后面会做出详细的阐述。

(二)神经量子理论

传统心理物理学理论(孟庆茂，1999)提出感受性和相对感受性有生理局限性这个前提假设。而神经量子理论的基本假设认为，神经系统作为接受和反应刺激变化过程的核心加工系统，其在生理机能上可以区分为具体的神经单元，物理刺激的强度增加会引起神经单元的兴奋状态，当刺激的物理强度超过标准刺激一定强度所引起的神经单元兴奋达到或超过一个基本的单位(量子单元)时，这个物理刺激的增量就能被辨别出来。如果刺激的物理强度超过标准刺激一定强度所引起的神经单元兴奋不足一个基本的单位，则物理刺激的增量就不能感知到，也就是说，随着刺激物理强度增量呈连续线性的增加，个体对刺激引起的感觉增量是按照一定强度单位呈现阶梯式的递增的。因此，个体对物理刺激的感受能力随着刺激物理强度的连续性变化而呈现阶梯式的变化，而感觉阶梯变化达到被感知到或能够辨别其差异时的物理强度或强度差异就是我们所测量的绝对感受阈限或相对感受阈限(或差别感受阈限)。

神经量子理论认为，个体的感受性不是一直保持在一个恒定的水平上，而是随着刺激强度、时间、空间和机体变量的变化，也呈现出一定范围的波动变化。所以，当物理刺激强度所携带的能量使神经量子单元激活时，个体的感受能力也会受到这种波动的影响，刺激物理强度增加所引起的神经量子单元的兴奋也随之出现梯度的增加。神经量子理论与传统心理物理学理论比较，更进一步从神经系统激活的角度对感受性进行了解释，同时对物理强度与感受性之间的因果关系和变化规律也进行了进一步的解释。

(三)信号检测论

信号检测论从通信信号的接收和概率论的角度对人的感受性进行了解释，同时基于信号检测论的基本假设提出了感觉阈限的测量方法。信号检测论认为，人类觉察信号的基本前提不是受生理局限性的限制，而是受噪音的干扰，由于在物理环境中信号总是出现在背景噪声存在的情境下，所以对信号的感知受到背景噪声及其强度的影响。而且，根据概率分布的理论，同时呈现的信号和噪声都是呈正态分布的，信号和噪音强度的差异使他们在概率分布上存在一定的重合叠加，而在这种信号和噪声存在的情境下区分出信号，个体在判断时通常是根据统计决策论和最优化决策理论，以提高信号判断的击中率，降低对噪声的虚报率，而根据击中率和虚报率就可以对个体的感受能力和判断标准进行计算，并解释个体对信号感受能力的高低。这一部分我们在信号检测论一章中会详细地阐述。

二、心理量与物理量之间的关系

人对客观事物的相对感受性和绝对感受性之间的关系是早期心理学家和物理学家研究的一个重要问题，客观的物理刺激是如何转化为主观的感觉的？这种主观的感觉与客观的物理量之间存在着什么样的关系？我们应该如何测量物理量与心理量之间的关系呢？这是心理物理学所要解决的问题。

(一)绝对感受性与绝对感觉阈限

根据传统心理物理学的基本假设，只有当物理刺激达到一定强度时才能引起人们的感觉。例如，在房间喷洒香水或消毒剂，很少量的香水或消毒剂常常使我们感觉不到香味或刺激的味道，当喷洒的量达到一定浓度时，我们就会闻到香味或刺激的味道。这种刚刚能引起我们某种感觉的最小刺激量，叫绝对感觉阈限；这种对物理刺激感受的最低的强度的能力，叫绝对感受性。

绝对感受性可以用绝对感觉阈限来衡量。绝对感觉阈限越大，即能够引起感觉所需要的刺激量越大，感受性就越低，感受能力就越不敏感。相反，绝对阈限越小，即能够引起感觉所需要的刺激量越小，则感受性越高，感受能力也比较敏感。因此，绝对感受性与绝对感觉阈限在数值上成反比例。

一般说来，人类对不同物理刺激的感受能力是不同的，如在黑暗的夜晚，人们可以看见 30 里外的烛光，它的强度相当于 10 个光子；在安静的环境中，人们能够听到 20 尺远处的手表滴答声，它的强度相当于 0.000 2 达因/cm²；人也能嗅到一公升空气中散布的 1/10 万毫克人造麝香的气味等。

(二)差别感受性与差别感觉阈限

当刺激的强度不断变化时，它们的强度只有达到一定的差异，才能引起差别感觉，例如，当我们感到室内的香味或刺激的味道时，随着香水或消毒剂的浓度的增加，我们会感受到香味或刺激气味的变化，这种人的感官能够觉察到的这种最小的刺激变化，叫相对或差别感觉阈限(differential sensory threshold)；这种对物理刺激强度变化的最低强度的感受能力，叫相对感受性(differential sensitivity)或最小可觉差(just noticeable difference，J. N. D.)。

差别感受性与差别阈限在数值上成反比例。差别阈限越低，即刚刚能够引起差别感觉的刺激物间的最小差异量越小，差别感受性就越高，差别敏感性也越强。

(三)心理量与物理量之间的关系

1. 韦伯定律(Weber's law)

1834 年，德国生理学家韦伯(Weber)系统地研究了触觉的差别阈限。他让被试用手先后提起两个重量不大的物体，并判断哪个重些。用这种方法确定了刚刚能够引起差别感觉的最小刺激量。结果发现，对刺激物的差别感觉不是随着刺激增加的绝对数量而增加的，而是遵循着刺激的增量与原刺激量的比值。例如，标准刺激重量是 100 克，那么必须至少增加 2 克，人们才能感觉到两个重量(即 100 克与 102 克)有差别；如果原有的重量是 200 克，那么增加的重量必须达到 4 克；如果原重量为 300 克，那么增加的重量应该是 6 克。可见，为了引起差别感觉，刺激的增量与原刺激量之间存在着某种比例的关系。这种关系可用以下公式来表示：

$$K = \Delta I / I$$

其中 I 为标准刺激的强度或原刺激量，ΔI 为引起差别感觉的刺激增量，即 J. N. D.。K 为韦伯常数。这个公式叫韦伯定律(Weber's law)。下面是对于不同感觉通道来说，韦伯常数 K 的数值(见表 6-1)。

表 6-1　不同感觉的最小韦伯常数
（采自 Boring，Langfeld and Weld，1939）

感觉类别	韦伯分数
重压（在 400 克时）	0.013＝1/77
视觉明度（在 1 000 光量子时）	0.016＝1/67
举重（在 300 克时）	0.019＝1/53
响度（在 1 000 赫兹和 100 分贝时）	0.088＝1/11
橡皮气味（在 2 000 嗅单位时）	0.104＝1/10
皮肤压觉（在每平方毫米 5 克重时）	0.136＝1/7
咸味（在每公斤 3 克分子量时）	0.200＝1/5

韦伯常数的大小反映了不同感觉通道对于某种感觉的敏锐程度。韦伯分数越小，感觉越敏锐，韦伯分数越大，感觉越不敏锐。韦伯定律虽然揭示了感觉的某些规律，但它只适用于刺激的中等强度。换句话说，只有使用中等强度的刺激，韦伯分数才是一个常数。当刺激过弱或过强，韦伯常数 K 会发生改变。

2. 对数定律（logarithmic law）

从传统心理物理学的角度分析，感觉是由一定强度的刺激引起的，感觉量的大小与刺激强度之间应该存在着一定的关系。例如，强光使得物体看上去亮些，弱光使物体看上去暗些；高强度的声音听起来响一些，低强度的声音听起来弱一些等。但是，刺激物理强度的变化与所引起的感觉的变化是否是等量的呢，传统心理物理学家的研究告诉我们，在很多的时候，刺激物理强度的变化所引起的感觉变化不是等量的。1860 年德国物理学家费希纳在韦伯研究的基础上，对心理量和物理量之间的关系进行了进一步的探讨。他承认最小可觉差（J. N. D.）在主观上具有等距的性质。因此，任何感觉量的大小都可用在物理量的阈限上增加的最小可觉差值来计算。根据这个假定，费希纳认为，在感觉量和刺激物理强度之间存在着一定的关系，并推导出如下的数学关系公式：

$$P = K \log I$$

这个公式就是费希纳的对数定律。其中 I 代表刺激量，P 代表感觉量。根据这个公式，感觉量的大小是物理刺激强度的对数函数。也就是说，假如某个光线的物理强度 $I = 10$，而常数 $K = 1$，那么由它引起的感觉强度（P）为 1。如果我们使刺激强度加倍，即 $I = 100$，那么由此引起的感觉强度（P）为 2。在对数定律中，当物理刺激强度按几何级数增加时，感觉强度按算术级数增加。

费希纳定律提供了度量感觉量与物理量之间关系的一个转换关系量度

（scale），这个量度且重要的理论与实践意义。

3. 幂定律（power law）

以上是早期的心理物理学家对物理量与心理量之间关系的研究。到 20 世纪 50 年代，美国心理学家斯蒂文斯（Stevens）用数量估计法（magnitude estimation methods）研究了刺激强度与感觉量之间的关系。在他的研究中，给被试呈现一个中等强度的光刺激，并将该明度指定一个常数，然后，随机呈现不同强度的光，要求被试根据自己的主观感觉，给每种光的明度确定一个数值，以表示它们的强弱。例如，如果你看到某个强度的光看上去比标准光亮两倍，它的估计值就是 20，如果某个强度的光看去只有标准光一半亮，它的估计值就是 5，依次类推。研究结果发现，当光强度增强时，被试报告的明度值也提高，但是，当光强度成倍增加时，它所引起的主观明度的变化却是十分微弱的。在强度较高时，这种现象更为明显，斯蒂文斯将这种现象称为感觉的减缩（compression）。

斯蒂文斯还发现，对不同强度的刺激物，刺激强度与估计大小的关系有着明显的差别。如果刺激为电击和痛觉，那么刺激量略增加，感觉量将显著增加。而对于一般的知觉，如面积或线段长度的估计，则敏感性随着面积或长度的变化，感觉量变化的幅度也基本与物理量变化趋近。斯蒂文斯根据上述实验，提出心理量并不随刺激量的对数的变化而变化，而是与物理刺激强度呈幂函数的关系，即感觉量的大小与物理刺激强度的乘方成正比例。这种关系可用如下的函数公式来表示：

$$P = KI^n$$

其中，P 为感觉量，I 指物理刺激强度，K 和 n 是不同物理量和感觉量的经验常数和指数。这个定律就是斯蒂文斯的幂定律。表 6-2 是不同感觉通道物理刺激的心理感觉量指数。

表 6-2 主要感觉通道的幂函数的指数

（采自 Stevens，1965）

感觉通道的物理刺激	指数
音高（双耳）	0.6
音高（单耳）	0.55
明度（5° 目标，眼暗适应）	0.33
明度（点光源，眼暗适应）	0.5
亮度（对灰色纸的反射）	1.2

感觉通道的物理刺激	指　数
气味(咖啡)	0.55
气味(庚烷)	0.6
味觉(糖精)	1.3
味觉(盐)	1.3
温度(冷，在手臂)	1.0
温度(温，在手臂)	1.6
震动(每秒 60 周，手指)	0.95
震动(每秒 250 周，手指)	0.6
持续时间(白噪声)	1.1
重复率(光、音、触、震动)	1.0
指距(积木厚度)	1.3
对手掌的压力(对皮肤的静力)	1.1
重量(举重)	1.45
握力(测力计)	1.7
发音的力量(发音的声压)	1.1
电击(每秒 60 次)	3.5

从表 6-2 可以看出，对能量分布较高的感觉通道(如视觉、听觉)，幂函数的指数偏低，因而感觉量随着刺激量的增强而缓慢提高；能量分布较小的感觉通道(如温度觉和压觉等)，幂函数的指数较高，因而物理量变化引起的感觉量的变化比较明显。斯蒂文斯认为，数量估计法为制作心理物理量表提供了一个有效的方法，这样制作的量表也支持了幂定律。

综上所述，物理量与心理量之间的关系是符合韦伯、对数定律还是幂定律，从数量估计和分段法实验得到的证据支持幂定律，而制作等距量表的实验结果又支持了费希纳的对数定律，而在其他的一些研究中也有的支持韦伯定律。无论心理量与物理量符合什么规律，我们总是能够通过大量的实验发现心理量和物理量之间的关系，而且一些与物理学研究关系密切的心理量的研究及其遵循的规律已经被物理学所接受，并作为国际通用的标准和参考量度，如颜色知觉和明度知觉的国际标准。传统心理物理学为探讨心理量与物理量之间的关系提供了一个有效的量度方法，并对心理学和物理学的理论研究及其在现实生活中的应用有重要的理论与实践意义。

第二节　传统心理物理法与感受性的测量

传统心理物理法最初是由费希纳提出的测量感受性的心理学实验方法。费希纳提出的测量感受性的方法有三种：最小变化法（又叫极限法）、恒定刺激法和平均差误法（又叫调节法）。采用传统心理物理法测量感受性的基本前提是：传统心理物理法认为人对客观刺激的感受是有一定的生理局限性的，由于这种生理的局限性，我们对客观刺激进行加工时，只有刺激的物理强度达到一定的水平或者刺激物理强度的变化幅度达到一定水平时，我们才能够感觉到刺激的存在或刺激强度的变化。相关的传统心理物理学理论在第一节已经进行了介绍。下面就详细介绍几种常用的心理物理法及其在感知觉测量中的应用，以及传统心理物理法实验中常见的实验误差及实验控制的方法。

一、最小变化法

最小变化法（The method of minimal change）是费希纳提出测量感受性的三种方法之一。在用最小变化法测定感觉阈限时，通常是按物理量的强弱把刺激排成系列，相邻刺激的强度差别很小（通常要经过预实验进行测定），如果刺激强度的差异过小，会无益地增加刺激呈现的次数，如果刺激强度的差异过大，会使结果的误差增大。而且，在实验过程中，刺激强度的变化幅度应保持恒定。

一般呈现刺激的方法有两种，一种是按照刺激强度由强到弱的顺序呈现，叫渐减法；一种是按照刺激强度由弱到强的顺序呈现，叫渐增法。用最小变化法测定感受性时，有可能产生习惯误差或期望误差。所谓习惯误差或期望误差是指在通过渐增法或渐减法进行实验时，被试对刺激变化方向的习惯性反应或期望可能会导致阈限偏高或偏低的现象。为了排除这两种误差，当↑和↓各用两次时，按↑↓↓↑或↓↑↑↓的顺序呈现刺激，当↑和↓各用4次时，按↑↓↓↑↓↑↑↓或↓↑↑↓↑↓↓↑的顺序呈现刺激。为了检验实验是否存在习惯误差或期望误差，可以分别求出渐增和渐减刺激系列的阈限值，并对两个阈限值进行检验，如果渐增系列的阈限值显著高于渐减系列的阈限值，则说明存在有习惯误差；相反，则说明存在有期望误差。此外，由于实验次数较多，实验结果可能会受到疲劳和练习效应的影响，为了消除这种影响，在实验过程中使用渐增和渐减的次数相等，且它们在整个刺激系列中在前和在后的机会也相等。疲劳和练习效应可以在实验后进行检验。具体方法是，分别求出前一半实验次数和后一半实验次数的阈限值，如果前一半的阈限值显著高于后一半的阈限值，就说明实验有练习效应，如果前一半的阈限值显著低于后一半的阈限值，就说明实验存在疲劳效应。

1. 最小变化法测量绝对感觉阈限

采用最小变化法测量绝对阈限时，刺激系列按渐增（记为↑）和渐减系列（记为↓）交替的方式呈现，一般为↑↓↓↑或者↓↑↑↓或者复合的↑↓↓↑或者↓↑↑↓刺激系列。在采用渐增系列时，刺激要从阈限以下的某一强度开始逐渐增加，采用渐减系列时，刺激要从阈限以上的某一强度开始逐渐减小。为了保证测量阈限的准确性，一般需要选择 15～20 个随机的起始点，↑↓↓↑或者↓↑↑↓刺激系列的总次数至少在 100 次。在采用最小变化法测量感觉阈限时，一般是由主试操纵自变量，被试根据主试操纵自变量变化的情况口头报告是否感知到刺激的存在。当刺激呈现后被试感觉刺激存在，就报告"有"，当被试没有感觉到刺激存在时，就报告"无"，主试在记录表上用"＋""－"记录被试"有"或"无"的反应。最后计算出所有转折点的数值的平均数就是测量的绝对感觉阈限。

2. 最小变化法测量差别感觉阈限

采用最小变化法测量差别感觉阈限时，每一次需要呈现两个刺激，其中一个刺激是标准刺激(St)，另一个是比较刺激(Co)。标准刺激在每次比较时都呈现，比较刺激按渐增和渐减系列呈现，其刺激强度、间距和实验的总次数与测量绝对阈限的要求基本相同。标准刺激和比较刺激可同时呈现，也可先后呈现。在确定比较刺激的最小变化强度时，需要通过预备实验先测量差别感觉阈限的大致范围，这样既可以保证实验结果的可靠性，同时，也可以节省刺激呈现和调节的时间。在测量差别感觉阈限时，需要被试做三类反应，即比较刺激与标准刺激比较，是"大于""等于"还是"小于"标准刺激。同时，分别用"＋""＝"和"－"记录被试的反应。最后计算被试的差别感觉阈限。

差别阈限具体计算方法如下：先计算每个系列差别阈上限 $T_{上限}$ 和 $T_{下限}$，然后计算，上差别阈限＝$T_{上限}$－St；下差别阈限＝St－$T_{下限}$，最后采用如下公式计算差别感觉阈限：

$$DL = \frac{T_{上限} - St + St - T_{下限}}{2} = \frac{T_{上限} - T_{下限}}{2}$$

在测量差别阈限时，需要平衡的误差包括习惯误差、期望误差、标准刺激与比较刺激先后呈现所造成的时间误差，或者是标准刺激与比较刺激同时呈现所造成的空间误差等。平衡的方法是采用多重的 ABBA 法或↑↓↓↑刺激系列。

二、平均差误法

平均差误法(the method of average error)是费希纳提出的测量感觉阈限的又一种方法，这个方法的典型实验程序是让被试任意调节比较刺激，使之与标准刺激相等，因此，平均差误法又叫调整法(the method of adjustment)。该方法有三个特点：

1. 在用平均差误法测量差别阈限时所呈现的刺激是连续变化的；

2. 被试通过平均差误法测量感受性时，可以对比较刺激任意进行操作和调整，并使之产生连续性的量的变化，如增大或减小刺激的强度，使之与标准刺激的强度相等；

3. 被试调整到感觉上比较刺激值与标准刺激相等时，两者强度之差绝对值的平均数即为所求的阈限值(AE)，计算公式如下：

$$AE = \sum |X - S_i| / n$$

X——每次测得的数据

S_i——标准刺激

n——测定总次数

在用平均差误法测感觉阈限时，被试会主动调节比较刺激，因此容易产生动作误差，也就是说从小于标准刺激和大于标准刺激调节到与标准刺激相等，所得到的结果可能不同。为了消除动作误差，通常采用一半比较刺激大于标准刺激和一半比较刺激小于标准刺激的方法。此外，由于比较刺激和标准刺激的空间位置不同，也可能产生空间误差，消除空间误差的方法是比较刺激在左(或上)和比较刺激在右(或下)的次数相等。如果刺激相继呈现，还会导致时间误差或顺序误差，解决的方法是对比较刺激和标准刺激进行 ABBA 或 BAAB 的设计，标准刺激在先和在后的次数相等，排除时间顺序和空间位置对实验结果造成的影响。如果实验材料为两种或两种以上，可以再辅以拉丁方设计。

(一)采用平均差误法测量感觉绝对阈限或差别阈限的基本过程

(1)确定比较刺激和标准刺激的强度(如长短、声音的高低、光照强度的高低等)和比较的次数。

(2)安排比较刺激与标准刺激的呈现顺序，排除实验过程中可能出现的动作误差和空间误差，具体方法如上所述，即通过比较刺激大于和小于标准刺激的数量相等来排除动作误差；通过比较刺激在标准刺激左右或上下的次数相等来排除空间误差。并根据上述的实验顺序安排，排列出刺激呈现顺序表，见表 6-3 ，必要时采用拉丁方设计。

（3）按照表 6-3 的实验顺序表进行实验。

表 6-3　采用平均差误法测量 Müller-lyer 错觉的实验设计表

被试	比较刺激 左 L 右 S	比较刺激 右 S 左 L	比较刺激 右 L 左 S	比较刺激 左 S 右 L	比较刺激 右 L 左 S	比较刺激 左 S 右 L	比较刺激 左 L 右 S	比较刺激 右 S 左 L
1								
2								
3								
4								
⋮								

注：L 代表长，S 代表短。

（二）采用平均差误法设计实验应该注意的问题

（1）排除实验过程带来的各种误差。采用平均差误法设计实验时，出现刺激的空间位置不同，可能会给实验结果带来空间误差；而比较刺激的长短变化也会给实验带来动作误差；被试在实验过程中对呈现刺激的期待，则可能给实验结果带来期望误差；在实验过程中，反复对相同的刺激或刺激系列进行反应，则可能会带来练习误差。因此，在用平均差误法设计实验时，应通过实验过程的设计，排除上述各种误差，而排除上述误差的最常用的方法有 ABBA 或 BAAB 法、拉丁方设计等方法，必要时可以在一个实验设计中将几种实验设计方法相结合。具体因实验不同而有所不同。

（2）实验中标准刺激和比较刺激的选择与确定。用平均差误法测量绝对阈限或差别阈限时，比较刺激的强度应有一半高于标准刺激，一半低于标准刺激。

（3）对实验环境进行严格的控制。首先，应该避免实验条件下背景干扰；其次，在采用计算机进行错觉实验时，应注意不同长度度量单位的转换，以及计算机屏幕尺寸变化对实验结果的影响。为了排除这些影响，应该使实验时计算机的度量单位一致，屏幕尺寸大小保持恒定。

（4）对主试和被试变量的控制。主试在实验过程中不能给被试以任何反馈。不同的实验对被试的要求也不同，因此，在选择被试方面，应考虑到被试的生理状态和心理状态等。

三、恒定刺激法

恒定刺激法(the method of constant stimuli)也是由费希纳提出的测量感觉阈限的三种方法之一，是测量绝对阈限、差别阈限和其他一些心理量的主要方法之一。采用该方法测定感受性时，一般只使用少数几个刺激，并且在测定过程中是恒定不变的。用恒定刺激法测定感觉阈限时，刺激的呈现是随机的，每呈现一个刺激只要求被试答"有"和"无"或"轻"和"重"等，然后按照被试对不同刺激回答"有"和"无"或"轻"和"重"的次数计算阈限值，因此，恒定刺激法又叫次数法。

(一)恒定刺激法的特点

(1)测定时只用少数几个刺激，一般 5～7 个，并且这些刺激在测定阈限的过程中是恒定不变的。

(2)选定的每种刺激要向被试呈现多次，一般为 50～200 次。

(3)用恒定刺激法测定感觉阈限时，刺激的呈现是完全随机的，且被试事先完全不知道刺激呈现的顺序。如果是测量绝对阈限值，则可以不需要标准值；如果测定差别阈限，则需要确定一个标准值，作为比较的参照。

(4)运用恒定刺激法测量的结果，必须统计被试对各种刺激变量的反应次数，如大/小、有/无、轻/重等。

(5)每呈现一个刺激只要求被试答"有"和"无"或"轻"和"重"等，实验完毕后，按照被试对不同刺激回答"有"和"无"或"轻"和"重"的次数计算阈限值，计算方法一般采用直线内插法，公式见下一页。

(6)恒定刺激法呈现刺激的次数虽然较多，但与最小变化法和平均差误法比较，每次判断需要的时间较短，因此，实验进度较快，相对来说较为省时，而且结果也较为准确，是测量感受性的常用方法之一。

(二)恒定刺激法测量感受性应注意的问题

采用恒定刺激法测量感受性时，一般应该注意如下几方面的问题：

(1)在用恒定刺激法进行实验时，一般要通过预备实验选定刺激。预备实验的主要目的是：使用最小变化法粗略地估计出阈限值的范围，并确定刺激系列中最大的刺激强度和最小的刺激强度，以便确定几个刺激的范围和物理量变化单位的大小。

(2)确定最大刺激强度的原则是：被试 95%(有人认为 80%)以上的机会能够正确感受到刺激的强度；确定最小刺激强度的原则是：被试 5%以下的机会能感受到刺激(感受到刺激的机会不超过 5%)；相邻刺激间的变化单位确定的原则：在最大强度刺激和最小强度刺激之间选取 5～7 个刺激，并且按照等距的变化确定 5～7 个刺激的强度值。

(3)在正式实验进行前，排好刺激呈现的随机顺序表。随机顺序表可以通过抽签、随机数字表或计算机的随机化工具来制作。

(4)正式实验时，每种强度刺激的呈现次数不能少于 50 次。

(三)运用恒定刺激法测量感觉绝对阈限和差别阈限的方法

1. 绝对阈限的测量方法

(1)确定自变量：以感觉刺激的物理量或心理量为自变量，在略高于和略低于绝对阈限的范围内取 5～7 个强度的刺激，确定刺激范围和刺激强度的原则同上。

(2)反应变量：反应变量为被试对自变量变化的报告结果，一般是被试对呈现的刺激做"有"和"无"的判断，如两点阈、痛觉阈限等的测量。主试根据被试反应的结果做"+"或"−"的记录。根据记录结果便可以计算感觉绝对阈限。

(3)绝对阈限的计算方法：绝对阈限的计算方法一般采用内插法或作图法。内插法公式如下(以听觉绝对阈限为例)：

$$X = X_1 + (X_2 - X_1)(Y - Y_1)/(Y_2 - Y_1)$$

X——听觉绝对阈限

Y_1——感觉到听觉刺激的次数稍小于 50% 的百分数，相应的刺激强度为 X_1；

Y_2——感觉到听觉刺激的次数稍大于 50% 的百分数，相应的刺激强度为 X_2；

Y——刚刚感觉到听觉刺激(绝对阈限值)的百分数，即 50% 的次数能够感觉到听觉刺激的强度值。

作图法的计算方法是，以刺激的强度为 X 轴，能够感觉到听觉刺激的百分数为 Y 轴，绘制出刺激—辨别百分数曲线(见图 6-1)，辨别百分数为 50% 所对应的刺激强度，即为听觉绝对阈限。

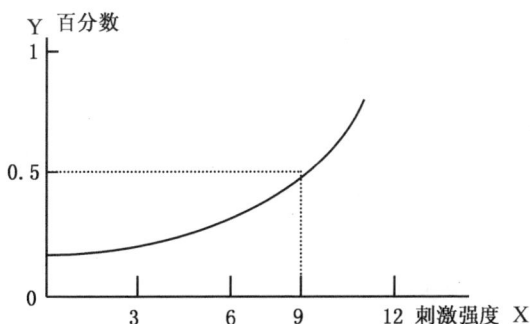

图 6-1　刺激—辨别百分数曲线(示意图)

2. 差别阈限的测量方法

在采用恒定刺激法测量差别阈限时，首先要确定一个标准刺激和若干个比较刺激。

(1)确定自变量：确定比较刺激和标准刺激的强度范围，并在该范围内选取5～7个强度的刺激，其中一个作为标准刺激(一般为中等强度的刺激)，其余作为比较刺激，确定刺激范围和刺激强度的原则同上。

(2)反应变量：被试按照比较的原则，对呈现的刺激进行比较。如果是三类反应，要求被试判断呈现的刺激比标准刺激的强度"高""相等"还是"低"。主试根据被试的反应记录"＋""＝"或"－"。如果是两类判断，则要求被试判断呈现的刺激比标准刺激强度"高"还是"低"，比较时，每个标准刺激与比较刺激至少要比较100次。

(3)差别阈限的计算方法：差别阈限的计算方法一般采用内插法或作图法，分别求出被试的上差别阈限和下差别阈限。内插法公式同上。具体计算方法如下：

①三类反应的差别阈限：

上差别阈限$(DLu) = X_{上} - X_{等}$

下差别阈限$(DL_l) = X_{等} - X_{下}$

差别阈限$(DL) = (Dlu + DL_l)/2$

$X_{上}$、$X_{等}$、$X_{下}$分别为判断为"＋""＝"和"－"时感觉量的平均数。

②两类反应的差别阈限：

差别阈限$(DL) = (Lu + L_l)/2$

Lu和L_l为被试判断"＋"和"－"时感觉量的平均数。

(四)不肯定间距及其变化的规律

在恒定刺激法的实验中,需要根据测量结果的上阈限值和下阈限值来计算差别阈限值。通常我们将上阈限值和下阈限值之间的距离称为不肯定间距,在感受阈限的测量过程中,不肯定间距的变化具有不稳定性,也就是说,随着实验次数的进展,由于受到实验次数、刺激强度、环境和被试等因素的影响,上下阈限是呈现出不稳定的波动,即不肯定间距具有不稳定性。在恒定刺激法的三类反应中,差别阈限是用不肯定间距的平均数来计算的,而不肯定间距的大小受相等判断次数的多少的影响。如果被试做出相等判断的次数越多,不肯定间距就越大,测量得到的感受阈限就越精确;如果相等判断越少,不肯定间距就越小,测量得到的感受阈限误差就越大。可以说,感受阈限值受被试的态度和判断的严谨性的影响。

恒定刺激法作为一种测量心理量的方法,在结果精确程度和操作的便捷性方面,显得有些粗糙和烦琐,因此,在感受性测量方面的使用不如其他两种方法普遍。一般只有在其他两种方法都不便于使用的情况下,我们才采用恒定刺激法,如上述的质量差别感受性的测量。

四、传统心理物理方法的前提假设和三种常用方法的比较

传统心理物理法在测量人的感受性时是有其基本的前提假设的,通常情况下,传统心理物理法认为,人的感受性是受到感受器生理功能的局限的,正是人的感受器生理功能的局限性,导致我们在感受环境中的各种物理刺激时,只有刺激达到一定的强度才能够被感受器感觉到,而低于这个强度则感受不到刺激的存在。基于这样的前提假设,传统心理物理法提出了绝对感受性和差别感受性以及绝对感受阈限和差别感受阈限的概念,这样我们就可以通过传统心理物理学法来测量不同感觉通道对物理刺激的绝对感受阈限和差别感受阈限。

比较三种传统心理物理法,最小变化法测量感受性时,主试可以通过控制刺激的最小变化量和渐增渐减系列获得绝对感受阈限和差别感受阈限的数值,该方法与其他方法的主要区别是自变量是由主试来控制的,被试只需要对自变量的变化作出口头报告;平均差误法与最小变化法的唯一区别在于,除了自变量是由被试自己进行控制,被试还可以自由地对刺激的强度进行调节,其他的实验设计和测量过程与最小变化法基本一致,这两种方法是测量绝对感受阈限和差别感受阈限的常用的方法;恒定刺激法与其他两种方法有所不同,该方法采用的刺激的数

量和强度都是恒定的，一般需要一个标准刺激和若干个比较刺激（一般 6～8 个），主试和被试只能按照预先设计好的刺激呈现顺序表来进行实验，该方法主要用来测量差别感受阈限，一般很少用来测量绝对感受阈限。

第三节　传统心理物理法的变式与感受性的测量

以上介绍了传统心理物理法的三种常用测量感受性的方法及其应用情况。除了上述三种传统心理物理法之外，研究者在感知觉研究过程中，在传统心理物理法的基础上又发展出了一些测量感受性的实验方法的变式，下面就具体介绍几种常用的传统心理物理法的变式。

一、最小变化法的变式——刺激系列分组法

采用最小变化法测量感受阈限时，需要主试每次变化物理刺激强度的等级，这样通过一系列的实验，就可以计算出感受阈限来。而在实际操作的过程中，实验者可能会遇到如下的情况，即当变化刺激的物理强度时需要对测量工具、仪器设备或其他测量手段进行重新调整或校正，这样就会给实验带来很大的不便，为了解决这个问题，研究者提出了刺激系列分组法。所谓刺激系列分组法是在被试不知道刺激强度是否变化的情况下，给被试连续呈现一系列相等强度的刺激，让被试做出是否能够感觉到或与标准刺激是否有差异的判断，如果在 10 次中有 9 次判断正确或者在 3 次中有 2 次判断为"感觉到"或"有差异"，就把这个等级的刺激强度记为 T（＋），相反记为 T（－），做完一个强度的刺激后再改变刺激系列的强度等级，这样经过反复的测量，通过计算 T（＋）和 T（－）的平均数就可以得出绝对阈限或差别阈限（孟庆茂，1999）。

二、恒定刺激法的变式

恒定刺激法主要有如下两个变式用来测量感受阈限。

（一）刺激分组法

在采用恒定刺激法测量感觉阈限时，每次都需要改变比较刺激的强度与标准刺激比较，这样操作起来需要制作几百次的随机实验顺序表，操作比较烦琐。鉴

于上述原因，研究者对恒定刺激法进行了简化，事先将比较刺激分成若干组，具体的分组原则是分别将大于和小于标准刺激并与标准刺激间距相同的比较刺激分为一组，这样可以将比较刺激分为3～5组。例如在质量差别阈限的实验中，如果标准刺激是100克，可以将比较刺激按100±4、100±8、100±12、100±16分成四组。在具体的实验过程中，将每组的两个比较刺激都与标准刺激随机比较约10～20次，并采用反向抵消（ABCD和DCBA）的顺序进行不同组的实验，同时记录被试的判断结果，最后计算被试的重量差别阈限。

(二)单一刺激法

单一刺激法是根据恒定刺激法的原理，将比较刺激的强度分为若干个等级，并采用完全随机化的顺序反复呈现，要求被试判断每个刺激分别属于哪个等级。在采用单一刺激法进行实验时，首先需要被试进行练习实验，熟悉不同等级强度的刺激所属的等级范围，并以此作为正式实验的分组和判断依据。在正式实验中，先让被试根据练习实验中的判断标准进行分组判断。

在单一刺激法中，由于没有标准刺激，可以简化实验判断和节省时间，被试的反应相对简单，这样可以根据被试对比较刺激的分组判断情况计算出差别阈限来。单一刺激法与恒定刺激法比较，在实验误差方面差异通常不大。

以上介绍了两种传统心理物理法的变式，在实际应用中，还有很多传统心理物理法的实验变式，我们将在下面一节中进行详细介绍。

第四节　传统心理物理量表

一、心理物理量表的分类

心理物理量表是用来描述心理量和物理量之间关系的度量工具（通常是心理量与物理量之间关系的曲线或对照表）。第一节从传统心理物理学的角度阐述了一些心理量和物理量之间的关系及相应的定律。下面我们将心理学中的心理量与物理量之间的关系量表及其特点进行详细分类，并阐述其特点及其应用。

心理量表是传统心理物理学用来测量阈上感觉的。根据其测量水平的不同，可以将心理量表分为四种：命名量表、顺序量表、等距量表和比率量表。其中等距量表和比率量表是实验心理学中两种常用的心理量表。

命名量表是最低水平的量表，它用数字或其他分类标志代表不同类别或属性的事物，命名量表只是用来对事物进行标识或分类，不能做加、减、乘、除等数学运算。

顺序量表是按某种标志或等级对事物进行排序，如考试的名次、某方面评价等级的高低等。顺序量表没有相等的单位和绝对零点，但是它能表示某一事物在一类事物中的位置。顺序量表不能做加、减、乘、除等运算，但可以计算中位数、斯皮尔曼等级相关、肯德尔 W 系数和 U 系数以及进行非参数检验等。

等距量表不仅有大小关系，而且量表具有相等的单位，但没有绝对的零点，如温度。等距量表可以进行加、减运算，并可以进行各种描述统计分析、参数检验、方差分析、回归分析等多种统计分析。

比率量表既有相等的单位又有绝对零点，是在心理物理量中最常用的一种量表，如常见的时间、长度、高度、质量或重量等都属于比率量表的范畴。比率量表除了可以做加减乘除等数学运算和统计分析外，还可以做几何平均数的运算。

二、制作心理物理量表的常用方法

(一)数量估计法

数量估计法也是制作感觉比例量表的一种直接方法。具体的操作过程如下：

(1)先呈现一个标准刺激，并给该物理刺激赋予一个主观数值(如 100)，然后让被试以该主观值为标准；

(2)变化物理刺激的强度，然后根据标准刺激物理强度的主观值，对该强度的物理刺激所引起的感觉量进行主观估计，并赋予一个主观感觉量的数值；

(3)通过上述标准刺激对应感觉量的数值和一系列物理刺激强度变化后引起的主观感觉的数值，就可以得到一个物理量与感觉量之间关系的心理物理量表。

例如，我们可以用上述的方法建立一个不同物理光强度(照度/LUX)引起的主观明度知觉的关系量表。

(二)感觉比例法

感觉比例法又称分段法。这是制作感觉比例量表的一种常用方法，该方法的基本逻辑是：通过物理量所引起的感觉量加倍或减半或按照某一特定的比例变化来建立物理量与心理量之间关系的量表(见图 6-2，图 6-3)。

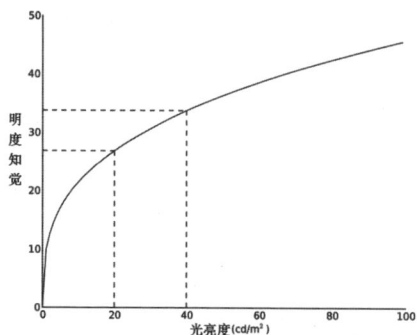

图 6-2 光亮度与明度知觉的心理物理量表

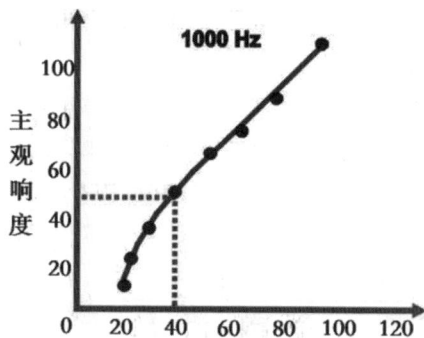

图 6-3 1 000 Hz 声音的声压级(分贝，dB)

该方法的具体操作步骤如下：

(1)首先呈现一个阈上物理刺激作为标准刺激，然后让被试调节另外一个变异刺激，并随时判断该变异刺激所引起的感觉量是标准刺激所引起的感觉量一半、一倍还是指定的某一比例，这样可以获得不同强度的变异刺激与所引起的感觉量之间关系的量表。

(2)在比较完毕后，可以变化标准刺激的强度，然后再选择一个变异刺激进行调节产生不同物理刺激强度与所对应感觉量之间关系量表。

(3)通过上述比较，就可以建立物理量和心理量之间关系的量表。

例如，可以通过上述方法建立一个声音的强度(dB)与主观感觉到的响度之间关系的心理物理量表，如定义 100 dB 的 1 000 Hz 声音的主观响度是 100，可以通过变化声音物理强度获得主观响度 50 的物理强度数值，依次类推，便可以获得声音物理强度与主观响度的心理物理量表。

(三)差别阈限法

差别阈限法是以绝对阈限为起点，以差别感受阈限为最小单位制作的心理物理量表。差别阈限法是制作等距量表的一种常用方法。

差别阈限法是韦伯、费希纳等早期心理物理学家制作心理物理量表的方法。费希纳认为，韦伯定律是制作很多心理物理量表的依据。根据韦伯定律，当其中一个物理量的强度增加时，另一个物理量也必随之按一定的比例增加，这样会产生两个主观上相等的心理量(差别感受阈限)。

根据差别阈限制作的等距量表符合如下的条件：

(1)最小可觉差使感觉量以相等的增加量变化，符合等距量表的条件；

(2)根据差别阈限制作的等距量表是一个符合直线线形变化规律的量表，该量表可以采用一元一次的回归方程来表示，例如，线段长度的差别阈限与标准线段和比较线段长度之间的关系可以表示为：$Y_{(比较线段)} = K_{(标准线段与比较线段的比例)} X_{(差别阈限)} + b_{(标准线段)}$。

制作差别阈限量表，首先需要知道某一物理量的韦伯常数（韦伯常数适用于中等强度的物理刺激），对于较强和较弱的物理刺激，韦伯常数会发生一定的变化，这一点在采用韦伯定律和差别阈限法制作等距量表时需要特别注意。

(四)感觉等距法

感觉等距法是制作等距量表的直接方法之一，它是把两个刺激所引起的感觉连续体按照主观的相等距离区分开来，这样通过将物理量与心理量之间的等距离划分便可以获得感觉等距量表。最常见的采用感觉等距法制作心理物理量表的方法是二分法。

采用二分法制作心理物理量表时，通常将感觉量作为等距单位，并以等距的感觉量作为纵坐标，以刺激的物理强度为横坐标画图，这样可以根据在不同的感觉量上的物理刺激强度的变化规律，绘制出等距量表。感觉等距量表是以感觉的等距离变化作为标准，但物理量的变化不一定是等距离的。

(五)等级评价量表的制作方法

前面四种方法制作心理物理量表的基本前提是，物理量和心理量都是连续型变量。而在心理学研究和应用中，我们经常会遇到一些非连续型的客观指标或心理指标，如我们对学生成绩的分类（优、良、中、及格和不及格）、对日常生活中经常购买的同一类商品不同品牌的偏好、对学生成绩的排名、对工作人员考核的评定等，这些都属于非连续型的变量，而针对这些非连续型变量制作心理量表时，通常采用等级评价的方法，采用这种方法制作的量表称为等级量表。

制作等级评价量表的方法主要有两种：对偶比较法与等级排列法。下面就详细介绍这两种方法在制作等级评价量表中的应用。

1. 等级排列法

等级排列法也是用来制作心理顺序量表的一种方法。具体操作方法是被试将所呈现的一系列刺激按优劣或喜欢—不喜欢的顺序依次排列。等级排列法与对偶比较法的不同在于，等级排列法一次对所有的刺激进行排序，因此，在空间误差可以忽略的前提下，等级排列法是制作心理顺序量表的一种最简捷、最直接的方法。这种方法在市场研究和收视率调查等应用研究中比较常用，如调查消费者对同类商品的评价和购买意向的排序等。根据等级排列的结果，可以用如下公式计算两个顺序量表的相关，相关越小，差异越大，公式如下：

$$\rho = 1 - (6 \sum D^2)/n(n^2 - 1)$$

ρ——等级相关系数

n——刺激的数目

D——对同一刺激判断的等级差

2. 对偶比较法

对偶比较法是把所要测的刺激配成对，让被试判断每对刺激中哪个刺激的某一特征更明显或更喜欢哪一个刺激。如果有 n 个刺激，配对的数目应为 $n(n-1)/2$ 对。在实验中，每对刺激中的两个刺激在先或在后或同时呈现，会对结果产生顺序误差（或时间误差）和空间误差，因此每对刺激需要比较两次，互换其时间顺序或空间位置，以排除这两种误差。因此，总的比较次数应为 $n(n-1)$ 次。对偶比较法呈现刺激的方式通常有台阶式和斜线式两种，下面以红、橙、黄、绿、青、蓝、紫七种颜色的对偶比较为例，来说明对偶比较法呈现刺激的方法。具体的呈现刺激方式见表 6-4(a) 和表 6-4(b)。

表 6-4(a) 台阶式呈现刺激方式

颜色	红	橙	黄	绿	青	蓝	紫
红	*						
橙	1	*					
黄	2	3	*				
绿	12	4	5	*			
青	13	14	6	7	*		
蓝	19	15	16	8	9	*	
紫	20	21	17	18	10	11	*

表 6-4(b) 斜线式呈现刺激方式

颜色	红	橙	黄	绿	青	蓝	紫
红	*						
橙	1	*					
黄	7	2	*				
绿	12	8	3	*			
青	16	13	9	4	*		
蓝	19	17	14	10	5	*	
紫	21	20	18	15	11	6	*

在实施实验过程中，为了消除顺序误差，按上表（从 1 到 21）的顺序呈现完一遍刺激后，再按相反的顺序（从 21 到 1）比较一遍。为了消除时间误差或空间误差，在第二次比较时，将两个刺激的先后顺序或左右空间位置调换。如第一次红在左，绿在右，第二次绿在左，红在右。

为了考察对偶比较法评价的一致性程度，可以采用肯德尔 U 系数来计算对偶比较的相关系数，相关系数越高，说明评价的一致性程度越高，评价者之间的评价结果就越一致。

第五节　传统心理物理实验中常见的误差及控制方法

在传统的心理物理实验中，经常出现的误差可以归结为如下几种：习惯误差、期望误差、练习误差、疲劳效应、空间误差、动作误差、时间误差等，采用不同的心理物理方法，可能产生的误差也是不同的，下面就详细阐述这些实验误差是如何产生的、如何检验是否存在这些误差以及如何有效地控制、消除和平衡可能产生的误差。

一、习惯误差或期望误差

习惯误差是被试习惯于某种反应的方式或者反应定势造成的误差，期望误差是在实验过程中，实验本身刺激呈现的规律使被试对刺激是否达到阈值提前做出反应而产生的误差。

在传统心理物理方法中，最小变化法的渐增渐减系列是导致习惯误差和期望误差的主要原因，当采用渐增系列呈现刺激时，期望误差通常会使被试在刺激强度还没有达到阈值时就提前做出反应，这就会导致测量的感觉阈限偏低；而当采用渐增系列呈现刺激时，习惯误差使被试习惯于在刺激强度超过阈值以后才做出反应，这就会导致测量的感觉阈限偏低。一个实验是否存在习惯误差或者期望误差，我们可以通过对渐增系列的感觉阈限和渐减系列的感觉阈限的差异来检验，如果渐增系列的感觉阈限和渐减系列的感觉阈限差异显著，说明存在显著的习惯误差和期望误差。渐增和渐减的习惯误差或期望误差方向是相反的。

习惯误差和期望误差的消除方法通常采用刺激的↑↓↓↑或↓↑↑↓系列来平衡。

二、练习误差和疲劳效应

练习误差是被试在实验前或过程中，由于实验操作多次而产生对实验结果的反馈调节或促进效应。练习误差通常是在实验开始阶段表现比较明显，因此，消除练习误差的有效方法就是增加足够的练习实验次数，通过练习实验的操作，被试的操作成绩达到一个相对稳定的水平。此外，在实验次数比较多和多种实验处理的实验中，简单的练习实验还不能完全消除练习效应，这种情况下，可以对不同实验处理采用随机化呈现或 ABBA、拉丁方设计等消除练习效应。

疲劳效应是与练习误差相反的一种实验误差，主要是被试长时间地进行实验操作而产生视觉、听觉、动作和情绪厌倦等，并导致实验操作的表现下降的效应。消除疲劳效应的方法因不同实验而有所不同，主要采用实验过程中插入必要的休息时间，休息时间的长短也根据不同的实验而定，如听觉、视觉和颜色知觉的实验比较容易产生疲劳效应和听觉、视觉后效干扰。因此，休息的时间间隔应该短一些，休息次数多一些和休息时间应足够长，保证被试在休息时间内消除疲劳和视觉、听觉后效。

练习误差的检验方法如下：将实验开始前面的实验操作成绩与实验后面的操作成绩进行比较和做差异检验，如果实验前面的操作成绩显著低于后面实验的操作成绩，则说明存在显著的练习误差。

疲劳效应的检验方法与练习误差相反，将练习实验后的正式实验前半部分操作的结果与后半部分的操作结果进行比较和进行差异检验，如果后面的操作成绩显著比前面的操作成绩差，说明存在显著的疲劳效应。练习误差和疲劳效应是在心理物理实验中比较常见的实验误差，所以需要实验者在实验设计与实施的过程中予以特别的注意。

三、空间误差

空间误差是由于刺激呈现的空间位置所引起的实验误差，如在视野范围内的不同空间位置呈现刺激信息可能得到的实验结果是不同的，当同时呈现两个或者两个以上的视觉刺激时，不同刺激呈现的空间位置之间的关系也可能会引起空间误差。与前面的实验误差比较，空间误差的情况可能会更复杂一些，因为有时所谓的空间误差可能是视觉注意或知觉的空间位置效应。

空间误差的消除方法主要是采用平衡误差的方法。如在不同空间位置上呈现的视觉刺激的机会相等，如果同时呈现两个或者两个以上的空间刺激时，可以采用 ABBA 的方法或者是拉丁方设计的方法平衡空间误差。

空间误差的检验方法：可以通过计算对不同空间位置刺激的加工结果进行统计检验，如果不同位置的刺激的加工结果差异是显著的，说明存在显著的空间误差。如果不同空间位置的刺激的加工结果不显著，说明不存在空间误差。此外，空间误差的大小与刺激所在的空间位置、视角的大小等因素有关，一般刺激呈现的位置的视角越大、越靠近视野的边缘位置，空间误差可能越大。

空间误差是采用最小变化法和平均差误法测量差别感受性时常见的误差，因此，在采用传统心理物理法测量差别感受性时，应该特别注意平衡可能产生的空间误差。

四、动作误差

动作误差是在平均差误法实验中经常出现的实验误差。在平均差误法的实验中，比较刺激是由被试自己控制和调节的。由于被试动作变化的随机性，就很容易产生动作误差。动作误差具有随机变化的特点，同时，也具有一定的规律性，因此，动作误差是可以进行有效控制的。

在平均差误法的实验中，虽然被试可以随意地调节刺激的强度，但是，从实验设计的角度，所有实验系列呈现的初始强度是随机变化的，而且，比较刺激的初始强度高于或低于标准刺激的次数是相等的，因此，我们通过控制比较刺激大于和小于标准刺激的次数相等、并随机化全部的刺激系列，就可以达到控制动作误差的目的，此外，ABBA 法和反向抵消平衡等方法也同样适用于动作误差的控制。

一个实验是否存在动作误差只能采用间接的方法来检验，我们可以通过采用不同的实验方法获得的结果来检验是否存在动作误差，例如，我们可以通过一个设计完善(已经平衡和消除了各种实验误差)的最小变化法实验所获得的实验结果，与一个对其他误差进行控制而对动作误差没有控制的相同实验的结果进行差异检验，如果差异显著的话，说明实验可能存在动作误差。

五、时间误差

时间误差一般是两个或者两个以上的刺激由于呈现的先后顺序不同而产生的误差，因此，又称顺序误差。时间误差产生的原因主要是刺激呈现的先后顺序不同，先呈现的刺激可能存在感觉残留，而前一个刺激的感觉残留对后一个刺激的判断会产生干扰。这种感觉残留可能是重量感觉的残留，可能是视觉或颜色后像，也可能是听觉后像等。

时间误差的平衡方法与空间误差的平衡方法类似，如果是采用标准刺激和比较刺激测量差别感受性，可以按照 ABBA(A—标准刺激在先比较刺激在后，B—比较刺激在先标准刺激在后)的方法呈现标准刺激和比较刺激，或者采用拉丁方设计的顺序，或者采用简单的反向抵消的方法呈现，就可以达到平衡或消除时间误差的目的。

时间误差的检验方法如下：将没有对标准刺激和比较刺激进行很好的匹配和误差平衡的实验结果与对标准刺激和比较刺激进行很好的匹配和误差平衡的系统实验结果进行统计检验，如果差异显著，可能存在时间误差。

参考文献

[1] 孟庆茂，常建华. 实验心理学. 北京：北京师范大学出版社，1999.

[2] 杨治良. 实验心理学. 杭州：浙江教育出版社，1997.

[3] 朱滢. 实验心理学. 北京：北京大学出版社，2000.

[4] 杨博民. 心理实验纲要. 北京：北京大学出版社，1989.

[5] 舒华. 心理与教育研究中的多因素实验设计. 北京：北京师范大学出版社，1994.

[6] B. H. Kantowitz 等著，杨治良等译. 实验心理学. 上海：华东师范大学出版社，2001.

[7] Anne Myers, Experimental Psychology, Cole Publishing Company, 1986.

[8] David W. Martin, Doing Psychology Experiment, Cole Publishing Company, 1996.

[9] 张学民，舒华，张亚旭. 实验心理学理论与实验教学改革的思考与实践. 高等理科教育，40(6)，2001.

[10] 赫葆源，张厚粲，陈舒永. 实验心理学. 北京：北京大学出版社，1983.

[11] 张学民，舒华，张亚旭等. 高等院校"实验心理学"课程体系建设的实践. 高等理科教育，61(3)，2005.

[12] 彭聃龄. 普通心理学. 北京：北京师范大学出版社，2001.

[13] 张学民，舒华. 实验心理学纲要. 北京：北京师范大学出版社，2004.

[14] 张学民，舒华. 实验心理学纲要(修订版). 北京：北京师范大学出版社，2005.

[15] 舒华，张学民等. 实验心理学的理论、方法与技术. 北京：人民教育出版社，2006.

实验6-1　最小变化法测量彩色明度差别辨别阈限

实验背景知识

有关最小变化法实验的理论问题请参考实验4-1的"实验背景知识"。

本实验是采用最小变化法测定颜色明度差别阈限。个体对视觉刺激的明度变化进行知觉时，通常是有一定限度的，当明度变化幅度很小时，我们通常是感觉不到这些细微的变化的，而当明度变化幅度增大到一定程度时，我们便能够感觉到前后两个刺激的明度差异，此时，个体所感觉到的最小的明度变化就是明度差别阈限。当刺激的颜色发生变化时，个体对明度变化的差别感受性也会发生相应的变化，本实验通过测定不同颜色的明度差别阈限，探讨颜色对明度差别感受性的影响，并对性别差异进行分析。

一、影响明度差别感受性的因素

关于影响明度差别阈限的因素，可以归结为以下几方面。

(1)刺激的波长或颜色变化。由于我们对不同波长或颜色刺激的视觉感受性不同，因此，对其明度变化的感受性也会受到一定程度的影响，明度辨别的感受性也会受到一定的影响。

(2)环境背景亮度的影响。当环境背景的光强度发生变化时，视网膜上的锥体细胞和棒体细胞的感受性也会发生相应的变化，产生明适应和暗适应现象。当视觉处于明适应或暗适应状态过程中，对不同颜色刺激的感受性也会发生变化。如在暗适应条件下，视觉对红色刺激的感受性变化要比其他颜色刺激的感受性强，适应也比较快，而其他颜色刺激的暗适应速度相对就比较慢。而在明适应过程中，对视觉刺激明度变化的感受性也可能会发生相应的变化。

(3)被试方面的因素。如疲劳、疾病、身体状态、心理状态等对其视觉的感受性都会产生一定的影响。

二、最小变化法进行实验设计应注意的问题

最小变化法进行实验设计应注意如下几方面的问题。

1. 排除实验过程带来的各种误差

采用最小变化法进行实验设计时，由于呈现刺激的先后顺序和空间位置不同，可能会给实验结果带来顺序误差和空间误差；而由于被试在实验过程中对呈现刺激的期待，则可能给实验结果带来期望误差；在实验过程中，由于反复对相同的刺激或刺激系列进行反应，则可能因此带来练习误差，等等。因此，在用最

小变化法设计实验时，应通过实验过程的设计与控制，排除上述各种误差，而排除上述误差最常用的方法有 ABBA 或 BAAB 法、拉丁方设计等，必要时可以在一个实验设计中将几种实验设计方法相结合。

2. 实验中标准刺激和比较刺激的选择

用最小变化法测量绝对阈限或差别阈限时，确定比较刺激和标准刺激的强度或强度差别对实验结果有直接的影响。因此，在测量绝对阈限时，首先要确定刺激强度的最小变化值，一般最小变化值越小、越精确，测得的结果越可靠；在测量差别阈限时，首先要通过预备实验确定比较刺激变化的幅度，比较刺激变化的幅度不能太大，也不能太小，变化幅度太大会使测得的阈限值不准确，变化幅度太小会无益地增加实验次数，造成不必要的人力和时间的消耗。

3. 对实验环境进行严格控制

根据实验测定的心理指标以及该指标对实验环境的要求，对实验环境进行相应的控制。如做视觉感知觉方面的实验，则需要对实验室的光照进行严格的控制；如果是听觉方面的实验，则需要在严格的、隔音的听觉实验室中进行实验。其他方面的感知觉实验，也要进行相应的实验条件控制。

4. 对被试变量的控制

不同的实验对被试的要求也不同，因此，在选择被试方面，实验者应考虑到被试的生理状态和心理状态，如被试有无视觉缺陷(包括色盲、色弱等)、听觉缺陷(包括听觉障碍、双耳听觉平衡等)。

实验目的

(1)通过测量不同颜色的明度差别阈限，学习使用传统心理物理法——最小变化法测量差别感受性。

(2)掌握测量明度感受性应如何控制实验环境方面的因素。

(3)学习如何运用渐增法和渐减法呈现刺激，平衡实验中可能出现的期望误差、空间误差、顺序误差和练习误差。

实验方法

一、被试

全班同学，4 人一组，视觉或矫正视觉正常。

二、实验仪器与实验材料

实验仪器：计算机和"最小变化法测量颜色明度辨别差别阈限"实验程序。

实验材料：通过计算机呈现不同颜色的方块。颜色有红、绿、黄、蓝四种，每种颜色标准刺激的 RGB(　)函数的参数值见表 6-5。

表 6-5　每种颜色标准刺激的 RGB(　)函数的参数值

颜色	RGB(　)函数值
红色	RGB(120, 0, 0)
绿色	RGB(0, 120, 0)
蓝色	RGB(0, 0, 120)
黄色	RGB(120, 120, 0)

三、实验设计与实验条件控制

本实验可以从性别、颜色等角度考察彩色明度差别阈限的变化。其中性别为被试间因素、颜色为被试内因素。

(1)为了避免空间误差，标准刺激在左和在右的次数各半；为了避免顺序误差，刺激呈现采用↓↑↑↓和↑↓↓↑刺激系列，整个实验过程再用多重 ABBA 法，具体见刺激呈现系列表 6-3。

(2)四种颜色采用拉丁方设计。4 个被试的实验顺序如下：

A. R G B Y；B. G B Y R；C. B Y R G；D. Y R G B

(3)所有实验用计算机的显示器亮度调至最大亮度(保持实验仪器控制水平一致)。

(4)具体实验程序如下。

①用鼠标双击实验程序图标，进入实验状态，在主菜单中有四种可供选择的颜色(红/绿/黄/蓝)，单击相应的颜色选项便可进行实验。

②预备实验：测量不同颜色明度差别阈限的大概范围，以确定比较刺激的明度变化水平。本实验比较刺激与标准刺激明度变化最小差别已经确定。可以省略预备实验。

③制作实验材料：如果是自定义材料。在"实验材料"中选择"自定义颜色"，并对材料颜色进行定义。本实验直接使用红色、黄色、绿色和蓝色。主试不必定义实验材料。

④正式实验：在"实验材料"中选择实验颜色，屏幕上出现如下指导语，主试指导被试仔细阅读如下指导语：

"下面呈现的是两个'?'颜色的刺激。其中一个是标准刺激，一个是比较刺激，标准刺激有时在左，有时在右，要求你对呈现的比较刺激与标准刺激进行对比，然后判断比较刺激是比标准刺激的颜色深还是浅，并向主试报告你的判断是'深''浅'或'相等'。如果被试报告'深'，主试按上箭头；如果被试报告'相等'，主试按空格键;如果被试报告'浅',主试按下箭头。这样要做好多次。明白上述指导语后,按'开始'键开始实验。"

⑤每种颜色刺激的出现方式如下(以红色为例),每种颜色总共做 24 次(见表 6-6)。

表 6-6　红色刺激的呈现系列及标准/比较刺激的位置

刺激呈现方式	标准(S)/比较(C)							
刺激位置	S C	C S	C S	S C	C S	S C	S C	C S
刺激系列	↓↑	↑↓	↓↑	↓↑	↑↓	↑↓	↓↓	↑↑↑↓
备　注	每个比较刺激 RGB()函数值在标准刺激上下一定范围内随机呈现							

注:S 为标准刺激;C 为比较刺激。

(6)其他三种颜色的实验过程同上。

(7)结果记录:当被试回答"深""浅"和"相等"时,计算机分别记录渐增系列和渐减系列的 $DL_下$ 和 $DL_上$[$DL_下$ 和 $DL_上$ 分别为相应判断(判断为"深"或"浅")时 RGB()函数变化的参数值与标准颜色的 RGB()函数的参数值的差值],见表 6-7。

表 6-7　红色刺激的差别阈限的结果记录(其他颜色与下表同)

刺激呈现方式	标准(S)/比较(C)							
刺激位置	S C	C S	C S	S C	C S	S C	S C	C S
刺激系列	↓↑	↑↓	↓↑	↓↑	↑↓	↑↓	↓↓	↑↑↓
$DL_上$								
$DL_下$								

结果分析与讨论

(1)分别计算出每个被试总体的 $DL_上$ 和 $DL_下$、渐增系列和渐减系列 $DL_上$ 和 $DL_下$、标准刺激在左与标准刺激在右的 $DL_上$ 和 $DL_下$,并填入表 6-8 中。

表 6-8　不同呈现方式被试的 $DL_上$ 和 $DL_下$

刺激呈现方式	渐增系列	渐减系列	标准刺激在左	标准刺激在右
$DL_上$				
$DL_下$				
DL				

（2）检验实验中被试是否有期望或习惯误差？

（3）检验实验中被试是否有练习误差或疲劳效应？

（4）考察不同颜色的明度差别阈限是否存在显著差异，并考察彩色明度辨别阈限的性别差异。

结　　论

从本实验的结果，可以得出什么结论？

思考题

（1）最小变化法的特点和实验程序？

（2）在最小变化法的实验中，如何避免空间误差和顺序误差？

（3）根据最小变化法的实验程序和实验数据，说明最小变化法的缺点。

（4）如果检验出被试存在期望误差或疲劳效应，所测得的差别阈限值是否会受到影响？

（5）试分析在本实验中影响被试实验结果的各种无关变量，并分析哪些无关变量进行了严格的控制，哪些没有进行严格的控制，对没有很好控制的无关变量如何进行有效的控制？

（6）影响颜色知觉的因素都有哪些？颜色知觉实验设计应该注意哪些问题？

参考文献

[1] 孟庆茂，常建华．实验心理学．北京：北京师范大学出版社，1999.

[2] 杨治良．实验心理学．杭州：浙江教育出版社，1997.

[3] 杨博民．心理实验纲要．北京：北京大学出版社，1989.

[4] 舒华．心理与教育研究中的多因素实验设计．北京：北京师范大学出版社，1994.

[5] 赫葆源，张厚粲，陈舒永．实验心理学．北京：北京大学出版社，1983.

实验 6-2 恒定刺激法测量重量差别阈限

实验背景知识

恒定刺激法是由费希纳提出的测量感觉阈限的三种方法之一，是测量绝对阈限、差别阈限和其他一些心理量的主要方法之一。采用该方法测定感受性时，一般只使用少数几个刺激，并且在测定过程中是恒定不变的。用恒定刺激法测定感觉阈限时，刺激的呈现是随机的，每呈现一个刺激只要求被试答"有"和"无"或"轻"和"重"等，然后按照被试对不同刺激回答"有"和"无"或"轻"和"重"的次数计算阈限值，因此，恒定刺激法又叫次数法。差别阈限的计算方法：差别阈限的计算方法一般采用内插法或作图法，分别求出被试的上差别阈限和下差别阈限。内插法公式同上。具体计算方法如下：

(1)三类反应的差别阈限：

上差别阈限$(DLu) = X_上 - X_等$

下差别阈限$(DL_l) = X_等 - X_下$

差别阈限$(DL) = (Dlu + DL_l)/2$

$X_上$、$X_等$、$X_下$分别为判断为"＋""＝"和"－"时感觉量的平均数。

(2)两类反应的差别阈限：

差别阈限$(DL) = (Lu + L_l)/2$

Lu和L_l为被试判断"＋"和"－"时感觉量的平均数。

实验目的

(1)通过重量差别阈限的测定，学习如何使用恒定刺激法测量差别感受性。

(2)掌握直线内插法和作图法计算差别阈限。

实验方法

一、被试

全班同学，4个人一组。

二、实验仪器与实验材料

实验材料为两套重量差别不等的砝码，一套的重量差别为 3 g，另一套重量差别为 4 g，标准刺激为 100 g，眼罩一个。两套砝码的重量如下：

①91 g、94 g、97 g、100 g、100 g、103 g、106 g、109 g。

②88 g、92 g、96 g、100 g、100 g、104 g、108 g、112 g。

三、实验设计与实验过程

本实验可以考虑性别、优势手与非优势手、是否反馈结果等因素，并从上述的角度对实验结果进行分析和讨论。

1. 预备实验

取一个 100 g 的砝码为标准刺激，88 g、92 g、108 g、112 g 为比较刺激，用优势手每组比较 10 次，共 40 次。比较时，每组标准刺激在前和在后的次数各半，将 40 次的比较排成随机顺序表，保证实验按随机顺序进行。做完预备实验后，计算出被试判断的正确率，根据下列条件选择砝码。

（1）88 g 或 112 g 有 80% 以上正确；

（2）92 g 或 108 g 有 80% 以下正确。

同时符合 A 和 B 两个条件，选择第二套实验材料；如果 A 和 B 的正确率均未达到 80%，则说明两套材料均不适合。如果 A 和 B 只有一个正确率达到了 80%，选择符合条件的一套材料。

2. 正式实验

(1)排出各对刺激的呈现顺序：将 7 个比较刺激(包括一个 100 g 的比较刺激)与标准刺激配对，每对比较 50 次，总共比较 350 次。为消除顺序误差和空间误差，50 次中 25 次标准刺激在先，25 次标准刺激在后。刺激呈现的顺序按完全随机的顺序进行。并列出刺激呈现顺序表，随机顺序表的制作可以采用抽签、随机数字表或计算机产生随机数字的方法，刺激随机呈现顺序及结果记录表见表6-9。

表 6-9　刺激随机呈现顺序与结果记录表

刺激排列顺序	刺激呈现随机顺序		被试的反应			结果转换
	先	后	重（＋）	相等（＝）	轻（－）	
1	100	91				
2	97	100				
⋮	⋮	⋮				
350	100	91				

(2)为了保证把刺激呈现在同一位置，应在桌面上标出刺激呈现的位置。同时，在实验过程中被试前臂的位置应保持不变。

(3)呈现刺激时，两个刺激的时间间隔不要超过 1 s，避免被试的第一个刺激的重量感觉消退；两次比较之间的间隔要在 5 s 以上，避免两次感觉之间的相互干扰。在呈现刺激时，勿将刺激碰到被试的手。

(4)实验开始前，先向被试做示范操作：右前臂放在桌面上，用拇指和食指拿住刺激的上端，轻轻向上提起，使之离桌面约 0.5 cm，大约 2 s 后放下，紧接着换第二个刺激，用同样的方法操作。示范后让被试坐下，将优势手前臂放在桌上标记的位置，并戴上眼罩，给被试以下指导语：

"现在请你一对一地比较砝码的重量，当你听到我把砝码放到桌上时，你就用刚才看到的办法轻轻提起它，注意这时的重量感觉，放下后也要尽量保持这种感觉，当拿第二个刺激时，就用你对第二个刺激的重量感觉与第一个刺激的重量感觉比较，如果你觉得第二个比第一个轻，就说'轻'；如果你觉得重，就说'重'；如果分不出轻重，就说'相等'。这样总共要比较几十次，每次比较后必须做出判断，判断的标准要尽量保持前后一致。请注意，要用第二个刺激的重量去比较第一个刺激的重量，要你判断第二个比第一个轻、重、还是相等。"

(5)按照排好的顺序呈现刺激，每次被试做出"轻""重""相等"的判断，记在记录表上，每比较 50 次休息 2 分钟，并让被试手臂自由活动。

(6)做完一个被试，换下一个被试，继续上述实验过程。

结果分析与讨论

(1)整理记录结果，把标准刺激在后的判断转换成比较刺激在后的判断结果，将结果填入记录表的最后一栏中。

(2)分别统计出比较刺激比标准刺激轻、重、相等的频次，并计算出相应的百分数，填入频次表中。

(3)以比较刺激为横坐标，以其重于、轻于、等于标准刺激的百分数为纵坐标，把所得结果绘成曲线图，并做出解释。

(4)用直线内插法分别求出个人和全班同学的上、下及总的重量差别阈限。

(5)根据全班数据，分析重量差别阈限是否存在性别差异。

结　论

从实验结果可得出什么结论？

思考题

(1)根据本实验结果，说明实验有无顺序误差？如果有，它是否影响测定的结果？为什么？

(2)在测定重量差别阈限时，用恒定刺激法比用最小变比法有什么优点和缺点?

(3)检验重量差别阈限是否符合韦伯定律,在本实验设计的基础上,还要做什么补充?

(4)请你用恒定刺激法,分别设计一个测量听觉音高辨别差别阈限和听觉绝对阈限的实验,测量音高的差别感受性和声音强度的绝对感受性。

参考文献

[1] 孟庆茂,常建华. 实验心理学. 北京:北京师范大学出版社,1999.

[2] 杨治良. 实验心理学. 杭州:浙江教育出版社,1997.

[3] 朱滢. 实验心理学. 北京:北京大学出版社,2000.

[4] 杨博民. 心理实验纲要. 北京:北京大学出版社,1989.

[5] 赫葆源,张厚粲,陈舒永. 实验心理学. 北京:北京大学出版社,1983.

实验 6-3 平均差误法测量缪勒—莱耶错觉

实验背景知识

平均差误法是费希纳提出的测量感觉阈限的又一种方法,这个方法的典型实验程序是让被试任意调节比较刺激,使之与标准刺激相等,因此,平均差误法又叫调整法。该方法有三个特点。

(1)在用平均差误法测量差别阈限时所呈现的刺激是连续变化的。

(2)被试通过平均差误法测量感受性时,可以对比较刺激任意进行操作和调整,并使之产生连续性的量的变化,如增大或减小刺激的强度;使之与标准刺激的强度相等;

(3)被试调整到感觉上比较刺激值与标准刺激相等时,两者强度之差绝对值的平均数即为所求的阈限值(AE),计算公式如下:

$$AE = \sum |X - S_i| / n$$

X——每次测得的数据

S_i——标准刺激

n——测定总次数

在用平均差误法测感觉阈限时,被试会主动调节比较刺激,因此容易产生动作误差,也就是说从小于标准刺激和大于标准刺激调节到与标准刺激相等,所得到的结果可能不同。为了消除动作误差,通常采用一半比较刺激大于标准刺激和一半比较刺激小于标准刺激的方法。此外，由于比较刺激和标准刺激的空间位置不同，也可能产生空间误差，消除空间误差的方法是比较刺激在左（或上）和比较刺激在右（或下）的次数相等。如果刺激相继呈现，还会导致时间误差或顺序误差，解决的方法是对比较刺激和标准刺激进行 ABBA 或 BAAB 的设计，标准刺激在先和在后的次数相等，排除时间顺序和空间位置对实验结果造成的影响。如果实验材料为两种或两种以上，可以再辅以拉丁方设计。

一、采用平均差误法测量感觉绝对阈限或差别阈限的基本过程如下

1. 确定比较刺激和标准刺激的强度（如长短、声音的高低、明度值的高低等）和比较的次数。

2. 安排比较刺激与标准刺激的呈现顺序，排除实验过程中可能出现的动作误差和空间误差，具体方法如上所述，即通过比较刺激大于和小于标准刺激的数量相等来排除动作误差；通过比较刺激在标准刺激左右或上下的次数相等来排除空间误差。并根据上述的实验顺序安排，排列出刺激呈现顺序表，见表6-10。必要时采用拉丁方设计。

3. 按照表 6-10 的实验顺序表进行实验。

表 6-10　采用 Müller-lyer 错觉仪测量 Müller-lyer 错觉的实验设计表

被试	比较刺激 左L右S	比较刺激 右S左L	比较刺激 右S左L	比较刺激 右L左S	比较刺激 右L左S	比较刺激 左S右L	比较刺激 右L左S	比较刺激 左S右L	比较刺激 左L右S	比较刺激 右S左L
1										
2										
3										
4										

注：L 代表长，S 代表短。

二、采用平均差误法设计实验应该注意的问题

（1）排除实验过程带来的各种误差。采用平均差误法设计实验时，出现刺激的空间位置不同，可能会给实验结果带来空间误差；而比较刺激的长短变化也会给实验带来动作误差；被试在实验过程中对呈现刺激的期待，则可能给实验结果带来期望误差；在实验过程中，反复对相同的刺激或刺激系列进行反应，则可能会带来练习误差。因此，在用平均差误法设计实验时，应通过实验过程的设计，排除上述各种误差，而排除上述误差的最常用的方法有 ABBA 或 BAAB 法、拉丁方设计等方法，必要时可以在一个实验设计中将几种实验设计方法相结合。具体因实验不同而有所不同。

(2)实验中标准刺激和比较刺激的选择与确定。用平均差误法测量绝对阈限或差别阈限时，比较刺激的强度应有一半高于标准刺激，一半低于标准刺激。

(3)对实验环境进行严格的控制。首先，应该确保实验条件下没有任何背景干扰；其次，在采用计算机进行错觉实验时，应注意不同长度度量单位的转换，以及计算机屏幕尺寸变化对实验结果的影响。为了排除这些影响，应该使实验时计算机的度量单位一致，屏幕尺寸大小保持恒定。

(4)对主试和被试变量的控制。主试在实验过程中不能给被试以任何反馈。不同的实验对被试的要求也不同，因此，在选择被试方面，应考虑到被试的生理状态和心理状态等。

本实验就是通过平均差误法测量 Müller-lyer 错觉。Müller-lyer 错觉属于线条错觉的一种。当呈现两条长度相等的线段时，两条线段两端的箭头的角度和方向的大小的不同，会导致被试对线段长度的感受性受到干扰，而使被试产生对线段长度判断的错觉。

三、影响 Müller-lyer 错觉的因素

根据以往的研究，影响因素可以归结为以下几方面。

(1)箭头的大小和长度变化。由于线段两端箭头的大小和长度的不同，对被试产生的错觉干扰作用也不同，一般来说箭头的长度越长，对被试感觉的干扰作用就越大，见表 6-11 的研究结果。

(2)箭头角度的变化。箭头角度是影响 Müller-lyer 错觉量的又一个重要的因素。一般来说，当箭头的长度不变的情况下，箭头的角度越小，对被试感觉的干扰作用就越大，产生的错觉量也就越大，见表 6-11 的研究结果。

海门斯(Heymans，1896)对 Müller-lyer 错觉进行了较为深入的研究，当斜边长为线长的 1/4 时，错觉量与二线夹角的余弦成比例，当夹角为 90°时，错觉为 0，夹角大于 0°且又非常小时，错觉量最大。

(3)个人的经验和认知因素的影响。当我们已经了解到错觉现象的存在时，被试可以在实验过程中，通过认知调节，排除错觉干扰因素对知觉的影响。当主试对被试判断予以不断反馈时，也可能会降低被试的错觉量。这一点还需要从错觉反馈的角度来进一步研究。

表 6-11　箭头角度和长度对 Müller-lyer 错觉量的影响

(Dewar, 1967)　　　　　　　　错觉量单位：毫米（mm）

箭头长度 (mm)	箭头的角度			
	30°	60°	90°	120°
10	6.2	6.1	5.0	3.0
20	7.9	6.7	5.6	5.9
30	10.2	8.4	9.4	5.8
40	11.9	8.4	8.2	6.9

四、关于错觉的理论

关于视觉错觉的机制主要有以下理论观点。

第一种理论认为错觉是刺激信息取样误差造成的——错觉的动眼理论。该理论认为，我们在知觉几何图形时，眼睛总是在沿着图形的轮廓或线条做有规律的扫描运动。当人们扫视图形的某些特定的部分时，由于周围轮廓的影响，改变了眼动的方向和范围，造成刺激取样的误差，因此产生了各种知觉的错误。依据这种理论，Müller-lyer 错觉是由于箭头向外的线段引起距离较大的眼动，而箭头向内的线段引起距离较小的眼动，因此，两个线段看上去不等。

第二种理论认为错觉是知觉系统的神经生理原因导致的。这种理论认为，当两个轮廓彼此接近时，网膜内的侧抑制过程改变了由轮廓刺激引起的细胞活动，使神经兴奋分布的中心发生变化，并导致对刺激感知的变化。

第三种理论是认知心理学的观点。认知的观点认为，个体在对刺激信息进行深度加工过程时，空间知觉或形状的恒常性知觉（常性误用）会导致对知觉对象的感知发生变化。

第四种理论是感情移入说。里普斯（Lipps，1897）认为，即使观看比较简单的图形，观察者也是带有一定的情绪进行反应的，竖线暗示性低，水平线是伸展的，所以竖线显长。Müller-lyer 错觉理论中，一箭头向内的部分暗示扩展，另一部分箭头向内的扩展受到限制，因此感觉上长短不一致。

第五种是场论，根据格式塔理论，错觉只不过是整个场对其中一部分发生作用的结果。

第六种理论是透视画法理论（常性误用说）。达伊（Day，1972）和格雷戈里（Gregory，1973）先后提出了透视画法理论，他们认为，人们观察平面图形时容易受到三维空间的影响，线条的表面长度由于受空间透视的影响，会表现出长短的差异。所以，在 Müller-lyer 错觉中，">——<"就显得比"<——>"要长一些。

第七种理论是对比混合说。在判断图形时，单独对角度和线段进行分析是很困难的，一般是把图形看成一个整体来进行感知。Müller-lyer 错觉可能就是对面积进行反应。从某种意义上，错觉的产生是不能很好地将图形中的测验成分从背景中分化出来的结果。

第八种理论是错觉的层次理论。该理论认为，错觉是视觉系统加工和处理外界图像信息的结果。在 Müller-lyer 错觉中，首先，其视觉信息通过晶体、玻璃体刺激视网膜感光细胞，这一过程中，由于光学系统的不完善，而出现球面像差，使图形的两端出现一定程度的模糊，这一信息再通过视神经传入大脑的相应区域，由于感受性有一定的范围限制，使图形形状进一步模糊，因此出现了错觉。

实验目的

(1)通过测量被试不同角度的 Müller-lyer 错觉，学习使用传统心理物理法——平均差误法测量感觉差别阈限。

(2)学习和掌握 Müller-lyer 错觉的变化规律。

实验方法

一、被试

全班同学，4 人一组，视觉正常或矫正视觉正常。

二、实验仪器与实验材料

(1)实验仪器：计算机、平均差误法测量 Müller-lyer 实验程序。

(2)实验材料：计算机呈现的不同角度的 Müller-lyer 错觉图形，本实验的标准刺激长度为 80 mm，比较刺激一半比 80 mm 长，一半比 80 mm 短；刺激变化的最小单位为 1 mm，正式实验的箭头角度分别为 15°、30°、60°、90°，每种角度做 16 次，四个被试在四个角度上采用拉丁方设计，拉丁方设计见表 6-12。实验材料的分配与实验设计见表 6-13。

表 6-12　拉丁方设计表

被　试	实验顺序
被试 1	15°、30°、60°、90°
被试 2	30°、60°、90°、15°
被试 3	60°、90°、15°、30°
被试 4	90°、15°、30°、60°

表 6-13　实验材料的分配与实验设计表

刺激系列角度	比较刺激 左L右S	比较刺激 右S左L	比较刺激 右L左S	比较刺激 左S右L	比较刺激 右L左S	比较刺激 左S右L	比较刺激 左L右S	比较刺激 右S左L
15°								
30°								
60°								
90°								

三、实验设计与实验过程控制

本实验可以从性别、角度等方面考察被试的 Müller-lyer 错觉量的大小。其中性别为被试间因素、角度为被试内因素。

(1)为了避免动作误差，比较刺激比标准刺激长和短的次数各半；为了避免空间误差，比较刺激和标准刺激在左和在右的次数各半。

(2)为了避免四个角度的实验材料造成顺序误差，四种角度采用拉丁方设计。四个被试的实验顺序见表 5-4。

(3)所有实验所用计算机显示器的显示尺寸设置应该相同，而且在整个实验过程中，显示器的属性应保持恒定不变。

(4)具体实验程序如下。

①用鼠标双击实验程序图标，进入实验状态，在"编辑实验材料"菜单中选择"缪勒—莱耶错觉"便会出现实验材料设计窗体。在实验材料设计窗体中按照上述的实验参数定义比较刺激、标准刺激、刺激变化单位、刺激角度缓和呈现方式（是平行呈现还是水平呈现）。定义完毕后按"确定"按钮准备实验。

②练习实验：在正式实验前，按照(1)的过程，定义练习实验材料，练习材料的次数为 8 次，角度为 45°，其他参数同上。

③正式实验：在"正式实验"中选择"缪勒—莱耶错觉"，屏幕上出现如下指导语，被试仔细阅读指导语：

"下面呈现的是两个带有箭头的水平线。其中箭头向内的是标准刺激（如图：'<——>'），箭头向外的是比较刺激（如图：'>——<'），有时比较刺激在左，有时比较刺激在右。要求你对呈现的比较刺激与标准刺激的水平线段的长度进行比较，然后调节比较刺激，使之与标准刺激的长度相等，并按空格键报告相等。如果你认为比较刺激比标准刺激'长'，就按下箭头'↓'使比较刺激变短；如果你认为比较刺激比标准刺激'短'，就按上箭头'↑'使比较刺激变长，这样要做好多次。明白上述指导语后，按'开始实验'键开始实验。"

④其他三种角度的实验过程同上。

⑤结果记录：本实验结果由计算机自动记录。

结果分析与讨论

(1)计算每个被试各个角度的错觉量的平均值，并绘制成描述统计表格。

(2)计算小组所有被试的各个角度的错觉量的平均数，绘制成表格，并估计 0.95 与 0.99 的置信区间。

(3)如何对不同角度之间的错觉量进行多重比较？考察不同角度下被试的错觉量是否存在显著差异。

(4)对本实验的结果做 2×2(性别×角度)的方差分析，并对分析结果进行解释。

结　论

从实验结果可以得出什么结论？

思考题

(1)平均差误法有什么特点？它与最小变化法和恒定刺激法有何异同？

(2)请你用平均差误法设计一个测定音高差别阈限的实验，写出具体的实验设计与实验程序。

(3)影响错觉的因素主要有哪些？根据已有的错觉理论，对影响错觉的因素进行分析与讨论。

参考文献

[1] 孟庆茂，常建华. 实验心理学. 北京：北京师范大学出版社，1999.

[2] 杨治良. 实验心理学. 杭州：浙江教育出版社，1997.

[3] 朱滢. 实验心理学. 北京：北京大学出版社，2000.

[4] 杨博民. 心理实验纲要. 北京：北京大学出版社，1989.

[5] 彭聃龄. 普通心理学. 北京：北京师范大学出版社，2000.

[6] 赫葆源，张厚粲，陈舒永. 实验心理学. 北京：北京大学出版社，1983.

第七章 现代心理物理法——信号检测论 (SDT)实验

【本章要点】

（一）信号检测论的由来、电子侦察系统中的信号检测问题与人类感知过程的信号检测问题

（二）信号检测论的基本原理：统计学原理；最优决策原则

（三）辨别力指数 d' 及接收者操作特性曲线

（四）信号检测论的应用：有无法；评价法

第一节 信号检测论的产生与发展

信号检测论（Signal Detection Theory，SDT）是人们在对刺激做判断时，对不确定的情况做出某种决定的理论。信号检测论最初应用在雷达和通信技术中，用来解决信号接收的正确率问题。后来信号检测论被研究感知觉的心理学家和其他领域的专家广泛应用于感知觉过程研究、临床研究以及信息传输等领域。在20世纪五六十年代，信号检测论在心理学的感知觉研究领域得到了广泛的应用，研究者可以通过被试对呈现刺激的强度、肯定程度等判断，分析其判断时的感受性、判断标准和反应倾向性。因此，通过信号检测论的实验方法可以对被试的感受性和反应倾向性进行有效的测量，克服被试的主观因素和噪音干扰对感受性的影响。下面详细介绍信号检测论的产生与发展。

一、信号检测论的产生与发展

信号检测论是最早在电子通信领域提出来的信号识别理论，其主要的理论依据是电子通信理论、统计决策论和概率论。信号检测论最初应用在雷达和通信技术中，用来解决信号接收的正确概率问题。早在20世纪30—40年代，在军事领域，信号检测论就在情报传输和接收以及雷达系统搜索目标等领域得到了广泛的

应用。20 世纪 50—60 年代，传统心理物理法在研究感知觉方面的局限以及行为主义刺激—反应(S-R)的研究模式已经不能对人类大脑的感知觉等认知加工过程进行深入的探讨，信息论、系统论和控制论三论的产生以及计算机技术的发展，使人们对感知觉以及其他复杂的认知加工过程有了更深层次的认识，信号检测论也逐渐取代了传统心理物理法和行为主义研究模式，在感知觉研究中逐渐得到了应用。在心理学研究中，信号检测论主要是用于对不确定的情况做出决定的决策理论。

1. 信号检测论在电子通信领域的应用

在电子通信领域，信息的传输和有效地被接收是该领域研究的关键问题。电子通信系统是由信号发射装置、中继发射装置和信号接收装置构成的，通信系统传输的信号首先通过发射装置转换为无线电信号，发射到地球大气层以及外太空，并经过大气层和中继发射站，最后传输到信号接收装置。我们日常生活中的移动通讯设备就是典型的信号发送与检测接收装置，通信信号通过发射站发送到大气层的空间中，并经过卫星转发和地面中继站，最后被接收设备(如手机、无线网络设备等)接收。在上述的信号传输和接收过程中，受到很多因素的影响，如在无线电信号发送的过程中，发送的信号本身存在背景噪音的干扰，接收设备与最近的发射站的距离、发射信号的强弱、中间有无其他电子设备的干扰以及接收设备的灵敏性等。

以上种种因素使接收设备在接收无线电信号的时候，经常会受到背景噪音、其他电子通信信号和接收设备灵敏性等因素的局限，当信号比较微弱时，如何判断信号和噪音就成为信号检测论解决的关键问题。当一个无线电信号出现时，如何判断是信号还是噪音干扰呢？对于信号接收设备来说，存在如下四种可能：即将信号判断为信号(击中)、将信号判断为噪音(漏报)、将噪音判断为信号(虚报)和将噪音判断为噪音(正确否定)。信号检测论是无线通信技术中信号甄别的主要理论依据，该理论综合了概率论和无线电通信的理论，在整个信号的信息处理过程中能够最大限度地提高接收设备对信号的辨别力和避免错误的概率。

1954 年，美国密执安大学的覃纳(W. P. Tanner)和斯威茨(J. A. Swets)等人将信号检测论应用到心理学的研究中，并采用信号检测论的方法对感受性进行测量，信号检测论在感知觉测量中的应用使人们对感受性和感知觉的测量方法有了新的认识。20 世纪 50 年代以后，信号检测论在心理物理学研究中得到了广泛应用，并发展出来不同的信号检测论测量感知觉的方法，如有无法、评价法及迫选法等，这些信号检测论的方法不仅应用于感受性的测量上，而且在记忆、意识和无意识知觉(阈下知觉)等研究中也得到了广泛应用。信号检测论方法在心理研究中的应用对心理学研究和心理学的研究方法做出了不朽的贡献。

2. 信号检测论与人类感知觉的测量

人类的感知系统在处理刺激信息时与无线电通信系统有着很多相似之处，人类的感觉器官就如同信息处理系统的感受器或信息接收装置，当各种刺激（信号或噪音）通过各种物理媒介传递到感知觉的器官（如视觉感受器官——眼睛、听觉感受器官——耳朵、触觉和痛觉等的感受器官——皮肤等），感觉器官会把物理刺激转化为神经电信号，并上行传导至大脑相应的感知觉信息处理的特定中枢皮层，并根据刺激对神经电信号激活的大脑皮层功能区的强度以及个体知识经验做出是信号还是噪音的判断，并根据判断的结果进行决策。这与无线电信号的检测与判断情形相同，一个刺激所引起个体的判断同样有四种情况：将信号判断为信号（击中）、将信号判断为噪音（漏报）、将噪音判断为信号（虚报）和将噪音判断为噪音（正确否定）。根据个体对上述四种情况判断的数据，就可以计算出个体对物理刺激的感受性或辨别能力及其反应的倾向性。

二、信号检测论与传统心理物理法的差异

与传统心理物理学测量人的感受性的方法和指标比较，采用信号检测论不仅可以测量个体的感受性或辨别能力，而且还可以测量出个体的反应倾向或者在做出决策时的判断标准，因此，采用信号检测论测量个体的感受性，可以充分地考虑到个体在接受测量时的态度、偏好、反应倾向和所采用的判断标准等因素对测量感受性的影响，同时可以获得衡量个体感受能力的辨别力指标和反应倾向或判断标准的指标。因此，采用信号检测论能够更为客观地测量到个体在处理刺激信息时的感受能力、态度和反应倾向性，克服被试的主观因素和噪音干扰对感受性的影响。

第二节 信号检测论基本原理

一、信号检测论测量感受性的基本假设

运用传统心理物理法研究人的感知觉过程时，通常是基于如下假设：人的感知觉方面的生理功能是有一定局限性的，这种局限性使个体在对感知觉刺激进行感知和判断时，要求刺激必须达到一定的强度，才能克服这种生理局限，对呈现

的刺激进行感知和判断，这也就是我们采用传统心理物理法测量到的绝对感觉阈限和差别感觉阈限。

信号检测论认为，人的感知觉并没有这种生理局限性，也没有真正的感受阈限，如果说被试对某一刺激存在与否或两个刺激之间的差异的感觉存在障碍的话，这种障碍主要是来自于内部和外部干扰信号。内部干扰信号主要指神经电冲动和神经化学传导过程产生的与传递信号无关的干扰；外部干扰主要包括与信息传输无关的各种干扰因素，或是主试有意呈现的各种干扰因素，如相似的刺激、背景噪音、背景光等。由于上述各种干扰因素的存在，使被试在感受刺激过程中表现出传统心理物理法所说的生理局限性。如果没有任何噪音的干扰，理论上个体应该能够感受到出现的任何物理刺激，并做出反应或决策，这是信号检测论的基本前提假设。

二、信号检测论中被试的判断原则——统计决策论

统计决策论是信号检测论的数学基础。信号检测论的数学基础源自概率论与统计学、电子学与通讯领域的基本原理的检验问题。在电子雷达侦察系统中，侦察反应在做出有无信号的判断时，可能产生两类错误倾向：一类是无信号出现而判断为有信号，另一类是有信号出现而判断为无信号。前者称为虚报(false-a-larm)，后者为漏报(miss)；此外，还有信号出现，判断为有信号，称为击中(hit)，无信号出现，反应判断为无信号，称为正确否定(correct rejection)。

在运用信号检测理论研究人的感知觉过程中，被试对呈现的刺激(包括信号——用 SN 表示和噪音——用 N 表示)做出是信号还是噪音的判断时，也会出现如下四种情况，即正确肯定(击中)、错误否定(漏报)、错误肯定(虚报)和正确否定(拒绝)，与四种判断对应的是击中率($P_{[Y/SN]}$)、虚报率($P_{[Y/N]}$)、漏报率($P_{[N/SN]}$)和正确拒绝率($P_{[N/N]}$)。以上四种情况见表 7-1。

表 7-1　信号检测过程中被试的判断

刺　激	有信号	无信号
有信号	击中($P_{[Y/SN]}$)	漏报($P_{[N/SN]}$)
无信号	虚报($P_{[Y/N]}$)	正确拒绝($P_{[N/N]}$)

通常根据被试对信号的击中率和虚报率，来计算被试的判断标准和感受性，进而对被试判断标准的严格性和感受性高低进行分析和判断。

三、最优决策与判断原则

个体在对信号或噪音进行判断时，一般是以判断标准为依据的，这个判断标准是按照最优原则确定的，即提高击中率、减低虚报率，也就是要求个体反应快而且准确。人在确定判断信号的标准时，受到如下几个因素的影响：①信号和噪音之先验概率的高低；②对个体判定结果的奖惩的严格程度；③被试的主观目标、信号与噪音的强度差异等；④击中率与虚报率权衡原则。有关实验的知识与经验，详细的解释可以参考下面的章节。

第三节　信号检测论与感觉性的测量

一、信号检测论应用于感知觉测量的两个基本假设

1. 信号检测论认为，重复呈现同一刺激并不产生相同的感觉量。因此，当多次呈现同一刺激时会形成同一刺激的一个感觉量分布，而且，刺激信号（SN）和噪音（N）形成的感觉分布均是正态分布的，两个分布的标准差相等，信号分布的平均数大于噪音分布的平均数，如图7-1所示，而两个分布重叠的部分可能是由信号引起的，也可能是由噪音引起的。

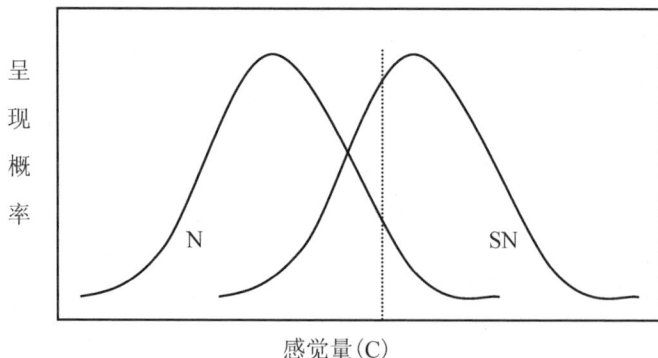

图 7-1　信号和噪音刺激的感觉量分布图

2. 被试判断某一个刺激是信号还是噪音时，是根据自己的主观感受进行判断的，而且这种主观的判断标准（C）受信号呈现的先验概率和对判断结果的奖惩

措施的影响。一般在被试的感受性保持恒定的情况下，判断标准(严格、一般、宽松)对被试的击中率($P_{Y/SN}$)和虚报率($P_{Y/N}$)的影响见表7-2。从表7-2的三个分布中可以看出，当判断标准比较严格时，被试的击中率和虚报率均较低，当判断标准一般时，被试的击中率和虚报率均居中，当判断标准比较宽松时，被试的击中率和虚报率均较高。不同先验概率对被试判断标准的影响见表7-3。

表 7-2　不同判断标准下被试的击中率和虚报率(Clark & Yang，1974)

判断标准	击中率	虚报率	β 值
严格	0.28	0.06	3
居中	0.70	0.30	1
宽松	0.94	0.72	1/3

表 7-3　不同先验概率下被试的判断标准

先验概率	判断标准
0.10	1.93
0.30	1.35
0.50	0.89
0.70	0.74
0.90	0.54

二、信号检测论的三个测量指标——反应倾向性、判断标准和感受性

信号检测论的实验方法可以通过反应倾向性、判断标准和感受性三个指标反映被试对感知觉信号和噪音的判断情况。

(1)反应倾向性(response bias)。在信号检测论实验中，被试的反应倾向性是通过或然比(likelihood ratio)来反映的，通常用 β 来表示。被试判断的击中率为 $P_{(Y/SN)}$，虚报率为 $P_{(Y/N)}$，将 $P_{(Y/SN)}$ 和 $P_{(Y/N)}$ 转换为 Z 分数 Z_{SN} 和 Z_N，再将 Z_{SN} 和 Z_N 转换为正态分布曲线上的概率密度值 O_{SN} 和 O_N(查正态分布表)，那么，被试的反应倾向 β 的计算方法如下：

$$\beta = O_{SN}/O_N$$

通过 β 值可以解释被试对刺激进行判断时所持的标准的严格性，一般 β 值越大($\beta > 1$)，被试采用的判断标准就越严格，β 值越小($\beta < 1$)，被试的判断标准就越宽松，当 β 值在 1 上下时，说明被试的判断标准不严格也不宽松。

(2)判断标准(judgement criterion)。反映被试反应倾向性的另一个指标是判断标准(一般用 C 表示),用公式表示如下:

$$C=[(I_2-I_1)/d']\times Z_1+I_1$$

其中　I_2——高强度刺激的强度值;

　　　I_1——低强度刺激的强度值;

　　　d'——被试的感受性;

　　　Z_1——低强度刺激的正确否定概率。

判断标准 C 的数值越大,被试的判断标准越严格,C 的数值越小,被试的判断标准越宽松。

(3)感受性或辨别力(sensitivity)。信号检测论与传统心理物理法的最大区别是它能够对被试的反应倾向性和被试的反应敏感性进行区分,区分的指标是,当被试反应较为敏感时,被试的击中率会提高,虚报率下降,此时辨别力高;当被试的击中率和虚报率接近时,被试的辨别力居中;当被试的击中率低,而虚报率高时,被试的辨别力低,击中率、虚报率与辨别力之间的关系见表 7-4。计算辨别力指标的公式如下:

$$d'=Z_{SN}-Z_N$$

表 7-4　击中率、虚报率与感受性之间的关系(Clark & Yang,1974)

感受性	击中率	虚报率	d'
高	0.93	0.07	3
居中	0.84	0.16	2
低	0.70	0.30	1

三、操作者操作特性曲线

操作者操作特性曲线,又称 ROC(Receiver Operating Characteristic Curve)曲线,ROC 曲线在心理物理测量中常称为等感受性曲线。在信号检测论的实验中,改变信号和噪音出现的先定概率及被试判断结果的标准,可以引起被试的判断标准发生变化,随着判断标准的变化,击中率与虚报率也随之改变,判断标准有几个,就可得到几组不同的击中率和虚报率,如果以击中率为纵坐标,以虚报率为横坐标作图,就可得到几个点,连接各点即得到一条曲线,即为"操作特性曲线或 ROC 曲线"或等感受性曲线。图 7-2 为根据击中率和虚报率绘制的 ROC 曲线,如果将击中率和虚报率转换为 Z 分数,绘制 ROC 曲线,这时所得到的 ROC 曲线是一条直线(见图 7-3)。对角线上对应的 Z_{SN} 与 Z_N 的绝对值的差值(d'

＝$Z_{SN}-Z_N$），就是辨别力指标 d'。

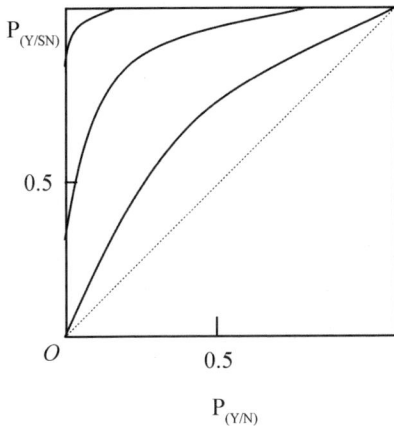

图 7-2　ROC 曲线（P 坐标）

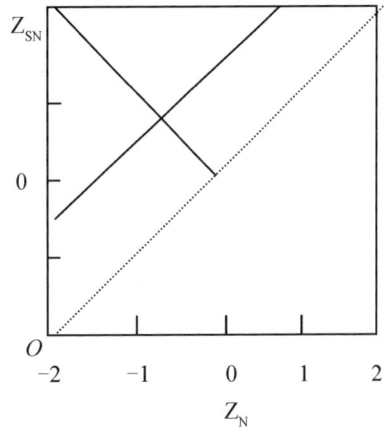

图 7-3　ROC 曲线（Z 坐标）

图 7-2 中的 ROC 曲线又叫等感受性曲线。当各轮实验中被试的感受性没有变化，而且两个感觉分布的标准差相等时，ROC 曲线是一个平滑的、对称的曲线，图中对角线为几率线。图 7-3 根据击中率和虚报率转化为 Z 分数绘制的 ROC 曲线，对角线仍为几率线。实验数据绘制的曲线与负对角线相交点的 Z 分数值即为被试的感受性 d'，当被试感觉分布的标准差相等时，这两条直线垂直。

综上所述，ROC 曲线能反映出信号呈现的先定概率对击中率和虚报率的影响，而且也能反映出信号检测标准变化时击中率与虚报率的变化，以及不同观察者的辨别能力指标 d'。ROC 曲线用于分析在相同条件或者不同条件下的心理因素及其判断结果的变化对辨别力 d' 的影响。与传统心理物理法相比较，信号检测论得出的感受性指标更为客观、科学、可靠。

四、信号检测论测量感受性的影响因素

采用信号检测论的方法测量感受性时，主要受到以下几个方面因素的影响。

1. 信号和噪音的强度及其强度差异

信号的强度以及信号和噪音之间的强度差异是影响个体感受性和辨别能力的最直接因素，通常情况下，如果信号的强度比较高，而且信号与噪音的强度差异比较大的情况下，个体很容易从物理刺激中区分出是信号还是噪音；如果信号的强度比较弱，而且信号与噪音的强度差异比较小的情况下，个体从物理刺激中区

分出是信号还是噪音就比较困难；总之，随着信号强度的提高，以及信号与噪音的强度差异增加的情况下，个体从物理刺激中区分出是信号还是噪音会越来越容易；随着信号强度的减弱，以及信号与噪音的强度差异缩小，个体从物理刺激中区分出是信号还是噪音会越来越困难。

2. 信号和噪音的先验概率

信号和噪音的先验概率的高低是影响个体感受性和判断标准的另一个重要因素，先验概率是指在实验前就明确的信号和噪音出现的概率，一般实验者事先确定。信号的先验概率一般用 $P(S)$ 表示，噪音的先验概率一般用 $P(N)$ 来表示。通常情况下，信号的先验概率越高，个体对信号刺激的判断击中率就越高，对噪音的虚报率就越低，个体的辨别能力也会提高，因为信号的数量比噪音的数量多的缘故，判断标准可能会宽松一些。相反，信号的先验概率越低，个体对信号刺激的判断的击中率就偏低，对噪音的虚报率就偏高，个体的辨别能力也会降低，因为信号的数量比噪音的数量少，所以，判断标准可能会严格，以便从众多的噪音中区分出信号来。

3. 对判断结果的奖励和惩罚措施的严格程度

实验者对判断结果的奖励和惩罚措施的严格程度也会直接影响个体对信号的辨别力和反应倾向性。当实验者对判断结果的奖励措施越强和惩罚措施越严格，个体对信号进行辨别时就会越谨慎，判断的标准也会越严格，这种情况下，个体对信号的辨别力就可能会提高；如果实验者对判断结果没有什么奖励的措施或惩罚措施，个体对信号进行辨别时就可能比较随意和宽松，判断的标准也会越宽松，这种情况下，个体对信号的辨别力就可能会受到影响。

4. 被试的实验动机也是影响信号辨别和判断标准的一个重要因素

在信号检测论的实验中，如果被试实验动机比较强，为了达到最大正确判断的概率和减低虚报率，他在对刺激做出是信号还是噪音的反应时，判断标准就会比较严格，辨别力的指标也会比较好；相反，如果被试实验动机比较低，对于最大正确判断的概率和最小虚报率持无所谓的态度，他在对刺激做出是信号还是噪音的反应时，判断标准可能就会比较宽松或者不稳定，辨别力的指标也会偏低或者不稳定。因此，信号检测论实验中被试的动机因素是影响其判断标准和感受性的重要因素之一，如何选择配合型的被试是结果可靠与否的关键。

5. 其他影响信号检测论指标的因素

(1)击中率和虚报率的权衡

速度与准确性权衡的原则在要求反应速度的实验中是非常重要的，这是人类认知加工过程中普遍存在的心理现象，在要求速度的任务中，个体是以反应速度作为反应的标准还是以确认正确与否作为反应的标准,会直接影响个体的判断标准和辨别力。如果选择以反应速度为标准,就可能产生以牺牲正确率为代价提高反应速度的情况,此时获得的结果的判断标准可能就比较宽松,导致的辨别能力也会下降;击中率与虚报率也存在类似的权衡关系。因此,应避免以提高虚报率来提高击中率的情况。

(2)相关实验的知识与经验的影响

被试对相关实验的知识与经验的积累也是影响信号检测论指标的重要因素之一,个体对实验越熟悉,关于实验的背景知识和经验越多,就越有助于提高被试的辨别力指标。此外,随实验进程,被试也存在一个练习和反应策略学习的过程,这也会影响被试的判断标准和辨别能力变化(Hockley,1987)。

(3)主观预期效应

在信号检测论的实验中,由于知识和经验以及练习因素和策略因素等的影响,被试可能在实验过程中掌握一定的关于刺激呈现的规律,这就会使个体根据可能的规律对下一个刺激是信号还是噪音有一个预期,尽管这种预期带有一定的风险性,但是,这同样会影响被试的辨别力,同时由于预期的风险性可能导致判断标准降低。

总之,在信号检测论的实验中,影响信号辨别力和判断标准的指标是多方面的,实验者应该充分考虑到这些因素,这样才能够使测量到的结果更为可靠。

第四节 信号检测论在心理学相关领域研究的应用

一、信号检测论在实验设计中的应用

在采用信号检测论设计感知觉实验时,首先要选择信号和噪音刺激的强度,一般信号与噪音的强度水平相差不能太大,因为相差太大会人为地提高被试的击中率和降低虚报率,最后测量到的辨别力和判断标准指标也是不可靠的;信号与噪音的强度水平相差也不能太小,因为相差太小会人为地降低被试的击中率和提高虚报率,最后也很难客观地测量出被试的辨别力和判断标准等。为了保证实验结果的可靠性,信号与噪音之间的强度差异与被试的感觉差别阈限接近,这样才能客观地测量出被试的感受性和判断时的反应倾向性。

因此,在采用信号检测论设计感知觉实验时,首先,要采用传统心理物理法进行预备实验,初步测量被试的感受性水平,确定信号与噪音的强度。具体操作

过程如下：(1)选择几组强度差别不等的信号与噪音；(2)按照最小变化法的实验设计，让被试分别对上述几组信号与噪音进行判断；(3)根据传统心理物理法实验结果，选择信号与噪音的强度差异最小的一组刺激为信号与噪音，进行正式实验。

其次，在正式实验前，对信号与噪音呈现的方式进行排列，一般在考虑顺序误差和空间误差的情况下，信号与噪音的组合按照完全随机化的顺序进行实验。

再次，在实验过程中，被试每做完一次判断，主试均要对被试做"对"或"错"的反馈，以便被试及时调整自己的判断。

最后，根据被试的击中率和虚报率，计算出反应倾向性和辨别力等指标，考察被试的判断标准和对信号与噪音的感受性。并绘制操作者特征曲线(即ROC曲线)。

二、信号检测论的应用

信号检测论最早应用于通讯领域，人们借助信号检测论的原理，对通信信号中的噪音和信号加以区分，处理信号传输中存在的随机性问题，后来发展和建立了维纳滤波理论，并建立了信息的最佳传输函数；随着雷达技术的出现和发展，研究者们又在此基础上建立了最佳线形滤波理论，并提出了最佳雷达系统的概念。20世纪50年代，由于现代数学的发展，建立起了比较系统、完善的信号检测论，并广泛地应用于军事、通讯、地质、物理、电子、天文与宇宙学等研究领域。信号检测论是以概率论和数理统计为理论基础的，根据概率论与数理统计中的参数估计、统计分布理论、随机现象的统计判断等理论，对信号和噪音进行准确识别与判断。

20世纪50年代以后，信号检测论在心理学的感知觉研究中得到了广泛的应用，根据信号检测论的理论，人的感知觉过程可以看作是一个复杂的信息处理系统，在这个信息处理系统中，个体要不断地处理各种输入和输出的感知觉信息，并对其意义加以识别和判断，忽略对当前活动无意义的信息干扰，确定哪些是信号，哪些是噪音，并对信号和噪音加以取舍。机体的这种信息加工过程与电子、通信等领域中的信号检测是相似的，因此，通过信号检测理论，同样可以对人的感知觉过程信息加工的可靠性及精确性进行分析与判断。

信号检测理论产生一百多年来，在理论与应用研究领域均得到了广泛的应用。

1. 在医学研究与临床诊断中的应用

这是信号检测论应用最为广泛的领域之一，主要应用于对各种疾病的症状做出正确的诊断。因此，医生就需要对仪器和人工的临床检查结果进行客观的理论分析，判断检查到的症状是信号(疾病症状)，还是噪音(正常情况)，并对这种判断的准确性与可靠性进行分析，最后得出正确的诊断结论，避免误诊给病人带来的生命和财产损失。

2. 在心理学研究中的应用

(1)在感知觉研究中的应用：用于测量个体的视知觉、听觉和各种皮肤知觉等方面的感受性。

(2)在认知研究中，用于研究被试对不同特征刺激的编码和判断，以及判断的标准和准确性等。进而，对被试的信息加工过程进行分析。

(3)个体反应倾向性的评价。

(4)在内隐记忆、阈下知觉、意识的研究领域得到了广泛的应用。

3. 在工业心理学中的应用

主要应用于研究人们的警戒水平，避免各种操作和作业的失误造成人员和财产的损失。

参考文献

[1] 孟庆茂，常建华. 实验心理学. 北京：北京师范大学出版社，1999.

[2] 杨治良. 实验心理学. 杭州：浙江教育出版社，1997.

[3] 朱滢. 实验心理学. 北京：北京大学出版社，2000.

[4] 杨博民. 心理实验纲要. 北京：北京大学出版社，1989.

[5] 舒华. 心理与教育研究中的多因素实验设计. 北京：北京师范大学出版社，1994.

[6] B. H. Kantowitz 等著，杨治良等译. 实验心理学. 上海：华东师范大学出版社，2001.

[7] Anne Myers, Experimental Psychology, Cole Publishing Company, 1986.

[8] 杨治良，钟毅平. 论现代实验心理学三种新方法评述. 心理科学，1996，19(1).

[9] 张学民，舒华，张亚旭. 实验心理学理论与实验教学改革的思考与实践. 高等理科教育，2001，40(6).

[10] 赫葆源，张厚粲，陈舒永. 实验心理学. 北京：北京大学出版

社，1983.

[11]张学民，舒华，张亚旭等．高等院校"实验心理学"课程体系建设的实践．高等理科教育，2005，61(3).

[12]彭聃龄．普通心理学．北京：北京师范大学出版社，2001.

[13]张学民，舒华．实验心理学纲要．北京：北京师范大学出版社，2004.

[14]张学民，舒华．实验心理学纲要(修订版)．北京：北京师范大学出版社，2005.

[15]舒华，张学民等．实验心理学的理论、方法与技术．北京：人民教育出版社，2006.

实验 7-1　信号检测论——有无法

实验背景知识

信号检测论的实验方法有三种：有无法、迫选法和评价法。用有无法(yes-no method)测定被试的辨别力和判断标准时，用两种刺激——信号(SN)和噪音(N)，信号和噪音的差别要足够小(一般接近被试的差别阈限，可用传统心理物理法进行预备实验来确定)，且信号和噪音的呈现顺序应为完全随机呈现。为了保证结果的稳定性，可选取有经验的被试或在实验过程中给被试以反馈("对"或"错")。实验后求出辨别力(d')和判断标准(β)，并绘制等感受性曲线(ROC 曲线)。ROC 曲线是在 d' 不变和 β 值不等的条件下绘制的。d' 和 β 的求法如下：

$$d' = Z_{SN} - Z_N$$

$$\beta = O_{SN} / O_N$$

其中 Z_N 和 Z_{SN} 是根据信号分配的平均数(M_{SN})和噪音分配的平均数(M_N)转换的标准分数。O_{SN} 和 O_N 分别为 Z_{SN} 和 Z_N 在正态曲线上对应的概率密度值。

在用有无法测定被试的辨别力(d')和判断标准(β)时，首先要选择符合被试的信号(SN)和噪音(N)。如果选择的信号和噪音被试不能很好辨别出来，就会降低被试的辨别力(d')，影响被试的判断标准(β)。如果选择的 SN 和 N 的差别太大，被试能够完全区分出来，就会夸大被试的辨别力，影响被试判断标准。所以，在正式实验前，一般要进行预备实验，选择出适合被试的信号和噪音，一般以接近被试的差别阈限(50%能正确判断)为宜或略大于差别阈限(80%能正确判断)。在正式实验时，主试随机呈现所有的信号和噪音(SN 在先和 N 在先的次数各半，以排除顺序误差的影响)。此外，为了保证小组被试间的辨别力和判断标准具有可比性，一组被试可以只作一个预备实验，选择一组信号和噪音进行实验。一般一组实验至少要做 $100\sim200$ 次以上。

在实验条件相同的情况下，不同被试的 d' 和 β 可能会有所不同，d' 大的被试表明其辨别力较高，d' 小的则表明其辨别力较低。β 值高的被试在判断"是信号"时较为慎重，在有很大把握时才判断"是"信号，而 β 低的被试则倾向于更多地将刺激判断为信号。被试的判断力 (d') 不受信号和噪音的先验概率 [$P_{(SN)}$ 和 $P_{(N)}$] 影响，而判断标准 (β) 则随 $P_{(SN)}$ 和 $P_{(N)}$ 的变化而变化 (见表 7-5)。从表中可以看出，当先验概率 $P_{(SN)}$ 变化时，d' 在 $0.75\sim0.78$ 之间变化，变化幅度非常小，而 β 值则在 $0.54\sim1.98$ 之间变化，变化幅度比较大。这说明辨别力不受信号的先验概率影响，而判断标准则受信号的先验概率变化的影响。

表 7-5　五种先验概率 $P_{(SN)}$ 下被试的 d' 和 β (郝葆源，张厚粲等，1983)

$P_{(SN)}$	0.10	0.30	0.50	0.70	0.90
$P_{(Y/SN)}$	0.30	0.50	0.70	0.78	0.88
$P_{(Y/N)}$	0.10	0.22	0.41	0.51	0.65
Z_N	$+1.28$	$+0.77$	$+0.23$	-0.02	-0.39
Z_{SN}	$+0.52$	0.00	-0.53	-0.77	-1.17
Z_N 纵坐标	0.175 8	0.296 6	0.388 5	0.398 9	0.369 7
Z_{SN} 纵坐标	0.348 5	0.398 9	0.346 7	0.296 6	0.201 2
d'	0.76	0.77	0.76	0.75	0.78
β	1.98	1.34	0.89	0.74	0.54

实验目的

(1) 通过测定和比较不同被试的重量辨别能力和判定标准，学习信号检测论有无法。考察不同先验概率下被试的辨别力和判断标准。

(2) 掌握信号检测论有无法的实验设计过程。

实验方法

一、被试

全班同学。

二、实验仪器与实验材料

不同重量的砝码一套 6 个，重量分别为 88 g、92 g、96 g、100 g、104 g、108 g，眼罩一个。如果不做预备实验，可以直接选择 100 g 为噪音(N)、108 g

为信号(SN)。

三、实验设计与实验过程控制

(1)预备实验:用 88 g 的刺激分别与其他五个刺激比较。让一个被试戴上眼罩,用优势手先后比较五组刺激,每组砝码比较 10 次,比较时按随机顺序呈现 SN 和 N,且 SN 和 N 在前和在后的次数各五次。选出 80% 以上正确分辨率且重量差别最小的一组刺激。

(2)以 88 g 的刺激为噪音(N)、较重的砝码为信号(SN)排好随机呈现顺序表(具体排法见表 7-6,每个先验概率下刺激的呈现是完全随机的,而且 SN 和 N 在前和在后的次数相等)。信号呈现的先验概率 $P_{(SN)}$ 为 0.20、0.50 和 0.80。每个先验概率下做 100 次,总共做 300 次。表 7-2 是一种先验概率下的刺激呈现表,其他先验概率下的实验可以用系统的随机顺序表呈现刺激。因先验概率有三种,因此每小组的人数至少应为三人或三的倍数。为了平衡练习误差或疲劳效应,不同先验概率的刺激呈现按如下顺序进行:0.20、0.50、0.80、0.80、0.50、0.20,并且每种先验概率下的 100 次实验分为两个 50 次进行。为了平衡先验概率出现先后顺序对实验结果的影响,每组被试分为三小组,各小组的刺激呈现顺序见表 7-6。

表 7-6 刺激呈现顺序表

呈现顺序	呈现的刺激	被试反应("+"或"一")
1	SN	
2	N	
3	N	
⋮	⋮	
n	SN	

第一小组:0.20、0.50、0.80、0.80、0.50、0.20
第二小组:0.50、0.80、0.20、0.20、0.80、0.50
第三小组:0.80、0.20、0.50、0.50、0.20、0.80

(3)被试熟悉信号和噪音。让被试端坐在桌前,刺激放在距离被试 30 cm 的海绵垫上。主试先呈现噪音,被试在排除视觉和悬肘条件下用优势手的拇指和食指提起刺激一次,提起的高度为 0.5 cm,持续的时间为 2 秒钟。注意被试只能触摸刺激的顶部,不能将刺激整体握在掌中。然后主试告诉他是轻的,接着呈现信号,并告诉他是重的,这样熟悉两个刺激 5 遍,要求被试注意辨别刺激的重量差别。

(4)正式试验:实验前主试对被试说如下指导语:

"这个实验是要测试你对重量差别的辨别能力,每次先呈现一个刺激,提起之后,记住这个刺激的重量感觉是'轻'还是'重',如果你觉得轻,就报告'轻',如果你觉得重,就报告'重'。以下呈现每对刺激的轻重没有一定规律,这样要做很多次,重和轻的出现的次数是相等的(如果信号的先验概率不等,则对被试说'轻和重的次数是不等的')。每次提完必须回答,如果有时你感到不好决定,可以根据当时的感觉估计哪一个可能更重一些。实验共50次,其中信号'25'次,噪音'25'次。"

(5)按表7-6中的实验顺序表,呈现不同先验概率下的信号和噪音,每个被试要重复6个单元的实验(每个单元50次)。

(6)每次呈现时间为2秒,两次间隔为5秒,做50次休息2分钟。主试将被试的反应记录在随机表上,"+"代表"重","-"代表"轻"。

(7)换另一被试,用同样的信号和噪音进行实验。

结果分析与讨论

(1)分别统计小组几个被试的击中次数和虚报次数。

(2)从转换表中查出与实验结果相应的 Z 与 O 值,并计算出不同先验概率下 d' 和 β 值,填入表7-7中。

表 7-7 三种先验概率 $P_{(SN)}$ 下被试的 d' 和 β

$P_{(SN)}$	0.20	0.50	0.80
$P_{(Y/SN)}$			
$P_{(Y/N)}$			
Z_N			
Z_{SN}			
Z_N 纵坐标			
Z_{SN} 纵坐标			
d'			
β			

(3)比较被试的 d' 和 β 值,并说明不同先验概率下被试的重量差别辨别能力和判定标准有什么差异?

结 论

从本实验的结果可以得出什么结论?

思考题

(1)各被试的 ROC 曲线与标准的 ROC 曲线是否有区别？如何解释？

(2)当不同被试实验时用的信号不同而噪音相同时，他们的结果是否都能进行比较？为什么？

(3)为什么用有无法进行实验前要预先选定信号和噪音？如果信号和噪音的差别小到被试完全不能分辨，将会发生什么情况？

(4)信号检测论与传统心理物理法之间有什么区别和联系？

参考文献

[1] 孟庆茂，常建华. 实验心理学. 北京：北京师范大学出版社，1999.

[2] 杨治良. 实验心理学. 杭州：浙江教育出版社，1997.

[3] 朱滢. 实验心理学. 北京：北京大学出版社，2000.

[4] 杨博民. 心理实验纲要. 北京：北京大学出版社，1989.

[5] B. H. Kantowitz 等著，杨治良等译. 实验心理学. 上海：华东师范大学出版社，2001.

[6] Anne M, Experimental Psychology, Cole Publishing Company, 1986.

[7] 杨治良，钟毅平. 论现代实验心理学三种新方法评述. 心理科学，1996，19(1).

[8] 赫葆源，张厚粲，陈舒永. 实验心理学. 北京：北京大学出版社，1983.

[9] 张学民，舒华. 实验心理学纲要. 北京：北京师范大学出版社，2004.

[10] 张学民，舒华. 实验心理学纲要(修订版). 北京：北京师范大学出版社，2005.

[11] 舒华，张学民等. 实验心理学的理论、方法与技术. 北京：人民教育出版社，2006.

实验 7-2　信号检测论——评价法

实验背景知识

评价法(Rating Scale Method)是信号检测论最常用的方法之一。在有无法的实验中，只要求被试回答是否有信号，被试只有一个判断标准，而在评价法的实验中，不仅要被试回答是否为信号，而且还要回答肯定或否定的程度，即有多大把握肯定是信号，通常我们把被试作答的肯定程度分为五个等级。

(1)100％～80％肯定是 SN：肯定是信号

(2)80％～60％肯定是 SN：可能是信号

(3)60％～40％肯定是 SN：可能是信号，也可能是噪音

(4)40％～20％肯定是 SN：可能是噪音

(5)20％～0％肯定不是 SN：肯定是噪音

被试在实验时，根据以上五个等级对呈现的刺激做出是信号或噪音的判断。在实际判断时依据的是四个判断标准(见图 7-4：C_1、C_2、C_3 和 C_4)，根据被试的以上五种反应的次数，分别计算四个判断标准下被试的击中率 $[P_{(Y/SN)}]$ 和虚报率 $[P_{(Y/N)}]$，并计算出相应的辨别力 d' 和判断标准 β，根据 $P_{(Y/SN)}$ 和 $P_{(Y/N)}$ 或转换后的 Z_{SN} 和 Z_N 绘制 ROC 曲线，如图 7-5 和图 7-6 所示。

在评价 ROC 曲线时，若纵坐标为击中率，横坐标为虚报率，则坐标原点为 (0，0)。图中过原点的对角线叫作机遇线、几率线，也称为偶然事件对角线。采用评价法进行感受性测量时得到的结果可以绘制如下 ROC 曲线，图 7-5 中 $d'_1 < d'_2 < d'_3$。O 点 (0，0) 即原点表示被试对于所有的刺激都说"无"，标准很高；点 (1，1) 表示被试对于所有的刺激都说"有"，判断标准非常低；这两点绝不能表示被试具有分辨能力，而在这两点之间判断标准从高至低逐渐变化。ROC 曲线，是当判断标准连续变化时，所得到的不同的击中率与虚报率各点的连线，左下角各点的判断标准偏高(严)，右上角各点的判断标准偏低(松)。它能反映出不同被试的辨别能力来。ROC 曲线与负对角线＝[连接(1，0)，(0，1)两点又称等偏好线]相交处表示 $\beta=1$ 时报准与虚报的概率。负对角线上的点，说明反应偏好相等，$\beta=1$。判断标准 β 是沿着机遇线变化的，从(0，0)向(1，1)判断标准逐渐降低。感受性 d' 沿着对角线变化，高于机遇线越远，表明被试的感受性越强。以虚报率、击中率的 2 分数为坐标绘制的 ROC 曲线就是一条直线，这条直线与机遇线的距离就是 d' 值。这样确定的 d' 与计算不同标准下 d' 的均值结果十分接近。

如果实验数据低于机遇线，这说明被试是有意对立，即明明感觉有信号他偏说
"无"，无信号时他偏说"有"。

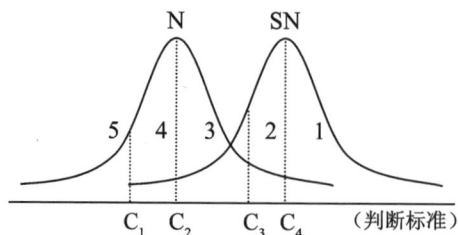

图 7-4　评价法中被试 4 种判断标准的概率分布图

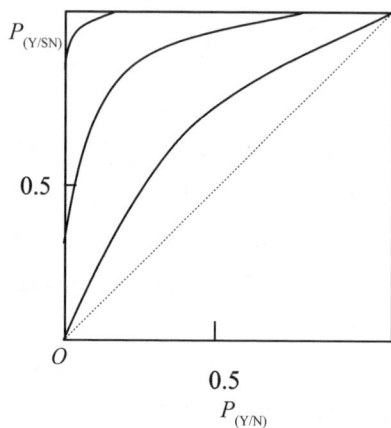

图 7-5　ROC 曲线（P 坐标）　　　　　图 7-6　ROC 曲线（Z 坐标）

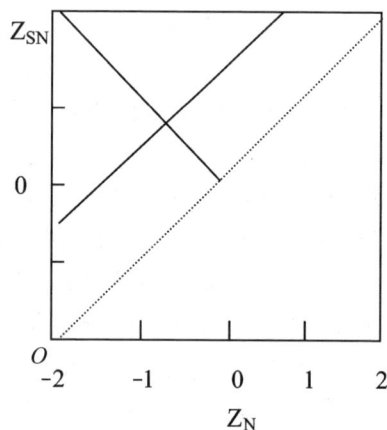

图 7-5 中的 ROC 曲线又叫等感受性曲线。当各轮实验中被试的感受性没有
变化，而且两个感觉分布的标准差相等时，ROC 曲线是一个平滑的、对称的曲
线，图中对角线为几率线。图 7-6 是根据击中率和虚报率转化为 Z 分数绘制的
ROC 曲线，对角线仍为几率线。实验数据绘制的曲线与负对角线相交的点上的 Z
分数值即为被试的感受性 d'，当被试的感觉分布的标准差相等时，这两条直线
垂直。

实 验 目 的

(1)通过比较被试对汉字再认的准确性和判断标准，学习信号检测论评价法。
(2)掌握信号检测论评价法实验设计在心理实验研究中的应用。

实验方法

一、被试

全班同学，4 人一组。

二、实验仪器与实验材料

(1)实验仪器：计算机、SDT 评价法实验程序。

(2)实验材料：图片材料或汉字词材料。

三、实验设计与程序

本实验的实验材料总数量为 200 个，信号的先验概率为 0.5，评价为五等级评价，五个等级的评价标准见简介。

(1)制作实验材料：在"编辑实验材料"菜单中选择"给定图片材料"，在出现的窗体中对实验参数进行定义，具体包括信号的先验概率、信号与噪音的总数量，并提取和生成实验材料，保存实验材料文件退出。

(2)在"正式实验"菜单中选择"给定图片材料"，进行正式实验。

(3)练习阶段：先呈现 20 个信号(呈现 1 秒，间隔 2 秒)，再呈现 40 个 SN 和 N 混合的刺激(呈现 1 秒，间隔 2 秒)，并要求被试按上述五个等级评价。

(4)正式实验：先给被试呈现 80 张信号图片，信号图片呈现完毕，呈现 160 个信号加噪音的图片，要求被试按照实验指导语，对每张图片是"信号"还是"噪音"做出判断，并回答自己判断的肯定程度。

实验前主试给被试如下指导语：

"下面是一个测验你的辨别能力的实验。实验开始时，屏幕中心的窗口将依次呈现一系列的图片材料，要求你尽量记住这些图片；这些材料呈现完毕后，计算机将呈现两倍数量的图片，其中有一半是刚才呈现过的，一半是没有呈现过的，要求你判断哪一个呈现过，哪一个没有呈现过，并对你判断的肯定程度做等级评价，如果 100%肯定呈现过，就按数字键'1'，如果觉得可能(75%肯定)呈现过，就按'2'，如果不能确定(50%肯定)是否呈现过，就按'3'，如果觉得可能(25%肯定呈现过)没有呈现过，就按'4'，如果 100%肯定没有呈现过，就按'5'。正式实验开始之前，先做练习实验。明白上述指导语后按'开始实验'键进行实验。"

(5)实验结束后，在"帮助"中的"结果查询"中查询每个被试的击中率和虚报率。

(6)换其他被试继续实验。

结果分析与讨论

(1)按照下列表 7-8 和表 7-9 整理结果，并分别计算出被试用四种判断标准的 d' 和 β 值。

(2)根据表 7-9 的统计结果，分别用击中率/虚报率和标准分数绘制 ROC 曲线（用小组实验数据），并与小组被试各人的 ROC 曲线进行比较，同时比较被试间判断标准和辨别力的个体差异。

(3)根据表统计的数据及 ROC 曲线，说明哪个被试对图片的再认能力强，以及他们采用的标准有何不同？

表 7-8　再认图片时的五种反应

反应等级 刺激	1	2	3	4	5
SN					
N					

表 7-9　再认图片的 d′ 和 β 值

判断标准	C_1	C_2	C_3	C_4
$P_{(Y/SN)}$				
$P_{(Y/N)}$				
Z_{SN}				
Z_N				
d'				
O_{SN}				
O_N				
β				

结　论

从本实验的结果可以得出什么结论？

思考题

(1)评价法与有无法比较，有哪些独特的优点？

（2）假如被试的 ROC 曲线（根据标准分数绘制的）不成一条直线或是与负对角线不垂直，应如何分别计算他的辨别力？ 如何对实验结果进行解释？

（3）比较信号检测论有无法和评价法之间的区别和联系。

参考文献

[1] 孟庆茂，常建华. 实验心理学. 北京：北京师范大学出版社，1999.

[2] 杨治良. 实验心理学. 杭州：浙江教育出版社，1997.

[3] 朱滢. 实验心理学. 北京：北京大学出版社，2000.

[4] 杨博民. 心理实验纲要. 北京：北京大学出版社，1989.

[5] 赫葆源，张厚粲，陈舒永. 实验心理学. 北京：北京大学出版社，1983.

[6] 张学民，舒华. 实验心理学纲要. 北京：北京师范大学出版社，2004.

[7] 张学民，舒华. 实验心理学纲要（修订版）. 北京：北京师范大学出版社，2005.

[8] 舒华，张学民等. 实验心理学的理论、方法与技术. 北京：人民教育出版社，2006.

第八章　反应时测量技术

【本章要点】

(一)反应时概述

1. 反应时的研究意义和历史发展

2. 反应时实验的种类

(二)反应时的影响因素

1. 外部因素

2. 机体因素

(三)反应时技术及其发展

1. 反应时技术：减法法；加法法；开窗实验

2. 反应时技术的发展

第一节　反应时技术的产生、发展及在心理学研究中的应用

反应时测量技术的产生与发展可划分为三个阶段。

第一阶段：科学心理学产生前期和初期，物理学家、生理学家和心理学家采用的反应时测量技术主要是受天文学中人差方程和生理学研究中的神经电传导速度测量的影响，主要是采用光学仪器、机械装置和自由落体的原理等，来测量个体心理活动的反应时指标，当时的研究还没有深入到信息加工的层面。

第二阶段：是在科学心理学产生之后到 20 世纪 50—60 年代，这个阶段行为主义心理学占主导地位，人们对心理现象的反应时指标的测量也主要是采用一些物理学的原理和方法，结合电子科学的方法和技术，采用声光等视觉听觉刺激来测量人的反应时间与心理活动的关系，但是，对人脑内部的认知加工过程的认识仍然是十分有限的，反应时测量技术和反应时指标仍然不是心理学研究的重要技术和指标。

第三阶段，随着计算机科学和物理学以及医学生理学等实验技术的不断发展，实验仪器的技术性能也不断提高，20 世纪 50—60 年代以后，由于计算机科

学的发展和三论(信息论、系统论和控制论)的产生,人们对心理活动的认识从传统的行为主义的困境中摆脱出来,从全新的视角对人脑的信息加工与计算机处理信息的过程进行类比,心理学家基于计算机技术和电子技术发展了各种反应时测量的技术手段和实验范式,测量的仪器手段也主要采用高精密度的集成电路和芯片技术与计算机技术结合,同时也将神经电生理技术运用到信息加工过程的研究中,减法反应时和相加因素法两种反应时实验的方法在认知心理学研究中得到了广泛的应用,尤其是在感知觉、注意和记忆等研究领域取得了大量的研究成果。认知心理学的飞速发展与反应时技术的广泛应用是有着十分密切的联系的,同时,在工程心理学研究与应用中,反应时测量技术也成为工程心理学研究和应用的主要技术手段和研究指标。下面就详细地介绍一下反应时测量技术的发展及其对心理学发展的贡献。

一、反应时测量技术的产生与发展

反应时(Reaction Time,RT)是心理学研究中的一个十分重要的指标,基于反应时间的测量技术是信息加工心理学的主要研究方法和技术之一。反应时间的概念最早是由生理学家和天文学家提出的,当时称之为心理过程的"生理时间"和人差方程。

1796年天文学者金内布鲁克(Kinnebrook D.)在天文观测中,观测结果的"误差"达到了0.8秒,而当时一般的天文观测的误差要求达到0.1秒,这件事得到了后来的天文学家的关注,并重复了类似金内布鲁克的观测,结果在没有意外误差的情况下,竟比金内布鲁克的误差还大。此事引起了天文学家的极大兴趣,为了弄清楚事情的原因,1823年,天文学家贝塞尔(Bessel F. W.,1784—1846)和另外一位天文学家同时进行观察,得出的结果还是有"误差",并用方程来表示:A-B=1.223秒。后来的一些观察也得出了类似的结果,"误差"的变化范围从0.044秒至1.223秒不等。于是贝塞尔认为,这种差异是观察者的个体差异导致的,并将其定为心理学的研究问题,并由此产生了两种心理学实验方法——复合实验和反应实验。

1. 复合实验

在1885年,学者冯·戚希采(Tchisch W. Von)用复合钟(complication clock)做了复合实验(complication experiment)。他设计了一种叫作"复合钟"的实验仪器,实验是这样进行的:该复合钟在正常运行过程中,当指到某一刻度时,就会发出一个声音,要求观察者注意听钟发出的声音,听到后指出钟指示的刻度。结果发现，观察者经常是在钟发出声音之前就指出指针的位置，即观察者的期待影响了其对声音信号与指针位置的判断，这种现象称为先入现象（the phenomenon of prior entry），即被试注意倾向于在知觉的对象呈现前做出知觉判断。

2. 唐德斯的反应时实验

人差方程的发现使心理学家受到了很大的启发，并采用减法反应时的方法对心理过程的反应时间进行测量。最先系统地将反应时法运用在心理过程研究的是荷兰的生理学家唐德斯（Donders F. C.，1818—1889），1865—1868 年，荷兰生理学家唐德斯第一次研究心理因素如何影响人类的简单与复杂的反应，并采用光或声音作为刺激，测量实验参与者的简单反应时间、辨别反应时间和选择反应时间。并发现简单反应时间大约在 100 毫秒。于是他的反应时理论将反应时分为三种，即 A、B、C 反应时：简单反应时、选择反应时和辨别反应时，并对这三种反应时之间的关系进行了研究，提出了减数法（subtractive method）。这种运用反应时研究人类心理过程的方法，在现代认知心理学中得到了广泛的应用。

3. 冯特（Wilhelm Wundt，1832—1920）采用反应时间测量心理指标

1879 年，冯特在莱比锡大学首创了心理实验室，并对心理现象进行了系统的研究。他认为唐德斯的反应时间的测定有助于认识心理现象。于是，冯特和他的学生对心理活动中的简单和复杂反应时进行了研究。如学生卡特尔（J. Cattell，1860—1944）采用反应时间作为指标研究被试的心理状态对反应时间的影响。法国心理学家皮耶隆（Henri Pieron，1881—1964）对反应时间的研究也做了贡献。赫尔姆霍兹采用反应时间的方法测量了神经电传导速度等。

4. 反应时方法的发展与应用

唐德斯提出 A、B、C 反应时后，在相当长的时间内，心理学家采用反应时指标研究心理现象主要局限于减数法反应时。直到信息加工心理学产生之后，1963 年，美国著名心理学家斯腾伯格（Sternberg，1963，1969）提出了相加因素法（additive factors method），并采用该方法对短时记忆进行了研究。20 世纪50—60 年代以来，反应时法一直是信息加工心理学乃至心理学其他的研究与应用领域非常重要的研究方法和指标之一。在反应时实验中，一般要求被试必须符合"速度－准确性权衡"（speed-accuracy trade off）的原则，即要求被试在保证正确的前提下，反应越快越好。由于反应时实验对反应速度和准确性有明确的要求，因此，被试在实验前必须清楚刺激的呈现形式和反应原则，这样才能保证实验结果的准确性和可靠性，更真实地反映出被试内在的心理加工过程。

随着反应时技术的广泛应用，20 多年以来，感知觉、注意与记忆等领域的心理学家基于反应时技术发展了一系列实验研究范式，如在刺激—反应相容性研

究中常用的空间线索技术、选择注意研究领域中的注意线索范式、注意追踪研究中的注意追踪范式以及阅读研究中的移动窗口范式等。此外，反应时方法在内隐社会认知领域也得到了应用。

二、反应时测量的仪器和方法

(一)反应时测量设备的基本结构

反应时间测量设备一般由三个部分构成：刺激呈现装置；反应时记录装置；反应装置。这三部分装置的性能指标和精密程度会直接影响反应时间的可靠性。在认知心理学研究中，一般对于反应时测量仪器精确性的要求需要达到 1 毫秒(ms)，即 1/1 000 秒。在一些复杂的心理活动或者心理任务中，对反应时间的要求可以宽松一些，如记录个体完成积木任务的时间、同时完成两项任务的时间等。因此，反应时测量的仪器和手段要根据研究问题的要求选定。对于上述复杂任务，能够精确到 50～100 毫秒的秒表就可以了，而对于精确的感知觉、注意和记忆的任务，理论上需要精确到 1 毫秒(实际的实验误差可能会在 10～30 毫秒之间)，而对于无意识活动和视觉活动的研究来说，对反应时的要求要更精确，这就对反应时测量技术方面提出了更高的要求，随着计算机技术在心理学研究中的普遍应用，采用计算机软件和硬件技术可以大大提高反应时测量技术的精确性，通过专门的软硬件技术可以使反应时的测量误差小于 10 毫秒，甚至接近 1 毫秒。在后面，我们会详细地介绍这些反应时测量技术。

(二)传统的反应时测量技术

1. 自由落体计时器

自由落体计时器是早期反应时记录的常用装置，皮龙(Piéron，1928)就采用物理学自由落体的原理来准确地记录被试的反应时间。自由落体计时器主要用于视觉实验，通常主试用拇指将一根米尺笔直地按在墙上，尺的零点朝下，尺的上端位于被试者视觉的水平位置；被试将拇指摆在尺的下端，准备阻止尺自由下落。当主试发出"预备"的实验指令，放开直尺，被试立即按住直尺。根据刺激下落的距离和自由落体的公式 $T = \sqrt{\dfrac{2S}{g}}$ (T：代表以秒作单位的反应时间；S：代表尺子下坠的距离；g：代表地心引力的重力加速度)就可计算出被试的反应时间。

自由落体计时器装置采用了自由落体的原理，既简便易行，又适合于各类视觉反应时间的演示实验。而且，这种方法也可借助一些附加装置，用来测定听觉、触觉以及其他复杂的选择或辨别反应时间。

2. 单摆计时器

单摆计时器最早是由恺撒（Kaiser，1859）运用于天文学观测的装置，并可以测量观测者的个体差异——人差方程。单摆计时器是利用物理学单摆的运动原理来记录反应时的，通常可以根据观察两个摆长不同的摆锤视觉的重合来推算间隔的时间。后来桑福德（Sanford，1889）对单摆计时器进行了改进，用两摆的视觉合一来测量心理反应时间。根据单摆振动定律（law of simple pendulum vibration），单摆的振动周期（T）跟摆长（L）与重力加速度（g）有以下的关系：$T = 2n\sqrt{\dfrac{L}{g}}$，其中 n 代表两个摆振动的差异，根据这个差异，便可求得反应时间量值。

采用单摆计时器测反应时的时候，主试首先应调整两摆的摆长，例如使长摆每分钟摆动 75 次，短摆每分钟摆动 77 次，则两摆每周的时差为 0.8－0.78＝0.02（秒）（0.8 秒是长摆摆动一周的时间，0.78 秒是短摆摆动一周的时间）。

具体实验程序如下：长摆和短摆均放在释放处上面，等待释放。主试掌握长摆键，被试掌握短摆键。在主试发出"预备"信号的 2 秒钟之内，主试按动长摆键，此时长摆开始摆动。被试的任务是看到长摆启动后，就立即按下短摆键释放短摆。由于每次都是长摆先动，然后短摆渐渐追上，每摆一次长摆被短摆追上0.02 秒，那么短摆追上长摆时的摆动次数乘以 0.02 秒就是短摆与长摆发动的时间间隔。

3. 时间描记器

时间描记器（chronographic）又称记纹鼓（kymograph drum），是早期生理心理研究中常用的仪器。时间描记器利用记纹鼓或摄影胶片来记录刺激和反应的痕迹，并根据两个痕迹间的距离算出反应时间。

采用时间描记器记录反应时间时，需要控制运动的表面速度不变，同时在运动表面上画出清晰的标记，这样就能准确地计算出被试的反应时间。

4. 机械钟表计时器

钟表式计时器也是早期反应时记录的常用装置之一，早期使用的机械钟表计时器 Hipp 钟表计时器（1843），它是利用摆的原理制造出的可测量 1 毫秒的计时器，这是早期心理实验室精密计时器之一。Hipp 计时器由两个部分构成：（1）一个快速运动的时钟，在刺激没有发出时，它可以正常状态运行，当被试做出反应时，就会立刻停止；（2）用一个轻齿和连串的装置来移动测量反应时间的指针。随着钟表制造工艺的发展，邓拉普（Dunlap，1918）对 Hipp 钟表计时器进行了改进。就是在现代的钟表制造业，也是采用同样的原理生产钟表计时器。

5. 电子时间计时器

随着电子计算机技术的发展，电动秒表，电子钟表、高精度的计算机时钟等已经成为时间记录的科学和可靠的仪器。20 世纪 50—60 年代以来，随着电子晶体元件、集成电路及液晶技术的发展，各种电子时间计时器得到了快速的发展，精密度也得到了很大的提高，精密的电子毫秒计时器的精确度可达到 1 毫秒。

6. 特殊摄影计时

特殊摄影计时在运动比赛中是常用的记录时间的方法，尤其是在不同运动员完成动作或到达终点的时间差别很小的情况下，这种方法能够有效地记录运动员的成绩。具体的操作方法是：采用高频率的带有毫秒计时器的数字录像装置，通过该录像装置可以把运动的全过程或其他的实验情景中刺激的呈现和反应的过程摄录下来，必要时可通过慢速播放摄影画面，将录像的情景的反应时间进行"定格"或"放大"，使研究者更准确地获知反应时间，该方法在运动心理学研究中应用比较普遍。

7. 计算机软硬件时间记录方法

在现代心理学研究中，上述的前 6 种时间记录方法已经很少应用，在认知心理学和工程心理学研究中，研究者广泛采用的时间记录方法是通过计算机硬件和软件编程技术，基于计算机硬件技术、Windows 操作系统下的各种程序设计软件及其与操作系统接口的 API 编程技术，编制各种用于心理学实验研究的实验软件，如 20 世纪 80 年代以来，在心理学研究中普遍使用的反应时实验软件有DMDX、E-Prime、Millisecond Software Inquisit 等，此外，很多心理学研究者在研究过程中也开发了大量的用于实验研究的实验软件。也有很多心理学家与计算机专家合作，在信息加工过程的研究方面开展了大量的研究。

8. 其他反应时间记录的方法

此外，目前也有很多用于心理学研究的各类实验设备：如眼动仪、视野计、脑电仪、功能成像核磁共振仪（fMRI）、计算机断层扫描仪（CT）、PET、MEG等仪器都将精确的反应时记录装置融合到这些设备中，使这些设备在记录反应时方面可以精确到几毫秒，同时又可以记录很多其他的生理指标。

三、反应时间研究方法的应用

反应时测量技术是现代心理学基础研究和应用研究领域一种十分重要和不可缺少的方法，20 世纪 50—60 年代以来，反应时测量技术对心理学基础理论研究、应用研究以及心理学在社会各领域中的实际应用做出了不朽的贡献。

(一)反应时测量技术在基础研究领域中的应用

在基础研究方面，20世纪50—60年代以来，心理学家运用反应时测量技术在感知觉、注意、记忆、意识等研究领域开展了大量的研究，并成为上述研究领域的最重要的研究方法和技术手段，为人类认识心理活动的认知加工过程做出了重要的贡献，大量的基于反应时测量技术的研究，使现代心理学的理论得到了快速的发展，并对人脑的信息加工过程有了更为深入的认识。

(二)反应时测量技术在应用研究领域中的应用

在应用研究领域，心理学家采用反应时测量技术在人机界面和电子设备的用户界面的研究与评价方面、在各类驾驶员的模拟驾驶训练、计算机应用软件开发、国际互联网的界面研究与评价等方面开展了大量的应用研究，为探讨人类在各类情境下的认知活动和操作技能的表现、发展和训练等方面提供了大量的实验依据。

(三)反应时测量技术在实际应用领域中的应用

在实践应用领域，反应时测量技术在各类驾驶员的模拟训练、计算机界面的开发和各类电子设备的开发和人工智能、医学、运动训练、驾驶员的选拔、运动员和其他各类特殊人员的选拔和训练等领域有广泛的应用。在病理心理的诊断方面，在高级神经活动关于暂时联系的形成、神经兴奋的动力变化及类型的研究等方面，反应时间也是一种十分必要的指标。

总之，反应时测量技术无论在理论研究还是实践应用方面，都是十分重要的研究技术手段，反应时测量技术的应用前景也是非常广阔的。随着人类对自身认知活动的深入认识，尤其是对复杂的人类活动认识的不断加深，反应时测量技术对复杂人类活动(认知技能)发展的研究以及复杂活动的训练也有十分重要的理论与应用价值。

第二节 人类对刺激的反应过程及实验范式

一、反应时间与刺激—反应的加工过程

反应时是指从刺激呈现到有机体作出外显应答之间的时间间隔，即从接受刺

激到做出反应之间的潜伏期(Latency)。反应时方法的基本测量程序是给被试呈现特定的刺激,要求在刺激呈现之后快速地做出反应,同时通过特定的仪器记录从刺激开始呈现到被试作出外显反应的时间。被试的这段反应时间可以反映刺激在大脑内的认知加工过程。

(一)刺激—反应的过程

从神经生理学的角度讲,一个完整的刺激—反应过程通常由如下五部分组成:①感受器将物理或化学刺激转化为神经冲动的时间;②神经冲动由感受器到大脑皮质的时间;③大脑皮质对信息进行加工的时间;④神经冲动由大脑皮质传至效应器的时间;⑤效应器做出反应的时间。

上述的五个过程也可以区分为如下三个阶段:第一阶段是接受刺激信息和信息上行传导的过程;第二阶段是信息在大脑皮层中进行加工和决策的过程;第三个阶段是大脑皮层将加工后做出的判断(指令)下行传递给效应器,并做出相应行为反应的过程。

从信息加工的角度讲,刺激—反应的过程是个体识别刺激、反应准备(反应选择与组织)和反应执行的过程。关于选择反应时的研究表明,人类在对特定的刺激做出特定的动作或反应前,在大脑内有一个信息加工过程,这种在未做出反应前的内在的信息加工过程称为心理潜伏期(牟炜民,张侃等,1999)。一般来说,心理潜伏期是通过反应时来测量的。

(二)选择反应的过程

反应时可以定义为触发反应的刺激呈现到做出反应的时间间隔,在复杂的任务中,心理潜伏期可以划分为如下几个阶段(见图 8-1):

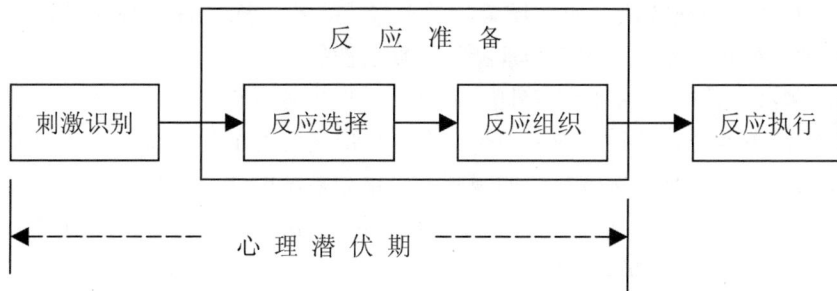

图 8-1　心理潜伏期阶段模型(引自牟炜民,张侃,郭素梅,1999)

(1)刺激识别阶段(stimulus identification)：刺激识别是指对呈现刺激的感知觉过程，这个过程包括对刺激的知觉特征进行编码，并与记忆中的信息进行匹配、比较和识别。

(2)选择反应阶段(response selection)：选择反应阶段是根据刺激识别阶段的信息加工结果，做出相应的选择反应的过程。

(3)反应组织阶段(response programming)：反应组织阶段是对一系列反应指令、反应过程进行组织，为执行反应做准备。

上述三个阶段属于心理潜伏期。

(4)反应执行阶段(response execution)：是根据前三个过程对刺激的识别、选择与组织，作出外显反应的过程。

(三)影响反应组织和选择反应的因素

影响选择反应的认知加工过程的因素是复杂的，归结起来主要包括如下几方面。

(1)选择反应的刺激的数目。关于刺激数目和选择反应时之间的关系，国外做了大量的研究，研究结果表明，随着刺激数目的增加，被试的选择反应时表现出延长的趋势(Jensen，1987)，詹森(Jensen)的研究结果如下：

①随着选择反应的刺激的数目增加一个，反应时间的变化会增加一个常数，选择反应时与选择刺激数目之间存在着线性函数的关系。

②智商与不同选择反应数目的选择反应时之间存在着较高的相关，詹森(1987)的研究表明，智商与二项、四项和八项的选择反应时之间的相关分别为-0.19，-0.21，-0.26，由此可以看出，按照詹森的观点，在多项选择反应任务中，反应时越短，其智力水平就越高。

(2)刺激的物理特征，如选择刺激的形状、大小、颜色等物理属性，选择刺激的物理特征是否相同，刺激物理特征的复杂性等。

(3)刺激—反应(S-R)的相容性。刺激—反应的相容性是指被试做出选择反应的规则的简单性与直接性，或者说是刺激—反应之间特征的相似性。一般刺激反应之间的相容性越高，按键反应的规则越简单，被试的选择反应时越短；刺激—反应的相容性越低，或者说按键反应的规则越复杂，被试的选择反应时就越长(牟炜民，张侃，郭素梅，1999)。

(4)年龄发展因素，不同年龄的个体的信息加工速度是不同的，在成年以前，随着年龄的增长，个体完成任务的信息加工速度提高，加工时间缩短(Sternberg & Rifkin，1979；沃建中，林崇德，1999)。

　　(5)其他因素，如性别、疲劳、疾病、心理状态等因素也会影响个体对刺激的组织和选择反应时间。

　　选择反应时的研究对理解人类复杂的信息认知加工过程有重要意义，很多信息加工的实验研究都是建立在选择反应时研究的基础上，通过对个体的选择反应时和反应过程的分析，推测其内在的信息加工过程。

(四)反应时实验测量的指标

　　反应时实验记录的主要指标是被试的反应时间和正确率，并通过被试的反应速度和反应的准确性衡量被试的反应情况，避免单独采用反应时指标带来的只重反应速度而忽略准确率的问题，或者只重准确率而忽视反应速度的问题。因此，在一般的反应时实验中，必须要求被试在保证正确判断的前提下对刺激尽快做出反应。

二、速度—准确性权衡的原则

　　在反应时实验中，一般对反应时间和正确率之间的关系有一定的要求，也就是说，在一般的反应时实验研究中，要求被试对刺激的反应在保证正确的前提下越快越好，尽可能避免以牺牲正确率为代价提高反应速度，或者是以降低反应速度为代价提高正确率的情况。这个原则叫作速度—准确性权衡的原则(speed accuracy trade off)。

三、常用的反应时测量范式

(一)空间线索范式

　　空间线索范式(space cueing paradigm)是研究空间感知觉、空间注意的研究范式，由波斯纳(Posner，1980)提出。20世纪80年代以来，研究者用空间线索范式在知觉、注意等领域开展大量的研究，并基于这种研究范式发展出很多基础心理过程的研究范式。如刺激—反应相容性(stimulus-response compatibility)就是典型的空间线索范式，该方法的基本程序是在给被试呈现不同复杂程度的目标之前，先给被试呈现一个与目标特征具有一致性或部分一致的线索刺激，通过不同相似性的线索刺激对目标的提示作用，来考察被试对目标刺激的加工和识别速度。

(二)注意线索范式

注意线索范式(attentional cueing paradigm)是选择注意研究领域常用的研究方法，该方法的基本程序是在注意目标呈现之前，给被试呈现不同性质、特征或有效性的线索刺激，通过不同线索对注意目标的提示作用，探讨被试对注意目标进行注意加工的规律。通常采用该范式研究选择注意时，选择的线索特征包括线索的有效性、线索呈现的位置(如外周还是中央)、线索与目标特征的一致性以及线索有效性的概率等。

(三)移动窗口范式

移动窗口范式(moving window paradigm)是在阅读研究中常用的一种研究技术，该范式实验的基本程序是让被试自定速度逐字(或词)地阅读一段文字，句子材料以字(或词)为阅读单元逐一呈现，被试每按一次鼠标，当前词便消失，同时下一个新的词出现。在实验过程中，计算机将自动记录被试每次按键的时间，并自动计算被试连续两次按键动作的时间间隔，并将它作为被试对每个字、词或句子阅读时间的指标。采用该技术可以测量被试加工句子的不同结构单元所用的反应时间，并据此分析阅读理解的规律。

(四)注意追踪范式

注意追踪的研究范式是多目标追踪范式(MOT)。该研究范式的基本程序是，让被试追踪一系列由不同特征组成的、变化的、随机运动或按照特定规律运动的目标(Target)，当目标发生特定的变化时，被试的注意也会发生变化，此时要求被试根据实验要求对被追踪目标的变化做出不同的反应，并记录其反应时和错误率，该研究范式被很多研究者应用于注意追踪的实验研究中。

(五)目标融合范式

在部分注意追踪研究中，研究者加入了目标融合(target merging)技术，即通过把两个刺激融合在一起(如，两个"圆"用一条线连起来，成为一个"哑铃")改变追踪对象的呈现形式，通过测量这种不同形式的多目标融合刺激的反应时间，可以发现人对不同空间组织和空间关系的若干物体的注意追踪与加工机制，该研究方法在近几年的注意追踪研究中经常被研究者采用。

(六)启动范式

启动范式(priming paradigm)是基于空间线索演化出来的一种在感知觉、注意、意识、语言认知等领域广泛应用的实验技术。该实验技术的基本程序见图 8-2。

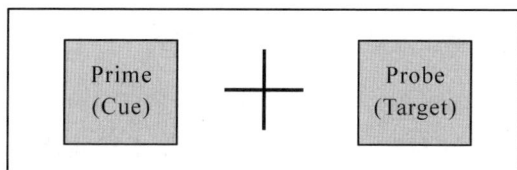

图 8-2　启动研究范式

实验的基本形式如下：

在实验过程中的每次试验（Trial）是由一个启动刺激（Prime）或线索（Cue）注视点（Fixation）"＋"和一个探测刺激（Probe）或目标（Target）组成，实验刺激材料可以是图形、各种物品的图片、语言或声音等。启动刺激和探测刺激之间可能是正启动（Positive Priming），即启动刺激对探测刺激加工起到促进作用，如启动刺激是太阳的图片"☀"，探测刺激是"太阳"，太阳的图片可能会促进"太阳"这个词的加工；也可能是负启动（Negative Priming），即启动刺激对探测刺激的加工起到抑制的作用，如启动刺激是太阳的图片"☀"，探测刺激是"寒冷"，太阳的图片可能会抑制"寒冷"这个词的加工速度。通过设计启动刺激和探测刺激之间的关系，可以探讨启动刺激和探测刺激之间的内在联系和规律，通过大量实验的研究，就可以发现人在加工各类感知觉、注意、语言等方面刺激信息的规律。

（七）复合刺激范式

复合刺激范式（compound stimulus paradigm）是纳冯（Navon，1977）提出的研究复合刺激的知觉加工的实验范式，David Navon 采用复合刺激的研究范式对整体加工的反应优势以及整体对局部加工的干扰作用进行了研究。纳冯的实验范式逐渐在认知心理学各研究领域得到了广泛应用。该方法的具体实施过程见图8-3：

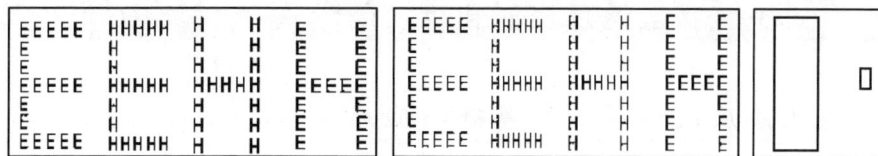

图 8-3　复合刺激研究范式的实验材料

每次实验首先呈现线索（大方框或小方框）300 毫秒，间隔 500 毫秒后，呈现目标——复合字母，持续 200 毫秒后消失。被试用右手食指和中指按小键盘上的数字键 1 对大字母 E 和小字母 e 做反应，按 2 对大字母 H 和小字母 h 做反应。

要求被试保证正确的情况下反应越快越好。

(八)反应时技术在视频信息加工中的应用范式

反应时技术在复杂的视频信息加工中的应用是反应时技术应用于生态化实验的一种形式，这种实验范式我们称为视频信息加工实验范式（video information processing paradigm）。该范式的基本实验过程是在实验过程中，呈现一定长度的视频实验材料（一般是被剪辑后 2～3 分钟的若干相对完整的片段），如课堂教学录像，每呈现一段视频录像后，会给被试呈现一些描述视频录像的句子信息，要求被试对这些信息描述的对错进行反应，从而记录被试加工视频录像信息的反应时间和正确率，根据加工视频录像信息的反应时间和正确率就可以分析被试在加工特定情境时的信息加工规律。该研究范式的主要特点是实验材料为真实的情景录像，因此生态化效度较高，该方法比较适合于研究教师的课堂信息加工、运动员对运动场景和比赛情境、军人对军事训练情境的信息加工等复杂场景的信息加工规律。

(九)反应时技术在人机界面设计中的应用

反应时技术在人机界面设计中也是一种重要的界面研究方法和评价手段，如评价人和计算机软件界面或输入设备的工效学、评价移动显示设备（如手机、掌上计算机 PDA、电子词典）等的界面操作效率等。

此外，还有很多基于反应时的研究技术，如通过 DMDX 软件技术、E-Prime 实验设计软件、Millionsecond Software 的 Iquisite 实验软件，通过眼动仪和计算机记录被试眼动过程与视觉停留时间的眼动技术等。

第三节　反应时测量技术的理论基础
——减数法反应时和相加因素法

一、减数法反应时的理论基础与应用

(一)减数法的基本原理

减数法是荷兰心理学家唐德斯提出的，他把反应时划分为三类：即简单反应时（A 反应时）、选择反应时（B 反应时）和辨别反应时（C 反应时），见图 8-4。

　　简单反应时是指呈现一个刺激，要求被试从看到或听到刺激到立即做出反应的这段时间间隔，唐德斯把它称为 A 反应时，这种反应时间是感知到刺激就立即做出反应，中间没有其他的认知加工过程，因此也称为基线时间（baseline Time），任何复杂刺激的反应时间都是由基线时间和其他的认知加工过程所需时间合成的，这就是采用减数法测量认知加工过程的一个基本假设。

　　选择反应时是指当呈现两个或两个以上的刺激时，要求被试分别对不同的刺激做不同的反应。在这种情况下，被试从刺激呈现到做出选择反应的这段时间称为选择反应时，唐德斯把它称为 B 反应时，选择反应时包含了简单反应时（基线时间）、辨别时间和选择时间（选择不同刺激的加工时间）。

　　辨别反应时是指当呈现两个或两个以上的刺激时，要求被试对某一特定的刺激做出反应，对其他的刺激不做反应，被试在刺激呈现到做出辨别反应的这段时间，就是被试的辨别反应时，唐德斯把它称为 C 反应时。辨别反应时间包含了简单反应时和被试辨别时间（在若干个刺激中辨别出目标刺激的加工时间）。

　　三种反应时的关系可以用图 8-4 来表示：从图示可以看出，简单反应时最短，选择反应时最长，辨别反应时介于两者之间。现代认知心理学研究领域的大部分实验研究，都是以唐德斯的减数法反应时为理论依据的。如库伯（Cooper）和谢帕德（Shepard）的表象心理旋转实验、特拉巴苏（T. Trabasso）在麦克马洪（L. Mcmahon）的句子类型与句子理解速度的实验等，都是通过选择和辨别反应时间来探讨大脑对信息的认知加工过程。

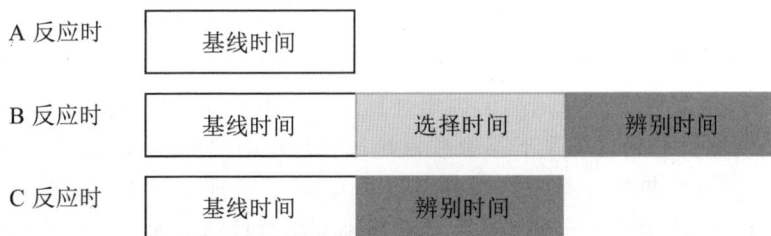

图 8-4　唐德斯的 A、B、C 反应时及其相互之间的关系

（二）影响 A、B、C 反应时的因素

1. 简单反应时的影响因素

　　简单反应时是看见刺激就作出反应所需要的时间，是信息加工过程最基本的时间单元，在通常情况和刺激环境条件恒定的情况下，一般不受刺激本身因素的影响。不过简单反应时间可能会受到个体的准备状态、机体变量的因素（如疾病、

情绪状态、药物的作用等)影响。

2. 辨别反应时的影响因素

根据唐德斯的减数法,用被试辨别刺激的时间(C)减去被试的简单反应时(A)就是其辨别反应时。基于唐德斯的假设,泰勒(D. H. Taylor)做了一个测量被试简单反应时、选择反应时和辨别反应时的实验,验证了唐德斯的减数法反应时假设。泰勒实验结果见表8-1。

表8-1 泰勒验证唐德斯反应时假设的实验结果

刺激—反应类别	简单反应时	选择反应时	辨别反应时	选择时间	辨别时间
反应时间(ms)	239	376	331	45	92

注:选择时间=选择反应时(B)−辨别反应时(C)

辨别时间=辨别反应时(C)−简单反应时(A)

有研究者认为,辨别反应时与智力之间存在着一定的关系。克兰茨勒(Kranzler)和詹森(Jensen)对有关辨别反应时间与智商关系的研究进行元分析,结果表明辨别反应时与智力之间存在一定的相关关系,结果见表8-2。克兰茨勒和詹森的实验结果表明:个体的辨别反应时间对其智力测验分数有一定的预测力,而且可以解释智力测验分数25%的变异。

表8-2 Kranzler 和 Jensen 对辨别反应时与智商之间关系的元分析结果

刺激—反应类别	总体相关系数	成人的相关系数	儿童的相关系数	对智商的解释率
相关系数	−0.49	−0.54	−0.47	0.25

总体来说,影响辨别反应时的因素是复杂的,主要可以归纳为以下几方面:

(1)呈现刺激的数目。关于刺激数目与选择反应时之间的关系,国外做了大量的研究,研究结果见实验8-4(选择反应时实验)。从理论上讲,呈现刺激的数目对辨别反应时也会有一定的影响,随着辨别刺激数目的增加,个体的辨别反应时可能会有提高的趋势,这个问题还需要进行实验研究加以证实。

(2)刺激的物理特征。如辨别刺激的形状、大小、颜色、辨别刺激的物理特征是否相同、辨别刺激的特征数目或复杂程度等。

(3)辨别反应刺激的数目。即要求被试在一组刺激中辨别出的刺激的个数,如辨别刺激是一个、两个、三个等,由于辨别数目不同,个体的辨别反应过程便加入了选择反应的过程,因此,其辨别反应时间也可能受到影响。

(4)年龄发展因素。不同年龄个体的信息加工速度是不同的,随着年龄的增长,个体完成任务的信息加工速度提高,加工时间缩短(Sternberg & Rifkin,

1979；沃建中，林崇德，1999)。从理论上讲，辨别反应时间也可能存在发展差异，因为不同年龄阶段个体的信息加工速度存在发展差异，而辨别反应时是信息加工的一个方面，所以也应该存在发展的差异，这还需要通过实验加以验证。

(5)其他因素，如性别、疲劳、疾病、心理状态等因素也会影响个体对复杂刺激的辨别反应时间。

3. 选择反应时的影响因素

影响选择反应时认知加工过程的因素是复杂的，归结起来主要包括以下几方面。

(1)选择反应时的刺激的数目。关于刺激数目和选择反应时之间的关系，国外做了大量的研究，研究结果表明，随着刺激数目的增加，被试的选择反应时表现出延长的趋势(Jensen，1987)，詹森的研究结果认为选择反应时的刺激的数目增加一个，反应时间会增加一个常数，选择反应时与选择刺激数目之间存在着线性函数的关系。

(2)智商与不同选择反应数目的选择反应时之间存在着较高的相关。詹森(1987)的研究表明，智商与二项、四项和八项的选择反应时之间的相关分别为一0.19，一0.21，一0.26，由此可以看出，按照詹森的观点，在多项选择反应任务中，反应时越短，其智力水平就越高。

(3)刺激的物理特征，如选择刺激的形状、大小、颜色等物理属性，选择刺激的物理特征是否相同，刺激物理特征的复杂性等。

(4)刺激—反应(S-R)的相容性。刺激—反应的相容性是指被试做出选择反应的规则的简单性与直接性，或者说是刺激—反应之间的特征的相似性。一般刺激反应之间的相容性越高，按键反应的规则越简单，被试的选择反应时越短；刺激—反应的相容性越低，或者说按键反应的规则越复杂，被试的选择反应时就越长(牟炜民，张侃，郭素梅，1999)。

(5)年龄发展因素，不同年龄的个体的信息加工速度是不同的，在成年以前，随着年龄的增长，个体完成任务的信息加工速度提高，加工时间缩短(Sternberg & Rifkin，1979；沃建中，林崇德，1999)。

(6)其他因素，如性别、疲劳、疾病、心理状态等因素也会影响个体对刺激的组织和选择反应时间。选择反应时的研究对理解人类对复杂信息的认知加工过程有重要的意义，很多信息加工的实验研究都是建立在选择反应时研究的基础上，通过对个体的选择反应时和反应过程的分析，来推测其内在的信息加工过程。

（三）唐纳德的 A、B、C 反应时的测量

测量唐纳德的 A、B、C 反应时能够直接地观察到信息加工过程中个体在不同的加工过程中所需要的时间，并可以根据唐纳德的减数法反应时原理，计算出辨别时间和选择时间。下面是关于简单反应时、辨别反应时和选择反应时的实验，通过下面的实验，可以验证唐纳德的减数法反应时，并计算出基线时间、辨别时间和选择时间。

（四）唐纳德减数法反应时的经典实验

从 20 世纪 50—60 年代一直到现在，减数法反应时在心理学研究中得到了广泛的应用，并对人类信息加工过程的研究做出了重要的贡献。下面列举三个减数法反应时在信息加工过程研究中应用的经典实验。

（1）库伯和谢帕德（1973）用减数法反应时实验证明了心理旋转的存在。

（2）克拉克和 Chase（1972）以及马克麦洪和特拉巴苏的句子—图画匹配实验。

（3）Posner（1969）轮廓比较与命名实验。

二、相加因素法的理论基础及应用

（一）相加因素法的原理

相加因素法（additive factors method）是美国耶鲁大学心理学系著名心理学家斯腾伯格（Sternberg，1969）提出的。斯腾伯格认为，相加因素法的基本逻辑是：如果两个因素的效应是相互制约的，即一个因素的效应可以改变另一个因素的效应，那么，这两个因素只作用于同一个信息加工阶段；如果两个因素的效应是相互独立的，那么这两个因素分别对不同的信息加工阶段起作用。相加因素法是斯腾伯格（1969）在唐德斯减数法反应时基础上的进一步发展，相加因素法是对减数法的实验逻辑和前提假设的进一步补充和发展。

斯腾伯格的相加因素法的基本逻辑和前提假设是，人的信息加工过程是系列进行的而不是平行发生的，人的信息加工过程是由一系列有先后顺序的加工阶段组成的，有时这些加工阶段之间存在着一定的相关性，这是相加因素法的一个基本前提。因此，在相加因素法的实验中，研究者的通常假设是：完成一个作业所需的时间是这一系列信息加工阶段的时间总和，而且这个逻辑可以用一个经验公式表示（见后面）。

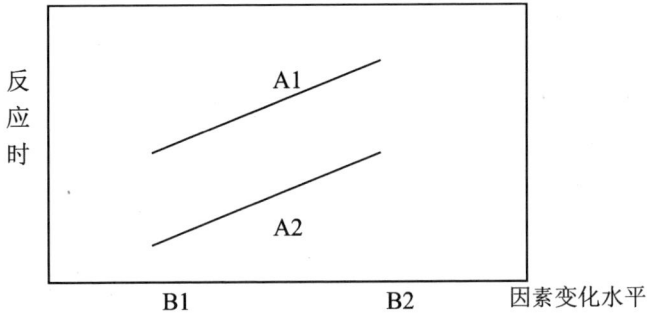

图 8-5 独立因素相加效应图示

在应用相加因素法进行实验时，当两个实验因素影响两个不同的阶段时，它们将对总反应时间产生独立的效应，即不管一个因素的水平如何变化，另一个因素对反应时间的影响是恒定的，相加因素法就是以这样的逻辑来区分不同的加工阶段，从而尝试找出某信息加工的不同阶段，并进一步以推测整个任务的信息加工过程。所以，相加因素法实验主要不是区分不同加工阶段的反应时间，而是分离任务的不同加工阶段，以及不同阶段所需要的时间。对于相加因素法提出的系列加工而不是平行加工的研究结果，认知心理学家也有不同的看法，并做了很多实验研究，结果有的支持斯腾伯格的理论，也有的对斯腾伯格的结果提出质疑，尽管如此，斯腾伯格采用相加因素法进行了一系列严谨的实验对短时记忆进行了研究，并得出了一系列科学可靠的实验结果。相加因素法的提出为信息加工心理学的研究提供了新的研究思路、研究方法和理论基础。

(二)相加因素法的应用

斯腾伯格运用相加因素法研究短时记忆信息提取方式，其基本实验如下。

短时记忆的搜索方式和信息提取的研究是由斯腾伯格(1963，1966，1969)展开的。1963 年，斯腾伯格对短时记忆的搜索方式进行了实验研究，斯腾伯格认为，人类对短时记忆信息的搜索方式可能是平行扫描的(parallel scanning，也称为平行加工——parallel processing，或平行搜索——parallel search)，也可能是系列扫描的(serial scanning，也称系列加工 ——serial processing，或系列搜索——serial scanning)，并对短时记忆信息的搜索方式提出如下假设：

如果呈现的刺激的长短对再认的反应时没有显著的影响，则说明短时记忆的搜索方式是平行扫描(见图 8-6a)。

如果呈现的刺激的长短对再认的反应时有显著的影响，且随着刺激长度的增加，再认的反应时延长，则说明短时记忆的搜索方式是系列扫描(见图 8-6b)。

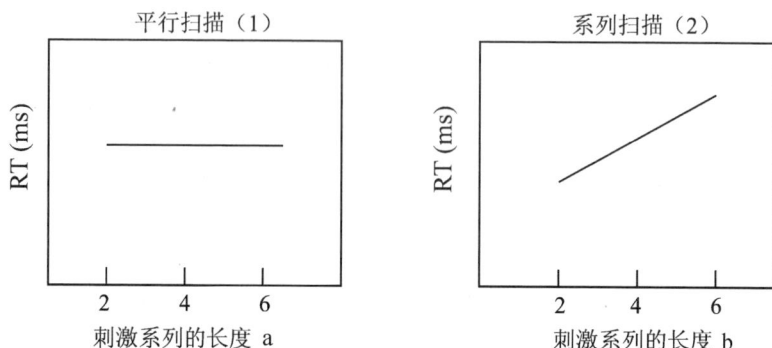

图 8-6　斯腾伯格关于记忆搜索方式的假设

为了验证上述假设，斯腾伯格做了这样一个实验：实验开始让被试识记一系列刺激组成的项目表，项目表中的刺激是由一系列不同长度的数字或字母组成的，每呈现完一个刺激后，间隔 2 秒钟，呈现一个检验项目，这个检验项目可能是刚才呈现过的，也可能是刚才没有呈现过的，被试看到检验项目后尽快做出"呈现过"（回答"是"）或"没有呈现过"（回答"否"）的反应，并记录再认反应时和正确率。斯腾伯格在此基础上设计了两个实验：

实验一：识记材料为数字，长度为 1～6，每次呈现的数字都是不同的。

实验二：识记材料为数字，长度为 1、2 和 4，每次呈现的数字都是完全相同的。

斯腾伯格的实验结果如图 8-7 所示，纵坐标为平均正确反应时，横坐标为刺激系列的长度。实验一（刺激项目不断更新）结果表明：当刺激的长度增加时，被试的正确再认的反应时也相应增加，这说明记忆的搜索方式是系列扫描的；实验二的结果也证明了记忆的搜索方式是系列扫描的，同时，实验二的结果还表明：当反复呈现相同的刺激项目（练习的过程）后，使被试再认和做出决定变得更容易了。从上述两个实验可以看出（见图 8-8），被试做"是"和"否"判断的反应时的趋势是一致的（Sternberg，1963；Anderson，1972；Harris，1974）。

斯腾伯格又进一步将短时记忆的信息提取过程划分为三个阶段，提出了相加因素法。他认为，信息搜索时间等于各阶段信息加工时间的总和。这三个阶段是：(1)检查项目编码阶段，反应时为 e(ms)；(2)检查项目与呈现刺激系列比较阶段，每次比较时间为 c(ms)，如果刺激系列有 N 个项目，则需要 $c \times N$(ms)；(3)做出决策和反应的时间 d(ms)。由此可以得出记忆搜索过程中信息提取的时间为：

$$RT = e + c \times N + d$$

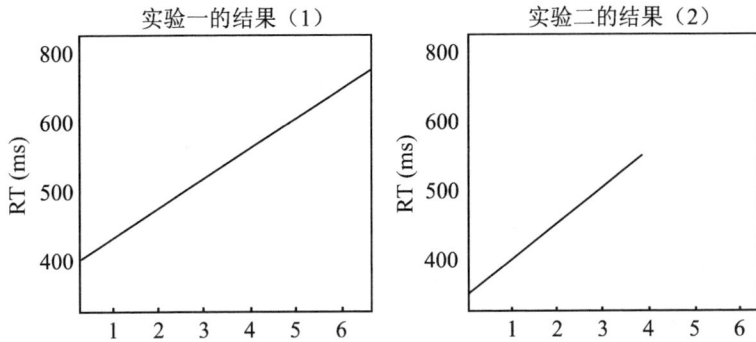

图 8-7　短时记忆搜索时间与刺激长度的关系

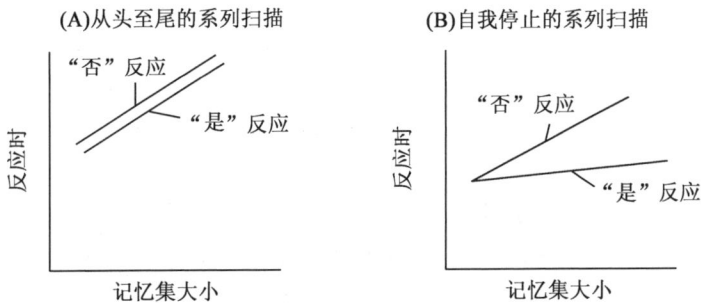

图 8-8　是否判断的反应时与记忆材料长度的关系

或者　　　　　　　　　　RT＝ c×N＋（e＋d）

以上公式说明了刺激系列的长度与识别反应时之间的线性关系。即 c 为直线的斜率，（e＋d)为直线的截距。斯腾伯格通过实验得出如下的经验公式（其中 N 为刺激系列的长度）：

$$RT＝ 39N＋397$$

在后来的研究中，斯腾伯格发现，在短时记忆的搜索过程中，被试提取信息时，有时当要提取的信息已经提取到了，被试还是要进行比较，也就是说，被试在进行搜索时比较的次数要多一些，而有时却又少一些，那么为什么被试在比较出识别的项目后还继续做似乎无效的工作呢？斯腾伯格认为，这是由于被试比较信息和做出决策是两个分离的过程，但这种解释还存在很大的争议。很多研究者对于斯腾伯格提出的系列扫描进行的方式，甚至对于短时记忆提取方式产生了异议，并进行了一些相关的实验研究。

斯腾伯格的反应时理论引起了很多心理学家的兴趣，并引发了大量的研究。

斯腾伯格的实验被许多心理学家看作加法反应时典型的实验，并得到了很多实验的支持，但同时也引起一些批评和疑问，即人的认知加工过程不一定都是系列加工的，有时可能在同一时间内完成多项任务，尤其在注意和知觉的研究中，并行加工的情况是经常出现的。斯腾伯格的相加因素法实验及其理论的提出，进一步补充了反应时实验的理论，并在很大程度上对认知心理学的发展起着积极的推动作用。

三、开窗实验

开窗（open window）实验是基于反应时技术而发展的一种实验范式，该范式运用了减数法反应和相加因素法反应时基本原理。我们知道，只是单一地通过减数法和相加因素法测量认知加工过程的反应时，是难以直接测量某个特定加工阶段所需的时间。尝试比较直接地测量每个加工阶段的时间，而且能够明确地确定特定的加工阶段，这种实验技术称为"开窗实验"。

最早的开窗实验是汉米尔顿（Hamilton，1977）和霍基（Hockey，1981）的字母转换实验。其具体实验步骤如下。

给被试呈现 1～4 个英文字母并在字母后面标上一个数字，如"F＋3"，"KENC＋4"等，当呈现"F＋3"时，要求被试说出英文字母表中 F 后面第三个位置的字母即"I"。也就是说，"F＋3"就是将 F 转换为 I，而"KENC＋4"指的是将"KENC"转换为"OIRG"，但这四个字母的转换结果要求同时说出来，凡刺激字母在一个以上时，都需要同时报告出来，只做出一次反应。

"KENC＋4"实验的具体过程如下：四个字母一个一个地继时呈现，由被试者自己按键控制，被试第一次按键就可以看见第一个字母 K，同时开始计时，被试按照要求转换，并作口头报告，说出 O，然后再按键看第二个字母 E，再作转换，如此循环直至四个字母全部呈现并做出回答后结束计时，出声转换开始到结束均在时间记录过程中标出来。

根据该实验记录的反应时结果，可以明显地区分出完成字母转换作业需要三个加工阶段：

（1）从被试按键看到一个字母到开始出声转换的时间为编码阶段，在这段时间里，被试对看到的字母进行编码并在记忆中找到该字母在字母表中的位置；

（2）被试按规定进行转换所用的时间即为转换阶段；

（3）从出声转换结束到按键看下一个字母的时间为储存阶段，即被试将转换的结果储存到记忆中便于后面提取。

这样，在四个刺激字母实验中，可以获得 12 个反应时的数据，通过对数据的分析处理，就可以看到字母转换的整个过程和不同的加工阶段。

从该实验可以发现，开窗实验的优点是能够对信息加工的不同阶段进行区分，但也存在一些不足之处。例如，在多个字母任务中，后一个加工阶段出现信息受到前一个阶段的复述或其他记忆策略的影响，储存阶段也可能还包含对前面字母转换结果的提取和加工时间，而且也很难将这些过程区分开来。因此，需要对实验进行周密细致的设计，避免一些交互作用的干扰，这样就可以得出清楚的不同信息加工过程或阶段所需要的时间。

相加因素法从提出以来，很多心理学家采用该实验范式进行了大量的实验研究，大量的研究结果支持了斯腾伯格的结论，尽管也有一些结果对斯腾伯格相加因素法的实验提出了质疑，但是，斯腾伯格的创新性工作对认知心理学的发展有着非常重要的贡献。

第四节　反应时实验应控制的因素

反应时实验对被试、实验环境条件、仪器等有严格的要求，因此，在反应时实验中要对影响反应时的因素进行严格有效地控制。通常影响反应时的因素可以归结为以下几方面。

一、刺激变量方面的因素

刺激变量方面的因素包括：(1)刺激呈现的感觉通道：如呈现的是触觉刺激、听觉刺激、视觉刺激或其他感觉通道的感知觉刺激等，不同感觉通道的刺激反应速度也可能有所差异；(2)刺激的物理特征：如刺激的大小、形状、颜色、强度、呈现时间等物理属性；(3)刺激物理特征的复杂程度，如刺激是平面的还是三维立体的，是简单图形还是复杂图形，是单一刺激还是复合刺激等；(4)刺激呈现的位置：即刺激是在屏幕中间呈现，还是在屏幕的其他位置，或是在视野中心还是在视野的边缘等；(5)是否有线索提示，以及线索与刺激的相容性，当有线索存在时，可能会加快对刺激的反应速度，线索与刺激特征的相似程度也会影响刺激的反应速度，相似程度越高，促进作用就越明显。

二、机体变量的因素

机体变量方面的因素主要包括：(1)感受器对声、光等刺激的适应水平；(2)被试的准备状态(呈现刺激的预备时间不能太长或太短，避免注意波动对被试反应的影响)；(3)避免练习次数过多带来的练习误差；(4)被试的动机和态度因素，不同的动机类型和态度也会影响被试的反应时间；(5)年龄因素及个体差异因素(著名的人差方程现象)；(6)被试的身心状态，如疾病、兴奋类药物、麻醉与镇静类药物等的作用，练习和疲劳等因素。

由于各感觉器官对刺激能量的转换方式各不相同，它们对刺激做出反应所需的潜伏时间也各不相同。比如，听觉和触觉的反应比较快，为 110～160 毫秒；痛觉的反应较慢，为 400～1 000 毫秒；味觉与嗅觉的反应较慢，主要是由于刺激物分子透入感受器需要时间。视觉反应时间不如听觉快，为 150～200 毫秒，其主要原因可能是，虽然光线可以直接照射到视网膜上，不需要时间，但是视锥细胞和视杆细胞并不能由光直接引起兴奋，光化学的中介转换过程需要一定的时间。另外，反应时间与感觉通道受刺激的部位也有一定关系。例如，光刺激视网膜边缘地带的反应时间明显比刺激中央凹的反应时间长，这是因为中央凹的视感受细胞分布最集中，产生神经冲动的强度也最大。同样，手指、头部等感觉较灵敏的部位的触觉反应时也明显比背部、腿部的反应时快。

三、环境因素

实验室的声光控制要符合实验要求，以被试舒适和符合正常的生活与工作环境为标准，对环境因素进行有效控制，避免实验室背景光和噪音对实验可能造成的不利影响。

四、来自实验仪器方面的因素

仪器的性能是影响实验结果的重要因素，仪器性能的精确性和可靠性直接关系实验结果的精确性、科学性和可靠性，实验仪器在技术上应该保证其精确度达到实验的要求(毫秒)，反应键设计合理，符合被试的反应习惯等。

五、反应过程中的心理不应期

这种现象是日本心理学家藤原和鹰野发现的，他们在实验中采用光信号作为刺激，要求被试两手放在反应键上做好准备，一看见左边的灯泡亮就挪开左手，一看见右边的灯泡亮就挪开右手。他们发现，如果两个刺激的间隔时间较长，那么第二个反应的反应时间比第一个反应的反应时间短。但是，如果两个刺激呈现的间隔时间较短，第二个反应的反应时间会明显长于第一个反应的反应时间，他们把这种现象称为心理不应期。心理不应期说明，在相继给予两个刺激并对两个刺激分别产生反应时，反应时间与两个刺激的时间间隔有关，如果两个刺激的时间间隔短，第二个反应的反应时间就会延长。

六、选择反应时间与刺激物的数量和差异程度有关

在进行选择反应时测量时，由于不同的刺激所要求的反应也不同，所以刺激物的数量越多，刺激间差异的程度越小，被试对刺激进行辨别的难度也越大，反应时间就越长。

七、速度—准确性权衡原则及反应倾向性的检验

检验速度准确性权衡（speed-accuracy trade-off）的方法很简单，就是将反应时数据平均划分为快速反应组和慢速反应组，并对两组的错误率进行检验，如果快速反应组的错误率显著高于慢速反应组，说明可能存在违背速度—准确性权衡的原则的问题；如果快速反应组和慢速反应组的错误率差异不显著或者快速反应组的错误率显著低于慢速反应组，说明没有违反速度—准确性权衡的原则。在因素实验设计中，通常对正确率或错误率进行方差分析，根据主效率和交互作用是否显著及显著方向，与反应时对照分析，判断是否违背过度准确性权衡原则。

下面是教师课堂信息加工能力的实验。本研究是在实验室条件下进行的，实验考察以下两方面因素：（1）学科实验材料：包括语文和数学教学，该因素为组间设计。语文和数学教师分别接受语文和数学教学视频实验。（2）课堂信息的类型：语文和数学视频均包括学科内容信息、课堂活动信息和课堂背景信息，其中包括与课堂教学情境匹配信息与不匹配信息，该因素为组内设计。语文和数学教师对不同类型课堂信息加工速度和正确率的描述统计见表8-3。

表 8-3　教师对不同类型课堂信息加工速度和正确率的描述统计

描述统计量		全体教师		语文教师		数学教师	
信息类型		反应时	正确率	反应时	正确率	反应时	正确率
三类	学科信息	2 990.83	0.911 9	2 964	0.892 2	3 029	0.940 5
课堂	活动信息	2 739.33	0.850 3	2 538	0.898 3	3 032	0.780 5
信息	背景信息	3 020.17	0.772 3	3 177	0.756 7	3 179	0.794 9
匹配	匹配信息	2 843.13	0.825 6	2 678	0.873 8	3 084	0.755 5
与否	不匹配信息	3 157.02	0.827 4	3 161	0.816 3	3 152	0.843 7

　　第一，对实验数据进行整理，实验过程中从视频播放到对情境信息进行反应所需要的时间在短时记忆和长时记忆之间，回忆时间相对会延长，回忆错误率也较一般的认知实验要高，将整理后数据的反应时和正确率作为分析的主要指标。小学语文与数学教师对不同类型信息加工速度和正确率的描述统计结果见表 8-3。从表 8-3 的结果可以看出，教师对课堂活动信息的反应时最快，其次是学科内容信息，对课堂背景信息反应时最慢。在正确率方面，语文教师在学科内容信息方面的正确率最高，其次是课堂活动信息，课堂背景信息最低；而数学教师在学科内容信息方面的正确率最高，课堂活动信息和课堂背景信息接近。对全体教师来说，匹配信息的反应时和正确率好于不匹配信息。语文教师对匹配信息辨别的正确率高于不匹配信息，数学教师对不匹配信息辨别的正确率高于匹配信息。信息匹配与否只是用于实验的甄别反应，因此，在后面的分析不做进一步讨论。

　　第二，课堂信息加工速度与正确率权衡的可靠性分析（见表 8-4）。

表 8-4　教师课堂信息加工速度与准确性关系分析

	教师被试（N=54）					
统计指标	反应时平均数		正确率平均数		正确率 T 检验	
信息类型	低反应时组	高反应时组	低反应时组	高反应时组	T	P
学科信息	2 278	3 703	0.918 5	0.905 2	0.646	0.521
活动信息	2 111	3 368	0.889 1	0.811 5	2.628*	0.011
背景信息	2 194	3 285	0.862 2	0.838 4	0.763	0.449
匹配信息	2 163	2 163	0.843 8	0.807 4	1.378	0.174
不匹配信息	2 422	3 892	0.828 7	0.826 1	0.111	0.912

　　为了考察被试的反应时与正确率是否符合速度—准确性权衡原则，分别对全体教师加工不同类型课堂信息的反应时与正确率做如下分析：(1)按照教师对不

同类型课堂信息加工速度的快慢，对全体教师的反应时进行排序；(2)根据不同类型课堂信息反应时的排序结果，将教师被试分为反应时快和反应时慢两组(各27人)，分组后不同类型课堂信息反应时与正确率的平均数见表8-4。不同类型课堂信息反应时高、低组正确率的 T 检验结果表明：教师反应时快和反应时慢组正确率只有在课堂活动信息上达到了显著水平，而且是反应时快组正确率高于反应时慢组，在学科内容信息、课堂背景信息、匹配和不匹配信息的正确率方面差异不显著，说明该实验数据符合速度—准确性权衡原则，因此，说明反应时的数据是可靠的，反应时和正确率同样具有解释的价值。

以上是在反应时实验中需要考虑的问题，由于反应时测量技术在心理学基础与应用研究中的广泛应用，在一些具体的研究中，我们还需要针对具体的研究问题和研究对象，对反应时指标和正确率的指标进行灵活的运用，这就需要我们既要了解反应时测量技术的基本要求及其影响因素，同时，也需要充分考虑到具体问题，如在一般的知觉和注意的实验中，我们对反应时的取样要求是在 200～2 000 毫秒，而对正确率的要求也一般在 90%(或 95%)以上，超出这个范围的实验数据通常是不可靠的；而在双任务和多任务加工的实验、生态化程度比较高的反应时实验或者其他复杂任务的反应时实验中，则需要对反应时和正确率的标准根据任务难度和复杂程度而有所升高和降低，这样才能够充分利用反应时实验获得的各种实验数据，客观地分析个体的信息加工过程和加工规律。

参考文献

[1] 孟庆茂，常建华. 实验心理学. 北京：北京师范大学出版社，1999.

[2] 杨治良. 实验心理学. 杭州：浙江教育出版社，1997.

[3] 朱滢. 实验心理学. 北京：北京大学出版社，2000.

[4] 杨博民. 心理实验纲要. 北京：北京大学出版社，1989.

[5] 舒华. 心理与教育研究中的多因素实验设计. 北京：北京师范大学出版社，1994.

[6] Anne M，Experimental Psychology，Cole Publishing Company，1986.

[7] David W M，Doing Psychology Experiment，Cole Publishing Company，1996.

[8] 杨治良，钟毅平. 论现代实验心理学三种新方法评述. 心理科学，1996，19(1).

[9] 张学民，舒华，张亚旭. 实验心理学理论与实验教学改革的思考与实践. 高等理科教育，2001，40(6).

［10］赫葆源，张厚粲，陈舒永. 实验心理学. 北京：北京大学出版社，1983.

［11］张学民，舒华，高薇. 视觉选择性注意加工模式与优先效应. 心理科学，2003，26(3).

［12］Xuemin Zhang, H. Shu, Multiple Objects Tracking in Visual Search and It's Implications on Human Computer Interface（HCI）Design，APCHI2002，2002，Published by Science Press，China，2003. 11.

［13］张学民，舒华. 实验心理学纲要（修订版）. 北京：北京师范大学出版社，2005.

［14］舒华，张学民等. 实验心理学的理论、方法与技术. 北京：人民教育出版社，2006.

［15］牟伟民，张侃，郭素梅. 反应选择和反应组织影响因素的实验研究. 心理学报，1999，4(31)，411～417.

实验 8-1　唐纳德的 A、B、C 反应时实验

实验 8-1(a)　视觉和听觉简单反应时(A 反应时)

实验背景知识

简单反应时是指一个刺激出现，要求被试从感知刺激到做出反应所持续的时间间隔，简单反应时也叫 A 反应时或基线反应时。复杂的信息加工过程是由基线时间和其他的认知加工过程所需要的时间合成的。本实验采用的是荷兰心理学家唐纳德关于反应时的理论，通过计算机呈现视觉和听觉实验材料，测定视觉和听觉简单反应时。

实验目的

(1)通过计算机呈现视觉和听觉实验材料，学习视觉和听觉简单反应时的测定方法。

(2)通过简单反应时的测量，证实一般情况下基线反应时的平均水平。

实验方法

一、被试

全班同学，4 人一组，视觉或矫正视觉正常，色觉正常，听觉正常。

二、实验仪器与实验材料

(1)实验仪器：计算机、反应键和计算机化视觉、听觉反应时实验程序。

(2)实验材料：不同颜色的图形和不同频率的声音。

三、实验设计与实验过程控制

本实验的实验设计主要考虑了不同的感觉通道及个体差异等因素对简单反应时的影响，结果可以从这两方面进行统计分析。

(1)在"实验心理学实验系统"中选择"反应时实验"中的"视觉与听觉简单反应时实验"，单击鼠标右键，选择"运行"，进入"视觉与听觉简单反应时"实验设计主界面。

(2)编辑实验材料：单击"编辑实验材料"菜单，选择"视觉实验材料"菜单，会出现视觉实验材料制作窗体，在窗体上定义视觉实验材料的颜色(本实验为红色、绿色和蓝色)、实验材料大小为 50 像素，实验次数为每种材料做 30 次，三种材料总共 90 次。最后在材料名称处标识实验材料的颜色，便于实验结束查询不同材料的实验结果。

(3)正式实验：在"正式实验"菜单中选择"视觉实验材料"，出现如下指导语：

"下面是一个反应速度的实验。请你注意屏幕的中央，实验开始时，屏幕中央将出现一个'X 色'的圆，请你看到圆后，立即按小键盘上的'＋'键，圆呈现后反应越快越好，但是，不能在圆没有呈现时抢按反应键，否则实验结果无效。这样要做很多次。明白上述指导语后，按'开始实验'键开始实验。"

被试阅读完指导语之后，按"开始实验"按钮，进行实验。

(4)被试按照实验指导语的要求，对红色圆进行反应，实验结束后记录被试信息。

(5)红色实验材料做完后，再分别定义绿色、蓝色的实验材料，实验材料的其他参数同红色材料。定义完毕后，按上述过程进行实验。

(6)视觉材料做完后，在"正式实验"中选择听觉实验材料，定义听觉材料的参数，定义完毕，进行听觉实验材料的简单反应时实验，实验次数为 30 次。

(7)一个被试做完后，换其他被试继续实验。

(8)实验结束后，主试可以在"帮助"菜单的"结果查询"中查询实验结果，如果实验前有什么问题不清楚可以到"帮助"中查询"实验说明"。

注意：被试每做 15 次休息 1 分钟。

结果分析与讨论

(1)分别计算每个被试 90 次不同视觉材料和 30 次听觉实验材料的平均反应时。

(2)计算所有被试的视觉和听觉反应时的平均数和标准差。

(3)根据统计结果，检验不同实验材料的视觉实验和听觉实验简单反应时的差异及其个体差异。

结　　论

从本实验可以得出什么结论？

实验 8-1(b)　选择反应时(B 反应时)

实验背景知识

选择反应时是指当呈现的刺激为两个或多个时，要求被试对不同刺激做出不同的反应。这种从选择不同刺激到做出相应反应之间的时间间隔称为选择反应时。唐纳德把这种反应时称为 B 反应时。本实验就是通过计算机呈现两种不同特征的视觉刺激，并测量被试对不同刺激的选择反应时。

实验目的

(1)本实验通过测定不同特征视觉刺激的选择反应时，学习测定选择反应时的方法，考察刺激特征对选择反应时的影响。

(2)学习和掌握选择反应时在信息加工过程研究中的应用。

实验方法

一、被试
全班同学，4 人一组，视觉正常或矫正视觉正常，颜色知觉正常。

二、实验仪器与实验材料
(1)实验仪器：计算机、选择反应时实验设计程序。

(2)实验材料：实验材料为不同颜色的实心圆(红色和绿色)、不同颜色的五角星(红色和绿色)和不同颜色与形状的图形(红色的十字形和绿色的人脸图)。

三、实验设计与实验过程控制

（1）在"实验心理学实验系统"中选择"反应时实验"中的"选择反应时"实验，单击鼠标右键，选择"运行"，进入"选择反应时"实验设计主界面。

（2）编辑实验材料：单击"编辑实验材料"菜单，选择"视觉实验材料"菜单，会出现视觉实验材料制作窗体，在窗体上定义视觉实验材料的颜色（本实验为红色和绿色）、实验材料大小为 50 像素，实验次数为 30 次，并在材料名称处标识实验材料的颜色，便于实验者查询不同材料的实验结果。

如果选择的实验材料是自定义材料，则选择"编辑实验材料"菜单中的"自定义材料"，选择后便会出现自定义材料的窗体，在窗体中选择五角星，在浏览窗口中就会出现红色和绿色的五角星，定义材料的名称和实验次数（30 次），定义完毕后按"确定"按钮，准备进行实验。

如果选择的实验材料是自定义的、不同形状的材料，则选择"编辑实验材料"菜单中的"自定义材料"，选择后便会出现自定义材料的窗体，在窗体中选择"加载图片"，加载不同形状的图片材料（红色的十字形和绿色的人脸图），定义材料的名称和实验次数（30 次），定义完毕后按"确定"按钮，准备进行实验。

（3）正式实验：在"正式实验"菜单中选择"视觉实验材料"，出现如下指导语：

"下面是一个反应速度的实验。请你注意屏幕的中央，实验开始时，屏幕中央将出现两种不同颜色的圆，要求你看到'红色'的圆，立即按小键盘上的'＋'键，看到'绿色'的圆立即按'Tab'键做反应，圆呈现后反应越快越好，但是不可以在圆没有呈现时抢按反应键，否则实验结果无效。如果键按错了，应立即纠正。这样要做很多次。明白上述指导语后按'开始实验'键开始实验。"

如果是自定义材料，指导语如下：

"下面是一个反应速度的实验。请你注意屏幕的中央，实验开始时，屏幕中央将出现两种不同形状或颜色的图形，要求你看到'红色五角星'的图形（左侧定义的图形），立即按小键盘上的'＋'键，看到'绿色五角星'的图形（右侧定义的图形）立即按'Tab'键做反应，图形呈现后反应越快越好，但是不可以在图形没有呈现时抢按反应键，否则实验结果无效。如果键按错了，应立即纠正。这样要做很多次。明白上述指导语后按'开始实验'键开始实验。"

被试阅读完指导语之后，按"开始实验"按钮，准备开始实验。

（4）被试按照实验指导语的要求，对红色和绿色圆进行反应，实验结束后记录被试信息。

（5）红色实验材料做完后，再分别定义不同颜色的五角星和不同形状的图形（红色的十字形和绿色的人脸图），实验材料的其他参数的定义同上。定义完毕后，按上述过程，在"正式实验"中选择"自定义材料"进行实验。

（6）一个被试做完后，换其他被试继续实验。

（7）实验结束后，主试可以在"帮助"菜单的"结果查询"中查询实验结果，如果实验前有什么问题不清楚，可以到"帮助"中查询"实验说明"。

注意：被试每做15次休息1分钟。

结果分析与讨论

（1）分别计算小组各个被试三种材料的左右手及两手的平均选择反应时。

（2）试分析选择反应时是否受左右手的影响？是否存在个体差异？

（3）考察相同形状不同颜色、不同形状的刺激组合对选择反应时的影响。

结　论

从实验结果可以得出什么结论？

实验 8-1(c)　辨别反应时（C 反应时）

实验背景知识

辨别反应时是指当呈现的刺激为两个或多个时，要求被试只对其中的一个刺激做出反应，对其他刺激不做反应，在这种情况下测得的刺激呈现到被试做出辨别反应的时间间隔就是被试的辨别反应时，唐纳德称之为 C 反应时。本实验是通过计算机呈现的不同特征的视觉刺激，测量视觉辨别反应时，并考察刺激特征对辨别反应时的影响。

实验目的

（1）本实验通过测定不同特征视觉刺激的辨别反应时，学习测定辨别反应时的方法，考察刺激特征对辨别反应时的影响。

（2）学习和掌握个体信息加工中的辨别加工过程。

实验方法

一、被试

全班同学，4 人一组，视觉或矫正视觉正常，颜色知觉正常。

二、实验仪器与实验材料

（1）实验仪器：计算机、辨别反应时实验设计程序。

(2)实验材料：不同颜色的实心圆（红色和绿色）、不同颜色的人脸图（红色和绿色）和不同颜色与形状的图形（红色的太阳和绿色的立方体）。

三、实验设计与实验过程控制

(1)在"实验心理学实验系统"中选择"反应时实验"中的"辨别反应时"实验，单击鼠标右键，选择"运行"，进入"辨别反应时"实验设计主界面。

(2)编辑实验材料：单击"编辑实验材料"菜单，选择"视觉实验材料"菜单，会出现视觉实验材料制作窗体，在窗体上定义视觉实验材料的颜色（本实验为红色、绿色）、实验材料大小为50像素，实验次数为30次，并在材料名称处标识实验材料的颜色，便于实验者查询不同材料的实验结果。

如果选择的实验材料是自定义材料，则选择"编辑实验材料"菜单中的"自定义材料"，选择后便会出现自定义材料的窗体，在窗体中选择人脸形，在浏览窗口中就会出现红色和绿色的人脸形，定义材料的名称和实验次数（30次），定义完毕后按"确定"按钮，准备实验。

如果选择的实验材料是自定义的、不同形状的材料，则选择"编辑实验材料"菜单中的"自定义材料"，选择后便会出现自定义材料的窗体，在窗体中选择"加载图片"，加载不同形状材的图片材料（红色的太阳［文件名为：Red _ Sun. bmp］和绿色的立方体［文件名为：Green _ Cubic. bmp］），定义材料的名称和实验次数（30次），定义完毕后按"确定"按钮，准备实验。

(3)正式实验：在"正式实验"菜单中选择"视觉实验材料"，出现如下指导语：

"下面是一个反应速度的实验。请你注意屏幕的中央，实验开始时，屏幕中央将出现两种不同颜色的圆，要求你看到'红色'的圆后立即按小键盘上的'＋'键，看到'绿色'的圆不做反应，圆呈现后反应越快越好，但是不可以在圆没有呈现时抢按反应键，否则实验结果无效。如果键按错了，请立即纠正，这样要做很多次。明白上述指导语后按'开始实验'键准备实验。"

如果是自定义材料，指导语如下：

"下面是一个反应速度的实验。请你注意屏幕的键，实验开始时，屏幕键将出现两种不同颜色的人脸形（刺激），要求你看到'红色'的人脸形（刺激）后立即按小键盘上的'＋'键，看到'绿色'的人脸形（刺激）不做反应，刺激呈现后反应越快越好，但是不可以在刺激没有呈现时抢按反应键，否则实验结果无效。如果键按错了，请立即纠正，这样要做很多次。明白上述指导语后按'开始实验'键准备实验。"

被试阅读完指导语之后，按"开始实验"按钮，准备开始实验。

(4)被试按照实验指导语的要求，对红色和绿色圆进行反应，实验结束后记录被试信息。

(5)红色实验材料做完后，再分别定义不同颜色的人脸形和不同形状与颜色的图形(红色的太阳和绿色的立方体)，实验材料其他参数的定义同上。定义完毕后，按上述过程，在"正式实验"中选择"自定义材料"进行实验。

(6)一个被试做完后，换其他被试继续实验。

(7)实验结束后，主试可以在"帮助"的"结果查询"中查询实验结果，如果实验前有什么问题不清楚可以到"帮助"菜单中查询"实验说明"。

注意：被试每做 15 次休息 1 分钟。

结果分析与讨论

(1)分别计算每个被试的平均辨别反应时。

(2)试分析各个被试辨别反应时是否存在个体差异及导致差异的原因。

(3)分析不同实验材料的辨别反应时是否存在差异。刺激特征对辨别反应时的影响是否显著。

结　　论

从实验结果可以得出什么结论？

思考题

(1)如果要测量刺激大小与声音强度对反应时的影响，应该如何设计实验材料和实验程序？

(2)如果比较两种视觉细胞(锥体细胞和棒体细胞)的视觉简单反应时，应如何设计实验？

(3)如何利用简单反应时的结果，计算被试在选择反应时实验中，选择和辨别刺激的时间？

(4)在被试的 30 次简单反应时、选择反应时和辨别反应时的结果中是否存在练习效应？这种练习的效应与被试采取的策略有无关系？

(5)反应时在认知心理学研究中的应用情况？

(6)如何用简单反应时和选择反应时的结果计算被试选择和辨别反应的时间？

(7)在反应时实验中，影响反应时的因素有哪些，如何对这些因素加以控制？

(8)查阅认知心理学方面的研究资料，综述反应时测量技术对认知心理学研究的贡献？

参考文献

[1] 孟庆茂，常建华. 实验心理学. 北京：北京师范大学出版社，1999.

[2] 杨治良. 实验心理学. 杭州：浙江教育出版社，1997.

[3] 朱滢. 实验心理学. 北京：北京大学出版社，2000.

[4] 杨博民. 心理实验纲要. 北京：北京大学出版社，1989.

[5] 刘艳芳，张侃. 前置线索与刺激语义相容性的实验研究. 心理学报，1997，31(3).

[6] 沃建中，林崇德. 信息加工速度的发展模式. 心理发展与教育，1999，3.

[7] 杨治良，钟毅平. 论现代实验心理学三种新方法评述. 心理科学，1996，19(1).

[8] 赫葆源，张厚粲，陈舒永. 实验心理学. 北京：北京大学出版社，1983.

[9] 张学民，舒华，张亚旭. 实验心理学理论与实验教学改革的思考与实践. 高等理科教育，2001，40(6).

[10] 张学民，舒华. 实验心理学纲要. 北京：北京师范大学出版社，2004.

[11] 张学民，舒华，张亚旭等. 高等院校"实验心理学"课程体系建设的实践. 高等理科教育，2005，61(3).

[12] 彭聃龄. 普通心理学. 北京：北京师范大学出版社，2001.

[13] 张学民，舒华. 实验心理学纲要(修订版). 北京：北京师范大学出版社，2005.

[14] 张学民，舒华. 实验心理学纲要(修订版). 北京：北京师范大学出版社，2005.

[15] 舒华，张学民等. 实验心理学的理论、方法与技术. 北京：人民教育出版社，2006.

实验 8-2　表象的心理旋转实验

实验背景知识

表象是大脑对客观事物的直观表征。20 世纪 70 年代以来，关于表象的研究迅速发展，其中表象心理旋转就是表象研究的一个重要方面。

1973 年库伯等人用不同倾斜角度的正和反的字母来研究表象的旋转。实验要求被试在看到呈现的字母后，不管其具体方位和倾斜角度如何，尽快判断该字母是正的还是反的，并按键做出反应。如果反应错误，该次试验在以后还会重复，直至反应正确。库伯等的实验表明：当图片旋转180°时，反应时最长（无论正反），而当图片旋转0°和360°时（即正位图片），反应时最短。这说明样本偏离正位的度数越大，所需的心理旋转越多，时间也就越长。

关于"手柄状立体方块材料"的实验。在这个实验中，用速示器向被试呈现两个都是由10个小方块连接起来组成的手柄形（见图8-9）。这些图形的成对应用有3种情况。第一种是相同的两个图形在纸面上相差一定的角度，经过旋转能够重合，称为平面对；第二种是相同的两个图形在垂直于纸面的面上相差一个角度，经过旋转也能够重合，称为立体对；第三种情况是两个图形成正像与镜像的关系，无论如何旋转也不能重合。在平面对和立体对中，都安排了几种不同的转动角度或两个图形的方位差，这是一个重要的实验变量。在实验室随机的将实验材料呈现给被试，让被

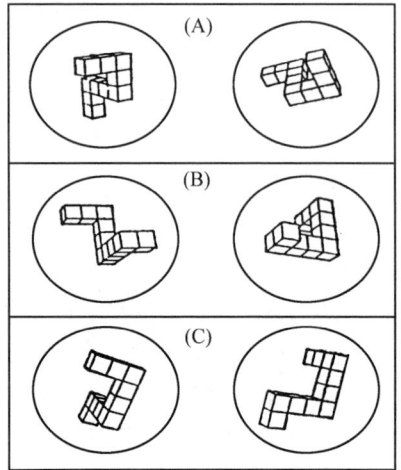

图8-9 三维空间表象

试以最快的速度进行匹配判断，并记录反应时。实验结果表明，无论是平面对还是立体对，如果两个图形的形状和方位都相同，当其中一个图形转动了一定角度，反应时随方位差度数的增加而增加，两者成正比。到180°时，反应时达到最大。根据以上的实验结果，谢帕德等指出，被试对两个图形做比较时，是在头脑里将一个图形转动到另一个图形的方位上来，然后依据匹配的情况再做出判定。而且从被试的内省报告看出，这种心理旋转现象的确存在。通过这一实验，谢帕德等人确定了心理旋转这一事实，而且第一次用实验证明了它具有上述的渐进性和空间性的特点。

关于"字符材料"的实验。库伯和谢帕德制作了一组由字符组成的实验材料。字符的内容是大写字母R，分为正像与镜像两组，每组中的材料R在平面上做了旋转，分为六个角度：0°、60°、120°、180°、240°、300°，从而得到共12个材料样本（见图8-10）。实验时，用速示器将某一样本呈现给被试，被试的任务就是判定该样本是正的还是反的，而不管其具体的方位如何，按键做出反应，记录其反应时。12个样本随机地各呈现一次。当样本为垂直的正位时，即旋转的角度为

六种方向

正常图　　　反转图

图 8-10　R 表象旋转材料

0°或 360°，不管是正像的或镜像的，判定所需时间较少，约为 0.5 秒，而当样本做了不同角度的旋转，反应时随之增加，当样本旋转了 180°时，反应时为最长，随着样本旋转度数的进一步增大，反应时反而逐渐减少。以 180°为界，曲线的两侧对称位置反应时是相等的。库伯和谢帕德认为，当呈现的样本偏离垂直的正位，即旋转了一定度数，被试就要将该样本的表象转回到正位上来，然后再与长时记忆中的正位的表征做比较。因为正位的样本不需要做旋转，就可以与长时记忆中的表征进行比较，所以判定处于正位上的正反材料所需的时间就少。而对偏离正位的样本做出判定，需要对该样本的表象进行旋转，费时也较多。样本偏离正位的度数愈大，需要做出的心理旋转就愈多，反应时也愈长。该实验的结果说明，人们在进行表象加工时，似乎是存在一种心理旋转的范式。在库伯和谢帕德后来的验证实验中，也的确证明了这一心理旋转过程的存在。

回顾了这些有关表象心理旋转的理论与研究之后，我们可以看出：以上的理论与实验都说明，表象心理旋转的现象是存在的；表象心理旋转的过程可能是有一定的连续性的；表象心理旋转随着材料旋转角度的变化，其反应时也有一定规律的变化(但还不能完全确定是一种线性规律)。因此，本实验的主要目的是对正像、镜像各个角度之间的差异进行比较，也同时讨论在表象心理旋转中性别差异的问题。

实验目的

(1)通过重复库伯等人的实验，研究不同角度正反字母"R"的心理旋转反应时，证实表象心理旋转的存在。

(2)熟悉和掌握反应时测量技术在信息加工研究中的应用。

实验方法

一、被试

全班同学，4 人一组。

二、实验仪器与实验材料

(1)实验仪器：计算机、表象心理旋转实验程序(ExpPsy2000 实验心理学实验设计系统）。

（2）实验材料：库伯等人的不同角度的正反"R"图片。

三、实验设计与程序

1. 实验设计

（1）本实验采用 2×2 的两因素实验设计，两个因素分别为正反"R"和性别（男/女）。其中性别为被试间因素，正反 R 为被试内因素。

（2）此外，在正反 R 中又分别包括 6 个角度：即 0°、60°、120°、180°、240°、300°，所以从上面的 2×2 的实验结果中，还可以分别引申出来正反 R 不同角度的因素（正反 R 分别为 6 个角度），在结果分析中可以对正反 R 不同角度的反应时差异进行详细分析。

2. 实验材料

本实验所用实验材料为不同角度的正反 R 的图片，实验中 R 的呈现分为正 R 和反 R，正 R 和反 R 均为 6 个角度，总共有 12 种不同角度和方向的 R，呈现方式为随机呈现，每种角度呈现 6 次，每个被试总共做 72 次实验。

3. 实验程序

（1）实验材料的制作：进入"表象心理旋转实验程序"主菜单。选择"实验材料制作"菜单中的"制作实验材料向导"。便会出现实验材料制作向导，具体制作程序如下：

①按"下一步"定义最小旋转角度，本实验为 60°。

②单击"浏览图形文件"按钮，选择"R. JPG"图片文件，定义每个角度图片的个数为 6 个。

③单击"下一步"，选择"完成"按钮，计算机会自动生成定义的不同角度的图片。由于图片是即时生成的，所以，生成不同角度图片大约需要 3～5 分钟。

（2）正式实验：制作完图片材料后，被试在主试指导下开始正式实验。实验步骤如下。

①在"开始实验"菜单中选择"默认实验材料"，出现"指导语"窗体。

②被试仔细阅读如下指导语：

"下面要呈现的是一系列不同角度的正 R 和反 R，请你注意判断每次呈现的图片是正 R 还是反 R，如果是正 R，按'Q'键，如果是反 R，按'P'键，在保证判断正确的前提下，反应越快越好。明白上述指导语后，按'开始实验'键开始实验。"

③被试按照实验要求进行实验。

④实验结束后在"被试信息"窗体中填好文件名、被试名、性别、年龄等信息。

⑤换下一个被试继续实验。

结果分析与讨论

(1)分别计算个人不同角度的正 R 和反 R 判断的正确率和正确平均反应时，并填入表 8-5：

表 8-5　不同角度的正 R 和反 R 的正确率和正确平均反应时

方向	正 R							反 R						
角度(°)	0	60	120	180	240	300	360	0	60	120	180	240	300	360
反应时														
正确率														

(2)分别以 R 的角度为横坐标，以反应时为纵坐标画出正 R 和反 R 的角度和反应时之间的关系曲线，并做出解释。

(3)分别以性别和正反 R 为因素，对实验结果做 2×2 的方差分析，并对结果进行分析与讨论。

(4)分别对正 R 和反 R 的不同角度的反应时做单因素方差分析，考察不同角度的正反 R 的反应时是否有显著差异，并对不同角度的反应时做多重比较分析，检验误差的来源。

结　　论

从本实验的结果可以得出什么结论？

思考题

(1)该实验为什么以反应时为指标对表象在人脑中的加工进行研究，如何通过反应时来解释表象的信息加工过程？

(2)反应时在信息加工的研究中有哪些应用？基本原理是什么？

参考文献

[1] 王庭照. 聋人与听力正常人心理旋转能力的比较研究. 中国特殊教育，2000，25(1).

[2] 林仲贤，张增慧，韩布新. 儿童、中青年及老年人心理旋转能力的比较研究. 心理科学，2002，25(3)：257.

[3] 蔡华俭，杨治良. 对三维心理旋转操作任务特性的效应的初步研究. 心理科学，1998，21(2)：153.

[4] 游旭群，杨治良．表象旋转加工子系统特性的初步研究．心理学报，1999，31(4)：377~382．

[5] 吴冰，孙复川．旋转汉字识别的眼动特性．心理学报，1999，31(1)：7~13．

[6] 侯公林等．幼儿二维心理旋转能力发展的研究．心理科学，1998，21：494．

[7] 周珍，连四清，周春荔．中学生空间图形认知能力发展的性别差异研究．数学教育学报，2001，10(4)．

[8] R. Arnheim 著，李长俊译．艺术与视觉心理学．台北：台湾雄狮图书公司经销，1985：94~95．

[9] 朱智贤主编．心理学大词典．北京：北京师范大学出版社，1989：768．

[10] [美]R. D. 沃尔克主编．知觉与经验．俞伯林等译．北京：科学出版社，1986，272．

实验 8-3　短时记忆的信息提取方式

实验背景知识

短时记忆的信息提取是认知心理学研究的一个重要领域。短时记忆是瞬时记忆向长时记忆过渡的中间环节，短时记忆过程中信息的识别、编码、储存与提取直接影响信息是否能够转入长时记忆。因此，研究短时记忆的提取方式对研究人类大脑对信息的加工过程是非常重要的。

关于短时记忆的搜索方式和信息提取的研究，最早是由斯腾伯格(1963，1966，1969)展开的。1963 年，斯腾伯格对短时记忆的搜索方式进行了实验研究，斯腾伯格认为，人类对短时记忆信息的搜索方式可能是平行扫描的(parallel scanning，也称为平行加工——parallel processing，或平行搜索——parallel search)，也可能是系列扫描的(serial scanning，也称系列加工——serial processing，或系列搜索——serial scanning)，并对短时记忆信息的搜索方式进行研究，证明短时记忆是系列搜索的。后来很多的研究者对于斯腾伯格提出的系列扫描进行的方式，甚至对于短时记忆提取方式产生了异议，并进行了一些相关的实验研究。

科尔巴里(Carballis)等 1972 年指出，斯腾伯格在实验中最多只应用了 6 个数字，识记项目数量太小，容易得到被试的反应时和识记项目数量的线性关系。

他们还发现，如果应用较长的一列识记项目，则可出现系列位置效应，系列的开始部分和末尾部分的项目可提取得快些。但是另一方面，正如前面提及的那样，斯腾伯格用的识记材料常数并不长，但是他采用了一定的平衡手段（测试项目也均匀分布在识记项目系列的不同位置上面），从而达到了消除系列效应的作用，而且当识记的项目太多，超出了短时记忆的容量时，系列位置效应就会更加明显。由此看来，这些看法还不能动摇斯腾伯格的理论。但是其他的一些研究和看法似乎就对其理论有更大的挑战。莫林（Morin）等（1976）发现，当识记项目快速呈现并立即进行测试，也会出现首因效应和近因效应，其他一些研究也有类似结果。他们认为，系列位置效应是一个值得注意的问题。这种效应难于被从头至尾的系列扫描所解释，但自我停止的系列扫描却可以给予说明，出现首因效应和近因效应可解释为扫描是从项目系列的两端开始进行的，搜索到所需的项目后，即可停止。他们还指出，斯腾伯格的实验之所以未发现系列位置效应，是由于刺激呈现的速度太慢，有时间进行充分复述（rehearsal），从而掩盖了这种效应。这些都提示可能存在自我停止的系列扫描。还有一些研究表明，"是"反应的拟合线的斜率与"否"反应的不相等，前者要小于后者。这种情况是符合自我停止的系列扫描模型的（Theios et al.，1973）。

由此，其他的很多研究者，如威克尔格伦（Wickelgren，1973）、西奥斯（Theios，1973）、巴德利和伊可布（Baddeley & Ecob，1973）提出了直通模型；还有的研究者尝试着将两者整合起来，如阿特金森和尤拉（Atkinson & Juola，1973）提出短时记忆信息提取的双重模型。

斯腾伯格的研究在记忆心理学研究中产生了很大的影响，也有很多研究是支持其研究结果的。许多人相继利用各种不同的材料，如字母、字词、颜色、面孔图等进行了类似的实验。所用的被试有正常的儿童和大学生、精神分裂症患者、吸毒者、脑损伤患者等。结果表明，虽然不同材料或被试的反应时拟合线的斜率和截距或可有一定的差别，然而其是反应的斜率的关系却保持不变，两者是一样的（Anderson et al.，1972；Harris et al.，1974）。

回顾斯腾伯格研究可以看出，尽管现在对其研究结果产生了一些疑问，但是其研究可以说是短时记忆的一项经典实验研究。而且，对于短时记忆信息的提取方式的问题，系列扫描至今仍然是最为被大家接受的。正是基于上述的种种原因，本实验基本是采用了斯腾伯格研究的实验范式，通过重复性的实验，来验证其有关短时记忆信息提取方式的理论。

实验目的

通过测定被试对不同长度识记字母的检查项目的再认，重复斯腾伯格记忆搜索方式的实验，学习记忆搜索方式的研究方法。

实验方法

一、被试

全班同学，4人一组。

二、实验仪器与实验材料

(1)实验仪器：计算机、记忆搜索方式实验程序。

(2)实验材料：实验材料为字母，实验材料共四套，识记材料分别为1、2、4、6个字母的刺激系列，实验字母材料套数、识记的卡片数与再认卡片数以及再认字母在识记卡片中的字母中的系列位置、数量分配情况等见表8-6。

表8-6　实验材料对照表

卡片类别 刺激长度	识记卡片		再认卡片	
	张　数	每张字母数	与识记字母相同	与识记字母不同
一	32	1	16	16
二	32	2	8 与 No.1 相同 8 与 No.2 相同	16
三	32	4	4 与 No.1 相同 4 与 No.2 相同 4 与 No.3 相同 4 与 No.4 相同	16
四	32	6	4 与 No.1 相同 2 与 No.2 相同 2 与 No.3 相同 2 与 No.4 相同 2 与 No.5 相同 4 与 No.6 相同	16

三、实验设计与实验过程控制

制作实验材料：在实验系统菜单中单击"记忆搜索方式"程序项，打开记忆搜索方式实验程序，在"编辑实验材料"菜单中选择"实验材料制作向导"，打开实验材料制作向导。

(1)单击"下一步"定义实验材料(本实验为大写字母)，实验卡片套数(4套)，每套卡片的张数(均为16张)，每套卡片的字母数(分别为1、2、4和6个字母)。

(2)定义完毕，单击"下一步"，开始定义再认卡片。分别定义再认卡片的字母与识记卡片中的字母和不同的卡片数(每套各半),以及每套再认卡片上字母在识记卡片中字母系列中的位置,字母在不同位置的卡片数量(平均分配各位置的再认卡片)。定义的卡片数量应与总的实验卡片数相同。

(3)单击"下一步",选择"重新生成"按钮,生成实验材料。

编辑指导语:在(3)的窗体中编辑实验指导语,编辑完毕后,按"完成"键,完成实验材料定义和编辑指导语。

调入实验材料:

(1)如果实验者希望直接采用已经制作好的实验材料,请直接选择"正式实验"菜单中的除了"调用自定义材料"一项之外的几个默认材料。

(2)选择"自定义实验材料",调入编辑的实验材料文件,准备实验。

正式实验:实验前,被试仔细阅读如下指导语:

"这是一个记忆实验。计算机屏幕上每次先呈现一个或几个大写字母,请你要尽量记住它们,呈现完字母后,计算机屏幕上将呈现另外一个字母,这个字母可能是刚才呈现过的,也可能是刚才没有呈现过的。如果是刚才呈现过的,就用左手按'Q'键;如果是刚才没有呈现过的,就用右手按'P'键。这样要做很多遍。要求你在判断准确的前提下越快越好。明白上述指导语后。请按'开始实验'键开始实验。"

被试按照实验指导语的要求做反应。

实验结束后,输入被试信息,结束实验。

换其他被试继续实验。

结果分析与讨论

计算(小组被试)不同字母数的实验材料再认时做"是"和"否"的再认正确平均反应时和正确率,并填入表 8-7 中。

表 8-7　识记字母数与正确再认的平均反应时

被试号	识 记 字 母 数							
	1		2		4		6	
	RT+	RT−	RT+	RT−	RT+	RT−	RT+	RT−
1								
2								
...								
N								

以识记字母数为 X 轴，再认的正确平均反应时为 Y 轴，绘制识记字母数与再认反应时的关系曲线。

检验不同长度识记材料的正确再认反应时是否存在显著差异？

根据实验结果，建立识记字母数与再认反应时之间的直线方程。

被试做"是"和"否"的正确再认反应时的变化趋势是否一致？

结　论

通过本实验的结果，可以得出什么结论？

思考题

(1)本实验的结果与斯腾伯格的实验结果是否一致？为什么？

(2)查阅资料，分析和讨论短时记忆的不同搜索方式对信息加工速度的影响？

参考文献

[1]彭聃龄. 普通心理学. 北京：北京师范大学出版社，2001.

[2]王甦. 认知心理学. 北京：北京大学出版社，1992.

[3]孟昭兰. 普通心理学. 北京：北京大学出版社，1994.

[4]杨治良，郭力平，王沛，陈宁. 记忆心理学. 上海：华东师范大学出版社，1999.

[5]罗伯特·L. 索尔索著，黄希庭，李文叔，张庆林译. 认知心理学. 北京：教育科学出版社，1990.

第九章　听觉实验研究

【本章要点】

（一）听觉生理基础与听觉加工的理论

（二）听觉现象的实验研究

（三）听觉实验及实验条件的控制

（四）听觉实验

（1）听觉现象的测定：声音的心理特征；声音的掩蔽；听觉疲劳与适应。

（2）声音的空间定位实验：声音方向定位线索；听觉空间定位的实验方法。

第一节　听觉加工的理论

一、听觉的生理基础

听觉的感觉器官是耳朵，耳朵由外耳、中耳、内耳三部分组成。外耳包括耳郭和外耳道，主要作用是收集环境中的声音。中耳包括鼓膜、三块听小骨、卵圆窗和正圆窗。它的主要功能是声音从外耳道传至鼓膜时，引起骨膜的机械振动，并带动三块听小骨把声音传至卵圆窗，引起内耳淋巴液的振动。声音经过中耳声压级被放大 20～30 倍。内耳由前庭器官和耳蜗组成，耳蜗由鼓阶、中阶和前庭阶三部分组成，鼓阶与中阶从基底膜分开，基底膜的柯蒂氏器包含着大量支持细胞和毛细胞等听觉感受细胞，声音经过镫骨的运动产生振动，引起耳蜗液的振动，并带动基底膜的运动，并使毛细胞（听觉感受器）产生兴奋和动作神经电位，形成听觉上行传导的神经冲动——即听觉神经动作电位（auditoral neuro-motor potiential），听觉的生理基础如图 9-1 所示。

中枢神经系统的听觉感受是根据这些传入的神经动作电位的加工引起的。听觉神经电位是不同频率的纯音刺激耳蜗，同时引起不同的听觉神经纤维的产生神经冲动，毛细胞（听觉感受器）产生的复合的神经动作电位通过听觉神经上行传导至脑干，并经过背侧或腹侧的耳蜗神经核，达到于下丘的离散区，经过背侧和腹

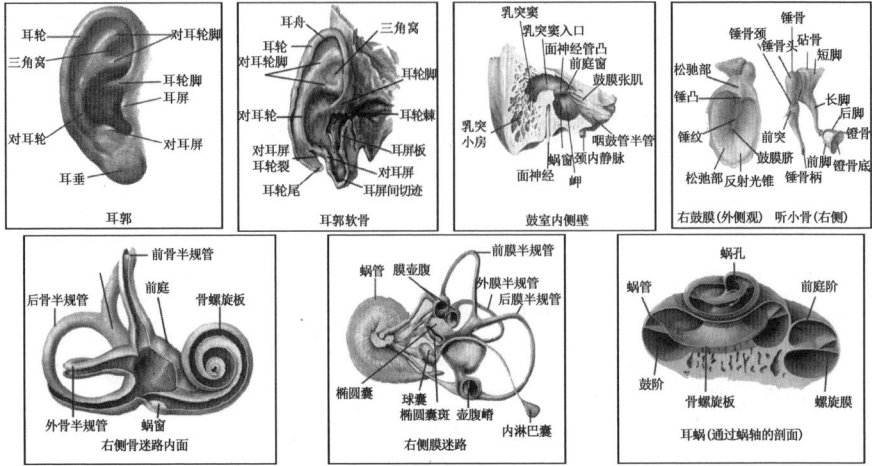

图 9-1 听觉感觉器官的结构

侧的内侧膝状体，形成了两条通路，腹侧通道传导至听觉的核心皮层区产生听觉，听觉的产生过程如图 9-2 所示。

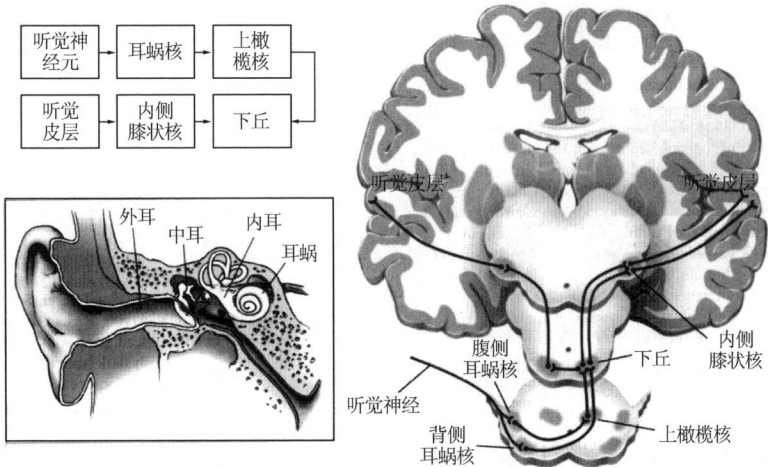

图 9-2 听觉外周神经系统与中枢神经系统加工过程(Bear et al.，1996)

二、听觉刺激——声音的物理属性

人耳对不同强度、频率的声音的敏感程度是不同的，通常人耳能够感受到的声音的频率范围是 20 Hz～20 kHz，低于 20 Hz 频率的声音为次声波，高于 20 kHz 的声音为超声波，虽然超过人类感受范围的声音不能够被直接感受到，但是，对人的生理心理反应也是有一定影响的，而且 20 Hz～20 kHz 之外频段的声音在很多研究与应用领域是有很高的应用价值的。在人类感知的声音频段范围内，语言的频谱范围在 150 Hz～4 kHz，一般情况下，人类声音的能量主要集中在 200 Hz～3.5 kHz 频率范围。各种音乐的频谱范围可达 40 Hz～18 kHz，其平均频谱的能量分布为：低音和中低音部分最大，中高音部分次之，高音部分大约为中、低音部分能量的 1/10 左右。人类可以听到的各个频段声音的随机信号绝对强度的变化幅度在 10～15 dB。

在人耳的声域范围内，声音生理心理的主观感受主要受到响度、音高、音色等物理属性的影响，响度、音高、音色可以在主观上用来描述声音的振幅、频率和相位等物理量，因此将响度、音高、音色称为声音的"三要素"。下面简单介绍一下响度、音高、音色对听觉的影响。

(一)响度

响度又称声强、音量或者声压级，它主要反映声音能量的强弱程度，是由声波振幅的大小决定的。声音的响度一般用声压(达因/平方厘米)或声强(瓦特/平方厘米)来计量，声压的单位为帕(Pa)，它与基准声压比值的对数值称为声压级的常用单位(分贝，dB)。

1. 响度的范围和测量

响度的主观感受的心理物理量一般用单位宋(Sone)来表示，其基本的定义为 1 kHz、40 dB 的纯音的响度值为 1 宋。响度的相对量感受的心理物理量称为响度级，它是某一响度水平与基准响度比值的对数值，单位为呋(phon)，即人耳感到某声音与 1 kHz 单一频率的纯音同样响时，该声音声压级的分贝数即为其主观感受的响度级。因此，在客观和主观上，声音的物理属性与主观感受是不同的。一般 20 Hz～20 kHz 的声波对于正常人的听觉的相对强度感受范围为 0～140 dB(也有人认为在−5～130 dB)之间，超出人耳的可听频率范围的声波人耳是无法感受到的。

在人耳的可觉察的声音频率范围内，当声音的强度减弱到人耳刚刚能够听见时的声音强度称为"听觉的绝对感受阈限"，一般以 1 kHz 纯音为准进行测量，人耳刚能听到的声压为 0 dB，声强为 $10～16$ W/cm² 时的响度级定为 0 呋。通常情况下，对于 1 kHz 纯音的物理强度所产生的主观感受如下：0～20 dB 为比较宁静的主观感受，30～40 dB 为微弱声音的主观感受，50～70 dB 为正常环境下对声音的主观感受，80～100 dB 为中高强度的主观感受，当声音的强度达到 110～130 dB 时为高强度的主观感受。40 呋响度级不同频率的响度级的频率、声压对应关系见表 9-1。

表 9-1 40 吩响度级不同频率的响度级的频率、声压对应关系表

频率(Hz)	4 000	3 000	1 000	500	300	200	100	50	30	20
声压级(dB)	34	33	40	38	39	45	51	66	76	88

2. 响度与频率的关系——等响度曲线的制作

响度感觉相同的声音，其物理强度(声压线)却随着频率的变化而有所不同。响度不但随声音物理强度的变化而变化，同时也随着声音频率的变化而变化。刺激的物理强度等距增加时，不同频率下响度的增加量是不同的。通常情况下，规定 1 kHz 的纯音，声压级是 70 db 和某一频率的声波在主观响度上同样响时，该频率下的主观响度就是 70 吩。0 db(声压零级，1 000 赫兹纯音的听觉阈限的强度)则是响度等级为 0 吩。以 1 kHz 的听声为标准，对于超出 1 kHz 以外的声音，在同一级等响度曲线上有无数个等效的声压级对应的频率值，例 200 赫兹的 30 dB 的声音和 1 kHz 的 10 dB 的声音在人耳听起来具有相同的响度，这就是所谓的等响度，根据这个标准可以采用心理物理法绘制出不同频率下的不同响度的主观等响度曲线。

3. 响度与刺激持续时间的关系

声音呈现持续的时间也是影响响度的一个重要因素，通常一个恒定的声音刺激所引起的响度感觉在 200 毫秒或 300 毫秒感觉强度会增强，也就是说在很短的时间内听一个声音的强度与在相对持续较长时间内听一个声音的阈限是有区别的，声音持续时间越短，阈限值越高，持续时间越长阈限值越低。

4. 响度与听觉能力的关系

听觉能力存在着很大的个体差异和发展差异，听力能力随年龄因素的变化也存在着明显的增强和衰减的情况。对于正常成年人来说，听觉能力随着年龄的增加，存在着显著的衰减现象，尤其是年龄越大，听觉能力衰减就越明显。此外，婴幼儿的听觉感受能力和辨别能力随着年龄的增长，也存在着明显的发展。

(二)音高

音高也称音调，是人耳对音调高低的主观感受。音高主要取决于声波基频的高低，频率高则音调高，频率低则音调低。音调的主观感觉单位是"嘿"，通常将响度为 40 吩的 1 kHz 纯音的音高定义为 1 000 嘿。人耳对响度和频率的感觉同样有一个最低到最高的范围。音高的测量是以 40 dB 声强的纯音为基准，音高与频率之间的变化是一个非线性关系。此外，音高还与声音的响度及波形变化有关。

（三）音色

音色是由声音波形的谐波频谱决定的，声音波形的基频所产生的听得最清楚的音称为基音，各次谐波的微小振动所产生的声音称为泛音，单一频率产生的声音称为纯音，具有谐波的声音称为复合音。声音波形包含的谐波的比例和声音频率随时间的衰减决定了声源的音色。此外，反映声音的其他物理特性还有音长（即由振动持续时间的长短决定的，持续的时间长，音长越长）。

综上所述，从以上描述声音物理特性的三个方面来看，人耳的听觉特性并非完全线性。声音传到人的耳内经处理后，除了基音外，还会产生各种谐音及差音，也并不是所有这些成分都能被感觉，人耳对声音具有接收、选择、分析，并判断响度、音高和音频的功能，有关声音的详细的物理学特征和心理物理学的研究可以参考物理声学的相关文献及专著。

三、听觉加工的理论

（一）声音的频率理论

最早解释听觉现象的理论是 1886 年物理学家卢瑟福（W. Rutherford）提出声音的频率理论（frecuncy theory）。频率理论认为，内耳的基底膜是和镫骨按相同频率运动的，振动的数量与声音的原有频率是相适应和一致的。当我们听到一种频率低的声音时，镫骨振动次数较少，因而使基底膜的振动次数也较少，如果声音的频率提高，镫骨和基底膜的振动也会随之加快，并在听觉感受器和听觉中枢系统产生与传递振动频率相同的神经电冲动，同时在中枢系统产生听觉感觉。该理论对于人耳对声音频率的分析的解释存在一定的困难，而且人耳基底膜不能作每秒 500 次甚至 1000 次以上的快速振动。因此，该理论解释听觉现象有一定的局限性。

（二）共鸣理论

共鸣理论（resonance theory）是赫尔姆霍茨（Helmholtz）提出来的。赫尔姆霍茨认为，基底膜的横纤维长短不同，靠近蜗底较窄，靠近蜗顶较宽，因而就像一部琴的琴弦一样，能够对不同频率的声音产生共鸣。声音的频率高，短纤维发生共鸣；声音的频率低，长纤维发生共鸣。人耳基底膜总共约有 24 000 条长短不同的横纤维，它们分别反映不同频率的声音。基底膜的振动引起听觉细胞的兴奋，因而产生高低不同的音调。

共鸣理论主要根据基底膜的横纤维具有不同的长短，因而能对不同频率的声音发生共鸣。后来有研究发现，该理论也存在着不足之处。例如人耳能够接受的频率范围为 20 Hz～20 kHz，最高频率与最低频率之比为 1 000∶1，而基底膜上横纤维的长短之比仅为 10∶1，这样就很难解释 1 000∶1 的频率变化范围如何能够通过 10∶1 的横纤维的振动产生对不同频率声音的听觉。由此可见，听觉加工还存在其他的加工机制。

(三)位置理论—行波理论

位置理论—行波理论是 20 世纪 40 年代生理学家冯·贝凯西(G. Von Bekesy)在赫尔姆霍茨的共鸣理论的基础上提出的新的理论，用来解释人类的听觉现象。位置理论—行波理论认为，声波传到人耳后引起基底膜的振动，基底膜振动从耳蜗底部开始逐渐向蜗顶推进，同时振动的幅度也随着不断增高，当振动运行到基底膜的某一部位，而且振幅达到最大值，振动就会停止并消失。随着环境声音频率的不同，基底膜最大振幅的部位也不同，声音频率低，最大振幅接近蜗顶；频率高，最大振幅接近蜗底。这样，在蜗顶和蜗底的不同部位对不同频率的声音产生敏感，从而实现对不同频率声音的听觉加工。

位置理论—行波理论正确描述了 500 Hz 以上的声音引起的基底膜的运动。对 500 Hz 以下的声音对基底膜的影响则不能进行很好的解释。所以人们认为，声音频率低于 500 Hz，频率理论能更好解释听觉现象；频率高于 500 Hz，位置理论能更好解释听觉现象。

(四)神经齐射理论

神经齐射理论(neural volleying theory)是 20 世纪 40 年代韦弗尔(Wever E. G.)提出的。该理论认为，当声音频率低于 400 赫兹时，个别听觉神经纤维产生的神经电频率与声音频率一致，当声音频率提高时，神经纤维无法单独对声音做出反应。此时，听觉神经纤维则按齐射原则，个别纤维具有较低的发放频率，它们组合对声音进行反应，因此就可以对频率较高的声音进行反应。韦弗尔认为，齐射原则可以对 5 kHz 以下的声音进行频率分析，当声音频率超过 5 kHz 时，位置理论则更适合对高频率声波的听觉加工进行解释。

四、声波的传播特性

声波是机械振动或气流扰动引起周围弹性介质发生波动的现象，声波所波及的空间范围称为声场。声波的传播具有一定的物理特性和传播规律，下面就对声波的传播规律进行简单的阐述。

(一)声波传播的衰减特性

声波在空气或其他介质的传播过程中，由于受到介质阻挡和摩擦部分能量会转化为热能使声音的能量衰减。这种损耗在很大程度上与声波的频率有关，声音的频率越高，振动越快，能量的衰减就越多。在空气中，吸收损耗与声波频率的平方成正比。在大空间和均匀的介质中，某点的声强的衰减与该点至声源的距离平方成正比，而声压与该距离成反比。

(二)声波的反射、折射和衍射

当声波遇到障碍物时，声波会产生反射现象。当声波传播过程中遇到凹凸不平的障碍物界面时，由于界面不再是连续的平面，向前传播的声波不能互相叠加，向后传播的声波也不能互相抵消，所以不能形成清晰的回声，导致声波的散射现象，声波的散射现象对于建筑声学设计是非常重要的，建筑设计者通常采用这一原理来达到吸声和抵消回声的效果，从而改善建筑内的声音的听觉质量。

当声波从一种介质传播进入另一种介质时，由于声波在两种介质的传播速度不同，声波将在这两种介质的界面处发生传播方向改变的现象，这种现象叫作折射。如果声波在相同的不均匀的介质中传播，也会出现折射现象。

衍射是介质中的障碍物引起的波阵面畸变现象。这种衍射现象与障碍物或其表面孔隙的大小有关。如果孔隙或障碍物相对于声波的波长较小时，在不高的围墙外能听到围墙内的声音等，衍射现象就会比较明显；而当孔隙或障碍物的尺寸比波长大得多时，衍射现象就会得到削弱，此时声波可顺利通过孔隙而不发生衍射现象。对于不同频率的声波，对同一障碍物或孔

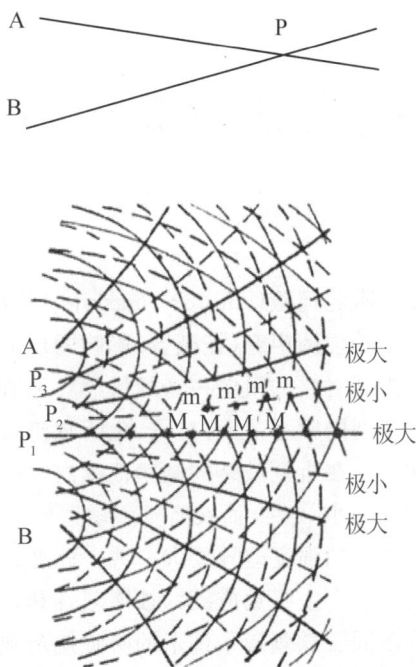

图 9-3 声波的干涉现象

隙所产生的衍射现象的强度是不同的。一般频率较低的声波较易以衍射的方式越过或穿过障碍物，而较高频率的声波则会出现显著的反射现象。

（三）声波的干涉现象

当 A、B 两个相同的频率、相同振幅和相同相位的声源在某一介质中传播时（见图 9-3），点声源 A、B 是两个圆心位置，其中实线代表声波压缩状态，虚线代表声波密集状态。两者的压缩交点或稀疏交点 M 表示振幅相加的声波阵面点，图中实线与虚线的交点 m 表示声波在压缩与稀疏互相抵消。用粗实线把极大值诸 M 点连起来，用虚线把极小值诸 m 点连起来。这两条线之间的那些点的振动状态处于二者之间，这种现象称为声波的干涉现象。声音的干涉现象对于建筑声学设计具有重要的参考价值。如在一个礼堂安装两个扬声器，那么坐在不同位置听到的声音是不一样的。离扬声器近的人听到的声音和离扬声器远的人听到的声音可能存在不同步的现象，甚至出现回音。如果安装的扬声器数量较多，这种干涉现象就会明显的衰减。因此，一个建筑的声学设计对建筑内的音响效果有着显著的影响，合理的音响设计可以消除声音的干涉现象，从而保证建筑内良好的音响效果。

第二节　听觉现象的实验研究

一、听觉掩蔽

听觉掩蔽（auditory masking）效应是指对呈现的较弱声音的听觉感受受到另一个较强的声音（掩蔽音）影响的现象。研究表明，3～5 kHz 绝对感受阈限最小，即人耳对它的微弱声音最敏感，而在低频和高频区的绝对感受阈限要偏高一些。在不同的频率范围内，产生听觉掩蔽的被掩蔽音和掩蔽音之间的强度差异也是不同的，在听觉敏感的频率范围内，产生听觉掩蔽的被掩蔽音和掩蔽音之间的强度差异要小一些；而在听觉不敏感的频率范围内，产生听觉掩蔽的被掩蔽音和掩蔽音之间的强度差异要大一些，此外，被掩蔽音和掩蔽音之间的绝对强度的高低也会影响产生听觉掩蔽的被掩蔽音和掩蔽音之间的相对强度差异。下面详细介绍一下不同听觉刺激条件下的听觉掩蔽现象。

1. 纯音的掩蔽效应

对于纯音的听觉刺激，产生的听觉掩蔽现象有如下的规律：

①对处于中等强度时的纯音来说，最有效的掩蔽是出现在该频率附近的纯音；

②低频的纯音可以有效地掩蔽高频的纯音，而高频的纯音对低频的纯音的掩蔽效应则要弱一些。

2. 复合音对纯音的掩蔽现象

如果掩蔽声音为多频率纯音合成的宽带复合音，被掩蔽的声音为纯音，则产生的掩蔽在低频段一般高于高频段的复合音，当掩蔽音超过 500 Hz 时频率每增加 10 倍，掩蔽音的强度增加 10 dB。如果掩蔽音为窄带复合音，被掩蔽声为纯音；则位于被掩蔽音附近的由纯音组成的窄带复合音的临界频带产生的掩蔽作用最明显。

3. 实时与异步的听觉掩蔽效应

(1)频段掩蔽

频段掩蔽是指掩蔽声与被掩蔽声同时存在且相互作用时发生的掩蔽效应，该掩蔽又称为实时掩蔽。实时掩蔽通常发生在频段中的一个强掩蔽音与发声的弱音同时存在时，弱音与强音的频率越接近，就越容易被掩蔽；相反，弱音离强音越远越不容易被掩蔽。一般低频的声音容易掩蔽高频段的声音。

(2)时域掩蔽

时域掩蔽是指掩蔽效应发生在掩蔽音与被掩蔽音异步呈现时，又称异步掩蔽。异步掩蔽包括前导掩蔽和后滞掩蔽。如果是掩蔽声音出现前的某一段时间内发生掩蔽效应，则称为前导掩蔽；如果是掩蔽声音出现后的某一段时间内发生掩蔽效应，称为后滞掩蔽。产生时域掩蔽的主要原因可能与大脑处理听觉信息的时间有关，因为听觉刺激产生听觉感觉需要经过感受器到听觉中枢的传导和加工过程，随时间推移或前置就会产生听觉掩蔽现象，异步掩蔽随着时间的推移很快就会衰减。一般情况下，前导掩蔽发生在掩蔽音呈现 3~20 毫秒之间，而后滞掩蔽可能会在掩蔽音呈现后持续 50~100 毫秒。

4. 其他的听觉掩蔽现象

其他的一些听觉或者时间因素也可能会引起听觉掩蔽现象。如两个不同频率声音分别作用于两耳时，就会产生中枢掩蔽效应。

声音的掩蔽现象是听觉实验中必须注意和加以控制的重要因素。如果同时和先后呈现的听觉刺激导致听觉的掩蔽效应，实验结果的正确率和可靠性以及反应速度都会受到影响。因此在实验和实际应用中都要对听觉掩蔽现象加以注意。

二、听觉疲劳与听觉适应

(一)听觉疲劳现象

当声音的响度达到一定强度水平时，持续暴露在这样的强刺激环境中就会引起听觉感受阈限值提高的现象，这种现象称为听觉疲劳现象。通常将听觉绝对阈限强度(dB)提高的差异量作为衡量听觉疲劳程度的指标。这个绝对阈限的差异量越大，说明听觉疲劳现象越显著，需要恢复的时间相对来说也就越长。一般听觉疲劳现象的产生及其疲劳程度的高低与呈现的听觉刺激的频率、强度和持续的时间有直接的关系，听觉刺激的频率越高、强度越强和持续的时间越长，产生的听觉疲劳现象就越显著，需要恢复的时间也就越长。

(二)听觉适应现象

听觉适应是当听觉器官接受一定强度的声音刺激持续一段时间(一般 3～5 分钟)导致听觉绝对阈限下降，而当听觉绝对阈限下降到一定的水平后就稳定在这一个水平上下，这种现象称为听觉适应现象。一般听觉适应现象可以在持续出现听觉刺激 1～2 分钟后就达到相对稳定的水平，而听觉绝对阈限的恢复需要2～3分钟的时间。

(三)听觉疲劳和听力损失

人们在强声压环境里经过一段时间后会出现听觉疲劳，如果长期暴露在这样的强噪声环境下，就会导致听力损伤。此外，随着人年龄的提高，也会逐渐表现出听力损伤的现象，其对高频声音的感受能力的降低更快，男性对高频的灵敏度随年龄增长下降得比女性要快。表 9-2 是国际标准化组织(ISO)提出的不同年龄的平均听力损失(以 25 岁青年的听觉绝对阈为参考标准)，从表中可以看出，随着年龄的增长，对高频声音的感受性迅速下降。此外，对于暴露在强噪声环境下的人们的听觉可能造成如下方面的危害：(1)听觉器官损伤。噪声的强度不同造成的损伤程度也不同，有的可以导致暂时性的听觉能力丧失，有的会导致永久性听力损失，严重的甚至会导致全聋；(2)暂时性听觉阈限提高，即产生听觉疲劳，暂时性听觉阈限提高随声级增加和暴露时间延长而增大；(3)永久性听觉阈限提高。如长年累月处在强噪声环境中，听觉疲劳难以消除，会造成永久性听觉阈限提高。根据 ISO 1999 对听力损伤的规定，将 25 dB 作为听力有损伤的标准。通常长期处于 90 dB 以上噪声环境中就会引起听力损伤，而且随声级的增加听力损伤迅速增大。

表 9-2　ISO 提出的不同年龄的平均听力损伤

（以 25 岁青年的听觉绝对阈为参考标准，dB）

频率 年龄	纯音频率(kHz)							
	1	2	3	4	6	8	12	15
30	0	0.4	1.2	1.9	2.4	2.5	5.0	10.2
35	0	0.7	2.2	3.5	4.5	4.7	9.3	18.9
40	0	1.2	4.0	6.4	8.2	8.6	17.0	34.2
45	0	1.7	5.6	9.0	11.5	12.1	23.9	48.5
50	0	2.0	6.5	10.5	13.4	14.1	27.8	56.2
55	0	2.2	7.2	11.5	14.7	15.4	30.5	61.9
60	0	2.3	7.7	12.2	15.7	16.7	32.6	65.9

三、其他的听觉效应

(一)听觉的延时效应

实验研究表明，当几个相同的声音相继到达人耳时，一般不一定能分辨出几个先后到达的声音。也就是说，人的听觉对延时声音的分辨能力比较差。这种现象称为听觉的延时效应，也称为"哈斯(Hass)效应"。

(二)人耳听觉的非线性

人类的听觉系统与电声设备系统具有相似性，对听觉刺激的感觉不是完全线性的。当声音信号被听觉进行非线性加工后，听觉系统在强声音来到时会产生一种混合音，如一种乐器和另一种乐器演奏某个和声时，人们会感到这种组合声音既不像第一个乐器的，也不像第二个乐器的，而是另外一种混合的听觉感受。

(三)多普勒效应

当声源相对于声波的传播媒质而运动、观察者(听者)相对于媒质而运动或声源和观察者之间以及与媒质有相对运动时，观察者会感受到声源频率与声源发出声波的实际频率不一致的现象，这种现象称为多普勒效应。例如，当快速行驶的汽车从远处朝向我们行驶，经过我们身边时，我们会感受到朝向我们时听觉感受被加强、声音频率提高，而远离我们时，我们会感受到听觉感受被减弱、声音频率降低。

四、听觉方向定位

（一）影响听觉方向定位的因素

听觉方向定位受到诸多因素的影响，归结起来有如下几方面。

1. 双耳的时间差异

即听觉刺激达到双耳的时间的差异可以作为听觉刺激空间位置定向的主要依据，听觉中枢系统根据这个时间差就可以判断出声源的大概位置。

2. 双耳强度差异

到达双耳的声音的强度差异也是听觉方向定位的一个重要因素。声音到达双耳强度差异越显著，对声源的空间定向就越准确，如果声音到达双耳强度差异比较微弱，对声源的空间定向的准确性就会受到影响。此外，声源与人之间的距离远近也影响空间定向的准确性，一般声源比较近时容易感受到双耳的强度差异，定向也相对准确；而声源比较远时，强度的差异也会减弱，定向的准确性也会受到影响。

3. 连续听觉刺激条件下的双耳相位差

当连续的听觉刺激到达双耳时，声音在双耳间就会产生一个相位差。声音在双耳间产生的相位差对听觉刺激的方向定位会产生影响。相位差受到声波的方向和波长两个因素的影响。

4. 视觉对听觉方位判断的影响

通常情况下，当有视觉参与时，人们对声源的空间位置的判断会更精确，而没有视觉参与时，人们对声源的空间位置的判断的精确性就会下降。

（二）听觉方向定位的实验研究

人耳的一个重要特性是能够判断声源的方向和远近。人耳判断声源的方向相当准确，但判断远近的准确度较差。双耳方向定位的经典研究方法是"两耳分听"技术。通常采用听力计或听觉诊断仪来实现"两耳分听"的实验。该仪器主要采用听力计和气导或骨导的双通道耳机（两个耳机可以输出不同的听觉任务）。通过"两耳分听"技术可以研究听觉的空间定位，也可以用于听觉的注意分配的研究。

在早期听觉方向定位的研究中主要是采用音笼作为实验仪器，来对空间不同方位、角度的听觉刺激的判断准确性进行研究。音笼实验研究表明，在没有视觉参与的暗室中进行听觉空间方位定向的研究表明：人类听觉定向规律基本是对左右两侧声源容易分辨；头部中切面(两耳轴线的垂直平面)上的声音容易混淆(在2°～3°范围内)，此时只要转动头部就可以对声源进行正确定向；如果以两耳连线的中点为顶点作一圆锥，那么从圆锥面上各点发出的声音容易混淆。在声源正前方，正常听觉的人在安静无环境中可辨别1°～3°的水平方位的变化，在水平方位角0°～60°范围内，人耳有良好的方位辨别能力，当超过60°时，这种辨别能力下降。

此外，听觉定位是由双耳听觉完成的。声源发出的声波到达两耳时，会产生时间差与强度差。人耳就是根据这两种差别进行听觉定位的。通常当声音频率高于1 400 Hz时，强度差起主要作用；而低于1 400 Hz时，时间差起主要作用。人耳对声源方位的辨别，在水平方向上比竖直方向上要好。

第三节　听觉实验及实验条件的控制

听觉是心理学研究中的一个重要的领域。听觉是由客观环境中的听觉刺激(振动)通过听觉感受器官将机械振动转换为神经电信号并传输到听觉中枢，形成听觉。通常我们所说的听觉是指听觉器官对频率在16 Hz～20 kHz的振动的知觉，我们对听觉刺激的知觉受听觉刺激的振动频率(Hz)、声压级(dB)和声波的复合程度(是纯音还是复合音)的影响，对于不同振动频率、声压级和复合程度声波，人们的主观感受是有所不同的，而且存在着一定的个体差异。人类的听觉受诸多方面因素的影响。在听觉实验研究中，应该对可能影响听觉的因素进行有效的控制。

在心理学实验研究中，听觉研究主要包括听觉的绝对感受性(绝对阈限)和相对感受性(相对阈限)、听觉疲劳与听觉适应、听觉方向定位、听觉与语言心理学、听觉障碍与语言功能的脑机制等方面。归结起来，影响听觉的因素主要有以下几方面。

一、听觉刺激方面的因素

影响听觉的声波物理特性的因素是多方面的，这些因素主要包括：声波的振动频率、声波的强度、声音的复合程度、声音的强度变化、声波持续呈现的时间等。

1. 声音的频率

声波振动的频率与振幅是决定声音的音高和强度的两个直接的属性，频率对听觉的影响主要表现在声音的音高上，音高作为心理量，在很大程度上受个体的听觉器官和听觉神经系统的影响，人对不同频率相同声压级的声音的音高的判断是不同的，根据个体对不同频率声音的主观强度感受的测量，可以绘制出听觉等高曲线。音高主要受声音的频率、声音的声压级、声音持续作用的时间、年龄发展因素以及个体差异等因素的影响。

声音频率的变化与听觉绝对感受阈限和相对感受阈限有密切的联系。通常情况下，随着声音频率的提高，对声音的绝对感受性提高、绝对感受阈限总体呈现下降的趋势，在 4～6 kHz 的范围内会略有波动。

2. 声音的强度

声音的强度主要是由声波的振幅决定的，声波的振动幅度越大，声音产生的声压级也就越大，声音的强度也就越大，通常我们说的声音的强度就是指声波的声压级，在物理学中用分贝（dB）来表示。在心理学研究中，衡量声音强度的心理量称为响度（单位是味）。响度与声压级存在着直接的函数关系，同时与声波的频率及波幅也有一定的关系。心理量的响度与物理量的强度——声压级之间存在着对应关系，根据心理量与物理量之间的关系可以制作出响度量的心理物理量表，用来描述心理量与物理量之间的关系。

3. 声音的复合程度

在听觉研究中，声音可分为两类：纯音和复合音。纯音是指由发声设备发出的具有一定强度的、特定频率的正弦波。在听觉研究中，经常采用纯音作为听觉刺激，因此，对纯音的发生设备技术与性能要求也比较高。通常情况下，心理学实验研究中采用的发声设备是听力计，听力计的发声设备主要是通过集成电路控制的电子发声元器件，这些电子发声元件可以将发出的声音的频率控制在很小的范围内，尽可能避免其他频段声波对实验的干扰。复合音是指由不同频率和振动幅度的声波合成的声，复合音可分解为多个不同频率的纯音成分。在日常生活中，我们很少能够接触到纯音，接触的绝大部分声音都是复合音，如音乐、噪音、语言表达、动物的鸣叫声、自然界的各种声音等都是复合音。在语言心理学研究中，经常对各种语言的现象进行听觉分析。

4. 声音的强度变化

声音的强度变化也是影响听觉感受性的一个重要的因素，声音强度变化的幅度越大，产生的听觉疲劳与适应的现象也就越明显，对听觉实验结果的影响也就越大。因此，在听觉实验研究中，应该尽可能避免声音强度的大幅度变化，或者避免有不同强度的声音的干扰。因此，在一般的听觉实验或者语言的实验中，原则上要求在专门的听觉实验室中进行，实验室应该具有良好的隔音和消音的装置或设计，保证实验室的背景噪音至少小于 30 dB，必要的情况下，还需要对背景噪音进行更为严格有效的控制。

5. 声音呈现的时间

声音呈现的时间长短对听觉感受性会产生一定的影响。长时间暴露在强听觉刺激或弱听觉刺激的条件下，都有可能降低或提高听觉感受性，这也就是常说的听觉疲劳与听觉适应现象。听觉刺激呈现时间积累到一定程度，会产生一些常见的听觉现象，如听觉后像、耳鸣等听觉现象，并对听觉感受性造成暂时性的影响。因此，在听觉实验研究或者听觉诊断中，一般要求被试在 1～2 天内不能暴露在强噪声的环境中，避免听觉疲劳与适应的现象发生，对被试的听觉的真实情况进行错误的诊断。

由于上述声波方面的因素对听觉的影响，在听觉实验研究或临床诊断中，需要对上述发声设备的性能以及声波的相关属性等进行有效的控制。因此，听觉的发声设备在性能和精密性方面要求都非常高，而且对实验室环境条件的要求也比较高。

二、听觉生理功能的因素

听觉的生理基础也是影响听觉的重要因素之一，听觉的生理基础包括听觉的感受器官(耳)、药物、疾病和疲劳因素、听觉适应、听觉传导通路及听觉皮层损伤、年龄因素等，这些因素都会对听觉不同层面的功能产生一定的影响。

1. 听觉感受器官

听觉感受器官是由外耳、中耳、内耳三部分组成的。外耳包括耳郭和外耳道，其作用是收集声音；中耳由鼓膜、三块听小骨、卵圆窗和正圆窗组成，声音从外耳道传至鼓膜并引起鼓膜振动，并通过听小骨将声音传至中耳的传音装置；内耳由前庭器官和耳蜗组成内耳镫骨的运动产生压力波，并带动基底膜的运动，产生听觉的动作电位，将机械能转换为神经电冲动，并通过上行听觉传导通路至大脑皮层的听觉中枢产生听觉。听觉器官的感受性有一定的个体差异，而且受环境和身体机能等因素的影响。

2. 疾病、疲劳和药物等因素

生理疾病和疲劳对听觉感受性会产生一定的影响，严重的生理疾病和过度疲劳引起听觉感受性下降，甚至会引起听觉错觉和幻觉等，此外，一切作用于神经系统的药物也会在一定程度上影响听觉感受性。如麻醉和镇静类的药物可以引起听觉模糊甚至暂时性丧失。因此，在听觉实验研究中，应该考虑被试的疾病、疲劳和服用药物的情况。

3. 听觉适应

当人长时间暴露在强噪声环境或声音强度极低的环境（如没有声源的隔音室），听觉绝对感受性会产生降低或提高的现象，这就是听觉适应现象。在听觉实验研究和临床诊断时，被试或患者1～2天内应该避免暴露在强噪声环境或隔音室中，避免因为听觉适应导致测试的结果有偏差。

4. 听觉传导通路及听觉皮层区

听觉神经经脑干髓质、下丘脑区、背侧和腹侧内侧膝状体至大脑的听觉皮层，听觉系统的神经元对声音频率的编码具有特异性，即不同神经元对不同频率的敏感性不同，皮下神经核细胞对低频较为敏感，皮层的一些神经元细胞对高频较为敏感，而且听觉系统与语言中枢有密切的联系。听觉感受器、听觉传导通路及听觉皮层区的损伤都会引起听觉功能障碍或丧失，并影响语言功能的发展。

5. 年龄发展因素

年龄发展也是影响听觉感受性的一个重要的因素，尤其是人从成年向老年阶段过渡和老年阶段，会出现认知老化的现象，即老年人的基本心理能力（即基本的认知能力）表现出下降的趋势，有研究表明，60～80岁的老年人在听觉的绝对感受性方面表现出明显的下降趋势。有些老年人借助助听器来提高听力水平。

此外，对声音的辨别能力还存在着个体差异，从事音乐的人与其他职业的从业者对声音的敏感性和辨别能力是有一定的差异的。

三、客观环境方面的因素

客观环境方面的因素对听觉也会产生一定的影响，这些因素主要包括距离、声源的方位等因素，已经有研究表明：听觉刺激呈现的空间位置、距离与听觉感受性及听觉方向定位有密切的联系，并影响听觉刺激到达双耳的时间差和强度差。

1. 听觉刺激到达双耳的时间差

听觉实验表明：听觉刺激到达双耳的时间差是听觉方向定位的一个非常重要的线索。当声源在头部中切面上任何一个方位时，声波到达双耳的距离和时间是相同的，此时，声波到达双耳没有时间差。当声源不在中切面时，声波到达双耳的距离和时间是不同的，这样就会产生时间差，听觉神经系统可以通过声波到达双耳的时间差异来判断声源的方位。声波到达双耳的距离和时间差随着声源偏离中切面的角度而变化，当声源靠近单侧耳时经过的距离和需要的时间都要比另一侧短。声源的方位与距离产生的双耳时间差见表 9-3。

表 9-3　声源的方位与距离产生的双耳时间差

（摘自《实验心理学》，孟庆茂等，1999）

方向角	1°	2°	3°	4°	5°	10°	15°	20°	25°	30°	35°
近声源	0.009	0.018	0.027	0.036	0.044	0.089	0.133	0.178	0.222	0.266	0.311
远声源	0.009	0.018	0.027	0.036	0.044	0.088	0.132	0.176	0.218	0.260	0.301
方向角	40°	45°	50°	55°	60°	65°	70°	75°	80°	85°	90°
近声源	0.355	0.400	0.444	0.488	0.533	0.577	0.602	0.666	0.710	0.755	0.799
远声源	0.341	0.379	0.416	0.452	0.486	0.518	0.549	0.578	0.605	0.630	0.653

2. 双耳对声音感知的强度差

由于声音所在的方位不同，声音与双耳的距离也会有所不同，距离声源近的一侧耳感受到的声音要强一些，而距离声源远的一侧耳感受到的声音强度要弱一些。双耳声音的强度差异还会受到声源与人的距离的影响，距离越远，双耳对声音感知的强度差异就会逐渐减弱。因此，当声音与人的距离很远时，就很难进行十分精确的定位。

3. 不同感觉通道对听觉的影响

在其他的感觉通道中，视觉和躯体运动（如躯体或头部的转动）对听觉方向定位有直接的影响。多通道的信息整合对听觉和其他感知觉（如视觉、触觉、运动知觉、时间知觉等）起着十分重要的作用。因此，在听觉实验研究和临床诊断中，通常情况下要排除可能影响实验或者临床诊断的其他通道的信息（如固定头部避免头部转动、带上眼罩避免视觉对听觉判断提供视觉线索等）。

综上所述，在听觉实验研究与听觉诊断中，应该充分考虑上述影响听觉能力的各方面因素，并对这些因素进行有效的控制。这样才能科学、客观地揭示听觉现象的规律，对听觉功能障碍的患者做出客观的诊断。

参考文献

[1] 孟庆茂，常建华. 实验心理学. 北京：北京师范大学出版社，1999.

[2] 杨治良. 实验心理学. 杭州：浙江教育出版社，1997.

[3] 朱滢. 实验心理学. 北京：北京大学出版社，2000.

［4］杨博民．心理实验纲要．北京：北京大学出版社，1989.

［5］赫葆源，张厚粲，陈舒永．实验心理学．北京：北京大学出版社，1983.

［6］彭聃龄．普通心理学．北京：北京师范大学出版社，2000.

［7］马大猷．现代声学理论基础．科学出版社，2004.

［8］张学民，舒华，张亚旭．实验心理学理论与实验教学改革的思考与实践．高等理科教育，40(6)，2001.

［9］赫葆源，张厚粲，陈舒永．实验心理学．北京：北京大学出版社，1983.

［10］张学民，舒华，高薇．视觉选择性注意加工模式与优先效应．心理科学，26(3)，2003.

［11］张学民，舒华．实验心理学纲要．北京：北京师范大学出版社，2004.

［12］张学民，舒华．实验心理学纲要(修订版)．北京：北京师范大学出版社，2005.

［13］舒华，张学民等．实验心理学的理论、方法与技术．北京：人民教育出版社，2006.

［14］张维国．现代音响技术．人民邮电出版社，1997.

实验 9-1　最小变化法测量听觉绝对阈限

实验背景知识

声音的响度是由声波的振动强度决定的，此外，声音的强度还受频率的影响。不同频率的声音，当振动强度相同时，声音的响度听起来也并不相同。所以，当声音的频率不同时，其响度绝对阈限值也是不同的。一般声音的频率与听觉绝对阈限之间的关系可以用可听度曲线表示(见图 9-4，摘自《实验心理学》，赫葆源，张厚粲等，1983)。

从下面的曲线可以发现，在 0～8 000 Hz 的频率范围内，随着声音频率的提高，听觉绝对阈限降低，个体对声音的感受性提高。

实验目的

通过测定不同频率下的听觉绝对阈限，学习听力计的使用，证实纯音的听觉绝对阈限与声音频率的关系。

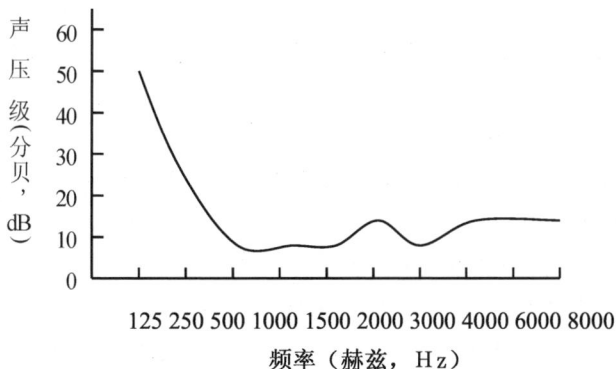

图 9-4 声音响度的绝对阈限与声音频率的关系

实验方法

一、被试

听觉正常的被试。

二、实验仪器与实验材料

(1)实验仪器：AC9082/9083 诊断听力计，附气导隔音耳机一个，反应键一对，数据传输线一条。

(2)实验材料为不同频率的纯音。

三、实验设计与实验过程控制

(1)安装调试听力计。将电源、气导耳机和反应键接好，打开电源，检查听力计是否能正常工作。

(2)环境要求。听觉实验应在背景噪声小于 30 dB 的环境下进行，否则，受试者会受环境噪声的干扰，产生听觉阈限值的漂移(阈限值提高，感受性降低)。此外，为了保证测试结果的可靠性，受试者在近 1～2 天内应避免暴露于强噪声的环境中。

(3)听力计功能的选择。AC9082/9083 诊断听力计主要具有如下功能：

①手动/自动功能：主试可以将此功能设置为手动操作或自动操作，手动操作要求主试每次呈现刺激时需按键，自动操作无须主试按键，将自动呈现某一频率下的所有刺激。在采用最小变化法进行施测时，为了保证实验过程控制的有效性，应采用手动功能来实施实验。

②气导/骨导：测听觉绝对阈限选择气导功能。

③ 左/右耳。施测时，按此键选择所要测的单侧耳。

④单次/断续/连续。此功能是呈的纯音信号是单次的、断续的还是连续的

声音。

⑤除上述功能外,AC9802/9803 诊断型听力计还有对话、打印、与计算机联机等功能。

⑥AC9802/9803 诊断听力计的声压级范围是 0～100 dB。声音频率范围为125 Hz、250 Hz、500 Hz、1 000 Hz、1 500 Hz、2 000 Hz、3 000 Hz、4 000 Hz、6 000 Hz、8 000 Hz。

(4)预备实验:优势耳的确定。被试在实验前分别对左右耳的听觉绝对阈限进行施测,具体方法是:选择 1 000 Hz 频率的纯音按↑↓↓↑或↓↑↑↓的呈现方式分别对左右耳施测 4 次,分别求出左右耳 4 次的平均值,并选择阈限值较低的一侧作为优势耳进行实验。

(5)正式实验。

①实验采用最小变化法进行施测。施测前先制作好刺激呈现顺序表(见表 9-4)。

表 9-4 刺激呈现顺序表

声音响度 (dB)	刺激频率及刺激呈现系列			
	125 Hz	250 Hz		8 000 Hz
	↑↓↓↑↓↑↑↓	↓↑↑↑↓↑↓↑	……	↑↓↓↑↓↑↑↓
60				
55				
⋮				
10				
5				
0				
转折点				

实验时,每个被试每个频率的纯音施测 8 次,顺序为↑↓↓↑↓↑↑↓或↓↑↑↓↑↓↓↑,频率从 125 Hz 到 8 000 Hz,每个被试共做 10 个频率,总共80 次实验。实验选择"断续"的纯音信号。

② 实验前给被试如下指导语:

"下面给你呈现的是一个声音,这个声音的强度是不断增大或减小的。当声音增大时,呈现的声音是从听不见到能听见,当你听见声音时,按键做出反应;当纯音逐渐减小时,声音是从听得见到听不见,当你听不见声音时,按键做出反应。这样要做好多次。"

③按表 9-4 刺激呈现顺序表呈现刺激。被试每个频率做完后休息 2 分钟。

④主试在表 9-4 上记录实验结果。听力计将自动存储所有被试的实验记录。并可在实验后进行查询或将数据传入计算机进行分析。

(6)一个被试做完后,换下一个被试按上述程序进行实验。

结果分析与讨论

(1)分别计算出各频率下的听觉绝对阈限(校正值)。

(2)以频率为横坐标,响度为纵坐标,绘出被试的听觉绝对阈限与频率之间的关系曲线,并进行解释。

(3)统计全班同学的平均听觉绝对阈限,并绘出频率与响度绝对阈限关系图,并与个人结果对照。

(4)对实验结果做性别和频率水平的差异分析。

结 论

从本实验的结果可以得出什么结论?

思考题

(1)听觉绝对阈限与声音的频率有什么关系?

(2)测听觉绝对阈限时应注意控制哪些额外变量?

(3)请你应用本实验的实验设计方法设计一个实验,测量不同频率(125 Hz～8 kHz)下纯音的可听度的范围,绘制出不同频率下的可听度曲线,并进行解释。

参考文献

[1] 孟庆茂,常建华. 实验心理学. 北京:北京师范大学出版社,1999.

[2] 杨治良. 实验心理学. 杭州:浙江教育出版社,1997.

[3] 朱滢. 实验心理学. 北京:北京大学出版社,2000.

[4] 杨博民. 心理实验纲要. 北京:北京大学出版社,1989.

[5] 张学民,舒华,张亚旭. 实验心理学理论与实验教学改革的思考与实践. 北京:高等理科教育,40(6),2001.

[6] 赫葆源,张厚粲,陈舒永. 实验心理学. 北京:北京大学出版社,1983.

[7] 彭聃龄. 普通心理学. 北京:北京师范大学出版社,2000.

实验 9-2　听觉疲劳与听觉适应过程

实验背景知识

听觉适应也叫听觉疲劳的适应，是长时间持续暴露在较高强度的环境下导致的对声音的感受性下降或听觉绝对阈限增高的现象。研究听觉适应的方法通常是比较适应前后的听觉绝对阈限值的变化，以及这种变化持续的时间，以确定听觉疲劳的产生与恢复的过程。在听觉适应过程中，影响听觉绝对阈限值变化的因素主要有声音的频率、响度、刺激持续的时间以及个体的身心状态等，听觉疲劳程度及持续时间的长短也随着上述因素的加强而有所增加。本实验主要从刺激的强度及刺激持续时间两方面探讨听觉适应现象，从中发现听觉适应的过程。

实验目的

(1)检验刺激强度及持续时间对听觉疲劳及疲劳的恢复过程的影响。

(2)了解和掌握听觉适应现象及听觉适应过程。

实验方法

一、被试

听觉正常的被试。

二、实验仪器与实验材料

(1)实验仪器：AC9082/9083 诊断听力计，附气导隔音耳机一个，反应键一对、数据传输线一条。

(2)实验材料：不同频率的纯音刺激。

三、实验设计与实验过程控制

(1)安装调试听力计及附件。

(2)选择测定听觉适应过程的频率为 500 Hz、1 000 Hz、2 000 Hz、6 000 Hz、8 000 Hz，声压级采用 80 dB 和 100 dB。呈现时间分别是 5 分钟和 10 分钟。实验设计为组间设计，各实验处理组的被试按完全随机的原则分配，尽量做到等组分配。实验者也可以根据实验要求安排实验设计。

(3)选择被试的优势耳(优势耳的测定方法见实验 9-1)，先测定被试在 500 Hz、1 000 Hz 和 2 000 Hz 下的听觉绝对阈限值(测定方法见实验 9-1)。做过实验 9-1 的被试可以直接采用优势耳和听觉绝对阈限的结果。

（4）对第一个实验处理组的被试呈现 500 Hz/80 dB 的纯音刺激 5 分钟。5 分钟后，再以 500 Hz 的纯音测被试的听觉阈限及听觉疲劳恢复过程，间隔半分钟测一次，直至听觉绝对阈限恢复为止。实验前对被试说如下指导语：

"现在给你呈现一个持续时间较长的声音，请你注意听。当声音停止后，主试会给你呈现另外一个连续的声音，但这个声音要比刚才呈现的声音小。开始可能听不到，当能够听到时向主试报告。间隔半分钟测一次。每次测之前我都会提示你。下面请你听第一个刺激。"

接着给被试呈现 500 Hz/80 dB 的连续的纯音刺激 5 分钟。

按同样的方法测定 1 000 Hz、2 000 Hz、6 000 Hz、8 000 Hz/80 dB 的纯音的听觉疲劳及听觉绝对阈限的恢复过程。将结果记录在表 9-5 中。

（5）分别按 4 的程序给第二、三、四实验处理组呈现各频率下 80 dB/10 分钟、100 dB/5 分钟、100 dB/10 分钟的纯音刺激，并测定听觉疲劳的恢复过程，并记录结果。

表 9-5　实验结果记录表

实 验处 理 组		实验前听觉绝对阈限(dB)	0.5 分钟听觉绝对阈限(dB)	······	n 分钟听觉绝对阈限(dB)
第一组	500 Hz				
	1 000 Hz				
	2 000 Hz				
	4 000 Hz				
	6 000 Hz				
	8 000 Hz				
⋮	⋮				
第四组	500 Hz				
	1 000 Hz				
	2 000 Hz				
	4 000 Hz				
	6 000 Hz				
	8 000 Hz				

结果分析与讨论

（1）分别计算出各实验处理组被试随时间延续听觉绝对阈限恢复的程度。并将结果填入表格中。计算方法如下：

适应后相对阈限值＝(适应后绝对阈限值/适应前绝对阈限值)×100％

(2)分别画出四组被试在不同频率下听觉疲劳的恢复过程曲线，并做出解释。

(3)根据四组被试听觉绝对阈限恢复的时间(以 3 000 Hz 的纯音刺激为例)，考察声音强度、持续时间对听觉疲劳恢复过程的影响，并对结果做出具体的解释。

(4)实验中个体差异是否明显？对小组实验结果的个体差异进行简单的分析和讨论。

结　论

从本实验结果可以得出什么结论？

思考题

(1)如果要全面考察声音的频率、强度、持续时间对听觉适应的影响应如何进行实验设计？

(2)在设计听觉适应的实验时，如何控制可能存在的系统误差？

(3)根据本实验的结果，说明研究听觉适应现象的实际意义？

(4)在进行听觉适应的实验时，进行组间实验设计可能存在什么问题？如何解决这一问题？如果采用组内设计，会产生什么问题，如何解决产生的问题？

参考文献

[1] 孟庆茂，常建华. 实验心理学. 北京：北京师范大学出版社，1999.

[2] 杨治良. 实验心理学. 杭州：浙江教育出版社，1997.

[3] 朱滢. 实验心理学. 北京：北京大学出版社，2000.

[4] 杨博民. 心理实验纲要. 北京：北京大学出版社，1989.

[5] 赫葆源，张厚粲，陈舒永. 实验心理学. 北京：北京大学出版社，1983.

[6] 彭聃龄. 普通心理学. 北京：北京师范大学出版社，2000.

第十章　视觉实验研究

【本章要点】

(一)视觉的生理基础与视觉加工的理论

(二)视觉实验的影响因素(简介/视觉实验及实验条件控制)

(三)颜色知觉现象与实验研究(理论、影响因素及实验)

(四)视觉实验

(1)基本视觉现象的测定：明适应和暗适应的研究；视敏度的测定；闪光融合频率的测定

(2)颜色视觉：视觉的颜色现象实验；颜色的知觉现象实验

第一节　视觉的生理基础与视觉加工的理论

一、视觉刺激与人类的视觉加工

(一)视觉感觉与光波的关系

视觉敏感的波长范围是在 $380\sim760$ 纳米的可见光，它占整个光波范围的 $1\%\sim2\%$，也就是说，有 $98\%\sim99\%$ 的光波我们是无法直接通过视觉感受到的。在通常情况下，人眼所接受的光线大多是物体表面反射的太阳光。视觉是人类最重要的一种感觉，它是由光刺激作用于人眼后，经过视觉的神经传导系统和视觉中枢的加工所产生的。而在人类获得的外界信息中，$70\%\sim80\%$ 以上的信息来自视觉。

(二)视觉感觉的生理基础

1. 视觉的感受系统

视觉的产生与视觉的感觉器官——眼睛的生理结构和功能、视觉信息的上行和下行传导系统和视觉中枢是密切联系的。眼睛的构造及其折光系统(眼球壁——

眼球内容物—晶状体、房水和玻璃体、外层为巩膜和角膜、中层为虹膜—瞳孔、睫状肌、内层为视网膜—感光细胞—锥体、棒体、双极节细胞、中央窝），通过对视觉刺激的初步加工转化为神经电冲动（光线→角膜→瞳孔→水晶体→视网膜→节细胞→双极细胞→感光细胞→产生光化学反应→神经电冲动→双极细胞→节细胞→视神经纤维→视觉中枢—产生各种视觉现象—下行传导—做出反馈调节和相应的反应）。视觉的生理图片如图 10-1 所示。

在眼球的内侧视网膜上有大量的锥体细胞（cones）、棒体细胞（rods）、双极细胞（bipolar cell）和神经节细胞（ganglion）。网膜是眼球的光敏感层，最外层是锥体细胞和棒体细胞，内层是大量的双极细胞和其他细胞，底层是大量的神经节细胞。棒体细胞和锥体细胞具有不同的功能，棒体细胞的主要功能是在夜间和昏暗环境下起作用；锥体细胞是在中等和强的照明条件下起作用，负责对物体的细节和颜色知觉。

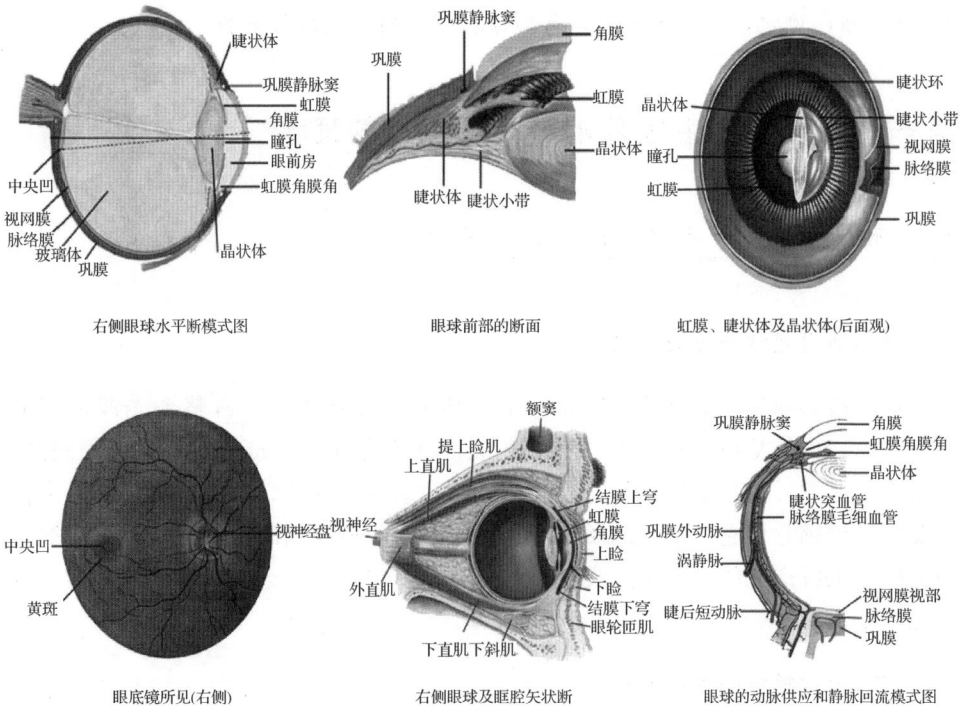

图 10-1　视觉感受器官

2. 视觉的中枢神经系统

医学生理学和认知神经科学的研究表明：视觉中枢神经区域在枕叶的纹状区及其临近的脑区，该区对视觉信号进行初步的加工，纹状区及其临近脑区的损伤会导致形状、方向定位、物体空间关系、面部知觉、颜色知觉等能力损伤，并导致各种类型的失认症（Agnosia）。此外，研究表明，视觉系统存在两条通路。一条是大细胞通路（M 通路），另一条是小细胞通路（P 通路）。大细胞通路从网膜 A 型神经节细胞→丘脑外侧膝状体→初级视皮层（V1）的 4B 区→二级视皮层（V2）的粗条纹区→分析运动（V3，V5）和深度（V5）；小细胞通路从网膜 B 型神经节细胞经过外侧膝状体→初级视皮层（V1）的色斑区和色斑间区→二级视皮层（V2）的细条纹区→分析颜色（V4）和形状（V3、V4）。这两条通路的功能是负责视觉识别、运动和颜色知觉加工。视觉的中枢系统如图 10-2 所示。

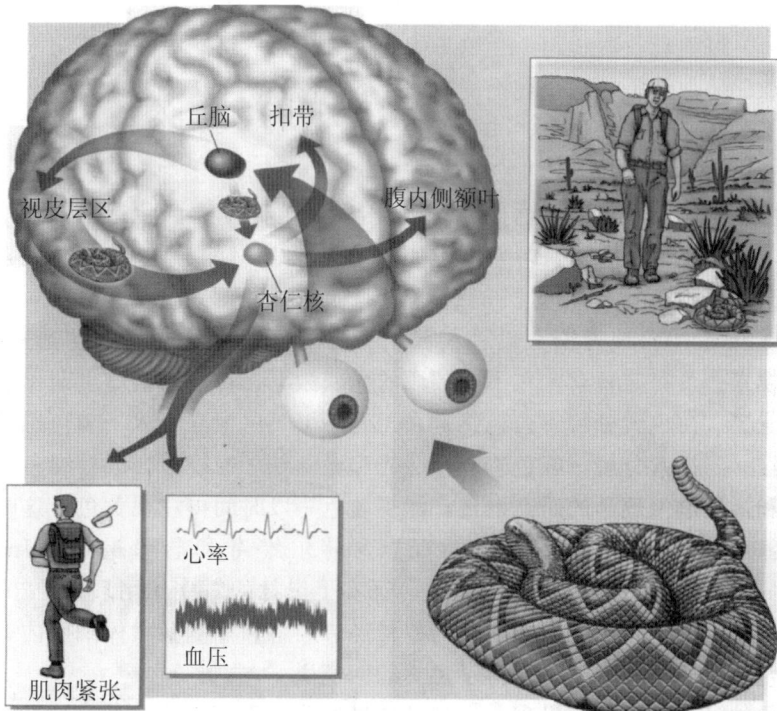

图 10-2　视觉神经系统加工过程（Ledous，J. E.，1994）

二、视觉加工的理论

(一)托马斯·扬和赫尔姆霍茨三色说

三色说是英国科学家托马斯·扬于 1802 提出的，该理论认为在视网膜上存在着三种不同的颜色感受器，每种感受器分别对红、绿、蓝的色素敏感，例如红色感受器对长波最敏感，绿色感受器对中波最敏感，蓝色感受器对短波最敏感，当某种光刺激作用于感受器时，从而产生相应的颜色感觉。三色理论得到一些实验结果的支持。马克斯、多贝尔和麦克尼科尔（Marks，Dobelle & MacNichol，1964）在他们的实验中，将直径为 2 微米的光束聚焦在单一锥体细胞上，然后分析单一锥体吸收的特性。结果发现，一组锥体细胞能吸收波长约 450 纳米的光（蓝），另一组能吸收波长约 540 纳米的光（绿），第三组能吸收波长约 577 纳米的光（近似红光）。但是，这个理论不能解释红绿色盲。

(二)黑林四色说

四色说是德国科学家黑林（Hering，1874）提出的解释颜色感觉的理论，该理论认为，视网膜存在着三对视素：黑—白视素，红—绿视素，黄—蓝视素。它们在光刺激的作用下表现为对抗的过程，即同化作用（Assimilation）和异化作用（Disassimilation）。该理论假设视网膜上存在着三对感光视素，即黑—白视素、红—绿视素、黄—蓝视素，在不同频段的光刺激下，每对视素产生同化和异化过程。光→黑—白视素分解→白色感觉，无光→黑—白视素合成→黑色感觉。红光刺激→红—绿视素分解→红色感觉；绿光刺激→红—绿视素合成→绿色感觉。行为实验和神经电生理学的研究发现，注视蓝色一段时间再注视黄色，这时会觉得黄色比平时更黄，支持了黑林的观点。赫尔维奇和詹米逊（L. Hurvich & D. Jameson，1958）用心理物理学方法，证实了黑林的对立作用理论。20 世纪 50 年代以来，生理学家还先后在动物的视神经节细胞和外侧膝状体细胞内，发现了编码颜色信息的拮抗机制，支持了黑林的四色说。

现代神经生理学研究发现，在视觉传导通路上发现对白—黑、红—绿、黄—蓝三类反应起拮抗作用的感光细胞。四色说可以较好地解释色盲以及正负后像等现象，但无法解释三原色混合现象。近年来色觉研究的进展所获得的认识是：两个学说是可以相互补充的。

第二节　视觉现象及视觉实验研究

一、视觉现象与视觉加工规律

(一)视觉的绝对感觉阈限与差别感觉阈限

1. 明度的绝对感觉阈限与差别感觉阈限

正常情况下，人眼对光的强度具有极高的感受性，感觉阈限很低，能对7~8个光量子起反应，某些情况下对2个光量子就能发生反应。在大气完全透明，能见度很好的条件下，人眼能感知1公里远处1/4烛光的光源。

明度的绝对感觉阈限与差别感觉阈限的大小，与光刺激作用在视网膜的部位有关。棒体细胞多分布在距中央窝16°~20°处，使明度的绝对感觉阈限值低；锥体细胞聚集在中央窝部位，对光强的差别感受性较高。明度的感受性与光刺激作用的时间、面积以及个体的年龄、营养情况等因素有关。

2. 波长和照明变化对视觉加工的影响

在可见光波范围内，人对不同波长的感受性是有差别的。在明视觉条件下，人眼对550纳米的光(黄绿色)感受性最高，在暗视觉条件下，人眼对511纳米波长的光(蓝绿色)感受性最高。当照明强度相同时，最敏感的光波波长向偏短波方向移动，这种现象称为普肯耶(Purkinje)现象。在可见光波的不同区域，人眼对不同色调的光波，敏感性和辨别能力是不同的。

(二)视觉适应

视觉适应是指视觉感受器官在不同强度的光刺激持续作用下，发生的感受性的变化。视觉适应可以使感受性提高，也可以使感受性降低。例如，我们从正常照明环境刚刚进入一个黑暗的屋子里，起初对屋子里的物体和周围的环境看不见或者看不清楚，等到在屋子里待一段时间后，就会逐渐对周围的环境和物体看得越来越清楚，这就是视觉适应能力逐渐提高的过程；而当我们在黑暗环境待一段时间后进入正常照明或强光环境，就会感觉到非常刺眼睛，等到适应一段时间后，就会恢复正常的视觉感受。

1. 明适应

明适应是个体从暗室环境或弱照明环境中进入正常照明或者强光照明环境

时，个体对光的感受性下降的现象。明适应的时间很短，最初约 30 秒内，感受性急剧下降，之后感受性的下降速度逐渐缓慢，1 分钟左右就可以达到完全适应的水平。锥体细胞主要是在中等和强的照明条件下起作用，所以明适应是锥体细胞起作用的结果。

2. 暗适应

暗适应是指当我们从正常照明或者强光照明环境中进入暗室或弱照明环境时，视觉感受性从看不清楚到逐渐看清楚的逐步提高的现象。暗适应的时间一般比较长，视觉感受性的变化幅度也比较大。暗适应的视神经生化过程如下：瞳孔及视网膜感光化学物质的变化——视紫红质的合成。棒体细胞的主要功能是夜间和昏暗环境下起作用，因此暗适应主要是棒体细胞的功能。

视觉适应对人类的日常工作和生活有非常重要的意义。在工程心理学中，视觉适应的研究和应用对特殊职业人员有十分重要的作用，如驾驶员和飞行员在黑夜里驾驶汽车或飞机，对视觉适应能力的要求就比较高，同时对操纵环境设计也有特殊的要求。

二、颜色视觉

(一)光波的波长与颜色知觉

颜色知觉是不同长度波长的光波作用于人眼所引起的视觉感受。明度知觉是指光刺激的强度作用于眼所产生的视觉感受。一般物体表面的光反射率愈高，明度感觉就越强。颜色包括三要素——亮度、色调和饱和度，亮度是指光的作用强弱，它由光的辐射功率及人眼视敏度特性决定。色调是指光的颜色，由作用到人眼的入射光波长成分决定，色饱和度是指彩色的浓淡。

在颜色知觉中，色调是用于区别不同颜色波长产生的颜色知觉的光学指标。不同波长的光产生的颜色感觉也不同，一般来说，可见光的波长为 380～780 nm（纳米）；不同波长的光入射到人眼会引起不同的颜色感觉，如果将所有波长的光均等地混合在一起，则给人以白色的感觉，如果混合不均匀，则会产生不同颜色的混合色。表 10-1 是光的波长与颜色的关系。

表 10-1　光的波长与颜色的关系

颜色	红外	红	橙	黄	绿	青	蓝	紫	紫外
波长 （nm）	大于 780	630～ 780	600～ 630	580～ 600	510～ 580	490～ 510	430～ 490	380～ 430	小于 380

颜色的饱和度是指颜色的纯度，即在光谱上的各单色光的饱和度最大，单色光掺入其他颜色的光的成分越多，颜色就愈不饱和。此外，在正常的色系中，也有由白色经灰色至黑色这一系列无彩色的灰度变化，我们称之为黑白系列。明度、色调、饱和度三者之间的关系可以通过光学中的三维颜色纺锤体来具体说明。

（二）色光混合的相关理论

1. 互补律

每一种色光都可以由另一种颜色的光同它相混合而产生白色或灰色，这两种色光称为互补色，如蓝—黄、绿—紫、红—青就是互补色，蓝光与黄光、绿光与紫光、红光与青光混合就能产生白光。

2. 间色律

混合两种非互补色可以产生一种新的混合色或介于两者之间的中间色。例如用光谱上的红、绿、蓝三元色，按一定比例的波长混合可以产生各种颜色。间色律认为两种非补色光混合则不能产生白光，其混合的结果是介乎两者之间的中间色光。如红光与绿光按混合的比例不同可以产生介乎两者之间的橙、黄、黄橙等色光。

3. 代替律

不同颜色混合后可以产生感觉上相同或相似的颜色，而且这些颜色可以互相代替，而不受原来被混合颜色所具有的光谱成分的影响。代替律在色彩光学上是一条非常重要的定律和理论基础，色光混合定律属于加色混合，它与颜料的混合是相反的，前者为加色混合，而后者为减色混合，其混合的规律也是完全相反的。

4. 三元色原理

三元色原理主要包含如下内容，即在自然界中所有的彩色都是由三种元色光按一定的比例混合形成的，也就是说自然界中的所有彩色都可以分解为不同比例的三元色光成分。三元色与混合色之间存在如下的关系：（1）三元色的混合比例，决定混合色的色调与色饱和度；（2）混合色的亮度等于三元色的亮度之和；（3）三元色的相加混合原理：一般情况下，三元色的相加混合遵循如表 10-2 所示的规律。颜色混合的定律可以用 C＝R(R，G，B)公式表示，为了匹配某一特定颜色 C 需用不同数量的三原色 R（红）、G（绿）、B(蓝)进行颜色混合。

表 10-2　三元色的相加混合的规律(原色混合比例均匀)

混合获得的颜色	黄	紫	青	白		
组成的三元成分	红+绿	红+蓝	绿+蓝	红+绿+蓝	青+红	黄+蓝　紫+绿

此外色光的混合不同于颜料的混合,两种混合的性质是不一样的。前者是一种加色法,后者是一种减色法。前者混合后明度增加,后者则明度减弱。

(三)颜色知觉缺失现象

色弱和色盲。色弱是指对光谱中的红色和绿色区的颜色感受性很低。色盲是指丧失颜色的辨别能力。8%的男性和0.5%的女性有某种形式的色盲或色弱。部分色盲是红绿色盲,不能区分红光与黄光或绿光。黄—蓝色盲则较少见,他们只有红、绿感觉,而没有黄—蓝颜色感觉。全色盲指丧失了对整个可见光谱上各种光的颜色视觉,而都把它们看成为灰白,即无彩色系列。全色盲极罕见,主要是视网膜上缺少视锥细胞或视锥细胞功能丧失所致。

色盲常为先天的隔代遗传,后天色盲往往由于各种生理因素或疾病等原因造成,如视网膜疾病、视神经障碍、药物中毒以及维生素缺乏等。

三、其他视觉现象

(一)视敏度

视敏度(visual acuity)指视觉系统分辨物体细节的能力或者是对物体的最小可分辨度的能力。在医学上将视敏度称为视力。视敏度由物体的视角决定,它等于视觉所能分辨的以角度分为单位的视角的倒数。视角是指物体最边沿两点与眼睛的角膜所形成的夹角。一般细小的或远处的物体构成的视角小,反之则视角大,视敏度的计算如下:根据"国际标准视力表"规定的,视力(V)为视角(α)的倒数。

$$V = 1/\alpha$$

α规定为在 5 米远处观看视标细节所成的角度。如果所看视力表上的视标细节的视角为 1°,视敏度或视力则为 1.0,如果视角为 0.65°,视力则为 1.5。正常视力范围为 1.0~1.5。

影响视敏度的因素很多,如视网膜受刺激的部位、背景照明的强度、物体与背景之间的对比度、眼睛的适应状态、疲劳和疾病等因素都会影响视敏度。

(二)闪光融合频率

闪光融合频率是视觉时间分辨能力的指标，闪光融合频率越高，说明个体的时间分辨力也就越强，反之，则越差。被试之间由于生理因素和不同机能状态下的闪光融合频率是不同的，而且还会受到很多其他方面的因素的影响。通常，人们将人眼对闪光感觉为一个稳定的连续光的临界频率叫作闪光融合频率。个人的闪光融合频率越高，对光的时间分辨能力就越强。闪光临界频率受被试的年龄、练习、注意程度以及闪光波形、波长、眼的适应、刺激的面积的范围、视网膜的不同部位、光强度等多种因素的影响。闪光融合频率的测定方法见本书相关的实验。

(三)视觉后像

当刺激作用视觉系统一段时间停止后，在视觉系统中会保留片刻的视觉感觉称为后像。后像分两种：正后像和负后像。视觉后像与原刺激性质相同为正后像，视觉后像与原刺激性质相反的称为负后像。视觉后像持续时间一般在 100 毫秒左右，如在注视灯光后，闭上眼睛眼前会出现灯的形象。颜色视觉也会产生后像，而且一般为负后像，即出现颜色的互补色。如果注视白色背景上的一个红色圆形 30～60 秒，然后红色圆形消失，那么白色背景上可以看到一个绿色圆形后像。

(四)明度对比和颜色对比

视觉对比(visual contrast)分为明度对比和颜色对比。颜色对比是指在视野中相邻区域的不同颜色相互影响的现象，颜色对比的结果是使颜色向其补色变化。如两块绿色纸片，一块放在蓝色背景上，一块放在黄色背景上，在色调对比调节后会产生补色。明度对比是由光强在空间上的分布不同造成的视觉现象。如在白色背景上放一个黑色正方形，由于视野的不同区域的光反射不同，因而形成黑白的对比。研究明度对比和视觉对比，对于在色彩丰富的工作环境中和明度变化差异比较大的环境中人们的工作效率有重要的实践意义。

(五)马赫带现象与侧抑制现象

1. 马赫带现象

马赫带现象(Mach band)是 1868 年奥地利物理学家马赫发现的一种明度对

比现象，它是一种主观的边缘对比效应，人们在明暗交界的视觉对象边界上，在亮区可以看到一条更亮的光带，而在暗区看到一条更暗的线条。如将一个星形白纸贴在一个较大的黑色背景上，再将圆盘放在色轮上快速旋转，就可看到一个全黑的外圈和一个全白的内圈，以及一个由星形各角所形成的不同明度灰色渐变的中间地段。由于不同区域的亮度的相互作用而产生明暗边界处的对比，形成轮廓知觉，这种在图形轮廓部分发生的主观明度对比加强的现象，称为边缘对比效应。

从刺激物的能量分布来说，亮区的明亮部分与暗区的黑暗部分，在刺激的强度上和该区的其他部分相同，而我们看到的明暗分布在边界处却出现了起伏现象。可见，马赫带不是由于刺激能量的实际分布，而是由于神经网络对视觉信息进行加工的结果。研究者也用侧抑制来解释马赫带现象，由于相邻细胞间存在侧抑制的现象，来自暗明交界处亮区一侧的抑制大于来自暗区一侧的抑制，因而使暗的边界显得更暗；而来自暗明交界处暗区一侧的抑制小于亮区一侧的抑制，因而使亮区的边界显得更亮。此外，从生理学研究的角度分析，视通路中任一神经元都在视网膜上有一个代表区域，同心圆拮抗型感受器包括给光中心和撤光中心两类，非同心圆的感受器的细胞对快速运动、运动方向以及某些图形特征产生反应，这也为心理学马赫带现象提供了生理学基础。

2. 侧抑制现象

侧抑制现象是指在视觉信息加工过程中，相邻的神经元之间能够彼此抑制的现象。在视觉实验研究中，光强度的突然增加或者降低会使人感觉较亮或者较暗的感觉，随着时间的持续就会逐渐适应，这就是视觉神经元之间的侧抑制现象，如马赫带现象和轮廓对比现象均是侧抑制现象导致的。

以上阐述了在视觉信息加工过程中的各种视觉现象，视觉信息加工是相对比较复杂的加工过程，而且受到诸多的环境、视觉系统、机体、光源等因素的影响。因此，在进行视觉信息加工的实验研究中，应该充分考虑到各种视觉现象和影响视觉信息加工的因素，并进行有效控制，保证视觉信息加工研究的科学性和可靠性。

第三节　视觉实验及实验条件的控制

视觉是感知觉研究中的一个重要的方面。视觉是由客观环境中的视觉信息通过视觉感受器官将视觉信号通过视觉通路传输到视觉皮层区，形成视觉知觉。通常我们所说的视觉是指视觉器官对可见波段（380～780 纳米）的电磁波的知觉，人类的视觉对于不同波段的可见光的感受能力是有所不同的，并且人类的视觉感受能力受诸多方面因素的影响。在视觉实验研究中，也应该对可能影响视觉知觉的因素进行有效的控制。在心理学实验研究中，视觉研究主要包括明度知觉（如明适应与暗适应）、颜色知觉、空间知觉（深度知觉、运动知觉、形状知觉、视野范围、方位知觉、大小和形状的恒常性知觉）、闪光融合频率以及其他常见的视觉现象（如视觉后像）、视觉的脑机制与神经生化机制等。归结起来，影响视知觉的因素主要有如下几方面。

一、光源刺激方面的因素

影响视觉感受性的视觉刺激方面的因素是多方面的，这些因素主要包括：可见波的波长、视觉刺激的光强度、背景光强度及光强度的变化、不同波段色光之间的相互影响、视觉刺激呈现的时间、视觉刺激辐射面积的大小以及其他空间特性和非空间特性。

（1）可见波的波长。可见波的波长是影响视觉知觉的最直接的客观因素，人类的视觉只能对该波段的视觉刺激产生反应，对于可见波段以外的（如红外线和紫外线以及 X 射线、γ 射线等则无法直接感受到），尽管高频段的电磁波无法直接感受到，但是却能够对视觉造成不同程度的伤害。对于不同波段的可见波，视觉的感受性和适应能力也是有所不同的，如在不同的背景照明情况下，对于红色和蓝色物体的明度知觉是有所不同的（即浦肯野效应，Purkinje effect），对于红色和绿色的暗适应的进程是不同的，等等。

（2）视觉刺激的光强度也是影响视觉的重要客观因素之一。相同波段的单色光，光强度不同，单色光携带的能量也有所不同，对视觉感受器产生的视觉刺激信号的强度也不同，视觉神经系统对光的感受性也受到一定的影响。强光和弱光都可能会降低视觉的感受能力，而且强光还可能对视觉感受器造成一定的伤害。

（3）背景光强度及光强度的变化也是影响视觉感受性的重要因素（明度对比）。不同强度的背景光及其变化可能对人的视觉产生暗适应和明适应，在一定的时间段内降低视觉感受性。因此，在很多心理学实验研究中，背景照明应该保持相对恒定的水平。在视觉实验或与视觉相关的实验研究中，应该对视觉实验环境及视野背景的光强度进行有效的控制。

（4）不同波段色光之间的相互影响。在颜色知觉的实验中，不同波段色光同时存在时，可能使不同色光的颜色知觉受到不同程度的影响，如一种颜色的存在可能产生诱导色、主观色以及彩色后像等，并在一定时间段内影响视觉感受性。此外，空间视野范围也会对颜色知觉产生一定的影响。因此，在颜色知觉的实验中，避免不同颜色之间的相互干扰以及可能产生的与实验目的无关的颜色知觉现象，是实验条件控制应该考虑的一个重要的方面。

(5)视觉刺激呈现的时间。视觉刺激呈现的时间长短对视觉感受性会产生一定程度的影响。长时间暴露在强刺激或弱刺激的照明条件下，都有可能提高或者降低视觉的感受性，这也就是研究者常说的时间积累效应，随着视觉刺激呈现时间的延长，视觉感受性也会呈现提高的趋势。在有些情况下，视觉刺激呈现时间积累到一定程度，会产生一些常见的视觉现象，如明适应、暗适应、视觉后像等视觉现象都与视觉刺激呈现的时间长短有密切的关系。

(6)视觉刺激辐射面积的大小。视觉刺激呈现的时间会产生时间积累效应，而视觉刺激辐射的面积对视觉感受性同样会产生空间积累效应。在视觉刺激强度不变的前提下，视觉刺激辐射面积越大，产生的视觉空间积累效应就越强，并提高视觉感受性；当视觉刺激辐射的面积越小，产生的视觉空间积累效应就越弱，并降低视觉感受性。

此外，视觉刺激的其他方面的空间特性(如大小、形状、方向、刺激复杂性等)和非空间特性(如颜色变化等)也会在一定程度上对视知觉产生影响。因此，在一些感知觉和注意的实验研究中，需要对上述的视觉刺激特性进行相应的控制，避免与实验无关的因素对实验结果产生不利的影响。

二、视觉生理功能的因素

视觉的生理基础也是影响视知觉的因素之一，视觉生理基础包括多方面因素，如视网膜神经细胞的分工与活动、视觉肌肉活动与视角变化、单双眼参与视觉活动的情况、药物、疾病和疲劳因素、视觉传导通路及视觉皮层损伤以及遗传因素导致的视觉功能障碍等，这些因素都会对视觉不同层面的功能产生一定的影响。

1. 视网膜神经细胞的活动

视网膜神经细胞主要是锥体细胞和棒体细胞，这两种感受细胞在视网膜上的位置不同，在视觉功能方面存在明确的分工，其视觉功能的分工主要表现在视觉适应性方面。锥体细胞在暗适应过程中起着主要作用，能够在很短的时间内(7～10分钟)恢复和提高视觉感受性；而棒体细胞在暗适应过程所起的作用比较缓慢(40～60分钟)。因此，在视觉实验中，应该充分考虑到视网膜神经细胞的活动规律，使视网膜神经细胞活动处于相对稳定的水平，避免由于视觉适应水平的变化对实验结果产生不稳定的影响。

2. 视觉肌肉活动与视角变化

视觉肌肉活动、视角变化与眼球的活动是密切联系的。控制眼球活动的视觉肌肉活动可以调节晶状体、瞳孔等的曲度和大小，并影响视觉对外界刺激的感受性。视角的大小与物体和眼球的距离以及物体本身的大小有直接关系，而视角的又决定了物体在视网膜上成像的大小。如果将物体看作是一个发光平面，视角的大小取决于视网膜接受光刺激面积的大小，所以，可以用视角大小确定视网膜接受刺激的面积和成像的大小。因此，在视觉实验、注意实验或者其他与视觉有关的实验研究中，需要被试与刺激呈现的位置之间保持恒定的距离，并且在必要时，将被试的头部用拖额架固定，以避免视觉肌肉活动与视角变化对被试反应结果产生不利的影响。

3. 单、双眼的调节

单眼和双眼的视觉感受性是存在明显的区别的，尤其是在空间知觉方面表现更为明显。在很多心理学实验研究中，对单、双眼的控制也是实验研究的一个主要因素之一。如在深度知觉实验中，双眼的深度知觉误差要明显小于单眼的深度知觉误差。在闪光融合实验、空间视野范围实验中也会发生类似的情况。因此，在有些需要控制单眼的实验研究中，需要对单眼的视觉活动进行控制，通常采用专门制作的眼罩或者单视野的眼镜。

4. 疾病、疲劳和药物等因素

生理疾病和疲劳对视觉感受性会产生不同程度的影响，严重的生理疾病和过度疲劳甚至会引起视觉功能异常（如错觉、幻觉等），药物也会在一定程度上提高或者降低视觉感受性。如一些神经内科和神经外科的疾病引起的眩晕、高烧引起的视觉模糊、过度疲劳引起的视觉模糊甚至视觉异常、兴奋类的药物引起的神经系统兴奋和视觉功能异常、镇静类药物引起的视觉模糊，等等。因此，在心理学实验研究中，除非对被试有特殊的要求，在筛选被试时应该考虑到被试的身体状况、疲劳状况和是否服用过作用于中枢神经系统的药物等因素。

5. 遗传和后天因素导致的视觉功能异常

视觉遗传疾病对空间知觉、颜色知觉等会产生一定的影响。如立体盲在空间知觉方面存在不同程度的影响，部分立体知觉障碍的患者可以通过训练来进行矫正；先天色盲和色弱会导致颜色丧失、部分丧失或颜色分辨能力下降；先天视弱对视觉感受性会有很大的影响。

此外，后天因素引起的近视、青光眼、远视、白内障等眼科疾病对视觉的感受性都会产生不同程度的影响，甚至会引起视觉功能丧失。

6. 视觉传导通路及视觉皮层功能障碍

视觉功能损伤可能发生在视觉感受器（眼球的光学系统、视网膜视觉神经细胞）、视觉上行传导通路以及视觉皮层区。视觉传导通路和视觉皮层损伤会引起视觉感知觉以及注意等方面的障碍，如与视觉直接相关的顶叶、枕叶、颞叶的部分脑区以及相关的皮下视觉中枢损伤可能会引起视觉功能障碍，文献中报道的有单侧视野忽视症、注意性失读症、特异性的视觉消失等，这些视觉神经系统功能的损伤对视觉的不同方面的功能均会产生不同程度的影响，通过这些案例也可以对视觉活动的神经机制有更进一步的认识。

三、客观环境方面的因素

客观环境方面的因素对视觉、知觉也会产生一定程度的影响，在某些视觉知觉方面甚至起着十分重要的作用。这些客观环境因素主要包括距离、视觉线索、环境信息的动态变化等。

1. 距离

距离是影响视知觉（如空间知觉、运动知觉、形状知觉等）的一个十分重要的因素。距离的变化会影响视觉判断的敏锐性、精确性。尤其是在空间知觉和运动知觉过程中，距离是一个影响知觉判断准确性的重要因素。距离越远，深度知觉的准确性就会越差，对运动物体的距离和速度的判断也会受到一定程度的影响。

2. 视觉线索

视觉线索是影响空间知觉判断、视觉注意和物体识别的一个非常重要的因素。有线索提示的情况与没有线索提示的情况比较，对有线索提示的目标的判断速度和判断准确性要好于没有线索提示的情况。此外，线索提示的有效性也是影响视觉判断准确性的一个重要方面。有效线索提示的目标较无效线索提示的目标的视觉判断速度和准确性都要高。

3. 环境信息的动态变化

环境信息的动态变化也是影响视觉、知觉的重要因素之一。环境信息的变化对视觉的影响可能是促进作用，也可能是阻碍作用。如在视觉注意的研究中，突现的新异刺激信息会促进视觉反应速度，而干扰刺激数量的变化却在一定程度上降低视觉反应速度。

此外，视觉经验也会对视知觉判断产生一定的影响。如常见的大小恒常性、颜色知觉恒常性、主观轮廓等知觉现象，对熟悉刺激的判断也较陌生刺激的知觉判断更为容易。

视知觉实验研究受到上述多方面因素的影响，因此，在视觉实验设计中，研究者应该充分考虑到上述因素可能会对视觉判断产生的影响，并采用实验过程控制的方法对各方面的影响因素进行有效的控制，消除额外的影响因素、将无法消除的因素控制在恒定的水平或者通过误差平衡的方法使实验过程可能产生的误差进行抵消，将额外因素可能带来的实验误差降低到最低水平。本章会介绍几个传统的视觉实验，在后面的章节中，还会介绍一些与视觉有关的（如视觉注意）实验设计。

参考文献

[1] 孟庆茂，常建华. 实验心理学. 北京：北京师范大学出版社，1999.

[2] 杨治良. 实验心理学. 杭州：浙江教育出版社，1997.

[3] 朱滢. 实验心理学. 北京：北京大学出版社，2000.

[4] 杨博民. 心理实验纲要. 北京：北京大学出版社，1989.

[5] 赫葆源，张厚粲，陈舒永. 实验心理学. 北京：北京大学出版社，1983.

[6] 彭聃龄. 普通心理学. 北京：北京师范大学出版社，2000.

[7] 张学民，舒华，张亚旭. 实验心理学理论与实验教学改革的思考与实践. 北京：高等理科教育，2001：40(6).

[8] 张学民，舒华，高薇. 视觉选择性注意加工模式与优先效应. 心理科学，2003：26(3).

[9] 张学民，舒华. 实验心理学纲要. 北京：北京师范大学出版社，2004.

[10] 张学民 舒华. 实验心理学纲要（修订版）. 北京：北京师范大学出版社，2005.

[11] 舒华，张学民，等. 实验心理学的理论、方法与技术. 北京：人民教育出版社，2006.

实验 10-1　距离与单、双眼对深度知觉的影响

实验背景知识

深度知觉和其他感知觉一样，是在个体发育过程中形成的，具有条件反射的性质。我们对周围环境的深度知觉是通过调节水晶体以及双眼辐合产生的动觉刺激与来自视网膜的视觉刺激之间形成的暂时联系，通过这种联系，我们在一定范

围内可以分辨物体的远近。

此外，在深度知觉中，眼部肌肉调节、双眼线索（双眼视差）、单眼线索（如对象重叠、空气透视、相对高度、纹理梯度、运动透视等）对深度知觉也起着非常重要的作用。测定深度知觉对交通运输工作、运动员的训练有重要的实践意义。

人在空间视觉中是依靠很多客观条件和机体内部条件来判断物体的空间位置的，这些条件统称为深度线索。深度线索可以分为三大类。

1. 生理调节线索

（1）眼睛调节：是指人们在观察物体时，眼睛的睫状肌可以对水晶体进行调节，以保证网膜视像的清晰。眼睛调节对深度知觉所起的作用并不大。一般，这种线索所提供的信息只限于距离眼球 10 米范围内才是有效的。

（2）双眼视轴辐合：也是由于眼肌的调节而产生的深度线索。双眼视觉所提供的深度知觉线索，主要包括双眼辐合和双眼视差。双眼辐合是指在两眼注视远物时，视轴分散趋于平行，辐合程度减小，图像模糊；注视近物时双眼视轴交叉，辐合程度增大。由于辐合的角度不同，提供了物体的深度线索。双眼视差是指双眼注视一点后，近或远于此点的物体射至两眼视网膜的非对称点而造成视差。冯特等人曾比较了调节与辐合对大小—距离知觉的影响。比较单眼与双眼观察的深度差别阈限，结果是有辐合参与的双眼观察阈限小于主要是起调节作用的单眼观察阈限，这说明了双眼辐合对深度知觉的感受性高于眼睛调节对深度知觉的影响。

2. 单眼视觉线索

许多深度线索只需要一只眼睛就能感受到，刺激物所具有的此类特征，称为单眼线索。这些线索一般是空间视觉的物理条件，由于人的经验作用，这些物理条件也可以提供环境中物体的相对距离的信息。单眼线索主要有：（1）大小；（2）遮挡或重叠；（3）线条透视；（4）空气透视（轮廓）；（5）光亮与阴影的分布；（6）颜色分布（远—蓝，近—红）；（7）结构级差；（8）运动视差。

3. 双眼视觉线索

主要是指双眼视差。在空间上立体的对象造成两眼视觉上的差异就是双眼视差。两眼不相应部位的视觉刺激，以神经兴奋的形式传到大脑皮层，便形成立体知觉或深度知觉。双眼视差是知觉立体物体和两个物体前后相对距离的重要线索。借助于双眼视差比借助上述各种线索更能精细地知觉相对距离，特别是在缺乏其他线索估计对象的距离时，双眼视差更为重要。距离和深度视觉主要是双眼的机能。在正常的知觉情况下，人都会利用双眼来观察环境和物体，双眼线索给空间知觉的单眼线索和肌肉线索提供了必要的补充。物体越近，视差越明显，人眼就是由视差来获得深度感的信息。

库纳帕斯(Kunnapas，1968)曾做了五个系列实验来评价每种线索对深度知觉的作用，实验发现，被试可以利用的深度线索越多，判断越准确；眼睛的调节对深度知觉所提供的信息作用是不大的；随着距离的增加，被试的判断准确性明显下降，这表明单眼线索对短距离的深度准确性判断起的作用不大，生理调节线索和双眼线索在短距离判断中作用较大。然而，随着观察距离的增加(1 000 米以外)人就越来越依赖于单眼线索，但准确性不高。

深度视觉的能力是借助于双眼视差形成的深度视觉能力，可以用深度视锐来表示。当两个物体位于不同距离时，这个距离的差别必须超过一定的限度，才能分辨出二者的距离差别，这种辨别能力叫深度视锐。测定深度视锐就是求双眼视差的最小差别阈限。

深度知觉一般通过深度知觉仪来测定。深度知觉仪可以测量深度知觉的准确性，同时也可以测定人的深度视锐，测量和比较单、双眼深度知觉差异。深度知觉仪除了可以在教学中使用外，还可以用于航空人员、运动员、仪器仪表装配工等的选拔。

实验目的

(1)探讨单双眼对视觉深度知觉的影响，学习测量视觉深度知觉的实验方法，进一步掌握实验设计与结果分析的基本方法。

(2)了解深度知觉测量在实践中的应用。

实验程序

一、被试

双眼视觉正常，或矫正视觉正常的被试。

二、实验仪器与实验材料

深度知觉仪，托额架，反应键和眼罩。

三、实验设计与实验过程控制

实验前接好电源、反应键，调试好深度知觉仪。

1. 深度知觉仪的组成

(1)三根垂直的竖棒，位于两侧固定不变的是标准刺激。位于中间的可以前后移动的为比较刺激。

(2)驱动中间竖棒运动的电机和调节竖棒前后运动的反应键一对。反应键的长短可以调节。

(3)竖棒、照明灯等均在一个整体机箱中，在机箱的一侧有电源键、呈现刺激位置键和反应键插口，此外还有观察窗口供被试观察和调节刺激。

2. 深度知觉仪的使用方法

(1)要求被试坐在距离标准刺激一定距离的位置，正好对着能看到标准刺激和比较刺激的观察窗口（窗口的档片角度以 45°为宜）。

(2)接通电源，打开电源开关，接好反应键。

(3)被试在指定的位置，将托额架固定在桌子上，被试头部放置在托额架上，并调节托额架的高低，直至被试感觉舒适为止。

(4)按照事先制作好的刺激呈现顺序表，主试呈现刺激，被试通过反应键调节比较刺激的前后位置。

(5)被试调节好比较刺激位置之后，主试记录比较刺激位置和标准刺激位置的误差（cm 或 mm），该误差为深度知觉的误差。

3. 实验设计

本实验为 2(距离 1 米和 2 米)×2(单眼和双眼)两因素实验设计，实验可以采用组间设计、组内设计或混合设计，在实验前确定具体采用哪种实验设计。如果采用组内设计，全部被试接受所有水平的实验处理；如果是组间设计或混合设计，实验前要对被试进行合理分组，保证组间各组为等组被试。具体被试分配如下：

(1)编号为奇数的做单眼 1 米和 2 米的实验处理。

(2)标号为偶数的做双眼 1 米和 2 米的实验处理。

4. 预备实验

优势眼的确定。在正式实验前分别对左右眼深度知觉进行施测，具体做法：分别对左右眼进行 4 次施测，施测时比较刺激在标准刺激前后各两次（如左右左右或左右右左）。计算左右眼的深度知觉的误差，选择误差小的一侧为优势眼进行实验。

5. 实验刺激呈现和结果记录表（见表 10-3）

表 10-3　刺激呈现顺序和结果记录表

实验分组		刺激呈现方式（每个水平 16 次）														
		左	右	右	左	右	左	左	右	右	左	左	右	左	右	右	左
单眼	1米																
	2米																
双眼	1米																
	2米																

6. 正式实验

(1)让被试进行单眼 1 米距离的实验。让被试坐在距标尺零刻度 1 米处观察，将下颌放在托颌架上，给被试如下指导语：

"请你注意仪器窗口内的两根直棍，其中一个是固定的标准刺激，一个是可移动的比较刺激，请你按手中的两个按钮(前、后方向)，调节比较刺激，使两根直棍在一个平面上，直到你感觉两根直棍在一个平面上，停止调节，并报告已调节完毕。"

按刺激呈现顺序表呈现刺激，每个被试每种实验处理做 32 次。

(2)休息 2 分钟，继续单眼 2 米的测试。

(3)双眼的测试同 A、B。

7. 结果记录

被试调节好比较刺激后，主试记录比较刺激距标准刺激(参照点)的位置和距离，在参照点左侧(靠近被试一侧)记"－"，在参照点右侧(远离被试一侧)记"＋"。

8. 按上述方法再分别测试单眼 2 米距离、双眼 1 米、双眼 2 米三种实验处理。每种实验处理各做 8 次，测试和记录方法同上。

9. 做完一个被试后，换一个被试按上述程序继续实验。

结果分析与讨论

(1)分别计算每个人的单眼和双眼的平均误差。

(2)计算全班同学单、双眼误差的平均数，并用 t 检验两者差别是否显著。

(3)对实验结果做 2×2 的方差分析，并对方差分析的结果进行解释。

(4)试对实验结果做 2×2×2(单双眼×距离×性别)混合实验设计方差分析，并对实验结果做出解释。

结　　论

从本实验的结果可以得出什么结论？

思考题

(1)分析深度知觉的机制。

(2)没有双眼线索，单眼为什么能分辨远近？

(3)试分析深度知觉在人们生活和适应环境中的意义。

参考文献

［1］孟庆茂，常建华．实验心理学．北京：北京师范大学出版社，1999．
［2］杨治良．实验心理学．杭州：浙江教育出版社，1997．
［3］朱滢．实验心理学．北京：北京大学出版社，2000．
［4］杨博民．心理实验纲要．北京：北京大学出版社，1989．
［5］赫葆源，张厚粲，陈舒永．实验心理学．北京：北京大学出版社，1983．
［6］彭聃龄．普通心理学．北京：北京师范大学出版社，2000．

实验 10-2　视觉明适应与暗适应过程的测定

实验背景知识

暗适应是指照明停止或由亮处到暗处时视觉感受性发生变化的过程。在人的视网膜上，有锥体细胞和棒体细胞两种视觉细胞参与了暗适应过程，其作用的大小及起作用的阶段有所不同，一般在暗适应的最初 7～10 分钟内。暗适应是由锥体细胞和棒体细胞共同完成的，以后的暗适应过程主要是由棒体细胞的继续作用来完成的，整个暗适应过程大约持续 30～40 分钟，30～40 分钟后感受性就不再提高了。暗适应的过程可以用图 10-3 曲线来描述。

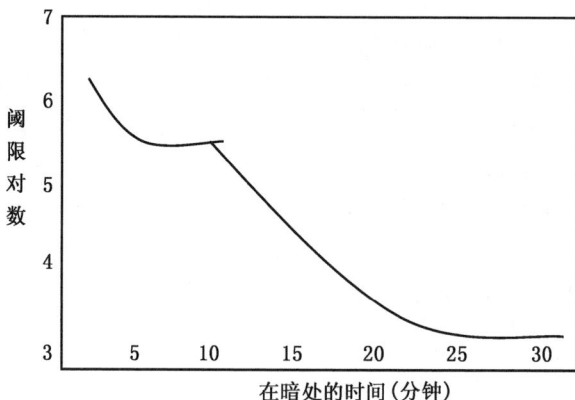

图 10-3　暗适应过程曲线

一般认为暗适应的机制是视觉感受器内光化学物质（视色素）的漂白和还原过程。当视色素吸收光线时，视色素内的视黄醛脱离原来的视蛋白，视网膜的颜色由红→橙→黄→无色，这个过程叫漂白。当光线停止作用时，视黄醛重新与视蛋白结合。此外，除视觉感受器的光化学效应外，还有神经过程参与了视觉的暗适应过程。

实验目的

测定视觉细胞的暗适应过程，学习和掌握视觉细胞的暗适应过程的变化规律。

实验方法

一、被试

视觉或矫正视觉正常的被试。

二、实验仪器

实验仪器为暗适应仪。

暗适应仪的构造：电源开关、明灯刺激键(用于呈现明灯刺激)、暗适应反应键(用于暗适应过程中被试做出反应)、视标键(用于改变暗适应过程中的视标)、被试反应键(被试看到视标后报告"看到"的反应)、暗适应换挡键(改变暗适应窗口内光线的强度，0～6 挡光强度逐渐减弱)、时间记录屏幕(记录被试报告看到视标时，暗适应过程的累加时间)。

三、实验设计与实验过程控制

(1)关闭实验室的所有光源，调试好暗适应仪。整个实验过程应在没有光线的黑暗环境中进行。

(2)让被试坐在暗适应仪窗口的一面，罩上头部，防止外界光线影响暗适应过程。

(3)主试按下"明灯"按钮，被试注视窗口内的明灯环境，同时，计时器开始自动计时，明灯刺激持续 5 分钟，到 5 分钟时关掉明灯，同时把暗适应按钮打到第一挡(标为 0 挡)，并告诉被试，如若看到窗口内视标，按反应键报告，并说明视标形状。如反应正确，记录下持续的时间，接着马上把暗适应键打到第二挡；如果被试反应错误，则仍用该挡继续实验，直到被试正确判断为止，结果累加时间记录在表 10-4。

(4)在测被试暗适应的过程中，应不断变化视标("＋"或"＝")，防止被试猜测。

(5)如果暗适应时间累计超过 60 分钟，则停止实验。

(6)其余的被试用同样的方法进行实验。

表 10-4　暗适应结果记录表

被试	暗适应挡及每挡累加时间(分钟)						
	0挡	1挡	2挡	3挡	4挡	5挡	6挡
1							
2							
3							
⋮							
N							

结果分析与讨论

(1)根据实验记录结果,将累加时间转换为每挡实际暗适应时间,并填入记录表中。

(2)绘出个人的暗适应过程曲线,并加以解释。

(3)根据实验结果,描述两种视觉细胞的暗适应过程。

结　　论

从本实验结果可以得出什么结论?

思考题

(1)试分析该实验所测的暗适应过程主要针对锥体和棒体细胞中的哪一过程?

(2)如果让你分别测定锥体细胞和棒体细胞暗适应过程,在实验条件和设计上要做哪些改变?

(3)请自己查阅资料设计一个明适应的实验,研究明适应过程。

参考文献

[1] 孟庆茂,常建华. 实验心理学. 北京:北京师范大学出版社,1999.

[2] 杨治良. 实验心理学. 杭州:浙江教育出版社,1997.

[3] 朱滢. 实验心理学. 北京:北京大学出版社,2000.

[4] 杨博民. 心理实验纲要. 北京:北京大学出版社,1989.

[5] 彭聃龄. 普通心理学. 北京:北京师范大学出版社,2000.

实验 10-3　彩色视野范围的测定

实验背景知识

　　分辨颜色的锥体细胞主要集中在视网膜的中央区，而不能分辨颜色的棒体细胞则主要集中在视网膜的边缘区，因此，视网膜不同部位对彩色的感受性是不同的。在其他条件恒定的情况下，视网膜感受不同颜色的视野范围也有所不同。一般蓝色和黄色的视野范围较宽，其次是红色，绿色的视野范围较窄。

　　彩色视野范围除受颜色影响外，刺激的明度、刺激的大小、刺激的背景颜色及亮度、眼睛的适应条件等因素也影响视野范围的大小。测定彩色视野范围的仪器叫视野计[图 10-4(a)和图 10-4(b)的视野计是机械操作视野计]。目前在医学中使用的视野计是与计算机联机的视野计，即将计算机与电子化的精密的视野计联机测量和处理数据，使从施测到数据处理、视野范围图的绘制和诊断完全自动化。自动视野计技术上可以支持自动动态视野追踪。

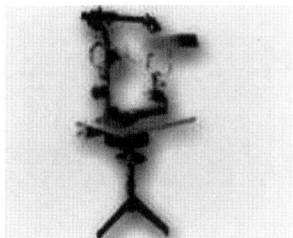

图 10-4(a)　机械彩色视野计　　　　图 10-4(b)　自动彩色视野计

　　如图 10-4(a)所示，视野计主要构成包括：托额架、镜头、光源、手柄、颌托高度调整。具有如下功能，在同一台仪器上实现客观的眼底照相拍摄和主观的静态视野检查，并将两者的结果结合在一起，可精确评价黄斑部视网膜的功能；全自动微视野检查；精确测量视觉敏感度；用户可根据需要灵活定制刺激点的强度、形状、大小和数量。

　　可选择多种全自动阈值测试模式；45°免散瞳眼底成像；使用红外线观察眼底，在检查视野时，可不需散瞳显示实时的眼底图像；在视野检查开始或结束后获得彩色眼底照片；高速实时眼球追踪；带有高速眼底图像追踪软件，确保每个刺激点能在视网膜精确定位，眼底照相机得到的眼底解剖图像与视野计得到的眼底视觉功能地形图完全对应；定量检查固视功能，当被试固视视标时，可追踪其眼球运动状况，根据特定的参照部位，仪器能自动跟踪眼球在 X－Y 轴的移动情况，并给出运动轨迹的报告，绘制盲点分布图；能精确测量、绘制出绝对暗点和相对暗点的区域；从选择的部位开始，向外移动直到被试能看到；内建多种常用视野检查程序；使用预先编制好的视野检查程序，或者根据需要自行编制，选择使用不同大小、形状和数量的刺激点，以及刺激强度、阈值测试模式等。

　　弧形彩色视野计除了检查人的视野范围外，在临床上还用作检查眼底疾病、视觉通路疾病的诊断。通过视野计的检查与诊断，可发现因病理变化而引起的视野异常，如视野的收缩和视野的缺损，此外，还可以协助诊断眼球中疾病的位置及其他眼科疾病的诊断。

实验目的

　　(1)使用视野计测定各种颜色(红、白、绿、蓝)的彩色视野范围。
　　(2)学习弧形彩色视野计的使用方法。

实验方法

一、被试
视觉或矫正视觉正常的被试，颜色知觉正常。

二、实验仪器与实验材料
视野计、单眼眼罩、记录纸。实验采用红、白、绿、蓝色标测量彩色视野范围。

三、实验设计与实验过程控制
　　(1)在使用弧形彩色视野计时，应避免其他光线对背景光亮度及色标的影响，在暗室中进行。
　　(2)视野计的使用与操作方法
　　①视野计的放置：将视野计放置在暗室的中间位置，并调节视野计的高度，使高度适度，并调节弧形视野屏幕的角度。
　　②安装记录纸：打开刻度压圈，将记录纸上的水平线"上—下"和"颞—鼻"顶端上的三个红点对准刻度压圈上的三条红线，拧紧手柄，使记录纸固定。
　　③色标和背景亮度的选择：调节切换色标的旋钮可以改变色标的颜色，亮度旋钮可以调节背景亮度。实验时，保持色标颜色和背景亮度恒定。
　　④将被试头部固定在托额架上，压住测距按钮，会有两束光投射到被试的眼睛附近，调节托额架的位置，使两个光环重合在被测的眼球中心，然后关闭测距

按钮，将另一侧眼用眼罩罩住，将被试头部固定，准备开始实验。

（3）正式实验

①把右眼记录纸安放在视野计的背面安放记录纸的位置，并学习在记录纸上做记录的方法（记录时与被试反应的左右方位相反，上下方位颠倒）。

②让被试坐在视野计前，按上述过程一切准备就绪，并对他说如下指导语：

"请你用眼罩先把左眼遮上，下颌放在托额架上，用右眼注视正前方的'×'字，不要转动眼睛，同时用余光注意仪器的半圆弧上的色标。如果看到圆弧上的色标消失了或者颜色改变，或者是色标从看不见到能够看见，立即报告，同时报告色标消失前颜色有何变化。"

③主试将视野计放到 $180°\sim360°$ 的位置，将红色色标调至半圆弧上靠近"×"的位置，并将它由内向外慢慢移动（分别向左右移动），直到被试报告刚好看不到为止，把这个红色色标消失的位置记录下来，再把红色色标由最外向内移动，到刚好看到色标为止，并记录下来。然后继续向内移动，经过中间的"×"后向另一方向移动，到看不见或颜色发生变化为止，记录色标消失的位置，再继续由外向内移动，到看到为止，并记录该位置。

④依次把视野计转到 $45°\sim225°$、$90°\sim270°$、$135°\sim315°$ 的位置，按上述程序分别测定左眼的视野范围。

⑤将色标转换为白、绿、蓝色标，按上述程序进行实验，每个角度范围做完休息 2 分钟。

⑥用同样程序做右眼，实验时注意盲点的位置。

结果分析与讨论

（1）被试在各种颜色色标从视野中消失时感到色调有何变化？

（2）分别在左、右眼视野记录纸上将同色调的各点顺次连接起来，并将其视野范围涂上相应颜色，画出视野范围图。

（3）比较左右眼视野范围的异同。

结　　论

从本实验的结果可以得出什么结论？

思考题

（1）指出盲点在视野及视网膜上的位置，为何我们平时感觉不到盲点的存在？

（2）如果将色标改为强光或者是紫颜色的光，视野范围会有什么变化？

参考文献

［1］杨博民. 心理实验纲要. 北京：北京大学出版社，1989.

［2］彭聃龄. 普通心理学. 北京：北京师范大学出版社，2000.

第十一章　注意与意识实验研究

【本章要点】

(一)注意加工的理论

(二)注意的神经机制的研究

(三)注意现象及注意加工的影响因素

(四)注意的实验研究方法

(五)意识活动与实验研究方法

(六)注意的实验研究

1. 过滤器模型及其双耳分听实验

2. 注意资源有限理论及其实验

3. 双加工理论及其实验

4. 注意的促进和抑制及其正负启动实验

(七)知觉与觉察实验：无觉察知觉的测定；盲视的实验

第一节　注意加工理论及注意的神经机制

　　注意是心理学研究的核心问题。20 世纪 60 年代以来，研究者从选择性注意、注意分配、注意加工行为与认知机制、多目标注意追踪、注意与感知觉的关系、注意加工的脑机制和神经电活动的机制等角度对注意进行了一系列的实验研究，并提出了一系列注意理论和模型。下面就详细地介绍注意加工的理论和模型。

一、注意与信息加工

(一)过滤器理论

过滤器理论是由彻里(Cherry，1953)提出的，彻里在一项实验中采用双耳分听(dichotic listening)的实验技术，给被试的两耳同时呈现两种不同的材料，让被试只追随某一侧耳所听到的信息，同时检查被试从另一耳所听到的信息。彻里将前者称为追随耳，后者称为非追随耳。研究结果发现，被试注意力主要集中在追随耳，而从非追随耳听到的信息很少。这个实验说明，从追随耳进入的信息，受到被试的高度注意，因而得到进一步的加工；而从非追随耳进入的信息没有受到足够的注意而没有得到深入的加工，因此，非追随耳的大部分信息就被忽略了。彻里的实验结果表明：被试能很好地再现追随耳的信息，而对非追随耳的刺激，除了一些物理特征变化(如语言由男声变为女声)能觉察之外，对细节的信息则不能报告，甚至将非追随耳的刺激改为德语或拉丁语也觉察不到。彻里实验结果支持过滤器模型。

1958年，英国心理学家布鲁德本特(D. E. Broadbent，1958)提出了解释注意选择性理论，这就是著名的过滤器理论。过滤器理论认为：神经系统对加工信息的注意选择存在如下机制，神经系统在某一特定的时间内只能对特定的信息进行加工，而且加工的容量是有限的。也就是说，在神经系统的某一个加工阶段存在着一个过滤机制，这个过滤机制会对来自不同感觉通道的信息进行选择性地加工，使一部分信息能够通过这个过滤器，并得到进一步的加工；而其他的信息就被阻断在过滤器之外，得不到进一步的加工。这种过滤机制被称为是一个瓶颈(Bottle Neck)。因此，过滤器理论又称为瓶颈理论。

过滤器模型的实验证据

布鲁德本特(1954)双耳分听实验：

向被试的右耳呈现3个数字，同时向左耳呈现另外3个数字，如右耳呈现4，9，3；左耳呈现6，2，7。

呈现速度：每秒2个数字，要求被试回忆再现。

结果发现被试用两种再现方式：

(1)以左右耳朵为单位，分别再现左右耳所接收的信息。

(2)以双耳同时接收信息，按顺序成对地再现。

结果：以第一种方式再现的准确率为65%，以第二种方式再现的准确率为20%。

布鲁德本特认为，每只耳朵相当于刺激输入的一个通道，而过滤器只允许每个通道的信息单独通过。

相关的实验证据：

证据一：彻里双耳同时分听的追随耳信息的实验

结果表明：被试能很好地再现追随耳的信息，而对非追随耳的信息，除了一些物理特征变化能觉察外，其他的任何信息都不能报告(见上面的实验结果)。

该结果也支持了单通道过滤器模型。

续表

> 证据二：加里(Gray)等通道和刺激内容的混淆的研究
>
> 加里等（1960）认为布鲁德本特的理论中有双耳分听任务混淆现象。即双耳的信息存在相互干扰导致结果再认的困难。于是，加里等重新对布鲁德本特的理论进行了验证。
>
> 在他们的分听任务中，加里等对实验中所要用的单词加以分解，使同一个单词的连续音节在两耳之间转换呈现，具体形式如下：如左耳呈现 Psych－12345，随后右耳呈现67890－ology。
>
> 实验结果：被试报告听到的是"Psychology"，而不是同一通道数字和字母的混合物。
>
> 后来还发现，当要求被试追随呈现于一侧耳的句子时，他们仍然对非追随耳信号的意义保持敏感。例如，当句子开始于追随耳，而结束于非追随耳，则被试会自动将注意转移到非追随耳，追随句子意义的连续性。
>
> 上述结果说明，布鲁德本特的认知开关并非仅仅对信号输入通道起作用，而是通过对输入信号进行充分的分析，从而可以对两个通道的信号的意义进行整合。

（二）衰减理论

衰减理论是加里和特瑞斯曼(Gray，Treisman et al.，1960)等人提出的，加里等在一项注意的实验研究中，同样采用双耳分听技术通过耳机给被试两耳分别呈现一些音节和数字，其典型的材料如下：如给左耳呈现"ob-2-tive"；给右耳呈现"6-jec-9"，要求被试追随某一个耳朵听到的声音，并在听到后报告听到的信息。研究结果发现，最后被试报告的结果既不是"ob-2-tive"或"6-jec-9"，也不是"ob-6""2-jec""tive-9"，而是完整的英文单词"objective"。

1964 年著名的注意研究专家特瑞斯曼提出了衰减理论(attenuation model)来解释加里等人的实验结果。特瑞斯曼认为，在被试注意追随耳的信息时，在追随耳的信息才能够通过神经系统的某一过滤器装置，非追随耳的信息也能够通过过滤器装置，但是非追随耳的信息在通过过滤器的时候强度被减弱了。因此，不能够得到充分的加工，这就是著名的衰减理论。这是特瑞斯曼早年提出的衰减理论，对注意加工的机制做出了一定的解释。自研究至今，特瑞斯曼一直从事注意的研究，并将注意的理论不断发展，近年来又基于各种注意理论研究的理论和模型，提出了注意的特征整合理论(feature integration theory)，在后面我们将对特瑞斯曼的研究和理论进行系统的介绍。

注意衰减理论的实验证据

特瑞斯曼(Treisman, 1960)的双耳同时分听的追随耳实验:

左耳(追随耳):There is a house understand the word.

右耳(非追随耳):Knowledge of on a hill.

结果被试都报告:There is a house on a hill. 并报告是从一侧耳朵听到的。

实验结果表明:当有意义的材料,分开呈现在追随耳和非追随耳时,被试会自动地去追随双耳信息的意义。这种现象只在过滤器允许被试同时注意两个通道时才会发生。

特瑞斯曼(Treisman, 1960, 1964)根据以上实验结果对过滤器模型加以改进,提出了衰减模型。特瑞斯曼为了解释受到衰减的非追随耳的信息如何得到高级分析而被识别,她将阈限概念引入高级分析水平。特瑞斯曼认为,已储存的信息在高级分析的意义水平有不同的兴奋阈限。追随耳的信息,通过过滤器时其强度没有衰减,可顺利地激活有关的字词,从而得到识别;而非追随耳的信息,受到衰减而其强度减弱,常常不能激活相应的字词,因而难以识别。

(三)后期选择理论

特瑞斯曼的早期理论能够对日常生活中很多的选择性注意现象进行解释,不过其早期的注意衰减理论也存在一定的局限性。衰减理论的基本假设是认为:被试在注意之前就已经对注意的信息进行了加工(即前注意加工),而且前注意加工过程还可能会有早期的直觉的感知觉和语义自动加工参与,这就使注意的加工变得十分复杂,因此,在特瑞斯曼的新近的特征整合理论中,对感知觉加工在注意加工中的作用进行了阐述。

在提出注意衰减理论后,多伊奇(Deutsch, D. J. & Deutsch, D. , 1963)基于以往的研究提出了一种新的理论观点:即注意的后期选择理论,其主要的理论观点是强调选择注意加工不是发生在注意加工的早期阶段,而是发生在注意加工的晚期阶段。著名的心理学家诺曼(Norman, D. A. , 1968)对晚期加工理论也做了进一步的完善,并提出了该理论的以下几个主要观点:①在人类的信息加工系统中,所有输入的信息都在感知觉水平上进行充分的分析,然后才进入神经系统的过滤或衰减的装置,个体对信息的过滤和衰减不是在感知觉分析之前发生的,而是在感知觉加工后进行选择加工的。②个体用长时记忆中存储的信息来对外界直接输入的信息进行分析,当直接输入的信息与记忆存储的信息相关时,这种相关的外部信息才会被选择,并进行进一步的加工。可见,注意的选择作用是经过感知觉分析后进行的选择,因此,注意对选择加工的信息具有很大的主动性。③选择性注意加工发生的阶段是在后期的选择反应阶段,而且选择反应的信息与长时记忆中存储的信息是密切相关的。后期选择理论强调知觉分析、反应选择和长时记忆在信息选择中的作用，因此，研究者将该理论称为注意的后期加工理论。

(四)多阶段选择理论

后期选择理论的基本假设是：注意的选择过程发生在信息经过感知觉加工之后。有研究者也对注意的后期加工理论提出了疑问，约翰斯顿和海因茨(Johnston, W. A. & Heinz, S. P., 1978)在其研究的基础上提出了新的观点，他们认为，注意的选择加工过程并不像后期加工理论讲得那么简单，他们提出了一个新的注意加工模型，该模型认为注意的选择加工过程有可能发生在几个不同加工阶段上：①认知加工是一种资源的消耗过程，所以在进行选择注意之前的加工阶段越多，所需的认知资源也就越多；②不同的认知任务的目标决定了选择加工发生的阶段。基于上述理论假设，选择注意可能发生在认知加工过程中的不同的阶段，而具体发生在哪个阶段与任务的要求有直接的关系。

多阶段选择理论在很大程度上带有假设的性质，原来的很多注意研究也能够为多阶段加工理论提供一定的实验依据，如有的研究支持早期选择理论，而有的研究则支持后期选择加工理论。

二、注意与认知资源分配

(一)认知资源理论

选择性注意理论倾向于将注意看成一种容量有限的选择机制，认为各种感觉器官接受的刺激必须经过这一机制，才能得到进一步的加工。而认知资源理论从资源分配的角度来解释注意加工的基本过程，该理论认为注意是认知资源在不同的认知任务上的分配与协调，如果从选择的角度来理解，被选择的注意信息需要消耗更多的认知资源，而没被选择的任务得到较少的资源。不同的认知活动对注意资源的需求也不相同，难度大的认知任务需要消耗更多的注意资源，而难度较小的认知任务或者是高度自动化的认知任务则需要较少的认知资源。认知资源理论还认为，注意可以看成是对环境信息进行归类和识别的一种认知资源分配能力，而且认知资源是有限的，因此，对任何信息的选择识别都需要占用认知资源，而且活动信息越复杂或加工任务难度越大，选择注意需要占用的认知资源就越多。

诺曼等人(1975)把能量或资源有限分成两种过程：资源有限过程(resource-limited process)和材料有限过程(data-limited process)。当任务受到所分配的资源限制而不能有效地完成，而一旦能得到足够的认知资源，则会很快完成任务，该过程称之为资源有限过程；材料有限过程是任务受到其条件的限制，即使分配足够的认知资源，也不能很好完成任务，因此称为材料有限过程。此外，诺曼还提出了双作业操作(dural tasks)的互补原则(principle of complementarity)，即在进行双任务操作过程中，如果一个任务所需资源增加，另一任务得到的资源就会相应地减少。同时还提出了认知容量(cognitive capacity)及认知容量有限性的模型。

注意认知资源理论的实验证据

波斯纳和博伊斯(Posner & Boies, 1971)的实验支持了注意资源分配的理论。

在波斯纳的实验中，被试要同时做两个实验项目：主要项目和侦察项目。第一个实验项目是主要项目，主要项目要求被试必须集中注意力，并且使字母配对，当视觉提示信号出现后，被试首先会看到一个字母持续约50毫秒，然后呈现第二个字母约1秒，被试需要对两个字母是否相同做出判断，相同以右手食指按键，如果不同，被试以右手中指按键。第二个实验项目是听觉侦察项目，通过耳机呈现声音刺激若干次，被试若听到声音，则左手食指尽快按键反应，如果声音出现在字母前，被试能集中注意力在声音上；如果声音出现在字母后，可能由于被试把认知资源分配在主要实验项目上，而延长反应时间。该结果支持了卡曼尼(Kahneman)的研究假设：当实验所需要的资源没有超出注意容量时，实验成绩不会受到显著影响；而当所需资源超过容量时，听觉侦察反应的成绩就会下降。该实验结果支持了注意资源分配理论。

(二)双加工理论

注意的认知资源理论主张不同的认知任务占用的资源的量是不同的，同时也考虑到了不同认知任务消耗的认知资源的不同，该理论显然在解释不同难度和复杂程度的认知任务时具有一定的合理性。在认知资源理论的基础上，谢夫林和施耐德(Shiffrin & Schneider, 1977)提出了双加工理论。该理论认为，人类的信息加工分为自动化加工(无意识加工)和有意识的加工两种情况。其中自动化加工具有无意识的特点或低意识的特点，因此只需要很少的认知资源就可以完成认知任务，受认知资源的限制程度较低，而且在很大程度上是自动化的，加工效率较高，对其他的认知任务的影响也较小。而有意识的注意加工则需要更多的注意资源，并需要不断经过的熟练才能达到自动化的加工过程。

为了验证双加工理论，谢夫林和施耐德设计了记忆扫描实验。在记忆搜索实验中，首先让被试识记1～4个识记项目，然后再通过视觉呈现1～4个再认项目。实验中的识记项目和再认项目分别有两种实验条件：①不同范畴条件。其中识记项目均为字母，而再认项目中只有一个字母，其余项目均为数字或再认项目均为数字，实验中被试只需从数字或字母中发现是否有字母或数字；②相同范畴条件。其中识记项目均为字母（或均为数字），再认项目中也全部为字母或数字，在再认项目中可能包含识记项目，也可能不包含识记项目，实验中被试需要从字母（或数字）中发现是否有识记过的字母（或数字）呈现。上述条件的实验要求被试对再认项目中是否出现过刚才呈现的识记项目，并通过按"yes"键或"no"键做出反应。实验结果表明：在相同范畴条件下，当识记项目和再认项目均为 1 个时，达到 80％的正确反应率，再认项目的呈现时间需 120 毫秒；而当识记项目和再认项目均为 4 个时，达到 70％的正确反应率，再认项目的呈现时间需 800 毫秒。而在不同范畴条件下，不论识记项目和再认项目的数量多少，再认项目的呈现时间只需 80 毫秒，就能够达到 80％的正确反应率。该实验结果还表明：不同范畴条件下的再认或搜索优于相同范畴条件，而且识记项目和再认项目的数量对不同范畴条件下的反应没有影响；而在相同范畴条件下，随着识记项目和再认项目的增多，做出正确判定所需的反应时间也相应地提高。施耐德和谢夫林认为，在相同范畴条件下，被试所进行的是控制性加工，他们将每一个再认项目与同一范畴的每一个识记项目按系列顺序进行比较和匹配；而在不同范畴条件下，被试从字母中搜索出数字或从数字中搜索出字母，他们所进行的是自动化的加工，或者说是平行加工，由于加工方式不同，所以表现出不同的反应速度。该结果支持了双加工理论。

双加工理论不仅可以解释注意加工过程，而且还可以很好地对感知觉和高级的认知加工过程（如职业专长能力的发展、复杂认知任务的加工能力的发展、认知技能的发展等）进行解释。

三、关于视觉选择注意的理论

（一）早期的理论模型

20 世纪 70 年代以来，在大量行为研究和脑功能研究的基础上，研究者们提出了一些新的关于视觉注意加工的理论模型。如波斯纳等从认知资源的有限性出发提出了注意的聚光灯模型。拉贝格（LarBerge）等发现，注意不仅能够指向特定的空间位置，而且在这个特定的范围内，注意资源从焦点到外周呈梯度分布，不同梯度上的刺激会得到不同程度的加工。上述两种观点都强调注意对空间位置的选择，认为被注意位置的所有信息比未被注意位置的信息得到了更多的加工，大量的研究支持了这一观点，并形成了基于位置（location-based）的注意理论。另一种理论模型是从知觉加工的角度出发，认为在视觉选择注意加工过程中，观察者倾向于将物体作为一个整体来识别，即视觉注意系统按照知觉经验或知觉对象的表征，将空间与非空间信息单元整合为一个整体，并将这个整体作为注意加工的对象，即基于物体（object-based）的注意理论。

1. 基于位置的理论

基于位置的理论认为，视觉系统不能同时对视野范围内的所有刺激都进行有效的加工，因为注意在任何时刻都只能聚焦于视觉空间中的某一个区域，在该区域内的刺激才能被加工，其他区域的刺激则被忽视。注意的作用被形象地比喻为"聚光灯"（spot light）"透镜"（zoom len）。

许多实验结果为注意的聚光灯模型提供了证据。波斯纳的前置线索范式是使用最为广泛的实验范式。在实验过程中，在目标呈现之前，首先给被试呈现一个符号提示目标将要出现的位置，符号所提示的信息可能是有效的，也可能是无效的或者中性的。要求被试尽快完成目标检测任务，同时记录被试的眼动结果。通过比较有效线索条件下的反应与无效线索或中性线索条件下的反应的差异，来考察注意的作用。波斯纳等人发现当线索的有效概率为80％时，有效提示条件下被试的反应时显著快于无效提示和中性提示的条件，而且实验中被试没有眼动的变化。说明了线索的提示可以使被试预知目标出现的空间位置，从而预先将注意分配到正确的位置。

在波斯纳前置线索范式的基础上，埃里克森（Eriksen）等人设计了一个字母搜索实验。在一个假想的圆周上等距离呈现8个字母，字母呈现之前被试会看到提示线索，要求被试搜索位于提示符号上方的字母。实验中控制了提示线索的位置，结果发现随着空间提示范围的增大，被试搜索目标的时间逐渐延长。他们认为注意在视野范围内的分布具有连续变化的特点：一方面，注意资源被分布到整个的视野中，另一方面又被分布到很小的范围内。就像透镜一样，有一个焦距变化的过程，即注意的透镜模型。拉贝格等人对注意的这种透镜式分布特点进行了详细的描述。在一个字母识别任务中，首先让被试报告第一个字母，然后再报告第二个字母，两个字母之间有一定的距离间隔。结果被试识别第二个字母的反应随着两个字母之间的距离不同而变化，呈现"V"字形的关系。由于两个字母都是目标，所以被试的注意会分布在两个字母所在的视野范围，先报告的第一个字母则成为注意的焦点。反应时随着第二个字母与第一个字母的距离的增大而变长，说明了注意的分布是从焦点到外周连续递减的。此外，还有人认为，注意在视野范围内进行的是一种恒速的、连续的指针式运动，注意的转移速度为 1°视角/8 毫秒(Tsal et al.)，或者是一种离散性的运动(Remington et al.)。

前置的空间线索可以使被试将注意指向目标可能出现的位置，那么注意的分布是否会受到线索性质的影响，从而表现出不同的特点呢？空间线索的范式中，位置的因素在实验过程中被强调，被试自然会将注意分布到目标所在的视野范围；如果变换前置线索的性质，使之本身不具有任何关于空间位置的信息，如使用颜色或者形状等作为线索，这样对视觉注意分布的考察会更为直接。在线索不提供空间信息的条件下，被试对目标的反应时存在两种模式：一种是线索起到影响注意分布的作用，与线索提示特征一致的目标(同一种颜色的目标、同一种形状的目标)的识别速度没有差异，不管这些目标的空间分布形态如何；另一种是线索没有作用，视野中位置邻近的目标的识别速度没有差异。实验的数据支持后者，说明即使线索不提供任何的空间信息，注意仍然是指向目标所在的视野范围(Tsal et al.；Cave，et al.)。

视觉注意的神经电生理的研究为基于空间的注意理论提供了更详细的数据。Hillyard 等人发现基于空间的注意与特定的 ERP(事件相关电位)变化模式相联系，有其特殊的脑机制。当注意一个位置，而忽视其他位置时，注意位置刺激引发的早期 ERP 波幅明显增大，这些增大的 ERP 成分有 P1(80～110 毫秒)、N1(140～190 毫秒)。其中，N1 成分反映了被注意位置的促进效应，而 P1 成分则反映了对非注意位置的抑制。因此，他们认为视觉空间注意可能由抑制和增强两种不同的过程组成，二者分别在视觉通路的不同阶段上发生，前者发生于 80～130 毫秒，对注意聚光灯之外的输入信息进行抑制；后者发生于 130～180 毫秒，对注意聚光灯内的刺激信息进行增强。

从以上行为实验的结果和电生理的结果可以看出，在视觉系统信息加工过程中，注意不是被均匀地分配在整个视野范围内，而是被选择性地分配到目标所在的某个位置。在这个位置上的所有信息都得到了有效的加工。遗憾的是，这些实验范式中在处理物体及其所在空间关系上有许多不足之处。有可能视觉注意不是被分布到视野中特定的位置，而只是分布到某个位置的物体上。

2. 基于物体的理论

克莱默(Kramer)等人分别控制了"空间"或"物体"的因素，而操作另外的因素，深入探讨了视觉注意的加工机制。实验结果表明，"物体"和"空间"对注意加工过程都有影响，由此发展出基于物体的注意理论。基于物体的注意理论以早期的格式塔知觉心理学理论为基础，认为注意的操作是在前注意阶段已组织好的知觉单元或物体的基础上发挥作用的。因此，当注意集中于某一物体时，隶属于该物体的各个构成成分均可获得时间上的平行加工，而对其他物体只能进行时间上的系列加工。所以视觉注意是分布到呈现在视野中的某个特定的物体上的。

根据这个假设，对同一物体内的特征的加工要快于对不同物体的特征的加工。特瑞斯曼等人用快速呈现的方式同时给被试呈现一个一边开口的方框和一个英文单词，单词或者出现在方框内，或者出现在方框外。被试的任务是先报告方框开口的位置，再报告看到的是什么词。结果显示，当词呈现在方框内时，被试完成两个任务的时间显著少于当词呈现在方框外的条件下的时间。如果需要识别的目标的特征分别属于一个物体或者分布在两个物体上，则实验中被试对前者的反应时比对后者的反应时要短，这被称为"单一物体优势效应"（single-object precedence effect）。肖勒（Scholl）等人应用了一种称为目标融合（target merging）的新技术。在追踪显示中，通过各种不同的方案融合一对项目（一个目标和一个分心物），使位置截然不同的目标和分心物能够明显被知觉为同一物体的一部分。数据结果表明，目标融合使追踪任务变得困难，困难程度依赖于两个项目在连通性、局部结构和其他知觉组织方式上的融合程度。即融合程度越高，追踪起来就越困难。因此，追踪显然是基于物体的加工过程。莫蒂尔（Mortier）等人在研究注意吸引的实验中也发现了基于物体的注意分布。让被试搜索作为目标的圆圈，圆圈可能出现在两个实心长方形的四个端点的任何一端。实验中前置的中央箭头会指示目标出现的位置，另外，有突现刺激会出现在长方形的某一端。突现刺激会吸引被试的注意从而影响到对目标的反应。结果发现当突现刺激与目标位于同一个长方形中时，突现刺激的出现不会对目标的搜索有影响。根据线索的提示，被试的注意指向某个长方形的一端时，注意扩散到这个长方形，所以在另一端出现的突现刺激就失去了吸引注意的作用。

以上的实验虽然从不同的角度为基于物体的注意理论提供了证据，但空间位置因素在实验任务中并未得到有效的控制。邓肯（Duncan）等为了避免空间位置因素对结果的影响，采用了两个物体重叠呈现的方法，一个物体是开口的方框，一个是线段。方框有大的有小的，而且开口有朝左的也有朝右的；线段是由间断线或者间断点组成的，有顺时针倾斜也有逆时针倾斜的。被试报告两个变量的特征，两个变量或者属于同一个物体，或者属于不同的物体。如报告方框的大小和开口方向，报告方框的大小和线段的倾斜方向。结果被试报告属于同一物体的两个变量跟报告一个变量没有区别，但却难以报告属于两个物体的两个变量。说明了注意被分配到单一的物体上，而且空间因素在这个过程中似乎不起作用。

瓦尔德斯-索萨（Valdes-Sosa）等人为基于物体的注意提供了 ERP 证据。给被试呈现两种刺激：一种为空间上重叠的两个物体，另一种为单一物体。结果表明，当知觉刺激包含两个物体时，非注意物体 ERP 的 P1，N1 成分明显被抑制；当视野中只有一个物体时，未发现波形被抑制的现象。由于两个物体位于相同的位置，上述 P1/N1 被抑制现象不能用基于空间的注意机制解释，而只能用早期视觉加工阶段的基于物体的注意分布来解释。

（二）新近的理论模型：基于特征的注意理论及各理论之间的融合趋势

人类对视觉信息的注意加工是基于空间还是基于物体，这与加工对象的特征有密切的关系。对视觉对象的注意并非绝对是基于空间或基于物体的加工。特瑞斯曼对特征整合理论（feature integration theory）进行了修正，提出了特征控制抑制模型（feature controlled inhibition model），认为注意的作用是通过三种方式在位置导向图中选择位置信息的表征。这三种方式分别是：①某种非特异性的、内部的力量使注意指向特定的位置；②特征范围内的横向联系抑制了无关的非空间特征的位置；③物体的表征可以在位置地图中选择一个区域。这些选择是以位置导向图中各个节点的不同的激活方式为中介，高激活水平位置上的特征被结合起来形成整合的物体表征，即物体档案（object file），低激活水平位置上的特征是不能被结合的，这些物体就不会被注意。

德西蒙（Desimone）和邓肯提出的偏向-竞争模型（biased-competition model）将基于位置和基于物体的注意加工理论相结合。该模型认为：当多个刺激同时呈现时，大脑在视觉皮层对刺激的表征具有选择性。表征的选择性会因为视觉皮层或者其他大脑皮层的相关加工机制而发生改变。这些机制包括由感知觉刺激引起的自下而上的加工，如新异刺激；或者是自上而下的注意控制加工。当刺激不具有新异性，不能引起自下而上的加工时，自上而下的注意加工就会发挥作用。视觉注意任务的完成需要这两种加工之间的相互协调与平衡。来自物体（object）的信息提供自下而上的资源，当基于物体的信息不明显或不能引起有效的注意加工时，被试就会使用来自空间位置（spatial location）的自上而下的加工资源。根据该模型，当多个物体同时进入视觉注意系统时，物体之间会产生竞争，而如果空间朝向注意使注意指向某个特定位置，这个位置的信息会首先被加工，同时来自邻近位置的干扰信息被有效过滤掉了。

四、多目标注意追踪与 FINST 模型

20 世纪 80 年代以来，研究者在静态视觉信息的选择注意加工方面已经取得了大量的研究成果。由于在研究技术、实验方法和实验条件控制等方面存在困

难，视觉动态信息加工的研究相对较少，而在实际生活中，视觉接收的大部分信息是动态变化的，所以，对动态视觉信息加工的研究不仅有助于对视觉信息加工机制有更全面的了解，而且对实际工作与生活中自然、高效的人机界面的设计以及特殊专业领域的人员选拔都有重要的理论和实践价值。

视觉注意系统在特定时间段内加工信息的容量是有限的，面对大量的视觉信息，注意系统只能对其中少部分进行选择性的加工。那么，视觉信息的选择性注意加工过程是如何进行的？这个过程受到哪些因素的影响？研究者围绕着这两个问题开展了大量的研究工作。在视觉选择性注意加工的研究中，视觉信息可以分为两类：一类是空间信息，如物体的位置、大小、形状、角度、距离等；另一类是非空间信息，如颜色、明度、明度对比、饱和度等。根据以往的研究，视觉对空间信息和非空间信息的加工可能存在一定的差异，有研究表明，空间信息具有显著的线索效应，而非空间信息则没有线索效应。派利夏恩(Pylyshyn)等人提出了 FINST(FINgers of STantiation)模型。FINST 模型认为前注意阶段可分为两个阶段，先是平行加工阶段，然后是 FINST 阶段。平行加工阶段就是指视觉系统会同时处理外界各种不同的刺激，无选择性地对刺激进行编码，此阶段通常被假定为是资源无限的。FINST 阶段虽也是属前注意阶段，不过此阶段资源却是有限的，因为 FINST 会从平行加工阶段的众多刺激中，选择 2～5(最新的研究认为最多可以到 7 个)个刺激建立索引(Index)，无论刺激如何运动，FINST 始终盯着被建立索引的刺激(Trick & Pylyshyn，1993，1994；Schmidt，Fisher & Pylyshyn，1998)。这些被 FINST 盯住的刺激将提供给注意做选择或直接取用，因此 Pylyshyn 强调 FINST 理论真正所关心的是前注意阶段的早期视觉机制(Pylyshyn，1989)。

FINST 模型用来解释视觉注意的加工机制，当大量的视觉信息呈现在视野中时，有很少一部分关于刺激位置和特征的信息可以被事先建立索引，建立索引的作用是将视野内相关的刺激信息和无关的刺激信息区分开来，并使相关的信息直接进入视觉注意系统，以便提高注意和知觉加工效率。建立视觉索引是视觉注意加工的一种普遍的、重要的加工方式，而那些没有建立索引的信息则需要通过逐一搜索的方式才能够被注意和知觉。

派利夏恩等通过多目标追踪范式(Multiple-Object Tracking，MOT)探讨了索引在视觉注意追踪中的作用，实验中让被试在一定的视野范围内追踪一些相对独立的、随机运动的物体，并对所追踪目标的特征及形式变化做出反应。结果发现，当目标物体被有效追踪时，目标的特征和形式变化比非目标的变化更容易引起注意，对目标反应的速度不受非目标(分心刺激)数量的影响。此外，还有研究发现，当追踪对象的数量为 5 个以下时，反应的正确率在 90％以上，当追踪对象为 6 个以上时，正确率明显下降。这样在视觉信息加工的过程中，就出现了进入视觉系统的信息量与注意加工容量之间的矛盾。视觉注意系统是如何解决这个矛盾的呢？扬蒂斯（Yantis）认为，群组效应（grouping effect）是视觉索引的延伸，在加工大量视觉信息时起着十分重要的作用。当目标以特定的形式呈现时，被试会将多个目标知觉为一个整体来追踪。因此，能够被注意加工的信息就相对增加了。

岷植（Min-Shik）和凯尔（Kyle）研究发现，当注意对象的空间特征具有连续性时，在视觉搜索过程中，目标会被知觉组织为整体进行加工。Adrian 和 Hermann 也发现，对象运动方向的一致性对视觉搜索效率有显著的影响。邓肯认为，人在注意加工阶段倾向于将视野中具有一致性特征的对象知觉为整体。他在实验中使用相互重叠（superimposed）的刺激，要求被试对呈现刺激的两个特征进行判断，这两个特征可能同时出现在同一个刺激物上，也可能出现在不同的刺激物上。结果发现，特征出现在同一个刺激物上时，被试判断的正确率比特征出现在不同刺激物上要高。他认为这是因为被试将两个重叠的刺激视为两个不同的物体，做判断时采用来源于不同物体的信息而忽略了来源于空间位置的信息。埃里克（Erik B）、派利夏恩和霍尔科姆的研究也支持了邓肯的理论，即对象特征的一致性有助于目标的注意和知觉的加工。布莱恩（Brain）、派利夏恩和雅各布（Jacob）采用目标融合（target merging）技术考察了人对运动物体的视觉选择性注意的加工机制。结果发现，知觉融合有助于被试将目标与分心物作为相对单独的对象进行追踪。这种基于物体的注意加工策略使注意资源得到分散，因而使反应速度下降。这说明在追踪运动的物体时，被试也同样会采用基于物体的注意机制。

第二节　注意的神经机制的研究

一、静态物体注意加工的脑功能成像研究

研究者在行为研究的基础上，也对基于空间和基于物体的视觉注意进行了脑功能定位的研究，并从不同的侧面为视觉注意加工的脑机制提供了实验证据。根据基于物体的理论，即使两个物体是在同一个位置上，注意物体的一种属性会使该物体的其他属性的加工得到加强，而未被注意的物体的加工不会增强。奥克雷文（O'Craven）等人使用两个重叠的透明刺激（面孔和房子），其中一个刺激（面孔

或房子)在每次实验中做低幅的振荡运动(运动方向是注视点的上下左右四个方向)。实验中一半的次数要求被试注意面孔(或房子)运动的方向,一半的次数要求被试注意静止的房子(或面孔)的位置,然后测量 FFA 和 PPA 的激活。结果发现,当被试注意运动方向时,面孔运动引起 FFA 较强的激活;而注意房子运动时,PPA 有较强的激活。当注意静止物体的位置时,PPA 在被试注意房子的位置时有较强的激活,而 FFA 在被试注意面孔的位置时有较强的激活。说明了视觉系统选择了物体作为注意加工的单位。因为如果注意选择是基于位置的,实验中面孔和房子两个物体在同一个位置,都应该被注意到,PPA 和 FFA 的激活程度应该是相同的。

塞伦斯(Serences)和施瓦尔茨巴赫(Schwarzbach)等人设计了两个实验来考察大脑中基于物体的注意控制系统。两个实验使用了面孔和房子的透明重叠图片,实验一中的刺激由 15 张面孔和 15 座房子的图片组成,实验之前分别让被试记住两张面孔和两张房子的图片作为目标,其中一张面孔和一个房子作为注意保持的目标(hold target),另外一张面孔和一个房子作为注意转移的目标(shift target)。所有的刺激按一定的速度系列呈现,每次实验开始前告诉被试注意面孔或者注意房子,然后看到目标呈现就按键反应。实验二和实验一的程序是相同的,只是缩小了房子的大小,使房子正好与面孔的中央位置重叠。两个实验得出了相似的结果,当被试分别注意面孔和注意房子的时候,腹侧视皮层的激活水平不同,同时背侧额叶和后顶叶皮层的激活有瞬时加强。这说明背侧额叶(dorsal frontal areas)和后顶叶(posterior parietal areas)皮层参与控制基于物体的注意。

根据基于位置的理论,视觉注意选择视野中的某个位置作为加工单位,在这个位置上的所有信息都会得到加工。唐宁(Downing)等用类似奥克雷文的实验范式,排除了物体和特征的影响来考察空间位置的作用。实验材料是面孔或房子和一个不同朝向的红色或绿色椭圆的重叠图片,被试的任务是报告特定颜色(如红色)椭圆的朝向,这个任务使被试将注意指向注视点左右两个位置中的一个位置而忽视另一个位置。虽然面孔与房子都是与任务无关的刺激,但通过比较不同条件下 FFA 和 PPA 的激活发现,当被试注意面孔上椭圆的位置时,FFA 有更多的激活;当注意房子上椭圆的位置时,PPA 的激活增强。凯瑟琳(Catherine M. Arrington)和托马斯(Thomas H. Carr)等采用线索辨别技术(cued discrimination)对注意的加工机制进行了实验研究。在他们的实验中,要求被试将注意指向由一个单独物体占据的有范围限制的空间和无范围限制的空间。fMRI 扫描的结果显示,被试注意物体占据的有范围限制的空间时,会有更多脑区被激活,这些脑区主要包括顶叶、颞叶、丘脑中与注意有关的结构;枕叶、颞下回、海马侧皮层中与物体识别有关的区域以及中间皮层(medial cortex)和前额叶背外侧与控制有关的区域，而且这些被激活的区域多在左半球。可见，指向有范围限制空间的注意比指向无范围限制空间的注意需要更多的脑区参与。

　　路易兹(luiz pessoa)等考察了物体之间竞争性的相互作用，在视野右上角相邻的四个位置相继或同时呈现四张复杂的彩色图片，要求被试注意视野的左下角，并数左下角出现的字母 T 或 L 的个数。通过比较相继呈现和同时呈现两种条件下的 fMRI 结果表明，刺激相继呈现比起同时呈现来说，在包括 V1，V2，V3A，V4，颞枕区(Temporal-Occipital Area，TEO)和颞中区(Middle Temporal，MT)在内的视觉区有更强的激活。但两种条件下激活的差异在 V1 区最小，在外纹状区腹侧(Ventral Extrastriate Areas)、V4 和 TEO、外纹状区背侧(Dorsal Extrastriate Areas)、V3A 和 MT 等区域的差异增大。说明了刺激同时呈现时，几个刺激之间产生了对加工资源的竞争，导致了相关脑区的活动被抑制。同时，研究者也比较了注意和非注意条件下的脑区激活，在非注意条件下，被试的任务还是数左下角字母的个数，在保持注视点的同时，数右上角离注视点最近的位置上呈现的某一个事先选定的图片的个数。同样，V1，V2，V4，TEO，V3A 和 MT 被激活，但注意条件下 V4，TEO，V3A 和 MT 的激活显著增强。详细的情况如图 11-1 和图 11-2 所示。

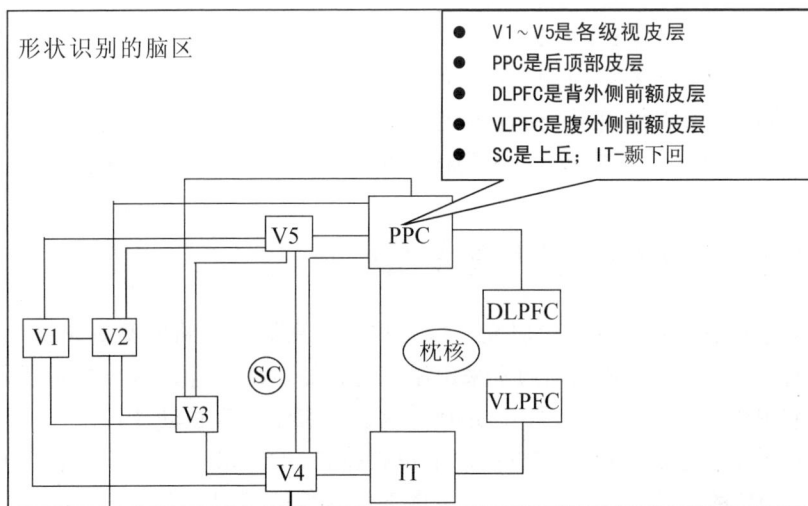

图 11-1　形状识别的脑区和环路(参考 Gazzamiga，认知神经科学，1998)

　　在最近的一些研究中，研究者们致力于探讨注意选择过程中位置、特征和物体三者之间的相互作用。穆勒(Notget G. Muller)和克莱恩施密特(Andreas Kleinschmidt)使用中央线索技术研究基于物体和基于空间的注意二者之间的交互

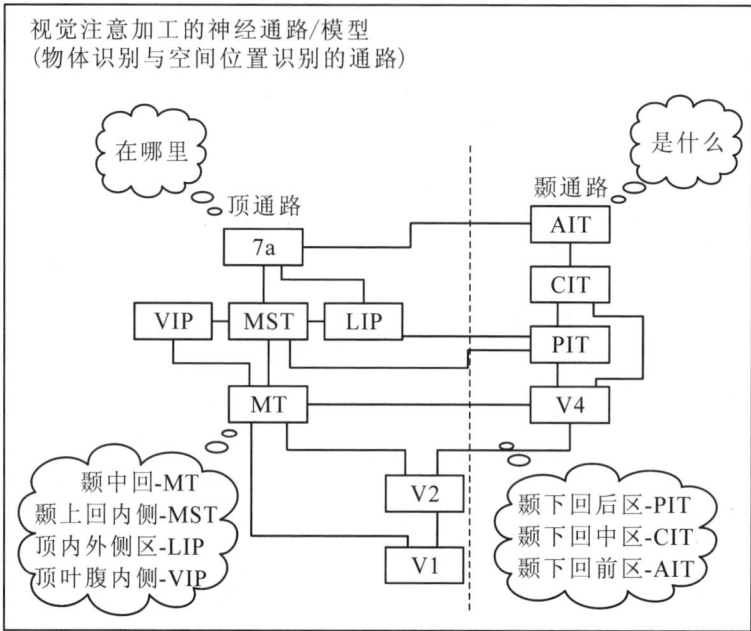

图 11-2　物体识别与空间位置识别的通路

(参考"Constructing the Visual image"，Principles of Neural Science;

Eric R. kandel & Robert H. Wurtz; 2000)

作用。结果发现，对被试对线索指示位置上的物体的加工比对非线索指示位置上同样的物体的加工进行比较时，视觉皮层区有更强的激活；而对同一个物体上不同位置的加工引起的激活比对不同物体上相同位置的加工引起的激活要强。

二、运动物体注意加工的脑功能成像研究

相对于静态物体的脑成像研究，运动物体注意加工的脑成像研究相对较少。在行为研究中，运动物体追踪通常采用派利夏恩的多目标追踪(MOT)范式，在脑成像研究中仍采用 MOT 范式，通过比较注意追踪条件和被动注视条件下脑区的激活模式来揭示注意追踪的脑机制。卡拉姆(Jody C. Culham)等人采用 MOT 范式做了 fMRI 的实验，在注意追踪的条件下，给被试呈现 9 个运动的绿球，其中一部分(3 个或者更多)在运动过程中会变成红色，持续 2 秒钟后再变为绿色，要求被试追踪这些变化的球；在被动注视的条件下，只呈现运动的球，这些球在运动过程中不会发生颜色变化，要求被试注意这些球。结果发现，两种条件都激活了顶叶的顶内沟(intraparietal sulcus)、中央后沟(postcentral sulcus)、顶上小叶

(superior parietal lobule)；额叶的前视觉区(frontal eye fields)和中央前回(pre-central sulcus)；颞中区(MT)；动作选择区(motor selective areas)和颞上回内侧区(MST)。但在顶叶与额叶区，注意追踪比被动注意时的激活增强了两倍。可见，两种条件下脑区的激活强度是不同的。另外，与静态视觉刺激相比，多目标注意追踪激活了更多与复杂运动知觉相关的脑区。具体的功能区如图 11-1 和图 11-2 所示。

三、视觉选择注意的神经网络

脑成像技术在视觉注意研究中的应用不仅为注意理论提供了脑功能定位的实验证据，而且随着研究者对视觉注意脑功能成像研究的不断深入，研究者发现大脑中注意的控制系统不是单一的或彼此相互独立的，而是由很多脑区构成的视觉注意的神经网络控制系统。科尔贝塔(Corbetta)等人采用脑成像对视觉空间注意的神经网络进行了研究，研究者采用 PET 比较了外周注意条件和控制条件下的脑区激活情况。在外周注意条件下，被试可以预期目标呈现的位置，而在控制条件下没有对目标的预期。结果发现，在外周注意的条件下，顶上小叶(superior parietal lobule)的顶后皮层(Posterior Parietal Cortex，PPC)被激活，而且表现出右半球的优势，额叶外侧额上脑区(lateral superior frontal)在被试注意外周刺激时有更强的激活，前扣带回(Anterior Cingulate，AC)和辅助运动区(Supplementary Motor Area，SMA)也有中等强度的激活。另外，在不同刺激条件下，视觉皮层区和运动皮层区也有不同程度的激活。诺布雷(Anna Christina Nobre)等人采用外周线索的设计，用 PET 做了类似的实验，实验中先呈现的外周线索将被试的注意引向目标可能出现的位置，结果发现顶叶的激活集中在顶内沟(intraparietal sulcus)，并表现出明显的右半球优势；额叶激活在外侧前运动区(lateral premotor/prefrontal cortex)，在 AC 和 SMA 也有中等程度的激活。此外，还观察到右侧颞上回(posterior superior temporal focus)的激活和左侧丘脑枕核(left pulvinar nucleus of the thalamus)、右侧小脑(right cerebellum)的激活。

上述的研究结果表明，后顶叶和额叶区是控制视觉注意的空间朝向的主要神经网络系统，而且主要在右半球。顶叶的激活区主要集中在顶内沟(intraparietal sulcus)，扩展到顶上小叶(superior parietal lobule)；额叶的激活区在前扣带回(anterior cingulate)、前视觉区和辅助视觉区(frontal and supplementary eye fields)。这种顶叶和额叶激活模式在其他脑成像研究中也得到了证实，路易兹等对 10 个视觉空间注意的脑成像研究结果进行了元分析，证实顶叶和额叶是视觉注意的主要神经网络控制系统。乔治(Jovicich Jorge)等人用运动追踪任务研究了注意资源分配的神经基础，通过增加被追踪的运动的球的数量形成不同的"注意负荷"，从研究结果中可以看到后顶叶区随着被追踪球的数目的增加，激活程度也呈线性增强，这说明了后顶叶区在视觉注意资源配置中的作用。一项正常人和忽视症患者的 fMRI 对照研究中也发现顶内沟在内源性注意控制中的作用。但皮尔斯(Peers)等人通过对注意的自上而下的控制机制损伤患者的分析并没有发现自上而下的注意控制障碍与额叶损伤之间有明确的相关。图 11-3 为视觉注意加工的脑功能定位。

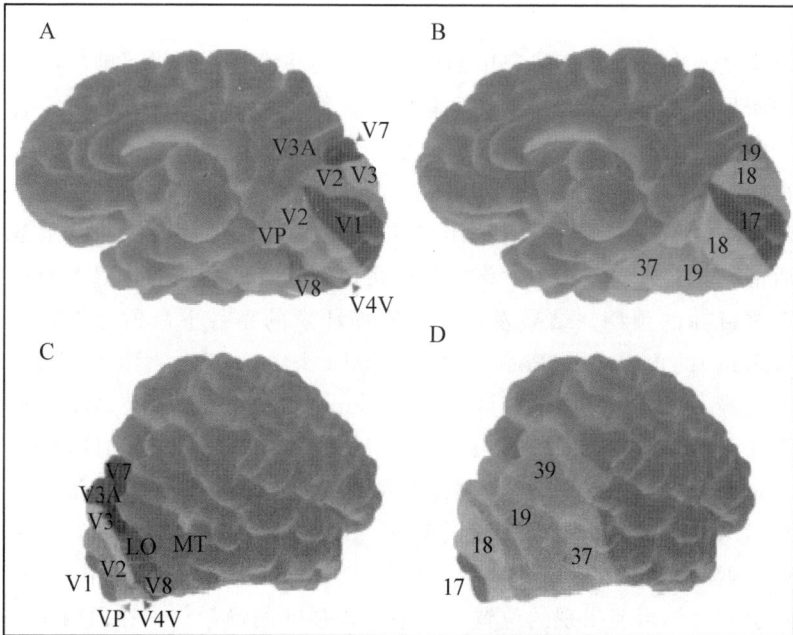

图 11-3　视觉注意加工的脑功能定位

〔引自 Roger B. H. Tatell, Nouchine K. Hadjikhani, Jamine D. Meadola, et al.
Trends in cogritire science, 2(5), 1998〕

四、关于脑功能损伤和注意缺失的研究

(一)视觉忽视症

视觉忽视症(visual neglect)主要是右半球顶叶脑区受到损伤导致的。视觉忽视症的主要表现为：简单的定向任务困难，不能注意到对侧空间；患者并不觉得

自己的表现有缺陷；忽视症患者在空间任务中的典型表现举例。图 11-4(a)和图 11-4(b)是单侧视觉忽视症的患者在自发绘画、完成临摹和画线任务时的表现，他们在完成任务时总是将一侧的视觉信息忽略。

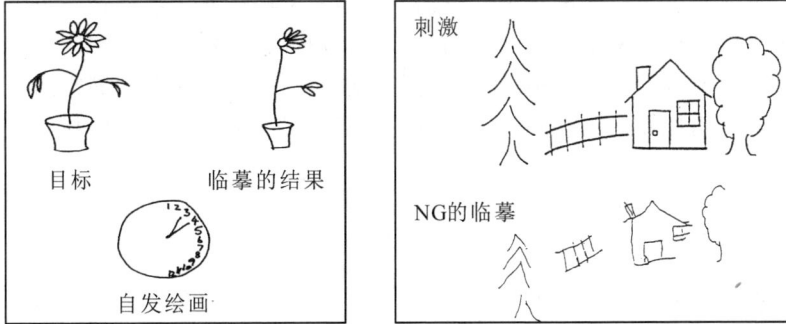

（引自 Penelope S. Suter《Peripheral visual field loss & visual neglect diagnosis & treatment》Journal of Behavioral Optometry；2007；18，3；Pro-Quest Psychology Journals，page. 78）

（引自 Chun R. Luo，Jeffrey M. Anderson & Alfonsocaramazza《Impaired stimulus-driven orienting of attention and preserved goal-directed orienting of attention in unilateral visual neglect》AMERICAN JOURNAL OF PSYCHOLOGY Winter 1998，Vol. 111，No. 4，pp. 487~507）

图 11-4(a) 临摹任务与自发绘画的表现

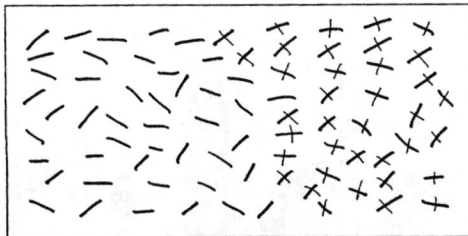

图 11-4(b) 画线任务的表现

（引自 Marlene Behrmann & Steven P. Tipper《Attention Accesses Multiple Reference Frames：Evidence From Visual Neglect》Journal of Experimental Psychology：Human Perception and Performance，1999. Vol. 25，No. 1，83~101）

单侧视野忽视症是以视觉形式来表现对一侧事物的不注意，常伴左侧同向性偏盲。沃森（Watson Heinan）等人在 1981 年提出了关于忽视症发病机制的学说，对反应的运动性激活与准备的意向性活动环路及感觉空间信息处理的觉醒注意性活动，由皮质边缘系统、网状结构系统参与的两个环路支配，环路中各个结构的损害都可导致忽视。Meshlam 认为右半球不仅以其优势注意左侧空间，也可能包含有注意左、右双侧空间的神经器，而左半球几乎完全注意右半侧空间。因此右半球损害时可出现左侧的空间忽视，而左侧半球损害时可由右半球替代注意右侧半球空间。

（二）视觉消失

视觉消失（visual extinction）是指有些患者的顶枕区损伤后，会表现出虽然识别视觉呈现的单个物体没有困难，但如果两个物体一左一右同时呈现，就不能看到呈现在损伤对侧的物体的症状。沃尔普、勒杜和加扎尼扎（Volpe，LeDoux & Gazzaniga，1979）证明：这些患者没有视觉缺陷，而是存在高层次的注意问题。拉法和亨尼克（Rafal & Henik，1994）报告右半球中风的病例，当左侧或者右侧单独视野呈现一个剪刀时，患者转向它并正确报告；当两个钥匙在两侧同时呈现时，患者只能定向到右侧的一个；当两侧同时呈现两个不同的物体时，患者能迅速地识别它们，首先报告右侧的钥匙，然后报告左侧的剪刀（见图 11-5）。

图 11-5　视觉消失与单侧定向特异性患者的表现

(三)注意性失读症

注意性失读症(attentional dyslexia)是由于左顶叶脑区损伤(Shallice & Warrington,1977)导致的。患者主要症状表现为：整词阅读完好，但当要求选择性地报告词中特定位置上的单个字母时，非常不准确，表现出错位(mislocations)现象，关于字母特征与字母呈现位置的表征是分离的，即物体(what)与位置(where)加工分离，当几个词同时呈现时，病人会产生移动错误(migration errors)。

(四) 忽视性失读症

忽视性失读症(neglect dyslexia)是埃利斯(Ellis)等人(1987)发现的，主要表现为患者只读单词或者句子右侧(见图 11-6)。关于忽视症的病理生理学机制如表 11-1 所示。

"river"读成"liver"

"log"读成"dog"

"elate"读成"plate"

"peach"读成"beach"

图 11-6　忽视性失读症的
识别单词的表现

表 11-1　忽视症的病理生理学机制

障　　碍	神经机制
内隐注意转移	顶叶(右—源于位置，左—源于客体)
随意注意转移	上顶叶皮层
局部注意集中	右颞—顶联合皮层
唤醒	网状结构、丘脑内核；右＞左半球
空间特征	顶叶
扫视的发生	额叶眼区
对损伤视野过度反身朝向	上丘脑
运动意向	前运动皮层
探究行为的动机	扣带回
空间工作记忆	背外侧前额叶

(五)巴林特(Balint)综合征

巴林特综合征是顶枕叶或者顶枕联合皮层双侧脑区受损时表现出来的症状，

具体症状表现为：不能比较两个/多个客体或者客体的两个部分，如大小、远近或者其他特征。

五、注意研究领域有待解决的问题

关于注意的加工机制，目前的研究仍然不能揭示大脑顶叶区和额叶区是如何控制空间朝向的视觉注意的。因为脑成像虽然可以建立大脑结构和功能之间的准确对应，但实际上具体的解剖结构和复杂功能之间的联系可能并不是简单的线性关系。因此，在考察结构和功能的对应关系时，需要多角度的研究证据，如脑损伤或注意缺陷患者的结果，来确定视觉注意的脑功能定位的准确性。如空间忽视症的研究表明，大多是右侧的顶下小叶(inferior parietal lobule)或颞顶联合(temporal parietal junction)的损伤；脑成像的研究会发现顶叶的激活多定位于顶上小叶(superior parietal lobule)，而正常人是顶叶和额叶区域相应部位的激活。那么，视觉空间忽视症和注意的空间朝向涉及的大脑皮层的部位是否相同？空间忽视症和空间朝向任务是否是两个不同的加工过程？相关脑区的联系对视觉注意加工有什么样的影响？这些问题还需要进一步的神经科学的研究来加以证实，这也有助于拓展视觉注意控制的神经网络的研究思路。

从视觉选择性注意和注意追踪的脑成像研究可以发现，不同的实验任务通常可以激活相同的脑区。元分析结果也发现顶叶区和额叶区存在共同的激活模式，对脑损伤病人和动物脑损伤的研究获得了相似的发现，即后顶叶皮层(posterior parietal cortex)、颞顶联合(temporo-parietal junction)、上丘(superior colliculus)、丘脑(thalamus)、颞上回(superior temporal sulcus)，以及额叶皮层的某些区域。这使研究者开始进一步地思考大脑注意控制系统的构成。关于视觉注意的神经网络系统，目前有两种观点：一种观点认为大脑中存在一个共同的注意控制系统，不同的实验任务、刺激和反应都会激活这个系统；另一种观点认为，注意控制系统是具有特定功能的大脑环路，或者说注意只是特定大脑环路中的一个辅助部分，这些大脑环路是知觉与动作的功能区，具有不同的感觉或动作属性的刺激会激活不同的相关脑区。上述两种观点也都有其实验依据，因为研究发现不同的实验任务可以激活相同的脑区，相同任务也可以激活不同的脑区。

沃伊希基(Wojciulik)和坎韦施(Kanwisher)认为，如果有一个共同的机制，那么不同的注意任务应该激活共同的脑区。他们设计了三种任务，每种任务又包括有一定难度的注意任务、简单的注意任务和控制任务。具体的任务是给被试呈现一些词，在有难度的注意条件下，要求被试判断这个词是否既是名词又是动词；在简单的注意条件下，被试只需要判断这个词的首尾两个字母高度是否一样。从 fMRI 的结果中可以看到，三个实验任务在顶内沟(Inferior Parietal Sulcus，IPS)内有明显的激活重叠，而在控制任务中虽然有其他脑区的激活，但需要注意条件和简单条件下的顶内沟激活没有差异。研究表明，激活模式不受任务难度影响，不同的任务可以激活共同的脑区。但上述研究并不能证明在大脑中存在一个共同的视觉注意的脑区。也有研究者认为，注意任务所激活的脑区与注意控制有关，主张脑成像研究应更多关注注意网络的特定结构的功能。

　　关于视觉选择注意的神经网络的研究还需要大量的研究积累，并对大脑中与注意加工相关的脑区及其内在的联系进行系统深入的探讨。在目前的研究手段中，脑成像技术和神经电生理技术是探讨注意的脑功能定位和注意控制脑区之间相互联系的重要手段之一。

(一)研究方法与技术问题

　　fMRI 或 PET 技术本身有一定的局限性。fMRI 的生物学原理是通过测量静脉毛细血管内血氧浓度的变化，来反映大脑的认知加工过程和空间定位。

　　它可以达到几毫米级的空间分辨率，但时间分辨率不是很高。人脑在活动期间皮层血液动态信号的变化是很小的，当然可以通过增加磁场强度来扩大信号，比如，当磁场增加到 4T 时，信号可以增加 15%，但是在这种强磁场的环境下，被试会感到不舒服。基于血流动力学的特性，fMRI 的信号在视觉刺激呈现 6～8 秒之后才能达到顶峰，这种现象被称为响应延迟；在不同的脑区和不同种类的刺激间响应延迟会有所不同。在认知加工的过程中，即使刺激的强度不变，fMRI 的信号也有可能有一定的差异，信号对刺激的响应在刺激终止前就会开始减弱，并且在刺激呈现期间信号的强度一直在波动。

　　鉴于此，很多研究者致力于方法学的研究。最初的努力是改进实验设计和实验过程，并通过快速事件相关的设计，这样可以分离出更多的加工过程，但时间精确性仍是有限的，目前，对于少于 500 毫秒的加工过程，利用实验设计还无法分离。因此，研究者将 PET 或 fMRI 与 ERP 的研究结合起来，充分利用脑成像空间精确性和 ERP 时间精确性的优势，从空间定位和时间加工进程的角度对注意加工的机制进行研究。

(二)注意研究领域有待于解决的理论问题

　　综上所述，关于视觉选择注意的脑机制还可以从以下的问题入手做进一步的研究。

视觉相关皮层对物体的空间信息（位置、大小、形状等）和非空间信息（明度、颜色、物体是什么等）注意加工的脑功能区之间的分工与合作的机制，不同的视觉皮层区在选择和整合上述各种视觉信息并对物体进行知觉加工的中枢神经机制及神经网络控制系统。

当视觉相关皮层区加工连续动态变化的视觉信息时，大脑的相应区域在注意追踪过程中，对空间视觉信息与非空间视觉信息所激活的脑区的动态变化过程。

在不同的视觉选择注意缺陷患者中（如儿童注意缺损、忽视症、部分老年性失智、中风和脑损伤患者等），对静态的空间信息与非空间信息以及连续动态视觉信息的选择注意与注意追踪的表现，以及这些表现的脑功能定位的医学影像学证据。

脑功能损伤患者与正常人视觉注意功能区定位的反对照，以便进一步对视觉注意的脑功能区定位与神经网络的内在联系进行系统和深入的研究。

第三节　注意现象及注意加工的影响因素

一、注意的现象

（一）非注意盲现象

非注意盲（Inattentional Blindness），简称 IB 现象，是由马克（Arien Mack）和洛克（Irvin Rock）首先发现和提出的一个概念。非注意盲指的是被试看不到视野中某个高于阈限的刺激，即使这个刺激的网像投射在视网膜的中央凹点。这种现象源于对某个刺激没有注意到。非注意盲揭示了视知觉与注意之间的复杂关系，而以前的研究中对这个问题的研究都缺乏严格的控制，如在前注意知觉的研究方法中，不能有效地消除注意的影响。鉴于此，他们设计了新的方法。整个实验一共 8~9 次，分三种类型：非注意系列、外显分散注意系列和集中注意系列。实验开始先呈现一个注视点，然后呈现一个"十"字形，200 毫秒之后消失，会有一个掩蔽呈现，要求被试判断组成"十"字形的横线和竖线哪个更长。两次或者三次实验之后，在"十"字形四个象限的某一个象限会同时呈现一个黑色的小方块，在被试做出线段长短的判断之后，询问被试是否看到另外的物体出现。接着是分散注意系列，要求被试不仅要注意线段的长短，还要注意是否有新的物体在视野中呈现。先是有两次判断线段长短的实验，然后"十"字形和小方块同时呈现。最后是集中注意系列，要求被试无须注意线段的长短，只要注意视野中是否有新的物体呈现，刺激的呈现方式同前两个系列是一样的。结果发现，在非注意系列中，有很多被试报告没有新物体呈现；但在分散注意系列和集中注意系列中，所有的被试都报告有新物体出现。马克和洛克做了大量的实验，一个有趣的发现是，并非所有的物体的属性都会有非注意盲的现象，像运动、位置、颜色、数量等属性，可以在没有注意的条件下得到加工。

(二)变化盲现象

变化盲现象(Changed Blindness)，简称 CB 现象，指的是被试难以觉察到视觉场景中一些大的变化。变化盲现象通常出现在视觉场景的转换过程中，如果场景的转换发生在被试眼跳或者眨眼期间，如果相继的两幅图片之间有空屏间隔，甚至在电影镜头切换的时候，观察者常常注意不到变化的发生。西蒙(Simmon)和列文(Levin)在现场实验中也发现了变化盲的现象，在校园中僻静的小路上，实验者向路过的人问路，这时候有一群人从他们两人之间穿过，同时实验者换成了另外一个人。结果 15 个人中只有 7 个人发现问路者(实验者)换成了另外的人。变化盲的实质是什么？跟视觉注意的关系如何？西蒙等人认为，变化盲是没有集中注意于目标物体而造成的，注意和抽象编码的过程在变化检测中都是必要的。变化盲可能反映了视觉系统不能对变化前后的场景的表征进行有效的比较。

(三)注意瞬脱现象

注意瞬脱现象(Attentional Blink)，简称 AB 现象，是布罗德本特等人 1987 年在一个快速序列视觉呈现任务(RSVP)的实验中发现的。被试对单词流中前一个单词的准确辨认会对在该词后 400 毫秒内呈现的其他单词的正确辨别产生影响。维斯瓦河园丁(Weichselgartner)和斯伯林(Sperling)采用数字进行同类的实验也发现，被试在辨认匀速呈现(10 个/秒)的数字流时，当连续呈现的一个白色字母和三个黑色字母时，被试对前两个字母报告的正确率远高于后两个字母。

1992 年，雷蒙德(Raymond)的实验中，采用的实验材料均为字母流，呈现速度为 11 个/秒，除第一个检测刺激 T1 为白色外，其余全为黑色，T1 前呈现 7～15 个字母，在 T1 后呈现 8 个字母，其位置分别记为 P1～P8，T2 是要求被试报告的第二个字母，其位置在 T1 呈现后的不同时间间隔内呈现(即在 P1～P8 的某一位置)，实验组要求被试既要报告 T1，又要报告 T2，对照组只需要报告 T2。实验结果表明，对照组对 T2 的报告正确率均高于 90%，实验组对 T1 的报告正确率均高于 80%，而对 T2 的报告正确率低于 60%。自雷蒙德等人的研究后，国外的 20 余个研究小组相继报告了他们的研究成果，得出了共同的结论：即在视觉通道识别一系列刺激流时，对刺激流中某一个刺激的辨认会影响其后特定时间间隔的刺激的辨认，并将视觉通道上的这种现象称为注意瞬脱现象。研究表明，在听觉通道上也存在注意瞬脱现象，如下面的材料：

```
视觉通道：A  D  Y  J  ②  M  G  Ⓚ  Q  L  C  Z  U

听觉通道：C  Z  T  Q  ③  B  D  Ⓧ  P  H  V  I  Y

                    T1        T2
```

视觉通道存在注意瞬脱现象已经通过大量的实验得到验证，那么在其他的感觉通道上是否存在注意瞬脱现象呢？于是研究者对听觉通道也进行了类似的研究，舒尔曼和谢明浚(Shulman & Hsieh，1995)采用与 RSVP 技术类似的快速听觉呈现技术(RAP)和跨通道(cross model)技术对听觉通道和视觉听觉跨通道的注意瞬脱现象进行了研究，其他研究者也做了类似的研究。结果表明，有的研究和实验支持听觉通道上和交叉通道上存在 AB 现象，另外也有研究认为听觉通道不存在注意瞬脱现象。

关于注意瞬脱现象产生的机制，主要有两种解释：早期选择模型认为，来自外界的大量信息由于受到人的类似"瓶颈"的神经系统高级中枢加工能力有限性的限制，只有某些特定类型的输入信息可以通过过滤器以"全或无"的方式得到进一步的加工而得以识别或是储存，而其他的信息则不能通过。晚期选择模型论认为几个输入通道的信息均可以进入高级分析水平，得到全部加工，所有的选择注意都发生在信息加工的晚期。总之，视觉通道内存在 AB 现象已是事实，也有许多实验已经证实在听觉通道和交叉通道上也存在 AB 现象，但注意瞬脱发生的时间和位置以及机制问题还在研究和探讨中。

(四)注意波动现象

注意波动现象(attentional shift)是指当人们长时间注意一个物体时，注意对象的形状、颜色等特征会呈现一系列的起伏变化，在心理学中这种现象被称为注意的波动现象。

在复杂的认知活动中，注意的波动现象是经常发生的。只要我们的注意没有离开当前注意的对象，这种波动现象就不会产生消极的作用。但是，当要求对信号做出迅速反应的活动和操作任务时，注意的这种波动性可能对活动或任务的完成产生一定的不利影响，因此，有必要对注意的波动性进行测量，避免注意波动对任务操作带来消极的影响。有研究表明：注意每波动一次需要 8～12 秒钟。如果百米竞赛的预备信号和起跑信号之间的时间相隔太长，那么由于运动员注意的波动就可能使成绩受到明显的影响，如果预备信号与起跑信号之间的时间间隔不超过 8～10 秒钟，那么注意波动的不良后果就可能消除或得到控制。关于注意波动现象产生的原因，目前有两种解释：一种观点认为，注意波动现象是由于感觉器官的局部适应，使人们对注意对象的感受性出现短暂的周期性下降；另一种观点认为，有机体的一系列机能活动都具有节律性，注意波动现象是机体的生物节律的一种表现（见图 11-7）。

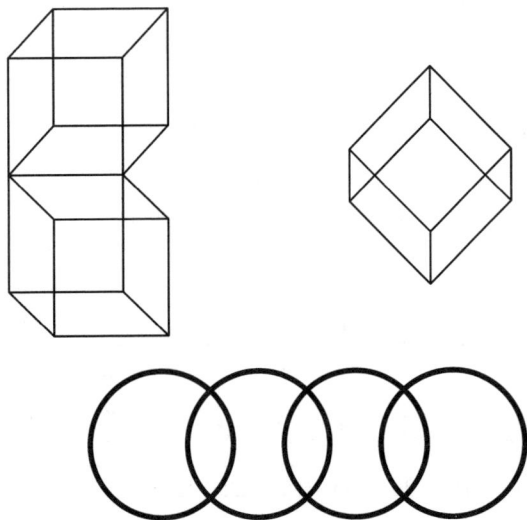

图 11-7　注意上面的两个三维图形和四环可以发现空间位置的波动变化

(五)视觉注意的空间位置效应

视觉注意加工具有显著的空间位置效应，张学民等（2004）采用图 11-8 的实验材料对视觉注意加工的空间位置效应进行了研究。实验研究中刺激呈现的角度为 0°，45°，90°，135°，180°，225°，270°和 315°（从水平位置 5 逆时针旋转），位置 1，2，3，4，5（见图 11-8）。实验过程控制由 E-Prime 完成。每次实验先呈现注视点 200 毫秒，间隔 300 毫秒呈现掩蔽 500 毫秒，间隔 300 毫秒后再随机呈现不同角度的探测刺激（刺激实际大小为 1 cm×1.3 cm）。要求被试保持头部不动，当探测刺激出现时，搜寻"E"或"H"，若有"E"，右手按"P"键，若有"H"，左手按"Q"键，程序自动记录被试的反应时和正确率，其中，干扰刺激为 U，S。具体刺激呈现过程如图 11-8 所示。

从图 11-9 可以看出，目标的颜色变化对反应时的影响是显著的，红色目标的反应时与绿色目标的反应时处于两个不同的水平。当目标为红色时，各角度对反应时的影响更为显著，除 45°与 135°反应时差异不显著外，其他两两对比差异

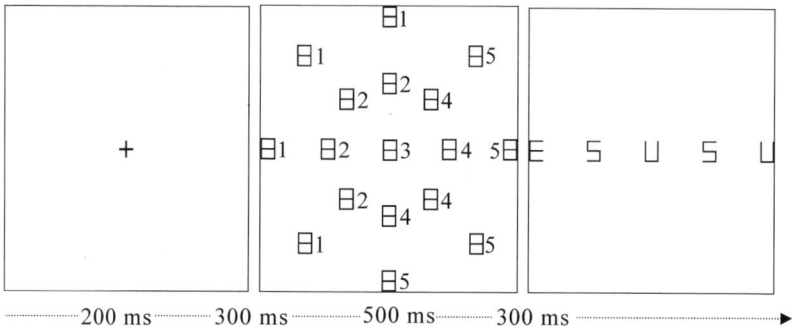

图 11-8　刺激的呈现与反应过程

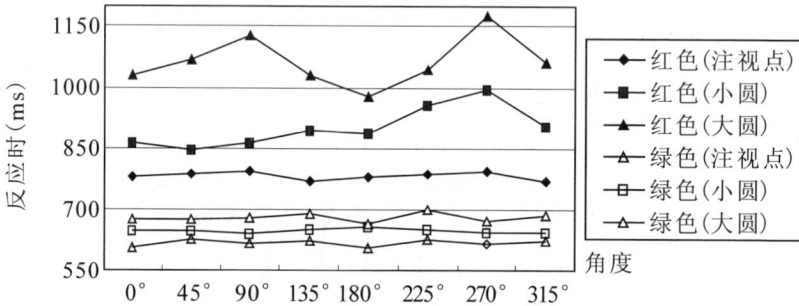

图 11-9　不同视野范围和角度的反应时变化曲线

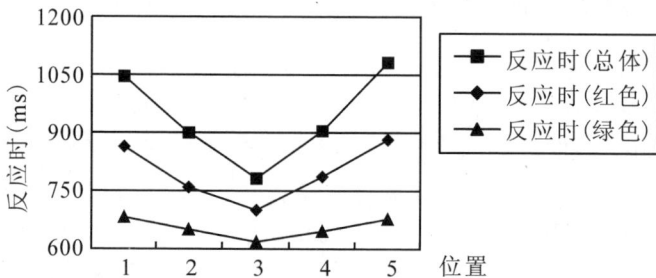

图 11-10　不同位置的反应时变化曲线

都显著($p<0.05$)，即在四个象限内，随着倾斜角的增大，目标搜索难度不断增大。当目标为绿色时，只有 0°与 45°的反应时差异显著($p<0.01$)，45°与 90°差异($p=0.07$)以及 90°与 135°差异边缘显著($p=0.051$)。表明当目标与干扰刺激颜色不同时，被试在不同角度呈均势变化。

　　总的来说，无论目标与干扰刺激颜色是否相同，五个位置的反应时都表现出明显的"V"字形效应（见图 11-10），说明从注视点到外周的注意加工呈梯度变化，而且这种"注意梯度"变化是不均衡的，随着角度与注视点的距离变化而变化，这与部分研究结果不一致。该结果与本实验设计的空间视野范围大小可能有关。首先，由于注视点"＋"的存在并且要求被试保持头部不动，被试在进行视觉搜索时，习惯从中心向四周进行搜索；其次，本实验视角相对较大，对边缘视野加工需要更多的注意资源。

当目标颜色与干扰刺激颜色相同时，在每一个象限内，以横轴为起始轴，在夹角为 0°～90°的范围内，表现出明显的注意转移效应，即没有新异颜色刺激出现时，被试视觉搜索的优势角度是横向的，然后随着目标呈现的直径与横向的夹角发生变化，被试的反应时增加，垂直角度的搜索时间较长。这种注意转移效应在大圆视角范围内尤为明显，在小圆视角范围内，总体上仍然呈现出注意转移的趋势。当目标与干扰刺激颜色不同时，四个角度反应时则呈现均势变化，注意转移效应不显著。

实验结果验证了基于空间和特征的选择性注意，从对红色和绿色目标反应时的对比分析中可以发现，两者在角度因素上的效应并不一致，而在位置因素上的效应是一致的。总体上讲，绿色目标搜索的反应时短于红色目标搜索的反应时，且在四个角度表现出均势。由于目标特征的变化激发了外源性注意加工，表明存在"基于特征"的注意加工。本研究中，基于空间和基于特征的注意都影响视觉目标搜索的反应时。

总的来说，①当目标与干扰刺激颜色相同时，表现出明显的注意转移效应，即没有新异颜色刺激出现时，随着目标呈现的方位与横向夹角的变化，被试的反应时增加，垂直角度的搜索时间较长，这种注意转移效应在大圆视野范围内尤为明显，在小圆视野范围内，总体上仍呈现注意转移的趋势；②当目标与干扰刺激颜色不同时，不同角度反应时呈均势变化，注意转移效应不显著；③无论目标与干扰刺激的颜色是否相同，五个位置的目标反应时都表现出明显的"V"字形效应，但它并不是均势的，而是随角度呈现梯度变化。

（六）注意的启动效应

启动效应（priming effect）是指先前呈现的刺激对随后呈现的刺激加工的促进作用或者抑制作用。如果是起促进作用，则称为正启动效应（positive priming effect）；如果是起抑制作用，则称为负启动效应（negative priming effect）或抑制性启动效应（inhibitory priming effect）。

近年来，在注意研究领域有大量的关于负启动效应的实验研究。负启动效应最早是在斯特鲁普(Stroop)效应的色词实验中发现的，蒂波(Tipper)最早开始系统地研究负启动效应。蒂波等认为，注意选择性机制主要有两方面：一方面，注意的选择作用是使被注意的信息得到进一步加工；另一方面，注意的选择具有双重机制，即被注意信息的进一步加工和被忽略信息的抑制效应相结合的双重加工。

蒂波和克兰斯敦(Cranston)1985年对负启动效应进行了如下实验研究。实验中给被试呈现用红、绿墨水书写的两个部分重叠的英文字母，红字母为目标，即要求被试又快又准地读出红色字母；绿字母为分心字母，要求被试在反应过程中忽略绿色字母。实验总共包含三种条件：①控制条件，即每次实验中目标字母和分心字母都是不同的；②分心字母启动条件，即在启动显示中的分心字母将作为探测显示中的目标字母；③重复分心字母条件，即分心字母在各实验中保持不变。实验结果表明：分心字母启动条件下的反应时最长，并且与控制条件下的反应时差异显著。这证明了负启动效应的存在。关于负启动的起因，在实验11-2的实验背景知识中将进行详细阐述。

二、影响注意加工的因素

注意加工是一个基础的认知过程，其中涉及复杂的机制，在实验室研究和真实情境的研究中，许多因素会影响注意加工的过程。

(一)分心物的数目

注意资源是有限的，分心物数目的变化影响分配到目标上的注意资源的多少。视觉搜索的实验结果表明，随着分心物数目的增加，对目标识别的反应时会越来越长。但是这种影响是有条件限制的，即分心物和目标之间没有很明显的差异性。如果这个条件不存在，如在10个黑色的字母O中搜索一个红色的X，对X的反应时就不会随着字母O的数目的增加而变化，因为黑色的O和红色的X之间有明显的差异。

(二)刺激在视野中的分布

基于空间位置的注意理论认为，注意的资源在注视点周围分布并随注视点的转移发生变化，所以刺激在视野范围内的空间分布也会影响注意的加工。靠近注视点位置的目标最容易被识别，而与注视点的距离越远，目标越难以被识别。

(三)线索的有效性

个体自身的准备状态也会影响到注意加工的过程。波斯纳采用前置线索的范式研究了视觉空间注意。即在目标出现之前先呈现一个线索指示目标将要出现的位置，如注视点的左边或者右边，上边或者下边，结果发现在线索有效时(目标出现在线索指示的位置)被试对目标的反应时最快，而在线索无效时反应时最慢。因为有效的线索使被试形成了一种对目标进行加工的准备状态，所以在目标出现时会很快被识别。

(四)目标的空间与非空间特性

目标在空间位置上的特征或者其他特性关系到不同的注意选择机制。基于位置的选择理论认为，在特定位置上的所有的刺激都能够被注意到，从而得到进一步的加工，所以加工出现在被注意区域的目标比加工出现在非注意区域的目标的速度要快。基于物体的选择理论却认为，注意资源不是被分配到特定位置上的所有的刺激上，只是被分配到这个位置上与任务有关的物体上，在同一个位置上对目标物体的识别比对非目标物体的识别要快。而基于特征的选择理论主张注意选择的不是特定的位置或物体，而是一些特征，如形状、颜色、朝向、运动等。

(五)目标的知觉组织和体验

格式塔理论提出了一些知觉的组织方式，如相似、邻近、对称等。对于目标的知觉组织或体验的水平会影响注意加工的过程。特瑞斯曼(Anne Treisman)等认为，知觉组织的过程是前注意水平的，注意加工的是组织好了的信息。在多目标追踪的研究中可以发现，目标之间不同的组织方式对追踪的成绩产生了很大的影响。

(六)目标的先验概率

与线索的有效性一样，目标的先验概率可能是一个很好的控制指标。它会影响被试的预期和判断，对注意加工产生影响。这两个因素在实验中常常被放在一起考虑，如有效线索以高概率呈现，而无效线索和中性线索以低概率呈现。

(七)异步呈现时间间隔

异步呈现时间间隔(Stimulus Onset Asynchronies，SOA)是指线索与目标呈现之间的时间间隔。因为不同的时间间隔可能会涉及不同的注意机制，所以用

SOA 对注意加工时间进程上的机制进行研究。有研究者在前置线索范式中发现，如果 SOA 比较短(300 毫秒以下)，能够观察到明显的线索效应，也就是说线索有效时的反应时最短。但是，当 SOA 超过 300 毫秒，线索效应就会逐渐减弱直至消失，这种现象被称为返回抑制，即对线索指向位置上刺激的加工由于时间的延长被抑制了。如图 11-11 是不同 SOA 条件下被试对不同角度刺激的加工反应时间的变化规律，角度从 0°～315°的变化在不同的 SOA 下呈现倒"V"字形变化规律，SOA 为 200 毫秒时在各个角度的选择注意加工时间最长，当 SOA 大于 300 毫秒时，对目标选择的反应时差异不显著。

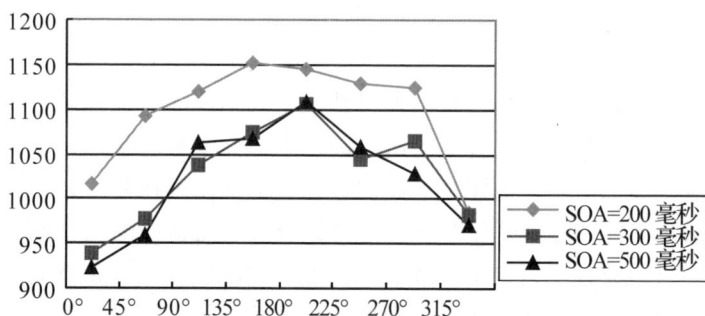

图 11-11　不同角度与 SOA 对视觉注意的影响(反应时：毫秒/ms)

(八)视觉、听觉或跨通道的刺激呈现

注意的加工不仅仅发生在视觉水平，而且它是由更高级的脑功能控制的基础的认知功能，负责对外界的各类刺激进行指向和集中。所以在视觉、听觉甚至表象加工等信息处理的过程中，都有注意机制的参与，不同的信息加工通道可能涉及不同的注意机制，一个简单的例子就是视觉注意中空间位置是一个不容忽视的影响因素，但是听觉注意加工对刺激的空间位置不会像视觉这样敏感。所以有必要对不同通道信息处理或交叉通道信息处理的注意机制进行研究。

(九)静态或运动的刺激

对静态刺激和对运动刺激的加工有不同的注意机制。比如注意静态的刺激，基于位置或基于物体的注意可能都指向某刺激所在的空间位置，而在运动条件下两者就产生了分离；运动条件下的注意需要对运动的目标进行追踪等。所以运动条件下的注意机制与静态条件下的注意可能有很大不同，运动的方式也会影响注意加工。目前常使用多目标追踪(MOT)范式对运动条件下的注意进行研究，已有的结果表明，追踪目标的数目、刺激的运动轨迹和运动速度、目标的知觉组织等都对追踪成绩产生影响。

(十)其他方面的影响因素

除了上述因素外，影响注意加工的因素还有目标呈现的空间位置变化、时间序列材料中目标刺激的背景(注意瞬脱的研究)、药物、机体因素等。由于注意实质上反映了大脑的激活水平，所以一些神经生理和生化的物质，如镇静药物、兴奋药物、麻醉药物及某些荷尔蒙等也会对注意加工产生影响。

当我们了解更多影响注意的因素时，就可以在实验设计的过程中对这些因素进行不同程度的控制，以考察不同因素对注意加工的影响或者排除无关因素的干扰，进而揭示注意加工的复杂机制。

第四节　注意的实验研究方法

注意作为人的一种基本的认知过程，需要使用严格的实验设计来考察其内在机制。实验室研究使用许多日益发展成熟的技术和研究范式对各种注意现象进行研究。比如使用快速系列呈现(RSVP)研究注意瞬脱现象，使用双耳分听技术研究注意资源的分配，使用空间线索和突现外周刺激研究注意的外源性和内源性特征等。这里只列举了一些常见的实验技术和范式。

一、注意的实验研究常用的技术

1. 反应时技术

从刺激呈现到做出反应间的时间间隔能够反映内在信息加工的过程。多年来，反应时技术发展了减法、三类反应和加法的反应时技术。通过比较不同的实验条件下反应时的差异，可以考察注意加工过程。

2. 多导生理指标测量技术(多导生理记录仪)

多导生理记录仪是用来记录生理活动的各项指标的医学与心理学实验仪器。根据多导生理记录仪的发展和研究者对不同指标需求情况的配置，多导生理记录仪有4导生理记录仪、8导生理记录仪、16导生理记录仪、32导生理记录仪、64导生理记录仪等不同的种类。该仪器主要由各种传感器、放大器、监视器、记录器和软件系统构成。主要可以测量以下指标及对动态采集数据信号进行分析：①肌肉电生理指标；②呼吸、血压等张力压力信号指标；③语音信号指标；

④人体心电图指标；⑤脑电图指标；⑥神经元活动的各项指标等。

3. 眼动技术

使用眼动仪能够记录被试的头部运动、眼球的转动和微动，瞳孔的运动和变化等，能够与程序控制下的视觉刺激呈现相结合，对视觉注意进行研究。

4. 脑电技术

通常大脑的电活动表现为不同的形式：自发脑电（Spontaneous EEG）是指没有特定外界刺激的情况下，大脑神经系统活动自发产生的电位变化；诱发电位（Evoked Potential，EP），或称诱发反应，是指神经系统接受内、外环境刺激信息所产生的特定神经电活动。其中，诱发电位分为两类：一类是外源性刺激相关诱发电位（Eps），主要包括视觉诱发电位（Visual Evoked Potential，VEP）、听觉诱发电位（Auditory Evoked Potential，AEP）、躯体感觉诱发电位（Somatosensory Evoked Potential，SEP）和运动诱发电位（Motor Evoked Potential，MEP）等；另一类诱发电位是事件相关电位（Event Related Potential，ERP），又是一种内源性且与大脑的认知加工过程密切相关的特殊诱发电位，事件相关电位又被称之为"认知电位"（Cognitive Potential）。视觉注意研究中，事件相关电位（ERP）是指个体对视觉和听觉信息进行注意加工时，采用电极从头皮表面的相应位置记录到的大脑皮层神经活动的电位。

5. 脑成像技术

功能磁共振成像（functional Magnetic Resonance Image，fMRI）是采用核磁共振仪来测量生理活动的变化或异常引起的血氧含量变化的技术，通常血氧含量升高说明流入某一组织或大脑功能区域的血流增加，则表现出该组织或者功能区活动处于激活状态。当人接收外界信息时，大脑皮层特定区域对这些刺激信息会做出相应的反应，并激活该皮层区域的神经元和神经胶质细胞，使其生物化学过程发生变化。在激活的脑区会有大量的能量消耗，需要额外补充葡萄糖和氧等能量物质，这就会导致大脑局部血管血流（regional Cerebral Blood Flow，rCBF）增加，组织中毛细血管内红细胞数量和含氧量的生化变化会引起其磁场发生变化，形成该脑区磁场的不均匀性（呈现梯度变化）。这种微观磁场梯度的变化会使磁共振信号增强，信号增强程度与血液磁化率（血氧浓度）有关，因此功能磁共振成像又叫血氧水平相关（BOLD）成像。fMRI是一种对大脑没有伤害的诊断和实验研究方法，它被广泛应用于认知神经科学研究领域，用来探讨人类认知过程与情绪活动的脑机制，对感知觉、注意、语言以及情绪等的脑功能定位进行研究，揭示了认知与情绪过程的神经生理基础。该技术具有较高的空间分辨率，从理论上可以精确到100微米，但在实际运用中，由于很多因素限制了其空间分辨率，在一般的皮层区（如视觉皮层区）可达到 1～2 毫米的分辨率，可是仍然可以对不同脑区的心理功能进行准确的定位。而且，还可以通过对患者和正常人认知的脑功能定位对照，了解大脑的功能定位情况。

另外，脑成像的技术还有脑磁图（Magnetic Encephalography，MEG）和正电子发射断层成像（Position Emission Tomography，PET）。脑磁图是一种通过测量大脑内磁场来对脑功能区域定位达到诊断和实验研究目的的一种医学影像学方法；正电子发射断层成像可从分子水平反映体内的生理生化代谢状况。两者都是对大脑没有损伤的诊断和实验研究方法。

6. 对患者的研究

对特定患者，如注意障碍者包括多动症患者、脑损伤患者、精神分裂症患者、孤独症患者等的研究可以从另一个角度揭示注意的功能和脑机制。其中，常用的方法有患者组和正常人组的对比，通过他们在完成同一种认知任务过程中的差异来说明注意加工的过程和细节。

二、视觉注意研究常用的实验范式

1. 空间线索范式

波斯纳等 1980 年使用空间线索技术（attentional cueing procedure）研究选择性注意和空间线索的作用。在目标之前呈现的线索通常分为三类：有效线索（指示目标将要出现的位置）、无效线索（指示与目标出现的位置相反的位置）、中性线索（不提供目标出现位置的任何信息）。此外，各个条件出现的概率也是不同的，一般是有效线索以高概率出现，而无效线索和中性线索以低概率出现。

2. 启动范式

启动范式是认知研究中常用的一种范式，在此范式中可以通过考察正启动效应或负启动效应的变化来揭示认知加工过程的规律。正启动效应是指某一加工任务对后来同样或者类似任务的促进作用，反映在反应时缩短和正确率提高。而负启动效应是指在前面的任务中作为分心物的刺激变成了后面任务中的目标造成的反应时延长和正确率的降低。在注意研究中，启动范式用来探讨注意资源在目标与分心物之间的分配、知觉负荷对分心物加工的影响、注意指向和内源性注意转移等问题。

3. 快速系列呈现范式

此范式更多地用来研究视觉注意加工时间方面的特性。通常以每秒十几个的速度给被试呈现一系列的刺激，如字母、数字或者图片，目标刺激有两个，任务是识别第一个目标，然后判断第二个目标是否出现过。在这个任务中，研究者发现：如果两个目标之间间隔的时间太短（400 毫秒以内），被试往往很难注意到第二个目标的出现。这种对刺激流中某一个刺激的辨认会影响其后特定时间间隔的刺激辨认的现象，被称为注意瞬脱现象。

4. 多目标追踪范式

多目标追踪范式是研究动态情境下注意机制的常用范式。让被试追踪一系列由不同特征组成的、变化的、随机呈现并移动的或按照特定的规律运动的目标，运动到一定条件时，要求被试根据实验的要求对发生变化的被追踪的目标，做出不同的反应，并记录其反应时和错误率。

5. 快速系列视觉呈现范式

快速系列视觉呈现范式是在计算机屏幕上按照一定的时间间隔连续呈现一系列视觉刺激，被试对系列刺激中的目标进行反应。这种技术可以研究视觉注意加工随时间变化的加工规律。

6. 跨通道的呈现技术

跨通道的呈现技术（cross modal technique）是通过不同感觉通道呈现实验材料并要求被试对目标刺激进行反应，这种方法主要用于跨通道注意研究，此外，还可以研究不同感觉通道注意加工的规律。

7. 眼动技术

眼动技术（eye movement technique）是通过眼动仪和计算机给被试呈现各类视觉实验材料，并记录被试在对视觉材料反应的过程中首次注视时间、注视点、眼跳、注视时间、瞳孔直径等指标来分析注意加工的规律。

三、听觉注意研究常用的范式

双耳分听任务（dichotic listening tasks）是通过在双耳同时呈现不同的听觉刺激（一个为追随耳，一个为非追随耳），以被试对非追随耳的听觉刺激的判断，来探讨注意分配能力。彻里在一项双耳分听实验（Cherry，1953）中，给被试的两耳同时呈现两种材料，让被试大声追随从一个耳朵听到的材料，并检查被试从另一耳所获得的信息。前者称为追随耳，后者称为非追随耳。结果发现，被试从非追随耳得到的信息很少，当实验材料从英文材料改用法文或其他文字（如德文）时，被试也很少能够正确回忆。这个实验说明，从追随耳进入的信息，由于受到注意，因而得到进一步加工、处理，而从非追随耳进入的信息，由于没有受到注意，因此，没有被人们所接受。加里等人（1960）在另一项实验中，通过耳机给被试两耳依次分别呈现一些字母音节和数字(如 ob-2-tive 和 6-jec-9),要求被试追随一个耳朵听到的声音,并在刺激呈现之后进行报告。结果发现,被试的报告不是 ob-2-tive 和 6-jec-9,而是 objective。加里的实验证明,来自非追随耳的部分信息仍然受到了加工,这也说明注意资源具有分配性。

四、跨通道的注意研究范式

单纯的视觉注意和听觉注意,即使做得再深入再详细也不可能完全解释清楚注意加工的机制。因为注意加工不仅涉及各个感觉通道的独特性,还包括跨通道的共同性。所以,应该从听觉与视觉、听觉与触觉、视觉与触觉相结合的角度来考察各个感觉通道的交互作用以及它们的共性。

总之,注意领域的研究,可以采用的技术和实验范式还有很多,如注意搜索范式、非注意盲范式、变化盲范式、选择性注视范式等。研究者可以根据具体的研究问题和目的,选择合适的范式,以达到对研究变量的严格控制。

第五节　意识活动与实验研究方法

一、意识现象和意识活动

(一)意识现象

意识现象是人类心理活动中非常复杂和难以深入研究的一个问题。虽然研究者在意识研究方面,从医学、生理学和心理学等角度进行了大量研究,但是对于意识现象的本质至今也没有得出一个满意的结果。意识活动是十分复杂的,从心理学的角度分析,意识是一种觉醒和注意力集中的状态,同时意识活动又包含着很多内隐的成分和外显的成分,包括感受阈限上的觉察状态(阈上知觉)和感受阈限下的觉察状态(阈下知觉)。意识包括语言报告的内容、对周围环境的知觉、记忆和回忆、觉醒状态等。此外,意识活动还会引起一系列主动的行为或活动。意识还包括不受意识主动控制的成分,如幻觉、梦境、睡眠等无意识状态。

(二)无意识现象

无意识现象是相对于意识而言的,是个体觉察不到的心理活动和过程。最早提出无意识现象的是精神分析学派，精神分析学派认为无意识现象包括成长过程中受到环境、家庭、社会等因素影响形成的观念、愿望、想法、内在的需要等，这些无意识活动的内容长期被压抑在心灵活动的深层，不能在意识活动中表现出来。常见的无意识现象有无意识行为—高度自动化的行为，如有的长途驾驶的司机在驾驶过程中就能够睡着驾驶汽车，我们可以一面骑自行车一面打电话；对环境刺激的无意识反应，如从小受到的重大的心理创伤，在成年后遇到类似的情境会无意识引起对过去的回忆，对高度习惯化的刺激或情境可以做出无意识的反应等；还有视盲（Blindsight）现象，视盲现象是脑损伤引起的。这类患者对视野的绝大部分视觉信息感觉丧失，但是还可以对视野范围内的刺激进行一定的无意识区分。

二、常见的意识与无意识活动

（一）睡眠

睡眠是最常见的意识活动，睡眠时处于非清醒的意识状态。睡眠与食物和水一样，是人类身心健康的重要保证。睡眠分为慢相睡眠（Slow Wave Sleep，SWS）和快相睡眠（Rapid Eye Movement，REM）两个过程，这两种在睡眠过程中是交替出现的，一个晚上大约循环交替 3 次。慢相睡眠分为四个阶段：思睡、浅睡、中睡、深睡，这四个阶段所占时间比例因人而异，一般由清醒到深睡需60～120 分钟。慢相睡眠伴随着全身放松，呼吸变深、变慢、变均匀，心率也降慢，身体的各个部分都在放松休息状态。快速眼动睡眠伴随着生理电活动的迅速改变，脑电波与在清醒状态时的相似，眼球开始快速左右上下运动，而且常伴随梦境。此外，还伴随着心律和血压变得不规则，呼吸变得急促等生理反应。

（二）梦

梦是睡眠过程中生动的、类似于真实情景的无意识活动。梦具有逼真性、离奇性和生动性等特点。个体的梦境是无意识活动的表现，同时又具有一定的自我意识水平，而且在醒来时可以回忆梦境。

（三）催眠

催眠是通过人为的程序使个体逐渐进入无意识状态。18 世纪奥地利医生麦斯麦就曾用催眠的方法治疗精神疾病患者，达到了一定治疗效果。后来催眠技术得到不断的发展，并成为心理和精神治疗的一种常用技术手段。

(四)白日梦

白日梦是精力不集中导致的自我意识漂移状态，如上课时没听到老师讲课，而在想其他事情；下班开车的路上还在有意或无意地想白天的工作和没有处理完的事情。白日梦是个体注意力转移而产生的一种意识活动状态，这种注意转移的状态在一定程度上会影响个体当前操作的任务，严重的甚至会导致事故或精神障碍。

(五)无意识活动与阈下知觉

阈下知觉(subliminal perception)是当刺激的阈限低于可觉察的刺激强度时所引起的无意识觉察和相应的行为反应，或者是当呈现的刺激没有被被试有意识地知觉到，但却影响到随后的相关刺激加工的现象。阈下知觉是一种无意识知觉。关于阈下知觉的研究较早开始于波茨(Poetz, 1917)，后来克莱恩在阈下知觉研究方面做了大量研究。无意识知觉对刺激主要在相对较低的水平上加以分析，由于阈下知觉研究的方法与手段有一定的难度，以往的研究者在这方面的研究较少，随着医学技术和心理学研究手段的发展，人们也越来越多地在阈下知觉领域开展了大量的研究，并进一步证实阈下知觉现象的存在以及对人的认知加工过程的影响。

三、意识活动的研究方法

(一)主观阈限和客观阈限测量法

觉知阈限包括主观阈限和客观阈限。主观阈限是被试采用言语对是否看清了所呈现的刺激进行口头报告，若被试报告根本看不见所呈现的刺激，而这时所呈现的刺激影响到了随后相关刺激的加工，那么，就可以认为被试对该刺激的知觉是无意识的。客观阈限法是被试在刺激呈现的瞬间处于意识状态，是被试可能意识到了刺激的一部分，但由于不能肯定意识到这部分信息是否足以对刺激做出分辨，因此，在迫选时就不做出反应。通过对以往采用主观和客观阈限的研究结果加以比较，发现根据这两种觉知阈限所确定的阈下知觉启动得出的结论是一样的，说明这两种方法测量的东西在性质上是相同的。

(二)阈下启动范式

阈下启动(subliminal priming)范式主要是采用阈下启动刺激对目标刺激的判断的影响是否达到显著水平或高于概率水平，来判断是否存在阈下知觉。研究者采用迫选判断作为觉知阈限的测量标准，计算信号检测论中的击中率和敏感性指标，并将该指标作为该刺激处于阈下知觉的客观指标。

(三)信号检测论的方法

近年来，研究者采用直接测量和间接测量法，以信号检测理论计算敏感度指标来测量无意识知觉，根据信号检测论测量的击中率和虚报率的概率密度以及标准分数分别计算出直接测量和间接测量得出的两个敏感度指标 d'；同时根据击中率和虚报率的概率密度以及标准分数绘制回归曲线，检验直接测量和间接测量敏感性指标、曲线的斜率等指标是否显著，来判断是否存在阈下知觉启动效应。

(四)生理学的研究方法

1. 多导生理指标测量技术

多导生理指标测量技术主要是通过记录被试在睡眠、催眠、生物反馈训练或其他的有意识或者无意识状态下的各种生理指标，如皮肤电位、肌电位、心电、脑电、呼吸、脉搏、心率、眼动、眼电、血流等多种生理指标，从而研究在不同的意识状态下个体的生理与心理活动状态及其活动规律。

2. 多功能睡眠仪

多功能睡眠仪是用来研究睡眠状态下人的生理、心理与行为活动状态包括个体的 EEG(脑电图)、CG(心电图)、EMG(肌电图)、EOG(眼电图)、胸呼吸、腹呼吸、鼾声、SPO(血氧)、CPAP(口鼻气流)等指标，并根据上述指标分析睡眠状态下的生理心理活动的规律。

3. 事件相关电位测量技术

事件相关电位测量技术在意识活动研究中的应用主要是通过测量阈下启动实验条件下被试的 ERP 指标的变化来分析个体的阈下知觉活动。

意识活动是十分复杂的，在研究方法和技术手段上也存在着一定的困难，尽管如此，研究者也开始从认知神经科学的角度对意识活动进行研究。如采用生理学的方法研究睡眠的过程，采用割裂技术研究脑患者意识活动、研究脑损伤患者内隐的和外显的知识或记忆，采用脑成像技术研究不同意识活动状态下及不同脑损伤病人的脑功能活动状况等。随着研究手段和技术的不断发展，人们将越来越深入地揭示意识活动的本质和规律。

思考题

(1)注意的神经生理机制是什么?

(2)影响注意的因素有哪些?

(3)常见的注意功能障碍及其产生的原因。

(4)常见的注意的理论及其对注意现象的解释。

(5)注意研究的基本方法和范式。

(6)运动物体和复合刺激的注意追踪的研究方法。

(7)现代医学神经电生理技术和影像学技术在注意研究中的应用。

参考文献

[1] Wright (Ed.). Visual attention. New York：Oxford University Press，1998.

[2] [美]Gazzaniga M. S. 主编，沈政等译. 认知神经科学. 上海：上海教育出版社，1998.

[3] 沈政. 脑认知功能的理论框架与方法学基础. 北京：北京大学学报(自然科学版)，1998，34(2-3).

[4] 丁国盛. 中英双语者词汇表征与加工的脑机制研究. 北京：北京师范大学心理学院博士论文，2001，5.

[5] 孟庆安. 功能核磁共振成像. 物理学报，1997，11.

[6] 李文，田玲. 新的成像方法为观察大脑提供更好条件. 国外医学——生物医学工程分册，1998，21(6).

[7] Posner M I. Orienting of attention. Quartely Journal of Experimental Psychology. ，1980，32：23～25.

[8] Posner M I & Petersen S E. The attention system of the human brain. Annual Review of Neuroscience，1990，13：25～42.

[9] Downing Jia Liu，Nancy Kanwisher. Testing cognitive models of visual attention with fMRI and MEG. Neuropsychologia ，2001，39，1329～1342.

[10] Egly R，Driver J & Rafal R D. Shifting visual attention between objects and locations：Evidence from normal and parietal lesion subjects. Journal of Experimental Psychology：General，1994，123：161～177.

[11] Kathleen M O'Craven，Paul E. Dowing & Nancy Kanwisher. fMRI evi-

dence for objects as the units of attentional selection. Nature. 1999, 401.

[12] Frank S & Mark H. Visual attention: Spotlight on the primary visual cortex. Biology, 1999, 9: 318～321.

[13] 倪睿，吴新年，齐翔，林汪云. fMRI 在视觉研究中的应用和进展. 生物化学与生物物理进展，2000，3.

[14] Marlene B, Craig H. The cognitive neuroscience of visual attention Neurobiology，1999，9: 158～163.

[15] Posner M I, DeHaene S . Attentional networks. Trends in Neuroscience，1994，17: 75～79.

[16] Marie T. et al. fMRI study of Stroop tasks reveal unique roles of anterior and posterior brain systems in attentional selection. Journal of Cognitive Neuroscience，2000，12: 988～1000.

[17] Desimmone, Duncan J. Neural mechanism of selective visual attention. Annual Review of Neuroscience，1995，18: 193～222.

[18] Shaun P Vecera. Toward a Biased Competition Account of Object－Based Segregation and Attention. Brain and Mind，2000，1: 353～384.

[19] Rees G, Fenth C D, Lavie N. Modulating irrelevant motion perception by varying attentional load in an unrelated task. Science , 1997, 278: 1616～1619.

[20] Desimmone et al. Mechanisms of directed attention in the human extrastriate cortex as revealed by fMRI. Science，1998，Oct. 2.

[21] Cavanagh P. Attention-based motion perception. Science，1992，257: 1563～1565.

[22] Brian J S, Zenon W Pylyshyn. What is a visual object ? Evidence from target merging in multiple object tracking. Cognition，2001，80: 159～177.

[23] Jody C, Stephan A. et al. Cortical fMRI Activation Produced by Attentive Tracking of Moving Targets. Journal of Neurophystol，1998，80: 2657～2670.

[24] Wojciulik E, Kanwisher N. The generality of parietal involvement in visual attention. Neuron，1999，23: 747～764.

[25] Vincent P. et al. Selective attention to face identity and color studied with fMRI. Human Brain Mapping，1997，5: 293～297.

[26] Clark V P, Hillyard S A. Spatial selective attention affects early extrastrate but not strate components of the visual evoked potential. Journal of

Cognitive Neuroscience，1996，8：387～402.

［27］O'Craven K，Downing P，Kanwisher N. fMRI evidence for objects as the units of attentional selection. Nature，1999，401：584～587.

［28］John T，Schwarzbach J，Susan M Courtney，Xavier Golay，Steven Yantis. Control of Object Based Attention in Human Cortex. Cerebral Cortex，2004，14：1346～1357.

［29］Paul Downing，Jia Liu，Nancy Kanwisher. Testing cognitive models of visual attention with fMRI and MEG. Neuropsychologia，2001，39：1329～1342.

［30］Catherine M. Arrington，Thomas H. Carr，Andrew R. Mayer，Stephen M. Rao. Neural mechanisms of visual attention：Object－based selection of a region in space. Journal of Cognitive Neuroscience，Cambridge，2000，12：106.

［31］Luiz Pessoa，Sabine Kastner，Leslie G. Ungerleider. Attentional control of the processing of neutral and emotional stimuli. Cognitive Brain Research，2002，15：31～45.

［32］Notger G. Müller，Andreas Kleinschmidt. Dynamic Interaction of Object and Space-Based Attention in Retinotopic Visual Areas. The Journal of Neuroscience，2003，23(30)：9812～9816.

［33］Pylyshyn，Z. W. Some primitive mechanisms of spatial attention . Cognition，1994，50(1)：363～384.

［34］Culham，J. C. ，Brandt，S. A. ，Cavanagh，P. ，et al. Cortical fMRI activation produced by attentive tracking of moving targets. Journal of Neurophysiology，1998，80：2657～2670.

［35］M Corbetta，Miezin F. M. ，Shulman G. L. ，and Petersen S. E. A PET study of visuospatial attention. The Journal of Neuroscience，1993，13：1202.

［36］Anna Christina Nobre. The attentive homunculus：Now you see it，now you don't. Neuroscience and Biobehavioral Reviews. 2001，25：477～496.

［37］Jovicich，Jorge；Peters，Robert J. ；Koch，Christof；Braun，Jochen；Chang，Linda；Ernst，Thomas. Brain areas specific for attentional load in a motion-tracking task. Journal of Cognitive Neuroscience，2001，13（8）：1048～1058.

［38］R. Vandenberghe，S. Geeraerts，P. Molenberghs，et al. ，Attentional responses to unattended stimuli in human parietal cortex. Brain，2005，10：1093～1107.

［39］Polly V. P，Casimir J. H，Chris R，et al. Attentional functions in parietal and frontal cortex. Cerebral Cortex, 2005, 15: 1469~1484.

[40] Wojciulik E, Kanwisher N. The generality of parietal involvement in visual attention. Neuron, 1999, 23: 747~764.

[41] Hopfinger J. B. , Marty G. Woldorff , Evan M. Fletcher , George R. Mangun. Dissociating top-down attentional control from selective perception and action. Neuropsychologia, 2001, 39: 1277~1291.

[42] Tootell, R. B. H. , Hadjikhani, N. K. , Mendola, J. D. , et al, From retinotopy to recognition: fMRI in human visual cortex. Trends in Cognitive Sceiences, 1998, 2(5): 174~183.

[43] Pylyshyn Z. W. , The role of location indexes in spatial perception: A sketch of the FINST spatial indexing model. *Cognition*, 1989, 32(1): 65~97.

[44] Yantis, S. , & Johnston, J. C. On the locus of visual selection: Evidence from focused attention tasks. Journal of Experimental Psychology: Human Perception and Performance, 1990, 16(1): 135~149.

[45] Tsal Y. , & Lavie N. , Location dominance in attending to color and shape. Journal of Experimental Psychology: Human Perception and Performance, 1993, 19(1): 131~139.

[46] Martin. E. , Stimulus-Response Compatibility and Automatic Response Activation: Evidence From Psychological Studies. Journal of Experimental Psychology: Human Perception and Performance, 1995, 21(4): 837~854.

[47] Christopher R Sears; Pylyshyn Z. W. , Multiple object tracking and attention processing, Canadian Journal of Experimental Psychology; Old Chelsea, 2000, 54 (1): 1~14.

[48] Pylyshyn Z. W. Visual indexes in spatial vision and imagery, In R. D. Wright (Ed.), Visual attention. New York: Oxford University Press. 1998, 215~231.

[49] Pylyshyn Z. W. , Is vision continuous with cognition? The case for cognitive impenetrability of visual perception. Behavioral and Brain Sciences, 1999, 22(3): 341~423.

[50] Yantis S. , Multielement visual tracking: Attention and perceptual organization. Cognitive Psychology, 1992, 24(3): 295~340.

[51] Kim Min-Shik. , Cave Kyle R. , Grouping effects on spatial attention in visual search. The Journal of General Psychology, 1999, 6(4): 326~352.

[52] Von M. Adrian. , M. Hermann, Visual search for motion-form con-

junctions: selective attention to movement direction. The Journal of General Psychology, 1999, 126 (3): 289~317.

[53] Duncan J. Selective attention and the organization of visual information. Journal of Experimental Psychology: General, 1984, 87: 272~300.

[54] Erik Blaser, Pylyshyn Z W, Alex O Holcombe. Tracking an object through feature space. Nature. London: 2000. 408(6809): 196.

[55] 赵晨, 张侃, 杨华海. 突现对内源性选择注意的影响. 心理科学, 1999, 22(6): 496~499.

[56] Muller, Rabbitt, Reflective and voluntary orienting of visual attention: time course of activation and resistance to interruption. Journal of Experimental Psychology: Human Perception and Performance, 1989, 15(2): 315~330.

[57] Jonides J, Yantis S. Uniqueness of abrupt visual onset in capturing attention. Perception & Psychophysics, 1988, 43: 346~354.

[58] 王健, 朱祖祥. 视觉注意选择性的认知心理学理论研究进展. 应用心理学, 1997, 3(1): 58~64.

[59] Heslenfeld D J, Kenemans J, Kok P. C. M. Feature processing and attention in the human visual system: an overview. Biological Psychology, 1997, 45: 183~215.

[60] Mack A, Rock I. Inattentional Blindness. Cambridge, MA: MIT Press, 1998.

[61] Mack A, Pappas Z, Silverman M et al. What we see: Inattention and the capture of attention by meaning. Consciousness and Cognition, 2002, 11: 488~506.

[62] Downing P E, Bray D et al. Bodies capture attention when nothing is expected. Cognition, 2004, 93: 27~38.

[63] Downing P E, Jiang Y, Shuman M, Kanwisher N. A cortical area selective for visual processing of the human body. Science, 2001, 293(5539): 2470~2473.

[64] Simmons D J, Rensink R A. Change blindness: past, present, and future. Trends in Cognitive Science, 2005, 9(1): 16~20.

[65] Simmons D J, Levin D T. Failure to detect changes to people during a real-world interaction. Psychonomic Bulletin and Review, 1998, 5 (4): 644~649.

[66] Simmons D J, Levin D T. Change blindness. Trends in Cognitive Science, 1997, 1(7): 261~267.

[67] Raymond J E, Shapiro K L, Arnell K M. Temporary Suppression of Visual Processing in an RSVP Task: An Attention Blink. Journal of Experimental Psychology: Human Perception and Performance, 1992, 18: 849~860.

[68] Turatto M, Mazza V, Umilta C. Crossmodal Object-based Attention: Auditory Objects Affect Visual Processing. Cognition, 2005, 96: 55~64.

[69] Wolfe J M. What can I million trials tell us about visual search. Psychological Science, 1998, 9(1): 33~39.

[70] 傅世敏,陈霖. 对"物体内注意转移"优势效应之机制的进一步检验. 心理学报, 1999, 31(2): 142~147.

[71] 周仁来. 阈下知觉研究中觉知状态测量方法的发展与启示. 心理科学进展, 2004, 12(3): 321~329.

[72] 张学民,周义斌,冉恬,李永娜,舒华. 空间方位及 SOA 对视觉选择注意的影响. 心理学探新, 2006, 26(3): 35~39.

[73] 张学民,李永娜,周仁来,黄俊红. 非空间线索相容性的 ERP 研究. 中国临床康复, 2005, 9(36): 1~4.

[74] 张学民,李双双,李永娜,阎明. 视觉注意选择性的空间位置效应的研究. 应用心理学, 2004, 10(4): 59~64.

实验 11-1　选择注意加工优先效应

实验背景知识

一、关于选择注意加工的研究

选择性注意(selective attention)是注意加工和自动化研究的焦点问题,研究者根据注意加工过程在多大程度上是受刺激特性的驱动或个体自身目标状态的驱动,将选择性注意区分为内源性(endogenous)选择注意和外源性(exogenous)选择注意(Posner, Snyder & Davidson, 1980; Yantis & Johnson, 1984)。内源性选择注意是指注意的指向是受意识控制的,因此又称为随意性选择注意;外源性选择注意是指刺激的特性使个体无意识地被注意对象特征所吸引,因此又称为刺激驱动形式(stimulus-driven manner)的选择性注意或不随意选择注意(Yantis & Johnson, 1990)。

　　注意选择的速度和准确性与有无线索提示有关，一般有线索提示的加工速度和准确性优于无线索提示的。波斯纳等利用注意线索技术（attentional cueing procedure，posner，1980；Posner，Snyder & Davidson，1980），在注意目标呈现前，在注视点处给被试呈现一个箭头作为目标呈现的线索（中央线索），用来研究中央线索的有效性对选择注意加工过程的影响。结果发现，中央线索和注意目标一致的反应时较中央线索与注意目标不一致的反应时要短，错误率也较低，这说明被试在有中央线索提示情况下的选择注意加工是受意识支配的，是有意识的注意加工过程。唐宁（Downing，1988）的研究也发现，知觉的敏感性在有线索提示的情况下会得到进一步强化，注意的有效集中可以促进视觉注意信息的加工，中央线索与目标的刺激获得了注意的优先加工。

　　有研究者（Christopher，Sears & Zenon，2000）运用多目标追踪范式（multiple-object tracking paradigm，Pytyshyn & Storm，1988；Pytyshyn，1989），对视觉注意线索与注意加工过程之间的关系进行了研究，研究的方法是让被试注视显示屏上的一系列可识别的、随机呈现的、运动的注意线索，当他们看到目标刺激在分心刺激（distractor）中出现时迅速做出识别反应，结果发现：目标刺激的变化能够迅速被识别，而非目标（分心刺激）变化的识别速度较慢，当被试对目标进行有效追踪时，对目标刺激变化的识别速度不受非目标（分心刺激）数目的干扰。研究结果还发现：这种被强化的加工过程只适用于目标刺激，而不适用于非目标刺激，这表明，视觉注意分配的广泛性不能解释这些发现。上述的实验研究表明：对有线索提示或目标刺激明确的视觉刺激的注意加工存在注意优先权（attentional priority）。也就是说，中央线索或目标提示对内源性选择注意加工存在着优先效应，运动的目标刺激较分心刺激具有注意优先权（Christopher，Sears & Zenon，2000）。

　　研究发现（Jonides，1981），无论外周线索与目标出现位置是否一致，都能吸引被试的注意力，而中央线索只有与目标出现位置一致时才能吸引被试注意。也就是说，外周线索引发的注意指向不受其他刺激信息的干扰，是自动化加工过程；而中央线索引起的注意指向是受意识控制的，受其他刺激信息的影响，雷明顿（Remington，1992）等人的研究也证实了这一点。有研究者（Yantis & Jonides，1984）对突现的外周线索（abrupt onset）对注意加工自动化的影响进行了研究，结果也发现突现外周线索具有注意优先权，而且注意加工是自动化的。

　　也有研究与上述的结果存在着不一致。有研究表明（Muller & Rabbitt，1989），外源性选择注意加工过程不受内源性注意加工的影响，内源性注意不能阻止突现引起的注意转移。实验表明（Yantis & Jonides，1990），当被试确定目标出现的位置或者被试有充分的准备时间集中注意时，突现对目标刺激的注意加工将不会产生影响。此时，突现将不会引起注意加工的自动化。

二、内源性和外源性视觉选择注意关系

研究表明，在同一时间里，注意只能表现为内源性注意或外源性注意。波斯纳、斯奈德(Snyder)和戴维森(Davidson，1980)的研究表明，视觉注意只能分配到视野范围内的相邻区域，注意可以强化对目标刺激信息的加工，同时引起对相邻区域刺激的注意衰减。研究还表明，被试在加工视觉注意信息时，其视觉注意被分配在视野特定的连续的区域，这一实验结果支持了"探照灯"模型(Posner,Snyder & Davidson，1980)。研究发现(Eriksen & James，1986)，注意的强化作用在注意焦点发生变化时会发生衰减，并将这种效应称为"聚光灯效应"(spot-light effect)，这种衰减效应与视野范围的大小成反比。其他一些研究者也得出同样的结论："聚光灯"是注意系统初始加工过程的"瓶颈"(bottle-neck)，得到注意的刺激信息只有经过进一步的知觉分析才逐渐衰减，在同一时间里，注意的对象只能有一个。注意聚焦直接指向视野范围内的注意对象，当选择的注意对象处于运动状态时，它仍然会被知觉为一个运动的对象，当视野中存在多个注意对象时，在注意系统可能存在优先选择的机制，促使注意系统的信息加工更为有效(Eriksen & Hoffman，1974；Yantis & Johnson，1990)。

研究者(Theeuwes，1991)对内源性和外源性视觉选择注意关系的研究表明，当注意自主性地集中在目标区域时，出现在非目标区域的突现将不会对目标注意产生影响，出现在目标区域的突现会对目标刺激的加工产生干扰，延长目标注意加工的反应时间。当注意没有集中在目标区域时，突现刺激出现在目标区域提高反应速度，降低错误率；当突现刺激出现在非目标区域时，降低对目标的反应速度，提高反应的错误率。这表明注意集中在目标区域时，突现的外周线索引起自动化的外源性注意加工过程受到干扰，内源性选择注意将不会受到外周突现线索的影响。

有研究者(Yantis & Johnson，1990)研究了刺激驱动下的外源性选择注意优先权的发生机制，提出了注意优先标识模型(priority tag model)。他们让被试在若干个刺激组成的屏幕上搜索目标(字母)刺激，呈现的刺激有两类：一类是突现外周线索，另一类是分心刺激。扬蒂斯等(1990)还发现，视觉注意系统最多能够同时加工四个目标刺激，注意的优先效应发生在那些特征显著的目标刺激上，这些刺激首先被视觉注意系统标识，并成为注意焦点和继续加工的对象。扬蒂斯等(1988，1990)的研究表明：突现刺激容易引起无意识和自动化的视觉注意，具有注意的优先效应。

派利夏恩(1989)的视觉检索 FINST 模型对多个刺激同时呈现的情况下注意的优先效应进行了解释。FINST 模型认为，少量的视觉刺激可以在前注意和注意过程中被视网膜进行标识和识别，派利夏恩(1989)认为视觉登记和建立索引过程的基本功能是：将视觉刺激分解为独立的单元，以便能够直接进入注意系统进行深入的注意加工，一旦刺激被视觉登记和建立索引，注意系统就不必再进行注意扫描来寻找目标刺激(Pylyshyn, 1994)；与此相反，当选择注意的对象是非索引的刺激时，其位置就必须通过注意的扫描过程来确认(Tsal & Lavie, 1993)。当多个刺激竞争进入注意系统时，刺激信息在视觉中建立的索引是注意优先效应的一种方式，这些在视觉中建立索引的刺激会优先进入视觉注意系统，并成为注意的对象。

在派利夏恩的 FINST 模型中，视觉刺激索引的建立是以刺激驱动的形式进行的，因此，在视野范围内具有显著特征或变化的刺激会自动被标识，典型的或突现的时间也会被视觉自动标识和建立索引，取得视觉注意的优先权(Posner & Cohen, 1984；Yantis & Junides, 1984)。研究者(Treisman & Gelade, 1980)通过视觉搜索任务法对目标选择进行了实验，他们选择了两种实验情境——"单一特征搜索情境(single-feature search condition)"和"联合特征搜索情境(conjunction-feature search condition)"，结果发现，在单一特征情境的实验中，被试搜索目标和做出反应的反应时基本不受非目标分心刺激数量的影响；当目标刺激和分心刺激特征具有相似性时，被试对目标刺激的反应时间随着同时呈现的分心刺激数量的增加而迅速延长。

三、刺激的新异性对选择注意的影响

根据上述的研究，中央线索和突现外周线索对选择注意的加工均有一定的影响。也有研究表明，当目标的特征(如颜色或亮度，称为特异子——Singleton)发生变化而分心刺激特征不变时，特征变化的目标会引发外源性选择注意，提高注意加工的速度和降低错误率(Pashler, 1988；Theeuwes, 1991, 1992；Joseph & Optican, 1996)。也有研究证明目标特征的变化不会引发被试的注意(Junides & Yantis, 1994)，赵晨、杨华海、张侃等(1999)的研究发现：外周突现刺激能够不经意地吸引注意，引发自动化选择注意加工过程；注意的转移以注意的视野范围连续移动的方式进行，支持了"探照灯"模型。目标刺激特征变化对选择注意加工过程的影响还有待于进一步的研究加以证实。

对于视觉选择性注意，一般用资源模型来描述其空间分布特征，注意被设想为有限加工资源的供应，资源可以不同比例分配到视野中的不同地点。在此框架之下，人们提供了不同的理论模型：①探照灯(spot-light)模型。这是一种注意光

束运动的模型，注意转移的过程就是光束运动的过程。此模型认为注意就像探照灯的光束一样在视野中移动，光束照射到的地点就是加工资源分布集中的地点。注意光束有一定大小，在其范围内的目标会受到更好的加工。②透镜（zoom-lens）模型。这是一种注意范围向注意焦点聚焦的模型。在这个模型中，注意资源可以是均匀分布在整个视野上，也可以被集中在很小的区域内，这之间是一个连续变化的聚焦过程。③空间梯度（spatial-gradient）模型。这是一种描述选择性注意资源静态分布特征的模型。此模型认为视野中注意资源呈"V"形的等级分布，注意资源是从注意中心向周围呈递减分布，注意中心转移之后，又在新的中心形成梯度分布。根据我们的研究结果（2001），得出以下结论：

（1）被试对有效线索提示和新异性目标具有注意优先权。

（2）不同特征组合的目标的注意优先程度是：有效线索/新异目标＞无效线索/新异目标＞有效线索/非新异目标＞无效线索/非新异目标。

（3）总体结果支持视觉注意加工是平行搜索的模式；目标不具新异性且目标—线索一致时，注意加工为平行搜索模式；线索—目标不一致时，注意加工为系列搜索模式；当目标具有新异性时，无论线索是否一致，注意加工为平行搜索模式。

实验目的

本实验采用注意线索技术研究分心刺激、线索—目标一致性和目标新异性等对选择注意优先效应及注意搜索模式的影响。基于上述研究，本研究主要探讨以下两方面问题：（1）目标新异性对注意优先效应和注意搜索模式的影响；（2）线索—目标一致性与目标特征变化交互作用对注意搜索模式的影响。

研究方法

一、被试

选取本科生被试30人，男女比例均衡，年龄为18～24岁，所有被试视力或矫正视力正常，颜色知觉正常。

二、实验仪器与实验材料

1. 实验仪器

实验仪器为计算机，显示器为IBM 15英寸平面显示器。实验采用选择注意实验程序，被试通过键盘进行反应，整个实验过程从开始实验、记录被试反应和被试信息到实验结束均由计算机程序控制，实验记录指标为反应时和正确率。在实验过程中，清除计算机内存中的无关驻留程序，排除其对反应速度的影响。

2. 实验材料

本研究的实验材料为"日"字型的掩模，在每次的实验中，掩模随着线索提示的变化会变成字母(E，H，U，S，其中 E 和 H 是目标刺激，U 和 S 是非目标刺激)。实验材料的安排见表 11-2。

表 11-2　实验材料分配表

分心刺激数量	中央线索与目标一致		中央线索与目标不一致	
	颜色一致	颜色不一致	颜色一致	颜色不一致
2	24	24	24	24
4	18	36	36	18
6	28	42	42	28

三、实验设计

本实验为 $2 \times 3 \times 2$ 的三因素被试内设计，三因素分别是：(1)中央线索与目标的一致性——一致(箭头指示与目标出现的位置是一致的)和不一致(箭头指示与目标出现的位置不一致)。(2)分心刺激的数量——分心刺激包含三个水平，2个、4个和6个。(3)刺激的新异性——即目标刺激与分心刺激的颜色是否一致，目标刺激与分心刺激颜色一致称为目标刺激是非新异的；如果颜色不一致，则称目标刺激是新异的。

本实验采用的刺激颜色为红色和绿色，其中绿色是新异性颜色，只有在目标呈现时才可能出现绿色，其余刺激均为红色。

四、实验过程

一个刺激系列包括五个过程，首先屏幕中央呈现 2，4 或 6 个"日"字组成的掩模，然后先后呈现中央线索和目标刺激，刺激呈现与时间间隔见图 11-12。实验要求被试在最后一次"日"字型掩模发生变化并转化成"E""H""S""U"时，立即在掩模转化的字母中搜索目标字母"E"或"H"(只有一个)，如果看到字母"H"立

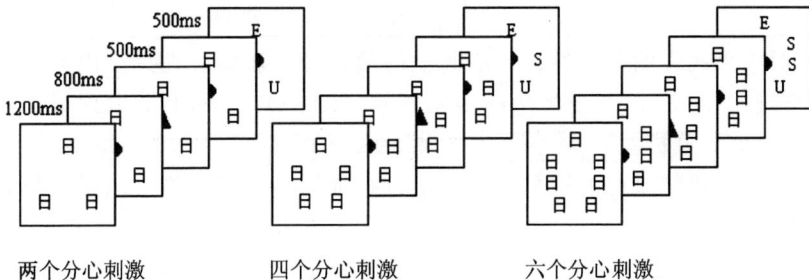

两个分心刺激　　　　四个分心刺激　　　　六个分心刺激

图 11-12　刺激呈现方式和呈现时间

即用右手按"H"键做反应，看到字母"E"立即用左手按"E"键做反应，看到"S"或"U"不做反应。"日"字形掩模转化为目标和非目标刺激的时间间隔 SOA 保持恒定，为 500 毫秒，实验总次数为 324 次。实验要求被试在保证正确判断的前提下反应越快越好，实验大约需要 40 分钟（呈现过程见表 11-2）。

实验指导语如下：

"下面是一个测量你注意能力的实验，请你注视计算机屏幕的中央窗口，每次实验前屏幕上会给出'请注意……'和一个声音提示，提示消失后，会呈现一系列变化的符号（如'日'和大写英文字母'E''H''S''U'等），请你注视窗口中的红色圆点和箭头指向，箭头的指向可能是目标出现的位置（'E'或'H'），也可能不是。当你看到窗口中的'日'字符号发生变化时，请在变化的符号中迅速找出'E'或'H'，如果看到'E'就立即按键盘上的'E'键，如果看到'H'就立即按键盘上的'H'键。要求在判断正确的前提下，反应越快越好。明白上述指导语后，按'开始实验'进行实验。"

结果分析与讨论

剔除错误率大于 5% 和反应时大于 2 000 毫秒和小于 200 毫秒的数据，对实验结果进行如下分析。

(1)计算不同实验处理下被试正确判断的平均反应时和错误率如表 11-3 所示，对错误率实验结果进行速度准确性权衡分析。

表 11-3　不同实验处理下被试判断的反应时（毫秒）及错误率（%）

分心刺激数量	线索与目标一致		线索与目标不一致	
	颜色一致	颜色不一致	颜色一致	颜色不一致
2				
4				
6				

(2)对中央线索的有效性、分心刺激的数量和刺激新异性三个因素的反应时和错误率进行 2×3×2 重复测量的多元方差（MANOVA）分析，并对显著的主效应进行简单效应分析。

(3)根据上述结果讨论视觉注意是平行扫描还是系列扫描、刺激的新异性对加工模式的影响和线索—目标一致性的注意优先效应。

结　　论

根据实验结果，可以得出什么结论？

思考题

(1)阐述影响注意加工优先效应的因素及其对注意加工的影响。

(2)分析和讨论视觉选择注意的加工模式及其影响因素。

参考文献

[1] Posner M L, Snyder C R, & Davidson B J. Attention and the detection of signals. Journal of Experimental Psychology: General, 1980, 109(1): 160~174.

[2] Yantis S & Jonides J. Abrupt visual onsets and selective attention: Evidence from visual search. Journal of Experimental Psychology: Human Perception and Performance, 1984, 10(3): 601~621.

[3] Yantis S & Johnson D N. Mechanisms of attentional priority. Journal of Experimental Psychology: Human Perception and Performance, 1990, 16(4): 812~825.

[4] Yantis S & Johnston J C. On the locus of visual selection: Evidence from focused attention tasks. Journal of Experimental Psychology: Human Perception and Performance, 1990, 16(1): 135~149.

[5] Christopher Sears & Zenon. Multiple object tracking and attentional processing, Canadian Journal of Experimental Psychology: 2000, 54(1): 1~14.

[6] Zhao Chen, Zhang Kan, & Yang Huahai, Influence of Abrupt Onset on Endogenous Selective Attention(in Chinese), Psychological Science, 1999, 22(6): 496~499.

[赵晨, 张侃, 杨华海. 突现对内源性选择注意的影响. 心理科学, 1999, 22(6): 496~499.]

[7] Jonides J. Voluntary versus automatic control over mind's eye's movement, In long JB, Badeley AD(Eds.), Attention and Performance IX, Hillsdale, NJ: Erlbaum, 1981.

[8] Muller & Rabbitt, Rellective and voluntary orienting of visual attention: time course of activation and resistance to interruption. Journal of Experimental Psychology: Human Perception and Performance, 1989, 15(2): 315~330.

[9] Pylyshyn Z W. The role of location indexes in spatial perception: A sketch of the FINST spatial indexing model. Cognition, 1989, 32(1): 65~97.

[10] Pylyshyn Z W. Some primitive mechanisms of spatial attention. Cognition，1994，50(1～3)：363～384.

[11] Treisman, A. W. & Gelade, G., A feature integration theory of attention. Cognitive Psychology，1980，12(1)：97～136.

[12] Yang Huahai, Zhao Chen, & Zhang Kan, Endogenous and Exogenous Visual-Space Selective Attention(in Chinese)，Psychological Science，1998，21(2)：150～152.

［杨华海，赵晨，张侃. 内源性与外源性视觉空间选择注意. 心理科学，1998，21(2)：150～152.］

[13]Jonides, J. & Yantis, S., Uniqueness of abrupt visual onset in capturing attention. Perception & Psychophysics，1988，43：346～354.

[14]Wolfe, J. M., What can I million trials tell us about visual search, Psychological Science，1998，9(1)：33～39.

实验 11-2　注意的正负启动效应实验研究

实验背景知识

注意作为心理活动的状态在近代心理学发展的初期就已受到重视。内容心理学创始人冯特和美国机能创始人詹姆斯都认为注意是心理学的研究重点。然而，后来随着行为主义心理学和格式塔心理学的传播，注意的研究几乎完全被排斥。直到 20 世纪 50 年代，认知心理学兴起以后，注意的重要性越来越被人们所认识，因而对注意的研究开展得也越来越广泛和深入。近几年来，选择性注意机制一直是注意研究的重要课题之一。

在选择性注意机制的研究中，长期争论的问题与目标信息的选择发生在哪个阶段有关。Broadbent-Treisman 过滤器衰减模型认为高级分析水平的容量有限，必须由过滤器来加以调节；并且认为这种过滤器的位置处在初级分析和高级的意义分析之间。因而，这种注意选择具有知觉性质，被看作注意的知觉选择模型。研究者(Deutsch, 1963)提出了另一个模型，该模型的一个基本假定是，由感觉通道输入的所有信息都可进入高级分析水平，得到知觉加工，并加以识别。而注意选择位于知觉和工作记忆之间，其选择的标准是刺激对于人的重要性，即人对于重要的刺激，才会做出反应；对于不重要的刺激则不做出反应。若有更重要的刺激出现，则会去掉原先重要的事件，并对更重要的刺激做出反应。因为

Deutsch-Norman 模型主张，注意是对反应的选择，所以它被称为反应选择模型。两类注意模型的主要不同点在于对注意选择机制（即过滤器）在信息加工系统中所处的位置不同。如图 11-13 所示，知觉选择模型认为过滤器位于觉察和识别之间。它还表明，不是所有的输入信息都能进入高级分析而被识别。而反应选择模型则认为，过滤器位于识别和反应之间。它还表明，凡进入输入通道的信息都可加以识别，但只有一部分信息才可引起反应。这两类注意模型都各有其实验依据。自 20 世纪 60 年代至今，在它们两者之间始终存在着激烈的争论。两类注意模型中注意选择的位置比较如图 11-13 所示。

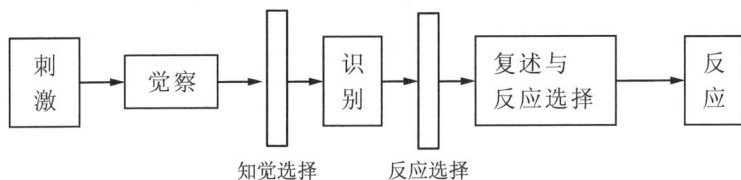

图 11-13 两类注意模型中注意选择的位置比较

　　1973 年，卡尼曼（Kahneman）避开了注意选择机制在信息加工系统中的具体位置问题，而从心理资源分配的角度来解释注意，提出了注意的资源分配理论。1967 年奈瑟（Neisser）也从淡化注意位置的思想出发，关注注意与知觉操作的联系，提出了注意加工的两阶段论。受奈瑟的影响，特雷斯曼和盖拉德（Gelade）于 1980 年根据知觉的特征分析说，提出一个影响较大的注意新理论——特征整合论。特征整合论的核心是将客体知觉过程分成早期的前注意阶段和特征整合阶段。它的出发点是知觉的特征分析。知觉在前注意阶段是对特征进行自动的平行加工，无须注意，而在整合阶段，通过集中注意将特征整合为客体，其加工方式是系列的。即对特征和客体的加工是在知觉过程的不同阶段实现的。将特征看作是某个维度的一个特定值，而客体则是一些特征的结合。可以说，上述三方面工作在某种程度上淡化了有关选择机制位置的争论。

　　传统的选择性注意机制研究主要是在双耳分听任务中进行的，有关分心信息抑制的研究则主要使用负启动范式。负启动在理论框架上从属于选择注意，其原因主要有两个方面：一是负启动探讨的任何一个问题都离不开注意研究所提供的假设，对负启动的各种解释也或多或少来自先前的注意理论；二是大量的方法运用表明启动效应可以通过注意加工进行调节，而这些启动效应的注意调节反过来又可做出关于注意机制的一些基本推论，如负启动的干扰项抑制假说认为，注意是通过对干扰项进行抑制，从而对目标进行有效加工。

　　在认知心理学中，启动效应是指先前的加工活动对随后的加工活动所起的促进作用。相对于起抑制作用而言，起促进作用的启动效应被称为正启动效应或促进性启动效应，而起抑制作用的启动效应则被称为负启动效应或抑制性启动效应。一般而言，启动实验是由启动显示和探测显示组成，启动显示在先，探测显示在后。每种显示都包含目标（T）和分心物（D）。在实验中，要求被试只对两个显示中的目标（T0，T1）反应，而不理会分心物（D0，D1）。若启动显示中目标（T0）和探测显示中的目标（T1）相同，称为目标重复启动（TT），它往往会产生正启动效应，亦即被试对 T1 的反应时间比控制条件下的反应时间短，控制条件是指两种显示中的目标和分心物是无关的。在目标重复启动中，这种反应时间的节省被称为目标激活。不仅在目标重复条件下会出现这种反应时间的节省，而且探测显示中的目标与启动显示中的目标有某种联系，如语义联系等，那么也会出现类似的正启动效应，研究者们用扩散激活理论来解释。在启动显示中目标被激活了，那么在重复启动中，该目标反应阈限已降低，所以反应时缩短了。而在有联系的词之间，一词被激活了。这种激活使与之有联系的词也从静止向激活方向变化，从而降低了激活的反应阈限，因而反应时缩短，这种现象被称为扩散激活。关于负启动的起因归结起来有以下 6 种。

1. 反应压制

斯特鲁普的启动实验认为，在启动显示中由于对色字字义反应的阻止，使在随后的探测显示中对启动字义相同墨水色的反应可得性减少。他们把负启动效应归于外显反应的压制。

2. 认知去活化

尼尔（Neill）认为，若在启动显示中有一个认知表征去活化，那么在随后的探测显示中，把这一去活化的表征再作为目标重新激活是很困难的。

3. 编码协调

罗威（Lowe）认为，负启动产生是由于被试对在探测显示中看到的目标是否是真正的目标产生了混淆。例如，被试在探测显示中看到绿色，但记得在启动显示中分心词是绿，此时，他就不能确定绿色是不是真正的反应目标。

4. 认知阻塞

蒂波（Tipper）提出，被忽略刺激的表征并不是本身的去活化而是被阻止进入反应机制，在特定条件下，这种阻止可以被解除，允许从较低水平的持续激活中出现促进效应。

5. S-R 映射

尼尔等人在定位作业的实验中发现，只有当启动和探测实验以相同映射规则要求时负启动才产生，即在定位作业中负启动与 S-R 一致性有很强的交互作用。

6. 情景恢复

前 5 种解释都假定，负启动是由于启动实验中一些事物被抑制了，而这种抑制又给探测显示中的加工带来了明显的影响。而情景恢复的解释却认为，负启动是由探测显示中所产生的加工的特殊性造成的。情景恢复提出作业操作的自动性是经由许多事例积累而发展的，当呈现一个目标刺激时，它提示着从记忆中恢复过去的情景，其中包括这个目标刺激，也包括关于实施反应的信息。如果该反应信息是恰当的，被试就能快速反应；若不恰当则由于此反应的算法计算，而使反应变慢。因此，负启动的产生是由于所恢复的过去情景的不恰当性。

对于上述 6 种负启动效应的起因的解释，有人曾作过简单的评论。他们认为，简单的反应压制和认知去活化的观点，当今已不太受到支持；编码协调可用于定位作业，但不能解释识别作业中的负启动效应；认知阻塞和 S-R 映射，有其正确的一面，也有其不足之处；而情景恢复理论则能解释当前大部分资料，但不能解释负启动反转现象。

有研究者(Baylis & tipper, 1997)设计了一个外部线索选择和内部生成选择的实验。由主试指定目标和分心物，并要求被试只对目标进行反应，不理会分心物，这种条件称为外部线索选择。此时，像大多数的负启动实验一样，分心物会受到抑制。由被试从几个可能的目标之中，自己自由选择一个作为反应目标，这种条件称为内部生成选择，此时，分心物没有受到抑制，并且这些分心物也受到较完全的分析。因此，他们主张选择的形式(外部选择和内部选择)决定着是否有负启动发生。

在研究负启动与选择性注意时，20 世纪 70 年代，尼尔在实验中发现了一种很有趣的现象。当使用宽松指导语，即指导语不强调准确率时，负启动消失，而出现正启动，这种现象被称作负启动反转(reversals of negative priming)。后来，他和韦斯特柏瑞(Westberry)再次发现，当指导语强调速度而不是准确时，负启动会反转为正启动。纽曼(Neumann)和德谢珀(DeSchepper)也获得了同样的结果。为什么当对速度的强调超过对准确的强调时负启动反转为正启动呢？一种解释是，过分强调速度将导致被试没有足够的时间来抑制最初被激活的无关记忆结构，一旦这样的无关记忆结构后来变得与任务有关，正启动效应就有可能出现，即观察到反转。显然，强调速度时观察到的负启动反转支持这样一种观点，即存在着一个分布广泛、所有刺激(包括分心信息)均自动激活的最初阶段，接着是一个抑制性的收缩(narrowing down)过程。这样，这种强调速度时所观察到的负启动反转在很大程度上支持了激活—抑制模型(activation-inhibition model)。该模型认为，在自动激活之后，与任务无关的、被忽视的对象的内部表征受到主动抑制。这个模型虽然属于晚期选择模型，但它又不同于晚期选择模型中一度流行的被动衰退模型（passive decay model）。这是因为，在被动衰退模型中，选择性注意机制并不直接对未受到注意的刺激起作用。更确切地说，在该模型中，来自未受到注意客体的无关刺激被动地衰退了，而有关客体表征的激活水平则得到维持甚至加强。

事实上，观察负启动反转出现的条件，对研究和探讨选择性注意机制问题有着不可低估的意义和价值。本实验是为了探究启动效应性质的影响因素，验证负启动反转现象是否存在，并试图说明扩散效应在不同启动效应中的效果和作用是否存在差异。

实验目的

尼尔（1977）在实验中发现，当使用宽松指导语，即指导语不强调准确时，干扰项的负启动效应会消失，而出现正启动，即负启动反转（reversals of negative priming）。依据注意的"激活—抑制"模型，无论目标项或干扰项，都在加工初期先行激活，而后，干扰项得到抑制。那么，若被试的反应是在干扰项产生抑制作用后做出的，干扰项转化为目标项时会有负启动效应产生；若反应是在干扰项尚未产生抑制作用时做出的，就不仅有负启动效应的减少，而且还会表现出正启动效应。

可见，干扰项的活动状态应是出现正向或负向启动效应的决定因素。本实验的目的在于通过控制指导语，检验干扰项的活动状态对启动效应的方向性质所起的决定性作用。

本实验也试图检验在选择性注意的数字归类的任务中，是否具有负启动效应，以及该效应是否随干扰项数目的增加而减少，从而为注意的后期选择学说提供进一步的证据。

实验方法

本实验分为两个子实验，采取比较实验的方法，两实验为被试间设计，选取不同被试，实验方法、程序基本相同，仅通过指导语强调侧重点的不同而控制干扰项的活动状态，而试图对启动效应进行定性的比较。

实验一：强调正确率的选择性注意

一、被试

大学本科学生被试 40 名，男女各 20 名。要求所有被试视力或矫正视力正常。

　　将被试按随机分派的原则，分为两组，每组被试 20 名，其中男女各半，选择其中一组参加实验一。因为，此实验中，试验次数较多，实验内容较为枯燥，且需要被试密切与主试合作，严格按指导语完成任务，所以，实验结束应付被试少许报酬。

　　实验中应保证被试正确理解指导语并按指导语要求完成任务，在实验前可要求被试重复指导语的要点。并应保证被试不了解实验的真正目的，未注意到上次测试的干扰项有时会成为当次测试的目标项，可通过实验后询问被试而了解，并对数据加以剔除。

二、实验材料

　　实验材料是 8 个阿拉伯数字（1，2，3，4，5，6，7，8），其中奇数、偶数各占一半。每个数字以标准字体呈现，均高为 2 厘米，宽为 1.5 厘米。间隔是以红色的"■"作为掩蔽图形，其大小刚好能盖住数字。刺激（包括注视点、目标项、干扰项和掩蔽图形）均为红色，背景为黑色。

　　启动显示和探测显示中都包括目标项和干扰。其中目标项总是呈现在屏幕的中心，而干扰项则随机地处于目标刺激的上、下、左、右的位置。目标数字只有一个，而干扰数字则可能有一个、两个、三个或四个。

　　实验材料整体上分为两组：一组为控制条件（C）下的材料，即启动显示的干扰项与探测显示的目标项或干扰项无任何必然联系；另一组为干扰重现条件（DR），即启动显示中的干扰项中的一个成为目标项。

　　在控制条件和干扰重现条件下，又分别根据干扰项的数目（一个、两个、三个、四个）分为四个小组。

　　每个实验处理有 30 个试验，整个实验共有 $30 \times 2 \times 4 = 240$ 个试验。示例如图 11-14 所示。

三、实验仪器

　　刺激在计算机上呈现。刺激显示和反应时记录均由计算机控制并完成。

四、实验设计

　　本实验采用被试内设计，所有被试均参加实验条件和控制条件的所有测试。为 2×3 的实验设计。自变量的两个因素为刺激的类型和干扰项的数量。刺激类型的两个水平为控制条件 C 和干扰项重现条件 DR，干扰项的数量包括 1，2，3，4 四个水平。实验的因变量为反应时，同时考察两个指标，即反应的错误率和反应的时间。

五、实验程序

　　实验在半暗室条件下进行，被试坐在距屏幕约 50 厘米处，左手食指和右手

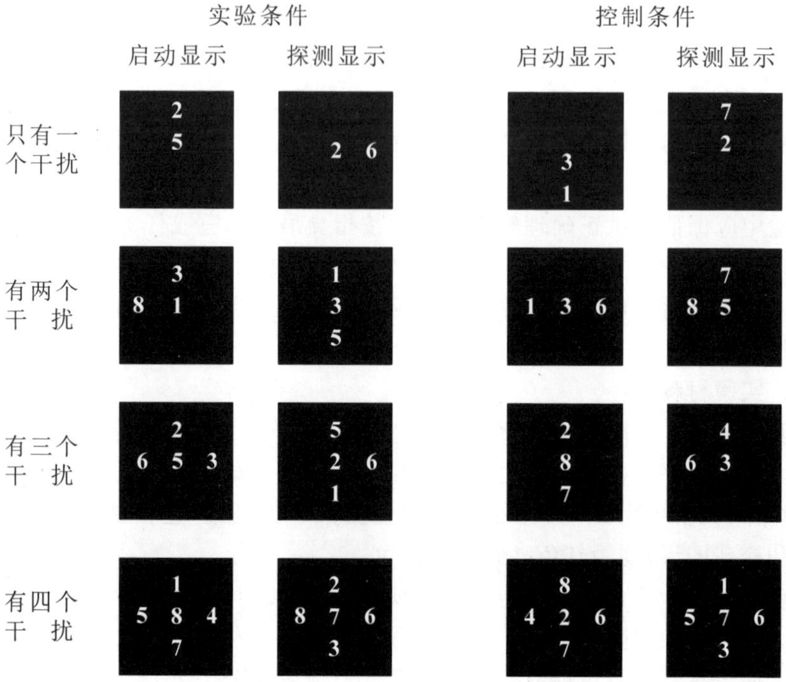

图 11-14　实验材料与实验过程举例

食指分别放在"Q"键和"P"键上。整个实验过程中，被试要始终保持一定姿势，保持头部端正，始终水平注视屏幕的中心点。

实验前，由主试向被试呈现指导语：

"这是一个数字类别判断的测试。屏幕上将出现一组阿拉伯数字，有的是奇数，有的是偶数。你的任务是尽量准确地判断屏幕正中出现的那个数字的奇偶性，如果是奇数，就按'Q'键；如果是偶数，就按'P'键。为了增加判断的难度，在中间数字的上、下、左、右方要伴随出现1到4个其他数字，它们只是起干扰作用，你越不理会它们，就越能很好地对中心数字的类别进行判断。请记住：在做判断时一定要保证准确，不能出错，因为此项判断需要被试具有一定的能力。所以，你的正确率越高，你的成绩就越好。但一旦出错，也不要试图改正，请将注意力放在下次测试上。"

被试按回车键，练习或是正式实验开始。每次试验均由启动和探测显示两部分构成。试验开始时，注视点的"＋"首先出现在屏幕中心，持续500毫秒，注视点消失后，启动显示立即出现，并持续150毫秒，然后对目标数字和干扰数字在试验中所占用的全部5个位置进行掩蔽。被试一旦对启动目标的类别做出按键反应，注视点就会又出现在屏幕中心，依然持续500毫秒。该注视点消失后，紧接着出现的将是探测显示，持续 150 毫秒。最后，像掩蔽启动实验那样对探测显示进行掩蔽。被试将对探测目标的类别做出按键反应，计算机记录该反应的反应时，如图 11-15 所示。

图 11-15　实验呈现方式示例

在正式实验前，让被试作 10 次练习试验，以确定被试理解主试所给予的任务并能顺利做出反应。而后，按照上述方法，正式实验开始。由计算机记录被试反应的反应时和错误率。所有测试完毕后，主试记录被试的个人信息，并询问被试是否了解实验的真实目的，即是否注意到有些干扰项可能成为后来的目标项。若回答是肯定的，则将其实验结果作废。

实验材料顺序的安排：

在正式实验中，将 240 次实验按干扰项的个数分为四组进行，每组间有 3 分钟的休息时间，采用拉丁方的设计来安排顺序，以排除实验顺序所造成的被试疲劳和练习误差。

另外，应保证实验中判断奇偶数各占一半，以此排除期待误差。

实验二：强调反应速度的实验

一、被试

将所招募的 40 名被试中的未参加实验一的一组安排参加实验二。20 名被试中，男女各半，且视力或矫正视力正常。

二、实验材料、仪器和设计

与实验一相同。

三、实验程序

实验程序、刺激呈现方式、对被试的要求、实验材料顺序的安排等基本与实验一大体一致，只是指导语有异。

在实验前，主试给被试呈现如下指导语：

"这是一个有关数字判断归类的实验。屏幕上将出现一组阿拉伯数字，有的是奇数，有的是偶数。你的任务是尽可能快地判断屏幕正中心出现的那个数字的奇偶性，如果是奇数，就按'Q'键；如果是偶数，就按'P'键。为了增加判断的难度，在中间数字的上、下、左、右方要伴随出现 1 到 4 个其他数字，它们只是起干扰作用，你越不理会它们，就越能很好地对中心数字的类别进行判断。请记住：在做判断时一定要尽快地对目标做出反应，而反应正确与否却并不重要，我们可能将你的速度与其他被试的速度成绩加以对比，以找到最快的一位。在反应中若发现出错，也不要试图改正，请将注意力放在下次测试上。"

结果分析与讨论

1. 实验一结果分析与讨论

(1)错误率的描述统计结果分析与推论统计分析，验证：

①由于强调正确率，控制条件和实验条件之间的正确率是否有显著差异。

②刺激类型与干扰项目数的交互作用是否显著。

③根据资源分配理论，干扰项目数的影响作用是否显著。

(2)反应时的描述统计结果分析与推论统计分析，验证：

①由于强调正确率，根据选择性注意中的负启动理论，控制条件与实验条件间是否存在显著差异，干扰重现项的反应时是否显著高于控制条件。

②刺激类型与干扰项目的交互作用是否显著。

③进一步对各个干扰数目项的刺激类型进行比较，干扰数目多少对负启动量的影响是否显著。

④干扰项的差异是否显著，干扰数目多少对反应时的影响规律。

2. 实验二结果分析与讨论

(1)错误率的描述统计结果分析与推论统计分析，验证：

①由于对正确率不做要求，所以错误率可能会较高，但控制条件与实验条件之间的差异是否显著。

②刺激类型与干扰项目数的交互作用是否显著。

③由于强调反应速度，干扰项数目将不会对错误率有显著影响。

(2)反应时的描述统计结果分析与推论统计分析，验证：

①由于对正确率不做要求，所以错误率可能会较高，控制条件与实验条件之间的差异是否显著。

②选择性注意在宽松指导语下是否会出现负启动效应。实验条件与控制条件间差异是否显著，是否会有资源分配的现象。

③刺激类型与干扰项数目间的交互作用是否显著。

3. 两实验间比较分析与讨论

(1)指导语对反应时两指标的强调不同，导致启动性质的改变。当强调正确率时，是否有显著的负启动效应；当强调反应速度时，是否会出现负启动反转和正启动效应。

（2）在强调正确率时，干扰项数目的影响是否会出现负启动量的大小；在强调速度时，干扰项数目的影响是否会出现正启动量的大小。

结　　论

（1）根据实验一可以得出什么结论？
（2）根据实验二可以得出什么结论？
（3）实验一和实验二的结果分别支持了注意的哪些理论？

思考题

（1）什么是正启动和负启动效应？影响正启动和负启动效应的因素有哪些？
（2）正启动和负启动效应对注意乃至进一步的认知加工过程有什么影响？
（3）正启动和负启动效应的结果分别支持了哪些注意的理论？如何用注意的相关理论解释正启动和负启动效应的认知机制？
（4）阐述正启动和负启动效应在其他认知加工过程中的具体表现，及其对这些认知加工过程的影响。

参考文献

[1] 许百华，陈行峰. 负启动研究与有关理论. 心理学动态，2000，8（2）：7～8.

[2] 朱滢. 实验心理学. 北京：北京大学出版社，277～282，299～300，303～305.

[3] Neill W T. Inhibitory and facilitators processes in selective attention. Journal of Experimental Psychology：Human Perception and Perform，1977，3：444～450.

[4] Neill W T. Selective attention and the suppression of cognitive noise. Journal of Experimental Psychology：Learning，Memory and Cognition，1987，3：327～334.

[5] Tipper S P，DriverJ. Negative Priming between picture and words in a selective attention task ：Evidence for semance processing of ignored stimuli Memory－Cognition ，1988，16：64～70.

实验 11-3　注意加工过程中的返回抑制的实验研究

实验背景知识

返回抑制是波斯纳等人在观察注意提示效应时发现的。波斯纳(1980)首次发现并使用"空间线索技术"研究注意的定向问题。实验结果发现，如果一个靶子呈现之前，注意被提示效果预先地、有效地分配到靶子位置，那么检测此靶子的反应潜伏期缩短，即有一个收益；若相反，则会有一个损失。研究者们将其中的这种收益(有效预示位置上对靶子检测的易化)称为"注意提示效应"。这种提示效应在注意的内部和外部定向以及内源和外源定向中具有普遍性。

波斯纳和科恩(Cohen)(1984)在检查这种注意提示效应中又发现，注意对被提示位置上刺激的检测，不仅有一个早期的异化过程，而且也存在一个晚期的抑制过程。如果提示线索和靶子呈现之间的时间间隔(SOA)相对延长，那么被试对呈现在提示位置的靶子的检测比非提示位置上的靶子更慢。波斯纳和科恩用"返回抑制"来定义这种抑制注意返回到先前被注意过的位置上的现象。在较长的SOA 的情况下，用提示和非提示反应时上的差异作为返回抑制(IOR)的量。他们认为，返回抑制(IOR)作为一种改善注意空间搜索效率的机制，使得注意离开先前被注意过的位置而朝向新的位置。这有利于提高注意的效率，赋予有机体以更好的适应性。

自从波斯纳和科恩发现返回抑制现象以后，有许多实验都进行了相关研究。这些相关研究许多都已证明返回抑制的存在。无论是采用按键反应还是眼动反应都普遍发现，当 SOA 在 300 毫秒左右时，位置返回抑制就会出现；而当 SOA 为1500 毫秒左右时，位置返回抑制则会消失。实验还表明，无论采用线索—靶子模式还是靶子—靶子模式，均能发现位置返回抑制的存在。而采用辨别任务时，位置返回抑制是否存在就有争议了。当进行字母辨别，大小、颜色、方位和亮度辨别时，均未发现位置返回抑制的存在。但是普拉特(Pratt, 1995)采用眼动反应，要求被试进行方位辨别时却发现位置返回抑制的存在。卢皮亚内斯(Lupianez)等的实验利用颜色刺激也发现，位置返回抑制既存在于觉察任务中，又存在于辨别任务中，只是后者的时间进程不同于前者；在辨别任务时，返回抑制在SOA 为 700 毫秒时出现，在 1000 毫秒时消失。

如果承认在辨别任务中存在位置返回抑制，那么为什么在觉察和辨别任务中，位置返回抑制在时间进程上会不同？对于这一问题目前还不能给予清楚的解释，但从实际条件来看，觉察实验和辨别实验确实有许多不同之处。首先，在觉察实验中只在一个位置上出现刺激，而在辨别实验中却要在两个位置上出现刺激。其次，在觉察实验中只有一个靶子，被试只要报告有无靶子；而在辨别实验中则除一个靶子外，还有一个干扰项，被试要将两者区分开来。加之在觉察实验中大多采用简单的刺激，如光点等；而在辨别实验中采用较为复杂的刺激，如字母、大小等。这种任务和条件的不同，从一个侧面来看，实际上就是任务难度的不同。辨别任务的难度大于觉察任务。不同的任务难度会带来注意过程的差别，也许因此导致觉察实验和辨别实验在时间进程上的差异，推迟了辨别实验中位置返回抑制的出现。

在同一类型的实验中，不同的任务难度是否也可以引起位置返回抑制在时间进程上的差异呢？具体地说，如果在觉察任务中增加任务的难度，那么位置返回抑制是否还在线索和靶子的 SOA 为 300 毫秒左右时出现呢？本实验设计的目的即针对这个问题开展实验研究。为了增加实验任务的难度，我们将采取两个措施：一是改变过去采用简单刺激的做法，应用了较为复杂的刺激（字母）。二是更改过去常使用的刺激出现在左右各一个位置的做法，而是刺激可随机的出现于注视点周围的 4 或 6 个位置。这样处理以后，任务的难度就增加了，而且由于出现了两种难度（随机出现在 4 或 6 个位置），可以更好地分析是否是受到难度的影响。觉察任务中的位置返回抑制将不在线索与靶子间隔 300 毫秒时出现，而在更长的 SOA 时出现，并且随机出现在 6 个位置要比随机出现在 4 个位置的要长。

实 验 目 的

研究任务难度对位置返回抑制时间进程的影响。

实 验 方 法

一、被试

20 名大学本科学生，其中男女比例接近 1∶1，所有被试均是自愿参加。年龄在 18～20 岁，视力或矫正视力在 1.0 以上，所有的人以前从未进行过类似的实验，实验后获得被试费。

二、实验仪器和实验材料

计算机为 586 型，在屏幕中央呈现一个内部充满绿色的方框作为注视点，方框的长和宽分别为 1.3 厘米和 0.9 厘米，线索与方框的大小相同，颜色为红色。背景为白色。字母 E，H 用作靶子，颜色为红色。字母与背景的亮度比，以被试觉得看清为准。线索和靶子随机出现于注视点周围的 4 或 6 个可能的位置，每个位置与注视点的距离为 6.5 厘米(从中心到中心),被试与屏幕的距离为 60 厘米。

三、实验设计与实验过程

采用 2×2×6 组内设计。自变量为刺激可能出现的位置(4/6)、线索化(有线索/无线索),SOA(600/700/800/900/1100/1300),记录被试的反应时和错误率。在实验中 SOA 是指从图形线索出现到出现靶刺激时的时间,这样设计是为了得出返回抑制出现的时间,记录错误率为参考数据,实验结束后,将错误率大于 3% 的实验数据舍去,不纳入统计。参加分析的是被试的反应时,用此数据统计,此外将反应时过短或过长的极端数据去掉。

被试首先接受主试的指导语说明:

"下面是一个测量你反应时的实验。实验开始时,屏幕中心出现绿色的方框,在整个实验过程中眼睛都要注视这个点。之后在屏幕周围会出现一个白色的方框,方框消失后会出现 M,N,W 这三个字母中的一个,字母消失后会出现一个字母,无论此字母是否是刚才出现的那个字母(M,N,W 这三个字母中的一个)都按 N 键做出反应,若不出现字母,一段时间后会自动消失,并开始下一次试验,记住所有的试验都要在保证正确的前提下尽快反应,如果做出错误反应,则会听到噪声警告。"

正式实验开始之前,先做练习实验。明白上述指导语后,按"开始实验"键进行实验。

每次实验,是以在屏幕中心出现绿色的方框开始,要求被试在整个实验中眼睛都要盯着注视点。实验采用线索—靶子实验。每次实验的进程如下:注视点呈现 500 毫秒后在屏幕周围 4 或 6 个可能的位置出现一个白色的方框,时间为 100 毫秒,间隔 100 毫秒之后,在白色方框的位置出现一个字母(字母线索)。本实验采用复合线索是为了使被试熟悉靶子的类型。从字母线索到中心线索化之前的时间有 100/200/300/400/600/800 毫秒,对中心线索化的方式是用一个白色的方框覆盖原来的注视点,线索化的时间为 100 毫秒;线索消失后 200 毫秒,在屏幕周围某一位置再次出现一个字母,即 M,N,W 三个字母中的任一字母。靶子与线索字母不同(这样做是为了避免由相同的字母引起的效应),靶子字母出现的位置与第一次字母出现的位置一半相同,一半不同。靶子字母一直呈现在屏幕上,直到被试做出反应为止。为了检验被试是否看到靶子字母才做按键反应的,在 15/100 的实验中,不出现靶子字母(捕捉实验),不要求被试做出按键反应,700 毫秒后会自动消失,并开始下一次实验。当被试做出错误反应时,给予一个 1 000 赫兹的声音警告,持续时间 1 000 毫秒。

实验种类有 2×2×6=24 种,2 表示刺激可随机的出现于注视点周围的 4 或

6 个位置，2 表示靶子字母与线索字母的位置是否相同，6 代表 6 种 SOA 时间，每种实验条件各进行 15 次试验，即正式实验为 $15 \times 24 = 360$ 次，再加上 15/100 捕捉试验，共为 414 次，这些试验混合在一起，共分为 6 种，每种 69 次试验，每种之间都有一定的休息，休息的长短由被试自己决定。正式实验之前 40 次试验作为练习。在实验前将三个靶子字母告诉被试，使之熟记。预期整个实验持续的时间为 20 分钟左右。这样设计是为了防止被试在没有看准靶子字母时就按键做出反应，如果被试的错误率较高，则删除该数据，不进行统计分析，每次让被试有足够的休息时间是为了防止产生疲劳效应。正式开始前的练习使被试熟悉实验程序。

结果分析与讨论

(1)不同实验处理条件下的反应时和错误率的平均数和标准差。
(2)不同实验处理条件下的主效应、简单效应和多重比分析。

结　论

根据实验结果，可以得出什么结论？

思考题

(1)什么是返回抑制现象？
(2)如何解释注意的返回抑制现象？该现象对注意及其他的认知加工过程有什么影响？
(3)阐述影响注意的返回抑制的因素。

参考文献

[1] Posner，M I，Cohen Y. Components of visual orienting. In. Bouma & D. G. Bouwhuis (Eds). Attention and performance X. Contuol of language Processes Hillsdale，NJ：Erlbaum，1984：531~556.

[2] Maylor E A . Facilitatory and inhibitory compponent of orienting in visual space . In M. I. Posner & O. S. M. Marin(Eds)，Attention and performance XI Hillsdale，NJ：Erllbaum. 1985：189~204.

[3] Maylor E A. Hockey R. Inhibition component of externally controlled controlled covert orienting in visual space . Journal of experimental Psychology ：Human Perception &Perfoumance，1995，11：777~787.

[4] 王玉改等. 任务难度对基于位置返回抑制时间进程的影响. 心理科学，1999，22：205~208.

第十二章　知觉现象与知觉组织实验

【本章要点】

(一)知觉现象

(二)知觉恒常性

(三)知觉组织与复合刺激加工

(四)空间知觉和运动知觉的实验研究

(五)知觉实验

1. 知觉组织的实验研究

2. 知觉恒常性实验研究：经验和知觉恒常性实验；大小恒常性实验；形状恒常性实验

3. 空间知觉和运动知觉的实验研究：空间知觉实验；运动知觉实验

第一节　知觉现象与知觉加工

知觉是人脑对事物的各种属性以及各属性之间的内在联系所构成的对象的综合和整体的反映。知觉与人们过去的知识和经验是密切联系的，是人类的各感觉器官和人脑的高级活动中枢中的知识、经验对客观事物进行加工产生的对客观事物的认识。知觉活动是人类认知活动中的基本认知加工过程，是十分复杂的认知加工过程，是心理学家研究的重要领域之一。知觉加工的复杂性还体现在不同的知觉加工过程，包括人类对客观物体的颜色知觉、形状知觉、运动知觉、空间知觉、明度知觉、大小知觉、方位与深度知觉以及对客观现象的时间知觉、听觉知觉、触觉、温度知觉、痛觉以及不同感觉通道知觉的交互作用等。

在过去的一百多年的时间里，心理学家对知觉现象进行了大量的研究，就知觉现象产生的认知机制、神经机制(尤其是脑功能的神经电活动和中枢系统功能定位)及其影响因素提出了各种理论，并进行了大量的实验研究解释人类知觉加工的认知机制和神经机制。下面就介绍一些知觉加工过程中常见的现象。

一、知觉组织与加工的规律

根据心理学家的大量实验研究，知觉组织具有如下的规律。

1. 接近律

在空间上彼此接近的刺激单元比相隔较远的刺激单元更倾向于构成一个整体，在时间上具有连续性的一系列特征接近的刺激单元更容易被知觉为一个连续的事件，如电影和电视片就是时间连续性的事件，我们通常会将其知觉为一系列连续的画面（见图 12-1）。

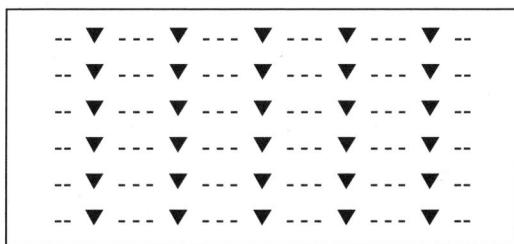

图 12-1　空间接近的对象构成不同列的三角形竖线

2. 特征相同或相似律

刺激在大小、形状、亮度、颜色方面相同或相似时，刺激单元更倾向于知觉为一个整体图形（见图 12-2）。

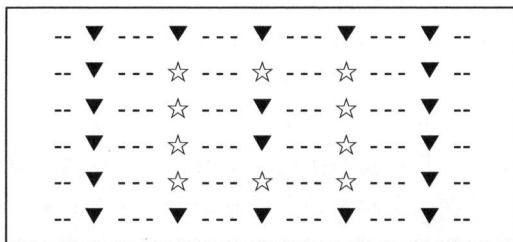

图 12-2　特征相同的五角星构成四边形

3. 良好图形的组合律

在视野范围内，具有一定意义的一系列相同的刺激单元所组成的复合图形更容易被知觉为整体图形，这种图形也称为"良好图形"（见图 12-3）。

良好图形应符合如下规律。

（1）组合封闭性：有封闭轮廓单元更容易被知觉为整体。

（2）图形的连续性：在空间或时间上具有良好的连续性的刺激单元更容易被知觉为整体。

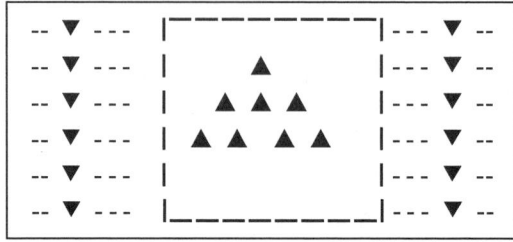

图 12-3　空间结构完整的线条和三角形构成四边形和大的三角形

(3)图形的对称性：具有空间轴对称或圆心对称的刺激单元更容易被知觉为整体。

4. 定势和过去经验

个体的反应倾向性或过去的知识和经验影响对复合刺激单元组成的复合刺激的知觉。如花瓶—人脸双歧图形更容易被知觉为花瓶，主要是知觉定势和经验的结果；不可能三角形主要是三角形的经验导致将不可能三角形知觉为三角形。

下面就系统介绍一下知觉现象及其加工的规律。

二、知觉组织与主观轮廓

轮廓是形状知觉中的基本知觉单元。在形状知觉产生前，个体首先是对视野内的对象的轮廓及其相关的物理属性进行加工，形状知觉就是在轮廓知觉的基础上，将知觉对象从知觉的背景中分离出来的过程。轮廓知觉是一个十分复杂的知觉加工过程，而且受到很多因素的影响，如视野范围内刺激的色彩或明度对比、刺激的复杂性、知识和经验、局部特征或属性的空间关系等。

主观轮廓实际上是知觉错觉产生的，主观轮廓产生的因素是复杂的，很多心理学家认为主观轮廓是在一定感觉信息的基础上，由知识和经验以及知觉加工的基本规律导致的错误的知觉。研究者认为，当视野中知觉对象的物理属性在局部存在有规律的残缺时，观察者在加工残缺的视觉刺激时，就容易将残缺的部分主观地连接起来，形成一个主观上的完整对象。我们从图 12-4 中就可以看出各种不同的主观轮廓图。

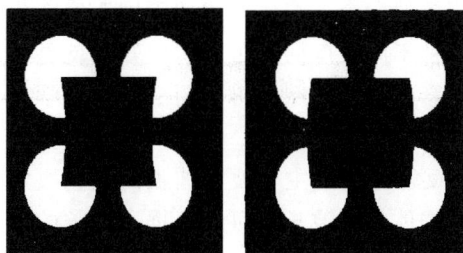

仔细看左边两张图片，你会分别看到两个具有主观轮廓的四边形，神奇的是其中一个四边形四条边向内凹，而另一个则向外凸

图 12-4(a)　两个主观轮廓的四边形

主观轮廓不仅存在于二维空间，还有三维的主观轮廓，右边就是一个具有主观轮廓的正方体

图 12-4(b)　主观立方体

三、颜色知觉与明度知觉现象

1. 颜色知觉和明度知觉及其影响因素

颜色知觉和明度知觉是视觉知觉中非常复杂的现象，也是视觉研究中的主要领域。颜色知觉和明度知觉受到诸多因素的影响，使研究者在研究颜色知觉和明度知觉时，在颜色参数和明度参数的控制上遇到很大的困难。虽然我们能够对颜色参数和明度参数进行严格的控制，但是，由于颜色知觉和明度知觉受到环境诸多因素和观察者很多主观客观因素的影响，颜色知觉和明度知觉的研究仍然是令很多研究者感到棘手的问题。在自然环境中，我们观察同一颜色或明度的物体，视角的变化或物体大小的变化会使我们观察到的物体的颜色或明度在不同的视角下也是各不相同的；背景照明同样影响颜色知觉和明度知觉；光源的控制也是影响颜色知觉和明度知觉的十分重要的因素。此外，虽然颜色的色调控制、饱和度的控制参数是很容易实现的，但是，在实际实验测量的过程中，被试的视角、身体的微小移动都会影响颜色知觉和明度知觉。

我们一般所说的颜色主要指物体的表面色。明度是指物体表面的亮度。颜色知觉和明度知觉是视觉知觉的最常见的现象，我们每天都生活在颜色和明度变化的世界中，在自然界中，我们对色彩的知觉分为两类，彩色颜色知觉与非彩色明度知觉。彩色颜色知觉是由在380～780纳米波长范围的可见光光波构成的不同的颜色，在光谱上除了572纳米（黄）、503纳米（绿）、478纳米（蓝）三原色是不变的颜色，其他颜色都可以由这三种波长的颜色混合而成，彩色是由红、橙、黄、绿、青、蓝、紫以及在可见波范围内不同波长颜色的混合色。我们可以通过混色轮演示颜色混合的实验，在颜色知觉过程中同时伴随着颜色明度变化的明度知觉。非彩色的明度包括由白、灰到黑的一个连续体构成的不同明度变化的黑白刺激，灰色是在白色和黑色之间的各种不同灰度的颜色，明度知觉就是对这个连续体上的刺激引起的光强度的知觉。彩色物体的颜色可以用三个物理学指标来描述其物理属性：色调、明度和饱和度。

色调（tone）：色调是由物体表面反射光线的主要波段波长的颜色决定的。物体所反射的最大能量的波长，就是该物体的主波长，可以根据主波长的颜色来标定物体颜色的色调。不同波长的光产生不同的颜色知觉，在自然环境中，我们所看到的色彩一般都是混合的色彩，单一波长的颜色需要十分精密的光学设备才能获得。

明度（illuminance）：明度是作用于物体表面的光线反射到视觉系统产生的亮度的感觉，明度与光波的反射系数有关，在光强度相同的条件下，物体表面的反射系数越大，明度就越高。对于反射系数相同的物体照明光强不同，明度也不同。此外，视觉的适应水平、观察物体的角度、明度对比等也直接影响明度知觉。

饱和度（saturation）：饱和度是指某一颜色物体的颜色的鲜明程度。彩色的饱和度越高，物体的颜色就越深；物体颜色成分中的白色或灰色越多，饱和度也就越小。色度学上一般用光波的纯度来表示光谱色被白色冲淡后所具有的饱和度。

2. 颜色知觉的机制

颜色知觉的神经机制包括眼球的光学系统、视网膜对颜色刺激的感受器、视觉信息的上行传导通路、视觉中枢神经系统，颜色知觉和明度知觉的视觉中枢神经系统主要在视觉区，与颜色知觉有关的特定脑功能区主要在 V4 区。在视觉的神经系统中，任何一个环节的功能性损伤都会导致颜色知觉功能障碍。从神经生物化学的角度，控制遗传功能的 DNA 和 RNA 所携带的与视觉有关的多肽信息也直接控制视觉的功能，如常见的色盲、弱视和立体盲等就与遗传因素有密切的关系。

3. 颜色知觉和明度知觉现象

在日常的生活中，颜色知觉现象和明度知觉现象随时都有发生。这些现象包括颜色知觉后效、颜色对比、浦肯野（Purkinje）现象、明度对比现象等。由于彩色后效和彩色对比等与颜色有关的现象无法在书中呈现，下面可以看一个明度对比的图片：从图 12-5 可以看出，在不同的背景下感觉到的颜色明度可能有所不同，同样的灰色在白色背景下显得比黑色背景下更灰，而在黑色背景下的灰色正方形显得更亮。

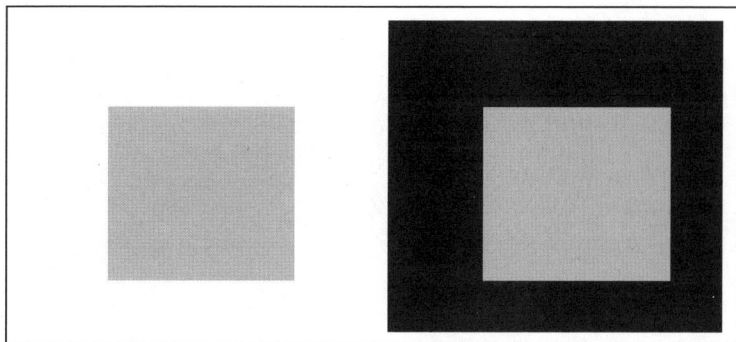

图 12-5　不同背景下相同灰色的明度对比

四、知觉组织与错觉现象

1. 什么叫错觉

错觉是人们在知觉加工过程中，对客观事物的物理属性的错误知觉或歪曲。例如，古人所说的："日初出时大如车盖，及日中则为盘盂"，这就是错觉现象。错觉的研究具有重要的理论与现实意义。从理论上讲，错觉及其认知机制的研究有助于我们解释人类知觉客观世界的规律；在现实意义方面，错觉的研究有助于消除错觉对人类实践活动的不利影响，如在没有参照的情况下，高速驾驶汽车、飞机、轮船等可能会产生对速度的错误知觉，或者是对空间位置的错误判断，甚至导致交通事故或飞机、轮船的失事，因此，研究错觉对设计各种交通工具、高速公路的各种交通标志、飞机和轮船的巡航和导航系统等有重要的应用价值。此外，利用错觉现象，可以制造出各种艺术效果供人类欣赏。电影和电视、魔术和三维立体的绘画艺术等都是利用人的视觉的错觉（或视觉的局限性）产生的艺术品，人们通过这些艺术丰富了现实生活。

错觉的种类是多种多样的，常见的有大小错觉、形状错觉、方向错觉、运动错觉、时间错觉、扭曲错觉、不可能图形错觉等。下面就是现实生活中经常看到的各种错觉。（下图部分引自：The Science of illusion，Jacques Ninio Genre，1998，2001）

2. 正方形和平行线错觉（图 12-6）

请你仔细看左边的图片，你觉得处于同心圆中的图形是正方形吗？

四条边都是弯曲的，怎么可能是正方形呢？

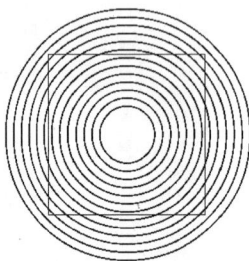

仔细看右边的这幅图片，你觉得几条长的线段是平行的吗？

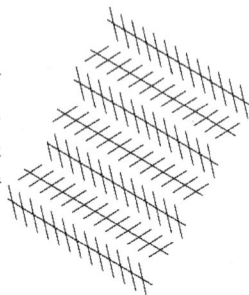

图 12-6(a)　正方形错觉　　　　图 12-6(b)　平行线错觉

3. 直线长度错觉（图 12-7）

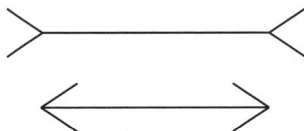

仔细看上下两条线段，你觉得它们哪条更长一些？上面一条吗？其实，它们是一样长的。

图 12-7(a)　直线长度错觉

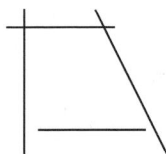

同样地，仔细看上下两条线段，你觉得它们哪条更长一些？下面一条吗？其实，它们也是一样长的。

图 12-7(b)　直线长度错觉

4. 图形大小错觉（图 12-8）

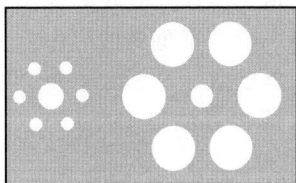

仔细看这张图片，你觉得位于中心的两个圆到底哪一个更大一点？左边的呢？还是右边的呢？实际上它们一样大。

图 12-8(a)　图形大小错觉

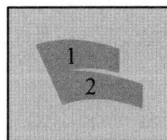

同样地，再看这一张图片，你觉得两个扇形上面的圆弧到底哪一个更长一点？1 还是2 呢？仔细看看，比较一下，其实它们是一样长的。

图 12-8(b)　图形大小错觉

5. 环行和螺旋错觉（图 12-9）

再看这一张图片，你是不是觉得这些线条形成了螺旋？但是当你仔细看每条弧线的时候，你会惊奇地发现它们居然是同心圆。

图 12-9（a）　环行和螺旋错觉

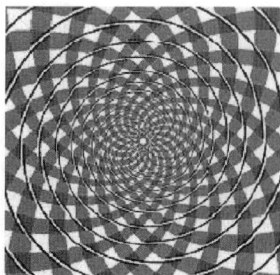

和前面一张图片一样，这张图片里的同心圆同样有螺旋效果。

图 12-9（b）　环行和螺旋错觉

那这一张呢？是不是还是一样？你看到螺旋了吗？看到同心圆了吗？

图 12-9（c）　环行和螺旋错觉

6. 不可能图形（图 12-10）

尽管这个不可能的三角形任何一个角看起来都是合情合理的，但是当你从整体来看，你就会发现一个自相矛盾的地方：这个三角形的三条边看起来都向后退并同时朝着你偏靠。但是，不知何故，它们组成了一个不可能的结构！我们很难设想这些不同的部分是怎么构成一个看似非常真实的三维物体的！

同样地，这个三角形也一样。三角形的三条边看起来都向后退并同时朝着你偏靠。但是，不知何故，它们组成了一个不可能的结构！

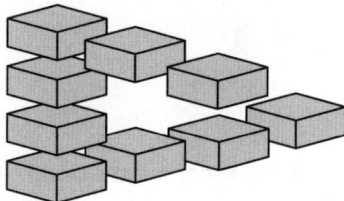

同样地，这个三角形也一样。

图 12-10　不可能三角形

7. 双歧图形(图 12-11)

从这张图片中你看到了什么?一些天使还是一些魔鬼?还是天使与魔鬼的集合体?好奇怪啊,几个天使之间的部分就组成了一个魔鬼;同样,几个魔鬼之间的部分组成了一个天使。

图 12-11(a)　魔鬼与天使双关图

在这张图片里,你看到了什么?一些鱼?一些鸟?鱼鸟的集合体?画面下方的鱼逐渐往上升,颜色越来越浅,最终成了天空;画面上方的鸟则逐渐往下,颜色越来越深,最终成了水。很神奇是吧?

图 12-11(b)　鱼和鸟双关图

8. 整体局部与深度知觉(图 12-12)

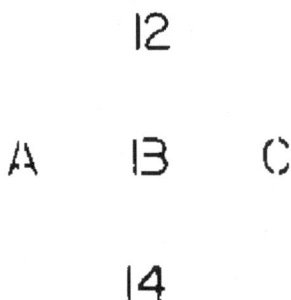

仔细看这张图片,最中间的是什么?13 还是 B?是不是从上往下看的时候它是 13 而从左往右看的时候它则变成了 B?这是为什么呢?原来在知觉的过程中,我们对个别成分的知觉依赖于事物的整体特性。

图 12-12(a)　整体和局部知觉错觉

这张图片也是一样,由于大象相对较小,所以我们把它知觉为在远处。

图 12-12(b)　深度与距离知觉

9. 运动错觉（图 12-13）

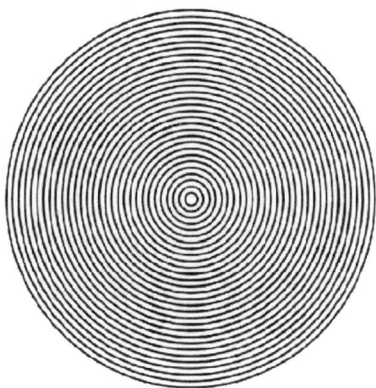

盯着这张图片看上 30 秒，你发现什么了？是不是发现图形里面有些东西在流动？到底是什么呢？当然只是你的错觉哦！

图 12-13（a）　流动的圆形错觉

和前面的图片一样，盯着这张图片，注意盯着中心的黑点看。你看到了什么？是不是这些射线在不断流动？

图 12-13（b）　流动的射线

图 12-13（c）　放射圆环错觉

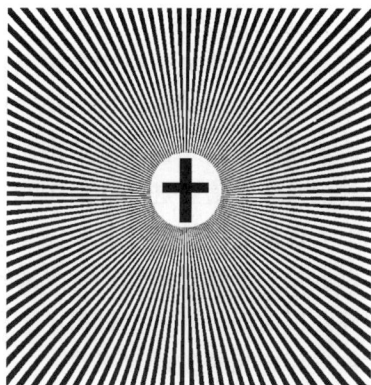

图 12-13（d）　放射射线错觉

五、错觉的理论

关于普遍存在的视觉错觉现象，心理学家提出了很多解释的理论，下面就大致介绍几种常见的错觉理论。

1. 眼球运动学说

眼球运动学说认为错觉是由眼球观察物体时沿着直线运动引起的。一般情况下在视觉加工过程中，眼球横向运动比纵向运动更容易，因此容易将物体横向的看短而将纵向的看长，因此，会产生直线错觉。该理论对错觉的解释主要是视觉早期加工，缺乏一定的实证根据。

2. 格式塔理论的解释

格式塔理论认为，错觉是对物体进行整体加工时，对局部加工产生偏差的结果。如视野内各线段有吸引视觉注意，而整体加工与网膜上加工的局部信息之间产生冲突，从而使得客观感觉到的对象与主观加工的信息不一致，这样就导致了视觉错觉。

3. 视觉透视理论

根据视觉透视理论，对于二维的线条的加工容易受到三维空间信息的暗示，因此，视觉感知到的线条的长度可能会受三维空间透视的影响，如缪勒－莱尔错觉中"＞——＜"向外的箭头容易被知觉为朝向观察者的三维物体，而"＜——＞"箭头朝内的则容易被知觉为背离观察者的三维物体，因此，前面的直线感觉上就比后面的要长。还有很多错觉现象都具有类似的规律，可以用该理论来解释。

4. 错觉的多阶段加工理论

错觉的多阶段加工理论是根据视觉信息加工的不同水平得出的，包括眼球的光学系统的加工、网膜的初级神经信息转换、中枢皮层系统的信息整合和知识经验等认知因素的加工。错觉的多阶段加工理论认为视觉错觉是视觉系统在不同的加工阶段对视觉信息进行的加工和图像信息处理的结果，在不同的加工阶段，不同加工系统的局限性会导致视觉信息的部分失真，因此就会产生各种视觉错觉。

以上是关于错觉的几种常见的理论，近年来研究者对错觉也不断进行认知层面和神经层面的研究，也提出了一些新的理论和观点，读者可以参考国内外各类文献数据库中相关的研究成果。

第二节　知觉恒常性及其测量方法

一、知觉的恒常性

(一) 什么是知觉的恒常性

知觉的恒常性（perceptual constancy）是指当观察者与视觉对象的距离、照明、空间方位、运动方向和速度发生改变时，我们对知觉对象的大小、形状、明度、颜色等视觉特性保持与客观对象相对一致的知觉现象。如当我们从远处看到自己熟悉的朋友或者亲人时，我们对他的身高的知觉不是由于距离的改变而觉得很矮小，而是与我们经验中的高度一致，这就是大小恒常性；再如我们经常戴着墨镜或变色镜看周围的事物，开始可能觉得看到的视觉信息的色彩和明度发生了变化，但是，很快我们就会适应这样的情况，对周围事物的颜色和明度的知觉与没有戴眼镜的时候一致了，这就是明度或颜色恒常性；此外，当一个物体的空间方位发生变化时，我们对该物体形状的知觉不会受到方位变化的影响，这就是形状恒常性；而无论我们如何运动，我们注意的物体位置看起来都是相对不变的，这就是空间位置恒常性(orientation constancy)。知觉的恒常性是我们日常生活中非常常见的一种现象，很多时候在我们没有留意到时，恒常性的现象就已经发生了。知觉恒常性对我们的日常工作和生活有着十分重要的作用。当知觉的客观条件在一定范围内改变时，我们的知觉映像在相当程度上却保持着它的稳定性，这种知觉客观事物特性对我们客观地观察和适应环境有着十分重要的作用。

(二)知觉恒常性的分类

1. 形状恒常性(shape constancy)

当我们从不同角度或距离观察同一物体时，我们知觉到的物体在网膜上投射的形状是相对不变的，这就是形状恒常性。无论空间角度或距离如何变化，我们看到的物体的形状与实际形状完全相同，这叫作完全恒常性；当看到的形状介于物体的实际形状和物体在网膜上投射的形状之间，这叫作实际恒常性。

2. 大小恒常性(size constancy)

当我们从不同距离观看同一物体时，物体在网膜上成像的大小是变化的。但在实际生活中，人们看到的视觉对象的实际大小并不随网膜映像大小的变化而变化。无论距离如何变化，实际知觉到的大小却不随距离而变化，观察到的物体更接近实际物体的大小，这就是大小恒常性。

3. 明度恒常性(illuminance constancy)

在环境照明条件改变时，我们实际观察到的物体的相对明度保持不变，这叫作明度恒常性。明度恒常性与视觉适应能力是有密切联系的。明度恒常性产生的时间的长短与视觉适应的时间进程是一致的，视觉适应越快，明度恒常性产生的就越快。

4. 颜色恒常性(color constancy)

当环境灯光颜色变化或者我们戴着不同颜色的眼镜观看环境物体时，物体表面颜色并不受有色眼镜或颜色光照明的影响,而是保持相对不变。在室内摆放不同颜色的物品在不同颜色灯光照明下,它们的颜色保持相对不变,这就是颜色恒常性。

除了上述的恒常性,在日常工作和生活中还经常有空间位置恒常性、速度知觉恒常性、面积恒常性等。

(三)影响知觉恒常性的因素

归结起来,影响知觉恒常性的因素主要有如下几方面。

1. 视觉线索的作用

视觉线索是环境中的各种参照物,视觉线索可以给我们提供物体距离、方位、颜色、大小和照明条件等各方面的信息。这些信息在长期的知觉加工过程中形成知觉经验,使我们在知觉加工中,即使物体空间与非空间特性发生变化,我们对物体的知觉仍能保持相对恒定。

2. 知觉适应的作用

我们知道,我们的视觉知觉和其他通道的知觉均具有适应性的特点。正是由于知觉的适应性,才使我们在环境条件发生变化时,能在短时间内对周围物体的空间和非空间特性的知觉保持相对不变。

3. 知觉经验

知觉经验是保持知觉恒常性的重要因素。我们在长期与环境交互作用的过程中积累了大量的关于环境信息的各种知觉经验,这些知觉经验使我们在不同的环境和环境发生变化时,能够保持对知觉对象的相对客观的、恒定的认知加工,使我们对客观世界的信息的知觉保持相对的稳定性,这有助于我们适应周围的环境。认知心理学认为知觉是在直接作用于人的感觉信息的基础上产生的。知觉的恒常性作为知觉的特性,进一步证明了经验在知觉中的作用。

4. 其他因素

还有其他一些因素可能会对知觉恒常性的产生和保持的程度产生一定的影响,如物体的空间特征(如距离、角度、方向等)和非空间因素(如颜色、明度)等方面变化的幅度或强度的大小以及这些变化引起的知觉适应的时间长短也都会影响知觉恒常性的产生时间和恒常性大小。

二、知觉恒常性的测量

关于知觉恒常性的测量,针对不同的知觉恒常性采用的测量方法也是不同的，对于大小恒常性或面积恒常性，可以采用大小恒常性知觉仪或者面积估计器进行测量；对于形状恒常性，可以采用设计不同空间、距离、方位的相同的实验材料进行测量，根据被试对实验材料的变化的判断测量形状恒常性；对于明度恒常性和颜色恒常性，我们可以采用变化实验环境的颜色或者给被试戴上不同颜色的眼镜，然后让他们对实验材料的颜色进行判断。

总之，不同性质的恒常性，我们可以根据其特点，设计不同的实验材料或采用特殊的实验仪器对其进行测定。而且还可以通过一些经验的公式进行计算，相关的计算方法可以参考普通心理学的相关内容。下面的两个小实验是测量知觉形状和大小恒常性的方法。

视觉形状恒常性的测量

人们对视觉物体的知觉在一定范围内不随知觉条件的改变而改变，而是保持相对稳定的知觉组织特性称为知觉恒常性。形状恒常性是指人对物体的形状知觉随着物体的距离、角度和方位等的变化而与实际物体形状保持相对一致的特性。本实验就是根据知觉恒常性现象验证形状知觉恒常性及其变化规律。

研究方法

1. 被试

采用全班同学为被试，2人一组，每个人既是主试又是被试。被试应是视力或矫正视力正常者。

2. 仪器和实验材料

实验采用视觉形状常性知觉测定仪。实验材料为形状常性知觉测定仪内一定大小形状的刺激。

3. 实验程序

(1)被试坐在实验桌前，与形状常性知觉测定仪内的刺激(各种形状的物体，如立方体，长宽比例为2：1)保持不同的距离。

(2)被试与标准刺激有5个距离：1米，2米，3米，4米和5米。仪器内的实验物体分别有五个变化角度，分别为60°、45°、30°、20°、10°。要求被试分别在这五个距离上观察不同角度物体的形状。被试首先练习5次，掌握判断形状的标准。

(3)在每一距离上要求被试观察立方体的形状，并画出当时知觉到的形状。具体要求如下：根据观察到的物体形状，画出大小和形状与观察到的对象尽可能横向直径保持一致的物体。画的过程中，被试可以修改，直到满意为止。

(4)正式实验时，每个角度和距离的实验次数为4次。

结果分析和讨论

(1)分别量出各被试在不同距离上画出的矩形立方体的尺寸，并计算平均数和标准差。

(2)分析距离对形状恒常性知觉的影响。

续表

视觉大小恒常性的测量

人们对视觉物体的知觉在一定范围内不随知觉条件的改变而改变，而是保持相对稳定的知觉组织特性称为知觉恒常性。大小知觉恒常性是指人对物体的知觉大小不完全随映像的变化而变化，而保持与实际物体大小相对一致的特性。

根据相关的研究，可以用以下公式表示大小知觉恒常性：

$$S = I \times D$$

S 指知觉中物体的大小；D 指知觉中物体的距离；I 指视网膜上的视像。

根据上述公式，一个人面对熟悉物体的知觉，其大小知觉没变，而视网膜上的视像却缩小了，这时观察者把物体的距离知觉为较远；如果视网膜上的视像大小没变，而知觉的大小变大了，观察者就会把物体的距离知觉为较近。采用描记记录法测量视觉大小恒常性现象；并比较单眼、双眼观察物体时大小恒常性的差异，学习和掌握测定恒常性的方法。

研究方法

1. 被试

采用全班同学为被试，2人一组，每个人既是主试又是被试。

2. 仪器和实验材料

实验仪器采用大小常性知觉测定仪。实验材料为大小常性知觉测定仪内一定高度和大小的标准刺激和比较刺激(如圆形或者其他形状的刺激)。

3. 实验程序

(1)在实验室内进行，自变量为被试与对象的距离，正式实验时，标准刺激距被试分别为5米，4米，3米，2米和1米。

(2)实验要求：要求被试根据标准刺激的大小，调节手边大小常性测量仪内的比较刺激直至感觉上与标准刺激大小一致。为了平衡期望误差和顺序误差，被试应从大到小调节和从小到大调节交替进行(按照 ABBA 的实验顺序)，具体指导语如下：

"下面请你注意正前方屏幕上三角形的大小，并照此大小调节你手边的测量器，直到你主观感知到一样大小为止。并做出报告。"

主试记下调节后图形的数值。实验的总次数为60次，注意被试与标准刺激的距离恒定保持在30厘米左右。

(3)做完双眼后，按照同样的程序进行左、右单眼的测量。实验次数分别为60次。

(4)将实验结果记录到下表

大小恒常性实验记录表   单位：mm

| | 5m | 4m | 3m | 2m | 1m |
	↓ ↑ ↑ ↓	↓ ↑ ↑ ↓	↓ ↑ ↑ ↓	↓ ↑ ↑ ↓	↓ ↑ ↑ ↓
双眼					
左眼					
右眼					

续表

> 结果分析与讨论:
> (1)根据公式计算各种情况下的大小恒常性数值 S 和比较刺激与标准刺激的误差。
> (2)试分析单、双眼大小恒常性的差别及其产生的原因。
> (3)分析距离对大小恒常性知觉的影响。
> (4)根据上述结果可以得出什么结论?

第三节 知觉组织与复合刺激加工

视觉世界中存在着各种各样的复杂图形,其中很多的物体或对象是由相对独立的单元组成的整体,被称为复合图形。例如,房屋是由门、窗、烟囱等部分组成的整体,而组成房屋的门、窗等本身也能够被看作由各种单独的物体组成。复合图形同时带有整体和部分的特征,在加工这类图形的过程中,人类的视觉系统是否对其中的某一水平的特征存在偏好,会优先加工整体或是局部的性质?类似的对复合图形的知觉规律的探讨是视知觉研究中一个古老而又至今一直研究的问题。对它的回答能够使我们更好地了解人类复杂的视觉加工过程。

一、复合图形加工理论

结构主义者(structuralist)最先回答了上面的问题,铁钦纳(Titchener,1909)认为加工视觉图形时,图形的部分特征首先被抽取进行加工,对整体的知觉是随后对部分特征的整合。特征检测模型和特征整合理论也都支持局部优先加工的说法。相反,格式塔学派提出整体大于局部的概念,认为对整体的知觉不同于局部知觉的简单总和。

1. 整体优先性现象

针对上面两个学派的理论之争,内温(Navon)首创性地使用了复合刺激图形的研究范式,靠实验的方法检验了整体加工与局部加工的关系。研究结果支持格式塔学派整体先于局部被加工的观点,并将这种现象命名为"整体优先性现象(global precedence effect)"。

复合刺激图形是研究整体优先性现象的一般范式,它通常是由一系列独立的小图形组成的大图形,例如(图 12-14),内温在其实验中使用过由小字母"s""H"组成的大字母"S"和"H"。其他研究也用到小箭头组成的大箭头或小矩形组成大矩形等作为复合刺激图形。大字母代表复合图形的整体属性，小字母表示局部的特征，组成整体图形的部分可以与整体相同，也可以不同。在行为实验中，通常要求被试关注并报告某一水平的特征，记录整体和局部特征反应时，并比较它们的差异。

图 12-14　内温(Navon，1977)实验所采用的刺激材料示例

整体优先性现象的出现依据反应时优势(global advantage effect)和干扰效应(global interference effect)两个指标进行判断。内温最初的实验发现，被试辨别大字母的速度明显快于小字母的辨别速度，即出现大字母的反应时优势，称为"整体相对于局部的反应时优势效应"；实验还发现，在大小字母一致与不一致两种条件下，被试辨别大字母的速度没有差别，而辨别小字母时，一致条件下显著快于不一致的条件，这说明，大字母对小字母的辨别有干扰作用，而小字母对大字母的辨别没有影响，称为"大字母的干扰效应"。内温认为反应时优势和干扰效应的出现说明：大脑在加工复合图形时，遵循先处理整体信息再处理局部信息的原则。正是由于这种整体与局部的先后时间顺序，使得首先加工整体性质不受随后才被加工的局部信息的干扰，而对局部的知觉却受到先前整体知觉的很大的影响。

根据上述指标，近年来研究者们利用传统的行为实验，结合 ERP, fMRI 等技术，针对正常人、精神病患者和儿童等各种人群进行研究，相继证实整体优先性现象的存在，并进一步探讨了其对应的脑机制。

2. 整体优先性现象的机制

整体优先性现象提出之后，许多研究通过改变刺激的物理性质或反应范式对复合图形的加工机制进行了深入探讨。研究发现，整体优先性现象是不稳定的。一些因素的改变会使原先的整体优先性现象削弱或消失，甚至出现相反的局部优先现象。例如，改变刺激的空间频率、视角、呈现方式、SOA、注意方式、空间不确定性、知觉组织方式、组成大字母的小字母数、小字母的密度等因素，都会在一定程度上影响到整体优先性现象。例如，当复合刺激中的低频成分被略去后，原先存在的整体优先性现象被大大减弱。

除了影响因素的数量较多之外，不同的因素对产生整体优先性的两个指标的影响也有可能不同。比如，尽管改变某些因素使整体的反应时优势消失，但仍然存在着整体和部分之间的双向干扰效应。

(1)基于呈现位置－视锐度的解释

复合图形本身的复杂物理特性(多个小图形组成的大图形)决定了整体优先性现象的出现与视觉系统的特征和图形的物理属性关系密切。基于呈现位置－视锐度的解释正是从这个角度来理解整体优先性的发生机制的。

在传统的研究整体优先性现象的实验范式中,呈现复合图形的方式通常有中央呈现(呈现在视野中央)和外周呈现(对称于中央的注视点,左右两侧随机呈现)两种。许多研究结果表明,呈现方式对整体优先性现象的强度和方向有较大影响。大多数利用外周呈现方式的实验都出现了整体优先性现象,但中央呈现复合图形的研究却没能得到整体优先性效应,甚至得到局部优先现象。格赖斯(Grice)、凯恩(Canham)和伯勒(Boroughs)在他们的研究中,比较了中央和外周这两种呈现范式,结果发现采用中央呈现复合刺激范式时,没有出现整体的反应时优先,但出现了整体和局部的双干扰效应。在类似的研究中,波梅兰茨(Pomerantz)也只在周边呈现时发现了整体优先性效应。

研究者们认为,由于视觉系统中,外周视野的敏锐度较低,相应地降低了对呈现在外周视野中复合刺激中的局部特征的分辨能力,使得分辨整体特征的能力高于分辨局部特征的能力,产生整体优先性效应。

(2)基于知觉组织的解释

知觉组织指在信息加工过程中,视觉系统必须把视觉输入组织成不同的部分以形成视觉加工的基本单元,这一加工过程称为视知觉组织。相对于强调较低的生理和物理属性的呈现位置－视锐度的机制,基于知觉组织的解释从较高的感知觉规律的角度理解整体优先性的发生机制。

格式塔心理学家提出了知觉组织的规律(相邻性、相似性、封闭性等),认为视觉系统可以根据这些规则将某些部分组合起来区别于背景。韩世辉等人的一系列研究揭示了空间相邻性规则对整体优先性现象的影响。他们给复合图形(由小箭头组成的大箭头)增加"＋"组成的背景。由于相邻"＋"之间的距离与相邻小箭头之间的距离相等,小箭头们仅仅依靠相似性(大小、形状、对比度等相同指标)与背景分离组成大箭头。研究对比没有背景(知觉组织强)和有背景(知觉组织弱)两种条件对整体优先性现象的影响,结果发现,知觉组织较弱的条件削弱了整体反应时的优势和干扰效应。

研究者认为,由于基于空间相邻性的知觉组织比基于形状相似性的知觉组织在加工时间和速度上具有优势,当引入背景将知觉组织的强度由相邻性削弱到仅依靠相似性时,复合图形的局部难以组织起来与背景分离,因而整体优先性现象消失。

3. 复合图形加工的现存问题

复合图形是由多个局部图形组成的整体图形，这种复杂的结构使得对复合图形的加工机制问题的探讨面临两个主要问题：

(1)某一可能机制对整体优先性现象的解释能力

以基于呈现位置—视锐度的机制对整体优先性现象的解释为例，研究者们认为，只有外周呈现才出现整体优先性效应的结果，这是由于外周视野对细节辨别能力下降，使视觉系统对外周视野中复合刺激中的局部特征的分辨能力显著降低，导致相对于中央呈现的范式有更强的整体优先效应。但同样的结果也可以解释为，由于研究中采用的复合图形，如字母 E 或箭头，在中央呈现的过程中，不可避免地将有一部分小图形落入视觉最敏感的区域，而中央呈现时，较弱的整体优先性效应是由于对这一小部分局部图形加工能力的提高，也就是说，在中央呈现时，整体优先效应的消失或减弱只是人为的使对整体性质和对局部性质的加工处于不同的视锐度区域的结果。

为了澄清上述问题，内温和诺曼在其研究中有意选用了由小字母"o"或"c"组成的大字母"O"或"C"的复合图形，这保证了不管呈现方式如何，整体和局部特征都可以处于相同的加工区域。通过改变整体图形的视角来控制呈现区域：中央呈现(2°)和外周呈现(17.25°)。研究结果表明，整体优先性现象同时出现在中央和外周呈现的条件下。这个结果，对基于呈现位置—视锐度的整体优先性机制提出了很大挑战。

(2)不同机制之间的相互关系

找到整体优先性现象的产生机制一直是这一领域研究关注的焦点。现已存在的许多机制从不同的角度对此现象做了一定的解释。但不同的机制之间的关系如何，是否存在一些因素比另一些因素对整体优先性效应有更大的影响？

韩世辉和肖峰探讨过视锐度与知觉组织两个影响整体优先性现象的因素，结果发现视锐度从视野中央到外周的衰减对整体反应时优势的影响超过了知觉组织的影响。但正如上部分所提到的，由于这个结果的得出仍然基于传统的实验材料，影响了通过呈现位置—视锐度对整体优先现象的解释的准确性。

二、复合图形加工与注意的关系

1977 年，内温提出了复合刺激的研究范式，并对整体加工的反应优势以及整体对局部加工的干扰作用进行了研究。内温的实验范式在认知心理学的各研究领域也得到了广泛应用。在复合刺激加工的研究中，整体优先性被认为是知觉加工的一般规律。韩世辉等通过研究发现，被试辨别复合刺激中的整体和局部图形的封闭性时，表现出显著的整体优先性。内温认为，无论复合刺激在局部水平上是颜色还是形状的变化，知觉加工都表现出对整体水平的偏好，整体水平优先得到加工，而局部水平后得到加工。也有研究者认为，对复合刺激的加工并不是严格按照先整体后局部的顺序，可能还有其他的认知过程参与，其中，注意就是影响整体和局部加工的一个重要的认知过程。米勒提出注意资源的分配是产生整体优先性的重要原因，并比较了目标呈现在整体水平、局部水平以及同时呈现在整体和局部两个水平时被试反应时的差异，结果发现注意资源分配对整体和局部加工有显著影响，注意更容易分配到整体水平上，而较难分配到局部水平上。

斯托夫（Stoeffer）研究发现，如果实验中控制刺激呈现对注意的吸引，被试对整体和对局部的反应时差异消失，这也进一步说明注意在整体与局部知觉加工中的作用。神经电生理的实验证据也支持了这一观点。山口鸣濑（Shuhei Yamaguchi）等考察了在复合刺激加工中被试的注意指向整体或局部特征时对半球不对称性的影响，结果发现，在线索呈现后约240毫秒，指向整体和指向局部特征的注意使ERP的成分发生了分离。韩世辉发现，在选择性注意和分散注意的情况下，复合刺激的加工对较晚的P1波和N2波有类似的影响。他在另一个ERP的实验中探讨了注意选择在局部特征加工中的作用，结果表明，在局部特征的条件下，较晚的P1和N2波的波幅增大；对颜色不同的局部成分的自上而下的注意增强了前部和中部脑区的N2波的波幅和潜伏期；反应时的结果表明局部对整体的干扰作用增强，而对特异组成成分的自上而下的注意也抑制了枕颞部N2波的增强。这说明在前部脑区和后部脑区存在对局部特征加工的不同的机制。埃文斯（M. A. Evans）等研究发现，ERP成分P1，N1，N2在整体和局部加工中的差异取决于分心物变化与否，并发现至少有两种不同的机制可以解释在不同时间段产生半球的不对称性的原因。在分心物不变的情况下，注意很容易分配，加工的单侧化优势发生在较早的阶段（P1），反映了在两半球加工中的知觉优先性，这种知觉优先性是整体优先性的根源；在分心物变化的情况下，注意不是很容易分配，但整体特征和局部特征在早期都获得了加工，不对称性发生在较晚的阶段（N2），并产生了复合刺激加工中的干扰效应。

复合刺激加工是知觉研究的一个重要领域。近年来，研究者不仅在认知行为层面做了大量的研究，而且借助神经电生理技术和脑功能成像技术对复合刺激的加工也进行了神经机制的研究，取得了大量的研究成果，并成为知觉研究的一个热点领域。该领域的研究对我们认识和了解人类知觉客观世界的规律有十分重要的理论和现实意义。

第四节　空间知觉和运动知觉的实验研究

一、深度知觉及其产生的机制

（一）深度知觉

深度知觉也称距离知觉，是在对环境中的空间物体或空间信息进行加工时产生的距离远近的知觉。产生深度知觉的因素主要是包括视觉知觉的生理机制、环境刺激的深度线索等。

（二）视觉的生理机制

1. 视觉调节或肌肉调节

视觉调节主要是指眼球晶状体的形状在肌肉的调节下引起的对距离变化的知觉，眼球的晶状体的工作原理与透镜相似，当我们看近处的物体时，晶状体曲度变大，而当我们看远处的物体时，眼球的晶状体曲度变小。晶状体曲度的变化主要是由睫状肌的调节实现的，睫状肌收缩时，晶状体变厚；睫状肌放松时，晶状体变薄，我们的视觉深度知觉就是眼球根据物体的远近的信息进行自动调节的结果。

2. 视觉辐合

视觉辐合是指眼睛随距离的改变而将视觉注视的焦点聚到被注视的物体上。辐合是双眼的生理机能，它使物体的成像落在两眼网膜的中央窝内，从而获得清晰的视觉图像。辐合可用辐合角度来表示。当我们距离物体近时，辐合角大；当我们距离物体远时，辐合角小。根据辐合角的大小，人们也能获得距离远近的知觉信息。

3. 双眼线索

双眼线索是深度知觉中的主要线索，双眼视觉线索对于精确的深度知觉是非常重要的。在双眼视觉中，双眼可以正常地协同活动，并在每只眼睛的视网膜上形成独立的视觉影像，并分别地传递到大脑的视觉皮层区，在皮层区将两个眼睛的视觉影像整合起来形成深度知觉。在人们知觉物体的距离与深度时，主要是依赖两眼线索产生深度知觉，这种现象叫作双眼视差。双眼视差现象可以通过实体镜来演示。我们用照相机在相隔相同距离的不同角度上拍摄两张照片，这两张照片在角度上有一定的差异，单独看一张照片是平面的，当我们分别将两张照片放在实体镜的两个独立的视窗时，我们就能看到一张立体的图像。

4. 视野范围

视野范围是我们在知觉空间环境时的最大三维球面知觉范围，通常情况下，双眼视野范围要比单眼视野范围大些，而且不同的颜色刺激的视野范围也是不同的，高频率、短波段颜色的视野范围叫宽视野，而低频率、长波段颜色的视野范围叫窄视野。

5. 视野单像区

视野单像区（horopter）是穆勒（Muller）和维叶斯（Vieth）提出的一个概念，当人们的两只眼睛注视某一客体的时候，这个客体处在两只眼睛的结点与网膜点连线的延长线上，而这时两眼网膜点恰为对应点，这样便产生了一个单一客体的视觉知觉影像，像是由一个中央眼看到的一样。当双眼的辐合角度不变时，那些被知觉为单一视觉影像的点的轨迹在空间形成一个圆周，即是说，处于圆周上的物体被看成是在一个平面上，这个圆周就叫作视野单像区。视野单像区是视觉知觉中一种常见的现象。

6. 复视现象

当我们注视一个物体的时候，如果有另外一个物体没有落在视野单像区上，那么这个物体与前一个物体成像的点就不在网膜相对应的一个点上，这样就会出现复视现象，也就是两个对象会被知觉为不同的两个视觉影像。如果注视点在近处，远处的物体被知觉为双像，这时右眼的像在右侧，左眼的像在左侧，这种复视叫交叉复视。相反，如果注视点在远处，那么近处的物体被知觉为双像，这种复视叫作非交叉复视。由于注视的物体与非注视距离不同，所形成的双像差异也不相同，由于注视点的变化而形成的双像差的不同为深度知觉提供了距离远近的视觉空间线索。

（三）环境和物理线索

影响深度知觉的环境和物理线索主要包括如下方面：

1. 物体重叠或遮挡（interposition）

物体相互重叠或遮挡是判断物体前后距离远近关系的重要线索之一。如一个物体部分地遮挡了另一个物体，那么被掩盖的物体就被知觉为远些，而遮挡物体就被知觉为近些。

2. 线条透视(linear perspective)

当两条平行线向远方伸延时，看起来逐渐接近并汇合在远方的某一点，这就是线条透视。线条透视是由于空间对象在一个平面上的几何投影产生的，物体在网膜上投影的大小随着物体与观察者距离的增加而逐渐变小。因此，看近处物体的视角就比较大，在网膜上投影也比较大；而看远处物体视角比较小，在网膜上投影也比较小，因而使两条向远方延伸的平行线看起来趋于接近。

3. 空气透视(aerial perspective)

当物体反射的光线在传送过程中发生变化时，其中包括空气的过滤和光线的散射作用以及气候条件的变化，结果远处物体看起来就显得模糊、不清晰，人们根据这种线索就能判断物体的距离的远近。

4. 相对高度(relative height)

在其他客观条件均相等的条件下，视野中的不同物体的高度也是判断远近的线索之一，一般相对位置较高的物体显得远一些，而相对位置低的物体就显得近一些。

5. 纹理梯度或结构级差(texture gradients)

纹理梯度是指视野中的物体在网膜上的投影大小和投影密度的层次变化。纹理梯度的层次和密度是我们判断视觉物体距离远近的依据，当物体在视网膜上的投影较大而密度较小或者投影较小而密度较大，产生的深度知觉的远近也是不同的。

6. 运动视差(motion parallax)

运动视差是由于在同一时间内距离不同的物体在网膜上运动的范围和速度的不同，从而产生深度知觉。例如，近处的物体视角比较大，在网膜上运动的范围也较大，而远处物体的视角比较小，在网膜上运动的范围也较小，因而会产生不同的运动速度知觉和深度知觉。当观察者向前或者向后移动时，视野中的景物随着个体的运动出现连续运动，在近处的物体相对运动的速度较快，在远处的物体运动的速度较慢，我们将这种现象称为运动透视(motion perspective)。

7. 其他方面影响深度知觉的因素

除了上述物理条件和环境因素影响深度知觉外，还有一些其他方面的因素影响深度知觉，并且在人们的空间知觉中起着十分重要的作用。这些因素主要包括以下几个方面：①经验和对物体的熟悉程度，一般对于有相关深度知觉经验和熟悉的环境物体的深度知觉判断较为准确；②光照与阴影的分布，光照的远近和物体阴影的高低知觉影响我们对物体深度知觉的判断；③颜色分布，一般远处物体或者向远方运动的物体倾向于知觉为蓝色，而近处物体或者向近处移动的物体呈黄色或红色，在物理学中经常提到的蓝移和红移现象也与此有关。其中的主要原因是由于向远移动和向近移动会使我们感觉到物体的反射光波的波长变短或变长，因此会导致知觉到的物体的颜色向短波的蓝色或长波的红色移动，根据这个原理，我们也可以判断物体的距离远近及其移动的方向。

影响深度知觉的因素是多方面的，很多因素在深度知觉中是交错和相互影响着起作用的。深度知觉作为我们视觉知觉最常见的对环境信息的加工方式，在我们的日常工作和生活中有着十分重要的意义。

二、空间方位定向

空间方位定向是指对物体的空间关系、位置和个体自身所在空间位置的知觉。动物和人都具有方位定向的能力。动物的方位定向知觉能力是本能的，而且它们的方位定向能力也是十分精确的，这是动物经过长期进化适应环境的结果。人类的空间方位定向能力是先天成分和后天经验作用的结果。空间方位定向主要是指人们对环境中的物理信息的上下、左右、前后等不同角度的空间位置的定向能力。空间方位定向能力受不同的感觉通道的影响，不同的感觉通道的方位定向能力也是不同的。例如，鸽子通过地球磁场、蝙蝠通过次声波使它们能够在飞行过程中对自己的巢穴、猎杀对象和迁移的目标有精确的定位能力，而狗凭借嗅觉能够对事物、经过的路径、搜寻的目标进行准确的定位；对于视觉缺失的人，他们能够通过听觉对周围环境进行准确的方位定向。

视觉与听觉方位定向是人类空间方向知觉的重要的感觉通道，人类对环境信息的空间方位定向主要是通过视觉和听觉方位定向来实现的。关于听觉方位定向的有关规律在"听觉"一章中已经进行了阐述，下面主要阐述视觉方位定向的规律及其影响因素。

视觉的方位定向是当人们在环视周围环境时，环境中的物体就在视网膜上形成了不同的方位、角度和层次的投影。这些投影的相对位置为空间方位提供了相应的参照信息。通常人们的视觉方位定向是借助于各种主观的参照物和环境中的客观参照物实现的。如根据太阳、月亮和星座的位置以及一天或一个月的时间变化等判断东南西北不同的方位。

除了环境的各种参照物外，生活习惯、不同国家和地区的人习惯采用的定向参照、经验和学习对空间方位定向也有不同的影响。此外，在视觉定向中，视觉、触觉、动觉等不同感觉通道的知觉联合作用对空间方位定向也有重要的影响。

三、运动知觉

运动知觉(motion perception)是我们对周围世界不断运动、变化着的物体的知觉。运动知觉是网像运动知觉系统和中枢运动神经系统共同作用的结果。运动知觉对人和动物适应环境有着十分重要的意义。有关运动知觉的详细的阐述可以参考"普通心理学"中"运动知觉"的章节。下面介绍几种常见的运动知觉。

(一)真动知觉

真动(real movement)知觉是指物体按照一定的速度从一处向另一处进行的连续运动,这种物体实际运动引起的知觉称为真动知觉。真动知觉直接依赖于物体运动的速度,物体运动的速度慢,人产生真动知觉就不明显;相反,物体运动的速度快,则人产生的真动知觉就明显。

(二)似动现象

似动(apparent movement)现象是指在一定的时间和空间条件下,由于静止物体在时间进程中交替出现而产生的运动错觉现象。似动现象主要有以下几种。

1. 动景运动

动景运动(stroboscopic movement)是当两个或两个以上的光点或图形等物体按一定空间和时间距离相继呈现时,我们会看到从一个物体向另一物体的连续运动。这种运动错觉称为动景运动。动景运动在日常生活中是非常常见的,如我们经常看的动画片、电影的播放等都是采用了动景运动原理。

2. 诱发运动

一个物体的运动使其临近的静止的物体产生运动错觉的现象,称为诱发运动(induced movement)。如夜空浮云的运动,使人们看到月亮似乎也在运动。诱发运动是物体之间相对运动的一种表现形式,也就是说,当我们观察两个或者两个以上的物体时,如果一个物体相对其他物体是运动的,当我们观察静止物体时,静止的物体就成为运动的了。所以,诱发运动是我们对物体之间相对运动的知觉的结果。

3. 自主运动

自主运动(autokinetic movement)是我们在暗室或其他参照物体较少的环境中,当我们注视环境中的亮点或其他小的物体时,我们会发现这个光点或物体似乎在运动,这种运动错觉现象称为自主运动。

4. 运动后效

运动后效(movement aftereffect)是当我们注视向某一方向运动的物体时，如果将注视点转向静止的画面或者运动物体突然停止，我们就会看到静止的物体朝相反的方向运动。如常见的螺旋后效就是一种运动后效。

深度知觉、空间方位定向和运动知觉是视觉知觉中最常见的知觉现象，这些知觉现象在我们的日常生活和工作中有着十分重要的意义。后面我们会列出一些关于视觉知觉和知觉组织方面的实验，来验证本章中讲到的一些视觉知觉和知觉组织现象。

思考题

(1)视觉的神经生理机制是什么？

(2)影响视觉知觉的因素有哪些？

(3)常见的视觉功能障碍及其产生的原因有哪些？

(4)听觉的神经生理机制是什么？

(5)影响听觉知觉的因素有哪些？

(6)常见的听觉功能障碍及其产生的原因有哪些？

(7)知觉加工的常用研究方法有哪些？

(8)复合刺激的常用研究方法有哪些？

(9)现代医学神经电生理技术和影像学技术在知觉研究中是如何应用的？

参考文献

[1] Navon D. Forest before trees：The precedence of global features in visual perception. Cognitive Psychology，1977，9(3)：353～383.

[2] Navon D. What does a compound letter tell the psychologist's mind? Acta Psychologica，2003，114：273～309.

[3] 韩世辉，刘万展，肖峰. 封闭性知觉在大范围优先性中的特殊性. 心理科学，1999，22(6)：500～503.

[4] Bradley C Love，Jeffrey N Rouder，Edward J Wisniewski. A Structural Account of Global and Local Processing. Cognitive Psychology，1999，38：291～316.

[5] Miller J. Global precedence in attention and decision. Journal of Experimental Psychology：Human Perception and Performance，1981，7(7)：1161～1174.

[6] Stoeffer T H. Attentional zooming and the global-dominance phenom-

enon：effects of level-specific cueing and abrupt visual onset. Psychological Research，1994，56(1)：83~98.

［7］Shuhei Yamaguchi，Shingo Yamagata，Shotai Kobayashi. Cerebral Asymmetry of the "Top-Down" Allocation of Attention to Global and Local Features. The Journal of Neuroscience，2000，20：1~5.

［8］Han S，Fan S，Chen L，Zhuo Y. Modulation of brain activities by hierarchical processing：a high-density ERP study. Brain Topogr，1999，11：171~183.

［9］Shihui Han，Xun He，E William Yund et al. Attentional selection in the processing of hierarchical patterns：an ERP study. Biological Psychology ，2001，56：113~130.

［10］Evans M A，Shedden J M，Hevenor S J，Hahn M C. The effect of variability of unattended information on global and local processing：evidence for lateralization at early stages of processing. Neuropsychologia ，2000，38：225~239.

［11］Navon D. Norman J. Does global precedence really depend on visual angle? Journal of Experimental Psychology：Human Perception and Performance，1983，9(6)：955~965.

［12］Marvin R Lamb，E William Yund. Spatial Frequency and Interference Between Global and Local Levels of Structure. Visual Cognition，1996，3 (3)：193~219.

［13］Ritske De Jong，Erna Berendsen，Roshan Cools. Goal neglect and inhibitory limitations：dissociable causes of interference effects in conflict situations. Acta Psychologica，1999，101：379~394.

［14］Weissman D H，Giesbrecht B，Song A W et al. Conflict monitoring in the human anterior cingulate cortex during selective attention to global and local object features. NeuroImage，2003，19：1361~1368.

［15］Kotchoubey B，Wascher E，Verleger R. Shifting attention between global features and small details：an event-related potential study. Biological Psychology，1997，46：25~50.

［16］韩世辉，陈霖. 整体性质和局部性质的关系——大范围优先性. 心理学动态，1996，4(1)：36~41.

［17］彭聃龄. 普通心理学(修订版). 北京：北京师范大学出版社，2005.

［18］Harvey Richard Schiffman. Sensation and Perception：An Integrated

Approach(second edition). John Wiley & Sons publishing，1996.

[19] Bruce E Goldstein. Sensation and Perception（sixth edition）. Wadsworth，2002.

[20] Stanley Coren，Lawrence M Ward，James T Enns. Sensation and Perception（sixth edition）. John Wiley & Sons publishing，2004.

[21] Jacques Ninio. The Science of Illusions. Cornell University Press，2001.

[22] 张学民，李永娜，孙晨，张桂芳，周义斌，白仲琪. 复合刺激的视觉追踪的研究. 心理科学(In press).

[23] Zhang Xuemin，Li Yongna. Allocation of visual attention in processing of compound stimulus，1st Conference of Sino-Western Exchanges in Cognitive Neuroscience（CSWE-CNS 2006）第一届认知神经科学国际学术大会，北京，2006，Oct. 25～28.

[24] Zhang Xuemin，He Li，Li Yongna，Gao Yuan. Distractive Effect of Multiple-Object Tracking Performance. 中国临床康复，2005，9(44)：155～158.

[25] 张学民，李永娜，周仁来，黄俊红. 非空间线索相容性的 ERP 研究. 中国临床康复，2005，9(36)：1～4.

[26] Zhang Xuemin，Shu Hua. Multiple Objects Tracking in Visual Search and It's Implications on Human Computer Interface（HCI）Design. APCHI2002，Published by Science Press，China，2002，11：453～460.

实验 12-1　斯特鲁普(Stroop)效应、无觉察知觉和盲视实验

实验背景知识

无觉察知觉的研究一直是心理学家关注的一个重要领域。斯特鲁普效应是斯特鲁普在 1935 年发现的字的颜色对识别的干扰效应。例如，用红颜色书写的"绿"字，要求被试读这个字的颜色——红色，这时就会产生干扰效应，即被试对颜色命名的时间要延长，错误率也会提高。斯特鲁普在研究中还发现具体的实验效应，他在研究中报告了一种关于色词认知的效应，当被试看一系列的单词，并对出现的词尽快说出每个单词呈现的颜色，结果发现，被试对中性无颜色的单词的认知速度比当单词与颜色不一致的时候（如用蓝色的"红"字）要快，对颜色与

词义一致的单词(如绿色的"绿"字)的认知速度也较单词和颜色不一致时速度要快一些。这种颜色与单词的词义之间的干扰效应被称为斯特鲁普效应。

斯特鲁普效应就是指在单词的颜色与词义一致或不一致情况下,对颜色的认知速度的快慢。自从斯特鲁普效应被发现到现在,心理学家一直从不同的角度研究数字与颜色、词义与颜色认知以及颜色与图形之间的语义干扰效应。斯特鲁普效应的加工机制一直是心理学家研究的重要知觉现象。

心理学家的研究还发现,人们在不必分清楚情景或者任务具体发生了什么改变的情况下,就能够意识到或知觉到情境中已经有部分特征发生了变化,这一现象称为"盲视"现象。研究者认为"盲视"现象是人类一种视觉感知的特殊的加工模式。这种加工模式在一定程度上是无意识知觉的过程或直觉的加工。加拿大英属哥伦比亚大学的伦辛克(Ronald Rensink)对 40 名被试进行了相关的实验研究。他在电脑屏幕上向受试者呈现一系列的图片。每张图片在屏幕上的显示时间为250 毫秒,然后是短暂的空白灰屏;在给被试呈现图片时,有时图片从头到尾是同一幅图片;有时图片之间会有微小的差别。研究结果发现,在对图片进行了微小改动的实验中,约有 1/3 的人表示感觉到图片发生了变化,但不能确定发生了哪些方面具体特征的变化。在对照实验中,有同样比例的人确信图片没有发生变化。伦辛克认为,即使我们不能在大脑中重现复杂场景的变化,而且也不能辨别具体发生了什么改变,但是,我们的视觉系统依然可以感觉到某些细微的特征或场景发生了改变。伦辛克认为这种效果可以解释人类的直觉加工的问题。尽管伦辛克对产生"盲视"现象的生理机制还不清楚,但他认为这种现象很可能是一种大脑自动化扫描的加工过程。

在斯特鲁普和伦辛克的研究发现之后,研究者针对无意识加工过程进行了大量的研究。尤其近些年来在阈下知觉、无意识知觉、内隐知觉、内隐注意、内隐记忆和内隐学习等方面进行了一系列的研究,并进一步证实了阈下知觉启动效应的普遍存在,无意识知觉和内隐知觉现象在人的日常生活和工作中是普遍存在的,内隐注意在前注意加工和无意识注意加工以及外源性注意的自上而下的自动化加工中起着重要作用,内隐记忆和内隐学习在人们的生活和工作以及学习中起着十分重要的作用。无意识知觉、内隐知觉和阈下知觉的研究也在神经电生理的加工机制以及脑功能定位和激活的研究方面获得了大量的实验证据。

无意识知觉研究的主要范式有斯特鲁普效应范式、错误再认和排除测验。

下面设计的是经典的无意识知觉和"盲视"实验,验证无意识知觉和"盲视"现象的存在。

实验目的

(1)验证斯特鲁普效应的存在和无意识觉察的启动效应。

(2)验证无意识觉察和"盲视"现象的存在。

研究方法

实验一： 数字材料的斯特鲁普效应实验

一、被试

被试为全班级的学生，2人一组，轮换做主试和被试，要求所有被试的视觉和颜色知觉正常，听觉正常。

二、实验仪器与实验材料

1. 实验仪器

实验仪器采用 CRT 显示屏(黑色背景)、计算机控制下的实验斯特鲁普效应程序或 GenPsy"普通心理学实验系统软件"中的斯特鲁普效应实验程序、语音报告用的麦克风和语音控制反应程序。

2. 实验材料(见表 12-1)

表 12-1　斯特鲁普效应数字实验材料表

实验处理	1	2	3	4	5	6	7	8	9	10	11	12	……
1读数字 颜色/数字	红/12	黄/14	绿/54	蓝/63	紫/75	白/81	红/19	黄/48	绿/39	蓝/90	紫/27	白/32	……
2读颜色 颜色/数字	红/12	黄/14	绿/54	蓝/63	紫/75	白/81	红/19	黄/48	绿/39	蓝/90	紫/27	白/32	……
3读数字 白色数字	12	14	54	63	75	81	19	48	39	90	27	32	

上述表中的实验材料分为三种实验条件：1为读数字——有不同颜色的数字(有颜色干扰效应)；2为读数字颜色——(有颜色干扰效应)；3为基线实验——读白色的数字(无颜色和干扰效应)。

3. 实验过程控制

实验处理中的六种情况分为三组实验进行，顺序可以采用拉丁方设计或者反向抵消的方法来进行控制，每组实验处理中的所有实验材料的出现顺序是完全随机的。此外，因不同实验任务之间容易混淆，在做每组实验前要求被试明确实验要求，避免对实验任务理解的出入导致实验结果无效。

4.实验结果的预期

根据上述实验材料，与基线实验处理 3 比较，可能会得到如下预期的结果，在实验处理 1、2 下将存在显著的颜色干扰效应，即斯特鲁普效应。

结果分析和讨论

(1)根据上述实验结果，与实验处理 3 比较，分析在实验处理 1、2 下颜色干扰效应(斯特鲁普效应)是否存在，并比较三种实验处理之间的差异。

(2)根据上述比较的结果，初步阐述斯特鲁普效应产生的机制。

(3)根据实验一的结果，初步分析和阐述颜色干扰效应与无意识觉察和"盲视"现象之间的关系。

实验二：经典的色词实验与斯特鲁普效应

一、被试

同实验一。

二、实验仪器与实验材料

1.实验仪器

同实验一。

2.实验材料(见表 12-2)

表 12-2　斯特鲁普效应汉字词实验材料表

实验处理	1	2	3	4	5	6	7	8	9	10	11	12	……
1 读色词 词色/词	红/蓝	黄/红	绿/紫	白/绿	紫/黄	绿/蓝	红/黄	白/黑	绿/红	蓝/黄	黄/绿	蓝/红	……
2 读词色 词色/词	红/蓝	黄/红	绿/紫	白/绿	紫/黄	绿/蓝	红/黄	白/黑	绿/红	蓝/黄	黄/绿	蓝/红	……
3 读色词 词色/词	红/海	黄/草	绿/树	白/桌	紫/窗	蓝/路	红/台	黄/波	绿/流	白/家	紫/表	蓝/湖	……
4 读色词 词色/词	红/红	黄/黄	绿/绿	白/百	紫/紫	蓝/蓝	红/红	黄/黄	绿/绿	白/百	紫/紫	蓝/蓝	……
5 读词色 词色/词	红/红	黄/黄	绿/绿	白/百	紫/紫	蓝/蓝	红/红	黄/黄	绿/绿	白/百	紫/紫	蓝/蓝	……
6 白色词 读词	海	草	树	桌	窗	路	台	波	流	家	表	湖	……

　　上述表中的实验材料分为 6 种实验条件：1 为读色词——色词和词颜色不一致（有颜色和语义干扰效应）；2 为读词色——色词和词颜色不一致（有色词颜色和语义干扰效应）；3 为读有颜色的非颜色词（有颜色干扰效应、无语义干扰效应）；4 为读相同颜色的色词（无语义和颜色干扰效应、有颜色和语义正启动效应）；5 为读相同颜色的色词的词色（无语义和颜色干扰效应、有颜色和语义正启动效应）；6 为基线实验，读白色的非颜色的词（无颜色和语义干扰效应、无颜色和语义正启动效应）。

　　3. 实验过程控制

　　实验处理中的 6 种情况分为 6 组实验进行，顺序可以采用拉丁方设计或者反向抵消的方法来进行控制，每组实验处理中的所有实验材料的出现顺序是完全随机的。此外，因不同实验任务之间容易混淆，在做每组实验前要求被试明确实验要求，避免对实验任务理解的出入导致实验结果无效。

　　4. 实验结果的预期

　　根据上述实验材料，可能会得到如下预期的结果，在 1，2，3 实验处理下将存在显著的颜色干扰效应，即斯特鲁普效应，而且 1 和 2 的效应可能显著高于 3 的效应；4 和 5 实验处理下无论读颜色还是读色词都将会有显著颜色正启动效应；实验处理 6 作为基线实验，主要用来检验实验处理 1～5 的颜色和语义干扰效应、颜色语义的正启动效应的显著性，从实验预期来看都应该是显著的。

结果分析和讨论

　　（1）根据上述实验结果，与实验处理 6 比较，分析在 1，2，3 实验处理下颜色干扰效应（斯特鲁普效应）是否存在，并比较三种实验处理之间的差异。

　　（2）根据实验结果，与实验处理 6 比较，分析在 4 和 5 实验处理下颜色启动效应是否显著。

　　（3）综合实验处理 1～6 的实验结果，全面系统地分析颜色和语义干扰效应、颜色语义的正启动效应。并根据比较的结果，阐述斯特鲁普效应产生的机制。

　　（4）根据上述实验一和实验二结果的分析与讨论，进一步分析和阐述颜色干扰效应与无意识觉察和"盲视"现象之间的关系。

实验三：复杂知觉情境中无意识觉察和"盲视"现象的研究

　　（具体见实验 12-2）

结　论

根据上述实验结果，可以得出什么结论？

思考题

(1)什么是斯特鲁普效应，产生这种效应的原因是什么？

(2)阐述无意识觉察和"盲视"现象在斯特鲁普效应和颜色与语义正启动效应中的作用。

(3)设计一个复杂图形知觉(如面孔知觉)无意识知觉的实验验证内隐知觉和"盲视"现象的存在。

实验 12-2　视觉阈下刺激对广告效果无意识觉察的影响

实验背景知识

近年来，在记忆研究领域，内隐记忆的研究成为记忆研究的一个热点，而在知觉方面，除了以往在有意识知觉方面进行大量的研究外，无意识知觉的研究也逐渐受到心理学家的广泛关注，知觉研究的内容已不限于人们对那些能够有意识知觉到的阈上刺激信息，还包含了人们通常情况下意识不到的，在人的感知觉阈限以下的刺激信息，而且这些信息可能会对人们的信息加工过程产生一定的影响。

认知神经科学的研究结果表明，对一些初级视觉皮层受损的盲视病人，尽管被试报告自己在视知觉受损的视野范围内不能看到任何东西，但是如果强迫被试报告这些刺激的属性时，他们却能够辨别物体的空间、颜色和运动等特征，如区分人脸的面部表情、物体的形状等。在正常被试的头颅上记录运动准备电位(LRP)的研究也发现，不能被知觉的符号可以影响大脑运动脑区激活和被试的行为反应。研究者使用文字、图形、数字作为启动刺激进行的阈下知觉实验也表明，无意识知觉能够达到语义水平上的加工。也有研究表明，正常人的视知觉的阈限为 30～50 毫秒，而且这个阈值与视觉刺激的内容无关。

研究者采用事件相关电位(ERP)对阈下知觉进行的实验研究发现，N400 指标在无意识语义加工涉及的皮层区域与有意识的语义加工所涉及的区域是接近的，在两种刺激加工模式中都记录到额叶皮层的 N400 或左半球的脑电活动，但是无意识语义比起有意识的神经电激活来说更容易衰减。用 LRP 所做的研究也发现，不能被觉察的视觉信息能够影响运动脑区的激活。此外，神经电生理的研究还表明，后掩蔽刺激使得猴子不能觉知某些刺激，但是在颞区视觉皮层能记录到对该刺激的脑电活动；额叶涉及将视觉信号加工转化成运动指令的区域，在很短的潜伏期内就能对目标刺激做出反应，这就是说，在猴子判断被掩蔽的目标刺激没有出现时也能记录到其脑电活动，而且该脑区对目标刺激的脑电激活比没有靶信号时要强。结果显示被掩蔽的信号刺激并没有在视觉加工的早期阶段被完全过滤掉，前额叶和颞区皮层对视觉信号的反应幅度能够预测行为。诸多实验证据显示，无意识启动效应很可能涉及大脑高位皮层区域的协调参与，在没有意识觉知的情况下，视觉信息能够达到语义水平上的加工。

有研究者曾以大学本科生和研究生为被试(柯学，白学军等，2002)，进行了启动数字和靶数字属于同一刺激序列的启动效应的实验。实验采取 4×2 两因素组内设计，一个因素为启动数字和靶数字所表达的数值概念的大小关系(当启动数字和靶数字同时小于 5 或同时大于 5 时为一致，反之为不一致)，另一个因素是启动数字和靶数字字体构成的启动条件，分别为 A—A，A—C，C—A，C—C 四个水平(A：阿拉伯数字，C：中文字体)。

实验中，被试只被告知注视计算机屏幕中央先呈现的注视点，时间 750 毫秒，接着呈现启动数字和掩蔽刺激，时间分别为 30 毫秒和 80 毫秒，最后呈现靶刺激，时间为 150 毫秒。被试的任务是按键作答。其中一半的被试右手食指按键表示靶刺激数字小于 5，中指按另一键表示靶刺激大于 5；另外一半的被试刚好相反。在 16 次练习后，进行 4×64 次的正式实验。其中，启动数字和靶数字都是随机呈现。

实验结果表明，启动数字和靶数字所表达数值概念大小关系的主效应显著 $[F_{(1,17)}=33.412，P<0.001]$，说明启动数字对靶数字有显著影响(一致时有促进效应，不一致时有抑制效应)。而启动刺激和靶刺激所表达数值概念的大小关系与启动条件的交互作用不显著，说明启动数字和靶数字字体不同时也能发生启动效应，反映了数字概念启动效应的普遍性。

基础研究是应用研究的前提，它的发展必将带来应用领域的突破。广告心理学就是目前应用心理学的一个重要分支。它在传统的广告宣传方法中加入心理学的基础与应用研究的成果，使广告宣传科学化，从而使广告发挥它最大的效应。

以往关于广告效应的评估主要依据的是外显记忆的成绩，这是因为目前的广告都是以阈上的方法呈现图形或文字来表述信息的。近年来由于内隐记忆研究的深入，人们越来越意识到内隐记忆在人们工作和生活中的作用。内隐记忆和外显记忆可能存在不同的编码机制，其中内隐记忆更不易受情景和注意分配的影响，而且保留的时间可能更长。另外，有关阈下情绪启动效应的研究表明（刘蓉晖，王垒，2000），无意识知觉到的信息比意识知觉到的信息对情绪的影响更大。可见阈下和内隐的信息对人们正常的任务操作是有一定的影响的，那么，是否可以利用内隐记忆和阈下刺激的上述效应对目前传统的广告制作进行改进呢？如果以阈下刺激的方式向消费者表达广告所欲宣传的内容，是否可以收到更好的效果呢？

随着动态广告（如电视或网络上呈现的）的不断发展，一些广告设计追求新颖独特的形式，广告设计者也尝试超越传统的设计模式，如有的设计往往引入很多看似与广告宣传内容关联不大的视觉信息，直到结束部分才引出广告主旨。虽然很多广告设计精彩巧妙，但由于消费者层次不同、文化背景以及生活环境各异等因素的差异，造成了很多消费者对这些广告产生不理解和不认同的现象（具体来说，有的消费者无法理解广告的主旨甚至不明了广告所要宣传的具体产品），有些广告设计甚至引起了负面效应。此外，广告设计中对时间的控制有较高的要求，对上述广告设计的改进必须考虑时间的因素。如果在原有广告中引入与广告相关的一些阈下刺激并做一些适量的不影响原设计理念的简单改进，由于阈下刺激的阈值的特点，这就在不对广告时间产生影响的基础上突出广告的主旨从而促进广告的效应。本实验将对阈下广告刺激信息的效果问题进行初步的探讨。

研 究 目 的

本实验设计就是在以往相关研究的基础上，在广告中以不同时间间隔加入与广告主旨直接相关的图片或文字的阈下刺激，考察被试对广告主旨理解水平的变化及差异。根据以往的无意识知觉和内隐记忆的研究结果，这些阈下刺激很可能对广告主旨的突出起到积极作用，从而在很大程度上消除原广告设计的负面影响，并且满足了广告设计中的耗时要求。这样将原有的新颖精彩的广告理念与广告设计的实际效应很好地结合起来，对提升广告的价值以及扩大广告的效果可能都有较大的促进作用。

实 验 方 法

一、被试选取及分配

选取除心理、广告专业外的大学本科生 70 名，视力或矫正视力正常，男女比例 1∶1。将 70 名被试完全随机分配到 1 个控制组和 6 个实验组中。

二、实验仪器与实验材料

1. 实验仪器

实验仪器为 pentiumⅢ 以上高分辨率的计算机，显示分辨率为 800×600 或以上，屏幕的垂直刷新频率为 100Hz 以上。被试眼睛与显示器齐平，视距约为 50 厘米。

2. 实验材料的制作及分配（见表 12-3）

选取一组广告（20 个），每个时间为 30 秒左右，内容较为抽象（广告语和图像中不含有关广告产品的词语或图像，消费者不易识别出广告产品是什么），不直接涉及广告产品的实物性，广告产品为实际物品，不是服务类内容。

对各广告分别以 5 秒，10 秒，15 秒的间隔插入相应阈下刺激（图片或文字，图片是该广告产品的直接图像，文字是该广告产品的名称）作为实验组的实验材料；对各广告不进行处理的作为控制组的实验材料。

表 12-3　具体的实验材料制作和被试分配

分组 被试编号	实验组 A 图片 间隔 5 秒	实验组 B 图片 间隔 10 秒	实验组 C 图片 间隔 15 秒	实验组 D 文字 间隔 5 秒	实验组 E 文字 间隔 10 秒	实验组 F 文字 间隔 15 秒	控制组
1							
2							
3							
4							
5							
6							
7							
8							
9							
10							

下面举其中一个广告为例：

材料制作：原广告：画面是一组世界名胜的风景，凯旋门—埃菲尔铁塔—金字塔—长城等，以连贯的方式依次呈现，如同在汽车中一路浏览窗外的景色一样。最后从画面中跳出产品——轮胎，并出现一行广告语"×××轮胎，让你畅行天下"，原来刚才的画面都是轮胎一路滚动看到的风景。

实验材料截去原广告的最后部分，即整个广告既不呈现产品的画面，也不呈现有关产品的任何文字信息。

阈下刺激的内容为：①图片，即该产品—轮胎的画面，轮胎大小约占屏幕的三分之一，居中，背景用白色，整个图片清晰明了。②文字"轮胎"（100 号黑体字），位置居中、背景为白色。

具体呈现方式分别为：ABC 三组呈现图片，插入图片分别在播放 5 秒，10

秒，15 秒时呈现；DEF 三组呈现文字，插入文字分别在播放 5 秒，10 秒，15 秒时呈现。插入图片和文字呈现的时间均为 30 毫秒 。G 组为控制组，不插入任何图片或文字。

三、实验设计

本实验为 4×2 被试间实验设计，因素一为阈下刺激插入的时间间隔，分别为插入阈下刺激的时间间隔 5 秒，10 秒，15 秒，及不插入阈下刺激；因素二为阈下刺激的内容，分别为图像和文字。

四、实验程序

1. 实验环境控制

实验室采用自然日光灯照明，并在实验过程中保持安静。每个被试在单独的实验室进行实验，在实验前后，应该避免被试之间进行有关实验的任何交流。

2. 实验时间控制

估计每个被试的实验时间约为 20 分钟。70 名被试可以安排出一个整体单元的时间，并排列出实验顺序表。

3. 实验实施

将材料制作好以后，按上述内容分为 7 组，分别与 7 组被试匹配。每组被试的 5 个背景广告都相同，呈现顺序也相同，不同的是插入刺激的内容和频率。每个被试只看一遍，每呈现一个广告，就请被试推断广告要宣传的产品。广告和问题都用计算机呈现，被试回答也用计算机输入，最后由计算机程序自动计算正确率。

4. 正式实验

实验前避免给被试有关广告内容的任何暗示，避免产生实验者效应。主试准备好后，要求被试仔细阅读如下指导语：

"下面要你看一系列广告，每段广告播放完毕之后，会有一个关于广告内容的问题，请你注意观看每一个广告片段，并在广告播放完毕之后，回答屏幕上显示的问题。明白实验的意图后，按'确定'键开始正式实验。"

在实验过程中，主试记录被试对每个广告片段的回答情况。同时，计算机对被试的反应时间和作答情况也将进行详细的记录。

结果分析与讨论

(1)计算出 ABC 三组(图片组)正确率的平均数，并与控制组的正确率进行比较，若差异显著，说明图片的阈下刺激对被试的回答有显著影响。

(2)计算出 DEF 三组(文字组)正确率的平均数，并与控制组的正确率进行比较，若差异显著，说明文字的阈下刺激对被试的决策有显著影响。

（3）比较相同时间间隔下的图片与文字的正确率是否存在差异（组一：A—D；组二：B—E；组三：C—F），若差异显著，则说明不同形式的阈下刺激内容的启动效果存在差异。

（4）比较相同的阈下刺激内容在不同呈现频率下是否存在显著差异。（1）图片组比较：对 A、B、C 三组结果进行多重比较；（2）文字组比较：对 D、E、F 三组的结果进行多重比较。若差异显著，则说明阈下刺激插入的时间对广告效果有显著影响。

（5）本研究的结论说明了什么问题？对广告设计与广告制作有什么指导意义？

结　　论

从本实验结果，可以得出什么结论？

思考题

（1）阈下知觉的研究有什么理论与现实意义？

（2）阈下知觉与内隐记忆之间有什么内在联系？

（3）根据你的心理学知识以及查阅和掌握的文献，你认为是否存在阈下知觉，请阐述你的观点。

参考文献

［1］Morland A B，Jone S R，Finlay A L et al. Visual perception of motion，luminance and colour in a human hemianope. Brain，1999，122：1183～1198.

［2］Azzopardi P，Cowey A. Motion discrimination in cortically blind patients. Brain，2001，124：30～46.

［3］Morris J S，DeGelder B，Weiskrantz L et al. Differential extrageniculostriate and amygdala responses to presentation of emotional faces in a cortically blind field. Brain ，2001，124：1241～1252.

［4］Eimer M，Schlaghecken F. Effects of masked stimuli on motor activation：behavioral and electrophysiological evidence. Journal of Experimental Psychology：Human Perception and Performance，1998，24：1737～1747.

［5］Marcel A J. Conscious and unconscious perception：experiments on visual masking and word recognition. Cognitive Psychology，1983，15：197～237.

［6］Greenwald A G，Draine S C，Abrams R L. Three Cognitive Markers of

Unconscious Semantic Activation. Science，1996，273：1699～1702.

［7］Draine S C，Greenwald A G. Replicable Unconscious Semantic Priming. Journal of Experimental Psychology：General，1998，127：286～303.

［8］DellAcqua R，Grainger J. Unconscious semantic priming from pictures. Cognition，1999，73：B1～B15.

［9］Dehaene S，Naccache L，Clec H G L et al. Imaging unconscious semantic priming. Nature，1998，395：597～600.

［10］Koechlin E，Naccache L，Block E et al . Primed numbers：exploring the modularity of numerical representations with masked and unmasked semantic priming. Journal of Experimental Psychology：Human Perception and Performance，1999，25：1882～1905.

［11］柯学，白学军，隋南. 数字概念的视知觉无意识语义启动效应. 心理学报，2002，34(4)：357～361.

［12］刘蓉晖，王垒. 阈下情绪启动效应. 心理科学，2000，23（3）：352，365 .

［13］Luck S J，Vogel E K，Shapiro K L. Word meanings can be accessed but not reported during the attentional blink. Nature，1996，383：616～618.

［14］Deacon D，Hewitt S，Yang C M et al. Event-related potential indices of semantic priming using masked and unmasked words：evidence that the N400 does not reflect a post-lexical process. Cognitive Brain Research，2000，9：137～146.

［15］Kiefer M，Spitzer M. Time course of conscious and unconscious semantic brain activation. Neuroreport，2000，11：1～7.

［16］Rolls E T，Tov e M J，Panzeri S. The Neurophysiology of Backward Visual Masking：Information Analysis . Journal of Cognitive Neuroscience，1999，11：300～311.

［17］Thompson K G，Schall J D. The detection of visual signals by macaque frontal eye field during masking. Nature Neuroscience，1999，2：283～288.

［18］Stewart Shapiro，H Shanker Krishnan. Memory-based measures for assessing advertising effects ：A comparison of explicit and implicit memory effects. Journal of Advertising，2001，30(3)：1～13.

实验 12-3　蓬佐(Ponzo)错觉实验

实验背景知识

蓬佐错觉是指两条成梯形的斜线中间加着两条长度相等的水平线段(见图 12-15)，当人们比较两条水平线段的长度时，总是倾向于认为上面的线段比下面的线段长。

关于蓬佐错觉产生的原因，有很多理论对此进行了解释，其中常见的有四种理论：倾斜诱导效应、组合—储存模型、大小—比较模型和缪勒-莱尔(Müller-Lyer)错觉与深度知觉理论。

倾斜诱导效应认为被试在比较两条水平线段的长度时，先将两条水平线段的左右两端连接起来，形成两条垂线。这时，蓬佐错觉就被分解成了两个经典的倾斜诱

图 12-15　蓬佐错觉(1)

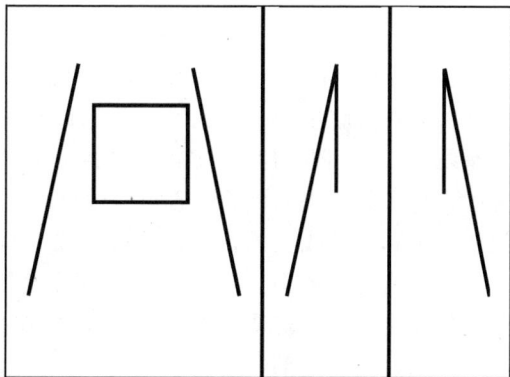

导效应，如图 12-16 所示。倾斜诱导效应的原意是指一条垂直线同斜线相近呈现，人们倾向于认为垂直线向与斜线倾斜方向相反的方向倾斜。由图 12-16 我们可以看出，蓬佐错觉实际上就是由两个这样的斜线与线段组合而成的。因此，人们会认为左边的垂线是向右边倾斜的，而右边的垂线是向左倾斜的。从而将图中的矩形看成是两腰向内倾斜的梯形，由此认为顶部的线段比底部的线段长。

组合—储存模型和大小—比较模型都是基于同一理论提出的。它们都认为因为顶部的线段和两边的斜线之间的缝隙比底部的线段和斜线之间的缝隙要小，所以，人们在分辨两条线段的长短时，容易将顶部的线段看成和斜线相连，而将斜线的一部分当作线段的一部分，因此，认为顶部的线段比底部的长。

图 12-16　蓬佐错觉(2)

缪勒-莱尔错觉是指当一条线段被两个箭头夹起来时，箭头向外(下)倾斜的线段看起来比实际长度相等的，但是箭头向内(上)倾斜的线段看起来长，如图

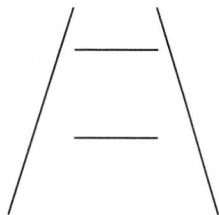

12-17 所示。缪勒-莱尔错觉与深度知觉理论认为，蓬佐错觉包含了缪勒-莱尔错觉，如图 12-17 所示，斜线位于顶部线段下边的一段相对于顶部线段是向外倾斜的，正好相当于向外的箭头。相反，斜线位于底部线段上边的一段相对于底部的线段是向内倾斜的，正好相当于向内的箭头。因此，人们在比较顶部和底部线段的长度时，会认为顶部的线段比底部的长。至于为什么顶部线段上端和底部线段下端的斜线不起作用，这种理论认为，这是因为人们的视线总是集中在图的中间部分，而对过高或过低的部分都不会予以过多的关注。深度知觉理论认为，蓬佐错觉的产生是因为人们将图中两条斜线看成一条由远及近的通道，因此认为顶部的线段距离我们较远，底部的线段距离我们较近。很显然，如果远的线段在我们的角度上看来和近的线段长度相等，那么，远的线段的实际长度一定比近的线段长。所以，人们认为顶部的线段比底部的长。本实验的目的就是要证明蓬佐错觉的产生机制，上述哪一个理论能更好地解释蓬佐错觉。

首先，介绍几个威廉等人关于蓬佐错觉研究的实验。

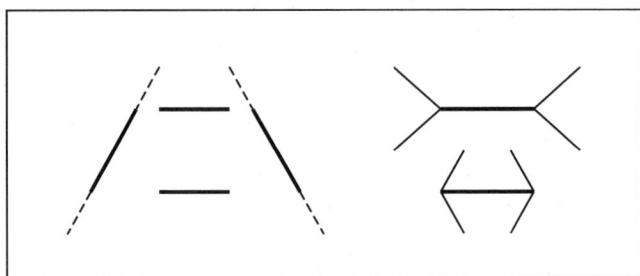

图 12-17　蓬佐错觉（3）

实验-1(a)　研究者的目的是要证明：被试在比较两线段的长度时，不是直接将两线段在头脑中作长度比较，而是将两线段的两端分别连起来，成为两条垂线，垂线和与它相近的斜线比较时向内倾斜，使被试认为顶部的线段长。因此，研究者设计了如图 12-18 所示的实验材料。左边的图就是经典的蓬佐错觉，让被试比较顶部和底部线段的长度，并通过按键调整底部线段的长短，直至上下两线段一样长。右边的图是为了避免被试直接比较上下两线段的长度而设计出来的。实验的任务是让被试辨认顶部和底部两线段与斜线不连接的自由端是否在一条垂线上，并通过调整底部线段的长度使两端看起来在一条垂线上。实验结果表明，两组实验对底边线段的调整量没有明显差异，研究者认为这就证明了被试在比较上下两线段时，是通过连垂线来进行判断的。

实验-1(b)　研究者要证明上下两线段和斜线之间的缝隙不会造成蓬佐错觉。于是，研究者设计了如图 12-19 所示的实验材料，左边的图是经典的蓬佐错觉，

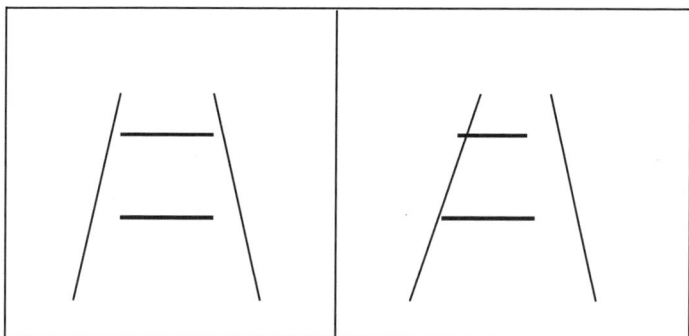

图 12-18　蓬佐错觉(4)

实验任务同实验-1(a)。右边的图中，上下两线段与斜线的距离分别和左图的相同。

　　实验材料中唯一不同的是，夹着两条水平线段的不再是左图的斜线，而是直线，实验任务同左图。实验结果表明，两组实验对底部线段的调整量有明显的差异，右图几乎没有错觉，由此可见，组合—储存模型和大小—比较模型都不能很好地解释蓬佐错觉。

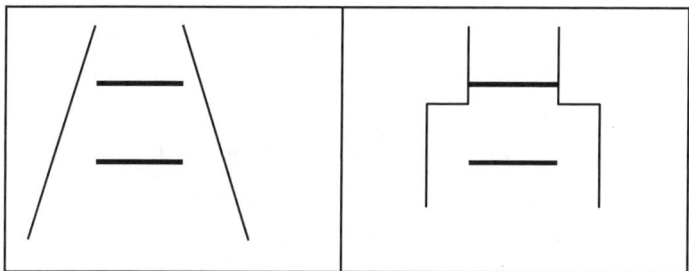

图 12-19　蓬佐错觉(5)

　　实验-1(c)　研究者试图证明缪勒-莱尔错觉和蓬佐错觉的基本原理差异。于是，研究者设计了如图 12-20 所示的实验材料。左图仍是经典的蓬佐错觉，而右图是两个缪勒-莱尔错觉的组合图，保证上下两线段和两边的直线距离相等。实验结果表明：两者之间的错觉量有显著差异。由此可见，这两种错觉的机制是有所差异的。

　　实验-1(d)　研究者试图证明深度知觉不是产生蓬佐错觉的主要原因。为此，设计了如图 12-21 所示的实验材料。左边一幅图是将经典的蓬佐错觉横过来，并将斜线的两端交叉延伸，成一个走廊的形状。中间的图将线段放到外边，两条水平线只有一端与斜线相邻，产生的也应该有一半的错觉量。右边的图是将两条水

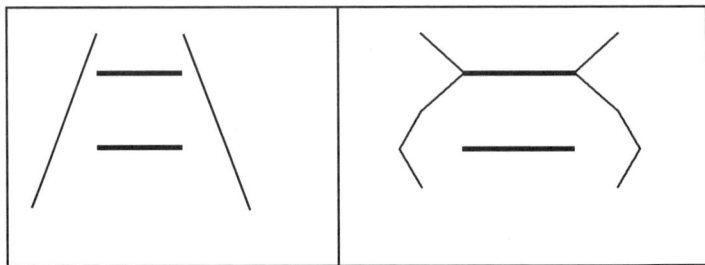

图 12-20　蓬佐错觉(6)

平线不对称的排开，使两条直线根本不能产生垂线连接的倾斜诱导效应，但是仍保持深度走廊效应。实验结果表明，中间组的调整量是左侧组的一半，但是右侧组的调整量和前面两组都有显著差异，没有产生明显的蓬佐错觉。可见，深度知觉不是产生蓬佐错觉的主要原因。

　　本实验的三个实验设计就是在上面四个实验的基础上提出来的。首先，在实验一中，我们将两条斜线的角度进行了改变，试图考察倾斜角度是否会对蓬佐错觉的量产生影响。实验-1(b)是在实验-1(a)的不足的基础上进行了改进。威廉等人的实验只是简单地证明了画垂线和蓬佐错觉的错觉量没有差别，但是他们的实验只能说明，在不能将两条线段直接比较的情况下，被试会用连垂线的方法。那么被试在判断上下两线段长度时，会不会采用直接将两线段相比较的方法呢？因此我们设计了如图 12-21 所示的实验材料。右边图的两条线段是不对称的，因此被试无法用连垂线的方法进行判断和比较。我们可以预期两组的调整量有明显差异，如果这样就说明被试会用直接比较法，但不会产生错觉。

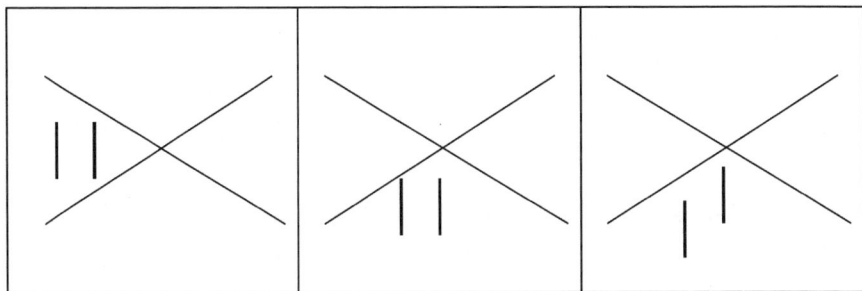

图 12-21　蓬佐错觉(7)

　　实验-1(c)是根据威廉等人的实验-1(d)提出的。在实验-1(d)的材料中，中间和右侧图中的两条斜线只有一条有直线的关联，而另一条直线根本没用上。因此，被试可能根本没有产生走廊式的深度知觉。所以，设计了如图 12-21 所示的实验材料。一幅图通过一直一斜的两条直线保留了走廊式的深度知觉，但是两条水平线不对称，从而控制了被试不能用连垂线的方法进行比较。另一幅图没有深度知觉，但是可用连垂线的方法比较。可以预期如果两组的数据有显著差异，说明蓬佐错觉不是由深度知觉产生的。

实验目的

通过实验探讨蓬佐错觉的产生机制，并对这种错觉现象进行解释。

实验方法

实验-1(a)

一、被试

选择被试 30 名，男女比例均衡，视力或矫正视力正常。

二、实验仪器与实验材料

(1)实验仪器：计算机、蓬佐错觉实验程序。

(2)实验材料：如图 12-22 所示的错觉图形。

图 12-22　蓬佐错觉实验材料

三、实验设计

实验为单因素实验设计，包括 5 个水平，即倾斜线段与垂直线夹角分别为 $10°$，$30°$，$40°$，$50°$，$70°$。5 个水平按照组内实验设计进行实验。

将 5 个角度随机排序，分配给被试。每名被试在每一个水平下分别进行 16 次实验，按照如下实验设计进行，4 次为一个单元，其中，两次要求被试将线段由长调短(A)，两次要求被试将线段由短调长(B)。长短的实验顺序按照 ABBA，BAAB，ABBA，BAAB，ABBA 或 BAAB，ABBA，BAAB，ABBA，BAAB 的顺序呈现。

被试用 5 个角度的实验材料按照拉丁方顺序进行实验。即 30 个被试分成 6 组，每组的 5 个被试 1，2，3，4 和 5 按照如下角度的顺序进行实验(见表 12-4)。

表 12-4　小组被试拉丁方实验设计

| 10°，30°，40°，50°，70° |
| 30°，40°，50°，70°，10° |
| 40°，50°，70°，10°，30° |
| 50°，70°，10°，30°，40° |
| 70°，10°，30°，40°，50° |

四、实验过程

(1)主试指导被试进入蓬佐错觉实验程序，向被试说明实验注意事项，并让被试仔细阅读指导语，选择实验-1(a)的实验材料，准备正式实验。

(2)屏幕上出现如图 12-22 所示的不同角度的错觉图形，要求被试调整下面一条线段两端的长短，使上下线段一样长。

(3)要求被试按照实验设计的顺序进行实验。

实验-1(b)

一、被试

选择被试 16 名，男女比例均衡，视力或矫正视力正常。

二、实验仪器与实验材料

(1)实验仪器：计算机、蓬佐错觉实验程序。

(2)实验材料：实验材料如图 12-23(a)和图 12-23(b)所示的错觉图形。

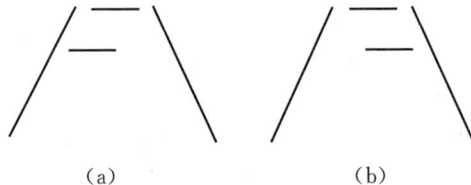

（a）　　　　　　　　　（b）

图 12-23　蓬佐错觉实验材料

三、实验设计

实验为单因素两水平实验设计，两水平分别为图 12-23(a)和图 12-23(b)的两个图形，即调节线段靠左和靠右。其中采用两种图形进行实验的目的是为了平衡由于图形位置可能引起的空间误差。

实验中调节线段比标准线段长和短的机会各半，并按照 ABBA 或 BAAB 的顺序进行实验，全部实验按照多重 ABBA 法的实验顺序进行。

四、实验过程

(1)主试指导被试进入蓬佐错觉实验程序，向被试说明实验注意事项，并让被试仔细阅读指导语，选择实验-1(b)的实验材料，准备正式实验。

(2)屏幕上出现如图 12-23(a)和图 12-23(b)所示的错觉图形，在指导语中告诉被试两条水平线段的一端的连线与其所靠近的一条斜线平行，要求被试调整下面一条线段另一端的长短，使得上下线段一样长。随机选出 8 名被试先对图 12-23(a)进行实验，后对图 12-23(b)进行实验。另外 8 名被试进行相反的实验顺序。每名被试对每个图形分别进行 16 次实验，4 次实验为一个单元，两次要求被试将线段由长调短(A)，两次要求被试将线段由短调长(B)。16 次实验按照 ABBA，BAAB，BAAB 和 ABBA 的顺序呈现。

(3)两种实验材料按照(a)(b)和(b)(a)的顺序交叉分配给 16 名被试，要求被试按照所分配的顺序完成实验。

实验-1(c)

一、被试

选择被试 16 名，男女比例均衡，视力或矫正视力正常。

二、实验仪器与实验材料

(1)实验仪器：计算机、蓬佐错觉实验程序。

(2)实验材料：实验材料如图 12-24(a)和图 12-24(b)所示的错觉图形。

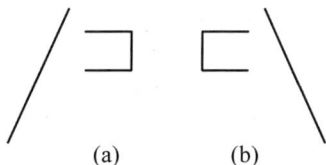

图 12-24　蓬佐错觉实验材料

三、实验设计

实验为单因素两水平实验设计，两水平分别为图 12-24(a)和图 12-24(b)的两个图形，即调节线段靠左和靠右。其中采用两种图形进行实验的目的是为了平衡由于图形位置可能引起的空间误差。

实验中调节线段比标准线段长和短的机会各半，并按照 ABBA 或 BAAB 的顺序进行实验，全部实验按照多重 ABBA 法的实验顺序进行。

两种实验材料按照(a)(b)和(b)(a)的顺序交叉分配给 16 名被试，排除材料顺序误差。

四、实验过程

(1)主试指导被试进入蓬佐错觉实验程序，向被试说明实验注意事项，并让被试仔细阅读指导语，选择实验-1(c)的实验材料，准备正式实验。

（2）屏幕上出现如图 12-24(a)和图 12-24(b)所示的错觉图形，指导语中告诉被试连接两条水平线段的竖直线段垂直，要求被试调整下面一条线段另一端的长短，使得上下线段的未连线一端的两端点处于一条垂直线上。随机选出 8 名被试先对图 12-24(a)进行实验，后对图 12-24(b)进行实验。另外 8 名被试进行相反的实验顺序。每名被试对每个图形分别进行 16 次实验，4 次实验为一个单元，两次要求被试将线段由长调短（A），两次要求被试将线段由短调长（B）。16 次实验按照 ABBA，BAAB、BAAB 和 ABBA 的顺序呈现。

（3）两种实验材料按照(a)(b)和(b)(a)的顺序交叉分配给 16 名被试，要求被试按照所分配的顺序完成实验。

结果分析与讨论

（1）计算三个实验获得的不同实验情境下的平均错觉量，并进行统计学检验，是否达到显著差异？

（2）根据上述三个实验结果，结合蓬佐错觉的有关理论对蓬佐错觉产生的机制进行分析和解释。

结　论

根据实验结果，可以得出什么结论？

思考题

（1）查阅有关的资料文献，系统分析和阐述产生感知觉错觉的机制。

（2）请你根据自己对错觉现象的认识和理解，论述感知觉错觉对人类的工作与生活有什么积极和消极的影响。

参考文献

［1］William Prinzmetal，Arthurp Shimamura，Michelle Mikolinski. The Ponzo illusion and the perception of orientation. Perception and psychophysics，2001，63，(1)：99～114.

［2］张春兴. 张氏心理学辞典. 上海：上海辞书出版社，1992，319.

第十三章　语言认知实验

【本章要点】

（一）语音及其声学特点
（二）语音知觉的声学线索和语音知觉的研究
（三）语言认知的实验研究方法
（四）语音知觉实验：语音知觉的声学线索和语音知觉的范畴性

语言是一种有规律和意义的复合音，也是人的高级认知功能的一种重要表现。语音知觉是人类对不同语言的意义的知觉加工，是对语言听觉知觉的一种重要认知加工过程。语言和语音知觉是人类在长期发展、人际交流和社会实践中形成的，语言和语音知觉具有与其他听觉信息所不同的特点。下面就主要阐述关于语音知觉、语言认知以及语言认知的研究方法。

第一节　语音及其声学特点

一、语音及其声学特点

在汉语认知加工过程中，语音可以分为元音和辅音两种不同的成分，而语音构成的基本要素包括音调、音强、音色和音长四个要素，上述四个基本要素在语音知觉加工中是缺一不可的，人类的发音器官与其他的复杂的发音设备类似，而且比其他的发音设备要更为复杂，发音器官可以对发音的强度、频率、音色和音长进行调节，从而向别人传达不同的语音信息以及个人的想法和意愿等。下面就介绍语音的基本元素及其在语音知觉（speech perception）和语言认知加工中的作用。

(一)语音的要素及其作用

1. 声调及其作用

声调由发声器官振动频率的高低变化产生。如在汉语语音中四声变化主要是发音器官振动频率的变化，在乐音中的低音、中音和高音也主要是乐音频率的变化。

2. 音高及其作用

音高主要是由语音频率的高低决定的，一般的语音频率范围在 125～7000Hz 之间，语音音高因发音人的性别、年龄和个体发音器官的生理差异而不同。一般来说儿童发音频率高于成年人，老年人的发音频率随着年龄的增加逐渐变得低沉，同龄女性的发音频率通常高于男性。

3. 音强及其作用

音强是发音响度的高低，通常来说影响音强的因素是多方面的，如声音的频率变化、发音器官的震动幅度的高低、年龄的发展因素、身体状况和疾病、情绪状态等都会对发音的强度有不同程度的影响。

4. 音长及其作用

音长是指我们发音时声音持续时间的长短，一般以秒或毫秒来计算，音长的测量可以通过示波器、语言图仪等来进行分析。影响音长的因素主要是发音器官振动时间的长短以及周围环境是否会产生回声或者共鸣等。通常发音音长在不同国家或民族的语言中也有所不同，日常的语音音长与舞台剧中的发音音长也有所不同，比如在京剧唱词中的语音音长与日常语音的音长有显著的差异，在其他的地方戏剧或不同国家的戏剧艺术中也存在类似的情况。

(二)影响语音知觉的因素

语音知觉的影响因素是多方面的，具体可以归结为如下几方面。

1. 音韵相似性

音韵相似性是由音位不同的特征决定的，正确感知语音的特征是区分不同音位的前提条件。在汉语中，语音相似性的情况是非常普遍的，有关音韵相似性的研究实验设计具体见实验 13-1。研究者在该项"音韵相似性对汉字认知影响"(张学民，舒华等，2005)的研究中发现：音韵相似性对汉字再认的反应时间有显著影响。被试对音韵完全不同的汉字词的反应时间最短，对音韵完全相同的汉字词的反应时间最长，这说明音韵相似程度越高对汉字词识别的干扰作用就越大。不同程度音韵相似性的汉字词识别过程中，被试对靶词—配对词和新词的再认存在着显著的差异，具体表现在对靶词的再认速度较快，而对配对词和新词的再认速度较慢，说明对汉字词的熟悉性和注意指向对汉字识别有一定的促进作用。汉字双字词的音韵相似性和出现类型对汉字词的识别存在不同程度的影响，这也进一步证明，在对汉字双字词认知加工的过程中存在语音类似效应。

(1)音韵相似性和出现类型对汉字词识别的影响

为了进一步考察汉字词的音韵相似性和出现类型对汉字认知产生影响的详细情况，研究者对不同程度音韵相似性以及靶词、配对词和新词的再认时间进行多重比较，结果见表 13-1(差异显著的比较结果)。从多重比较的结果也可以看出反应时的变化趋势。音韵相似性多重比较结果表明，不同程度音韵相似性的汉字词的反应时变化趋势为：完全不相似 ＜ 配对词－新词音韵相似 ＜ 靶词—配对词音韵相似 ＜ 靶词—新词音韵相似 ＜ 靶词、配对词和新词音韵完全相似。不同类型汉字词反应时的变化趋势如下：靶词 ＜ 配对词 ＜ 新词，对于追随词的反应速度最快，其次是配对词，对新词的反应速度最慢。关于汉字词音韵相似性和出现类型对汉字认知的影响将在后面进行详细的分析与讨论。

表 13-1　反应时数据多重比较结果

		平均值差异	标准误差	显著水平
靶词	配对词	-144^{*}	76	0.070
靶词	新词	-178^{**}	64	0.010
全同	靶配同	270^{***}	81	0.003
全同	靶新同	213^{*}	101	0.044
全同	配新同	303^{***}	90	0.002
全同	全不同	362^{***}	82	0.000
靶新同	全不同	149^{*}	64	0.029

注：＊表示 $P<0.05$ ＊＊表示 $P<0.01$ ＊＊＊表示 $P<0.001$。

(2)注意资源分配对汉字认知的影响

根据实验设计的构想，被试对出现的不同类型汉字词(靶词、配对词和新词)的反应时间可以在一定程度上反映汉字再认过程中的注意资源分配情况。方差分析和多重比较结果表明，三种出现类型方差分析的主效应达到了显著水平，而且靶词与配对词、新词的配对比较结果达到了显著水平，这说明对汉字词的注意资源分配的不同导致再认的反应速度存在一定的差异，对注意资源投入最多的靶词的反应速度最快，其次是与靶词同时呈现的配对词，对新词的再认反应时间最长。这说明听觉通道的注意资源分配对视觉汉字双字词的再认反应时间有显著的促进作用，这也进一步证明了跨通道注意资源分配对靶词再认的促进作用。出现的不同类型汉字词的反应时和正确率的变化趋势见图 13-1 和图 13-2。正确率的变化趋势表明，由于被试对靶词、配对词和新词投入的注意资源不同，对注意资源投入最多的靶词的再认正确率最高，反应时间也最快；对注意资源投入最少的配对词(只存在无意识的注意)再认正确率最低，反应时间也相对较长；而对于新词的再认正确率较高，这是因为在注意资源分配过程中，新词很可能会引起外源性的选择注意，因此，尽管再认速度慢一些，但是对新词的再认正确率却较高，这也表明外源性选择注意对正确再认有一定的促进作用。

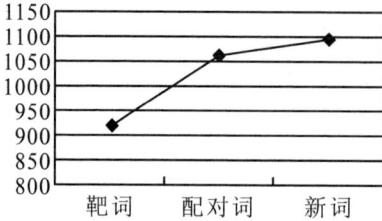

图 13-1　出现类型对反应时的影响

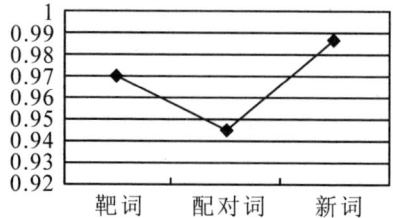

图 13-2　出现类型对正确率的影响

(3)音韵相似性与汉字再认的认知机制(图 13-3)

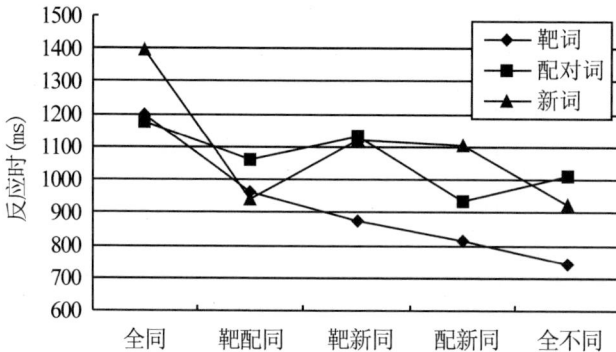

图 13-3　反应时上音韵对出现不同类型汉字词的影响

　　从音韵相似性的方差分析结果可以看出，音韵相似性对汉字词的再认时间有显著的影响，而且这种影响主要表现为音韵相似性对汉字双字词的干扰效应，具体表现在靶词与配对词、新词之间的音韵越相近，这种干扰的作用就越明显，被试再认的反应时间就越长，同时正确率也表现出一定的下降趋势。多重比较结果也表明，全部同韵的词正确的反应时间显著高于其他情况下词正确的反应时间。词的出现类型(靶词、配对词、新词)与音韵相似性的变化对汉字词再认的影响见表 13-2(表中均未达到显著性水平的结果)。

表 13-2 反应时数据配对 T 检验结果

配对检验	平均数差异	T 检验	显著水平
全同—靶词：靶配同—靶词	239	2.314	0.028
全同—靶词：靶新同—靶词	322	2.494	0.019
全同—靶词：配新同—靶词	382	2.965	0.006
全同—靶词：全不同—靶词	457	3.655	0.001
靶配同—靶词：全不同—靶词	218	3.094	0.004
靶新同—靶词：全不同—靶词	135	2.324	0.028
全同—新词：靶配同—新词	454	3.675	0.001
全同—新词：配新同—新词	288	2.182	0.038
全同—新词：全不同—新词	470	3.987	0.000

从 T 检验结果可以看出，在靶词水平上，随着音韵相似性逐渐减弱，被试对靶词的反应时呈下降趋势。配对 T 检验结果显示，音韵全同—靶配音韵相同、音韵全同—靶新音韵相同、音韵全同—配新音韵相同、音韵全同—音韵全不相同、靶配音韵相同—音韵全不相同、靶新音韵相同—音韵全不相同几种情况下靶词的反应时差异均达到了显著性水平。全部同韵（即靶词、配对词、新词全都同韵）的情况下靶词反应时显著高于其他四种情况，这说明音韵完全相同对于靶词的干扰作用最大。

靶配同韵、靶新同韵和配新同韵均属于部分同韵的情况。其中，靶配同韵和靶新同韵的情况下靶词反应时高于全不同韵的情况，说明音韵相似对靶词反应时产生了一定程度的干扰作用。配新同韵虽然对靶词没有音韵上的干扰，但反应时同样高于完全没有音韵影响的全不同韵的情况，这可能是配对词和新词之间的音韵干扰在一定程度上影响了对靶词的判断，这一点还有待于进一步研究。

此外，在新词水平上同样也表现出了类似的趋势。配对 T 检验结果显示：全部同韵—靶配同韵、全部同韵—配新同韵、全部同韵—全不同韵这几种情况下新词反应时差异均达到了显著性水平。全部同韵的情况下新词反应时显著高于其他情况，靶新同韵和配新同韵情况下新词反应速度也有所减慢，这说明音韵相似性同样影响了对新词再认的反应速度，而靶配同韵对新词并没有音韵上的干扰作用，新词反应时与全不同韵情况下的相似。可见，新词反应时的变化趋势也说明音韵对视觉通道的汉字认知产生了干扰作用。

在配对词水平上反应时变化趋势并不明显，各种情况下差异均不显著，没有表现出音韵的影响。这可能是因为配对词的反应机制本身对音韵的效应不敏感，也可能与样本大小和处理的随机化有一定关系，这一点也需要进一步研究。

音韵相似性正确率的主效应不显著，配对 T 检验结果也仅有少量配对差异显著的情况，而且主要集中在靶词上。综上所述，音韵对汉字双字词的认知确实存在影响，并在跨通道的汉字词再认过程中产生干扰作用，这种影响的深层认知加工机制还需要进一步探讨。

(4)双耳分听任务中语音相似性对汉字词认知的影响

根据上述分析的结果，在全不同韵的情况下，汉字词的再认没有受到音韵的干扰，这也反映出汉字词的出现类型对再认产生了一定的影响。多重比较分析结果表明，靶词与配对词、新词之间是显著性差异，说明在追随耳上分配的较多注意资源对再认有明显的促进作用。

靶配同韵、靶新同韵和配新同韵这几种情况，主要考察的是靶词、配对词和新词两两同韵时可能产生的影响。其中，靶新同韵和配新同韵的目的是考察听觉呈现阶段所保存的语音编码（靶词或配对词）与视觉判断阶段所转换的语音编码（新词）之间是否会表现出音韵的干扰。实验结果表明，这两种情况下新词的反应时确实高于靶配同韵和全不同韵的情况，尤其是靶配同韵的情况下，靶词和配对词同韵存在着相互干扰的效应，而新词则没有受到音韵的干扰，反应时与靶词的水平相近；与其他两种情况比较，可以证实音韵相似性的干扰效应对视觉通道输入信息的再认确实存在影响。

靶配同韵和全部同韵两种情况下音韵的影响表现得更为复杂一些，听觉呈现阶段和视觉判断阶段都存在音韵的干扰效应，尤其是在全部同韵的情况下，音韵干扰效应表现得更为明显。多重比较结果也显示，全部同韵情况下平均反应时显著高于其他情况，这充分证实了音韵相似性导致的语音干扰效应。

张积家等(1996)研究语境对汉字双字词中多音字命名的影响时发现，被试对高频汉字双字词中双音字的复杂语音结构并不敏感，而对低频汉字双字词中双音字的音位结构双向性的敏感性则有所提高。也就是说，词频对词的听觉与视觉再认也有一定的影响。由于本研究所选用的实验材料均为高频词汉字双字词，所以也可能在一定程度上削弱了音韵相似性的作用，因为在加工非常熟悉的汉字词时，被试对听觉通道的汉字双字词的再认可能达到了自动化的加工水平，同韵的干扰作用并没有得到充分的体现。

从本实验的结果可以看出，跨感觉通道情境下的汉语同韵词之间确实存在语音类似效应，而且跨通道的注意资源分配对汉字词的再认也有显著的影响。根据英语等拼音文字的相关研究，语音加工一般包括语音意识、言语记忆和快速命名三种成分，而且这三种成分对英语阅读能力具有良好的预测作用。从国外的相关研究和本研究的结果可以发现，语音加工具有跨语言的特点，可以作为儿童汉语阅读、英语阅读或其他语言学习能力的较好预测指标，国外研究者将语言的这个特点作为拼音文字学习过程的基本依据和预测儿童阅读能力发展的最佳指标之一。国内的相关研究采用接近正常阅读的校对任务，探讨字音、字形在中文阅读中的作用与发展变化。结果也表明，在中文字词识别过程中，早期阅读能力的发展主要依靠字音，而成人熟练读音后则主要依靠字形。

(5)语音相似性研究的意义

在语音加工中，语音意识被认为是评价英语以及其他拼音文字阅读能力发展的最重要的预测指标之一，它可以解释儿童阅读拼音文字能力的发展，并对提高儿童阅读能力提供理论指导。该结论对阅读障碍儿童的诊断和矫治也有很大意义，国外调查表明：大约15％有英语障碍儿童的主要问题是在语音意识的发展方面。近年来，很多研究报道语音意识在阅读学习中的重要性与文字的正字法性质有关，正字法的规则性是影响儿童语音意识发展的重要因素之一，这使越来越多的研究者认识到通过语料库来研究阅读能力的习得与发展的重要性，并为母语和外语的学习提供充分的理论依据与指导。

汉语是一种非拼音文字系统，很长一段时间，人们认为儿童是通过死记硬背学习汉字。近年来，大量心理语言学的研究结果表明，理解汉字形与音之间的关系在学习汉字中是非常重要的。因此，在汉语教学过程中，特别是对幼儿和小学生识字与阅读教学应该对语音的学习与学习材料的编制予以高度的重视。本研究的结果及国内外相关研究的结果可以对汉语教学提供一定的指导，避免编写教材和课堂教学中出现较多的音韵混淆，以提高初学者的学习效果。同时本研究的结果对于阅读障碍儿童的训练也有重要的指导意义，也可以应用于汉语听说阅读训练，促进初学者语言能力的发展。此外，研究结果对母语为非汉语的学习者也有重要的指导意义。

综合上述的分析和讨论，可以发现：①听觉通道注意资源的分配对视觉通道汉字双字词的再认存在显著影响，当注意对象占用较多认知资源时，正确再认的反应时间较短和正确性较高。②汉字双字词之间的同韵关系对跨通道视觉再认的反应时间和正确率有显著的影响，表现出显著的语音类似性效应。具体表现如下：音韵相似引起跨通道的视觉再认反应时的延长和正确率的下降。③对汉字词的熟悉性(出现类型)可以提高再认的反应时间。④关于音韵的研究对于汉语教学有重要的启示，有助于指导幼儿和小学生的语言学习，对于汉语听说及阅读材料的编制也具有一定的指导意义。

2. 语音强度

语音强度是影响语音知觉的重要因素。当语音强度为 5 dB 时，可觉察语音的存在，但不能分辨；强度增加，词的清晰度增高；当强度为 20～30 dB 时，清晰度为 50%；当强度为 40 dB 时，清晰度达 70%；当强度为 70 dB 时，清晰度达 100%；强度超过 130 dB 时，则会引起不舒服，甚至产生压痛感觉（彭聃龄，2005）。

3. 噪声掩蔽

噪声掩蔽对语音知觉的影响主要表现在，当语音比掩蔽噪声的强度大 100 倍时，噪声对语音知觉没有显著影响；当语音与噪声强度接近时，大约有一半的语音能够被正确知觉。在日常生活情境中，即使语音低于噪声强度，也能够很好地知觉语音的意义。

4. 语境的作用

语境（context）即人们在进行语言交流时的情境。语境具体包括日常生活的情境、社会交往环境、不同的语言文化、书面语言和口语的上下文等。语境对人们语音知觉的影响是非常重要的。我们对语言环境的上下文和背景信息了解或熟悉，就会提高我们的语音知觉的效率，相反则会降低语音知觉的效率。

5. 语义、语法或句法的作用

被试识别句子中单词的语音知觉正确率高于单个词的语音知觉，此外语法正常、语义正确的情况下对语音和语义的知觉高于语义不正确和语法不规则的情况，无论是在书面语还是在口语语音知觉时，语义和句法的正确性和规则性对提高语音与语义知觉都有重要的作用。

二、中文阅读中的字形和语音加工

字词的音、形是阅读加工中重要信息的来源，语音和字形的加工也是研究者长期以来所研究的重要问题之一。

语言心理学家对文字加工提出了双通道模型（dual-route models），该模型认为人们通过两种方式得知单字的意思。第一种方式是由字形激活字义，另一种方式是从字形激活语音，再由语音激活有关的字义。国外的研究者认为，语音在文字辨识中起着中介的作用。由于汉字为表意文字，字形与字音关系非但不明显，而且不稳定，汉字辨识是否以语音为媒介成为研究者关注的问题。刘亭芳（1912）采用联想学习法，最初对汉字进行心理学的研究，并发现汉字字形对字义的影响大于字音对字义的影响。郭可教和杨奇志（1995）通过汉字认知的"复脑效应"的实验研究发现，字形为单侧脑功能优势，而字音、字义为两侧脑功能优势，且字音与字义加工时间上无差异。艾伟（1923，1924）研究汉字的"形"与"音"在学习上的不同作用时指出，汉语学习中，字形、字义与形声联结同时形成，但形义联结更为持久。也有人提出对汉字的加工，若为高频字，则直接由字形到字义，若为低频字则须语音转录才获得语义信息。

大量的英文词汇通达研究表明，在词汇通达前语音的作用还存在争议。有学者认为词汇的通达必须经过语音，语音在阅读初期扮演非常重要的角色。但也有学者认为语音在阅读初期并不扮演任何特殊角色，阅读主要是从字形直接理解字义。此外，英文研究中还存在着一个分歧，即字词音码、形码在阅读中所起作用的发展变化。多特（Doctor）和柯海特（Coltheart）等认为由初学阅读者到成人熟练读者有一个主要依靠形码的发展过程；但另有一些研究者认为音码、形码在阅读中的作用与年龄、阅读技能无关。

关于中文阅读中字音与字形作用同样存在着上述两种分歧：曾志朗和张居美认为在汉语阅读中，字音的作用非常大；而布莱德曼（Blederman）等认为汉字字形与字义的联结更紧密，字形在汉语阅读中作用更大。

宋华、张厚粲、舒华（1995）研究了中文阅读中字音、字形的作用及其发展变化，采用接近正常阅读校对任务法，即要求被试在阅读的同时，找出文章中的错误。错误有两类，一类为形似别字，另一类为音同别字。为了探讨由初学阅读者到熟练阅读者，字音、字形在阅读中的作用及其发展变化而又防止选取的被试年龄跨度比较大，研究者进行了两个实验，分别考察了小学三、五年级和小学五年级、大学生的差异。结果表明，三年级儿童对音同别字难于察觉，因为他们在阅读中主要依赖字音；五年级被试在形似、音同别字上的校对得分无显著差异，因为他们处于由主要依靠字音到主要依靠字形的过渡，在同一年级内能力高的被试首先实现这一转换；而大学生作为成年熟练读者在阅读中主要依赖字形。研究者认为初学阅读者必须借助口头词汇，使它们与书面词汇建立联系才能理解书面词汇；随着书面词汇的增加，阅读经验的丰富，字形与字义之间的联结不断增强，对某些字就可以直接由字形接通字义；另外由于汉字的特殊性，字音字义联结不紧密，汉字为方块字，同音字多，字形是区别同音字的支柱，且汉字经常用字集中，这些原因都使成人熟练读者在阅读中更依赖字形。此结果与巴伦（Baron）和柯海特等人的假设一致，他们也认为存在着发展转换过程。这也与彭聃龄、郭德俊在同一性判断中汉字信息的提取实验的结论一致，即字形与字义的联结对大学生比对小学生要更紧密一些。

由于该实验采用的是校对任务法，考察的并非即时加工的问题。1998年武宁宁、舒华等采用移动窗口法探讨语音、字形在汉语阅读中的作用。他们选取文章中的动词作为关键词，用音同形不同或形似音不同及形音皆不同的字替换。结果发现：在错字后第一、二个字上，被试的阅读反应时加长；同音错词和形似错词同时引起反应时的增加；同音词引起的反应时增加效应消失得较早、较彻底。这表明：(1)对语音和字形的加工是比较即时的；(2)语音和字形在正常阅读的字词识别早期同样起作用；(3)语音引导恢复错误的能力强于字形。从本实验研究的结果可以看出，成人读者对于同音错词和形似错词能够同样觉察，而且同音词还有利于错误的恢复。这与宋华等的实验(即上述)结果有很大的差异(初学阅读者主要依靠语音，熟练阅读者主要依靠字形)，研究者认为这种差异主要是由方法引起的，移动窗口的方法进行的是即时性研究，反映的是即时状态，因而与校对任务(考察非即时加工)研究的加工不同，得出的结论也并不矛盾。但移动窗口的方法与正常阅读存在差距，必须逐字阅读，而且眼睛不能回扫，这些特点可能会迫使读者较多地使用语音信息，从而扩大了语音的作用。因此，该研究有一定的局限性，不能完全解释语音、字形在汉语阅读中的作用。

黄健辉、陈煌之(2000)利用鼠标移动窗口技术研究字形及语音加工在中文阅读中所起的作用。在每篇文章中段都有一关键字，用来观察在此字位置上出现的原字、同音字、形似字或无关字对阅读所造成的影响。结果发现，在阅读初期，同音字、形似字及无关字所造成的干扰效应，无论在效果大小及出现位置上并无差异。另外干扰效应在同音及形似状况下较早消失。这些结果表明语音在阅读初期似乎不起特殊作用，然而在后期可以帮助引导错误恢复。研究者认为特别值得注意的是，在字形上的细微差异已足以产生快速而且显著的干扰效果，这说明在中文阅读时字形加工起着非常关键的作用。

该研究与以往的研究都发现干扰效应并不是在关键字的位置上立即出现，而是在关键字后的位置上才出现，反映阅读中文时可能采用"分散策略"，即阅读时相当依赖前后文义；此外，两个研究都发现同音状况与形似状况的干扰效应，都比无关状况的干扰更早消失，反映语音及字形信息都能帮助修补在阅读中因原字被改变所产生的干扰。

但两个研究主要有两点差异：第一点差异来自同音状况在阅读初期所产生的干扰效应。本研究中同音状况与无关状况的干扰效应是同时出现的，而武宁宁等人的结果显示同音状况的干扰效应比无关状况较迟出现。这可能是由于本实验采用移动鼠标来控制视窗，而武宁宁等人用的是按键移动视窗。前者比后者可能更直接反映阅读中的即时加工，如果语音在阅读初期扮演重要角色，语音效应应在本实验中更容易显示。另外本研究所采用的关键字是双字词的第一个字，而武宁宁等人采用单字动词为关键字。因此本研究在同音状况的结果所反映的可能是对激活双字词词义所遇到的加工困难，而武宁宁等人的结果反映的可能是对已完成加工的单字词在融合前后文义时所遇到的加工困难。即前者结果显示的是语音对激活双字词的词义并无特殊作用，而后者显示语音对融合单字词于前后文中有一定的作用。第二点差异表现在形似字与同音字对引导错误恢复的能力上。本实验显示形似状况与同音状况是同时消失的，而武宁宁等人的结果显示同音状况的干扰效应比形似状况的较早消失。这可能是由于两个研究在形似状况下字形的相似程度是不同的。由于本研究的关键字为双字词的第一字，所以整个词在字形上除了第一字有细微差别外其他地方包括第二字都是与原词完全相同；武宁宁等人采用的关键字为单字动词，所以在整词水平的字形相似程度相对较差。本研究的形似状况可能在字形上提供更佳信息，所以复原的能力也可能较强。

三、关于记忆错觉及其影响因素的研究

(一)关于记忆错觉的研究

早在 19 世纪中叶，心理学家和生理学家就开始对知觉和记忆进行系统研究，有关感知觉错觉的系统研究比较早，它的普遍性和持久性已被众多研究者证实。而记忆错觉的研究却是近几十年的事情，记忆错觉方面，实验研究的数量较感知觉错觉研究来说，在研究的深度和广度方面也有很大的局限性。

在弗洛伊德早期的著作中，曾经从功能的角度出发，对记忆错觉进行过较为详细的"定性"描述，由于当时研究方法和对记忆错觉认识的局限性，没有"定量化"的研究。长期以来，心理学家习惯将记忆比作"储藏室"，主要对记忆的贮存和保持功能进行了深入的研究，经典的实验模式要求研究者更关注记忆加工中保持和提取的特征以及加工机制，并通过各种保持量的指标来衡量记忆的保持和遗忘规律，及其内在的加工机制。研究者探讨的主要变量是记忆中被正确保持和提取的那一部分，而对于回忆(或再认)中错误的部分，普遍观点认为这是一种猜测(如在自由回忆或再认实验中)的结果，与遗忘的部分予以同等对待；或者解释为是一种提取标准的变化。近些年，越来越多的研究者认识到了这部分记忆的重要性，并将其看作人们对过去学习的知识和经验进行重建的过程和产物。记忆错觉不再是无关紧要的记忆现象，而是包含了人类许多有关记忆本质的重要信息。有关记忆错觉的研究将有助于我们更好地了解人类记忆，对揭示记忆的加工机制有重要的理论意义。记忆错觉现象与内隐记忆从本质上看都是"潜意识"的，二者在

很大程度上是密切联系的。

在记忆错觉中，具有典型性的是一种称为关联效应的记忆错觉。它所遵循的一般原则是，如果人们经历了一系列有密切关系的信息之后，人们倾向于将一些和呈现过的项目密切相关的，但实际上并未呈现过的项目判断为是呈现过的项目。关联效应的实验研究一般采用如下的方法：被试先学习词表，然后进行再认测验。再认测验中通常包含一部分与所学单词有各种语义联系的诱饵（但不是学习词表中的项目），要求被试确定每个呈现单词是否在先前的学习词表中出现过，通过被试的正确再认率和错误率分析记忆错觉现象及其加工机制。

雅各比（L. L. Jacoby）认为，记忆错觉是一种"潜意识的直觉"，其他一些研究者又对潜意识知觉引起启动效应的命题进行了研究，并得到了一致的结果。实际上，在关联性记忆错觉现象中，通过呈现一系列相互关联的词，使关键诱饵处于"被启动"（间接启动）的状态。这与内隐记忆提取的研究是有所区别的，内隐记忆是通过一些其他的任务"间接法"测量，证明"已被启动"的记忆内容的存在；而记忆错觉则是一种"直接的"呈现，通过被试主观上对它的无所觉察证明了它的"潜意识性"。

迪斯（J. Deese，1959）最早对记忆错觉进行了定量化研究，但当时他并未将其研究划为"记忆错觉"的范畴，只是笼统地称之为无关的"词语介入"。迪斯的研究结果表明，在对某些识记内容进行回忆时，表现出十分明显的错误回忆现象，如在识记时呈现一些与再认阶段意义上相互关联的词，被试在回忆时往往容易将这些再认阶段的一些并未学过的词再认为"学过"，而这些词语与学过的词在意义上通常有一定的联系。但迪斯并未进一步考察这种"词语介入"的记忆现象，而且其实验也未对被试"猜测"的可能性进行严格的控制，因此，其研究并未得到广泛的关注。罗伊迪杰（Roediger）和麦克德莫特（Mcdermott）对迪斯的研究进行了改进和深入的探讨，使记忆关联效应的研究成为记忆研究中的热点领域之一。

目前研究者采用相关词的呈现来引发虚假回忆或再认（通常伴随原记忆判断）的实验范式，这种范式称为 Deese-Roediger-Mcdermott 范式，简称为 DRM 范式。DRM 范式包括 36 个词表，每个词表由一个未呈现的目标词（称为关键诱饵，如寒冷）和与它相联系的 15 个学习项目（如冬天、冰雪、霜冻、感冒、发抖等）组成。DRM 研究范式的出现推动了心理学家们对关联性记忆错觉的研究，研究者（Underwood，1965）在一个再认实验中，要求被试确定每个呈现的单词是否在先前学习的词表中出现过，当测验词可以通过对先前学习过的词进行联想获得时，则再认容易出现虚报（错误再认：再认该词曾出现过，而事实上没有学习过）；当测验词与学习词没什么关联时，则不易出现虚报或错误再认。安德伍德（Underwood)认为，这种关联效应的记忆错觉现象，是由编码与提取时的内隐联结导致的，这种现象随着词表容量的增加，表现得也越来越明显，外显的表现即为这种错觉在数量和程度上的增加。近年来，很多研究者从不同的角度，通过控制不同的实验变量，发现了很多有关记忆错觉的现象。

(二)影响记忆错觉的因素

综合有关记忆错觉的理论与相关实验研究，影响关联性记忆错觉的因素可以归结为以下几方面。

1. 词表容量

词表容量是指一系列词表中所包含的和关键诱饵(未呈现的目标关联词)相关联的词的数量。实验表明，词表容量越大，出现虚假记忆的概率越高。填充词并不影响关键诱饵的"介入"水平，但词表长度增加会使对学习过项目的正确回忆概率显著下降。由此可见，词表容量对虚假记忆的作用成正比关系。

2. 呈现方式

呈现方式是指在学习阶段，词表是如何呈现的，即学习项目是根据它们和关键诱饵的联系分类成组呈现(block)，还是全部混杂在一起随机呈现。麦克德莫特的研究发现：分类成组呈现比随机呈现会引发出现更多的虚假记忆。

3. 间隔时间

间隔时间是指学习阶段和测验阶段间隔的时间。麦克德莫特的研究表明：在立即测验、短时间间隔(30秒)和两天后测验的三种情况下，正确回忆率呈现不断下降的趋势，而对关键诱饵的虚假回忆率却有明显上升的趋势。研究还表明，虚假回忆具有较好的稳定性，它在一段时间间隔后可以保持不变，甚至还会有所加强。

4. 测验效应

测验效应是指在学习阶段之后，进行回忆或再认测验有助于被试记忆的现象。罗伊迪杰和麦克德莫特通过实验控制创设了两种实验情境：一种情境是每学习一列词表后就立即进行自由回忆测验；另一种情境是每学习一列词表后立即进行算术计算，最后进行再认测验。结果发现，"学习＋算数"情境下对关键诱饵的虚假再认率为72%，而"学习＋自由回忆"情境下的虚假再认率为81%，二者存在明显的差异。这说明干扰可以降低虚假再认率，降低记忆错觉现象。

除了上述的影响记忆错觉的因素外，学习次数、是否有提示、年龄因素、词表性质和材料难度、注意水平、是否有记忆力障碍等对记忆错觉均有不同程度的影响。有研究表明，关联性记忆错觉具有稳定性，它既受不随意意识的觉知影响，又能够在无意识的语义联系的熟悉性的基础上发生，但比真实记忆要缺乏感知觉的记忆细节。

上述研究都是在语义相关的基础上进行的，结论也都是建立在语义相关的基础上的，那么，语音相关是否能够引发记忆错觉呢？杜建政等(1999)通过研究汉语双字词尾音诱词和首因诱词得出不存在语音关联效应的结论。但是有研究(Mitchell S. Sommers & Bryan P. Lewis，1999)表明语音虚假记忆的结果与语义关联的结论相似，他们采用的词表是与关键诱饵有近音混淆的 15 个词，语音线索对语音错觉记忆没有显著的影响，当词表中的词包含最少而不是最多的近音混淆时，记忆错觉减弱。研究者认为记忆错觉的产生部分取决于语音相关列表项目和关键诱饵混淆度，也就是说关联反应的强度决定于项目间语音相似程度。此外，关键诱饵的词频、关键诱饵混淆词的密度和词频高于关键诱饵的列表项目的数目也都是重要的影响因素。

记得(回忆)/知道(再认)(Remember/Know)程序是被普遍接受的一种元记忆判断程序，该程序在传统的再认测验的基础上，增加了被试对自己意识状态的评定，将再认分成记得和知道两种成分。记得成分(R)是指被试可以有意识的回忆起单词曾经出现过的情景，如单词是如何呈现的，相邻的词是什么，呈现时被试正在做什么等，它反映了对情景记忆的有意识回忆；而知道成分(K)是指虽然被试可以肯定该词呈现过，但却不能再现它呈现时的情景，它反映了普遍的熟悉感，是流畅性加工的产物。以往使用记得/知道程序的大量实验表明，绝大多数虚报率都来自"知道"(再认)反应。采用 DRM 范式来引发和测量虚假再认的过程中，一般会伴随元记忆的参与。本次实验采用汉语双字词作材料的语音相关材料探讨语音相关能否引发记忆错觉，以及关键诱饵的呈现与否对被试再认的影响。

总之，人类的语音和语言是长期发展获得的一种复杂的、用于人际交流的听觉信息。语音与语言的意义及其所传递信息的影响因素也是十分复杂的，从基本的字词加工、语音和语义加工乃至句子的理解和复杂的段落信息的阅读理解，其复杂程度也受到各种语音特点的因素乃至文化因素的影响。因此，从初级的语音知觉到复杂的、高级的句子和段落信息的理解也成为认知科学研究中的一个重要的研究领域。

第二节 语音知觉的声学线索和语音知觉的范畴性

一、语音知觉的声学线索

语音知觉是一种非连续性的，具有离散性特点的范畴性知觉。也就是说，语音知觉可以将语音信息的识别作为语言加工的一个相对较小的范畴，在这个范畴内对语音刺激进行一定程度的加工。

关于语音知觉，早在 20 世纪 50 年代研究者就开始进行一系列的研究，到了 20 世纪 70 年代，利斯克(Lisker)和艾布拉姆森(Abramson)进行嗓音启动实验，对语言经验与语音知觉的范畴性进行了研究。有关语音知觉的研究表明：出生一个月的婴儿的语音知觉已经与成人接近或类似了。很多研究还进一步表明：语音知觉的范畴性并不是一成不变的，经过适当练习或者训练可以利用语音范畴内的一些声学特性，提高语音知觉的效率，并可以发现熟练化语言中的语音知觉有一些微妙的识别规律(孟庆茂，1999)。

语音知觉的声学线索可以采用语图仪来进行研究。如关于元音和辅音的研究发现，对于辅音的语音知觉有以下规律：①发音部位不同的辅音，如 p，t，k 的发音与语音知觉，它们相互间区别的声学线索是它们发出噪声的频率位置和后面元音的过渡频率。而 b，d，g 的发音与语音知觉之间区别的声学线索具有相似性。②发音方式不同的辅音，如 b，p，m 之间区别的声学线索在于第一共振峰的特点，切去 b，d，g 的 F1 过渡起始部分，使 b，d，g 分别被知觉成了 p，t，k。而且鼻辅音 m，n 相互区别的声学线索也是有其独特的特点。可见，同一音位在不同的环境下，其声学线索也可能发生很大的变化。

二、语音知觉的范畴性

语音知觉的范畴性是指当语音的声学构成要素在其特定的声学参数范围内变化时，如果这种变化没有超出一定的参数范围(特定语音识别的声学特征范围)，那么对这些语音声学特点的变化的知觉相对是稳定的，而且是在该语音刺激的知觉范畴内。例如，浊塞音的实验，当声音低于 1.5 kHz，大量更容易被知觉为 b；而当声音在 1.5 kHz～2 kHz 之间时更容易知觉为 d，当声音超过 2 kHz 时则更容易被知觉为 g。语音范畴性的变化随着上述声音的物理特性的变化存在着一定的临界范围，语音范畴性的知觉也是具有特定的声学物理学特征的。在一定的物理特征范围内被知觉为某一语音，而超出这个范围，则可能就被知觉为另外的语音，在不同的语音知觉的范畴之间存在着交界或临界的声音学的物理学特征，这些临界的声学物理量就是区别不同语音范畴的临界点。

三、语音知觉的生理机制与语音知觉理论

(一)语音知觉的生理机制

语音知觉的外部生理机制是由呼吸器官(包括口腔、支气管和肺)、发生器官(包括喉头、声带、鼻腔和咽腔、舌、唇、上下颚等部分)等构成。由于呼吸器官和发生器官的共同作用，呼吸器官的气流经过口腔内的各个发声器官产生共鸣和振动，并将产生声音的共鸣和振动转化为神经电，经过声音的上传导神经传递到大脑皮层，并在大脑皮层进行进一步加工。

(二)语言活动的脑神经机制

语言活动的脑机制是十分复杂的，尤其是大脑皮层语言相关区域在语言知觉与理解中起着十分重要的作用。在大脑中对语言知觉与理解的重要部位包括左半球额叶的布洛卡区(Broca's area)、颞上回的威尔尼克区(Wernicke's area)和顶枕叶的角回(angular gyrus)等。这些脑区的损伤往往会导致语言功能丧失或部分丧失，可见大脑是语言活动的中枢神经机制。

此外，失语症、单侧注意失读症和割裂脑的神经心理学研究也发现，大脑的语言功能具有单侧优势，而且主要集中在左侧半球，这说明左半球的语言加工优势，而右半球在语言加工过程中具有一定的辅助和代偿作用。关于语言的神经机制语音知觉的相关理论，详细的内容可以参考《普通心理学》的"语言"相关章节的详细阐述。

语音知觉实验

实验目的：

验证语言材料呈现的清晰度和可理解程度对语音知觉的影响。

实验材料：

(1)不同声音强度和清晰度实验材料是一组无意义音节，目的是让被试听这些音节，最后统计被试识别音节的正确率作为语音清晰度的指标。采用无意义音节的主要原因是因为没有语义因素的干扰，这样测得的是纯粹的语音知觉。

续表

（2）语音可理解程度，实验材料是不同声音强度的一组有意义的词句，最后统计听对的正确率作为理解程度的指标。采用汉语词句来进行测量，主要是考察在词句上下文线索存在的情况下，对词句的语音知觉和语义理解的正确程度。

实验方法：

（1）被试选择：听觉正常的被试。

（2）实验程序和过程控制：

①可以将②和③出现的无意义音节和词句实验材料的强度分为不同的等级（如 10 dB，20 dB，30 dB，40 dB，50 dB）。并把不同强度的无意义音节材料和词句材料分为不同的组，通过组间实验设计进行实验。

②语音知觉的测量是采用事先编制好的无意义音节表，并按照一定的顺序呈现给被试，让被试判断呈现的无意义音节是什么，根据被试的判断，记录被试对不同声音强度无意义音节判断的正确率，作为语音知觉清晰度的指标。

③词句的语音理解程度实验主要采用事先编制好的语音知觉与语义理解的词句测试表。实验材料的语音可以有不同程度的差别和相似性，无论是完整连续的句子，还是具有一定语音相似性的词句，考察的目标词句均采用单音节词，便于统计语音知觉的准确性和词句理解的正确性。根据上述词句表的实验材料，可以分别计算出对于具有不同声音强度和音韵相似性的特定语义的词句的语音知觉和语义判断的结果正确率，以此判断有特定语义的词句的语音知觉和理解准确性。

结果分析：

统计不同声音强度无意义音节的判断正确率、不同声音强度和音韵相似性的特定语义的词句的语音知觉和语义判断的结果正确率，并进一步考察声音强度、音韵相似性对无意义音节、有语义词句理解的正确率的影响。

第三节　语言认知的研究方法

一、认知与行为层面的研究方法

20 世纪 90 年代以前，研究者对语言认知以及高级的语言信息加工和理解过程采用的研究方法主要是认知和行为层面的研究方法。这些研究方法包括基于反应时测量技术的各类实验研究范式和其他的一些行为研究方法。

（一）基于反应时法的实验方法

1. 启动范式

启动范式是知觉和注意研究领域中常用的实验范式。20 世纪 80 年代以来，在语言认知的研究中也广泛地采用这种实验范式，主要应用于语音、语义、字形加工中的启动或抑制效应。在各种语言认知的研究中均可以采用这种实验研究范式。

2. 移动窗口实验

移动窗口实验范式是阅读研究中主要研究范式之一。该方法的主要特点是在研究句子或段落阅读时，采用逐词呈现的方法让被试每次在屏幕上只能看到句子或者段落中的一个词，并通过按键盘上的设定键或鼠标键来控制阅读速度，这样就可以避免在阅读过程中被试在句子或者段落之间不断地扫视而对阅读过程不能很好地控制。通过移动窗口实验范式可以有效地控制被试的阅读过程，并根据被试阅读句子或段落的时间来计算阅读句子或段落中的字词时所需要的平均反应时间，同时还可以记录正确率。这样根据被试阅读句子、段落或字词的平均时间和正确率来分析被试阅读过程中对字词、句子和段落的理解，以及加工规律和特点。同时，也可以根据实验结果反映的规律为提高阅读效率提供一定的意见和建议。这种方法也可以应用于阅读障碍的研究。

3. 眼动记录法

眼动记录法是采用各种眼动仪来研究字词认知和阅读过程，通过眼动仪可以记录被试在句子和段落的阅读过程中的加工时间、注视点的变化、扫视或回扫、每个注视点的注视时间、瞳孔直径的变化、平均注视时间等指标，并通过对这些指标的统计分析来发现阅读过程中的眼动规律，从而进一步分析人们在阅读过程中的认知加工规律和阅读活动中的眼动模式，该方法也可以应用于阅读障碍的研究、视觉注意、知觉和视觉搜索等研究领域。

4. 观察记录法

观察记录法是通过对被试在自然情境或接近自然情境的观察室中进行各种活动时的语言活动进行观察和记录，并根据记录的结果，对语言活动的发生、发展以及语言活动的规律进行分析。这种研究方法主要应用于对婴幼儿语言的产生和发展规律的研究。观察记录法通常是在自然情境或观察室中，通过各种视频音频监控和摄像录像技术获取被试的整个观察过程的数据资料，并通过对视频、音频数据资料进行定性和定量化的分析，从而发现婴幼儿在不同发展阶段的语言发生和发展的规律，该方法也是对婴幼儿的其他基本认知能力和行为发展进行研究的主要方法之一。

5. 语言认知测验

语言认知测验是语言研究中常用的一种心理测验的方法，该方法适用于不同年龄阶段被试的语言发展和言语功能障碍及其言语能力训练的研究。如对儿童阶段被试的语言和词汇掌握情况的发展的研究中，可以采用语言认知测验的方法。在语言功能障碍的群体中（如智力障碍、老年失智导致的语言功能障碍、脑损伤导致的语言功能障碍等），可以采用语言认知测验来诊断语言功能障碍的程度以及其具体表现在语言功能的哪些方面，并可以根据诊断的结果制订语言康复的训练方案，也可以对语言功能训练的效果进行跟踪测量。

（二）实现上述研究方法的技术

上述的语言认知的研究方法中，基于反应时技术的方法如启动范式和移动窗口法以及其他运用反应时记录的方法，采用的主要实验技术手段包括目前广泛使用的免费版本的 DMDX 或 D-Master，还有实验设计平台 E-Prime，MatLab 实验设计平台中的心理学实验设计平台等，还有一些为特殊实验设计的专门的实验程序（如移动窗口实验程序）等。这些软件不仅在其他的研究领域（如感知觉、注意等）中有广泛的应用，在语言认知的研究中也得到了广泛的应用。此外，眼动记录法也是研究阅读的主要技术手段，前面已经提到，它不仅可以作为记录反应时的指标，还可以作为记录各种眼动的指标。

视频观察记录法主要是采用专业的摄像和录音技术来记录被试言语的发生和发展，主要采用各种监控摄像机、专业的音频采集记录设备和这些设备的中央控制设备（可以采用计算机和辅助的控制设备或者专业的视频音频控制设备），达到实时、客观、准确地记录个体的言语活动的过程。此外，测验法、问卷法和访谈法也可以采用各种测量工具或者访谈程序研究语言的发生和发展等问题。

二、神经科学研究方法

近十几年来神经科学的研究方法在语言研究中得到了广泛的应用，这些方法主要包括两类：第一类是神经电生理的研究方法，其中主要的研究手段就是事件相关电位（ERP）的研究方法。通过 ERP 的研究方法可以对语言认知的时间进程及其脑电的活动状态进行精确的记录，并绘制时间进程曲线和脑地形图来分析大脑在从事言语活动过程中脑电的活动状况。第二类就是脑成像的研究方法，脑成像的研究方法主要是采用 fMRI，PET，MEG，RTMS 等脑成像的技术手段来研究言语活动过程中的大脑皮层各个功能区的激活情况，并根据语言活动的脑功能定位情况来认识和了解言语活动的中枢神经机制。

此外，还有一种研究言语活动的方法，这种方法主要是言语认知早期采用的割裂脑手术和神经解剖学的技术，对语言障碍患者的脑功能的损伤情况进行研究，以便对语言认知活动的脑功能定位进行研究。当然随着科学技术的发展，目前主要采用无损伤的技术(上述的研究方法)对语言活动的脑机制进行研究。

实验 13-1 双耳分听任务中语音相似性对汉字认知的影响

实验背景知识

人类语言的重要特点是语音的产生与知觉。乔姆斯基(Chomsky)等(1968)认为词是以抽象的形式在心理词典中进行表征的，它联系到表面的口语信号，而且存在一个适应于该信号的语音转换中介法则。每种语言都可以通过语音转换的法则来表征语义，语言信息的提取与表达需要使之通达到语音单位。可以说，语音在语言表征中起着十分重要的作用。

在心理语言学研究领域，语音意识(phonological awareness)是近几年研究者关注的主要问题之一，语音意识与儿童言语能力(尤其是阅读能力)的发展有着密切的联系。研究表明：在启动条件下，语音对学习与理解拼音文字有一定的影响。如柳德米拉(Lukalela)在研究中发现，语音相似性对语言的学习和理解有一定的作用，其作用的方向(促进或抑制)依赖于语音重叠的类型以及是否是词的加工水平；在命名任务中，语音相似性起到了显著的促进作用，采用真词和假词作为实验材料也获得了同样的结果。在口语的理解过程中，同音字(词)或同韵字(词)之间也可能会产生干扰或抑制作用。

在英文语音相似性对语言认知影响方面，研究者进行了很多相关的研究。关于语音相似性的问题，最早迈耶(Meyer)等采用英文单词作为实验材料进行了研究，研究结果表明：语音相似的配对词(如 fence-hence)比非语音相似的配对词判断的反应时要短。希林格(Hillinger)和谢长廷(Hsieh)采用视觉不相似的配对词也发现了韵的促进作用。Bavelier 等人使用重复掩蔽任务探讨了形和音在语义表征中的作用，结果发现只有当正字法(Orthography)重叠水平低时，语音重叠(如 towel-foul)具有重复掩蔽效应，这种类型的语音重叠产生的掩蔽效应类似中文的押韵。

同韵与同音字(词)的语音类似现象在中文阅读中是非常普遍的。林泳海、张必隐等研究了中文音韵在词汇通达中的作用，在词汇判断任务中，单字词的音韵没有启动效应，说明中文视觉认知是直通语义的，而单字词在命名任务和同韵双字词判断任务中则存在启动效应，这表明音韵在词汇通达中确实起着一定的作用。张厚粲、舒华等人的研究也发现，单字词在亚词水平上(音韵或部首音同)和词水平上(同音字)都存在语音相似性的激活效应。汉字单字词与双字词相比较，结构相对单一，而双字词结构则相对复杂，这一点与英语单词相比有一定的可类比性。张厚粲、舒华等研究还发现，双字词在决定任务中只表现出语音作用的某种倾向，而在命名任务中则表现出首字同音的语音信息的自动激活。综合上述汉字认知的研究可以看出，汉字认知中存在自动的语音激活作用，但这种作用的程度取决于对汉字的熟练程度、任务要求和语境等因素。此外，语音激活效应还可能受不同感觉通道之间的跨通道信息的影响。

杨丽霞等曾采用选择性再认的实验任务探讨了跨通道汉字信息加工的抑制机制。研究采用的实验材料包括视觉和听觉语言材料，实验情境设置如下：在听觉干扰条件下，目标词与干扰词是跨通道(视觉和听觉)呈现的，存在跨通道的信息干扰；而在视觉干扰条件下，目标词与干扰词都是通过视觉通道呈现的，不存在跨通道的信息搜索与加工。研究结果表明：被试在视觉干扰条件下做"否"判断的反应时间比听觉干扰条件下要短，而且，即使不伴随任何干扰，做"否"判断的反应时间也表现出明显的通道效应；在做"是"判断的反应过程中，无论是听觉干扰还是视觉干扰，都无须进行跨通道切换，因此，没有表现出显著的干扰效应。

从听觉词汇识别理论的角度分析，词汇识别是语音输入与心理词典的表征相匹配的过程。人在听到语音信息时，首先是物理声波信号经过听觉器官的声学与语音分析，转化成为音系信号，通过心理语言表征，与心理词典中相关的语言信息进行匹配并激活相关的语言信息，如语义、字形、语法等。经过上述的语言加工过程，从视觉或听觉通道提供的单通道信息，再经过其他通道(听觉或视觉)的信息加工，对汉字认知产生一定的影响。

在上述研究中，研究者探讨的主要问题是听觉通道或视觉通道的语言认知，相关实验研究也主要是在听觉通道或视觉通道内进行的，个别研究涉及跨通道汉字认知加工的问题，而从语音相似性的角度对汉字认知的跨通道加工机制的研究则相对较少。从这个角度分析，探讨视觉和听觉跨感觉通道条件下语音对研究汉字认知的影响，可以进一步揭示语音在汉字认知中的作用。

实验目的

基于上述的理论与实验研究，本研究采用经典的双耳分听(Dichotic Listening)实验范式，通过追随程序(Shadowing)呈现视觉、听觉双通道具有不同语音相似性的汉字双字词，揭示跨通道注意资源分配与语音相似性对汉字词认知影响的机制。具体探讨如下问题：

(1)跨通道注意资源分配对汉字词识别的影响；

(2)同韵关系对汉字词跨通道再认的影响；

(3)熟悉程度(词的出现类型)与同韵关系的交互作用对汉字词认知的影响。

实验方法

一、被试

被试为北京师范大学本科生 29 人，男女比例相当，所有被试年龄在 18~22 岁，视力或矫正视力正常，听力正常。

二、实验材料

正式实验材料共 105 组汉字双字词，所有实验材料选自《现代汉语频率词典》生活口语中前 4000 个高频词词表。每组包括靶词、配对词和新词三种不同的出现类型：靶词在左耳呈现，要求被试大声跟读；配对词与靶词同时在右耳呈现，但不要求被试追随和做出反应；新词在学习阶段不呈现，只在再认实验任务中出现。在实验前，将所有实验材料录制为双耳分听材料，语音材料采用女中音普通话朗读。

每组词对之间的关系分为五种类型：(1)靶词、配对词和新词都同韵；(2)靶词和配对词同韵，新词与它们不同韵；(3)靶词和新词同韵，配对词与它们不同韵；(4)配对词和新词同韵，靶词与它们不同韵；(5)靶词、配对词和新词都不同韵。每一种类型的实验材料均为 21 组。每组词除韵母相同外，声母均不相同，而且每组的三个词之间无语义联结。练习材料共 15 组，材料选取原则与正式实验材料一致。材料的分配和举例见表 13-3。

表 13-3　实验材料分配举例

出现类型	靶词		配对词		新词	
1	同韵	问题	同韵	痕迹	同韵	分析
2	同韵	中立	同韵	空气	不同韵	阅读
3	同韵	美术	不同韵	生产	同韵	内部
4	不同韵	宝贝	同韵	那个	同韵	大河
5	不同韵	会议	不同韵	非常	不同韵	沙滩

三、实验仪器

实验仪器为计算机、立体声耳机和双耳分听实验程序。语音材料通过立体声耳机由双耳分听实验程序控制播放，视觉信息由 15 寸真彩显示器呈现，被试通过键盘进行反应，计算机自动记录被试的反应时与正确率。

四、实验设计

实验采用 3×5 两因素混合设计。因素一为词的出现类型，分靶词、配对词和新词三个水平。因素二为每组词对之间的韵相似性，具体包括全部同韵、靶词和配对词同韵、靶词和新词同韵、配对词和新词同韵和三个词全不同韵五个水平。

五、实验程序

为了避免背景噪声和环境视觉信息的干扰，实验在隔音、微光的实验室中进行。实验开始前，要求被试端坐在计算机前，眼睛与屏幕在一个水平线上。

正式实验前先进行练习实验，由主试进行指导，让被试理解实验任务并能顺利做出反应。练习实验共进行 15 组。正式实验中，每组实验材料的听觉刺激呈现一次，视觉刺激中随机呈现靶词、配对词或新词，呈现的概率均为 1/3。在进行双耳分听实验时，新词不呈现，靶词在左耳出现，配对词在右耳呈现；听觉刺激呈现 200 毫秒后，屏幕中央呈现" * "形提示符，300 毫秒后屏幕中央呈现双字词(48 号的宋体)，要求被试尽快按键反应，如果被试在 4 000 毫秒内不做反应，则按反应错误计算。实验采用随机呈现的方法平衡材料的顺序效应。

正式实验总次数为 105 次。正式实验开始时，要求被试戴上耳机，在屏幕出现提示后仔细听耳机中的语音，并大声跟读左耳听到的信息。声音结束后会呈现双字词，要求判断刚才是否听过这个词。为了抵消被试在听左右耳听觉材料和按左右键进行视觉反应可能产生的相容性效应，采用一半被试对听过的材料按 F 键进行确认，如果没有听过按 J 键确认；另外一半被试对听过的材料按 J 键进行确认，如果没有听过按 F 键确认。实验要求被试在保证正确的前提下尽快做出反应。

六、条件控制

本实验中无关变量主要有被试、环境和刺激三类，其控制主要采取恒定和平衡的方法。

被试选择本科阶段的大学生，年龄处于 18～22 岁之间；男女各半，视力或矫正视力以及听力正常；各实验处理的被试随机分配。实验在隔音、微光的实验室进行，没有其他无关人员。立体声耳机双侧的音量相同，双耳播放的录音材料由同一女中音朗读，频率、响度恒定；显示器使用 15 寸真彩，事先调整屏幕位置、色彩、明暗，视觉信息在屏幕中央呈现，选用 48 号的宋体字；听觉、视觉刺激呈现及间隔的时间均保持一定。使用随机的方法平衡顺序效应，使用 AB/BA 抵消平衡左右耳和左右手的位置效应。

结果分析与讨论

(1)统计不同实验处理下被试的基本描述统计量，并填入下表 13-4，并绘制出反应时和正确率的变化趋势图。

表 13-4　各种实验处理下的反应时(ms)和正确率的平均数与标准差

	靶词		配对词		新词		平均	
	反应时	正确率	反应时	正确率	反应时	正确率	反应时	正确率
全同(X)								
(SD)								
靶配同(X)								
(SD)								
靶新同(X)								
(SD)								
配新同(X)								
(SD)								
全不同(X)								
(SD)								
平均								

(2)词的音韵特性和出现类型的效应分析：以音韵特性和词的出现类型为组内因素做 5×3 的 MANOVA，检验自变量及其交互作用的显著性。将结果填入表 13-5(a)和 13-5(b)。并对方差分析结果进行解释。

表 13-5(a)　反应时的 MANOVA 分析结果

方差来源	平方和	自由度	均方	F	显著水平
类型					
音韵					
音韵×类型					

表 13-5(b)　正确率的 MANOVA 分析结果

方差来源	平方和	自由度	均方	F	显著水平
类型					
音韵					
音韵×类型					

(3)词的音韵特性和出现类型对汉字词识别影响的分析

为了具体分析音韵和出现类型对汉字认知产生影响的机制，对出现显著效应的音韵(反应时)和出现类型(反应时、正确率)进行多重比较,并对配对比较结果进行解释。

(4)考察注意资源分配对汉字认知的影响。

思考题

(1)查阅相关的研究,分析音韵对汉字认知影响的可能机制。

(2)阐述双耳分听技术在心理学研究中的应用。

(3)阐述汉语认知研究的理论与现实意义。

参考文献

[1] 林泳海.阅读心理学中语音加工的几个问题.宁波大学学报(教育科学版),1999,21(1):21~24.

[2] 姜涛,彭聃龄.汉语儿童的语音意识特点及阅读能力高低读者的差异.心理学报,1999,31(1):60~68.

[3] 林泳海,钱琴珍,宋凤宁,张必隐.在词汇通达中双字词的语音类似作用存在吗?.心理科学,2002,25(4):439~441.

[4] 林泳海,张必隐.中文阅读中的语音类似效果.心理学报,1999,31(1):21~27.

[5] 林泳海,张必隐.中文音韵在词汇通达中的作用.心理科学,1999,22(2):152~156.

[6] 张厚粲,舒华.汉字读音中的音似与形似启动效应.心理学报,1989,(3):284~289.

[7] 管益杰,方富熹.我国汉字识别研究的新进展.心理学动态,2000,8(2):1~6.

[8] 张五田,冯玲,何海东.汉字识别中的语音效应.心理学报,1993,25(4):353~358.

[9] 杨丽霞,傅小兰.视—听跨通道汉语词汇信息加工中的抑制机制.心理学报,2000,34(1):10~15.

[10] 宋凤宁,马瑞杰.听觉词汇识别的两个理论模型.心理科学,2001,24(6):746.

[11] 张积家,王惠萍.汉字的正字法深度与阅读时间的研究.心理学报,1996,28(4):337~344.

[12] 钟毅平,Catherine Mcbride-Chang,Connie Suk-Han Ho.中国香港双

语儿童初步阅读能力与语音、文字加工关系的研究．心理科学，2002，25(2)：173～176．

[13] 宋华，张厚粲，舒华．在中文阅读中字音、字形的作用及其发展转换．心理学报，1995，27(2)：139～144．

[14] Shu H，Anderson R，Wu N. Phonetic awareness：Knowledge on orthography- phonology relationship in character acquisition of Chinese children. Journal of Educational Psychology，2000，92(1)：56～62．

[15] Yang H，Peng D L. The Learning and Naming of Chinese Character of Elementary School Children. In：Hsuan-chih Chen(Ed). Cognitive Processing of Chinese and related Asian Languages. Beijing：The Chinese University Press，1997．

附录： 实验材料

	练习组				全部同韵组		
组号	靶词	配对词	新词	组号	靶词	配对词	新词
11	神色	任何	闷热	101	打扮	发言	眨眼
12	衬衫	文言	门槛	102	当年	商店	唱片
13	只要	旗袍	提高	103	电线	前面	检点
21	消灭	了解	下等	104	这样	歌唱	课堂
22	下雨	家具	挑拨	105	非常	培养	北方
23	歌唱	科长	交代	106	文件	身边	本钱
31	左右	不妨	豁口	107	收入	油布	踌躇
32	京剧	事故	兴趣	108	知道	时髦	丝毫
33	机关	鲸鱼	喜欢	109	情形	性命	平定
41	罐头	主席	故意	110	另外	应该	清白
42	假若	风力	争气	111	进步	民主	因素
43	畏缩	头脑	口号	112	尽头	引诱	亲手
51	讲学	夏天	变化	113	运动	顺从	群众
52	项目	表情	神话	114	局面	遇见	去年
53	委员	车间	前后	115	逐渐	路线	赌钱
				116	过度	多数	货物
				117	工作	通过	结果
				118	不同	补充	初中
				119	明堂	营养	经常
				120	电影	陷阱	边境
				121	宿舍	顾客	出阁

靶配同韵组				靶新同韵组		
组号	靶词	配对词	新词	组号	靶词	配对词	新词
201	口袋	右派	穷人	301	美术	生产	佩服
202	出去	不许	快乐	302	俄文	窝囊	客人
203	拥挤	攻击	而且	303	何必	文化	彻底
204	贴心	接近	话梅	304	下午	莫非	家属
205	刷洗	华丽	留学	305	条件	委屈	表现
206	选举	冤屈	缺点	306	便道	讲究	检讨
207	惶恐	矿工	多少	307	枪毙	账房	讲理
208	啰唆	堕落	结婚	308	奖金	消化	相信
209	最后	回头	欢迎	309	仿佛	表格	帮助
210	学费	略微	广播	310	感激	相声	翻译
211	著作	如果	队员	311	板凳	狼狈	反正
212	郁闷	女人	团结	312	办公	党委	严重
213	训练	春天	雪花	313	耐烦	苍蝇	开饭
214	侵略	音乐	所有	314	排长	参加	改行
215	幸福	清楚	绿豆	315	爱护	反而	开幕
216	遗憾	既然	遵守	316	白薯	产生	态度
217	手稿	头脑	纯洁	317	太阳	感觉	开张
218	能够	朋友	玻璃	318	在乎	将来	开除
219	怎样	文章	周围	319	百货	连累	开火
220	调皮	小气	破坏	320	糟糕	帮忙	报到
221	费劲	维新	教训	321	忍受	检点	门口

配新同韵组				全不同韵组			
组号	靶词	配对词	新词	组号	靶词	配对词	新词
401	宝贝	那个	大哥	501	他们	高中	改良
402	颜色	发威	咖啡	502	劳驾	大学	站岗
403	害怕	蜡烛	马路	503	上当	照片	挖苦
404	脑袋	大汉	麻烦	504	山羊	法令	保证
405	钞票	发行	答应	505	业务	成长	老虎
406	打架	垃圾	阿姨	506	彻底	沉痛	辩论
407	钢铁	大队	发挥	507	上网	科学	温暖
408	报馆	发明	打听	508	文艺	核桃	争取
409	冒昧	喇叭	打岔	509	生疏	特色	天真
410	长征	大哥	卡车	510	食堂	灵魂	游泳
411	好歹	霸道	发烧	511	资本	应酬	独立
412	电视	告诉	照顾	512	世界	荔枝	明堂
413	保险	高兴	报应	513	师范	复古	性格
414	材料	毛线	道歉	514	英语	翅膀	图书
415	常常	照顾	好处	515	锻炼	贵重	火柴
416	看作	老板	谣言	516	传播	街道	工具
417	放学	要求	照旧	517	解放	透彻	无赖
418	半截	倒退	高贵	518	究竟	端详	落后
419	干脆	白天	改变	519	精彩	迟到	敷衍
420	茶馆	买卖	白菜	520	侦察	隔壁	贤惠
421	箩筐	技巧	衣料	521	疯狂	也许	电源

实验 13-2　汉字语音在汉字知觉中的作用

实验背景知识

在心理学中，知觉是十分基本的研究问题。但是关于知觉的加工问题，即到底是先有整体的知觉加工还是先有局部的知觉加工，却一直没有统一的定论。

在早前，内温（Navon，1977）就特别对这个问题做过讨论。他给被试呈现了由许多小字母组成的一个大字母，如由小字母"H"和"s"组成大字母"H"或"S"，被试的反应有两种：局部反应（local response）和整体反应（global response）。局部反应中要求被试判断小字母"s"或"H"，整体反应中要求被试判断大字母。结果发现，做小字母判断时，被试的反应减慢；做大字母判断时，被试的反应都不受小字母的影响。内温称为"整体优先"（global precedence），就是说整体加工可能是先于局部的加工。但是，后来的很多研究也出现了与其研究结果不相符合的部分，因此，有关知觉加工的问题在心理学学术界中一直还是存在不同的看法。

近十多年来，心理学在中国发展迅速，对于汉字的认知加工研究也成了心理学的热门领域。由于汉字特有的结构化的特点以及形旁和声旁的分离，对汉字的知觉研究就为心理学的很多问题提供了十分特别的且行之有效的途径来对其进行探讨，并在一些方面取得了突破性的进展。关于知觉的整体加工和部分加工问题，汉字也有着得天独厚的优势。因此，汉字的知觉加工取得了很丰硕的成果，也得到了一些重要的结论。但是，和其他方面的研究结果也基本相同，汉字的认知也存在整体和部分的问题，且各有支持的研究结论。

一些心理学家强调汉字字形结构的整体性，认为汉字认知本质上是一种整体加工，整字是汉字识别的加工单元。如喻柏林等提出：汉字是作为一个整体的视觉模式被表征的，人们对汉字的知觉和识别原则上采用整体加工的方式。支持整体加工的实验结果主要有：（1）汉字识别的频率效应。词频是汉字的整体特性之一。郭德俊和高定国等人的研究表明，高频词的反应时明显比低频词短，说明整体加工可能具有一定的优势。（2）汉字视觉识别的对称性效应。陈传锋等的研究表明，汉字识别具有结构对称性效应，结构对称的汉字识别快。作者认为，结构对称性汉字中的部件是一种"格式塔部件"，它强化了字形的整体性，使对称的汉字易于认知。

另外，更多的心理学家重视特征分析在汉字识别中的作用。他们认为，汉字认知中存在着自下而上、由部分到整体的加工。部分在汉字识别中有重要作用。他们认为，笔画和部件是汉字识别的基本单元，是汉字加工的基本特征。支持这种观点的证据主要有：（1）汉字认知的笔画数效应。汉字由笔画组成，笔画数是决定汉字识别的重要因素。艾伟在20世纪20年代发现，笔画少的汉字容易辨认。郑昭明发现，笔画简单的字的识别率高。张武田和冯玲、彭聃龄和王春茂近年来都进一步证明了笔画数效应。（2）汉字识别的部件数效应。张武田和冯玲发现，在保持笔画数平衡的条件下，对独体字的反应时显著快于对双部件字的反应时。彭聃龄和王春茂的研究表明，在严格匹配笔画数的条件下，部件数的主效应显著。（3）汉字识别的部件频率和部件位置频率效应。朱晓平等发现，汉字的部件频率和部件位置频率对汉字识别有影响，而且与字频有交互作用。（4）汉字错觉结合的研究。有研究表明，同一刺激群中汉字各部件出现了互相结合。另一研究表明，在笔画和偏旁两个水平上都出现错觉结合。汉字的错觉结合是一种自动化的、自下而上的加工。部件作为加工单元，在识别早期可得到加工。(5)汉字读音的规则效应。塞登贝格(Seidenberg)、舒华和张厚粲以及杨珲和彭聃龄的研究表明，汉字读音存在规则效应，声旁提供的语音线索有助于汉字读音。(6)汉字语音的自动激活。张厚粲和舒华使用启动范式的研究表明，汉字读音中存在着显著的音似启动效应。总之，很多的实验结果都说明了汉字认知中自下而上的一种加工取向。但是，更新的一些看法则认为两种加工方式在知觉过程中有着相互影响。

还有的研究通过一种"知觉解体"的方式来探讨整体加工和部分加工的关系。(1)语境和整体结构对汉字知觉解体的影响。黄荣村发现，汉字单独呈现解体的次数多，在词语中呈现解体的次数少。郑昭明等发现，字形结构对知觉解体有影响：左右合体字解体最易，上下(左右)和左右(上下)合体字次之，上下合体字和包围字再次，独体字最难。(2)张积家、盛红岩的研究运用从整字中分离出部件的命名实验发现，部件同整体分离的难易度取决于整体对于部件的依赖性，部件的位置也会对部件的分离产生影响。于是，作者提出了"整体结合力"(wholistic unite force)的概念。例如，从"江"字中分离"工"字后，只剩下不能命名的"氵"；而从"虹"字中分离"工"字后，剩下的是同样能够命名的"虫"字。因此，前者的整体对部件的依赖性强，整体结合力大于后者，知觉分离过程也较长。从而说明整体的加工对部分加工是存在着一定影响的。但是，在舒华、武宁宁等人的实验中，却发现在汉字识别当中，汉字部分将被自动激活语音和语义。因此，命名汉字部分的反应时间(如上面提到的"工")对于两个字来说("江"和"虹")应该是一样的。同时，对于该问题的解释，存在着两方面的问题。首先，在这种"整体结合力"中，只考虑到了结构上和部件命名上的结合力，但是其中还具有和语音的交互作用。明显地，"虹"字与"工"字的韵母是相同的，而"江"字和"工"的声母和韵母都不相似，所以按照语音对汉字的认知加工的启动激活作用，前者在命名时肯定要快于后者。另外，郑昭明和吴淑杰对于汉字解体的研究发现，部件和整字读音相似的字，其分解时间明显长于部件和整字读音不相似的字。这一点，也似乎和张积家、盛红岩的结果有所矛盾，也和之前的语音激活作用的结果不相符合。

由于前人的研究都比较散乱，而且结论也略有不同，因此，我们想通过该实验对于语音在汉字认知中的作用做一个整体的讨论。综合上面的资料来看，影响汉字认知的主要因素有：词频、笔画数、"整体结合力"和语音等因素。

实验方法

一、实验设计

本实验采用的是 2A×4B×(2C)完全被试内嵌套实验设计，A 代表整体结合力（A1 左右单独成字、A2 左右的一部分不能单独成字）；B 代表声韵母的匹配性（B1 声韵母都相同、B2 声母相同韵母不相同、B3 韵母相同声母不相同、B4 声韵母都不相同）；C 代表声调一致性（C1 被命名部分的声调和刺激字相同、C2 被命名部分的声调和刺激字不相同）。其中，A，B 为被试内因素，C 为嵌套子因素。

需要说明的是，本来在 A 因素上还有左右两部分都不能单独成字的水平，但是由于本实验是采取的命名实验研究范式，这一水平无法进行操作，因此在这里就不予以考虑。

二、被试的选取与分配

被试选取普通话标准，视力正常或者矫正视力正常，无口吃，年龄在 19～21 岁的大学本科一或二年级学生 29 名，男女个体数量上相差不大，男生 12 名，女生 17 名。

三、实验材料及其分配

在 B1 水平上，A，C 两因素形成了 4 个处理水平结合，每个处理水平结合分配刺激材料 10 个，同时对于 B2，B3，B4 水平上分别与 A 因素结合形成另外 4 个处理水平结合，各个处理水平结合上分配的实验材料数目见表 13-6，共 100 个刺激材料。即每个被试只接受 100 个刺激材料的测试，100 个刺激材料随机呈现。

实验呈现的刺激字均为左右结构的高频字，被命名的部分是独立的汉字，而且笔画均在十画之内。刺激字的命名部分均为右半部分，用红颜色标出来。

例如，在 A1B1C1 的处理水平结合上呈现刺激"哩"，即是说，"哩"和"里"字是 C 因素上处于同声调的水平，在 B 因素上是处于声韵母都完全一致的水平，在 A 因素上是处于左右能同时单独成字的水平。A2B3 的处理水平结合上呈现刺激"忙"。分析同上理由。

表 13-6　不同实验水平、材料举例

	A1B1 C1	A2B1 C1	A1B1 C2	A2B2 C2	A1B2	A2B2	A1B3	A2B3	A1B4	A2B4
刺激字	哩	停	妈	请	短	讲	新	忙	好	法
命名部分	里	亭	马	青	豆	井	斤	亡	子	去
反应时间										
标准差										

四、实验过程及其指导语

被试在计算机前进行实验，实验的材料编译成程序。计算机屏幕大小为 17 英寸。实验材料在计算机屏幕的中央随机呈现，然后由被试对用红色标记的右半部分进行命名，命名时被试通过面前的话筒大声地读出这个部分，话筒与计算机相接，将被试反应的声音信号传入计算机。实验采用 E-Prime 进行材料的呈现和声音数据反应时的记录，每个实验材料呈现之前，将会呈现一个 500 毫秒"＋"的注视点，然后呈现随机的实验材料，呈现时，计算机开始计时，当被试反应的声音信号传入计算机时，计时结束刺激材料消失，间隔 200 毫秒，注视点呈现，接着是下一个刺激呈现。在被试反应时，由主试记录被试的反应正确率。实验刺激的属性如下：字号为 130，字体为楷体加粗，颜色黑色（左半部分）＋红色（右半部分）；"＋"注视点字号为 200，字体为宋体加粗，颜色黑色。

实验指导语由计算机在实验前呈现，字号为 12，字体为宋体加粗，颜色白色，屏幕背景黑色。指导语如下：

"这是一个汉字命名实验。屏幕上将会呈现一次'＋'注视点，然后会呈现一个汉字，这个汉字的右半部分用红色标出。你的任务是对着你面前的话筒大声地读出这个红色标示的部分，在保证正确的前提下越快越好。明白上述实验要求后请敲键盘上的空白键开始实验。"

结果分析与讨论

(1)剔除正确率在 80% 以下的数据，实验数据采用 SPSS10.0 和 Microsoft Excel 进行分析和制作统计图表。计算各个水平的平均反应时间(毫秒)和标准差，并填入表 13-6 中。

(2)通过对三个因素的主效应、交互作用和多重比较分析，分析和讨论整体整合性、声韵母匹配性和声调一致性在汉字加工中的作用。

结 论

根据上述的实验结果，可以得出什么结论？

思考题

(1)阐述汉语语音在汉字加工中的作用。

(2)阐述影响汉语字词加工的影响因素。

参考文献

[1] 彭聃龄. 普通心理学. 北京：北京师范大学出版社，2001.

［2］张积家，盛红岩. 整体与部分的关系对汉字的知觉分离的影响的研究. 心理学报，1999，10.

［3］张积家. 汉字词认识过程中整体与部分关系论. 自然辩证法通讯，2002 (3).

［4］韩布新. 汉字识别中的频率效应. 心理科学，1998(21).

［5］喻柏林. 汉字字形知觉的整合性对部件认知的影响. 心理科学，1998 (21).

［6］彭聃龄，王春茂. 汉字加工的基本单元：来自笔画数效应和部件数效应 的证据. 心理学报，1997，1.

［7］张积家，王惠萍. 声旁与整字的音段、声调关系对形声字命名的影响. 心理学报，2001(3).

［8］管益杰，方富熹. 我国汉字识别研究的新进展. 心理学动态，2000(2).

第十四章　学习与记忆实验

【本章要点】

第一节　学习与条件反射的实验研究

一、学习与条件反射的习得

条件反射(conditional reflection)是个体通过一系列的学习和反复强化获得的对环境刺激的知识和经验结合而形成的一种行为反应能力,也有研究者将条件反射称为条件性学习。早期关于条件反射与学习的研究起源于行为主义,早期的行为主义者通过对鸽子、猫等动物的条件反射的研究,即刺激—反应(S-R)的模式,揭示了学习活动的基本规律,新行为主义者则更进一步通过 S-O-R 模式对学习的强化进行了进一步的研究。

（一）经典性条件反射与学习实验

早期的经典条件反射由巴甫洛夫最早提出，并以狗为实验对象，研究铃声与狗的进食反应之间建立的联系，这样经过反复地强化，狗在铃声和进食之间逐渐建立起了条件反射。经典的条件反射可以通过不断学习强化物和特定行为之间的联系，从而使习得的条件反射行为得以保持。图 14-1 是巴甫洛夫的狗的进食条件反射习得实验。

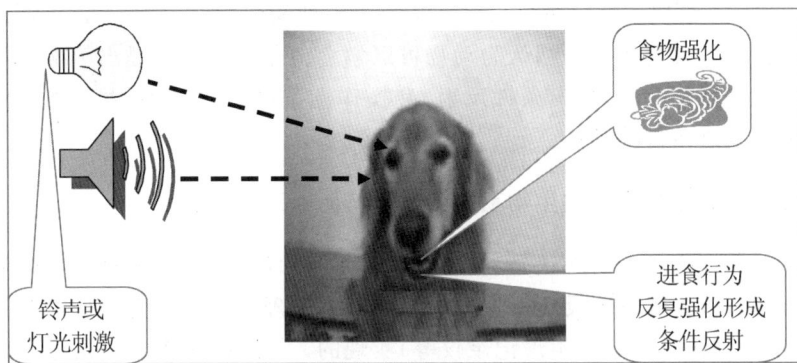

图 14-1　巴甫洛夫的狗的进食条件反射习得实验

巴甫洛夫的经典条件反射是通过非条件刺激——铃声或灯光刺激的强化，然后给狗食物引起进食反应，这样就在非条件刺激——铃声或灯光与食物之间建立起进食反应的联系，经过反复强化（reinforcement），当非条件刺激——铃声或灯光出现时，狗就出现分泌唾液的进食反应，建立起铃声或灯光与进食之间的条件反射行为。经典条件反射行为是通过对动物奖励或者惩罚行为使动物建立起来特定刺激与特定行为反应之间的联系。经典条件反射的原理可以用来对动物进行各种技能的训练，例如，在特警队、消防队中的执行任务的特种犬就是通过经典条件反射的原理进行训练的，还有对动物园的海豚、马戏团的犬类、大象等动物特技训练也是依据同样的原理。经典条件反射的获得是需要不断强化的，如果形成的条件反射没有得到很好的强化或长时间没有得到强化就会逐渐消退。

（二）操作性条件反射与学习实验

桑代克（Thondike）将操作性条件反射（operational conditional reflection）也称作工具性条件反射，这种条件反射也是通过学习获得的一种学习条件反射。经典的操作性条件反射理论是美国心理学家桑代克通过尝试—错误学习的实验研究提出的。桑代克采用一种叫作迷笼的装置进行实验，他将饥饿的猫放进迷笼，当迷笼内有一些装置被饥饿的猫触动时，就会有食物从迷笼装置中出来，这样猫就可以得到食物，猫在迷笼中经过反复地尝试逐渐学会了触动某种装置与食物之间的联系，于是会主动地通过触动该装置获得食物，这样就建立起了操作性条件反射。操作性条件反射是在特定情景和特定反应之间通过不断尝试错误学习而建立某种联系的结果。尝试错误的学习结果可能形成积极的正强化行为（如获得食物），也可能形成消极的负强化行为（如逃避惩罚，在后面的大白鼠的电击实验中可以证实这一点）。

20 世纪 50 年代，斯金纳（Skiner）设计了一种叫作"斯金纳箱"的装置研究动物的操作性条件反射。斯金纳认为动物可以学会分化行为，他提出了两种类型的学习：应答性条件反射（经典条件反射）和操作性条件反射（反应由个体自发行为得到强化后引起条件反射）。

（三）条件反射的获得与生物反馈训练和行为矫正实验

生物反馈训练和行为矫正是利用条件反射的原理来矫正个体的不良行为或者消极的心理、行为和情绪反应。这种训练的基本原理就是通过生物反馈训练仪器（如生物反馈训练仪或多导生理记录仪等）实现的，具体的训练方法是让个体在学习控制和调节的心理、行为、情绪或者生理反应（以生理指标为依据）时，及时地给个体生理、心理和情绪指标的反馈。这样经过反复的训练，就会提高个体对自己心理、行为、情绪和生理状态的自我调节和控制能力。

利用条件反射的原理进行生物反馈训练，以及行为矫正在心理和行为的矫正治疗、特殊职业人员的心理素质和技能训练上的利用（例如，对飞行员和航天员进行各种模拟情景的心理素质、心理自我调节控制能力和生理控制能力的训练等）。图 14-2 就是利用多导生理记录仪进行生物反馈训练的实际图片。

（四）经典性条件反射和操作性条件反射的关系

首先是二者的区别：经典性条件反射行为是由刺激引发的不自主的反应；这些刺激来自环境，个体通常不能够主动预测和控制；操作性条件反射行为是个体为了得到某种奖赏，或回避某种惩罚而在刺激和反应之间主动建立联系并做出主动反应的结果。无论是经典性条件反射还是操作性条件反射，都是经过不断学习和强化的结果，无论是正强化还是负强化，如果长时间没有及时得到强化，形成的条件反射都会逐渐消退。

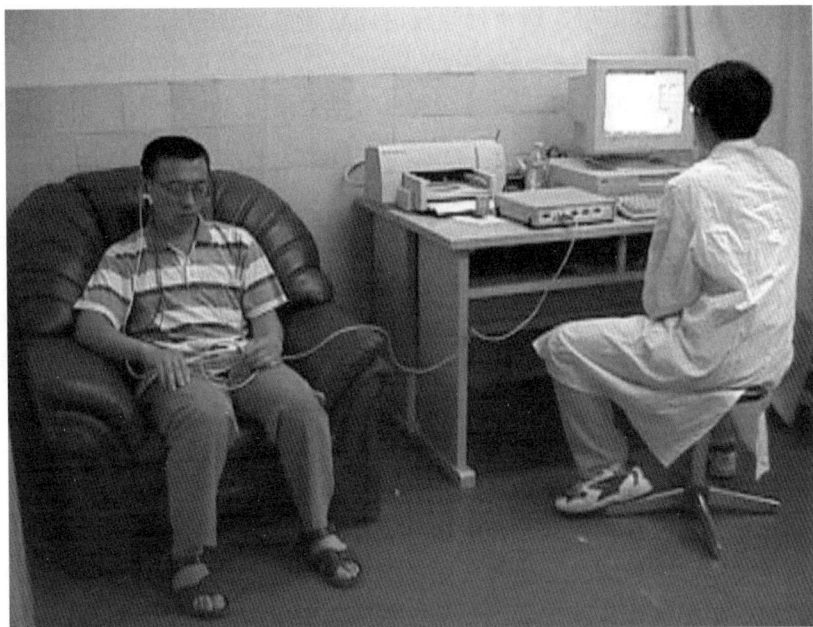

图 14-2　利用多导生理记录仪进行生物反馈训练

二、认知学习理论与认知性学习实验

认知学习理论在研究人的复杂行为时，除了研究个体可观察到的行为外，更重要的是研究引起"刺激—反应"的中间认知加工过程，即刺激怎样引起行为反应的内在认知机制。

苛勒（W. Kohler）在 1913—1917 年通过研究大猩猩的学习行为，提出了格式塔的学习理论——顿悟学习理论。著名的大猩猩"取香蕉"的实验就是由他设计的顿悟学习实验。具体的实验是，将大猩猩放在一个封闭的屋子里，屋顶上挂着一串香蕉，屋子的角落放着一个箱子，开始大猩猩不知道如何取到香蕉，过了一会儿，大猩猩突然把箱子挪到挂香蕉的屋顶下面，并爬上箱子取到了香蕉，最终达到了获取香蕉的目的。在上述实验中的这种学习不是操作性条件反射实验中的"尝试—错误"的学习过程，而是突然发现解决问题的方法的顿悟学习，并且是通过对情境的重新组织来实现的。这种大猩猩的顿悟学习也被称为认知性学习。

顿悟学习或认知性学习具有如下特点：

（1）顿悟依赖于情境：当情境信息对问题解决有一定的提示作用时，容易产生顿悟。

（2）顿悟可以重复出现：即使过一段时间被遗忘，也还可以再次通过组织学习获得。

（3）顿悟具有迁移的特点，例如，大猩猩学会用箱子取香蕉，同样也可以学会用竹竿来获取香蕉。

三、学习迁移实验

1910 年斯塔奇（D. Starch）用镜画描图实验对动作学习进行了研究，他让被试通过镜子看一个图形，并用铅笔将图形描画出来。由于镜中的图形与原图形比较，上下左右的空间位置发生了变化，因此，在看镜子中的图形来描画图形时，描绘线条眼手协调与平常眼手协调方向恰好相反。结果表明：优势手的练习对非优势手产生了积极的促进作用，这就是学习迁移（learning transfer）。

学习迁移是指先前学习的知识和技能对新知识和技能的学习与获得的影响，或者说从一种学习材料或技能中习得的经验对学习其他的材料或技能的影响，也有研究者将迁移定义为先前学习对后继学习所产生的影响。学习迁移分为两种：先学习的材料对后学习材料的阻碍作用称为负迁移（negative transfer）；先学习的材料对后学习的材料的促进作用称为正迁移（positive transfer）。按照迁移的内容来分，又可分为特殊迁移（specific transfer）与非特殊迁移（non specific transfer）。特殊迁移是指先学习内容对特定后学习内容的影响，而非特殊迁移是指一般性的、与特定学习内容没有直接关系的学习材料对后继学习材料的影响，如一种学习方法的掌握是持久的。特殊迁移往往由学习的内容所决定，是不稳定的，例如，对某种特定技能的学习；非特殊迁移与学习内容的关系不大，其作用是持久的。除了迁移的内容对学习的影响外，学习材料的性质对学习迁移也会产生影响。先学习的内容、性质、加工深度等都是影响学习迁移的重要因素，关于学习迁移规律及其认知机制，不同的研究者从不同的角度对学习迁移进行了一系列的研究，并提出了学习迁移的理论来解释学习迁移现象。

第二节　学习和记忆的规律及其影响因素

一、记忆的一般过程

记忆既是日常生活中人们非常关心的问题，也是心理学研究中一个非常重要的问题领域。那么人的记忆到底是怎样的一种机制呢？与学习又有什么样的关系呢？记忆与学习是密切相关的，记忆常常作为学习效果的直接指标，如果没有记忆，学习是无从谈起的。

从学习的角度来看，记忆分为知识的获得、知识的保持与知识的检验三个方面。但现代信息加工的观点，将人的记忆系统与计算机的存储系统进行类比，可将记忆分为编码（encoding）、存储（storage）与提取（retrieval）三个阶段。其实从记忆过程来看，提取不是必然发生的，提取只是作为检验是否记住的手段，信息的编码与储存就可以构成记忆，但从外在的观察者角度来看如果没有提取，是无法确定是否记住的。这也是实验心理学中考察记忆的基本逻辑，如果没有成功的提取，我们就可以认为没有记忆。

外界输入的信息经过编码，形成内部的心理表征——事物在人的认知系统中的存储方式。如果这样的心理表征能够保存一定的时间，这种保存常常是需要人的大脑的一定生理水平上的变化的，记忆就发生了。提取就是看看你是否能够成功地找到先前所加工并保留的心理表征，提取的过程经常是非常迅速的，但有时也必须借助一定的提示——在记忆的问题领域中称为线索（cue）。

这看似简单的三个过程之间的关系，其实是非常复杂的。成功的编码常常要依赖于以前记忆的知识表征，而知识的储存过程中常常伴随着再编码的过程。

二、三级记忆模型

现代认知心理学经典的观点是将人类的记忆系统分为相互联系的三个记忆子系统：感觉记忆（sensory memory）、短时记忆（short-term memory）以及长时记忆（long-term memory）。三个子系统在记忆的内容组织、保持时间上存在明显的差异。

（一）感觉记忆

感觉记忆又称感觉登记（sensory register）或瞬时记忆，感觉记忆是对刺激的物理特征进行短时间的精确表征，持续时间只有几秒钟。感觉记忆具有很强的感觉通道依赖性。

视觉通道的感觉记忆又称为映像记忆（iconic memory），映像记忆可以在短时间内存储大量信息，因为视知觉主要是在空间维度上展开的。20 世纪 60 年代斯柏林通过部分报告法的实验揭示出视觉通道的感觉记忆容量要比以前人们知道的大得多，但由于感觉记忆消退的速度太快，被试并不能全部报告其感觉记忆中的内容。在斯柏林等人的延迟辨别信号的实验中就可以看到视觉感觉记忆的消退速度是很快的(一般不到 1 秒钟)。

这里要注意的是在儿童身上存在的遗觉像(eidetic image)现象与映像记忆是不同的概念。遗觉像是儿童能够清晰地回忆一幅画上的细节,好像画面就在眼前,其持续时间要远远长于映像记忆。这种现象只在较少比例的儿童身上存在(大约 8%),而且到了青春期之后就会消失。

听觉通道的感觉记忆又称回声记忆(echoic memory),就是说听觉上的感觉记忆就好像刚听到的声音在耳朵里的回音一样。回声记忆存在与映像记忆类似的容量问题,即在记忆消退前所能报告的内容远远少于实际记忆中的内容。这一现象在克劳德(Crowder)等人的听觉部分报告实验中得到证实。只是听觉感觉记忆的持续时间要较视觉长,大约有 5~10 秒钟。

感觉记忆中的内容是非常容易被新输入的信息所替代的。感觉记忆的这种短暂性和易被替代性是符合人与环境的持续的交互作用的需要的。"感觉记忆的持续时间足以使你对世界有一种连续感,但它的强度还不足以干扰新感觉印象"(Zimbardo,2003)。

(二) 短时记忆

短时记忆的保持时间介于感觉记忆与长时记忆之间,其记忆内容常常是人当前意识加工的内容,可以将短时记忆看作是认知资源集中于某些心理表征的机制。短时记忆的编码方式有听觉与视觉两种形式,其中听觉编码为短时记忆编码的主要形式。

短时记忆的容量是非常有限的。关于短时记忆容量的实验最经典的就是米勒(George Miller)于 1956 年提出的 7 ± 2 的容量限制。然而,后来的研究表明,人们有可能高估了短时记忆的真正容量,即在典型的短时记忆容量的测验中,被试能够利用其他的信息来源来完成任务。这样,如果将记忆的其他可用资源去除掉,短时记忆的广度可能只有 2~4 个(Crowder,1976)。

人们在对短时记忆内容进行编码时,常常采取一种称为组块(chunking)的策略,即可以将若干信息按一定原则组织成一个对个体有意义的信息单元——块。组块是一个对信息进行重新组织的过程。这就会使短时记忆在表面上突破其自身容量的限制。

短时记忆内容保持的有效策略一般认为是复述(rehearsal)。但复述又分为机械复述或保持性复述(maintenance rehearsal)与精细复述(elaborative rehearsal),相关的实验结果(Craik & Wathins,1973)表明,只有机械复述并不能加强记忆,精细复述才是短时记忆的有效策略。

短时记忆内容的提取可让斯腾伯格 1969 年的实验来说明。斯腾伯格事先假设短时记忆的提取策略可能有三种方式：

A. 平行扫描（parallel processing scanning）：同时对短时记忆中保持的项目进行提取；

B. 自动停止系列扫描（serial self-terminating scanning）：对记忆中的项目逐个进行搜索，一旦找到匹配项目就停止搜索；

C. 完全系列扫描（serial exhaustive scanning）：对全部项目进行完全的搜索后再进行匹配检验。

实验结果表明短时记忆内容的提取采取的是第三种方式，即完全系列扫描。

（三）长时记忆

长时记忆一般是指保持时间在一分钟以上的记忆，人的有些记忆是可以保持终生的。长时记忆的编码常常是来自短时记忆的内容，并经过进一步的加工而获得的，但并不总是如此，对于某些强烈的刺激，常常只是短短的"一瞥"（感觉登记发生的时间）就可能令人终生难忘。

长时记忆的编码形式较之于感觉记忆与短时记忆来说恐怕要复杂得多，常见的有语义编码、图形编码、动作系列编码等。当编码时的情景与提取时的情景相匹配时，记忆效果最好，这就叫编码特异性（encoding specific）。所记忆的内容中的项目在编码时所处的位置，也会影响记忆的效果，即系列位置效应（serial position effect）。最先识记的项目与最后识记的项目记忆效果要好于中间识记的项目，这就是首因效应（primacy effect）与近因效应（recency effect）。

长时记忆中内容的保持本身是一个动态的过程，所谓的动态不仅包括记忆数量的变化，也包括内容本身的变化。在儿童期有一种特殊的记忆恢复（reminiscence）现象，即在学习某一内容的前几个小时或前几天，记忆成绩有逐渐提高的趋势。受个人知识经验与思维加工的影响，记忆内容随着时间的推移会发生不同形式的变化，如变得更概括、更具体、更完整甚至发生一定程度的夸张。

长时记忆内容的提取包括再认（recognition）与回忆（recall），一般来讲再认任务的难度比回忆要小。不管是再认还是回忆都需要有合理的线索，只是有的线索较明显，而有的线索是隐含的。提取时的线索共同组成提取的情境或上下文（retrieval context），只有具有明确的上下文，人才有可能在一个庞大的记忆仓库中检索出相应的知识。长时记忆的提取过程有时是有意识参与的主观努力的过程，但当情境因素足够强烈时，人们常常会不由自主地回忆起很多事情。

(四)工作记忆

工作记忆(working memory)是一种近年来记忆研究中经常使用的一个概念。工作记忆与短时记忆是密切联系的。短时记忆是一种短时储存信息的能力，而工作记忆是一种对当前信息进行加工的短时记忆信息，以及从长时记忆中调用的正在工作的记忆信息。简单地说，工作记忆是当前的认知任务正在使用的记忆信息。研究者在对工作记忆研究的基础上，提出了类似短时记忆广度的工作记忆广度的概念，工作记忆广度与工作记忆容量是密切相关的，工作记忆广度与工作记忆容量的大小会直接影响工作记忆的效率。

此外，工作记忆也受到多种因素的影响，如对认知加工任务和短时记忆信息的熟悉程度、知识和经验的作用、年龄发展的作用等。工作记忆的研究在近年来的记忆研究中已经成为一个重要的研究问题，同时，工作记忆与学习、发展、知识经验、认知技能的发展等方面的研究也得到很多研究者的关注。

三、记忆与遗忘

遗忘是时刻与记忆过程相伴随的，对于已编码的信息不能正确进行提取就是遗忘。

对于感觉记忆与短时记忆中不能提取的现象，心理学家更倾向于用消退来定义，这是由感觉记忆与短时记忆的特性决定的，其中原有的内容必然不断地被新的内容取代。所以，这里的遗忘，是针对长时记忆来说的。心理学家一直致力于探究遗忘的原因。

艾宾浩斯(Ebbinghaus)最早用实验的方法研究了遗忘的发展进程，他发现遗忘是学习之后由快至慢逐渐发展的过程。艾宾浩斯认为"保持和遗忘是时间的函数"，他将自己的实验结果绘制成曲线，即艾宾浩斯遗忘曲线(the curve of forgetting)。

格式塔学派曾提出一种记忆痕迹理论，该理论认为经过学习的知识，会在人的大脑中产生某种变化，即留下痕迹，不同的知识会留下不同的痕迹。学习之后的复习，将有助于记忆痕迹的保存；而没有有效的复习，记忆痕迹将随着时间的延长而逐渐消失。这一说法虽然较符合人们的常识，但更多的是主观猜测的成分，未必符合记忆的基本机制。

而干扰理论认为遗忘是因为已学习的信息在保持过程中受到其他信息的干扰导致的。干扰理论可以用前摄抑制与倒摄抑制来说明，前摄抑制(proactive inhibition)是指先学习的材料对学习与提取后面的材料的干扰作用，而倒摄抑制(retroactive inhibition)是指后学习的材料对提取先学习的材料的干扰作用。

压抑理论认为遗忘是由于情绪或动机的原因导致的压抑引起的，如果将压抑去除，记忆就会恢复。这种理论主要在精神分析的治疗与咨询中得到应用。

还有一种观点认为遗忘是由于对记忆中的信息检索失败以致不能提取。记忆内容的提取是需要有效的线索的，如果在提取的过程中线索无效就很难进行提取。所谓的幼年失忆(infantile amnesia)，即人们一般很难记起三岁以前的事，就可以看作是没有有效的提取线索(如语义表征)造成的。

四、长时记忆中知识的表征

在人类的长时记忆中，储存着两种完全不同类型的记忆，一个是程序性记忆(procedural memory)，是指人对那些具有先后顺序的动作序列的记忆，这些动作既包括肢体上的动作也包括系列的心理操作，与之对应的就是学习上的所谓程序性知识(procedural knowledge)。另一个是陈述性记忆(declarative memory)，是指人对事实类知识的记忆，这种记忆可以通过语言进行叙述，与之对应的是学习上的所谓陈述性知识(declarative knowledge)。而陈述性记忆又可进一步分为情景记忆(episodic memory)与语义记忆(semantic memory)。情景记忆一般是指当事人对自己亲身经历的事情的记忆，这种记忆内容中有很丰富的情境性因素，可以在时间与空间两个维度上进行很好的展开。而语义记忆是指人对于一般性的知识的记忆，是更具代表性而与具体的时空无关的符号化的记忆。语义记忆在正常成年人的长时记忆系统中是占有很大比重的。

人的长时记忆系统的表征并不是杂乱无章的，而是按照一定的规律有组织地储存的。人的认知系统可以将大量相似的信息组合在一起而形成更有代表性的相对抽象的心理表征，这种心理表征就是概念。概念与概念之间是按照一种有层次的结构相互关联地保存在人的记忆中，这种储存方式可以使人很快判断出外界的刺激的属性。个体心理上的每个概念都代表着他所体验的世界中的一类相似事物的概括单元。人的心理上的概念一般是含有形象的成分的，即概念的原型(prototype)。原型只是储存了其所代表的范畴的普遍的特征，即原型本身就是人的认知系统的抽象概括能力的体现，原型是随着人的生活经验的积累而不断修正变化的，即原型是一个动态的代表性表征。

在长时记忆中还有一种结构叫图式(schemas)，图式的范畴要大于原型，它代表的是物体、人与情境的概念框架或知识群。图式也是一种抽象的概括，它是关于情境信息的概括，或者说是对一类关系的概括。图式中所记忆的细节信息常常是受人的注意的影响，即图式中只保存了个体所关注的细节。

第三节 学习与认知技能的发展

认知技能(cognitive skill)最初起源于解决疑难问题的研究，20 世纪 60 年代关于决策和推理的探讨对认知技能的研究产生了重要影响。70 年代，查斯(Chase)和西蒙(Simmon)等对国际象棋专家与新手的认知技能进行比较研究，并运用计算机模拟人解决问题的思维过程。此后，研究者围绕知识获得与专长(expertise)发展进行了大量研究，研究内容涉及了国际象棋专长、物理专长、数学专长、计算机专长、医学和护理专长等领域，并对各领域新手(novice)和专家(expert)认知技能的发展差异进行了广泛和深入的探讨。80 年代以来，认知技能成为专长研究的核心内容，在大量研究的基础上，研究者提出了认知技能发展的理论和模型，并将认知技能的理论研究应用到专长发展与培训中。现代认知心理学认为，认知技能是一种整体的认知能力，是在知识和经验积累的基础上整合而形成的解决复杂问题的能力，认知技能的获得是专长发展的基础。在认知技能的发展过程中，个体知识、经验和实践能力的整合，促使认知资源不断优化，认知技能不断提高，并达到认知自动化的水平。认知技能的发展和认知自动化的获得是专长研究的核心问题之一。

下面主要介绍现代学习和记忆研究过程中提出的各种认知加工理论。

一、认知技能发展的阶段

关于认知技能发展的代表性理论主要有费兹(P. M. Fitts)的认知技能发展阶段理论和安德森(J. R. Anderson)认知技能发展阶段理论。

(一)费兹的认知技能发展阶段理论

费兹(1964)将技能发展划分为三个阶段：这三个阶段分别是认知阶段(cognitive stage)、联想阶段(associative stage)和自主性阶段(autonomous stage)。

认知阶段 在认知阶段，个体通过学习获得有关专业领域的知识，学习的方式主要包括系统学习或培训、阅读、讨论以及实践活动。个体在该阶段主要学习和掌握相关专业领域的内容知识，或称为陈述性知识，以书本知识为主，缺乏实践性。在认知技能发展的研究中，关于这一阶段的研究较少。

联想阶段　在联想阶段，认知技能的发展主要集中在问题解决上。在学习解决具体问题之前，个体通常学习例题或范例，解决一些简单的问题，获得解决问题的经验和技巧，如教科书中的例题或相关的实践活动。该阶段学习的知识主要是程序性知识和实践性知识，这些知识通常是解决问题的具体方法、策略和规则，并通过实践达到解决一般性问题的目的。在联想阶段，个体解决问题过程中可能会犯一些概念性的错误，通过不断纠正错误，逐渐获得解决问题的正确方法和经验。

自主性阶段　在自主性阶段，个体通过知识和实践经验的不断积累，在解决问题的过程中几乎不再犯概念性的错误，解决问题的速度和准确性方面也有很大的提高，认知技能的程序化和自动化是该阶段的主要特征。此阶段认知技能的发展是专长研究的核心内容。

费兹认为，上述三个阶段并没有严格的界限，在相邻的发展阶段之间有一个从量变到质变的过程，三个发展阶段只是为了理解和研究的方便而进行的人为划分。

(二)安德森的认知技能发展阶段理论

安德森在费兹的理论基础上，将认知技能的发展与他提出的思维适应性控制（Adaptive Control of Thought，ACT）模型相结合，提出了认知技能发展阶段的理论。安德森将认知技能的发展划分为三个阶段，即陈述阶段（the declarative stage）、知识编译阶段（the knowledge compilation stage）和程序化阶段（the procedural stage），认知技能在每一阶段都有典型的特征。

陈述阶段　陈述阶段是认知技能获得的最初阶段，在此阶段，个体主要接受知识的学习或技能的训练，这些知识和技能在记忆中是以声明（statement）的形式存在的，个体能够运用这些知识和技能对问题进行说明性的解释，并运用相应的知识和策略解决一般性的问题。例如，接受电子维修技能培训的技师可以发现电路上的常见故障，并进行维修。在该阶段，个体通常只能严格按照问题解决的步骤处理问题，他们需要从长时记忆中不断有意识地提取与问题有关的信息，并运用这些信息解决遇到的问题，因此，解决问题的认知自动化水平较低。

知识编译阶段　知识编译阶段是从陈述阶段向程序化阶段过渡的中间阶段。在第一阶段获得的知识和技能在此阶段逐渐形成程式化的形式，形成针对特定问题的特定解决方法，降低问题解决的意识水平。知识编译阶段包括合成（composition）和程序化（proceduralization）两个过程。合成是将第一阶段中问题解决过程的若干个步骤简化，将复杂的解决问题的步骤合成简单的、高效的过程，提高从记忆中提取相关信息的速度，加快问题解决方法和策略的执行速度。程序化是将第一阶段学习的知识与技能以及合成的产品进一步加工，并转化为长时记忆的认知资源，建立各种条件下问题情境与解决方法之间的联系，使特定的方法与特定问题情境相对应。程序化的结果是将烦琐的、分离的步骤整合为简单的步骤，提高工作记忆的激活速度，提高认知自动化的水平。

程序化阶段　当个体获得的各种知识与技能转化为解决问题的自动化过程后，提高认知技能激活速度的内在信息加工过程仍在进行。各种程序化的过程不断优化，强化有效的问题解决策略和规则，淘汰低效的策略和规则，使知识、技能、问题解决策略的提取和操作达到近乎无须意识努力的自动化的程度，进一步提高问题解决的认知加工速度，无关因素对信息加工过程的影响也降到最低水平。

安德森的认知技能发展阶段理论从认知技能自动化的角度，对认知技能的发展过程和内在的认知机制进行了全面系统的分析和讨论，为认知技能发展的评价奠定了理论基础，格莱泽(Glaser)的认知技能评价维度理论就是在安德森的理论基础上提出的。

二、认知技能的发展与认知自动化

(一)ACT 模型对认知自动化过程的解释

安德森的思维适应性控制(ACT)模型认为，学习包括如下三个认知过程：(1)将学习的知识和经验进行编码，并转化为陈述性知识；(2)将陈述性知识转化为程序性知识(即解决问题的规则、方法和策略)；(3)强化程序性知识与陈述性知识之间的联系，建立策略选择的竞争加工机制，优化认知加工过程。在建立策略选择的竞争加工机制的过程中，可能会出现不同策略之间的冲突，即当多种策略均可用来解决同一问题时，优先选择哪种策略。ACT 模型认为，在解决认知问题的过程中，有五个因素决定了策略选择的速度和倾向。这五个因素对认知过程的影响可以用如下公式表示：

$$认知表现(Performance) \sim SAG/NI$$

其中，S 是策略的强化水平；A 是与刺激信息匹配的策略的激活水平；G 是策略与情境的匹配程度；N 是不同策略之间信息的重合程度；I 是不同策略被强化的一致性程度。Anderson 认为，个体的认知表现受 S，A，G，N，I 五个因素

的制约。其中，S，A，G 对认知表现的影响是正向的，N，I 对认知表现的影响
是负向的，认知技能的自动化过程是特定的技能不断被强化的结果。

1. 强化现象

策略强化有一个基本假设：即策略经过一次实践，它在强度上就会得到一个
增量。基于这个假设，如果经过 P 次的实践获得强度的增量 P′，个体应用策略
的反应时 T 与策略实践次数存在如下的关系：$T = B + a/P$。其中，B 是不受练
习影响的基线反应时(Baseline RT)，a 为五种因素对认知速度影响的总反应时。
于是，经过 P 次练习后对策略的提取速度可以通过上述公式计算出来，策略随
着练习次数的增加而得到强化，认知活动的自动化水平也不断提高，此时策略提
取的外显反应时 T 和错误率也降到最低水平。

2. 衰减过程

在上述公式中，反应时 T 是在被强化的策略没有衰减的情况下得出的，而
实际上策略被强化后有一个衰减和遗忘的过程，在计算策略提取的反应时和错误
率时，应考虑到衰减对强化的影响。在策略得到强化的同时，强度随时间的衰减
变化符合幂函数：$S = \Sigma t_i^{-d}$，S 为经过 P 次强化的强度水平，t_i 为第 i 次强化的
时间，$i = 1 \sim P$，t_i^{-d} 为第 i 次强化的强度增量，其中 d 为估计的幂函数指数。认
知自动化的发展是在强化和衰减过程中，强化增量高于衰减增量的不断积累的
结果。

3. 干扰现象和促进现象

认知技能经过不断强化，使激活水平 A、匹配程度 G 和强化水平 S 得到提
高，同时使不同策略的重合程度 N、强化的一致水平 I 降低，认知技能的激活速
度和认知自动化水平提高，这就是促进现象。如果上述参数的变化恰好相反，则
策略之间就会出现相互干扰的现象，认知自动化水平也会因受到干扰而降低。此
外，刺激与反应匹配一致性也会影响激活速度，一致性程度高，会提高激活
速度。

安德森认为在选择任务中，不同任务的干扰作用与选择目标数量有关，他的
实验证明了这一点。在他的实验中有两种任务：即简单再认任务和选择再认任
务。一组被试接受简单再认任务实验，另一组被试接受选择再认任务实验，并分
别对两组被试进行 25 天的强化学习，每天检验他们再认的反应时和正确率。实
验结果发现：两组被试再认反应时的变化趋势是一致的，但是，选择任务组被试
的再认反应时高于简单任务组。这说明选择性任务延长了认知加工时间。出现这
种现象的原因是被试在完成选择任务时，由于选择任务之间的干扰，降低了再认
的反应速度。

安德森认为，个体认知自动化过程的发展是大脑对认知技能的编译和程序化过程的结果，是陈述性知识向程序化知识和策略性知识转化的过程，并在此基础上进行认知资源的不断优化（自动化和模块化），以提高认知技能的激活速度和认知自动化的水平。

（二）凯斯（Case）的知识获得与认知自动化的观点

凯斯从知识和经验获得的角度，对认知技能自动化的认知机制进行了分析。凯斯认为，个体的认知加工空间可以划分为储存空间（storage space）和操作空间（operating space），储存空间是用于保存知识和经验等信息的心理结构；操作空间是个体加工信息的心理结构，个体的信息加工过程是由上述两个心理结构共同完成的。个体掌握的知识和经验最初保存在储存空间中，随着知识和技能逐渐熟练化，储存空间在认知结构中所占的空间减小，用于加工信息的操作空间相应增加，认知自动化过程就是储存空间中的知识、经验和技能的高度熟练化过程。

随着认知技能的熟练化、程序化和模块化，并逐渐转化为认知结构中的认知资源，个体调用认知资源所需要的意识努力也降到最低水平，认知技能达到高度自动化的程度，个体只需很少的储存空间来存储高度程序化和模块化的认知技能，而将更多的心理空间用于复杂的认知加工过程（见图 14-4）。

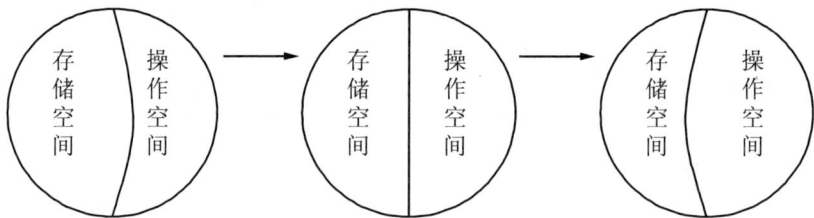

图 14-4　认知技能初步形成及熟练化、自动化的过程

（三）认知技能发展的自动化与模块化过程的研究

格莱泽认为，专家解决专业领域问题的主要特点是：他们只需很少的意识努力就能迅速地调动认知资源，解决当前的问题，格莱泽把这一过程称为认知自动化过程（automaticity processes）。在认知技能的发展过程中，随着认知技能自动化水平的提高，个体表现出来的认知加工速度和准确性也迅速提高，调用认知资源所需要的意识努力会越来越小，并逐渐排除各种无关因素的干扰作用。于是，研究者在福多（Fodor）等提出的信息加工模块化理论（modularity theory）基础上，提出了信息模块化（informational encapsulation）的概念，用来解释认知技能自动化的获得过程。

模块化过程（encapsulated processes）是指随着认知技能自动化水平的提高，逐步形成相对独立的、不受其他认知过程或信息干扰的认知结构单元，该结构单元只能被特定的刺激自动激活，并产生相应的行为反应。

认知技能的模块化过程能够很好地解释认知技能的自动化过程。据此，我们可以推断，专家在完成特定专业领域的任务时，不仅表现出了超出常人的速度和精确性，而且还表现为付出最少的意识努力，调用最少的认知资源，以最高效率处理当前任务。施耐德等人的研究证明：具有特定专长的新手和专家在完成专业任务时，新手和专家对学过知识的要求程度有显著的差别，新手对学过的知识依赖性较强，而专家则较少依赖已经学习过的知识，他们对信息的提取是自动激活的，无须有意识地回忆学过的知识。

研究认知技能自动化和模块化的常用方法是双重任务法（dual-task methodology），即对实验对象呈现两项任务，其中一项任务已经达到自动化或模块化的程度，另一项任务没有达到，通过记录被试完成第二项任务的速度，来确定认知自动化水平。20 世纪 80 年代以来，该方法被广泛应用于认知自动化过程的研究。

三、认知技能发展的评价维度

格莱泽根据安德森的认知技能发展阶段理论，提出了认知技能发展的评价维度理论，他认为认知技能的评价包括如下六个维度（具体评价方法见后面第五节）。

（一）知识的组织与结构

个体最初学习的知识与技能是以彼此间缺乏关联的形式存储在记忆中的，随着知识与技能的熟练化，彼此间逐渐建立起内在的联系。新手与专家在知识的组织与结构方面有很大的差异，新手所掌握的知识和技能是彼此孤立和缺乏联系的，而专家的知识和技能之间建立了密切的联系。因此，测量知识的组织与结构，可以作为评价认知技能发展的指标。

（二）问题表征的深度

专家对专业领域的问题通常是以抽象的形式进行表征的，而新手对问题的表征是以问题的具体条件和要素为依据。费尔德（Schoenfeld）和埃尔曼（Herrman）将问题表征划分为表面结构表征和深度结构表征，新手通常是根据事物的表面特征对事物进行表征，而专家则根据事物内在的本质特征对问题进行表征。专家的表征一般是深层结构表征，新手的表征一般是表面结构表征。因此，问题表征的深度也可以作为评价认知技能发展的指标。

(三)心理模型的质量

心理模型是指在解决问题的认知操作过程中所建构的心理表象，心理模型的质量反映了个体认知技能发展的水平和发展阶段。专家在其擅长的领域建构的心理模型一般较为复杂，并作为指导其认知表现的依据。心理模型的质量也是评价认知技能发展阶段的指标。

(四)程序或方法的有效性

专家采用的解决问题的方法更精确、直接、有效；而新手采用的方法则带有尝试性、效率也相对较低。所以，对解决问题的方法使用的有效性，可以作为反映认知技能发展阶段的指标。

(五)认知表现的自动化

新手解决问题通常是通过有意识的推理，按步骤进行的，而专家则不同，他们在解决问题时通常是凭借丰富的知识和经验，能够灵活自如地，无须有意识的努力便能够使问题迎刃而解，他们解决问题的过程是自动化的。解决问题的自动化水平是新手和专家的根本区别之一，也是评价认知技能发展阶段的重要指标。

(六)元认知技能

元认知技能包括元认知知识、解决问题的策略、计划性、监控性和自我调节能力等，一般新手在元认知知识、解决问题的计划性、监控性等方面的能力发展水平较低，而专家则表现出较强的计划性、监控性和自我调节能力。元认知水平反映了认知技能的发展阶段，因此，也可以作为评价认知技能发展的指标之一。

四、认知技能发展与评价研究的意义

认知技能是职业专长的核心组成部分和解决专业领域复杂问题的基本认知能力，研究认知技能发展与评价具有重要的理论与实践意义。在理论方面，认知技能发展的研究有助于认识不同专业领域认知能力形成和发展的认知机制，认识专长的结构及其获得、发展的过程，为不同专业领域专长的培训提供理论依据。在实践方面，在对认知技能形成和发展的认知机制认识的基础上，开发评价认知技能发展阶段的测量工具和促进认知技能发展的科学培训方案，有利于提高专业人才的专长促进与培养的效率。

第四节　内隐记忆和内隐学习

一、内隐记忆

(一)什么是内隐记忆(implicit memory)

一般人对于自己是否记得某些信息是知道的，即具有一种知道感，这就是所谓的元记忆(metamemory)，元记忆是人的元认知系统的一个重要组成部分。有了元记忆，就将记忆系统与自我意识联系起来了，使人能够意识到自己是否记得某些信息以及如何去提取信息。我们可以从如下几方面理解内隐记忆：从现象上看，内隐记忆是被试在操作某任务时，无意识地回忆起来存贮在大脑中的信息并在当前任务中自动起作用，其主要表现是被试对信息的提取是无意识的；从研究角度来看，内隐记忆是一种无意识的启动效应；从测量方法上来看，内隐记忆不要求被试有意识地去回忆所学习的内容，而是要求被试去完成某项操作，在被试的操作中会无意识地运用这部分记忆内容。因此，内隐记忆也称为无意识记忆(或潜意识记忆)(unconscious memory)或无察觉记忆(unaware memory)。20 世纪初 50 年代以来，研究者关于内隐记忆进行了大量的实验研究，这些研究采用了再学时的节省时间、阈下编码刺激的作用、无意识学习、启动效应以及健忘症患者的学习等方法。

与内隐记忆相对应的是外显记忆(explicit memory)，外显记忆是我们在完成当前任务时有意识提取的记忆内容。内隐记忆和外显记忆有着显著的区别，具体表现如下：(1)学习加工水平对两种记忆具有不同程度的影响。新形成的内隐和外显记忆都需要一定程度的认知加工，但认知加工水平对外显记忆的直接影响比较大，而对内隐记忆的直接影响则较小。(2)学习和测验呈现通道的变化对两种记忆有不同的影响。学习阶段用听觉方式呈现材料，测验阶段用视觉方式呈现材料可减弱启动效应，而对外显记忆则没有显著影响。(3)两种记忆保持的时间不同。内隐记忆的启动效应可持续几天或几周，某些启动效应也可能几分钟就消退；而外显记忆却可保持相当长的时间。(4)干扰因素可以直接影响外显记忆，而对内隐记忆影响则不显著。前摄抑制和倒摄抑制现象的存在很好地说明了这一点。陈世平和杨治良(1991)利用汉字进行的一项研究发现，内隐记忆不易受到干扰。在实验中先让被试进行词对联想学习，同时利用干扰词对该词对进行干扰。结果发现，干扰词对外显记忆的成绩影响较大，对内隐记忆的成绩影响较小。

(5)记忆负荷量的变化对内隐记忆和外显记忆产生的影响不同。记忆的项目越多，越不容易记住，这是外显记忆的规律，而内隐记忆受记忆项目多少的影响并不显著。

(二)内隐记忆产生的原因及理论解释

由于内隐记忆现象的多样性和复杂性，研究者也提出了各种理论、假设和实验研究来解释内隐记忆产生的原因。下面就介绍几种主要的理论。

1. 多重记忆系统理论

多重记忆系统理论(multiple memory systems view)认为记忆内容的实验分离现象反映了记忆系统存在着不同的子系统，内隐记忆和外显记忆就是两种不同的子系统。内隐记忆系统是属于知觉表征系统(perceptual representation system)，而这一系统又分为字词系统、结构描述系统和概念语义系统。也有心理学家将内隐记忆系统分为知觉表征系统(perceptual representation system)和语意记忆系统(semantic memory system)，并得到了一些神经心理学证据。也有研究者将内隐记忆分为陈述记忆系统(declearative memeory system)和程序记忆系统(procedural memeory system)。多重记忆说能很好地解释健忘症患者的记忆分离现象，因为各个记忆系统是独立的，当陈述记忆系统损伤时，程序记忆系统仍保持完好。

2. 加工说

加工说(processing view)认为，记忆的实验性分离现象反映了两类测验要求的加工过程不同，不能证明记忆存在着相独立的两个不同的子系统。加工说与多重记忆系统的观点是对立的。持此观点的代表人物罗迪格(Roediger，1990)提出传输适当认知程序(transfer-appropriate procedures approach)的观点，认为外显记忆测验要求概念驱动过程(conceptually driven processing)。概念驱动过程要求有意义的加工、精细编码和心理印象等加工过程，以提高外显记忆的效果。内隐记忆一般是提取过去经验中的知觉成分，因此，内隐记忆要求的是材料驱动过程(data-driven processing)。布拉克斯顿(Blaxton，1989)设计了一组构思新颖的实验，发现实验性分离现象有规律地依赖于加工方式，支持了加工说。

实际上，多重记忆系统理论和加工说并不是完全对立的，而是分别从不同的角度解释内隐记忆和外显记忆的可能的认知机制。关于内隐记忆和外显记忆，近年来从不同的研究问题角度有大量的研究，进一步支持了人类记忆系统中确实存在内隐记忆和外显记忆系统，而且发现内隐记忆在人类的学习、工作和生活中起着重要的作用。

二、内隐记忆的测量方法

(一)再学时的节省时间

斯莱梅卡等人（Slamecka et al.，1985）采用再学法将再学时的节省时间当作内隐记忆的指标，他认为再学先前学过的词表或测验并不依赖于先前学习的外显记忆，外显记忆在这里是指能完全再认或回忆学习过的材料，而对那些不能再认和回忆的材料，由于曾经学习过，再学时就会缩短一些时间，这可以认为是内隐记忆的作用，并将节省的时间量作为内隐记忆的指标。

(二)阈下知觉实验

阈下知觉实验范式是研究内隐记忆的一种有效的实验方法。最近的研究表明，在被试没有对阈下刺激的外显记忆的条件下，存在着对这些刺激的内隐记忆的启动效应。威尔逊和扎琼（Wilson & Zajone，1980）给被试呈现几何图形，呈现时间为1毫秒(人类的视觉是不能捕捉到这么短时间的视觉信息的，一般可能需要10~20毫秒以上才能被知觉到)，由于被试者无法有意识地看到这些图形，因此不能形成外显记忆。在接下来的任务中，研究者将呈现过的图形和新的图形混合呈现，并要求他们选择较喜欢的一个图形，结果表现出明显的对前面呈现过的图形的内隐记忆。该结果也被后来许多研究者的阈下知觉实验证实。阈下知觉范式也成为研究内隐记忆的主要实验方法之一。

(三)无意识学习

由于内隐记忆的存在已被研究者广泛地证实，而且对我们的工作、生活和学习起着重要的作用，研究者对采用内隐记忆的形式进行学习的方法进行了研究，这就是关于内隐学习的研究。雷伯等人（Reber et al.，1976）关于内隐学习(implicit learning)的实验中，向被试呈现根据不同人工语法规则产生的字母串，被试者分别在内隐指导条件和外显指导条件下学习这些字母串，然后再给被试者一些未学过的，根据相同规则产生的字母串，让其识别这些字母串是否符合语法规则，研究证明在不能有意识地明确这些语法规则时，被试仍然能够学会确定符合语法的字母串。也有研究者将内隐记忆的原理应用于外语学习中，研究者在学生从事课间活动或其他活动时，通过广播或录音机以听觉背景声音的形式向他们呈现单词、句子和外文短文，结果也发现，这样的呈现方式对学生的外语学习有显著的促进作用。如果这个研究得到更多的实验依据的话，内隐学习将可以成为我们在不影响正常的工作或从事的活动的前提下的一种很好的学习方式。

(四)启动效应

启动效应(priming effect)最初主要用于知觉和注意领域的研究。主要是采用相同或者相似程度不同的启动刺激和识别刺激研究前后出现的刺激材料之间的促进或干扰效应。近年来类似的启动实验范式被应用到内隐记忆和阈下知觉的研究中，具体的实验程序是事先采用内隐学习的形式学习一些实验材料，在后续的实验中，以内隐学习材料作为启动刺激，来研究内隐刺激与反应刺激之间的相似程度对反应时间或成绩的影响。

启动效应可分为重复启动效应和间接启动效应。重复启动(repetition priming)是指前后呈现的刺激是完全相同的，这些材料和任务一般可以是词汇确定(lexical decision)、词的确认(word identification)、词根或词段补笔(word-stem or fragment completion)等。研究表明，在上述重复启动的任务中，有被试对重复呈现刺激的确认精度性和反应时间显著下降。词汇确定测验也可用于间接启动(indirect priming)的实验研究中，重复启动范式与间接启动范式的差别在于重复启动要求前后两次呈现的刺激是完全相同的，间接启动除包含重复启动之外，还允许后面呈现的刺激与学习的刺激有所差别。这样采用间接启动范式获得的结果也发现存在内隐启动效应。

(五)遗忘症患者内隐记忆的研究

对遗忘症患者的研究主要是基于他们不能对某些记忆内容和任务进行主动的回忆，他们的外显记忆功能受到损伤而不能进行有意识的对特定记忆内容的回忆。但是，即便如此，对遗忘症患者的研究中发现，虽然他们不能对一些记忆内容进行有意识的回忆和判断，但是他们在一些与自己以往的知识、经验相关的内容和任务中却能够对刺激材料进行正确的判断，而且判断正确率是显著高于概率水平的。这证明遗忘症患者存在着内隐记忆。

(六)词根补笔测验

词根补笔测验(word-stem completion test)是指被试学习一系列单字后，测验时提供单字的头三个字母或者字的局部偏旁，让被试补写其余字母或者偏旁，从而构成有意义的单词或单字。如将"Psycho __"填成"Psychology"。补笔测验的另一种形式是残词补全（wordfragment completion），该测验是让被试学习一系列单字后，把缺一些字母或局部笔画的字填上适当的字母或笔画构成有意义的字，如将"礻__"补笔完成为"神"。补笔测验作为一种间接测量内隐记忆的方法在内隐学习和遗忘症的研究中被广泛应用。

（七）知觉辨认实验

知觉辨认（perceptual identification）实验是让被试先学习一系列单字，然后要求在速示条件下（＜30 毫秒）辨认学过的字以及未学过的新字。一般学过的字辨认正确率显著高于未学过的。在模糊或残缺字辨认（word fragment identification）测验中，呈现的单字的字母或笔画不清楚，要求被试辨认单字。通过不同的知觉辨认任务的测验可以获得不同的实验结果，实验者可以将实验结果进行分离，即将不同测验任务产生相反结果的情形称为实验性分离（experimental dissociation），实验性分离包括单一分离（a single dissociation）、非交叉双重分离（uncrossed double dissociation）、交叉双重分离（crossed double dissociation）和双向关联（reversed association）。单一分离是指实验中的一个自变量（符号 V1）影响一个测验任务（符号 A），但不影响另一个测验任务（符号 B）。非交叉双重分离指的是实验中有两个自变量，自变量 V1 影响任务 A，但不影响任务 B；而自变量 V2 影响任务 B，但不影响任务 A。交叉双重分离是指实验中一个自变量对两个任务有相反的作用。双向关联指的是，在同一实验中，两个任务的结果既是正相关的，又是负相关的。随着心理学家对内隐记忆研究的不断深入，研究者发展了越来越多的测量方法和手段，而且也从不同的角度证实了内隐记忆及其对人类记忆的重要影响作用。

（八）非言语信息的内隐测验

1. 熟悉的非言语信息的内隐测验

这类内隐记忆测验，首先呈现图片或线条画给被试，这些图片或线条画都是被试熟悉的具有空间和非空间特征的物体。如动物、植物或者是工作和生活中的各种物品等。在进行内隐测验时，要求被试识别知觉上不完全的刺激，检验在不同的时间间隔上被试对残缺物体的识别的速度或错误尝试的时间。实验结果表明，可以实现内隐记忆和外显记忆的分离。

2. 新异非言语信息的内隐测验

这类研究使用的内隐记忆测验是被试不熟悉的非语言测验材料，在某种程度上类似知觉识别、单词补笔等任务。如对严重健忘症患者使用 3×3 点阵中 5 点的空间排列，在测验中呈现的是未被连接的 5 个点，要求被试用直线连接这 5 个点组成任意图形，实验目的是考察被试是否倾向于把这些点连接成他们曾经学过的图形。结果健忘症组和控制组都有显著的启动效应，而且有显著启动效应和外显记忆的分离。在要求被试外显地记忆前后启动实验的点阵的再认测验中，健忘症患者的图形启动效应仍然存在。点完成测验（point construction test）是一种新型的内隐记忆测验，也是对内隐记忆与外显记忆的分离进行研究的重要方法。

三、内隐学习及其研究方法

内隐记忆侧重于长时记忆内容的提取，内隐记忆测验主要测量的是无意识记忆的提取过程。内隐学习是将内隐记忆的原理应用于日常的学习中，在学习者从事其他活动的过程中，就可以掌握环境背景呈现的各种学习材料，内隐学习也是我们在日常工作、生活和学习中常用的一种学习方式。内隐学习的研究范式与内隐记忆研究范式是有一定差别的，内隐学习更着重于知识的获得和编码，而对内隐学习的测验方法与外显测验基本上是相同的，只不过测验的前提条件是不同的，内隐学习的前提是无意识学习条件下的结果，外显学习的前提是主动的有意识学习的结果，由于学习的前提不同，采用相同或相似的学习测验获得的学习效果也不同，这样采用相似的学习测验就可以将内隐学习与外显学习分离开来。内隐记忆和内隐学习的原理对中小学生的学习和成人的知识和经验的积累有着不可忽视的作用。

第五节　学习、记忆以及认知技能的研究方法

学习与记忆的研究一直是心理学研究的核心问题。记忆包括瞬时记忆（又称感觉记忆，sensory memory）、短时记忆（short-term memory）和长时记忆（long-term memory），其中短时记忆和长时记忆与学习有密切的关系，我们所有的知识和经验都是以长时记忆的形式储存在大脑中的。随着心理学家研究的不断深入，对记忆的研究也从意识层面的研究逐渐深入到无意识层面的研究，并提出了外显记忆（explicit memory）和内隐记忆（implicit memory）的概念。以往心理学家研究的主要是外显记忆，近年来，心理学家发现人类的记忆不仅存在有意识记忆和提取的成分，还有相当部分的记忆单元是无意识获得和提取的，大量的关于脑

功能损伤患者的研究和阈下知觉与学习的研究也为无意识记忆与提取提供了实证依据。基于外显记忆和内隐记忆，心理学家提出了内隐学习的概念，认为人类的学习不仅仅是有意识的知识和经验的获得过程，而且有相当部分的知识和经验是通过无意识学习的形式获得的。

在学习和记忆的研究方法方面，由于计算机技术和生物医学技术的发展，心理学家与相关领域的专家在学习与记忆研究方面发展了各种研究方法，下面简单地介绍一下有关学习与记忆的研究方法。

一、传统的学习与记忆的研究方法

(一)记忆研究方法的分类

对不同类型的记忆，研究方法也有所不同。关于记忆的研究方法主要有：

(1)研究瞬时记忆的方法：全部报告法、部分报告法、延迟部分报告法、反应时测量技术。

(2)研究短时记忆的方法：再认法、顺序再现法、自由再现法、反应时测量技术。

(3)研究长时记忆的方法：再认法、顺序再现法、自由再现法、重学法。

(4)研究内隐记忆的方法：阈下知觉的研究方法、加工分离的方法和排除测验等方法。

(二)记忆的研究方法介绍

(1)全部报告法：全部报告法是斯柏林研究瞬时记忆时使用的一种实验方法，该方法要求被试对呈现的瞬时记忆材料全部回忆，因此，叫全部报告法。

(2)部分报告法：部分报告法也是斯柏林研究瞬时记忆时使用的一种实验方法，该方法要求被试对呈现的瞬时记忆材料进行部分回忆，并根据部分回忆的结果，计算出瞬时记忆的容量，因此，叫部分报告法。

(3)延迟部分报告法：延迟部分报告法是斯柏林研究瞬时记忆消退的规律时使用的一种实验方法，该方法呈现瞬时记忆材料和回忆的方法与部分报告法相同，不同的是在延迟部分报告法实验中，呈现记忆材料与回忆之间有一段延迟时间，一般延迟时间在0~2秒之间。

(4)再认法：使用再认法进行实验时，先给被试呈现一组刺激，刺激呈现完毕后，再给被试呈现相当于先呈现的刺激的两倍或更多的刺激，让被试辨认哪个呈现过，哪个没有呈现过，根据被试的反应情况，计算出记忆的保持量和正确百分数，再认法可以用于研究短时记忆和长时记忆。

(5)顺序再现法：使用顺序再现法进行实验时，先给被试呈现一组刺激，刺激呈现完毕后，要求被试按照刺激呈现的顺序依次将呈现的刺激回忆出来，根据被试的回忆结果，计算出记忆的保持量和正确百分数，顺序再认法可以用于研究短时记忆和长时记忆。

(6)自由回忆法：使用自由回忆法进行实验时，先给被试呈现一组刺激，刺激呈现完毕后，不要求被试一定按照刺激呈现的顺序进行回忆，回忆的顺序与刺激呈现的顺序可以不一致，想起一个回忆一个。根据被试的回忆结果，计算出记忆的保持量和正确百分数，自由回忆法可以用于研究短时记忆和长时记忆。

(7)重学法：是研究长时记忆保持规律的一种方法。该方法具体操作如下。

①先让被试学习刺激材料，达到学习标准后，采用再认法、顺序再现法或自由再现法回忆学习的材料，根据被试的反应情况，计算出记忆的保持量和正确百分数。

②经过一段时间间隔后。再让被试学习刺激材料，达到学习标准后，采用再认法、顺序再现法或自由再现法回忆学习的材料(每次回忆时采用的方法要一致，便于重学的结果可以比较)。根据被试的回忆结果，计算出记忆的保持量和正确百分数。

③根据两次或多次重学的实验结果，可以计算出重学时的学习遍数与初学的学习遍数有多大程度的改变，以及重学后回忆的保持量与初学回忆的保持量的差异，进而研究长时记忆的保持和遗忘规律。

(8)反应时测量技术：反应时测量技术是研究记忆的加工过程常用方法之一，主要用于研究记忆的编码、识别、提取、再认、再现等内在的认知过程。在记忆研究中，常用的反应时测量方法有减数法和相加因素法，详细情况参考反应时实验的相关章节。

二、现代学习与记忆的研究方法

除了上述研究记忆的方法外，目前在认知与脑科学领域的一些研究技术与方法在记忆研究中得到了广泛的应用，这些方法主要有脑电技术、功能磁共振成像技术、眼动技术以及记忆的神经生化机制(如通过研究神经生化物质对记忆的影响，建立学习与记忆的动物模型)等，这些技术与方法的使用，有助于我们对记忆的脑机制进行深入的研究和探讨。

三、关于认知技能及其发展的评价方法

20 世纪 70 年代以来，国外在不同专业领域认知技能的测量与评价方面进行了大量的研究，针对特定的专业领域发展了各种认知技能的测量与评价方法，这些方法有的适用于认知技能发展的特定阶段，有的适用于认知技能发展的所有阶段，有关认知技能发展阶段的研究、测量与评价方法以及方法的适用阶段见表 14-1。

表 14-1　认知技能的评价与测量方法

认知技能的维度	测量与评价方法	适用发展阶段
知识的获得 　Ronan et al.，1976 　Lesgold & Lajoie，1991	 消防员突击测验 回忆电子元件名称	 陈述阶段（Declarative） 陈述阶段（Declarative）
知识的组织与结构 　Shepard，1962 　Geeslin & Shaveson，1975 　Chi et al.，1982 　Konold & Bates，1982 　Konold & Bates，1982 　Reitman & Rueter，1980 　Andlson，1981 　Guthrie，1988 　Card et al.，1980 　Royer，SVT，1990 　Carlo et al.，1992	 多维度评价 概念的联想回忆 物理概念的回忆（分类） 概念归类、说明依据 概念随机呈现、归类依据 概念自由回忆/策略/依据 计算机程序自由回忆 文字搜索 文本编辑 句子核查（SVT）技术 IIT 技术	所有阶段
问题表征的深度 　Chase & Simon，1973 　Chase & Simon，1973 　Egan & Schwarts，1979 　Barfield，1986 　Chi et al.，1981 　Schoenfeld, et al.，1982 　Weiser & Schertz，1979 　Hershey et al.，1990 　Hardiman, et al.，1989 　Carlo et al.，1992 　Adelson，1984 　Adelson，1984 　Goulet et al.，1989 　Allard et al.，1980 　Purkitt & DysoN，1988	 象棋布局的知觉 象棋布局的记忆 电路的重建 计算机程序的回忆 物理学概念的分类 数学问题分类 计算机程序重组 财政计划的研究 物理学问题的判断 科学规律的分类 流程图的理解 网球发球的识别判断 投篮球的位置的回忆 政治决策中对信息的利用	所有阶段

续表

认知技能的维度	测量与评价方法	适用发展阶段
心理模型		
McClosky et al.，1980	飞行路径的预测	陈述阶段/编译阶段
Gentner，1983	识别并画出比喻	陈述阶段/编译阶段
Lopes，1976	玩扑克牌的心理模型	所有阶段
J. R. Anderson，1990	正确与有逻辑错误的成果	所有阶段
JohnsoN，1988	修理发电机模型	所有阶段
Lesgold et al.，1988	分析 X-光照片	所有阶段
认知自动化与模式化		
Lesgold & Lajoie，1991	概念的加工速度	
Schneider，1985	双重任务法	所有阶段
Britton & Tesser，1982	双重任务法	
程序与方法的有效性		
Glaser et al.，1985	卡片分类的各种方法	
Lesgold & Lajoie，1991	万用表的判断	
Lesgold & Lajoie，1991	万用表的定位	所有阶段
Lesgold & Lajoie，1991	逻辑方法的有效性	
Green & Jackson，1976	参考频次法（Hard-Back）	

四、学习和记忆研究方法总结

学习和记忆的研究一直是心理学研究的主要领域，对心理学理论发展和实践应用有重要意义。随着心理学研究的不断深入和研究方法的不断发展，心理学家从早期的对学习和记忆的基本过程的研究以及传统的学习和记忆的研究方法，逐渐发展到对高级的学习和记忆过程以及认知技能的研究，同时也发展了一些高级学习和记忆等认知能力的研究方法，并将这些研究方法的运用所取得的成果不断应用到各个领域的人们的工作、学习和生活中，对人们的工作、学习和生活以及专业能力的发展与培养提供了理论基础与实践培训方法。

思考题

(1)影响学习和记忆的因素有哪些？

(2)传统的记忆的研究方法有哪些？

(3)现代的记忆的研究方法有哪些？

(4)经典的记忆的研究有哪些，试对这些经典的记忆实验的贡献及其存在的问题进行分析和阐述。

(5)试论述长时记忆、短时记忆和瞬时记忆的区别和联系。三者在研究方法上有哪些区别?

参考文献

[1] 孟庆茂,常建华. 实验心理学. 北京:北京师范大学出版社,1999.

[2] 杨治良. 实验心理学. 杭州:浙江教育出版社,1997.

[3] 朱滢. 实验心理学. 北京:北京大学出版社,2000.

[4] 杨博民. 心理实验纲要. 北京:北京大学出版社,1989.

[5] 赫葆源,张厚粲,陈舒永. 实验心理学. 北京:北京大学出版社,1983.

[6] 彭聃龄. 普通心理学(修订版). 北京:北京师范大学出版社,2004.

[7] 王甦,汪安圣. 认知心理学. 北京:北京大学出版社,1992.

[8] Kantowitz B H 等著,杨治良等译. 实验心理学. 上海:华东师范大学出版社,2001.

[9] Gerrig R J,Zimbardo P G 著,王磊,王甦等译. 心理学与生活. 北京:人民邮电出版社,2003.

[10]张春兴. 现代心理学. 上海:上海人民出版社,1994.

[11] Newell A,Rosenbloom P S. Mechanism of Skill Acquisition and The Law of Practice. In:Anderson J R (Ed). Cognitive Skills and Their Acquisition. Hillsdale,NJ:Erlbaum,1981. 86～124.

[12] Chase W,Simmon H A. Perception in Chess. Cognitive Psychology,1972,4,58～81.

[13] Royer J M,Chery I A,Cisero C A,Carlo M S. Techniques and Procedures for Assessing Cognitive Skills. Review of Educational Research,1993,63,201～243.

[14] Anderson J R. Skill Acquisition:Compilation of Weak-Method Problem solution. Psychology Review,1987,94,192～210.

[15] Anderson J R. Automaticity and the ACT Theory. American Journal of Psychology,1992,105,165～180.

[16] Case R. Intellectual Development:A Systematic Reinterpretation. New York:Academic Press,1985.

[17] Glaser R,Lesgold A,Lajoie S. Toward A Cognitive Theory for the Measurement of Achievement. In:Ronning R R,Glover J A et al (Eds). The Influence of Cognitive Psychology on Testing and Measurement. Hillsdale,NJ:

Erlbaum，1985．41～85.

[18] Fodor J. Modularity of Mind. Cambridge，MA：MIT Press，1983.

[19] Regain J W，Schneider W. Assessment Procedures for Predicting and Optimizing Skill Acquisition After Extensive Practice. In：Frederiksen N，Glaser R(Ed). Diagnostic Monitoring of Skill Acquisition and Knowledge Acquisition. Hillsdale，NJ：Erlbaum，1990．297～323.

[20] Schneider W. Building Automatic Processing Component Skills. In：Holt V(Ed). Issues in Psychological Research and Application in Transfer of Training. Arlington，VA：U. S. Army Research Institute，1986．45～58.

[21] Briton B，Tessor A. Effects of Prior Knowledge on Use of Cognitive Capacity in Three Complex Cognitive Tasks，Journal of Verbal Learning and Verbal Behavior，1982，21，421～436.

[22] Schoenfeld A H，Herrmann D J. Problem Perception and Knowledge Structure in Expert and Novice Mathematical Problem Solver. Journal of Experimental Psychology：Learning，Memory，and Cognition，1982，8，484～494.

[23] 张学民，申继亮，林崇德. 国外教师知觉能力研究述评. 比较教育研究，2004，25(5)：1～6.

[24] 张学民，申继亮，林崇德. 国外教师教学专长研究方法述评. 外国教育研究，2004，31(7)：54～57.

[25] 张学民，申继亮. 国外教师职业发展及其促进的理论与实践. 比较教育研究，2003，24(4)：31～36.

[26] 张学民，申继亮，高薇. 认知技能的发展与认知自动化的研究. 见：心理学探新论丛. 南京：南京师范大学出版社，2001．21～40.

[27] 张学民，申继亮. 国外教师教学专长及理论发展述评. 比较教育研究，2001，22(3)：1～5.

实验 14-1　不同材料的短时记忆保持量的测定

实验背景知识

短时记忆是瞬时记忆向长时记忆过渡的中间阶段，一般保持时间为 5～120 秒。20 世纪 50 年代皮特森(Perterson)等人以无意义音节为材料对短时记忆的容量进行了研究。为了避免在刺激呈现与回忆中间的时间间隔内被试复习学过的实验材料，通常在呈现和回忆之间加入数学计算题或其他的干预任务。结果发现，中间延迟的时间越长，被试回忆的刺激数目就越少。从皮特森等人的实验可以证明，短时记忆的内容只有经过不断学习才能够被保存下来，并转入长时记忆中去。

短时记忆的信息提取是将短时记忆中的项目回忆出来，或者当该项目再度呈现时能够正确再认。斯腾伯格最早对这个问题进行了研究，即著名的短时记忆信息提取实验。这个实验主要验证关于短时记忆信息加工模式的问题，即要验证短时记忆信息提取是系列扫描的，还是平行扫描的。虽然得出的结论还有一定的争论，但它的意义是开创性的，推动了短时记忆信息加工模式的研究。斯腾伯格根据这个实验发展出了一个新的反应时实验法——相加因素法，其假设是：如果两个因素是相互制约的，则它们属于同一阶段；如果两个因素的效应分别独立，则它们属于不同的加工阶段，有关斯腾伯格的实验可以参考认知心理学方面的文献资料(参考《认知心理学》北京大学出版社，王甦等编著，1992，"短时记忆"一章)。

米勒等人的研究发现，人的短时记忆的容量是十分有限的。一般短时记忆的容量为 7±2 个组块(Chunk)。组块的单位可以是字母、数字、词、句子、图片等记忆单元。

研究短时记忆的方法可以使用顺序再现法、自由再现法、再认法、再学法、提示法等。不同回忆方法的实验结果可能会有一定的差异，结果可以用保持量和正确回忆百分数来反映短时记忆的容量和正确率。采用再认法计算短时记忆保持量的具体计算方法如下：

$$保持量 = \frac{认对的刺激数目 - 认错的刺激数目}{新刺激数目 + 旧刺激数目} \times 100$$

影响短时记忆保持量的因素有哪些呢？归结起来主要有以下因素：

(1)实验材料(组块)的长度。以往的一些研究表明，组块作为一个记忆单元，其长度对短时记忆保持量没有直接影响。但是，当组块没有意义或与人的经验不匹配时，组块的长度对短时记忆保持量可能会有一定影响。

(2)实验材料的性质。不同的实验材料，如字母、数字、词、句子、图片等，对短时记忆的保持量也可能会产生一定的影响。

(3)回忆方法。采用的回忆方法不同，测得的短时记忆保持量也可能会有所不同，一般来说，再认法要比再现法的回忆效果要好，自由再现法要比顺序再现法的回忆效果要好。

(4)延迟回忆的时间。一般延迟回忆的时间越长，回忆起来的刺激数目就越少。

(5)个体的身心状态。情绪因素、健康因素、疲劳等对短时记忆保持量都会有一定的影响。

实验目的

(1)通过实验测定不同延迟时间对短时记忆保持量的影响。

(2)学习再认法测量短时记忆的保持量。

(3)学习"插入活动法"控制复习因素对短时记忆保持量的影响。

实验方法

一、被试

全班被试,4人一组。

二、实验仪器与实验材料

(1)实验仪器:计算机、短时记忆实验程序。

(2)实验材料:可以是数字、字母、汉字、西文文字以及图片等。本实验使用字母实验材料,实验材料分为8组,每组包括8个由3个字母组成的音节。插入干扰材料为简单的算术运算,如$100-3=?$,$97-3=?$,$94-3=?$…依次类推,在呈现完实验材料后,要求被试计算插入的算术题,直到开始回忆为止。

三、实验设计与实验过程控制

1. 实验设计

本实验的实验材料为三个字母的音节,材料分组情况如上所述。延迟时间为5秒、15秒。每组4个被试中,两个做延迟时间为5秒的,两个做延迟时间为15秒的。实验设计可以考虑性别、延迟时间等因素,并据此做相应的统计分析和结果讨论。

2. 实验步骤

(1)实验材料的制作:在主程序中选择"短时记忆"的应用程序,进入短时记忆实验设计与实验状态,选择"编辑实验材料"菜单中的"字母材料",便会出现"编辑字母材料"对话框,定义每个字母材料的字母数(3个)、总的刺激数目(64个)、每组材料的刺激数目(8个),其他参数不必定义。然后选择"生成实验材料",对话框的文本框中便会出现生成的字母材料,选择"存盘退出",完成编辑实验材料。

(2)正式实验:单击"正式实验"中的"字母材料"子菜单,出现调用实验材料和定义实验参数的窗体,选择"打开文件",并打开"ExpLetter.txt"的实验材料文件。定义实验材料总数(调用文件时已自动填好)、实验组数、每组刺激数、实验材料、延迟时间、回忆方法(为再现法)等，定义完毕，按"确定"按钮。主试指导被试仔细阅读指示语。

(3)按照实验程序识记和回忆实验材料，实验结束，输入被试信息。

(4)做完一个被试，换下一个被试按照上述实验程序继续实验。

结果分析与讨论

(1)分别将不同延迟时间的短时记忆保持量计算出来。

再现法短时记忆保持量＝正确回忆的次数的加和

正确回忆百分数＝正确回忆的总次数/实验次数

(2)考察不同的延迟时间对短时记忆保持量是否有显著的影响？

(3)本实验的结果与以往的研究结果是否一致？并做出解释。

结　　论

从本实验的结果可以得出什么结论？

思考题

为什么在实验过程中，识记与回忆之间要插入干扰材料？

参考文献

[1]杨博民. 心理实验纲要. 北京：北京大学出版社，1989.

[2]彭聃龄. 普通心理学. 北京：北京师范大学出版社，2000.

[3]王甦，汪安圣. 认知心理学. 北京：北京大学出版社，1992.

[4]B. H. Kantowitz 等著，杨治良等译. 实验心理学. 上海：华东师范大学出版社，2001.

实验 14-2　广告内隐记忆的实验研究

实验背景知识

心理学家从 19 世纪末起对广告心理学进行研究，美国明尼苏达大学的 H. 盖尔在 1985 年开始了对消费者关于广告及广告商品的态度及看法的调查研究，这是最早的关于广告心理的调查工作，而广告心理学的成立是以 1903 年 W. D. 斯科特编著的《广告理论》一书的出版为标志的。1920 年起，由于市场竞争的加剧，商家开始争夺有限的市场，开始越来越注意消费者的心理需求，商品的推销工作越来越重要，从而促使广告心理学开始研究消费者的心理动机和消费的趋势。以海尔（M. Haier）、狄克特（E. Dichter）、切斯金（L. Cheskin）等心理学家为代表开始研究消费者购买商品的深层动机，以研究消费者购买商品的具体动机，而消费动机的研究在20世纪五六十年代盛极一时，引起了人们的广泛关注。从这以后，广告心理学一直都在研究消费心理以及影响消费心理的因素，本实验也是对影响消费心理的其中一些因素进行研究。

广告的作用是明显的，罗伯森（Robertson）在1979年的一项研究中发现，如果多次看某一药品的广告，儿童就会对这种药品产生一种积极的态度，相信这种药有更好的效果。格恩（Gorn）和他的同事也在1985年的一项研究中发现了同样的结果。在该项研究中，他们给一群9~10岁的15个女孩看有关某种品牌的唇膏和佐餐酒的广告，并且事后调查这些女孩对这些唇膏和佐餐酒的态度。结果表明，这些女孩对这些商品有明显的好感，并且这些唇膏和佐餐酒成了她们日后潜在的选择对象。

然而，哪种形式的广告才能最大作用地影响消费者的消费心理，最大地引发他们的购买欲，一直以来都是广告心理研究的一个要点，而现在，主要有以下几种理论的广告形式。

（1）独特的销售重点型。它重视商品品牌的树立，主张着重突出在广告中传达品牌独特的销售重点，这是广告最为重要的东西。独特的销售重点：①产品本身的特定用途；②同行竞争者所不采用的特定的东西；③同销售相关联的独特的东西。

（2）品牌印象型。它强调的不只是商品的性能特点，还包括一些高级感、亲切性等情绪方面的体验，关键在于树立一个品牌长期的形象，成为一个令人欣赏的品牌。经常用名人的证言型或名人印象和产品印象相结合的方式来宣传产品。

（3）表现型。在创作的过程中，这类广告固然也重视广告的内容，但显然更重视广告的创意和表现形式。创作者认为广告就是在吸引人们注意的同时传递着产品的信息，吸引人们的注意是首要的。表现型的基本原理是：表现的内容是真实的，不带有夸张和欺骗的；广告有和其他广告不同的地方，有自己的独特性；广告采取的途径是明确而直接的；幽默在广告是不可缺少的。

（4）平实淳朴型。广告追求的是信赖和热忱，在广告中力求真实，为了淳朴自然，广告中一般不用名人，而采用一般的人作为广告的主体，这样做的目的是：用简单的事实提出商品的特性和效用，不用华丽的辞藻来修饰，以平易近人、温和可亲的方式来让人们接受。

　　现在的主要广告都可以归入这四种形式，可能有的广告兼有二种甚至三种广告的某些特点，但其侧重的表现类型必定是其中的一种，所以根据广告侧重的表现点，可将其分为四类。在本实验中，我们将根据现在广告的表现形式结合上述的四种类型，将广告分为四种类型：①介绍产品重点型。即广告中着重的是介绍产品的性能和质量，一般在广告中会选取类似专家的人来介绍产品。②名人类型。产品一般采用时下当红的影视明星，歌星，体育明星或其他很有知名度的人来代言广告，作为品牌的一个时期的公众形象来提高产品的知名度和受欢迎程度。③幽默型。利用搞笑的形式来加深观众对产品的印象，让观众在短时间中形成对品牌的长久记忆。④平实型。选取普通的人来做广告，增加广告的亲切感，以得到观众的共鸣，从而取得观众对产品的认可。

　　四种不同的广告类型，是否有优劣之分呢？如果有，那么谁优谁劣？在现实的生活中，我们很难下一个结论，因为不同的类型都有着各自的长处，并且都在当今的广告界有着一席之地。那么，我们很容易会想到，不同的广告类型是否会对不同年龄层次的人有着不同的影响呢？在同一种产品上呈现不同的广告表现形式，是否会达到不同的效果呢？本实验的研究目的就在于对于不同年龄的人，是否会对不同的广告方式有所偏好，然后再确认广告方式与年龄层次的具体对应。这种对应是否真的存在？由于各年龄层次的心理特征是明显不同的，认知能力等也有着明显的年龄差异，比如说，影视明星代言的广告对青少年的购买欲的推动作用可能要大于其他年龄层次，而老年人则可能更加注重产品的性能。如果这样，我们在宣传产品时，可以根据其产品面向的销售对象的年龄层次来选取最适合的广告类型，以达到最好的宣传效果。

　　广告的效果不仅在于影响消费者的心理特征，还有消费者对广告的记忆程度。根据信息加工理论的观点，消费者对广告的记忆也要经过瞬时记忆、短时记忆和长时记忆三个阶段。吸引注意是使广告信息进入消费者短时记忆的必要条件。在短时记忆中，人脑对广告信息进行编码，初步加工，留下印象，即痕迹。如果经过多次复习，这种痕迹一次次加深，成为牢固的联系，并被进一步加工，与头脑中已有的命题网络建立了意义上的稳固的联系，进入长时记忆。进入长时记忆的广告信息，才可能被保存更长的时间。对于不同的广告类型来说，吸引消费者的注意，并让其成为长时记忆才能达到效果。间隔几天之后，对目标广告采取回忆或再认的方法，比较同一年龄层次对不同类型的反应。消费者在实际购买某物时，常常是搜集现有的广告信息和提取原有的储存信息作为购买决策的参考。而后者对购买决策影响更多一些，因消费者在接受广告当时，或多或少要经过一段时间，才发生购买行为。因而广告的记忆信息能有效地影响消费者的购买。因此，记忆是测试广告效果的一个重要维度，事后回忆对于广告来说是一个重要的因素，但却很少有广告研究涉及这个领域，对于文本的记忆随着年龄的增加而递减，这经常被解释为工作记忆的容量和资源的收缩，在市场营销的很多领域的研究基本上都证明了对广告内容的记忆递减效应。在年龄间有记忆递减的效应，那么在同一个年龄层次，对于不同的广告类型，关于广告内容的记忆会随着时间而减少，但是是否有某种记忆的时间长于其他类型？如果有这样的结果，那么说明这种类型的广告对这一年龄层次有着更好的广告效应。采取事后检验，用再认的形式来考察同一年龄层次的人对不同类型广告的记忆是本实验采用的检验方法。

实验目的

本实验通过对广告呈现后立即检验和事后检验结合，研究对不同年龄层次的人，何种广告方式才能达到最佳的宣传效果。

实验方法

一、实验设计

本实验采用 $4 \times 4 \times 2$ 混合因素设计，分别考察三个因素对因变量的影响：被试年龄，分为四个水平：少年组，青年组，中年组，老年组；广告方式，分为四个水平：名人代言型，性能介绍型，幽默诙谐型，平实生活型；间隔时间，分为两个水平：立即呈现后，间隔一周后。

因变量分为三个维度：广告产品类别的记忆，广告产品品牌的记忆，广告内容的记忆，分别测量在三个维度上的自变量对因变量的影响。

二、被试的选取

在北师大及其附属机构以及其退休的教职工中随机选取 64 名被试，其中包含 16 名年龄在 12 岁到 16 岁中的被试分为少年组，16 名年龄在 16 岁到 25 岁中的被试分为青年组，16 名年龄在 25 岁到 50 岁中的被试分为中年组，16 名年龄在 50 岁以上的被试分为老年组。在各个年龄组中被试的男女各一半。在自愿的情况下参加实验，在实验最后支付一定的报酬。

将每组的被试按记忆力的好坏匹配分组，分为四个实验组，每个实验组中各个年龄各有 4 个人，即每个实验组 16 人。

三、实验材料

广告材料的选取：从山西、四川、重庆、新疆等各省的地方电视台先预选取一定量的四种风格类型（名人代言型、性能介绍型、幽默搞笑型、平实生活型）的

广告，且这些广告没有出现在北京地区的广告市场上。先让第一批被试采用无点
量表的形式，广告时间控制在 30 秒±5 秒，广告语均为普通话。

随机选取 100 名各种年龄层次的被试，对其逐个呈现预选的广告，在每个广
告后要求被试做四种广告方式的评价表（如表 14-2 所示）。对预先的四种风格类
型分别进行打分，选取被试评定在该项得分 7 分以上在其他项上得分 3 分以下的
各种广告方式的广告作为实验材料。例如，某广告在幽默诙谐型上得分为 7 分，
在别的上面得分均为 2 分，则将其评定为幽默诙谐型。

表 14-2　四种广告方式的评价表

你认为刚才的那则广告在下面四个方面是否符合，1 表示完全符合，9 表示完全不符
合，从 1 到 9 的程度递增，请根据你的第一印象选择。

刚才的广告是否是幽默的？

完全符合　1　2　3　4　5　6　7　8　9　完全不符合

刚才的广告是否是专家类的？

完全符合　1　2　3　4　5　6　7　8　9　完全不符合

刚才的广告是否是名人代言类的？

完全符合　1　2　3　4　5　6　7　8　9　完全不符合

刚才的广告是否是平实类的？

完全符合　1　2　3　4　5　6　7　8　9　完全不符合

四、实验过程

在多媒体教室按照预定的方式对被试进行单盲实验，对被试宣称要求他们对
一个新电视节目进行评估，总的时间大约在 30 分钟，在播放开始后的 15 分钟后
播放广告。在电视节目播放中，插入四种广告方式的广告，在节目结束时，让被
试做一份节目评价表（表中共 10 道题，下面 4 道是实验分析结果所用的，其他题
是关于电视节目的干扰题不计入结果），将对广告记忆的试题（见表 14-3）随机插
入节目表中，并且在一周后再次进行测量，（用同一份量表但是打乱题目的顺序）
用来研究不同时间间隔对广告记忆的影响。

呈现广告的方式：

选取四个产品分别为洗发水、轿车、感冒药、矿泉水，为了消除四个广告方
式的顺序效应，采用拉丁方设计，具体设计如表 14-3 所示，第一实验组的实验
材料按照洗发水（名人代言型）轿车（性能介绍型）感冒药（幽默诙谐型）矿泉水（平
实生活型），第二组的实验材料为洗发水（性能介绍型）轿车（幽默诙谐型）感冒药
（平实生活型）矿泉水（名人代言型），以此类推，由于本实验不考虑产品类别的因素，
所以四种产品的顺序在四个实验组的实验中保持一致，使其在这个方面同质。

表 14-3　任务分组

	名人代言型	性能介绍型	幽默诙谐型	平实生活型	呈现顺序
洗发水	第一组	第二组	第三组	第四组	1
轿车	第四组	第一组	第二组	第三组	2
感冒药	第三组	第四组	第一组	第二组	3
矿泉水	第二组	第三组	第四组	第一组	4

因为实验中座位也可能是一个影响因素，所以也用拉丁方的方法对座位进行排列，这样实验后，每一年龄组在每一个座位上都会有一人次的实验，即每一年龄组都有所有位置上进行的实验。

表 14-4　座位分布图

1	2	3	4
4	1	2	3
3	4	1	2
2	3	4	1

注：

第一实验组 1 表示少年组的被试 2 表示青年组的被试 3 表示中年组的被试 4 表示老年组的被试

第二实验组 1 表示青年组的被试 2 表示中年组的被试 3 表示老年组的被试 4 表示少年组的被试

第三实验组 1 表示中年组的被试 2 表示老年组的被试 3 表示少年组的被试 4 表示青年组的被试

第四实验组 1 表示老年组的被试 2 表示少年组的被试 3 表示青年组的被试 4 表示中年组的被试

广告记忆的评价表

……

刚才在节目中有四个广告，选出你看过的广告的广告词（四选题）

……（十个选项，其中四项为呈现过的广告的广告词）

刚才在节目中有四个广告，选出你看过的广告产品所属的类别（四选题）

……（十个选项，其中四项为呈现过的广告的产品）

刚才在节目中有四个广告，选出你看过的广告产品的品牌（四选题）

……（十个选项，其中四项为呈现过的广告的品牌）

结果分析与讨论

一、总体评估

先分析对节目的喜好程度，确定其是否是差异显著的。

采用下面的问题：

你对刚才的节目喜欢吗？

完全符合　1 2 3 4 5 6 7 8 9　完全不符合

判断在各年龄组中是否有对节目喜好程度的显著差异。

二、评分标准

每题 10 个选项，要求选择其中四个广告中出现过的。每个类型都有一个目标选项(广告中出现过的)选择记 1 分，漏选记 0 分。然后四种类型的得分分别相加。

统计出每个年龄层次上对每个广告方式的得分，然后再对这些数据进行如下分析，如下所示：

(类型：名人代言型 M　性能介绍型 X　幽默诙谐型 Y　平实生活型 P)

年龄：少年 E　　青年 Q　　中年 Z　　老年 L

时间：立即回忆 I　　事后回忆 F

因变数维度：广告产品品牌 A　　广告产品类别 B　　广告词 C

三、结果分析

1. 立即回忆的结果分析

少年组的结果分析：

名人代言型，性能介绍型，幽默诙谐型，平实生活型在少年组上广告产品品牌回忆的得分依次是 IAEM，IAEX，IAEY，IAEP；在少年组上广告产品类别回忆的得分依次是 IBEM，IBEX，IBEY，IBEP；在少年组上广告词回忆的得分依次是 ICEM，ICEX，ICEY，ICEP。

用单因素方差分析分别比较 IAEM，IAEX，IAEY，IAEP 之间差异的大小，来看哪种广告方式对于少年来说更利于立即呈现后的广告品牌的记忆。

用单因素方差分析比较 IBEM，IBEX，IBEY，IBEP 之间差异的大小，来看哪种广告方式对于少年来说更利于立即呈现后的广告类别的记忆。

用单因素方差分析比较 ICEM，ICEX，ICEY，ICEP 之间差异的大小，来看哪种广告方式对于少年来说更利于立即呈现后的广告词的记忆。

青年组的结果分析、中年组的结果分析和老年组的结果分析与少年组的相同。

2. 事后回忆的结果分析

少年组的结果分析

名人代言型，性能介绍型，幽默诙谐型，平实生活型在少年组上广告产品品牌回忆的得分依次是 FAEM，FAEX，FAEY，FAEP；在少年组上广告产品类别回忆的得分依次是 FBEM，FBEX，FBEY，FBEP；在少年组上广告词回忆的得分依次是 FCEM，FCEX，FCEY，FCEP。

用单因素方差分析比较 FAEM，FAEX，FAEY，FAEP 之间差异的大小，来看哪种广告方式对于少年来说更利于事后回忆的广告品牌的记忆。

用单因素方差分析比较 FBEM，FBEX，FBEY，FBEP 之间差异的大小，来看哪种广告方式对于少年来说更利于事后回忆的广告类别的记忆。

用单因素方差分析比较 FCEM，FCEX，FCEY，FCEP 之间差异的大小，来看哪种广告方式对于少年来说更利于事后回忆的广告词的记忆。

结　论

根据实验结果，可以得出什么结论？

参考文献

[1] Malcolm C S, Mark R P. Age differences in memory for radio advertisements: the role of mnemonics. Journal of Bussiness Research, 2001, (53): 103~109.

[2] Adams C, Smith M C, Nyquist L, Perlmutter M. Adult age-group differences in recall for the literal and interpretive meanings of narrative text. Journal of Gerontol: Psychdogical Sciences, 1997, 52B: 187~195.

[3] 陈宁. 不同年龄广告名人效应的心理加工机制研究. 心理科学, 2003, 26(1).

[4] 李亦菲. 广告创作中的心理因素及其应用. 心理学动态, 1994, 2(1).

[5] 陈宁. 广告的加工时间和注意水平对消费者信息加工模式的影响. 心理科学, 2004, 24(2).

[6] 吴丽珍. 著名品牌的内隐记忆实验. 心理科学, 1998(21).

实验 14-3 系列位置效应

实验背景知识

系列位置效应(the serial position effect)是在学习一系列内容后,学习者对记忆材料的掌握情况与材料呈现时所在的位置有关,一般先学的和后学的容易回忆,而中间的学习材料不容易回忆,这种效应叫系列位置效应。最早研究系列位置效应的是艾宾浩斯(H. Ebbinghaus),他用一系列无意义音节(nonsense syllable)作为学习材料,通过实验研究发现,材料最开始的部分最容易学,其次是最后的部分,中间偏后的部分最难学。系列位置效应中包括两种效应:首因效应(primacy effect)和近因效应(recency effect)。最后呈现的材料最容易回忆,遗忘最少,称为近因效应;最先呈现的材料较容易回忆,遗忘较少,称为首因效应。此外,影响系列位置效应的因素还有学习方式、材料呈现的时间、材料的长度、再现方式等。

系列回忆法(或称为顺序回忆法,serial recall method)是研究系列位置效应常用的方法,该方法主要是要测量被试者达到某种记忆标准所需的学习时间和学习次数。系列回忆法的基本程序比较简单:实验者根据材料特点先确定"熟练的标准",要求被试背诵实验材料,直到符合标准为止。为了达到所定标准,被试需要一定的时间或者经过多次"尝试",实验者再根据时间和次数确定被试的回忆水平。1885 年,艾宾浩斯用这种方法研究了"音节表的长度对学习难度的影响"。此后,艾宾浩斯又研究了无意义材料的回忆问题,他选用英国诗人拜伦(Byron G. G.)的诗《唐璜》中的 6 节作为实验材料,进行了 7 次实验。结果发现,对于长度约为 80 个字音的诗,被试只需诵读 8 次就可以正确背诵;而对于同样数量的无意义音节,则需要 80 次诵读才能达到标准。也就是说,需要用 10 倍的努力才能背出一首与诗歌长度相同的无意义音节。

从信息加工理论来看,系列位置效应与注意和信息加工的策略有关。信息加工理论认为,末尾刺激的词(近因效应)记忆最好;最先呈现的刺激(首因效应)回忆效果次之。在一个长的刺激程序中,刺激的中间部分回忆相对难一些。通常,系列的开始部分,或最初学的项目较容易记忆,末尾部分或最后(时间最近)学习的材料也容易记忆,而中间部分很容易受到先学的材料和后学的材料的影响,所以是最难记忆的。

提示法(anticipation method)也是常用的研究系列位置效应的方法。该方法是在限定的一次或几次呈现刺激材料之后，要求被试背诵，主试在被试背诵发生迟疑时进行提示，在发生错误时予以纠正，直到全部背出或者达到规定的学习标准，实验者根据记下的提示次数或矫正次数计算得分。

图 14-5 是不同学习水平下，被试的系列位置效应曲线。图中曲线变化幅度较小的是学习水平较高情况下的系列位置曲线，而变化幅度较大的是学习水平较低的系列位置效应曲线。

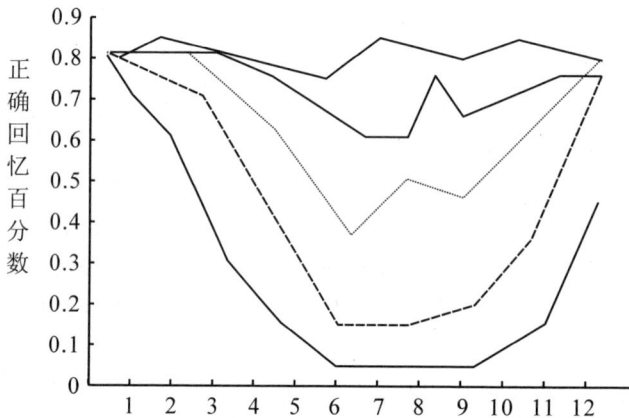

图 14-5　五种不同学习水平的系列位置效应

实 验 目 的

(1)通过检验汉字学习材料在刺激系列中的不同位置上汉字对识记和保持量的影响，验证系列位置效应。

(2)有无延迟时间对系列位置效应的影响。

实 验 方 法

一、被试

全班同学，4 人一组。

二、实验仪器与实验材料

(1)实验仪器：计算机、系列位置效应实验设计程序。

(2)实验材料：该实验是以汉字为学习材料，总共 80 个汉字，共分为 8 组，每组 10 个字，所有汉字之间在字义上没有关联，词频和笔画相同。

三、实验设计与实验过程控制

(1)进入系列位置效应实验程序的主界面。

(2)实验材料学会的标准为 80%，即当被试能够回忆或再认 80% 的实验材料，就算达到了学习的标准，可以结束实验。被试分为两组：一组是立即回忆（做 8 组材料），一组是延迟 2 秒后回忆（做 8 组同样的材料）。

（3）回忆的方法采用自由回忆法，即被试在回忆实验材料时，可以不考虑材料的呈现顺序。

（4）制作实验材料：在实验程序的主菜单中选择"编辑实验材料"中的"汉字实验材料"，出现定义实验材料的窗体，按照实验材料的要求，定义实验材料总数、每组材料个数等实验参数。

（5）正式实验：在"正式实验"菜单中选择"汉字实验材料"，出现定义参数的窗体，首先，选择"打开文件"，打开刚才定义的实验材料文件"ExpChinese. txt"；然后，选择实验材料种类为"汉字材料"，定义实验材料的回忆方法为"自由回忆法"；最后，定义回忆前的延迟时间分别为 0 秒和 2 秒。

实验前给被试如下指导语：

"这是一个有关记忆的实验，在刺激系列呈现之前，屏幕会出现一个'请准备识记'的提示，提示之后，将连续呈现一系列汉字，呈现完毕，要求你按照屏幕的提示回忆刚刚呈现过的实验材料，回忆时可以不考虑呈现的先后顺序。并将回忆的结果输入屏幕下的记录框内，输入完之后，按'ENTER'键确认，不管你答得对还是错，屏幕上都将给出正确的结果，并认真对照。这样要做很多遍，直到达到学会标准为止。明白上述指导语后按'开始实验'键进行实验。"

被试按照实验要求进行实验，实验完毕后，登记被试个人信息。

注意：两组被试随机分组，尽量做到等组，并分别在条件相同的实验室进行实验。

结果分析与讨论

（1）将对照的实验结果填入下表 14-5。

（2）根据上表的结果，绘出两种情况下的系列位置效应曲线，并予以解释。

表 14-5　系列位置效应实验结果统计表

汉字位置被试	1	2	3	4	5	6	7	8	9	10
1　立即										
延迟										
2　立即										
延迟										
3　⋮										

结　　论

从本实验的结果可以得出什么结论？

思考题

(1)如果采用按顺序再现法，可能会得到什么预期的结果？请说明原因。

(2)请你设计一个研究听觉材料系列位置效应的实验。

参考文献

[1] 杨博民. 心理实验纲要. 北京：北京大学出版社，1989.

[2] 彭聃龄. 普通心理学. 北京：北京师范大学出版社，2000.

[3] 王甦，汪安圣. 认知心理学. 北京：北京大学出版社，1992.

[4] 姚梅林. 学习规律. 武汉：湖北教育出版社，1986.

实验 14-4　目标熟悉性和任务难度对前瞻性记忆的影响

实验背景知识

一、有关研究的背景

前瞻性记忆(prospective memory)是一种对于即将执行行为的一种计划性和预示性的记忆现象，如记住在回家的路上买面包，或者给某人打个电话留言。前瞻性记忆与回溯性记忆不同，回溯性记忆是回忆起过去做过的事情，这种记忆是对于过去的事件而言的，如回忆起某个电影的情节，或者是记住了某个实验中的单词表中的词语等。在以往的实验中，多数是回溯性记忆方面的研究，对于前瞻性的记忆研究得比较少。

可以将前瞻性记忆划分为两类：一类是时间性前瞻记忆，如记住 10 分钟后给单位办公室打电话；另一类是事件性前瞻记忆，例如，给同事捎口信。个体对前者的记忆没有借助任何外部线索，记忆效果的好坏完全取决于个体自身对时间的检测。有研究者(Harris & Wilkins，1982)描述了被试对时间性前瞻记忆的操作过程，并提出了 TWTE 模型(Test—Wait—Test—Wait)，认为记忆成绩的好坏主要取决于个体的自我启动过程(self—initiated process)。对于事件性的前瞻性记忆，个体可以借助一些外部线索，并通过线索的提示来提取记忆信息，如给同事捎口信，这一记忆内容提取就是以看到那名同事这一事件的发生为前提条件的，那个同事就是一个外部线索。与时间性前瞻记忆相比，事件性前瞻记忆不需要过多的自我启动过程。

前瞻性记忆是受诸多方面因素影响的。前瞻性记忆任务的活动背景不同、年龄、目标熟悉性、任务难度等因素对前瞻性记忆均有一定的影响。如一些研究表明：老年人的前瞻性记忆任务比年轻人要差得多，在日常的生活中，事情多的老人在做事情的计划性方面和计划执行的方面可能会受到一定的影响。吉尔斯(Gilles O. Einstein)和丽贝卡(Rebekah E. Smith)在实验研究中对前瞻性记忆任务进行了研究，他们设计两个实验来考察不同年龄被试在前瞻性记忆方面的区别：一个实验是在考察前瞻性任务的时候加入记数的监控任务，加入监控任务后前瞻性任务的完成情况明显受到干扰。这种干扰对于不同年龄的实验者的影响达到了显著的水平；另一个实验是增加刺激选择任务数量，不同年龄的被试的前瞻性记忆同样受到不同程度的干扰，老年人受到干扰的程度显著高于年轻人。前瞻性记忆对于老年人的工作和生活都是非常重要的，它在不同情境中都会对老年人产生不同程度的影响。因此，前瞻性记忆的研究对于认识和了解老年人的记忆状况，提高老年人的生活质量有一定的指导意义。

通过前瞻性记忆与回溯性记忆的对比研究发现，两种记忆既有相同特点和一定联系，同时又表现出本质的差异。由于回溯性记忆成绩随着年龄的增长表现出下降的趋势，心理学家对前瞻性记忆是否也存年龄老化的问题也进行了研究，吉尔斯和麦克丹尼（Mark A. McDaniel，1990）的"老龄化与前瞻性记忆"的研究中发现：事件性前瞻记忆不受年龄的影响，老龄组与年轻组的记忆成绩没有显著差异。之后，在他们关于老化与前瞻性记忆另外一项研究（1995）中发现：时间性前瞻性记忆存在年龄差别，事件性前瞻性记忆不存在年龄差别。这说明，自我启动恢复过程（Self-Initiated Retrieval Processes）是导致时间性前瞻性记忆的年龄差异的重要因素，回溯性记忆和时间性前瞻性记忆需要较多的自我启动，因此也表现出显著的老龄化趋势。

研究者（Gilles O. Einstein & Mark A. McDaniel，1993）的另外一项实验研究中，通过给年老被试和年轻被试呈现前瞻性记忆任务，并进行回忆和再认的按键反应，结果发现前瞻性记忆存在着显著的年龄差异。在前瞻性记忆任务中，年龄的回忆是自发的恢复过程，而回溯性记忆没有明显的年龄差异。这说明前瞻性记忆和回溯性的记忆并不是与老龄化（生理自然衰老）同步的，这两种记忆可能存在着不同的加工和提取机制。

在尼古拉（Nicole Ruther Guajardo）和黛博拉（Deborah L. Best）的实验研究中，对幼儿园的孩子的时间性前瞻记忆和事件性前瞻记忆进行了对比研究，并在外部线索相同的情况下，对内部线索和外部线索在前瞻性记忆和回溯性记忆的中的作用进行了考察，被试是 3 岁和 5 岁的两组幼儿。实验结果表明：5 岁儿童比 3 岁儿童表现出更多的与前瞻性记忆有关的行为，而且内部线索和外部线索对前瞻性记忆并没有显著和积极的影响。在自然条件下和实验室条件下，两组幼儿的前瞻性记忆没有显著的差异。年龄是前瞻性记忆和回溯性记忆的重要影响因素。

关于记忆线索对前瞻性记忆影响还没有一致的结果。关于线索对前瞻性记忆影响的研究可以分为两类：一类是对于前瞻性记忆中内部线索和外部线索哪个是主要的提示线索的研究，目前这方面的研究并没有得出确切的、一致的结论；另外一类是关于线索竞争的研究，这类研究主要考察在存在线索竞争的条件下，哪种线索对前瞻性记忆的影响具有优先权。

我们的研究结果（2001）表明：

（1）词性（真词和假词）对前瞻性记忆有显著的影响。

（2）前瞻性记忆不受线索熟悉性的影响。

(3)前瞻性记忆不受任务难度的影响。

二、问题的提出

自然条件下的实验是研究前瞻性记忆的一种常用的范式之一，上述的部分研究结果也是通过自然实验法获得的，如要求被试回到家后寄来一张明信片，或是在实验后的一段时间内给实验者打电话，但在这种情况会受到诸多额外因素的影响，如被试碰巧在那段时间很忙或很累，或有其他的事情等，而且这些因素都是不可避免的。

本实验采用的严格控制的实验室实验研究，采用的研究范式是双任务研究范式。被试在实验中接受两种任务：基本任务和前瞻性任务，基本任务是判断真假词，前瞻性任务是对目标词(外部线索)做出特定反应(前瞻性任务)。

根据前人的实验研究可以看出，前瞻性记忆受到诸多因素的影响。关于汉语的真假词判断任务的强度对于被试做出前瞻性记忆的反应是否有影响，以及不同熟悉程度的线索被试的前瞻性记忆的情况是否有不同的表现，被试在不同的实验任务难度的情况下是否会表现出一定的差异，还需要进一步探讨。

实验目的

本实验采用双任务研究范式，考察被试在判断真假词时对前瞻性任务的回忆和再认情况，以及不同熟悉程度和不同难度的实验材料对前瞻性记忆的影响。

实验方法

一、被试

选取大学生被试 32 名，视觉或矫正视觉正常，男女比例均衡，年龄为 19～22 岁之间，母语为汉语。

二、实验仪器与实验材料

(1)实验仪器：计算机、15 寸平面显示器、前瞻性记忆实验程序。

(2)实验材料：实验材料共分为三组，第一组为真词，第二组为由错别字组成的假词(如权立)，第三组为随机组合的假词。假词都是选用字频的频率相匹配的。其中真词与假词的词频相同。其中真词 40 个，第一类假词 100 个，第二类假词 100 个，此外还有两个线索词为獾狼和狐狗，这两个词也是假词。

三、实验设计

实验设计为 $2 \times 2 \times 3$ 的三因素混合实验设计。其中，目标词(外部线索)的熟悉性和词性均为被试内设计，任务难度为被试间设计。

目标词包括真词和假词两个水平；熟悉性包括熟悉与不熟悉两个水平；任务

难度包括高、中、低三个水平。

根据以往的研究结果和经验推理：熟悉性低的线索可以看作一种新异刺激，它会更容易引起被试对前瞻性任务做出反应，因此，预期被试对熟悉性低的目标词的前瞻性记忆成绩要好于对熟悉性高的目标词的记忆。

基本任务（相同性质）越难，越需要被试集中大量的注意，也就容易对前瞻性任务产生干扰，依次，可以预期基本任务的难度越大，前瞻性记忆成绩越差。

被试对真、假词的加工也应有所差别，预期被试对真词的反应要快于对假词的反应。

四、实验过程

整个实验过程包括三个阶段的实验。

(1)练习阶段：首先进行学习阶段的实验，实验目的是使被试对两个目标词产生不同水平的熟悉性感受。被试的任务是判断屏幕上出现的词是真词还是假词，如果是真词按"Q"键，如果是假词按"P"键。屏幕依次呈现 24 个词，其中真词 20 个，纯粹假词 2 个，同音假词 2 个，高熟悉性的目标词出现 12 次，低熟悉性的目标词出现 3 次。所有词以随机形式呈现给被试。一半被试接受"獾狼"为高熟悉性词，"狐狗"为低熟悉性词，另一半被试相反。被试接受哪种实验材料组合完全是随机安排的。

(2)为了考察被试的学习效果，特别是对目标词熟悉性的程度，在学习阶段后，要求被试接受一个词语熟悉性调查表，调查表采用五点记分方式，被试对量表上的 10 个词的熟悉程度进行打分(其中第三个词为"獾狼"，第九个词是"狐狗")。调查结果也可以作为对实验结果进行分析时的补充说明材料。

(3)正式检查阶段：上述实验程序完成之后，进入正式检查阶段。检查阶段的实验包括两项任务，一个是实验从始至终都有的基本任务，即判断真假词，出现真词按"Q"键，出现假词按"P"键。另一项任务是随机出现的前瞻性任务，即当"獾狼"和"狐狗"出现时，既不按"Q"键，也不按"P"键，而是按空格键。为了使被试熟悉实验任务，先进行的练习实验，然后开始正式检查实验。屏幕上将随机呈现 100 个真词，100 个假词，高、低熟悉性的目标词各 20 次。全部实验大约需要 30 分钟，计算机自动记录被试的反应时和正确率。

(4)一个被试实验结束，继续其他被试的实验。

结果分析与讨论

对 31 名被试得到的结果进行检查，删除了正确率在 75% 以下、反应时大于 2 000 毫秒的数据和残缺数据，对整理后的实验数据进行如下统计分析。

（1）计算不同实验处理下被试的正确判断数量、平均正确反应时和正确率，并将结果填入表中，如表 14-6(a)和表 14-6(b)所示。

表 14-6(a)　三因素反应时与正确率的描述统计结果

难度	样本数	平均值		标准差	
		反应时	正确率	反应时	正确率
真词	1				
	2				
	3				
	总体				
假词	1				
	2				
	3				
	总体				
高熟悉性	1				
	2				
	3				
	总体				
低熟悉性	1				
	2				
	3				
	总体				

表 14-6(b)　词语熟悉性统计量描述

熟悉性	平均值	样本数	标准差
高			
低			

（2）对实验结果进行 $2 \times 2 \times 3$ 的多元方差分析，并对各因素的主效应及交互作用进行分析和讨论，如果主效应显著，再进行深入的变异源分析。

（3）对实验结果进行综合分析与讨论，并得出结论。

结　论

根据实验结果，可以得出什么结论。

思考题

（1）前瞻性记忆研究具有哪些理论与实践意义？

（2）查阅资料文献，阐述前瞻性记忆的加工机制及其影响因素。

参考文献

［1］Gilles O Einstein，Mark A McDaniel. Normal Aging and Prospective Memory. Journal of Experimental Psychology：Learning，Memory and Cognition，1990，16，717～726.

［2］Gilles O Einstein，Mark A McDaniel. Aging and Prospective Memory：Examining the Influences of Self-Initiated Retrieval Processes. Journal of Experimental Psychology：Learning，Memory and Cognition，1995，21，996～1007.

［3］Hertzog C，Dunlosky J. The aging of practical memory：An overview. In：Herrmann D J，McEvoy C，Hertzog C et al.（Ed）. Basic and Applied Memory Research Theory in Context （Vol. 1）. Mahwah，NJ：Erlbaum，1996. 337～358.

［4］Cherry K E，Le Compt D C . Age and Individual Differences Influence Prospective Memory. Psychology and Aging，1999，14(1)：60～76.

［5］Einstein G O，McDaniel M A，Richardson S L et al. Aging and Prospective Memory：Examining the Influence of Self-initiated Retrieval Processes. Journal of Experimental Psychology：Learning，Memory，and Cognition，1995，21(4)：479～488.

［6］Park D C，Hertzog C，Kidder D P et al. Effect of Age on Event-based and Time-based Prospective Memory. Psychology and Aging，1997，12（2）：314～327.

［7］Einstein G O，Holland L J，McDaniel M A et al. Age-related Deficits in Prospective Memory：The Influence of Task Complexity. Psychology and Aging，1992，7(3)：471～478.

［8］McDaniel M A，Einstein G O. The Importance of Cue Familiarity and cue Distinctiveness in Prospective Memory. Memory，1993，1 (1)：23～41.

第十五章　情绪、动机与归因的实验研究

【本章要点】

(一)情绪的神经机制

(二)情绪的发展与进化

(三)情绪的测量指标与测量方法

(四)面部表情的测量

(五)情绪的主观体验测量

(六)情绪实验

1. 情绪的生理指标测量

2. 面部表情的测量

3. 情绪的主观体验测量

第一节　情绪的神经机制

一、情绪的神经机制

情绪是神经生理和神经生化水平上多因素交互的一种生理心理活动，情绪活动直接与机体的神经生理生化活动和神经电生理活动(中枢神经系统、躯体神经系统、自主神经系统和内分泌系统)是密切相关的。从进化角度来分析，情绪的发生是脑的发展和进化的功能，如丘脑系统和脑干结构在情绪的调节和控制方面起着十分重要的作用。下面就分别从不同方面阐述情绪的生理和生化机制。

(一)自主神经系统与情绪活动

自主神经系统是由中枢神经系统支配的神经系统。它主要负责控制和调节机体各组织器官的生理活动。在情绪刺激作用下，自主系统会激活有机体各组织和器官，并产生具有一定的生理节律的生理生化和心理反应，这种反应在某种程度上是自主性的，中枢神经不进行有意识的控制，是自主的下意识的过程。自主神

经系统也不是情绪活动的中枢机制，它的活动对情绪起着调节和维持作用。通常自主神经系统包括交感神经与副交感神经，交感系统与副交感系统共同控制与调节内脏器官——心脏、血管、胃、肠、肺等内脏器官以及唾液腺、泪腺、汗腺、肾上腺、甲状腺等腺体的活动。交感系统与副交感系统的功能具有相互制约的特点。这种相互制约的特点使有机体在遇到应激刺激时能够处于相对平衡的状态，交感系统与副交感系统的功能制约作用见表 15-1。

表 15-1　交感系统与副交感系统的功能制约作用

	交感神经系统	副交感神经系统
瞳孔	放大	缩小
心率	增快	减慢
血压	升高	降低
血糖	升高	降低
皮肤血管	收缩	舒张
支气管	舒张	收缩
冠状动脉	舒张	收缩
消化液分泌	抑制	增多
胃肠蠕动	抑制	增加
汗腺分泌	增加	减少
肾上腺分泌	增加	减少

(二)内分泌系统与情绪

内分泌系统的活动主要是通过神经生化过程来调节情绪活动及其引起的生理变化，其中甲状腺和肾上腺的活动与情绪的活动有着十分密切的关系。

甲状腺的正常活动会使人的情绪长期处于稳定、平静的状态，而且机体的呼吸、消化、心脏等的活动也会保持相对稳定和正常的状态，但是，当甲状腺功能异常(如甲亢或甲减的情况出现时)，个体的生理和心理活动就会受到影响，会表现出消化系统、呼吸系统、心脏系统等的活动异常，并伴随情绪烦躁、不稳定、疲劳、疲乏无力等生理和情绪反应。

肾上腺通常是由肾上腺皮质和肾上腺髓质两部分组成，这两部分是通过两种神经—内分泌系统的活动来对情绪进行调节和控制的：这两个系统分别是：下丘脑—垂体—肾上腺皮质系统和下丘脑—交感神经—肾上腺髓质系统。两个系统的作用也是不同的。

下丘脑—垂体—肾上腺皮质系统是由下丘脑、脑垂体和肾上腺皮质构成的，下丘脑、脑垂体不但是神经系统的一部分，也是内分泌腺系统的重要组成部分。当情绪活动出现时，下丘脑分泌促肾上腺皮质激素来调节脑垂体前叶促肾上腺皮质激素（ACTH）的分泌，而 ACTH 又控制着肾上腺皮质类固醇的分泌。肾上腺皮质激素一方面影响身体各器官的生理效应；另一方面又对中枢神经系统和垂体腺具有反馈调节作用。如当人们处于焦虑、愤怒和恐惧等状态时，ACTH 和皮质类固醇的分泌量会显著增加，并引起外周血管收缩、血糖浓度下降、肌肉松弛、消化腺分泌活动等。

下丘脑—交感神经—肾上腺髓质系统是由下丘脑、交感神经和肾上腺髓质系统构成的。当交感神经系统活动时，机体的内脏器官和肾上腺髓质就会发生一系列生理和情绪的变化。如内脏器官进入应激状态，肾上腺髓质分泌肾上腺素和去甲肾上腺素，并促进生理应激反应和情绪反应。去甲肾上腺素不仅是肾上腺髓质分泌的激素，同时也是交感神经的传递介质，因此内分泌系统不仅具有神经激活作用，而且还参与化学激活效应。交感神经直接支配肾上腺髓质，控制两种激素的分泌量，进而通过调节肾上腺激素的分泌来支配和调节组织器官的活动，并对中枢神经系统形成反馈调节。所以说，中枢神经系统、自主神经系统和内分泌系统之间是相互作用和相互制约的，以便达到情绪活动的生理和心理状态的平衡。

(三)情绪的中枢神经机制

根据生理心理学的研究和大量的神经心理学研究，研究者普遍认为大脑皮层是调节控制情绪活动的最高中枢，而情绪核心中枢部位主要在皮层下丘脑系统、边缘系统、网状结构、皮下神经节等。

丘脑是调节和控制情绪的中枢。研究表明，丘脑的损伤或破坏会产生各种失控的情绪反应。丘脑一般处于被皮层抑制的状态下，当皮层抑制被解除时，丘脑的情绪反应冲动得到释放，产生各种情绪反应。之后的许多研究表明，丘脑并不是情绪的唯一皮下中枢系统，丘脑的损伤或破坏并不能使情绪消失，而当下丘脑被切除后，动物的一些情绪反应才会消失。但是当刺激皮层、小脑的某些部位时，动物仍会表现出情绪反应。这说明情绪的神经机制是十分复杂的。

网状结构也是情绪活动的重要神经系统，美国心理学家林斯里（D. Linsley）在其情绪的激活学说中特别地强调网状结构的作用。他认为从外周感官系统和内脏组织器官来的感觉冲动通过传入神经纤维进入网状结构，在下丘脑被整合与扩散，兴奋间脑觉醒中枢，激活大脑皮层，并唤起警戒、产生注意和情绪反应。

边缘系统是指位于前脑底部环绕着脑干形成的皮层内边界系统。边缘系统的主要功能是调节自主神经系统的活动，控制个体的某些本能行为（如对新异物的兴趣、喂食、攻击、逃避行为等）。神经生理学家帕帕兹（J. W. Papez）提出了包括情绪与情绪体验的复合神经系统，称为帕帕兹环路。该环路的主要结构就是边缘系统，其主要功能是当海马受到刺激时产生冲动，并通过胼胝体下的白色纤维传到下丘脑的乳头体，经过下丘脑传递到丘脑前核，并上行到大脑内边界的扣带回，再回到海马和杏仁核，完成整个环路的传导过程。情绪反应在该环路上经扣带回扩散到大脑皮层，产生情绪体验。

大脑皮层是情绪最高调节和控制的机构。对脑损伤患者和正常人的临床观察研究发现，大脑两半球具有情绪功能的不对称性，左半球为正情绪优势，右半球为负情绪优势。如有研究发现，左半球损伤患者表现过多的哭泣；而右半球损伤的患者表现更多的愉快的反应。研究还发现，两半球的前部和背部也有不同的功能，左右额叶也具有不同的情绪功能。在左额叶言语区损伤的患者，罹患忧郁症者较多。这表明左额叶受损伤，右半球释放负性情绪，并失去了调节情绪的能力。而一些实验还表明：在内颈动脉注射巴比妥盐酸（镇静剂），药物进入左半球诱发忧郁情绪的人有 65％，诱发愉快情绪的人有 32％；而药物进入右半球时，16％的人诱发忧郁情绪，84％的人诱发愉快情绪。

上述研究表明：大脑两半球具有情绪的功能不对称性；左半球为正性情绪优势，右半球为负性情绪优势。

二、情绪的主要理论

（一）詹姆士—兰格的理论

美国心理学家威廉·詹姆士（W. James）和丹麦生理学家卡尔·兰格（C. Lange）各自分别于 1884 年和 1885 年提出了情绪与机体生理变化关系的理论，该理论强调外周生理活动在情绪产生中的重要作用。詹姆士认为，情绪是内脏器官和骨骼肌活动在脑内引起的感觉。詹姆士认为，我们一知觉到我们激动的对象，立刻就引起身体上的变化；在这些变化出现之时，我们对这些变化的感觉，就是情绪。"情绪只是一种身体状态的感觉"。兰格则强调血液系统对情绪活动的作用。他认为血管扩张产生愉快；而血管收缩、器官痉挛则会产生恐怖。詹姆士—兰格的外周论虽然简单而且缺乏实验证据，但他们的理论推动了情绪机制的大量研究。

（二）坎农的丘脑学说

美国心理学家坎农（W. Cannon）针对詹姆士—兰格理论提出了以下质疑：认

为机体的生理变化发生缓慢，不足以快速地引起情绪反应。同样的内脏器官活动变化可以在极不相同的情绪状态中发生，根据生理变化难以分辨各种不同的情绪。他通过实验切断动物内脏器官与中枢神经系统的联系，情绪反应并不完全消失。据此坎农认为，情绪产生的机制不在外周神经系统，而在中枢神经系统丘脑的作用，于是提出了（20世纪20—30年代）情绪的丘脑学说。坎农认为，情绪刺激传入皮层时，使丘脑的抑制状态被解除，导致特定的情绪产生。丘脑同时向大脑皮层和身体的其他部分传递神经冲动产生情绪的主观体验，向下传至交感神经引起机体的生理变化。坎农的丘脑学说强调被唤醒的丘脑过程是情绪产生的机制，提出了情绪的特定脑中枢，但忽略了大脑皮层对情绪的调节控制作用。

(三)阿诺德的评定—兴奋学说

美国心理学家阿诺德（M. Arnold）在20世纪50年代提出了情绪的评定—兴奋学说，该学说强调情绪的产生是对情境的评价的结果，而这种评价是在大脑皮层中产生的。因此，阿诺德认为：情绪刺激作用于感官产生的神经冲动上传至丘脑，从丘脑再传到大脑皮层，在皮层对情境进行评价，评价后的皮层兴奋下行激活丘脑系统，并引起自主神经系统和组织器官的生理变化，这时外周变化的反馈信息又通过丘脑传到大脑皮层，并与皮层最初的评价相结合，最终产生情绪体验。

(四)沙赫特和辛格的认知—评价理论

美国心理学家沙赫特（S. Schachter）和辛格（J. Singer）于1962年设计了一项实验。他们将自愿参加实验的大学生分成三组，给三组被试注射同一种药物，并告诉第一组被试，注射后将会出现心悸、手颤抖、脸发烧等现象（这是注射肾上腺素的反应）；告诉第二组被试注射后身上发抖、手脚有点发麻；对第三组被试不做任何说明。注射药物后将三组被试各分一半，分别进入两种实验环境里休息：一种是轻松愉快的环境，另外一种是惹人发怒的情境。结果第二组和第三组被试在愉快环境中表现出愉快情绪，在愤怒情境中显示出愤怒情绪；而第一组被试则没有愉快或愤怒的表现和体验。实验结果表明，人对生理反应的认知评价对情绪体验有决定性的作用。沙赫特和辛格的情绪评价理论对情绪理论的发展和情绪的调节有着积极的影响。

(五)情绪的动机—分化理论

情绪的动机—分化理论是著名的情绪心理学家伊扎德（Izard）在20世纪60年

代提出的，该理论在情绪心理学领域至今仍有着重大的影响。伊扎德的情绪的动机—分化理论认为，情绪具有动机性和适应性的功能，情绪是一种基本的动机系统，并建立了情绪—动机理论体系。伊扎德认为人格具有 6 个子系统：内稳态、内驱力、情绪、知觉、认知、动作。人格子系统组合成 4 种类型的动机：内驱力、情绪、情绪—认知相互作用、情绪—认知结构。在这个复杂的情绪—动机系统中，情绪是核心结构，它与内驱力、知觉、认知、人格结构是密切联系的，并起着重要的动机作用。情绪的主观成分—情绪体验是驱动有机体行为的内在驱动力。

伊扎德的情绪理论还从进化的观点出发，提出大脑新皮质体积的增长和功能的分化同面部骨骼肌肉系统的分化以及情绪分化是同步发展的，而情绪的分化是长期生物进化的产物，而且具有很强的适应功能，在有机体的适应和生存方面也起着重要作用。伊扎德继承和发展了达尔文的表情学说，从情绪的分化的角度出发，强调面部表情在情绪发展中的重要性。人类基本情绪的面部表情是先天的、程序化、自动化的模式，这种自动化的面部肌肉运动的反馈引起各种情绪体验。情绪的动机—分化理论系统阐述了情绪的产生根源及其适应性的功能。

第二节 情绪的发展与进化

一、情绪的发展与进化

广义情绪心理进化理论是由美国著名精神病学家罗伯特·普拉奇克（R. Plutchik）在临床实践和实验的基础上提出来的。该理论摆脱了传统的情绪理论框架，从进化和适应的角度，对情绪的本质以及情绪与人格特质、自我防御、临床症状之间的关系进行了深入的分析，对情绪的心理进化与适应等问题提出了独到的看法。本文主要介绍广义情绪心理进化理论的基本思想、理论、模型以及该理论在情绪理论研究和临床实践中的意义。

（一）关于情绪内涵的探讨

普拉奇克认为，人类对情绪的认识既有清晰的一面，也有模糊的一面。所谓清晰的一面是指目前很多有关情绪的生理变化、情绪的产生过程以及情绪表达的跨文化性等方面的研究成果与结论是明确的、普遍承认的，如不同情绪伴随的生理反应；情绪的模糊主要是针对情绪的内在机制而言的，如不同情绪的神经生理机制是什么？为什么情绪的表达具有跨文化性？诸如此类的问题还没有确切的结论，对此类问题的实验研究也有很大的困难，因为这不仅涉及神经生理和生化方面的研究，而且也涉及文化因素对情绪的影响。生理生化过程及文化因素对人情绪影响的复杂性一时还很难得出确定的结论(R. Plutchik，1980)。

关于情绪的内涵，心理学家的观点也不完全一致。有的心理学家强调情绪的生理过程(如詹姆士，兰格，坎农)，有的心理学家强调情绪的无意识过程[如弗洛伊德(S. Freud)，荣格(C. G. Jung)等]，有的心理学家强调情绪的认知过程(如沙赫特，辛格，阿诺德)。至于情绪的内涵如何界定，很多情绪理论并未给出明确的定义，而是从现象学入手，对情绪的内涵、分类及其生理心理机制进行探讨。普拉奇克对情绪的认识与很多心理学家有所不同，他从广义上把情绪定义为由一系列生理心理活动、过程组成的心理现象，这种心理现象是个体长期自然选择进化而来的，是适应环境的结果。

在情绪的组成成分方面，广义情绪心理进化理论将情绪分为原始情绪和从属情绪。原始情绪主要有八种，即恐惧(fear)、惊奇(surprise)、悲伤(sadness)、厌恶(disgust)、愤怒(anger)、警惕(vigilance)、高兴(joy)和接受(acceptance)，其他的情绪都是从这八种原始情绪中派生出来的，这八种情绪之间的关系可用情绪三维模型来表示。普拉奇克认为，情绪有两个最显著特征，即两极性(Polarity)和相似性(Similarity)(R. Plutchik，1980，7 见图 15-1)。

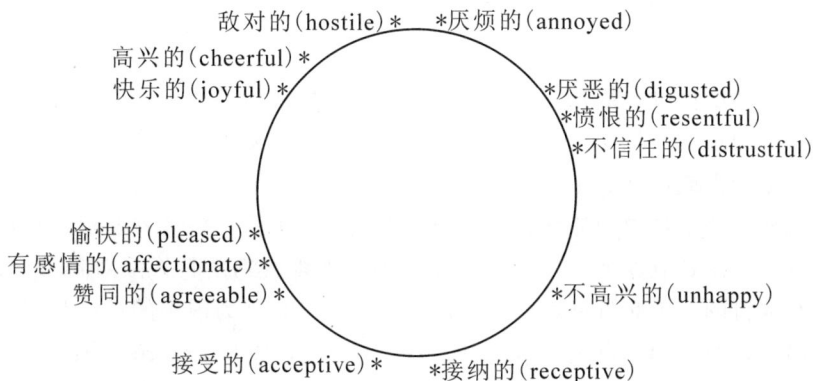

图 15-1　情绪的两极性和相似性(部分引用)

图 15-1 模型是普拉奇克通过对描述情绪词汇的对偶比较和语义区分实验得出的。从图 15-1 可以看出，在通过圆心的直径相对应的位置上，描述情绪的词汇词义相反，如赞同的和厌恶的，这是情绪的两极性；而在圆上比较集中的词汇的词义相近，如高兴的和快乐的，这是情绪的相似性。

(二)情绪、认知与进化的关系

1. 情绪的进化

达尔文(C. Darwin，1872)在《情绪的进化》中曾对情绪进化的问题进行了探讨。继达尔文之后，很多生理学家和心理学家对情绪的进化进行了深入的理论和实验研究，如伊扎德(C. E. Izard，1984)从神经系统进化的角度对情绪进化进行分析，提出了情绪的动机—分化理论。普拉奇克的理论与达尔文生物进化论的观点接近，他认为动物和人类的情绪是长期进化而来的，是自然选择和适应环境的结果(R. Plutchick，1981，1991)。

2. 情绪与认知

广义的情绪心理进化理论认为，不仅情绪是生物进化的结果，与情绪密切联系的认知也是生物进化的结果，个体认知的进化主要表现在以下两个方面(R. Plutchik，1980)：(1)大脑容量的进化是认知进化的物质前提和基础；(2)认知的进化与大脑的进化是同步的。

从生物进化的角度分析，任何动物在活动过程中都不断地获取环境信息，并对环境信息做出认知判断。如果个体能精确地对环境信息进行评价与判断，它们就会更好地适应环境，达到生存和繁衍的目的，否则，个体生存就会受到威胁。在长期的生物进化过程中，个体通过不断地对环境信息进行认知评价，形成了对环境信息的一系列生理和行为反应或称为情绪反应，并由此达到适应环境的目的。

个体对环境信息的认知不仅表现在对当前情境的认知评价，还表现在对可能发生的事件的预测，从而避免不利的环境刺激；反过来个体的情绪反应又对其认知评价产生积极或消极的影响，并导致相应的行为反应，由此提高个体在环境中的生存机遇。如动物中的捕食者与被捕食者之间的关系，捕食者要根据环境信息判断食物的来源，以保证生存下去；而被捕食者则要判断其天敌对自身的威胁，达到生存的目的。由此可见，认知评价与情绪反应是互为因果的，这与持认知观点的情绪心理学家的观点是一致的(E. Izard，1982，R. S. Lazarus，1991)。

(三)情绪与人格特质、自我防御、临床症状之间的关系

前面已经提到的广义情绪心理进化理论认为，情绪包括一系列生理心理及行为反应等过程，具有两极性和相似性特征。普拉奇克等人对人格特质、自我防御以及临床症状也做了同样的实验研究。结果发现，描述人格特质、自我防御和临床症状的词汇也具有两极性和相似性，并且人格特质、自我防御和临床症状是从

情绪中派生出来的，是情绪的组成部分（R. Plutchik，1979，1991）。

1. 人格特质的二维特征

普拉奇克等人用对偶比较和语义区分法对描述人格特质的词汇进行了研究，结果发现描述人格特质的词汇同样具有两极性和相似性（见图 15-2）。在图中，圆上相对应的词汇描述的是两种性质相反的人格特征，而圆周上距离较近的词汇描述的是相似的人格特征（R. Plutchik，1980，1991）。

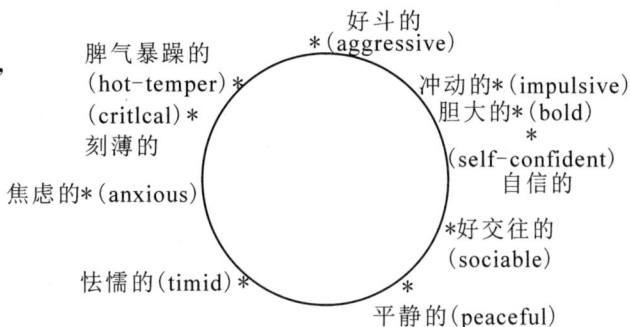

好斗的
*（aggressive）
脾气暴躁的
（hot-temper）*
（critlcal）*
刻薄的
冲动的*（impulsive）
胆大的*（bold）
*（self-confident）
自信的
焦虑的*（anxious）
*好交往的
（sociable）
怯懦的（timid）*
平静的（peaceful）

图 15-2　人格特质的二维特征

2. 自我防御的二维特征

普拉奇克等用同样的方法对有关自我防御的词汇进行了研究，结果与图 15-2 类似，描述自我防御的词汇同样具有两极性和相似性（见图 15-3）。圆上相对应的词汇描述的是两种性质相反的自我防御方式，而在圆周上距离较近的词汇描述的是相似的自我防御方式（R. Plutchik，1980，1991）。

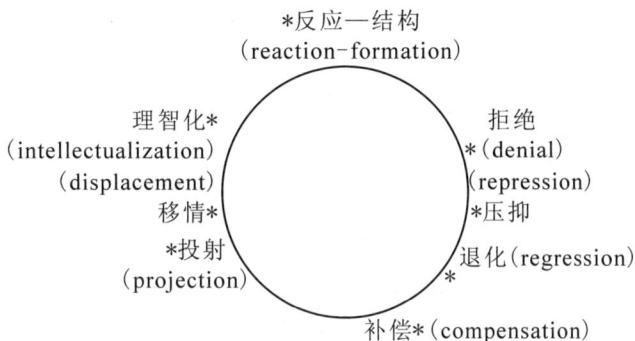

*反应—结构
（reaction-formation）
理智化*
（intellectualization）
（displacement）
移情*
*投射
（projection）
拒绝
*（denial）
（repression）
*压抑
退化（regression）
*
补偿*（compensation）

图 15-3　自我防御的二维特征

3. 临床症状的二维特征

用同样的方法研究描述临床症状的词汇发现，描述临床症状的词汇同样具有两极性和相似性（见图 15-4）。圆上相对应的词汇描述的是两种性

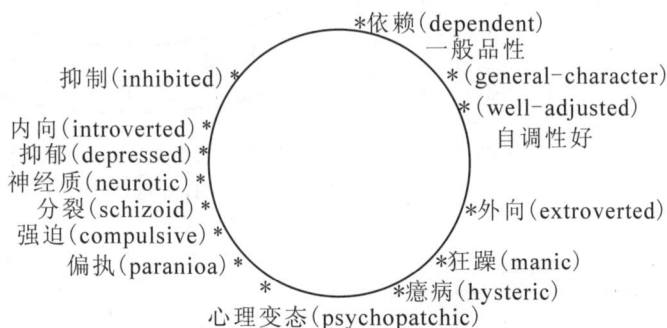

*依赖（dependent）
一般品性
抑制（inhibited）*
*（general-character）
*（well-adjusted）
内向（introverted）*
自调性好
抑郁（depressed）*
神经质（neurotic）*
分裂（schizoid）*
强迫（compulsive）*
偏执（paranoia）*
*外向（extroverted）
*狂躁（manic）
*癔病（hysteric）
心理变态（psychopatchic）

图 15-4　临床症状的二维特征

质相反的临床症状，而在圆周上距离较近的词汇描述的是相似的临床症状（R. Plutchik，1966，1980，1991）。

4. 情绪、人格特质、自我防御及临床症状之间的关系

普拉奇克认为情绪、人格特质、自我防御和临床症状之间是相互联系的，人格特质、自我防御和临床症状是情绪的不同侧面的不同表现。它们之间的关系可以通过图 15-5 来说明。从图 15-5 可以看出，相同或相似的情绪、人格特质、自我防御、临床症状之间在模型中存在着对应关系，并可以得出以下结论：

(1)人格特质、自我防御和临床症状是从情绪中派生出来的，是情绪的组成部分；

(2)人格特质、自我防御、临床症状和情绪一样，具有两极性和相似性；

(3)无论是在情绪理论研究，还是在临床实践上，应该对情绪及其他派生成分进行全面考察、综合分析，这样才能更精确、全面地理解情绪的本质，准确客观地进行诊断和评价，这对情绪理论的发展和完善以及临床心理和精神治疗具有重要的指导意义。

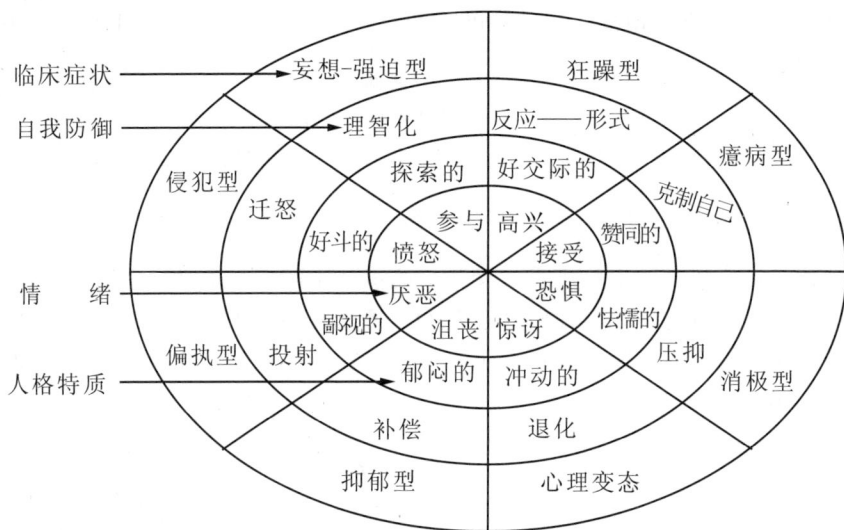

图 15-5　情绪、人格特质、自我防御与临床症状之间的关系
(引自 Plutchik，1980，1991)

二、情绪语言的多样性

综上所述可以发现，一种情绪可以从多个方面来进行表达和描述，普拉奇克

把各种情绪表达的方式称为情绪语言，也就是说情绪语言具有多样性。一种情绪可以通过人格特质的语言来表达，也可以通过自我防御和临床症状的语言来表达，同时个体情绪表达的多样性也有其生物学功能，即适应环境，以达到生存的目的(情绪表达的多样性及其生物学功能见表 15-2。从表 15-2 可以看出，一种情绪体验，我们可以用人格语言来表达，也可以用自我防御语言、临床症状语言、行为语言等来表达，不同的表示方式从不同的侧面反映了同一种情绪反应)。

此外，各种情绪语言又是相互联系的一系列行为反应过程(见表 15-3)。当个体遇到环境刺激时，首先是对刺激的认知和评价，产生某种情绪体验，并导致某种行为反应，最后达到某种生物学功能，获得生存机遇，避免不利环境因素的伤害。

表 15-2　情绪语言的多样性及其生物学功能

(引自 Plutchik，1980，1991)

主观情绪体验	人格语言	自我防御语言	临床语言	行为语言	功能
恐惧	怯懦	忘却	消极型	逃跑	自我保护
愤怒	侵犯	移情	侵犯型	攻击	进行破坏
高兴	友好	友好	兴奋型	结伴	互利互助
悲伤	忧郁	回避	抑郁型	求助	得到安慰
接受	理解	承认	积极型	合作	相互合作
厌恶	蔑视	投射	对抗型	敌对	拒绝接受
警惕	好奇	智化	探索型	探索	认识环境
惊奇	冲动	观望	冲动型	观望	避免伤害

表 15-3　情绪是对刺激的一系列行为反应过程

环境刺激	认知	情绪体验	行为反应	功能
天敌威胁	危险	恐惧	逃跑	自我保护
失去亲人	孤独	悲伤	求助	寻求帮助

三、情绪与适应

情绪是人和动物适应环境的结果，这种适应主要表现在以下四个方面。

1. 等级问题(Hierarchy)

所谓等级问题是指在人或动物的群体中强者居于统治地位，而弱者居于被统治地位，这种等级问题在动物和人类群体中是普遍存在的。由于这种强弱差别的存在，居于统治地位的个体往往表现出独断性，在心理上也表现出极大的优越感，而居于服从地位的个体在心理上则对这种专断性被动地接受，在行为上表现出更多的回避行为，以适应群体结构中的等级制。

2. 生存空间或领地问题(Territoriality)

动物和人类的生存都需要一定的活动空间。在动物群体中，个体的生存和繁衍需要一定范围的领地，小于这个范围，它们的生存和繁衍就会受到威胁，甚至导致物种灭绝。人类的生存也是如此，随着人口膨胀而导致的拥挤(Crowd)问题以及由此引起的情绪问题引起了环境学家和心理学家的广泛关注，这也是目前"环境心理学"研究的一个重要领域。

3. 确认环境中的事物和同一性(Identity)

人和动物要生存就必须不断地确认并区分环境中的有益和有害信息，并对这些环境信息做出正确的判断，采取相应的行为，更好地适应环境。

4. 暂存性问题(Temporality)

个体的生命是有限的，在个体短暂的生命中，往往会有各种各样的变故(如挫折、死亡、孤独等)，在面临这些危机时，个体往往也表现出不同的情绪反应，达到对挫折和变故的适应。如在进化上最常见的解决这些变故的情绪反应有情绪低落、冷漠等，而这些信号的发出会使个体获得群体成员的帮助，以解决由于变故而引起的心理失调，从而恢复正常的状态。对人类而言，人们创造了宗教以及其他的仪式来应对这些变故。

四、情绪发展与进化的结论

根据以上的论述，我们可以归纳出广义情绪心理进化理论具有如下六个特征：

(1)该理论从进化的角度为研究动物和人类情绪提供了理论基础；

(2)该理论建构了不同情绪之间关系的结构模型及情绪的三维结构模型；

(3)从理论和临床实践两方面证明了人格特质、自我防御和临床症状是由情绪派生出来的，是情绪的组成部分；

(4)该理论对情绪的内涵的深入探讨、对编制有关情绪方面的测验提供了理论基础；

(5)在深入理解情绪、进化和适应三者之间的关系上，该理论的见解是独到的，对达尔文(C. Darwin)的生物进化理论在情绪进化的解释方面做了深入的发展；

(6)该理论对生活中有关进化和适应等问题也做了进一步的分析，从而推动了情绪理论在心理咨询与临床治疗中的应用。

　　总之，广义的情绪心理进化理论从情绪、人格特质、自我防御、临床症状、适应以及它们之间的关系的角度，对情绪及其衍生成分进行了细致、系统和深入的分析，在实验和临床实践的基础上建立了相对完善的模型和理论体系，并在实验和临床实践中得到了验证。该理论不仅推动了情绪的理论研究，而且对情绪的测量也提供了一定的理论基础，对临床心理学的研究和实践也具有一定的理论和实践意义。

第三节　情绪的测量指标

　　情绪的生理指标是多方面的，归结起来包括行为指标、生理反应指标、神经电活动指标、神经生物化学指标和内分泌指标以及脑功能区激活和定位指标等几方面。下面就系统地介绍一下上述几个方面的情绪指标。

一、行为方面的指标

　　情绪的行为指标主要表现在情绪行为和相应的情绪行为引起的机体的各种行为反应，情绪行为主要包括对引起伤害的环境刺激表现出的恐惧反应（具体的行为如退缩、逃避、惊叫、混乱状态等）、侵犯引起的愤怒的行为（如攻击、暴躁、伤害对方、驱赶和追逐）、悲伤引起的行为反应（如沮丧、哭泣、回避交流、求助等）、欣喜引起的情绪行为（如面带笑容、接纳、跳舞歌唱等）、惊吓导致的颤抖、退缩、冒冷汗、行为暂时失去控制等。

　　总之，情绪的行为反应主要是通过躯体语言和行为、语言、面部表情等方面的行为表现出来，这些行为也可以通过一定的心理和行为评价的方法进行量化，以便评价情绪行为所表现出来的心理和行为状态。用来评价情绪行为表现的工具主要是各种情绪评价量表或测验。

二、生理反应的指标

　　情绪的生理指标主要包括呼吸系统的指标、循环系统的指标、消化系统的指标等几个方面，具体表现在如下方面。

1. 呼吸系统指标

情绪活动引起的呼吸系统的指标变化主要表现在呼吸频率、呼吸的深度变化、呼吸的节奏和稳定性、呼吸气流量指标等。如人在兴奋时会表现出呼吸急促、呼吸节奏快而且不稳定，待兴奋状态平静时，则逐渐恢复平静呼吸，呼吸频率和节奏趋于正常水平，呼吸频率和呼吸气流量的变化曲线有规律地稳定地波动；当人感到悲伤时呼吸频率缓慢，经常深呼吸或叹息；而当人处在静息状态下时，则呼吸缓慢、平静、稳定而有规律，同时也引起身体其他方面的指标的变化（如各种神经电指标）；人受到惊吓时则呼吸频率非常快而且会出现呼吸频率不稳定、甚至呼吸有停顿或暂时窒息的现象。总之情绪的呼吸系统指标的变化只是情绪反应引起的呼吸系统的自主活动状态，但是这些呼吸指标的变化不具有特异性，不能根据呼吸系统的某一指标的变化确定一个人产生了特定的情绪反应。

2. 循环系统的指标

情绪的变化引起的循环系统指标的变化主要表现为：如过度兴奋、惊吓、愤怒、高兴等可以引起心跳速度加快和强度加强，外周血管系统的舒张或收缩，血压升高、血流量增加和血液循环速度加快；而平静或静息状态下则主要表现为心跳稳定、血压稳定、血流量和血液循环速度平缓等。循环系统的变化同样也可以引起神经电生理指标和内分泌指标等的变化。

3. 消化系统的指标

情绪变化引起的消化系统的变化主要表现在：如情绪压抑或沮丧、惊吓会导致消化不良、肠胃功能紊乱或失调、恶心、缺乏食欲或食欲不振、腹泻等反应；而情绪兴奋或高兴、喜乐的情绪则有助于调节消化系统的功能正常、食欲增加等；此外，长期的不良情绪反应还可能会引起各种消化系统疾病，如肠胃道的炎症、溃疡、胀痛等，而良好、积极的情绪状态则有助于调节消化系统的疾病和自然治愈消化系统的疾病。

三、神经电生理指标的变化

情绪反应可以引起各种神经电生理指标的变化，主要表现在皮肤电位的变化、肌电位的变化、眼电变化、脑电的变化、心电的变化以及各种诱发电位的变化。一般情况下，剧烈的情绪波动或不良的情绪变化往往会引起上述的各个神经电生理指标出现不同程度的波动，并进一步影响机体其他方面的生理反应；而良好的情绪状态则有助于保持上述的神经电生理指标处于正常的相对稳定的水平。同时，也使其他方面的生理指标保持在相对正常的范围内。

四、神经生物化学指标和内分泌指标

情绪的神经生化指标和内分泌指标主要是指在不同的情绪状态下，神经生化系统和内分泌系统发生的一系列生物化学变化。如与情绪调节密切相关的神经生物化学物质有多巴胺和 5-色胺等神经生物化学物质以及各种类固醇物质，这些物质的变化会直接影响到人的情绪状态。因此，研究者和医学研究人员将含有或调节神经生物化学系统平衡的上述物质作为情绪调节的药物，并在临床上广泛应用。

此外，机体的内分泌腺体分泌的各种神经生物化学物质对情绪和生理状态也有一定的影响。很多研究表明，在情绪紧张状态下，体内神经化学物质的分泌量或排出量的变化可作为情绪研究的客观指标。如肾上腺素和去甲肾上腺素的变化与在体内平衡地维持与调节情绪和保持稳定的情绪状态有密切的关系，此外，如甲状腺激素和与甲状腺激素有关的各种神经生物化学物质对情绪和机体状态的调节也有十分重要的作用，甲状腺激素过高或过低都会引起身体和情绪的不良反应。还有神经生物化学物体分泌调节控制的中枢——脑垂体分泌的神经生物化学物质对调节机体的生物化学物质平衡、机体的正常发育和保持良好的身心状态有着至关重要的作用。

五、情绪的脑功能区激活和定位指标

在近年来关于情绪的研究中，人们对中枢神经系统在情绪的调节和控制中的作用予以了更多的关注，并从脑成像的角度研究中枢神经系统对情绪活动的调控作用。在情绪的生理基础部分，我们已经对情绪的中枢神经系统进行了阐述，与情绪相关的中枢神经系统主要包括丘脑、下丘脑、边缘系统（包括扣带回、海马回、眶岛颞区、杏仁核、隔核、下丘脑、丘脑上部、丘脑前核和基底神经节以及松果体和脑垂体）、网状结构和大脑皮层。其中大脑皮层是情绪活动的最高控制中枢。综上所述，认知神经科学家认为，眼、耳等感觉器官接受并传送感觉信息到丘脑，经过丘脑到达相应的感觉皮质区域，在此感觉信息被加工整合、分析和评价。经过处理后，感觉皮质将信息传至边缘系统，边缘系统做出适当反应，再反馈到机体各部分，产生情绪和各种情绪反应。

总之，情绪活动的生理基础是十分复杂的，它是大脑皮层和皮下神经系统协同活动的结果。皮下神经系统对情绪活动起着直接和显著的作用，而大脑皮层则起着对皮下神经系统的调节和控制的作用，进而实现神经系统对情绪活动在各个水平上的调节和控制。

第四节 情绪指标的测量方法

一、情绪活动的行为和生理指标的测量

情绪生理指标的测量需要采用各种生理和医学测量仪器。如行为指标和生理反应指标(包括呼吸系统的指标、循环系统的指标等)可以通过多导生理记录仪器来测量，也可以通过生物反馈仪等仪器来测量；神经电生理指标可以通过多导生理记录仪器、脑电仪、生物反馈仪等来测量。神经生物化学指标和内分泌指标主要是通过生物化学的方法来测量血液内的各种生物化学物质和激素的含量，具体的检测方法可以采用各种生物化学测量试剂和测量仪器(如各种紫外和红外分光光度仪、气相或液相色谱仪、质谱仪等)，以及采用各种脑成像技术(包括 fMRI，PET，MEG，RTMS 等仪器)来对心理活动的脑功能区的激活状态进行定位和测量。

二、面部表情系统的指标测量

面部表情测量的研究始于 20 世纪初，当时主要采用照相术把各种表情拍摄下来，然后呈现给被试者判断它们分别代表哪种情绪。20 世纪 60 年代以后，研究者采用肌肉动作技术和录像技术对表情进行了进一步的研究测量，并提出了"面部表情编码技术"(FAST)、"面部肌肉运动编码系统"(FACS，艾克曼)。伊扎德提出了"最大限度辨别面部肌肉运动编码系统"(Max)和"表情辨别整体判断系统"(Affex)。这两套表情测量系统在面部表情的测量和标定中起到了重要的作用。

(一)面部表情的直线量表

面部表情的直线量表是 20 世纪二三十年代由伍德沃斯(Woodworth)提出的，是通过 100 名被试判断 86 张照片的结果编制的一个表情的单维直线量表。这个量表包含了喜爱、幸福和快乐、惊讶、恐惧和痛苦、愤怒和决心、厌恶以及蔑视等几种情绪的表情图片。采用这个量表对面部表情的分类可以对不同的表情所代

表的情绪进行初步的辨别和分类。

(二)面部表情的圆形量表

面部表情的圆形量表(Circular Scale)是由施洛斯贝格(Schlosberg,1952)在直线量表的基础上提出的。该量表有两个轴,主轴是愉快和不愉快[有 9 个等级,从等级 9(喜爱、幸福、快乐)到等级 1(愤怒)],该轴代表的是基本的情绪表现;另一个轴是从注意到厌恶的若干等级,具体包括如注意引起惊讶(此时双眼、鼻孔、口部是张开的),相反厌恶引起双眼、鼻孔和嘴唇紧闭等。两个轴的交叉点是处于两种情绪极端的中间状态。面部表情的圆形量表的两个坐标轴和坐标系上的不同位置分别代表不同的表情和情绪反应。

(三)面部表情的三维标定系统

施洛斯贝格(Schlosberg,1954)在上述研究的基础上又提出面部表情的三维坐标和标定系统:第一个维度代表从愉快到不愉快;第二个维度代表从注意到厌恶或拒绝;第三个维度代表从放松或睡眠到紧张。通过这三个维度可以将各种面部表情合理地区分开来。

(四)面部表情的现代测量技术

20 世纪 70 年代,著名的情绪心理学家艾克曼(Ekman,1971)和伊扎德(Izard,1979,1980)等在面部表情的测量方面做了大量的研究工作。并从面部肌肉活动和表情的关系的角度提出了各种面部表情标定系统。如艾克曼等人(Ekman et al.,1978)提出了"面部表情编码技术"(FAST)和"面部肌肉运动编码系统"(FACS),伊扎德提出"最大限度辨别面部肌肉运动编码系统"(Max)和"表情辨别整体判断系统"(Affex)。这些面部表情测量技术的提出对表情的测量与评价具有十分重要的理论与实践意义,后来的很多研究者将他们提出的面部表情测量技术应用于表情和情绪的研究中。

三、情绪的主观体验测量

(一)心境形容词检表

形容词检表(Adjective Check List,ACL)用于测量被测者的情绪状态和情绪体验。形容词检表主要是采用主观体验的自我报告来测量被测者的心境和情绪状态，该方法在临床诊断中也被广泛应用。形容词检表的测量方法主要包括诺利斯（Nowlis，1956）心境形容词检表（mood adjective check list，MACL）、普拉奇克（Plutchik，1969）情绪—心境测查量表（emotion-mood measurement scale）、卢宾（Lubin，1966）忧郁检查量表、明尼苏达多项人格测验（Minnesota Multiphasic Personality Inventory，简称 MMPI）、情绪人格测查（Emotion Personality Inventory，1974，简称 EPI）等，这些量表广泛地应用于情绪的研究和临床诊断等领域。

（二）情绪的维度等级量表和分化情绪量表

情绪的维度等级量表（Dimensional Rating Scale，DRS）是根据伊扎德最初提出的情绪的八种维度进一步编制的情绪四维量表。这四个维度分别是：愉快度、紧张度、冲动度和确信度。愉快度表示评估主观体验最突出的喜悦的方面；紧张度主要代表情绪的神经生理激活水平（如肌肉紧张、动作抑制等）；冲动度主要是指情绪情境出现的突然性；确信度是指个体胜任、承受情绪情感的程度。情绪等级量表假定为量表应包括情绪体验、认知和行为三个分量表，每个分量表由四个维度组成，通过对每个维度进行五等级的评价就可以获得被测者的情绪情感体验的量化指标。

分化情绪量表（Differential Emotions Scale，DES）是以形容词检表为基础编制的量表。分化情绪量表包括十种基本情绪，每种情绪有三个形容词，共 30 个形容词，并对形容词进行五等级评价，从而获得个体的情绪情感状态的数量化指标。

除了上述的情绪体验的量表外，研究者在近年来的研究和临床应用中又发展了一些实用的情绪测量量表，如现在广泛使用的心理健康临床症状测验（SCL90）、抑郁测验、各种焦虑评价量表（焦虑主观测验、考试焦虑测验）等，这些测验在实际研究和临床方面都得到了广泛的应用。

第五节　动机与归因研究

动机是指引发并维持某一活动，并使活动指向某一目标的内部动力和内部心理过程。如渴了要喝水，饿了要吃饭等。动机具有激活功能（即激发个体从事某种活动或行为）、指向功能（在动机的支配下，个体的行为是指向某一特定的目标或对象的）、维持和调节功能（当某一行为或活动产生后，个体是否继续该行为或活动，需要动机的调节和支配）。在动机的维持和调节过程中，个体的行为动机强度会得到强化或削弱，达到调节行为或活动的目的。

学习动机是指直接激发学生从事学习活动的内部动力，对维持和调节学生的学习活动起着重要的作用。影响学生学习活动的因素是多方面的，如学习兴趣、个人的价值观、学习态度、外在的激励（物质奖励、鼓励和赞扬等）、动机定向（motivational orientation）、成就归因（attribution）、对自己能力的知觉与评价（或称自我效能感，perceived competence，or self-efficacy）、自我调节（self-regulation）等因素，这些因素直接或间接影响个体的学习动机，进而影响其成就状况。因此，现代的教育心理学，将动机定向、价值观、成就归因、自我效能感以及自我调节等作为学习动机的主要研究内容，在这些方面也展开了大量的研究工作。动机定向（motivational orientation）、成就归因（achievement attribution）和自我效能感（self-efficacy）对儿童学业成就的影响是教育心理学研究的重要领域之一。20世纪70年代以来，国外在这方面做了大量研究，如哈特（Harter）等人（美国丹佛大学）关于动机定向、能力知觉、自我调节对学生成就状况影响的研究；韦纳（Weiner）等（加州大学）关于儿童成就归因对成就状况影响的研究；班杜拉（Bandura）等（斯坦福大学）关于自我效能感、自我调节对学生成就状况影响的研究等。这些研究对心理学理论与教育教学实践产生了重要影响。

一、动机定向与学业成就的关系

（一）动机的类型

有关学习动机的探讨源于怀特（White）的研究。怀特的研究中强调内在动机对儿童学习和活动的影响，继怀特之后，很多心理学家将动机划分为内在动机（intrinsic motivation）和外在动机（extrinsic motivation）。所谓内在动机是指由儿童本身对学习的兴趣、喜欢挑战性任务、好奇心等因素激发而产生的内在动力；外在动机是指在奖励、惩罚、监督等外在因素激发下产生的外在动力。

表15-4 根据动机类型对中学生分类

动机类型 学生类型	内在动机 定向水平	内化动机 定向水平	外在动机 定向水平
A	高	高	低
B	高	高	高
C	低	低	高
D	低	低	低

哈特等人认为，动机定向是内在动机到外在动机的一个连续体，连续体上的不同位置代表不同的内在或外在动机定向水平。基于这种观点，哈特和克里斯汀等将动机分为三类：内在动机、内化动机(internalized motivation)和外在动机。内化动机是指由外在的因素激发个体对学习或活动价值的内在认同和追求，并成为学习或活动的主导动力。在此基础上，哈特和康奈尔(Connell)编制了动机定向量表。哈特根据三种动机类型将中学生划分为四种类型：A型、B型、C型和D型(见表15-4)。A型的学生具有较高的内在动机和内化动机，外在动机水平低，他们很少需要外在奖赏或激励来完成学习活动；B类学生需同时在三种动机激发下才能很好地完成学习活动；C类学生需要较高的外在动机才能很好地完成学习活动；D类学生三种动机水平均较低，没有什么动力能促使他们很好地从事学习活动。

(二)动机的影响因素

在对动机定向类型及定向水平探讨的同时，很多学者对动机定向与认知因素、情感因素、学业成就之间的关系也进行了系统的研究。如1978年至1992年，哈特等人一直研究儿童动机定向、能力知觉(perceived competence)、结果可控性知觉(perceived control)、情感(affect)与学业成绩(academic achievement)的关系，提出了因果关系模型(见图15-6)。哈特和康奈尔等人的研究发现，儿童的能力知觉、结果可控性知觉、情感对动机定向均有直接或间接影响，而且这种影响存在着发展差异。

克里斯汀和钱德勒(Chandler)等人认为儿童的动机定向受其对事情喜好程度的影响。在不同的年龄阶段，儿童对喜欢做的事情通常都会产生内在动机定向；而对不喜欢做的事情的动机定向存在年龄差异，在年龄小的儿童中，儿童对不喜欢做的事情通常产生外在动机定向(如获得奖励、赞扬等)，而随着年龄的增长，儿童倾向于对不喜欢做的事情产生内化动机定向。

(三)动机类型及水平的发展

哈特和康奈尔的研究发现，儿童的能力知觉与动机定向之间有较高的相关($r=0.52\sim0.58$)，小学生的相关($r=0.52$)低于初中生的相关($r=0.58$)。这说明小学生的动机定向受自我能力评价的影响较初中生小。在学习障碍儿童和天才儿童的研究中也发现了同样的规律。随着年龄和年级的提高，儿童的动机定向类型与定向水平的发展存在着个体差异，有少数的儿童随年龄和年级的提高内在动机定向也相应提高，相当数目的儿童随年龄和年级的提高其动机定向类型和定向水平没有明显的变化，部分儿童内在动机定向水平随年龄和年级的提高而表现出下降的趋势。

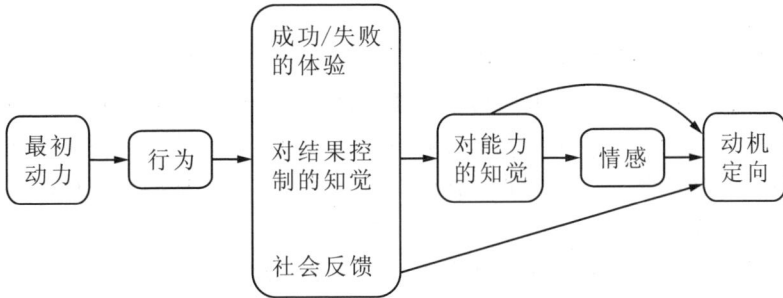

图 15-6　Harter 等人的假设模型

哈特的研究还发现，儿童的能力知觉对动机定向的影响也表现出发展变化的规律，能力知觉强的儿童在学习和活动中表现出更多的挑战性、好奇心和独立性，内在动机定向水平高；而能力知觉差的儿童则更倾向于选择容易的任务和对老师的依赖，其内在动机定向水平也低。情感是动机定向和能力知觉关系的中介因素，对自己能力评价差的儿童容易产生消极的情感体验（如沮丧、害羞等），而对自己能力评价高的儿童则更容易产生积极的情感体验（如自豪、愉快等）。情感体验又直接影响内在动机定向水平，积极的情感体验会激发个体的内在动机定向，而消极的情感体验则会降低个体内在动机定向。

二、成就归因与学业成就之间的关系

成就归因与儿童的学业成就之间是密切联系的，儿童的成就归因通过对动机定向的影响，进而影响个体的成就状况。

（一）韦纳（Weiner）的动机与归因理论

韦纳的动机与归因理论认为，个体对成功和失败通常做四方面归因：能力、努力、任务难度和运气。这四方面的归因分别隶属于内控—外控、稳定性和可控性三个维度：①内控—外控是指个体将自己的成就状况归因为内部原因还是外部原因，该维度直接影响个体的情感反应；②稳定性是指个体成就状况的原因是稳定的还是不稳定的，通过成就结果是否具有稳定性可以预期未来成功的可能性；③可控性是指个体对导致成就状况的原因是否可以控制，可控性也会直接影响个体的情感反应。个体对这四方面的不同归因会影响其情感体验、对成功的期待和未来的成就行为。

(二)不同的归因方式对学业成就的影响

研究者一致认为,最理想的归因方式是将成功归因为能力强和努力的结果,而将失败归因为没有付出努力。将成功归因为能力强会使个体产生自豪的体验,面对困难、挫折和失败能够鼓起勇气,继续努力,强化对成功的期待;将成功或失败归因为努力会使个体坚信成功可以通过努力获得,并建立起对未来成功的信心,激发其内在的学习动力。通过强化对成功的期待、积极的情感体验和成就结果的可控性,个体可以最大限度地发挥其成就行为。

将失败归因为运气差、缺乏能力或其他情景因素是最不利的归因方式。将失败归因为缺乏能力会使个体产生羞耻的情感体验和对未来成功缺乏信心,从而忽视努力在成功中的作用,面对困难、挫折和失败缺乏坚持性。在学校和家庭教育中,让儿童认识到他们的行为与结果间的因果联系,帮助他们建立积极的归因方式,对提高他们的学业成绩和心理素质起着重要的作用。

(三)奖赏结构与成就结果对儿童归因和动机的影响

儿童的成就归因与奖赏结构和成就结果有关。埃姆斯(Ames)等人的研究表明:在竞争奖赏结构情境下,成功的儿童更倾向于对自己做能力强的归因,激发其成就动机水平;而失败的儿童则对自己做能力差的归因,引起消极的情感反应;非竞争奖赏结构情境下,无论是成功还是失败的儿童对自己的成就结果都做能力强的归因,而对他人做能力差的归因;结果效价与情感反应呈正相关,成功会引发积极的情感反应,失败会引发消极的情感反应。不同的情感反应会影响个体的动机定向,积极的情感反应会促使个体敢于面对具有挑战性的任务,激发个体的内在动机定向水平,而消极的情感反应则会引起个体回避具有挑战性的任务,降低个体的成就动机水平。

(四)韦纳的动机与归因理论对能力认识的局限性

韦纳的动机与归因理论将能力作为稳定不变的内控因素,能力稳定不变是韦纳的动机与归因理论的前提。而实际上能力稳定性是相对的,在不同方面,人们的能力表现是有所不同的。班杜拉认为,个体的能力是在实践中不断提高的,很多人相信能力是可以通过努力来提高的,付出的努力越多,能力提高得越快,而通过努力来提高自己能力的同时也会强化其自我效能感。个体在学习和活动中犯错误或表现出缺乏能力是由于缺乏知识和经验的结果,而不是能力差导致的。因此,韦纳的动机与归因理论只适合于那些认为能力稳定不变的群体。研究个体的成就归因，首先要考虑到他对自己能力的认识，个体对自己能力的认识不同，其成就归因也会有所区别，并进一步影响其自我效能感和成就行为。

三、自我效能感与学业成就的关系

(一)自我效能感及其影响因素

自我效能感是指个体对自己在特定的水平下学习或完成某一项活动的潜在能力的信念，它是由自我能力知觉(self-perceptions of competence)决定的。班杜拉认为，影响自我效能感的因素主要有四方面：①他人对自己能力的信念，班杜拉称之为言语信念(verbal persuasion)和行为信念(behavioral persuasion)，即他人对自己能力评价的言语或行为方面的信息，如教师的言语鼓励。积极的或消极的言语或行为信念会影响个体对自己能力的知觉与评价和自我效能感；②生理唤醒(physiological arousal)，即个体生理的紧张状态(包括情绪状态)，适度的紧张状态会提高自我效能感，过于紧张和过于懒散的生理、情绪状态都会降低自我效能感；③他人的经验(vicarious experience)，除上述两方面因素外，个体还会观察他人在相同或相似任务情境下对任务的完成情况，并以此来对自己的努力进行评价；如果别人做得都很好，个体对自己能力的评价也可能就较高，其自我效能感也会提高，反之，其自我效能感就会降低；④过去的经验，班杜拉认为这是影响个体自我效能感的最为重要方面，如果个体以前在相同或相似任务情境中的成功经验较多，他对自己能力的评价也会较高，个体的自我效能感也会增强，反之，对自己的能力评价低，自我效能感也会降低。

班杜拉在最近的一项研究中，对自我效能感的不同方面及其影响因素，以及各种因素与自我效能感的因果关系进行了全面系统的分析。

(二)自我效能感的变化维度

班杜拉认为，自我效能感主要在两个维度上存在变化：推广性(generality)和强度(strength)。通常个体对自己比较熟悉的任务情境的自我效能感较强，而对自己不熟悉的任务情境的自我效能感则较差。有关的研究也证实了这一点，个体面临的任务情境与以前经历的任务情景越相近，个体的自我效能感就越强，反之，个体自我效能感就较差。自我效能感强度的变化直接影响个体对任务的坚持性，自我效能感强，个体就能够坚持克服面临的困难任务，自我效能感差，则容易知难而退。

(三)自我效能感与学业成就的关系

个体学业成就与自我效能感之间是密切联系的,它们之间的关系见图 15-7。从图中可以看出,个体过去的成就状况直接影响其成就目标和自我效能感,而自我效能感又影响个体的成就目标和分析策略,并直接影响个体未来的成就状况。个体的成就状况又反过来影响自我效能感,构成一个循环的互为因果的关系。自我效能感与成就状况之间的关系呈正相关,自我效能感强会提高个体的成就状况,而自我效能感差则会降低成就状况。

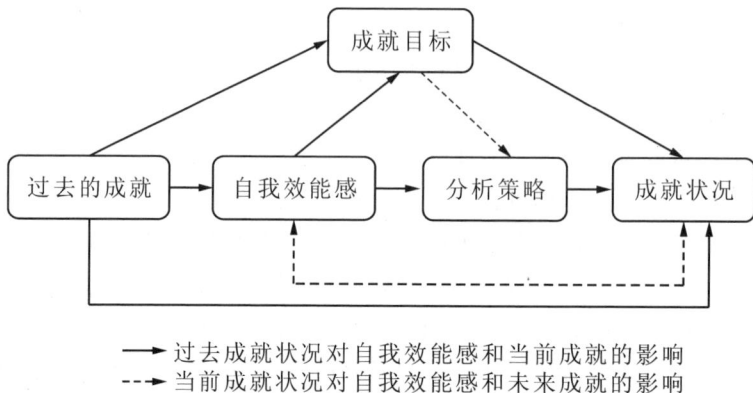

→ 过去成就状况对自我效能感和当前成就的影响
⤍ 当前成就状况对自我效能感和未来成就的影响

图 15-7　个体学业成就状况与自我效能感的关系模型(Bandura,1989)

四、动机定向、成就归因、自我效能感之间的关系及其对学业成就的影响

(一)动机定向与自我效能感的关系

自我效能感与动机定向之间是密切联系的。哈特等人的研究表明,个体的能力知觉与动机定向之间存在因果关系,能力知觉强会激发个体的内在动机定向水平,而能力知觉差则会降低个体的内在动机定向水平,并影响个体的成就状况。

班杜拉和哈特的研究表明:自我效能感或能力知觉强的个体倾向于选择具有挑战性的任务,并能尽最大努力完成任务,能够坚持克服面临的困难,很少表现出焦虑等消极情感,其对自我效能感的自我调节能力也较强。而对自己能力评价差或自我效能感差的个体则倾向于选择容易的任务,对难度大的任务容易表现出焦虑等消极的情感。

(二)成就归因与自我效能感之间的关系

成就归因对自我效能感的影响是通过个体的自我能力知觉与评价实现的。能力强的归因常伴随较强的自我效能感的信念。如个体对自己的成功做能力强的归因，其能力知觉与评价也会较高，未来的成就水平也会相应提高；如果对失败做能力差的归因，对自我效能感的评价就会降低，其未来的成就水平也会相应受到影响。努力对自我效能感的影响取决于个体的自我能力知觉，以及与效能感有关的各种信息。努力对自我效能感的影响可能是积极的，也可能是消极的，当个体将失败归因为努力不够时，意味着今后可以通过努力获得成功；如果将失败归因为努力而没有效果，个体对未来的成就就会缺乏信心。

归因与自我效能感之间的关系是相互的，一方面，个体的成就归因会影响其自我效能感的信念；另一方面，个体的自我效能感又会影响其成就归因。自我效能感强的个体倾向于将成功归因为能力强，将失败归因为没有付出努力，并相信未来的成功是可以通过努力达到的；而自我效能感差的个体则将失败归因为缺乏能力，对未来的成功也缺乏信心。

班杜拉认为，研究个体的自我效能感时，除了考虑能力、努力、任务难度和运气归因外，还应该考虑个体对从事活动的喜好程度、外界帮助、生理和情绪状态、成功或失败、认知表现、自我监控能力、赞扬、奖赏、认同等因素。

(三)成就归因、动机定向、自我效能感与学业成就的关系

归纳上述的研究可以发现，能力归因是在对自我能力知觉与评价或自我效能感的认识基础上得出的，能力归因的结果会直接影响个体的自我效能感，并进一步影响个体的成就状况；努力和其他方面的归因也会影响个体的自我效能感，进而影响其成就行为。归因也会直接或间接影响个体的动机定向，动机定向又会影响个体的成就状况。我们可以通过图 15-8 来说明动机定向、成就归因、自我效能感与学业成就之间的关系。

关于动机定向、成就归因、自我效能感与学业成就之间的因果关系，目前还没有较为全面系统的研究与分析，我们将在此基础上，建立动机定向、成就归因、自我效能感与成就状况之间因果关系模型，并对它们之间的关系进行深入分析和探讨。

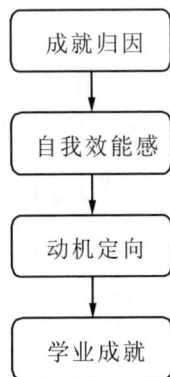

图 15-8 动机定向、成就归因、自我效能感与学业成就的关系

五、学生学习动机、成就归因、学习效能感与成就状况关系的实证研究

(一)成就状况的影响因素

下面是对学生学习动机、成就归因、学习效能感与成就状况关系进行的一项研究的结果。从表 15-5 回归分析结果可以看出，学习效能感和成功努力归因对成就状况有显著影响，其他因素对成就状况没有直接影响。这说明个体对自己学习效能感的积极评价和对成功做努力归因有利于提高其成就状况。虽然其他因素对成就状况没有直接的影响，但从因果关系模型中可以发现，这些因素主要是通过学习效能感和成功努力归因间接影响个体的成就状况，如内在动机通过学习效能感和成功努力归因间接影响成就状况，成功能力归因和失败能力归因通过学习效能感、内在动机和成功努力归因间接影响个体的成就状况。

(二)学习效能感的影响因素

根据回归分析结果，影响学习效能感的因素包括成功能力归因、成功努力归因、失败能力归因、内在动机、外在动机和成就状况（β 系数为 0.251，$P <$ 0.001）。其中，成功能力归因、成功努力归因、内在动机和成就状况对学习效能感的影响是积极和相互的，即对成功做能力强和努力归因可以提高其学习效能感，内在动机和优良的成就状况也可以提高个体的学习效能感，并进一步提高其成就状况。失败能力归因和外在动机对学习效能感的影响是负向的，即对自己失败做能力差的归因会降低其学习效能感；外在动机可能会降低学习效能感，其原因是当个体在外在动机激发下学习时，忽视了自身能力和努力的作用，可能会对成就状况产生消极的影响。

(三)学习动机的影响因素

根据回归分析结果，影响内在动机的因素包括成功能力归因、成功努力归因和失败努力归因，而且这些因素对内在动机的影响是积极和相互的，成功能力或努力归因、高学习效能感可以提高内在动机水平，同样内在动机高的个体倾向于将成功归因为能力强或努力的结果，进而提高个体的学习效能感和成就状况。

影响外在动机的因素包括成功能力归因、成功努力归因和学习效能感，这些因素对外在动机的影响是负向的和相互的，对成功做能力强或努力归因会降低外在动机水平，从另一个侧面提高内在动机水平，进而提高学习效能感；外在动机

水平高会降低对成功做能力强或努力归因的倾向，对提高学习的积极性和主动性及未来的成就状况是不利的。因此，教师应该引导和激发学生的内在学习动机，促进其对成就状况的影响向积极方向发展。

此外，外在学习动机对失败能力归因和失败努力归因的影响是正向的，也就是说，外在动机水平高的学生更倾向于将失败归因为自己能力低或努力不够，其中做努力归因对今后学习的影响是积极的，而做能力差的归因将对今后的学习及身心健康产生消极影响。

表 15-5 中学生学习动机、成就归因、学习效能感与成就状况关系回归分析结果

（标准回归系数 β）

因变量	学习效能感	内在动机	外在动机	成功能力	成功努力	失败能力	失败努力
成就状况	0.399***	0.011	0.004	0.029	0.072*	−0.021	−0.042
学习效能感		0.244***	−0.126***	0.265***	0.077***	−0.226***	−0.027
内在动机	0.362***		0.033	0.141***	0.141***	0.008	0.067*
外在动机	−0.234***	0.041		0.181***	−0.088**	0.100**	−0.032
成功能力	0.381***	0.137***	0.140***		−0.033	−0.123***	−0.070**
成功努力	0.136***	0.203***	−0.084**	−0.040		−0.026	0.082***
失败能力	−0.354***	0.008	0.084**	−0.134***	−0.023		0.044
失败努力	−0.053	0.087***	−0.033	−0.094**	0.090**	0.055	

注：$*P<0.05$　　$**P<0.01$　　$***P<0.001$

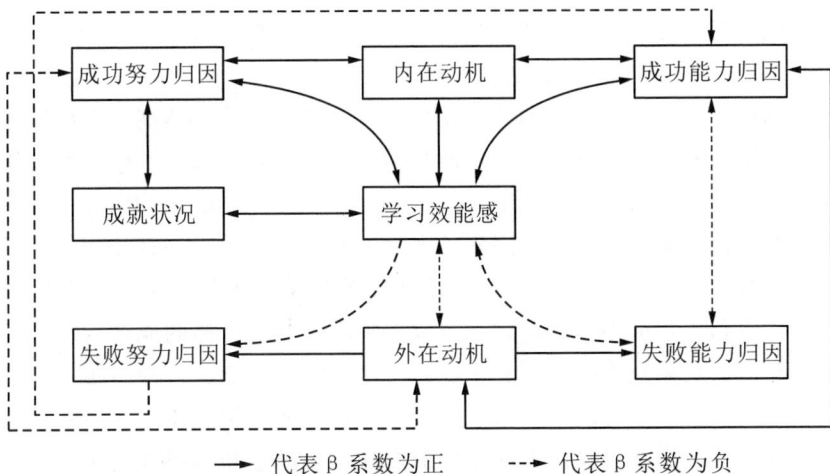

图 15-9 中学生学习动机、成就归因、学习效能感与成就状况关系模型

（张学民等，2002）

(四)能力归因的影响因素

根据表 15-5 的分析结果，影响能力归因的因素包括学习动机、努力归因和学习效能感。首先，影响成功能力归因的因素包括内在动机、外在动机、失败努力归因、学习效能感和失败能力归因，其中内在动机、外在动机、学习效能感对成功能力归因的影响是积极的。内在或外在动机水平高、学习效能感强的个体倾向于将成功归因为能力强，并提高学习效能感，进而提高其成就状况；失败努力归因和失败能力归因对成功能力归因的影响是负向的，也就是说，对失败做努力归因的个体不倾向于对成功做能力归因，而倾向于做其他方面的归因（如努力），对成功失败做能力差的归因的个体不倾向对成功做能力强的归因。

其次，影响失败能力归因的因素包括外在动机、学习效能感和成功能力归因。外在动机水平高的个体倾向于将失败做能力差的归因；学习效能感对失败能力归因的影响是负向的和相互的，也就是说，学习效能感低的个体倾向于将失败归因为能力差，将失败归因为能力差的个体的学习效能感偏低。成功能力归因对失败能力归因的影响是负向的，即将成功归因为能力强的个体不倾向于将失败归因为能力差。

(五)努力归因的影响因素

影响努力归因的因素包括学习动机和学习效能感。首先，影响成功努力归因的因素包括内在动机、学习效能感和成就状况，这三个因素对成功努力归因的影响是正向的，即内在动机水平高、学习效能感强和成绩优良（β 系数为 0.08，$P <$ 0.01）的个体倾向于将成功归因为努力的结果。其次，影响失败努力归因的因素包括外在动机和学习效能感，即外在动机水平高和学习效能感高的个体倾向于将失败归因为努力不够，这是一种积极的归因方式，对成就状况不会产生直接的不利影响。

综上所述，影响成就状况的因素是多方面的，有些因素是直接的，有些因素是间接的。其中，学习效能感和成功努力归因对成就状况的影响是直接和积极的；内在动机和成功能力归因通过学习效能感间接影响个体的成就状况，内在动机水平高和对成功做能力归因有利于提高个体的学习效能感，并间接提高其成就状况；外在动机水平高与对失败做能力归因降低个体的学习效能感，并间接降低个体的成就状况。由此可见，提高学生的内在学习动机和学习效能感、培养对成功做努力和能力归因、避免对失败做能力差的归因等对提高成就状况具有极大的重要性。因此，在动机激发、归因训练和教育教学过程中，应充分考虑上述因素对成就状况可能产生的积极和消极影响，使学生在学习能力、学习的主动性、创造性以及心理素质等方面得到良好和健康的发展。

六、奖赏结构与结果效价对儿童归因风格影响的研究

（一）奖赏结构与结果效价对归因风格的影响

关于不同的归因方式对儿童学业成就的影响，研究者一致认为，最理想的归因方式是将成功归因为能力强和努力的结果，而将失败归因为努力不够。将成功归因为能力强会使个体产生自豪的体验，使个体面对困难、挫折和失败毫不退缩；而将成功或失败的原因归因为努力会使个体坚信成功可以通过努力获得，只要努力就有可能获得成功。将失败归因为运气差、缺乏能力或其他情境因素的作用是最不利的归因方式，因为将失败归因为缺乏能力会使个体产生羞耻的情感体验和对未来成就缺乏信心，从而忽视努力在成功中的作用，面对困难缺乏坚持性。

归因通常与任务情境（如奖赏结构）及结果效价（如成功或失败）是密切联系的，任务情境及结果效价不同，对成就结果的归因也有所不同，进而影响未来的成就状况。在课堂教学中，儿童之间存在着相互比较，如加入不同的奖赏结构（如竞争奖赏结构和非竞争奖赏结构）以及成功和失败的结果效价，不同的奖赏结构和结果效价会导致儿童对成就结果的不同归因方式，而不同的归因方式又会影响未来的成就状况。埃姆斯（1977）就奖赏结构和结果效价对儿童成就归因的影响进行了研究，并得出如下结论：在竞争奖赏结构情境下，成功的学生更倾向于对自己做能力强的归因，而失败的学生则倾向于对自己做能力差的归因；在非竞争奖赏结构情境下，无论是成功还是失败的学生都对自己做能力强的归因，而对同伴则做能力差的归因。我们进行的一项研究也证实了埃姆斯的结论。

奖赏结构和结果效价对儿童的奖赏评价和满意度评价也有一定影响。研究表明，成功者认为自己应该得到更多的奖赏，而失败的同伴则应得到很少的奖赏；失败者认为自己应该得到很少的奖赏，成功的同伴应该得到更多的奖赏；在满意度评价和情绪情感反应方面，成功的儿童对自己成就结果感到很满意，而失败的儿童则对成就结果不满意；满意度评价又影响了儿童的情感反应，无论在竞争还是在非竞争奖赏结构下，成功的儿童都表现出积极的情感反应，而失败的儿童则表现出消极的情感反应。

(二)奖赏结构与结果效价归因风格的影响的实证研究

基于上述研究，本研究目的就在于考察不同性别儿童在不同奖赏结构和结果效价下的成就归因风格的差异，了解不同性别儿童成就归因风格对其成就状况的影响，为教学和归因训练提供一定的理论依据。

1. 不同奖赏结构下能力归因存在显著差异

在非竞争奖赏结构下，儿童对自己的成就状况倾向于做能力方面的归因，如将成功归因为能力强，将失败归因为能力差；在竞争奖赏结构下，儿童对成就结果的归因倾向于能力以外的其他方面，如将成功归因为努力或运气好，而将失败归因为没有努力、运气差或任务难等；成就结果对儿童自我满意度评价的影响达到了显著性水平，成功的儿童对自己的成就状况较为满意，而失败的儿童对自己的成就状况则不满意；奖赏结构与结果效价的交互作用对努力归因的影响达到了显著水平。在非竞争奖赏结构下，成功的儿童倾向于把成功归因为努力以外的其他原因（如能力），而失败的儿童认为是努力不够，在竞争条件下，成功的儿童将其成就结果归因为努力的结果，而失败的儿童则倾向于将失败归因为努力以外的其他因素（如能力）。

表 15-6　各实验处理下被试对自己成就状况的不同归因与评价的平均数和标准差

（张学民等，2002）

归因评价 实验处理			能力归因		努力归因		难度归因		运气归因		奖赏评价		满意评价	
			$\bar{x}$	s	$\bar{x}$	s	$\bar{x}$	s	$\bar{x}$	s	$\bar{x}$	s	$\bar{x}$	s
竞争组	成功	男	5.50	1.85	7.75	1.16	4.25	2.66	2.25	1.75	6.88	1.55	2.63	0.74
		女	3.80	2.86	4.20	2.57	4.20	2.78	4.30	3.23	9.40	1.07	2.30	0.67
	失败	男	5.13	1.89	5.25	1.49	2.88	1.46	2.88	1.55	4.38	1.51	1.13	0.35
		女	2.70	2.16	4.60	3.24	3.30	2.36	3.40	3.10	9.50	1.08	2.60	0.97
非竞争组	成功	男	6.70	1.77	4.70	3.13	3.50	3.03	4.00	3.06	8.60	1.58	2.80	1.23
		女	6.33	1.00	6.00	2.65	4.56	1.74	2.00	1.73	6.78	2.05	1.78	0.83
	失败	男	7.00	1.83	7.10	2.88	4.70	3.02	2.60	2.01	7.00	3.02	1.70	1.16
		女	6.89	1.90	6.44	2.88	4.56	1.74	3.00	2.55	8.11	1.69	2.11	0.78

表 15-7　各实验处理下被试对自己成就状况的不同归因与评价的方差分析结果

(张学民等，2002)

归因评价 实验处理	能力归因 $F=(1.66)$	努力归因 $F=(1.66)$	难度归因 $F=(1.66)$	运气归因 $F=(1.66)$	奖赏评价 $F=(1.66)$	满意评价 $F=(1.66)$
奖赏结构(R)	27.982***	0.974	0.888	0.273	0.041	0.097
结果效价(O)	0.112	0.090	0.520	0.083	2.509	5.481*
性　别(S)	6.176*	2.061	0.104	0.173	16.986***	0.412
R×O	1.583	3.985*	1.667	0.003	1.606	0.266
R×S	3.878	3.825	0.000	3.176	24.662***	4.395*
O×S	0.064	0.145	0.321	0.140	10.801**	14.816***
R×O×S	0.280	3.843	0.973	2.807	0.039	0.191

2. 能力归因存在差异

能力归因存在性别差异，自我奖赏评价存在性别差异，运气归因存在性别差异，奖赏结构与性别的交互作用对运气归因、奖赏结构与性别的交互作用对自我奖赏评价和满意度评价、成就结果与性别的交互作用对儿童的自我奖赏评价和满意度评价的影响均达到了显著水平。具体分析如下：

(1)能力归因存在性别差异。这表现在男生在对自己成就状况进行归因时，更倾向做能力方面的归因，而女生的能力归因分数较男生低，说明她们在对成就状况进行归因时倾向于能力以外的其他方面因素。

(2)自我奖赏评价存在着性别差异。无论是成功和失败，女生都认为应该得到更多的奖赏，而男生对自我奖赏的要求则比女生低。

(3)奖赏结构与性别的 2×2 方差分析表明，性别对运气归因的影响达到显著水平。这说明女生倾向于对成就结果做运气方面的归因，而男生则倾向于运气以外的其他因素(如能力)。奖赏结构与性别的交互作用在运气归因上达到了显著水平，表明不同奖赏结构下男女儿童的运气归因表现出一定的差异。在竞争奖赏结构下，女生对成就状况倾向于做运气归因，而男生倾向于做运气以外因素(如能力)的归因；而在非竞争奖赏结构下，男生对成就状况倾向于做运气归因，而女生倾向于做运气以外因素的归因。

(4)奖赏结构与性别的交互作用对自我奖赏评价和满意度评价的影响均达到了显著水平。自我奖赏评价与性别的交互作用表明，在竞争奖赏结构下，女生对应得奖赏的要求比男生高；而在非竞争奖赏结构下，男生对自己应得的奖赏要求比女生高。在满意度评价方面，在竞争奖赏结构下，女生对自己的成就状况更容易表现出满意的态度，男生的自我满意度较女生低；而在非竞争奖赏结构下，男生对自己的成就状况更容易表现出满意的态度，而女生的自我满意度较男生低，这说明在不同奖赏结构下儿童对成就结果的期待水平存在性别差异。

(5)结果效价与性别的交互作用对儿童的自我奖赏评价和满意度评价的影响达到了显著水平。结果表明：女生中失败的儿童认为自己应该得到更多的奖赏，对自己成就状况表示满意，而成功的儿童对应得奖赏的要求较失败的儿童低，对自己的成就状况表示不满意；男生中成功的儿童认为自己应该得到更多的奖赏，对自己的成就状况表示满意，而失败的儿童则认为自己应该得到较少的奖赏，对自己的成就状况表示不满意，这与以往的研究是一致的。奖赏结构与性别交互作用对能力和努力归因的影响接近显著水平，虽然结果未达到显著水平，但却反映出不同性别儿童在不同竞争奖赏结构下对成就结果做能力和努力方面归因的倾向性，这一点还需进一步研究加以探讨。

从上面的结果可以看出，儿童的能力归因、运气归因、自我奖赏评价和满意度评价存在着性别差异，这种差异会直接或间接影响儿童的成就状况。因此，在教学过程中应根据儿童在不同情境下归因方式的性别差异，指导学生对自己的成就状况做积极的归因，如将成功归因为能力强和努力的结果，而将失败归因为努力不够；避免消极的归因方式，如将失败归因为运气差、缺乏能力或其他情景因素。同时，也应根据不同学习情境下儿童成就归因的个体差异，对经常采用消极归因方式的儿童，引导他们对自己的成就状况的归因向积极的方向发展，保证学生对自己成就状况的客观认识和对未来成功的积极期待，提高其未来的成就水平。这对问题儿童(包括学习障碍、习得无助等)进行归因训练，矫正其不良行为和归因方式，提高自信心和学习成绩有着十分重要的作用。

参考文献

[1] Plutchik R. A General Psychoevolutionary Theory of Emotion. Emotion：Theory, Research, and Experience. Academic Press, Inc, 1980. 3~33.

[2] Plutchik R. A Language for The Emotion. Psychology Today, February, 1981.

[3] Conte H R, Plutchik R A. Circomplex Model for Interpersonal Personality Trait. Journal of Personality and Social Psychology, 1981, 40(4)：701~711.

[4] Plutchik R, Kellerman H, Conte H R. A Structural Theory of Ego Defences and Emotions：Emotions in Personality and Psychopathology Plenuni Publishing Corporation, 1979. 229~257.

[5] Plutchik R. The Emotion . University Press of America, 1991.

［6］Lazarus R S. Cognition and Motivation in Emotion . American Psychologist，1991，46(4)：352～367.

［7］White R W. Motivatiom Reconsidered：The Concept of Competence. Psychological Review，1959，66，297～333.

［8］Harter S，Connell J. A Model of Children's Achievement and Related Self-Perception of Competence，Control，and Motivation. Advances in Motivation and Achievement. JAI Press Inc.，1984，3，219～250.

［9］Cristine L，Chandler，Connell. Children's Intrinsic and Extrinsic Motivation：A Developmental Study of Children's Reasons For Like and Dislike Behaviour. British Journal of Developmental Psychology，1987，5，357～365.

［10］Harter S. The Relationship Between Perceived Competence ，Affect，and Motivational Orientation Within Classroom：Processes and Patterns of Changes. In：Boggino & Pittman(Ed). Achievement and Motivation：A social-Developmental Perspective. Cambridge University Press，1992.

［11］Bandura A. Self-Regulation of Motivation and Action Through Internal Standards and Goal System. In：Pervin J A(Ed). Soul Concepts in Personality and Social Psychology. Hillsdale，NJ：Ellaum，1989.

［12］Bandura A，barbaranelli C B，Caprara G V，et al. Multifaceted Impact of Self-Efficacy Beliefs On Academic Functioning. Child Development，1996，67，1206～1222.

［13］Weiner B. An Attributional Theory of Achievement and Emotion. Psychological Review，1985，92，548～573.

［14］Guo Dejun，Zhang Xuemin et al. Competitive Reward Structure and Valence of Outcome on Children's Achievement Attributions. Asian-Pacific Regional Conference of Psychology，guangzhou，China. 1995，August，27～30.

［15］郭德俊，李燕平. 动机心理学：理论与实践. 北京：人民教育出版社，2005.

［16］Shunck D H，Cox P D. Self-Efficacy and Skill Development：Influence of Strategies and Attributions. Journal of Educational Research，1986，79，238～244.

［17］Mimi Bong. Generality of Academic Self-Efficacy Judgement：Evidence of Heterogeneous High School. Child Development，1997，89(4)：696～709.

［18］张学民，申继亮. 中学生学习动机、成就归因、学习效能感与成就状

况之间因果关系的研究. 心理探新，2002，22(4)：33～37.

[19] 舒华，韩在柱，张学民. 激发学生学习的主动性是提高课堂教学效果的关键. 中国大学教学，2004，3，23～25.

[20] 张学民，申继亮等. 中学绩差生和优良生归因与学习效能感对成就行为影响的研究. 天津师范大学学报，2001，2(1)：49～52.

[21] 郭德俊，张学民等. 奖赏结构与结果效价对不同性别儿童归因风格影响的研究. 心理科学，2000，23(5)：552～555.

[22] 张学民，雷飞雪等. 中学绩差生成就归因和学习效能感的研究. 中小学心理健康教育(创刊号)，2000.

[23] 张学民，郭德俊. 奖赏结构与结果效价对儿童自我—他人归因与评价的影响. 心理发展与教育，2000，16(3)：42～46.

[24] 张学民，郭德俊. 中小学生学业成绩、自我概念和动机定向之间因果关系的研究. 心理发展与教育，1997，145(3)：21～25.

实验 15-1　面孔识别特异性的实验研究

实验背景知识

一些行为研究和认知神经科学研究已经表明面孔识别与一般物体识别相比有它的特殊性。神经心理学的研究表明面孔识别与其他物体的识别使用的是不同的脑区(Farah，Klern & Levinson，1995)，同识别一般的物体相比，识别面孔时，大脑双侧(少数研究发现是单侧)梭状回的激活程度更高。研究者将该区域称作梭状回面孔区(Fasiform Face Area，简称 FFA)，认为它专门负责面孔识别。FFA 的面孔选择性看来相当普遍，几乎任何能察觉为面孔的图像都能成为有效刺激，甚至被试被动地看面孔时，FFA 也表现出范畴选择性，然而这部分的细胞对非面孔的识别也有反应，只是这个反应的选择性和强度都弱一些(Baytis，Rolls & Leonard，1985)。这表明，在人类的面孔反应区中，很有可能既包含专门对面孔反应的神经元，也包括对其他非面孔物体反应的神经元。出生仅 30 分钟的婴儿对移动的面孔留下更深的印象(这是与其在复杂性等方面相匹配的其他形式的物体相比较)(Johnson，Dliurawiec，Ellis，& Morton，1991)。婴儿的侧位逆转效应，讨论得日益详细，提供了物体识别与面孔识别不同的又一证据。多数物体识别倒转的比识别左右手要困难，而倒位逆转使面孔明显地难以识别，这都表明面孔识别与一般物体识别相比有它的特殊性。

　　面孔识别的一个中心问题是，我们对于面孔识别是基于面孔的局部的成分特征，还是基于面孔的整体结构，也就是说，我们识别面孔时，是集中在个别的部分上，还是集中在整个面孔上？现在被提及较多的理论认为，面孔的识别是整体的、结构的，而物体的识别是分析的、基于部分的。这就是说，人们在对面孔进行编码时，主要是对其整体进行表征、编码，对面孔中部分很少甚至没有进行编码，面孔的整体结构信息即面孔各部分结构之间的关系，对面孔的视觉表征是非常重要的。如此，对面孔的知觉强调构成面孔的各个成分组成一个黏着的模式，而不是孤立特征的简单排列，与之相比，对非面孔的物体进行编码时，主要是对其各个部分进行编码，将这些特征进行排列，而很少对各个部分之间的关系等进行编码。当然，对面孔及物体的表征是多元的，既可以通过对整体特征进行编码达到对物体的识别，也可以通过局部特征进行识别物体，但在不同的条件下，占优势的编码提取方式是何种形式，还没有定论。面孔的变形处理实验表明，除了变形处理之外，面孔是整体表征的，将面孔倒置，也能削弱面孔识别所需的对特征间结构的知觉。行为实验已经发现，正常人对倒置面孔的识别不仅差于对正立面孔的识别，也差于对倒置房子和字词的识别，这就是著名的倒置效应。一种观点认为，倒置破坏了面孔特征间的空间关系，即面孔的整体结构。此外，也有观点认为，正立的面孔是作为一个整体（完型）来知觉的，而倒置的面孔是分解为各个部分来知觉的。fMRI 的研究显示，倒置的面孔虽然没有让 FFA 的反应消失，但引起了参与一般物体知觉的皮层反应区的较大反应，这说明尽管面孔特异性加工过程继续对倒置的面孔起作用。但是，倒置的面孔更多的是与物体识别的加工区域有关，最近，莫斯科维奇（Moscovitch）提出，面孔和物体识别系统都使用结构和方向特异性的信息，但类型不同，面孔系统对方向特异性的、主要用内部的面孔特征所构成的整体结构的表征起作用，而物体系统把本身可能是方向特异性的单个特征的信息，同那些特征之间局部的范畴的关系信息相整合。

　　在不同的条件下，对面孔和物体的加工由于所处的条件不同，可能对其识别的加工方式也不同，对任何状态下的面孔都倾向于整体加工吗？以上的这些实验中，面孔对于被试来说，已有了一定的熟悉程度，那么对陌生面孔的加工也是如此吗？有脑功能成像研究发现，梭状回与熟悉面孔识别更为密切，而右顶叶与额叶更多的是与加工新异刺激有关。那么在加工方式上，熟悉程度应该是一个影响因素，因此，我们设计了一个实验来研究这两个过程中整体加工和部分加工的影响。材料整体模糊呈现的认为是整体加工的材料，材料的某些部分位置移动的认为是部分加工的材料。同时，我们还考虑了熟悉程度的因素，让被试在试验过程中处理比较熟悉的和比较陌生的面孔和房子。被试自己控制学习时间的看作是熟悉的材料，呈现 500 毫秒后自动消失的为陌生的材料。

研究方法

一、被试

北师大心理系本科一年级学生和江苏第一中学学生共 32 名，被试视力或矫正视力正常，年龄在 16～20 岁之间。

二、实验仪器和实验材料

1. 仪器

计算机、表情识别匹配程序、DMDX 或 E-Prime 实验软件。

2. 材料

实验中用到 96 幅图片，其中 48 幅面孔图片，48 幅房屋图片。用于正式实验的两种材料各为 20 幅，其余 4 幅练习时使用，另有两种材料各 20 幅，在判断时加入作为干扰项。练习时也如此，每一幅图片有四种形式：一、正常情况的，二、模糊的整体的，三、局部错位的，四、错误的局部错位的。以上所有的面孔图片都取自于一寸免冠照片，房子图片都取自于统一规格的铅笔画。这些材料对被试来说都是陌生的。

三、实验设计

本实验采用 $2 \times 2 \times 2$ 的被试内设计，第一个因素为材料类型：一种是面孔，一种是房屋；第二个因素为熟悉程度：有陌生和熟悉两个水平（通过控制被试对学习材料的呈现时间来达到目的）；第三个因素为判断时呈现的方式：一种是模糊的正常的，一种为局部的错位的。被试进行实验时的顺序有 8 种：

1. ABCD　　2. ABDC　　3. BACD　　4. BADC

5. CDAB　　6. CDBA　　7. DCAB　　8. DCBA

其中，A 为熟悉房屋　B 为陌生房屋　C 为熟悉面孔　D 为陌生面孔

四、实验程序

实验时，被试坐在计算机屏幕前 55 厘米处，在学习要达到高熟悉的图片时，首先呈现"+"，500 毫秒后消失，出现一幅学习图片，呈现时间不限，被试认为自己非常熟悉之后按空格键，500 毫秒后，呈现一幅判断图片，其为学习图片的模糊的或错位的形式，被试若认为学习和判断图片实为同一幅图片就按"P"键反应，认为不是则按"Q"键反应。在学习要达到陌生熟悉度的图片时学习图片的呈现时间则控制为 500 毫秒，其余与熟悉图片的呈现方式相同。实验时共有 32 名被试，分成 8 组，每组按顺序分派 4 名被试。

结果分析与讨论

实验结果为错误率和反应时。由于房屋和面孔的加工本身的反应难度有区别，而且实验中要求被试尽可能准确地进行判断，而对反应时没有作要求，所以结果主要是对错误率进行的分析与讨论。

(1)对不同实验条件下的结果的正确率的平均数和标准差进行描述统计分析。

表 15-8　不同实验条件下的正确率平均数和标准差

因素类型	错误率(%)平均数	错误率(%)标准差
面孔		
房子		
熟悉		
陌生		
整体加工		
部分加工		
"是"判断		
"否"判断		

(2)对不同实验条件下的正确率进行的方差分析。

表 15-9　各因素正确率的方差分析

因素	F 检验	显著水平(P)
面孔——房屋		
熟悉——陌生		
整体加工——部分加工		
"是"判断——"否"判断		

(3)对不同因素的交互作用进行分析，并对交互作用显著的进行简单效应或多重比较分析。

表 15-10　不同因素的交互作用分析

	交互作用的 F 检验	显著水平(P)
材料类型×整体局部		
熟悉性×整体局部		
材料类型×熟悉性		
材料类型×熟悉性×整体局部		

结　论

根据本实验结果，可以得出什么结论？

思考题

1. 简述面孔识别的特异性及其产生的原因。
2. 面孔识别的主要研究方法与技术。
3. 阐述面孔识别与情绪启动的关系。

参考文献

［1］Kanwisher N，McDermatt J，Chun M M. The fusiform face area，a moclule in human extrastriate corlex specialized for face perception. Journal of Neuroscience，1997，17：4302～4311.

［2］McCarthy G，Puce A，Gore J C et al. Face-specific processing in the human fusiform gyuus. Journal of cognitive Neuroscience，1997，9：605～630.

［3］Tnaka J W，Farah M J. Parts and uholes in face recognition. Quarterly Journal of Experimental Psychology，1993，46A：225～257.

［4］向海东，焦书兰，丁锦红. 整体与部分表征在物体图形识别中的作用. 心理学报，2000，32(2)：152～157.

［5］Bartlett J，Csearcg J. Inverscon and confign ration of faces. Cognitive Psychology，1993，25：261～316.

［6］Aguine G K，Singh R，D' Esposito M. Stimulus inversation and the responses of face and object-sensitive cortical areas. Neuroreport，1999，10：189～194.

［7］Moscovitch M，Mosacovitch D A. Super face-inversion effects for isolated internal or external features，and fractured faces . Cognitive Neuropsychology，2000，17：201～219.

［8］Katanoda K，Yoshikawa K，Sugishita M. Neural substrates for the recognition of newly learned faces：a functional MRI study. Neuropsychologia，2000，38：1616～1625.

实验 15-2　不同阈下情绪材料对情绪图片的启动效应影响

实验背景知识

一、问题提出

情绪是指人对客观事物的态度体验及相应的行为反应。在生活中，人们会接受大量的情绪信息。有些时候，即使是非知觉状态下的情绪信息，也会在脑中产生相应的神经活动并影响着人们的心理和行为（Berridge & Winkielman，2003）。情绪的无意识加工逐渐成为研究的热点，从而为研究情绪的知觉加工提供了参照。前人已经用"纯粹接触"效应证明了内隐知觉中的情绪成分。研究者（Bargh & Pietromollaco，1982）发现无意识地接触消极单词的被试与未接触消极单词的被试相比，其回忆内容更具消极属性。同样，研究者（Bornstein et al.，1987）发现无意识接触不仅影响人们的颜面偏好，而且影响个体之间的相互行为。研究者（Greenwald et al.，1989）发现单词的评估判断可由于情感效价的掩蔽启动呈现而得到促进。

在认知研究中，启动一直是主要的实验范式之一。近年来的研究发现，当启动刺激或探测刺激具有相同或不同的情绪色彩时，被试的反应也不相同，这被称为情绪启动。在情绪的启动实验之中，如果将启动刺激呈现时间减少到几十毫秒，十几毫秒，甚至几毫秒，依然可以观察到情绪启动效应。由于启动刺激呈现的时间非常短，无法有意识地觉察，所以此时出现的情绪启动效应被称为阈下情绪启动效应（Subliminal Affective Priming Effect），也叫作无意识情绪启动或自动情绪启动。研究者（Murphy & Zajonc，1997）的判断偏好实验是关于阈下情绪启动的经典实验之一。在实验中，给完全不懂汉语的被试呈现一个汉字，请被试猜测该字在汉语中意义的好坏。在汉字出现之前，以 4 毫秒的时间给被试呈现一幅表现积极情绪（如高兴）或消极情绪（如愤怒）的面部表情照片。结果表明，被试更倾向于将伴随着愉快表情的汉字判断为好的意思，而将跟随着愤怒表情的汉字判断为坏的意思。更有趣的是，没有觉察到的情绪（高兴或者悲伤的面孔），甚至可以影响到人们对一种新饮料的倒水和喝水的行为（Berridge & Winkielman，2003）。

迅速区分积极情绪和消极情绪是人的一种重要的心理功能。心理学家对此做了大量的研究，并提出了关于情绪评价系统的工作模式和机制的观点。首先，这个评价系统的速度是惊人的。人们在知晓一个情绪刺激的真正意义之前就已经可以判断出它是积极的还是消极的。其次，尽管我们的评估系统能察觉刺激的不同强度，但我们能对所有的刺激做出评估。最后，人们对情绪的评价是自动化的，不需要意识的参与便可以做出情绪性的判断。此外，评估系统还能够察觉刺激的极端程度。有研究者(Fazio et al.，1986，1993，2001)证明极端积极或消极的刺激在评估系统中比那些中等程度极端的刺激能引起更强烈的反应。另一个重要的观点是，评估系统本质上是主观的。情绪系统的评估通道和知觉系统的知觉通道的一个区分在于，前者提供了一个对刺激重要性的主观估计，而不单是刺激物的目标特征。正是因为有了评估系统的这些独特的性质，人类才能在遇到极端积极或消极刺激的时候对刺激的积极或消极程度做出快速判断，并以最快速度做出反应。从人类的生物性上讲，这些特征也保证了人类能够以极快的速度觉察到对自身有害的极端刺激，判断它们的极端程度，并迅速做出反应，以回避这些刺激可能带来的负面影响。

基于情绪评估系统的以上特征，研究者(Ap Dijksterhuis & Pamela K. Smith，2002)预测这种评估系统也具备一种"保护"能力，当极端刺激进入评估系统时，评估系统通过降低它的极端性起到保护有机体的作用，这种降低极端刺激极端性的能力被称为"情绪的习惯化"。为此他们进行了一系列关于情绪的习惯化的实验。实验证实重复地呈现极端刺激会使这些刺激在主观上变得不那么极端，同时，情绪的习惯化会在阈下产生。研究者通过一系列的实验来证明这个问题，他先给被试阈下呈现极端积极或消极的刺激，之后让被试用21点量表(−10极端消极——＋10极端积极)对这些词的积极和消极程度进行评价，结果发现阈下呈现降低了这些词的极端性，即对积极词语的评价分数下降，消极词语的评价分数上升。后续实验在此基础上增加了阈下启动和呈现与未呈现词的对比，并加入了中等程度积极或消极的词，结果同样证实了假设的观点。

这种现象的实际意义是不容忽视的，因为它不只为我们了解人类的情绪觉察和情绪评估系统提供了很好的证据，更提供了一个大胆的设想：可否用阈下情绪的习惯化现象治疗恐惧症。早年的研究已经证实，无意识情绪启动的研究，可以应用到心理治疗的领域。如在治疗过程中，引导情绪障碍患者对两可性词语作消极性或积极性的理解，如果长期训练可使情绪障碍者形成一个自动反应过程，就可以在治疗过程中对患者进行有针对性训练，使其改变对信息的消极性自动反应过程，从而消除焦虑症状。此外，无意识情绪启动效应的研究还可以为临床心理学家提供理论基础。这也为我们的研究提供了思路，那就是：使用启动范式是否可以降低极端刺激的极端性，如果可以，启动刺激与靶刺激之间是一致关系(积极启动－积极靶刺激，消极启动－消极靶刺激)还是不一致关系(积极启动－消极靶刺激，消极启动－积极靶刺激），如果这种假设成立，那必然会对心理治疗起到积极影响，因为通过阈下呈现引导情绪障碍患者对两可性刺激作消极性或积极性的理解，降低患者对这些极端刺激的敏感性是一种人性且舒适的方式。因为阈下呈现时间短，不足以进入意识加工，于是这种治疗可以说是"无痛的"。

　　不过，这里还有一个需要注意的问题：启动刺激究竟呈现多长时间才算是阈上，多长时间才算是阈下？这个问题一直以来也是人们关注的焦点之一。自阈下知觉启动现象被发现开始，就一直伴随着被试对所呈现刺激的知觉状态的争论。在阈下知觉启动的研究中，形成了四种研究模式，分别是一致－不一致模式，无直接效应的间接效应模式，大于直接效应的间接效应模式，以及格林沃尔德(Greenwald)著名的回归分析模式。格林沃尔德在 1996 年的研究中指出，当启动刺激呈现时间为 50 毫秒时，阈下启动只能在 SOA 为 100 毫秒或 100 毫秒以下才能稳定获得。在阈下情绪启动的实验中，使用的启动时间也长短不一。在奥曼(Ohman)和苏亚雷斯(Soares)以恐蛇症患者作为被试的实验中，以 30 毫秒为启动时间，观察到了启动效应。在情绪启动实验 Ap Dijksterhuis & Pamela K. Smith，2002)中，以 8.5 毫秒为启动时间，启动效应显著。在本实验中，我们根据 Inquisit 软件的特点，结合屏幕的刷新频率，确定 12.5 毫秒为启动时间。

　　二、情绪启动的研究

　　1. 情绪启动

　　情绪启动(emotion-priming)的研究始于 20 世纪 80 年代。鲍尔（Bower）提出了关于情绪和记忆的联想网络模型(associative network model of memory and e-motion)。他认为，情绪或记忆是这个网络上的节点，其他部分的变化必然引起这些节点的变化。造成这些变化的可以是任何刺激，如视觉的、听觉的、语言的，也可以是其他的。对情绪节点的刺激可以引发扩散性的兴奋，这种兴奋可以降低有关的节点的感觉阈限，如情绪关联词语等。

　　20 世纪 90 年代，人们提出了关于情绪对行为产生影响的"无意识情绪模型"(model of nonconscious affect)，这个模型有两种，一种是添加模型(additive model)，认为某些无意识的刺激会诱发人的某种情绪模式的产生，促使人们出现一种弥散性的情绪状态，这种状态通过无意识的方式添加到其他状态中，对人的行为发生影响。另一种是注意模型(attention model)，认为具有情绪刺激的信息会更多地引起人们的注意。

　　人们对于情绪启动的研究进行了许多后继研究。比较著名的是墨菲（Mur-phy）和扎荣茨（Zajonc）在 1993 年对鲍尔的情绪假设进行的验证，并第一次提出了情绪的首因效应。他们发现，情绪和其他现象一样存在启动效应，如果这种情绪是无意识的，那它就成为人们对事物反应的一个部分，使人的思维等活动蒙上了一层情绪色彩。

2. 阈下情绪启动的相关研究

墨菲等人发现，当刺激呈现时间极其短暂以致无法为被试所意识到时，情绪启动效应是显著的，而刺激呈现时间增加到可以为被试知觉到时，情绪的启动效应反而不显著。

巴尔（Baar）和麦戈文（McGovern）于 1993 年使用比较分析技术（Contrastive Analysis）发现，阈限下的情绪刺激的作用甚至超过人们意识到的情绪刺激的作用。马塞尔（Marcel）等用阈下知觉的方法对无意识加工进行了详细研究，结果支持无意识能进行深层语义加工的观点。这可能是解释阈限下情绪刺激作用明显的原因之一。

王（Wong）和鲁特（Root）于 1999 年又对情绪启动机制进行了详细研究。研究结果表明，无意识的情绪启动效应会随着刺激的重复出现而降低，而有意识的启动效应会保持在某一个水平；无意识的情绪启动与有意识的情绪启动具有不同的机制，否定了前人认为这两个层次的情绪启动是一个连续体的理论。

3. 关于情绪适应的研究

人们还没有意识到这个刺激的真正意义时就能迅速判断一个刺激是积极的还是消极的，这是情绪评估系统（affective evaluative system）的一个功能。它的另一个功能是发出信号（signaling），告诉有机体环境是有利或是危险的以及刺激的程度。但是该系统对刺激的反应强度并不是一成不变的，它不仅决定于客观刺激，并且还决定于机体的主观知觉和环境变量。希兹加尔（Shizgal）和卡乔波（Cacioppo）等人分别研究了情绪评估系统的机制，他们发现评估系统的反应强度会随着同一个具有极端情绪色彩刺激的重复出现而降低，这就是情绪适应（affective habituation）。

王和鲁特在 1999 年的实验中就利用了图片情绪刺激得到了情绪适应的结果，只不过这是作为研究无意识与意识的情绪启动机制差异的副产品，他们并没有提出情绪适应。迪克斯特里斯（Dijksterhis）和帕梅拉（Pamela）于 2002 年通过研究证明了词语的情绪适应的存在。随后又证明了阈下呈现（subliminal exposure）具有极端情绪色彩的词语（extreme stimuli）导致被试随后对这些词语的情绪色彩程度的主观评估降低。他们从主观评估和反应时差异两方面证明了这个结论。并且又证明了当具有极端情绪色彩的词语重复出现后，被试对他们的评估水平接近对中性情绪色彩词语的评估。

研究表明，当一个刺激的情绪色彩越浓重，那么随之而来的情绪适应程度也就越大，当刺激的情绪程度比较低时，情绪评估系统没有足够的空间让其继续降低反应强度。所以极端情绪色彩的刺激更能引起情绪适应。以往的研究都认为消极的情绪刺激比积极的情绪刺激更能引起人们的注意并影响他们对事物的评判。但是王和鲁特证明了阈下呈现快乐情绪的面孔比悲伤的面孔更能影响被试对目标刺激的情绪倾向。他们的实验结果证明积极刺激的情绪适应程度要高于消极刺激的适应程度。而在迪克斯特里斯的实验中，他们的实验结果却表明积极刺激与消极刺激的情绪适应程度在总体上是没有差别的。

基于以上研究内容，本实验还需要考察以下内容：首先，对于以汉语为母语的中国学生，考察在汉语的启动词和探测任务的条件下，阈下情绪启动效应的结果；其次，比较以汉字和图片作为启动刺激时，两者是否有区别，如果有，哪一种材料的启动效应更为显著；最后，研究启动刺激与靶刺激之间的积极消极一致性对启动效果的影响。

研究方法

一、被试

被试从北京师范大学在校学生中随机选取。共 60 名。视力或矫正视力正常。

二、实验材料

从互联网上搜索图片 150 幅，统一大小及格式（200 像素×300 像素），将其混合排列，让 20 名本科生对这些图片做出消极－积极的 9 点量表评价。根据评价结果，从中选取 30 幅平均得分小于 3 分的图片作为用于启动的极端消极图片，平均得分介于 4～6 分之间的 30 幅图片作为中性图片，以及 30 幅平均得分大于 7 分的图片作为用于启动的极端积极图片。选取平均得分在 3～4 和 6～7 分之间的图片各 6 幅作为靶刺激的材料。

从《现代汉语频率词典》中选取 150 个两字名词，在词频，结构方式，笔画数等方面无显著差异。将其打乱顺序，让 20 名本科生对这些词语做出消极－积极的 9 点量表评价。从中选取极端消极、中性和极端积极的词语各 30 个。

三、实验器材

本实验在 PⅢ 800，Founder 15 英寸平面显示器的计算机上进行，使用 In-quisit 软件编写实验程序。刺激呈现于显示器屏幕中央。屏幕背景为白色，屏幕刷新频率为 80Hz，分辨率为 1 024×768。

四、实验设计与程序

本实验的自变量为启动刺激类型与情绪色彩。实验设计为 2（启动刺激类型：词语 vs 图片）×2（启动刺激情绪色彩：消极 vs 积极）的混合设计。其中，启动刺激类型为被试内变量，启动刺激情绪色彩为被试间变量。被试会被告知，屏幕上将首先出现一个注视点，接着是一个随机英语字符串，然后会是一幅图片。请集中注意力，判断英语字符串的开头字母是元音还是辅音。若是元音，请按"a"键，若是辅音，请按"5"键。

首先，给被试呈现"十"字注视点，时间为 1 秒，接着呈现英语随机字符串（7 个字母）200 毫秒，然后呈现阈下情绪刺激 12.5 毫秒，紧接着，是一个 500 毫秒的掩蔽，最后呈现阈上图片 2 秒。被试的任务是判断字符串的首字母为元音还是辅音，直到被试做出按键反应之后，再进入下一次。实验过程如图 15-10。

图 15-10　实验流程图

被试分为四组，每组的实验分为四个阶段，前两个阶段的启动刺激为词语，后两个阶段的启动刺激为图片。

第一组和第三组的第一个阶段中，启动刺激为极端积极词语 30 个；第二个阶段，启动刺激为中性词语 30 个；第三个阶段，启动刺激为极端积极图片 30 幅；第四个阶段，启动刺激为中性图片 30 幅。

第二组和第四组的第一个阶段中，启动刺激为极端消极词语 30 个；第二个阶段，启动刺激为中性词语 30 个；第三个阶段，启动刺激为极端消极图片 30 幅；第四个阶段，启动刺激为中性图片 30 幅。

第一组和第二组的靶刺激材料为中等积极图片材料 6 幅，第三组和第四组的靶刺激材料为中等消极图片材料 6 幅。在实验的四个阶段中，每 10 个启动刺激对应一幅相同的靶刺激图片。将这些图片进行匹配后，在每个阶段中将材料（词和图片）随机呈现。每一组的实验过程见表 15-11。

表 15-11　每组被试实验过程示意图（启动刺激—靶刺激）

	第一阶段	第二阶段	第三阶段	第四阶段
第一组	极端积极词语—中等积极图片	中性词语—中等积极图片	极端积极图片—中等积极图片	中性图片—中等积极图片
第二组	极端消极词语—中等积极图片	中性词语—中等积极图片	极端消极图片—中等积极图片	中性图片—中等积极图片
第三组	极端积极词语—中等消极图片	中性词语—中等消极图片	极端积极图片—中等消极图片	中性图片—中等消极图片
第四组	极端消极词语—中等消极图片	中性词语—中等消极图片	极端消极图片—中等消极图片	中性图片—中等消极图片

所有被试在完成实验之后，被要求对靶刺激的 6 幅图片做出消极－积极的 9 点量表评价。当这项任务结束后，主试会询问被试在呈现靶刺激的图片之前是否看到了词语或图片。整个实验时间为 15～20 分钟。

结果分析与讨论

(1)分析不同实验处理下的反应时和正确率的平均数和标准差。
(2)对不同实验处理下的数据进行方差分析和交互作用分析。

结　论

根据实验结果，可以得出什么结论？

思考题

(1)阐述不同阈下情绪材料对情绪图片的启动效应的影响及其产生机制。
(2)阐述阈下启动效应在心理学研究中的普遍性及其研究的意义。

参考文献

[1] 王沛. 情绪性内隐记忆：内隐记忆中的情绪指标. 西北师大学报(社会科学版)，2000，37(4)：24～25.

[2] 刘蓉晖，王磊. 阈下情绪启动效应. 心理科学，2003，23(3)：352.

[3] 水仁德，丁海杰，沈模卫. 阈下语义启动的任务分离研究模式及其理论模型. 心理科学进展，2003，11(1)：28.

[4] Fazio R H. On the automatic activation of associated evaluations. An overview. Cognition and Emotion，15：115～141.

[5] Ap Dijksterhuis，Pamela K Smith. Affective Habituation：Subliminal Exposure to Extreme Stimuli. Emotion，2002，2(3)：203～213.

[6] 廖声立，陶德清. 无意识情绪启动研究新进展. 心理科学，2004，27(3)：701～704.

[7] 水仁德，丁海杰，沈模卫. 汉语阈下语义启动无意识机制研究. 心理科学，2003，26(6)：1025.

[8] 周仁来. 阈下知觉研究中觉知状态测量方法的发展与启示. 心理科学进展，2004，12(3)：321～329.

[9] Murphy S T，Monahan J L，Zajonc R B. Additivity of nonconscious affect：combined effects of priming and exposure. Journal of Personality and Social

Psychology，1995，69：589～602.

[10] Murphy S T，Zajonc R B. Affect，cognition and awareness：Affective priming with optimal and suboptimal stimulus exposures. Journal of Personality and Social Psychology，1993，64(5)：723～739.

[11] Marcel A J. Conscious and unconscious perception：Anapproach to the relations between phenomena experience and perceptual processes. Cognitive Psychology，1983，15：238～300.

[12] Wong P S，Root J C. Dynamic variations in affective priming. Consciousness and Cognition，2003，12：147～168.

[13] Öhman A，Soares J J F. "Unconscious anxity"：Phobic responses to masked stimuli. Journal of Abnormal Psychology，1994，103：231～240.

[14] Cacioppo J T，Gardner W L，Berntson. The affect system has parallel and integrative processing components：Form follows function. Journal of Personality and Social Psychology，1999，76：839～855.

[15] 郑希付. 不同情绪模式的图片刺激启动效应. 心理学报，2003，35(3)：352～357.

[16] Bradley M M，Lang P J，Cuthbert B N. Emotion，novelty，and the startle reflex：Habituation inhumans. Behavioral Neuroscience，1993，107：970～980.

第十六章　如何独立选题、设计与实施实验

【本章要点】

（一）实验设计选题的要求

（二）实验设计举例

（三）实验设计选题的领域与具体的选题

第一节　实验设计选题的要求

一、实验设计的基本要求

（一）研究内容的要求

实验设计的基本要求包括在心理学各研究领域中，可以通过实验方法来进行研究的问题。这些问题可以是实验心理学、认知心理学、教育心理学、发展心理学等研究领域的具体研究课题，具体参考本章后面的相关的具体实验设计选题。

（二）研究方法的要求

采用实验研究的方法对选择的研究问题进行研究，其他的研究方法（观察法、调查法、问卷法、测验法、个案法等研究方法）可以作为辅助的研究方法。

（三）实验设计要求

在实验设计过程中，需要明确实验中的研究的变量（包括自变量、因变量）和控制变量，研究问题和研究假设；被试的选择；实验采用的实验仪器或研究的技术手段；实验材料；具体的实验设计方案；如何控制实验中的各种额外变量。

（四）实验过程的要求

要求明确实验的具体实施过程，包括实验的具体步骤、被试在各实验处理上

的分配、实验指导语、实验是如何具体实施的、实验具体实施过程应该注意的问题、实验过程的控制、数据的记录等。

(五)结果分析与讨论

包括数据的整理、极端数据和不可靠数据的剔除，实验数据采用的分析方法，预期实验可能得到的结果，如何根据数据分析结果对数据进行分析和讨论；根据数据分析结果可以得出哪些结论。

二、研究问题的选择

首先从上述的各个心理学研究领域中，查阅某一问题的相关资料文献，根据研究的问题进行研读，并综述有关研究问题的理论与实验研究现状、存在的问题和有待于研究的问题等，最后根据文献查阅与研读的情况，提出自己的研究问题与研究假设。

三、实验方法

实验方法与实验设计主要包括如下内容：

(一)被试选择

具体包括被试的性别、年龄范围、教育程度、文化背景、性别比例等人口学变量，同时也需要对被试的视觉、听觉、颜色知觉等需要控制的机体变量进行描述。

(二)实验仪器与实验材料

描述实验具体采用什么仪器设备、仪器设备型号、生产厂商、仪器基本参数指标的校正与控制，实验材料的选择和制作、实验材料的数量和分类、实验材料在不同实验处理中的分配情况以及实验材料的物理属性的控制。

(三)实验设计

实验研究的变量(包括自变量和因变量)、包含的因素和因素的水平，实验设计的类型，实验材料在不同因素的不同水平之间的分配情况，对自变量和因变量的操纵和控制，以及如何对额外变量进行有效的控制。

(四)实验实施的具体过程以及应注意的问题

描述实验实施的具体步骤、过程，以及在实验实施的过程中应该注意的问题。

四、结果分析与讨论

(一)实验结果的处理工具

一般可以采用 SPSS，SAS，LISREL 等统计软件对实验数据进行分析。

(二)对实验结果进行初步统计及绘制统计图表

在对实验数据进行初步的整理后，便可以对数据进行初步的统计分析。具体包括描述统计分析(如平均数、标准差、正确率、标准分数等)、绘制各种统计图表(如曲线图、直方图及描述统计量的表格等)，并对统计分析结果做直观的分析与描述。

(三)实验结果的统计分析

具体包括一般的统计检验，依据取样的总体的分布及总体标准差是否已知，根据相应的样本分布理论对实验结果统计量进行 T 检验、Z 检验、F 检验、卡方检验等。

(四)根据实验设计做推论统计分析

一般在进行推论统计分析前，首先要明确实验数据符合的统计学条件，并根据数据统计条件，选择相应的统计方法。这些统计方法可能是参数统计方法多重比较、ONE-WAY ANOVA、ANOVA、MANOVA、回归分析等，也可能是非参数统计分析方法(如非参数检验、非参方差分析等)。

(五)分析结果与讨论

包括比较结果与假设的一致性、与前人的理论、实证研究的一致性以及研究的新发现，并对实验结果做进一步推论。

(六)综合讨论与结论

讨论实验结论的理论与实践意义，以及研究中存在的问题及需要改进的地方。

五、按照严格的研究论文的形式撰写研究报告

具体要求与平时写实验报告和研究报告的形式相同。

六、主要参考文献

列举出实验设计的主要的中英文参考文献。具体的文献引用格式可以参考中英文文献的格式或样例报告的格式。

七、需要标注的内容

对于需要注明的问题可以采用脚注或其他的补充说明的形式注明。

第二节　实验设计举例

下面以"不同选择性注意条件对语义加工的斯特鲁普效应的影响"为例，阐述实验设计、实验实施、实验过程与实验条件的控制。

一、利用已有的软硬件技术手段进行实验设计

实验采用的软硬件技术手段可以采用实验研究中常用的实验软件或实验仪器，在已有的实验设备或软件不能完成的实验，需要自己编制实验程序，具体选择实验设计选题和编制实验程序的基本原则如下。

二、研究者独立设计实验研究的软件

(一)设计原则

(1)课题选择与程序设计的开放性原则。
(2)实验材料的编辑、编码与识别标准化和规范化。
(3)程序的结构框架与实验的开放设计程序一致，在实验结果记录的精确性

方面需要进行严格的控制。

(二)实验程序的功能

(1)要求实验程序可以采用不同材料、从不同的角度来研究实验设计的问题；

(2)具体到本研究设计，可以从干扰数目、干扰的颜色、语义干扰、结构干扰等角度设计程序来研究干扰刺激对目标识别的反应速度的影响；

(3)每种材料的情况均有默认实验材料，分别保存在四个文件中，并附有相应的指导语，包括可以自定义的刺激呈现参数（如呈现时间、时间间隔、刺激数量、分类标识等）；

(4)开放实验材料的制作，将四类实验材料和研究的问题抽象出一个实验研究范式，采用此通用的范式来设计和制作不同材料和问题的实验。

(三)实验程序过程编制控制

1. 实验材料：默认实验材料分为四类（方框内的刺激为目标）

(1)干扰数目对目标再认速度的影响。

实验材料采用数字或字母作为材料，干扰材料数目为1，2，3个，目标为数字或字母（默认材料为数字）。三类材料如图16-1所示，每种材料24个，随机呈现。要求被试读出目标数字（或字母），通过语音记录反应时，结果要记录反应时和错误率（每次反应完毕后，由主试监督，按"1"记录自己的正确反应，按"2"记录自己的错误反应），并进行初步描述统计分析。

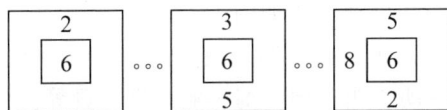

图 16-1　注意实验举例

(2)干扰颜色对目标识别的影响。

实验材料为带有不同干扰颜色的图片，目标为代表不同颜色的汉字，材料分为四类情况：干扰颜色与目标颜色和语义都相同、干扰颜色与目标颜色相同/语义不同、干扰颜色与目标颜色不同/语义相同、干扰颜色与目标颜色和语义都不同。要求被试读出目标的颜色，并通过语音记录反应时，同时记录错误率（每次反应完毕后，由主试监督，按"1"记录自己的正确反应，按"2"记录自己的错误反应），并进行初步描述统计分析。

实验材料如图16-2(举例)：

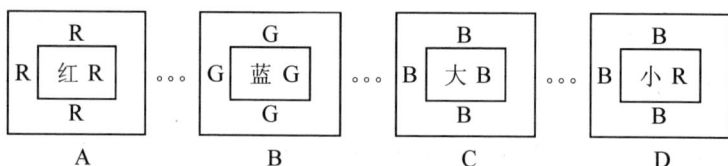

图 16-2　注意实验材料举例

A. 干扰与刺激颜色和语义相同：材料为 R、O、Y、G、Ry、B、P、W(3×8＝24 次)颜色的材料。

B. 干扰与刺激颜色不同/语义相同：R－绿(R)、O－蓝(O)、Y－红(Y)、G－白(G)、Ry－黄(Ry)、B－橙(B)、P－青(P)、W－紫(W)(3×8＝24 次)。

C. 干扰与刺激颜色相同/语义不相同(语义与颜色无关)：R－大(R)、O－土(O)、Y－士(Y)、G－个(G)、Ry－几(Ry)、B－不(B)、P－卡(P)、W－木(W)(3×8＝24 次)。

D. 干扰与刺激颜色/语义都不相同(语义与颜色无关)：R－于(B)、O－之(G)、Y－丁(R)、G－口(W)、Ry－人(O)、B－十(Ry)、P－力(Y)、W－久(P)(3×8＝24 次)。

(3)语义干扰对选择注意的影响。

实验材料为从词频字典中选择出的语义相同、语义相近、语义不同和语义相反的汉字单字词，制作成图片，并标识出干扰和目标，要求被试读出目标(目标与干扰的左右位置各半)，记录反应时和错误率(每次反应完毕后，由主试监督，按"1"记录自己的正确反应，按"2"记录自己的错误反应)，并进行初步描述统计。实验材料如下(各 24 个)，呈现方式如图 16-3：

A. 语义相同：如行—走、奔—跑、殴—打、消—除等。

B. 语义相近：开—朗、明—媚、绚—丽、富—贵等。

C. 语义不同(无关)：开—万、字—只、卡—米等。

D. 语义相反：如大—小、远—近、黑—白、去—来等。

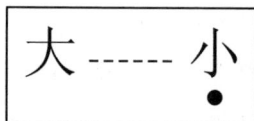

图 16-3　实验材料呈现举例

(4)结构(语义不相关)对选择注意的影响的材料与程序控制同语义材料。

A. 结构相同：如国—圆、周—用、回—田等。

B. 结构相似：如国—用、圆—周、回—同等。

C. 结构不同：如里—曲、想—指、下—衣等。

D. 结构相反：上一下、干一士、由一甲等。

2. 自定义实验材料

以实验材料(2)～(4)为范式，自定义图片实验材料(将各种文字或图形材料制作成为图片)，分为四类情况，并在定义材料向导中加载图片，并对图片的类别进行标示，生成与(2)～(4)相同的材料文件，同时编辑指导语。

3. 实验过程控制

(1)36 次休息 2 分钟。

(2)呈现每个刺激前先给一个提示(如"＋"，呈现 1 秒)，间隔 1 秒后，呈现实验刺激。

(3)每次实验前做 10 次练习，并提示对错，直至全部正确才可以进行正式实验。

(4)结果信息记录，同以前的实验程序。

(四)结果查询与帮助系统同以前程序

要实验软件具有数据查询和帮助等功能。

(五)采用上述实验程序设计实验进行具体的实验研究

实验设计者可以从上述研究问题的不同方面，选择自己感兴趣的研究问题，制作相应的实验程序，设计、组织与实施实验，并对实验结果进行统计分析，撰写符合研究报告撰写要求的实验报告。

第三节　实验设计选题的领域与具体的选题

一、关于实验设计的选题领域

在进行实验心理学的实验设计选题时，主要参考如下的心理学研究领域的问题进行选题、设计和进行相关的实验研究。

(一)认知心理学

认知心理学主要包括感知觉现象、视觉现象、听觉现象、注意和意识、知觉和知觉组织、学习和记忆的一般规律、问题解决和思维等方面的研究问题。

（二）语言心理学

语言心理学主要研究语言的结构和构成、语言产生、语言（字词、句子和阅读）加工研究，母语和非母语的学习和理解的研究，语音和字形加工的研究等领域的语言认知的相关问题的理论与应用研究。

（三）工程心理学

工程心理学主要研究的问题是人和机器界面交互作用的工效学研究，具体包括如人和计算机界面交互作用的研究、人和手持移动设备（包括手机、掌上计算机等）交互作用的研究、人和驾驶操作界面（如汽车驾驶、飞机驾驶、轮船驾驶等）交互作用的研究、人与电视界面的交互等，无论是上述的哪个研究领域，工程心理学研究和解决的主要问题是如何使人和机器界面的操作更加人性化、具有操作的高效性和便捷性，避免各种界面操作可能导致的效率低下或操纵事故。

（四）学习和记忆心理学

学习和记忆心理学主要研究学习和记忆的规律，其中主要包括各种学习和记忆理论的研究，瞬时记忆、短时记忆和长时记忆的研究，工作记忆的研究，内隐记忆和外显记忆的研究，内隐学习的研究，以及学习和记忆中的各种现象和有关因素的研究。学习和记忆心理学也是从认知心理学中发展出来的基础心理学的主要研究领域。

（五）情绪和动机心理学

情绪和动机心理学主要研究情绪活动的生理基础、相关的理论及研究和测量的方法、技术手段。情绪和动机心理学具体研究的问题包括如情绪的起源和发展、人类各种需要的内在和外在动力、情绪和动机活动对身心状态的影响、情绪和动机的测量方法、技术手段，情绪、动机活动在人类适应环境和身心调节中的作用等。

（六）发展和教育心理学

发展和教育心理学主要研究人类的感知觉、视觉、听觉、学习和记忆、思维和问题解决等能力的产生和发展的规律，以及如何利用上述心理活动的规律促进人类各种基本认知能力和高级认知活动的发展。

(七)广告和消费心理学

广告和消费心理学主要是近年来发展起来的一个应用领域，主要研究人们对各种不同形式广告的心理感受和潜在的影响，广告对产品的认同和消费的影响，人们在消费过程中的心理特点和如何利用人们对广告认知和消费的心理特点促进消费。

(八) 认知神经心理学

认知神经心理学是在上述研究领域的行为和认知层面的研究的基础上，随着生理学、医学和生物学技术的发展而发展起来的采用新兴的研究方法和技术手段，从人类心理活动的生理基础、神经活动的机制等角度出发来研究各种基础的认知加工过程和高级认知加工过程的神经机制。采用的研究方法和技术手段包括生理学和医学中常用的脑电技术、多导生理指标记录技术和各种脑功能成像技术等研究认知活动的神经生理基础和加工机制。

除了上述的研究领域外，还有很多心理学理论与应用的研究领域，如航空心理学、航海心理学、环境心理学、医学和临床心理学、健康心理学等研究领域。随着心理学的发展，也不断发展起来一些新兴的研究领域和应用领域。对于这些领域的研究及其在实践中的应用问题，我们都可以采用心理学实验的研究方法或者是其他的研究方法(如测验法、访谈法、问卷法等)来进行研究，解决人类心理活动的规律方面的理论问题，并将研究成果应用在人类的工作、生活和学习中。

二、参考实验设计选题

下面提供的是一些涵盖上述研究领域的一些具体的实验研究选题，在学习阶段进行实验研究与设计时，可以参考如下的具体研究问题，学习者也可以自己参考国内外的主要心理学杂志的前沿的具体研究问题来进行实验设计和研究设计的选题。下面的选题主要是给学习者和教师指导学生进行实验和研究设计时进行参考。

(一)知觉研究领域的选题

1. 知觉特性与组织的研究：包括对象与背景、整体与局部关系及知觉理解研究
2. 知觉大小恒常性的测量及其影响因素的研究
3. 知觉形状恒常性的测量及其影响因素的研究
4. 视觉明度恒常性的测量及其影响因素的研究

5. 颜色恒常性的测量及其影响因素的研究

6. 各类视觉静态错觉现象及其影响因素的研究

7. 各种动态视觉错觉现象及其影响因素的研究

8. 两歧图形与知觉组织加工及其影响因素的研究

9. 不可能图形与知觉组织加工及其影响因素的研究

10. 主观轮廓与知觉理解及其影响因素的研究

11. 知觉的空间特性—深度知觉恒常性现象及其影响因素的研究

12. 视觉后效果现象及其影响因素的研究

13. 似动与动景现象及其影响因素的研究

14. 时间知觉及其影响因素的研究

15. 速度知觉及其影响因素的研究

16. 空间定向能力及其影响因素的研究

17. 表象心理加工的研究

18. 听觉现象及其影响因素的研究

19. 镶嵌图形、认知方式及其对不同方面的心理特征的影响的研究

20. 空间知觉和深度知觉能力及其影响因素的研究

21. 不同颜色的彩色视野范围与颜色知觉的研究

22. 图形知觉与命名的信息加工过程的研究

23. 关于主观参考框架对心理旋转影响和空间知觉能力影响的研究

24. 蓬佐错觉及其影响因素的研究

25. 波根多夫错觉(角的变式)影响因素的研究

26. 空间位置—视锐度对复合刺激的整体优先性的影响

27. 刺激偏离距离对空间 S-R 相容性大小及敏感性的影响

28. 跨通道时间知觉及其影响因素的研究

29. 视觉与听觉通道时间知觉差异及其影响因素的研究

30. 空间角度和运动速度对视觉速度知觉影响的实验研究

31. 视觉与听觉激活对简单数字运算影响的研究

32. 整体局部范式下的数字加工

33. 不同方向上运动知觉差异研究

34. 形状知觉中异同比较中的维度转移的研究

35. 视听双任务的认知加工中是否存在优势通道

36. 复合刺激加工中视觉注意的分布系列实验研究

37. 前置线索的作用和颜色编码假说的验证

38. 线索后置在复合刺激加工中的作用

39. 线索位置对复合字母加工的作用的时程特点研究

40. 线索前置时复合刺激的注意加工时程

41. 线索后置的复合字母的注意加工时程

42. 非空间线索相容性的 ERP 研究

(二)意识与注意现象的实验研究

43. 注意的分配性理论－双耳分听的相关实验

44. 注意波动现象及其影响因素的研究

45. 心理能量分配的实验研究

46. 无意识学习对学习效果的影响

47. 视觉注意在复合刺激加工中的作用

48. 复合运动刺激视觉追踪的系列研究

49. 选择性注意—优先启动和返回抑制的研究

50. 屏蔽部分运动轨迹情景下的注意加工

51. 阈下语义启动实验研究

52. 复合刺激图形的注意追踪研究

53. 视觉注意在复合刺激加工中的作用

54. 选择注意加工优先效应

55. 视觉注意选择性的空间位置效应的研究

56. 目标融合程度对多目标注意追踪的影响

57. 复合运动目标的注意追踪研究

58. 多目标视觉注意追踪的研究

59. 跨通道选择性注意的实验研究

60. 多目标视觉搜索中的干扰效应

61. 空间方位及 SOA 对视觉选择注意的影响

62. 视觉注意搜索能力对阅读效率的影响

63. 不同耳中的听觉刺激对视觉目标刺激反应时的影响
    ——内源性选择注意的两半球差异研究

64. 突现的特征对内源性选择注意的影响

65. 选择性注意中启动效应的研究

66. 跨通道的内源性选择注意

67. 视觉通道的注意瞬脱现象

68. 听觉通道的注意瞬脱现象

69. 视觉与听觉跨通道的注意瞬脱现象

70. 心理表象旋转对注意瞬脱的影响

71. 关于非注意盲的影响

72. 关于注意捕获的研究

73. 关于注意变化盲的研究

74. 乘法计算中的注意瞬脱现象研究

75. 视觉注意选择性的空间位置效应的眼动的实验研究

76. 视觉注意追踪的眼动研究

(三)学习和记忆的实验

77. 关于瞬时记忆及其影响因素的研究

78. 不同性质学习材料的短时记忆保持量的测量

79. 不同材料系列位置效应以及首因效应与近因效应的测量

80. 延迟时间对系列范畴词系列位置效应的影响

81. 视觉与听觉跨通道学习的系列位置效应

82. 编码方式对短时记忆的影响

83. 学习迁移及其影响因素的实验研究

84. 材料呈现形式对内隐记忆和外显记忆的影响

85. 刺激特征与形式对内隐记忆的影响

86. 图形信息有意遗忘的研究

87. 认知方式对内隐记忆的影响

88. 语音关联对错误再认的影响——记忆错觉的研究

89. 广告内隐记忆的实验研究

90. FOK 判断产生机制的研究

91. 目标熟悉性和任务难度对前瞻性记忆的影响

92. 视觉阈下刺激对广告效果的影响

93. 背景线索内隐学习的研究

94. 不同材料和性质对错误记忆的影响

95. 用加工分离方式对新异可能与不可能图形的外显、内隐记忆实验研究

96. 关于内隐记忆的粗浅研究

97. 不同加工水平下的内隐外显记忆研究

98. 时间对系列范畴词表时序记忆和项目记忆的影响

99. 不同呈现时间对系列范畴词表记忆的影响

100. 刺激呈现延迟时间对系列位置效应的影响

101. 虚假记忆研究的新进展及其意义

102. 不同性质材料对内隐记忆的影响

103. 不同呈现方式下的学习判断的研究

104. 不同噪音材料的记忆差异

105. 通道改变与呈现颜色的变化对汉字内隐记忆的影响

106. 材料熟悉性及阈下提示对内隐学习优势效应的影响

107. 视觉环境不同明暗度对内隐记忆的影响

108. 经验、材料性质及加工水平对虚假记忆的影响

109. 非英语专业本科优差生英语学习策略差异的研究

110. 自我观察促进程序性知识迁移的原因研究

111. 图片和词语的相关性及相关词的干扰对词语记忆效果的影响

112. 不同部件位置的启动方式对前瞻性记忆的影响

113. 图形信息的有意遗忘及长时记忆编码方式的研究

114. 场依存性者较场独立者是否具有更明显的内隐记忆倾向

115. 学习材料知觉特点的改变对内隐记忆的影响

116. 长时记忆中不同延缓时间和提取策略的关系

117. 不同材料和刺激时间对内隐记忆的影响

118. 任务难度对位置返回抑制时间进程的影响

119. 内外控个体与精读、泛读的记忆关系研究

120. 听觉学习的系列位置效应研究

121. 不同材料形式对内隐记忆和外显记忆的影响

122. 内隐记忆对作业习惯化的影响

123. 对 FOK 判断的线索熟悉性假说的检验

124. 语音相关条件下的关联性记忆错觉研究

125. 不同语言背景下的错误记忆

126. 图形信息的有意遗忘及长时记忆编码方式的研究

127. 长时记忆中信息的储存和存储形式的实验研究

128. 汉字的真假字对于前瞻性记忆的影响

129. 不同启动方式对前瞻性记忆老年化的影响

130. 两类朝向方向辨别任务视知觉学习的 ERP 研究

131. 关于遗忘症患者启动效应及其脑机制的研究

(四)语言认知的实验研究

132. 汉字的认知加工过程初探

133. 句子理解实验

134. 字面理解和非字面理解的实验研究

135. 动词特性及实施者对被动句理解影响的研究

136. 汉语习语理解的实验研究

137. 汉语语音返回抑制研究

138. 语音关联对错误再认的影响——记忆错觉的研究

139. 汉字语音在汉字知觉中的作用

140. 中文阅读中的字形和语音加工

141. 双字词听觉刺激呈现对图片命名的启动效应

142. 跨感觉通道汉字认知的负启动效应

143. 不同注意条件对汉语双字词语义启动的影响

144. 汉语词汇产生中的语义激活

145. 汉字语音字形与语义激活实验设计

146. 汉字结构、专业、字形、字音对汉字认知的影响

147. 语音字形在汉字加工中的作用

148. 阅读过程中语义策略和句法策略的不同作用

149. 中文阅读中的字形和语音的作用及其发展转换

150. 普通话与粤方言语义处理过程异同的研究

151. 关于中文、英文及中英文词语之间启动效应的研究

152. 汉字字频对记忆流畅性错觉的影响

153. 文本呈现方式和英语水平对英语学习的影响

154. 不同呈现方式对第二语言篇章阅读及单词学习的影响

155. 纸面与数字化刺激呈现方式对阅读理解的影响实验设计

156. 语境和释义位置对不同水平学生单词记忆的影响

157. 有无意义和结构复杂性对汉字认知的影响

158. 词的具体性效应在 FOK 任务中的影响

159. 句式结构对儿童错误信念理解的影响

160. 认知方式对汉字识别加工单元影响的研究

161. 口吃患者的词汇通达障碍探究实验设计

162. 母语与第二语言语义通达的影响因素

163. 利用图词干扰范式探讨不同 SOA 下言语产生的认知机制

164. 对汉字音形义激活的时间进程的研究

165. 汉字知觉早期整体优先效应中大脑两半球的作用

166. 大脑两半球对不同类型句子理解的差异研究

(五)情绪与社会认知的实验研究

167. 面孔识别和物体识别的对照研究

168. 不同的情绪对表情判断的影响

169. 不同类型启动刺激对情绪适应的影响

170. 对于不同熟悉度的面孔性别判定的研究

171. 情绪词和中性词在汉语词汇加工中的作用

172. 不同阈下情绪材料对情绪图片的启动效应初探

173. 不同表情及熟悉程度对倒置面孔识别反应时的影响

174. 情绪性诱词对关联性记忆错觉影响的研究

175. 情绪对内隐记忆和外显记忆的影响

176. 关于不同感情色彩词汇的内隐记忆研究

177. 成人对言语中不同情绪线索的选择

178. 依恋与情绪调节的研究

179. 青少年亲社会性与情绪启动的相关性研究

180. 内隐社会认知中冒险性倾向的性别差异

181. 内隐刻板印象及后续个体化信息加工程度对个人记忆的影响

182. 不同情景下原生内隐自尊的姓名效应研究

183. 内隐自尊姓名字母范式的研究

184. 谈话中不同内外向水平和亲和度对内外向人的影响

185. 男生外貌对女生第一印象形成的实验设计

186. 内隐自尊与外显自尊情境启动效应差异及社会影响的研究

187. 对网络成瘾生理反应的考察：生物反馈仪在 IAD 研究中的应用

188. 认知资源与内外群体对社会判断的影响

189. 内隐环保态度和卷入的实验研究

190. 邻近决策时间间隔对限制满足一致性的影响

191. 学校中的欺骗行为对学生学习的影响

(六)人机界面工效学的实验研究

192. 线索与刺激特征相容性对刺激识别的影响

附录：主题索引

材料驱动过程（Data-Driven Processing）

参考文献（Reference）

参与者（Participant）

操作空间（Operating Space）

测验法（Testing）

差别感觉阈限（Differential Threshold，DL）

长时记忆（Long-Term Memory）

场独立性（Field-Independent）

场依存性（Field-Dependent）

超导量子干扰装置（SQUID）

超通道（Super Modal）

陈述记忆（Declarative Memory）

陈述性知识（Declarative Knowledge）

程序化（Proceduralization）

程序记忆（Procedural Memory）

程序性记忆（Procedural Memory）

程序性知识（Procedural Knowledge）

储存空间（Storage Space）

重复测量（Repeated Measures）

刺激（Stimulus / Stimuli［pl］）

刺激—反应的研究模式（Stimulus-Response，S-R 模式）

刺激—反应相容性（Stimulus-Response Compatibility）

刺激集合（Stimulus Alphabet，S）

刺激驱动形式（Stimulus-Driven Manner）

刺激识别阶段（Stimulus Identification）

刺激中枢加工相容性（Stimulus-Central Processing Compatibility）

错误否定（拒绝，Correct Rejection）

错误肯定（虚报，False Alarm）

单变量实验设计（Single-Variable Experiment）

单一特征搜索情境（Single-Feature Search Condition）

等级相关（Rank Correlation）

地板效应（Floor Effect）

调整法（The Method of Adjustment）

概念驱动加工(Conceptually Driven Processing)

感受性或辨别力(Sensitivity)

个案法(Case Study)

工作记忆(Working Memory)

公正(Justice)

功能磁共振成像 (Functional Magnetic Resonance Image，fMRI)

关键词(Key Words)

观察法(Observations)

归纳推理法(Inductive Reasoning)

过滤器模型(Filter Model)

合成(Composition)

合取特征搜索情境(Conjunction-Feature Search Condition)

痕迹接通说(Trace Access Mechanism)

恒定刺激法 (The Method of Constant Stimuli)

回归分析(Regression)

混合理论(Mixed Theory)

混合实验设计(Mixed Factorial Design)

或然比(Likelihood Ratio)

肌电图(EMG)

积差相关(Product Moment Correlation)

基线时间(Baseline Time)

基于客体的理论(Object-Based Theory)

基于空间位置的理论(Location-Based Theory)

即时性假设(Immediacy Hypothesis)

加工说(Processing View)

假设(Hypothesis)

减数法(Subtractive Method)

单因素的方差分析(ONE-WAY ANOVA)

简单效应(Simple Effects)

交互作用(Interaction)

脚注(Footnote)

结构方程(Structure Equation)

结果分析与讨论(Result and Discussion)

模块化过程（Encapsulated Processes）

模块化理论（Modularity Theory）

目标（Target）

目标融合技术（Target Mergering）

内隐记忆（Implicit Memory）

内源性的（Endogenous）

内在效度（Internal Validity）

脑磁图（Magnetic Encephalography，MEG）

排除测验（Exclusion Test）

判别分析（Discriminant）

判断标准（Judgement Criterion）

平均差误法（The Method of Average Error）

平均数（Mean，常用 M 表示）

平行加工（Parallel Processing）

平行扫描（Parallel Scanning）

平行搜索（Parallel Search）

评价法（Rating Scale Method）

迫选法（Forced-Choice Method）

普肯耶效应（Purkinje Effect）

歧义现象（Ambiguity Phenomenon）

歧义消解（Ambiguity Resolution）

启动效应（Priming Effect）

前瞻性记忆（Prospective Memory）

潜伏期（Latency）

区组（Block）

躯体感觉诱发电位（Somatosensory Evoked Potential，SEP）

全部报告法（Whole-Report Procedure）

群体原型（Population Stereotypes）

人本主义（Humanism）

人差方程（Personal Equation）

人工智能（Artificial Intelligence）

人—计算机界面（Human-Computer Interface，HCI）

认知电位（Cognitive Potential）

瞬时记忆(又称感觉记忆，Sensory Memory)

思维适应性控制理论(Adaptive Control of Thought Theory，ACT)

速度—准确性权衡(Speed-Accuracy Trade Off)

速视器(Tachistoscope)

随机误差(Stochastic Error)

梭状回面孔区(Fusiform Face Area，简称 FFA)

谈话法(Interview)

探照灯(Spot-light)模型

特殊迁移(Specific Transfer)

特异子(Singleton)

特征整合理论(Feature Integration Theory，FIT)

提示法(Anticipation Method)

天花板效应(Ceiling Effect)

条件反射(Conditioned Reflex)

听觉编码(Aural Encoding)

听觉诱发电位(Auditory Evoked Potential，AEP)

同构关系(Isomorphism)

统计表(Table)

统计图(Figure)

头部旋转(Head-Mounted)

透镜(Zoom-Lens)模型

图形用户界面(Graphic User Interface，GUI)

推论说(Interencial Mechanism)

推论统计(Deductive Statistics)

外侧纹区(Extrastriate Cortex)

外显记忆(Explicit Memory)

外源性的(Exogenous)

外在效度(External Validity)

唯理论(Rationalism)

维度重合理论(Dimension Overlap Model)

位置辨认(Order-Identification)

位置重建(Order-Reconstruction)

文献综述(Overview)

仪器（Apparatus）

逐字移动窗口（Word-By-Word Moving Window）范式

移动窗口范式（Moving Window Paradigm）

移动窗口（Moving Window）

移动交互界面（Mobile User Interface，MUI）

因变量（Dependent Variable）

因素分析（Factor Analysis）

用户界面（User Interface，UI）

优先标识模型（Priority Tag Model）

有无法（Yse-No Method）

有益性（Beneficence）

有意遗忘（Intentional Forgetting）

诱发电位（Evoked Potential，EP）

语义编码（Semantic Encoding）

语音片段（Gate）

语音意识（Phonological Awareness）

元分析（Meta-analysis）

原型（Stereotype）

圆形量表（Circular Scale）

运动诱发电位（Motor Evoked Potential，MEP）

运动准备电位（LRP）

韵（Rhyming）

摘要（Abstract）

阈限（Threshold）

正电子发射断层成像（Position Emission Tomography，PET）

正迁移（Positive Transfer）

正确否定（漏报，Miss）

正确肯定（击中，Hit）

正字法（Orthography）

知觉表征系统（Perceptual Representation System）

指导语（Direction）

置信水平（Confidence Level）

中数（Median）